사용후핵연료론

– 정책과 법제 –

함철훈 · 장윤석 공저

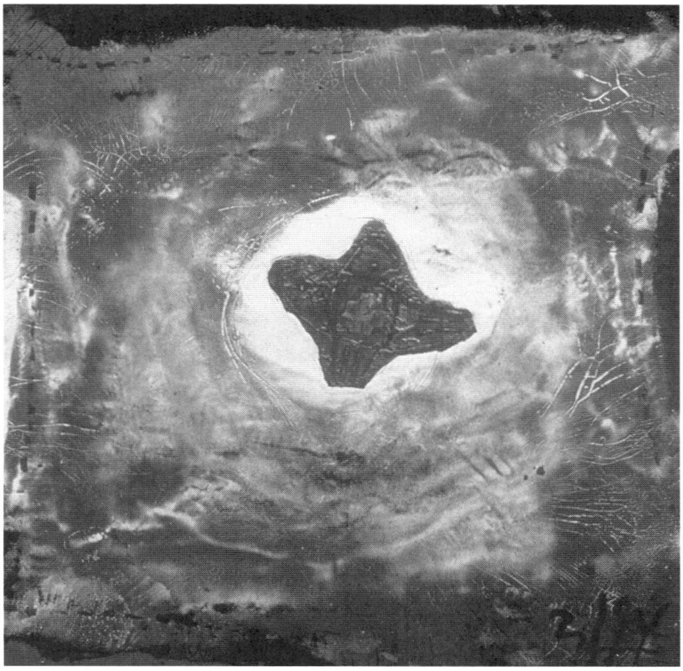

화 산 미 디 어

본 연구는 2017년도 산업통상자원부의 재원으로 한국에너지기술평가원(KETEP)의 에너지인력양성사업으로 지원받아 수행한 인력양성 성과입니다. (No. 20164030200990)

ACKNOWLEDGMENTS

This work was supported by "Human Resources Program in Energy Technology" of the Korea Institute of Energy Technology Evaluation and Planning (KETEP), granted financial resource from the Ministry of Trade, Industry & Energy, Republic of Korea. (No. 20164030200990)

추천사

긴 역사와 전통을 간직한 대한민국은 찬란한 문화창조와 부침을 두루 겪어왔다. 특히, 근·현대사는 파란만장(波瀾萬丈)의 짧은 단어만으로 형용할 수 없을 정도의 수많은 애환을 담고 있다. ‘조용한 아침의 나라’로 인식될 만큼 세계적 흐름에서 배제되거나 혹독한 수탈과 전쟁의 참화를 당한 시기도 있었지만, 폐허 속에서 단기간에 경이로운 수준의 경제적·사회적 발전과 도약을 이룩하고 ‘Dynamic Korea’라는 슬로건에 걸맞은 역동적 이미지를 갖게 되었다. 압축성장의 화려함에 묻히거나 가려졌던 치부들이 속속 드러나는 곤혹스러운 상황마저도 특유의 유쾌함과 끈기로 슬기롭게 헤쳐 나가는 등 역경을 이겨낸 사례가 부지기수이다.

우리나라 원자력산업의 태동 그리고 발전 과정은 근·현대사의 축소판과도 같다. 1인당 국민소득이 약 60달러에 불과하던 시절, 이승만 정부는 연구용 원자로 건설을 위해 35만 달러를 투자하였다. 1971년 착공 당시 고리 1호기 건설에 투입된 사업비는 그 해 예산을 초과하여 무모하게 여겨질 정도였으나 계획대로 준공되었고, 뒤이어 건설·운영되고 있는 24기의 원전은 안정적인 전력공급과 산업발전에 크게 기여하였다. 해외 원전 사고와 국내에서 발생한 사건이 공론화 및 에너지전환 정책으로 이어지는 와중에도, 상업운전 시작 40년이 되는 금년 봄 UAE 바라카 원전 1호기를 완공하는 성과를 이루어 낸 것이 대표적인 예이다.

그러나 원전의 가동연수가 증가함에 따라 국내에서도 2017년 6월 19일 고리 1호기가 가동을 중지하고 영구정지에 들어갔으며, 현재 해체를 위한 준비를 진행 중이다. 원전 해체를 위해서는 무엇보다도 사용후핵연료의 이송 및 저장, 그리고 핵연료주기의 완성을 위한 처리 또는 처분을 포함한 관리계획을 적기에 수립하고 철저하게 이행해야 한다. 이를 위해 원전 해체에 경험이 있고 사용후핵연료 관리정책을 수립 또는 수립해 가고 있는 외국의 사례를 참조하는 것은 중요하고 의미있는 작업이라 할 수 있다. 그 동안 국회 보고서나 각종 연구보고서를 통해 이에 대한 단편적인 정보가 제시된 적은 있었으나, 방대한 분량의 종합적인 정보를 담은 것은 본 저서가 국내에서는 처음이라 할 수 있다.

본 저서는 스웨덴, 핀란드, 미국, 캐나다, 프랑스 등을 포함한 선도국들의 사용후핵연료 발생현황 및 처분정책, 처분사업의 시행체제 및 관련 제도, 심층처분계획과 기술개발 동향, 처분사업의 재원 조달과 안전성 확보대책 및 커뮤니케이션, 처분지 선정절차 및 지역발전방안, 우리나라 사용후핵연료 관리 현황에 이르기까지 다양하면서도 중요한 주제를 총체적이고 심도 있게 다루고 있다. 본 저서는 오랜 기간 원자력 법학·공학 분야의 학문발전과 후학양성에 기여해 온 저자들의 열정을 담은 귀중한 문헌이므로, 향후 사용후핵연료에 대한 사회적 공감대를 형성하고 합리적 정책결정을 위해 널리 활용될 수 있을 것으로 기대한다.

2018년 4월 11일

한국원자력안전기술원 원장 성게용

머리말

저자는 2016년 「원자력안전법론(상)」을 공동 저술한 이후 2년만에 다시 「사용후핵연료론」을 공동으로 저술하게 되었다. 원자력의 평화적 이용에 있어서 가장 중요한 2개의 과제는 원전의 안전성과 사용후핵연료의 처리·처분의 문제라 할 수 있다.

원전의 안전성 문제는 1979년 미국의 TMI 원전사고, 1986년 구 소련의 체르노빌 원전사고, 2011년 일본 후쿠시마 원전사고를 경험하면서 안전성 향상을 위한 지속적 노력이 전세계적으로 추진되어 왔다.

이와 같은 대규모 원자력사고는 원전의 추가건설에 영향을 미쳐 독일 및 스위스 등 일부 국가에서는 탈핵정책을 추진하기에 이르렀으나, 대부분의 국가에서는 원전의 계속적 건설 내지 유지의 기조를 유지하고 있다.

그러나 각국이 자국의 상황에 따라 탈원전정책을 추진하든, 원전의 계속적 건설 내지 유지정책을 추진하든 원전을 건설·운영한 경험을 가진 국가들이 해결해야 할 과제는 방사성폐기물 처분장 부지, 특히 고준위방사성폐기물(사용후핵연료) 처분장 부지를 확보하는 것이라 할 수 있다.

오늘날 우리 사회가 해결해야 할 또 하나의 중요한 국가적 과제가 바로 고준위방사성폐기물(사용후핵연료)의 처리를 위한 부지선정의 문제이다. 원자력발전에 따라 발생하는 고준위방사성폐기물 관리문제는 국민의 안전과 미래세대에 대한 부담을 완화하기 위해 해결해야 할 국가적 현안이다.

우리나라는 과거 중·저준위방사성폐기물 처분장이 경주로 결정되기까지 20여년 극심한 사회적 갈등을 겪은 바 있다. 이러한 과거의 경험에 비추어 볼 때 고준위방사성폐기물(사용후핵연료) 처분장 부지의 선정은 그 시급성에도 불구하고 그 해결책에 대한 사회적 합의가 요원한 실정이다.

이 문제는 이미 2015년 「사용후핵연료 공론화위원회」가 권고형태로 관리방안을 제시한 바 있으나, 이 권고안이 사회적 합의를 이루지 못한 상태이라 조만간 다시 공론화의 논의가 필요할 것으로 보인다.

사용후핵연료의 문제를 해결함에 있어 사회적 공론화를 성공한 나라들도 있다. 이들 나라들은 기술적 적합성과 함께 사회적으로 수용할 수 있는 대안을 바탕으로 사회적 공감대를 이끌어냄으로써 사용후핵연료 관리정책을 결정하였다는 공통점이 있다.

이러한 외국의 성공적 사례가 우리나라에 시사하는 점은 폭넓은 의견수렴절차를 거쳐 민주적 정당성을 확보해야 하며, 투명한 절차 및 공론화를 통해 도출된 대안이 실질적 정책대안으로 이어져야 할 것이다. 아울러 고준위방사성폐기물 관리시설을 건설하기 위한 부지선정절차와 부지선정기구 등 법제도의 정비도 요청되고 있다.

그 동안 국내에서는 사용후핵연료의 처리문제와 관련하여 다양한 분야에서 선행적 연구가 수행되어 왔으나, 이 책에서는 사용후핵연료의 기술적 측면을 부분적으로 다루면서 정책과 법제를 중점적으로 취급하였다.

사용후핵연료에 대한 정책과 법제의 연구는 무엇보다 기술적 기반에 대한 이해와 인문·사회과학과의 접목을 통해 객관적 진실에 접근할 수 있기 때문에 필자는 경희대학교 공과대학 원자력공학과 장윤석 교수와 공저의 기회를 가지게 되었다.

장윤석 교수는 경희대학교 원자력공학과 교수로서 후학의 양성은 물론 원자력 분야의 전문가로서 우리나라 원자력 발전에 기여하여 왔다. 이와 같은 학문적 배경을 가진 장윤석 교수와의 공저는 법학자인 필자의 원자력공학에 대한 이해 부족을 해소함에 결정적 도움을 받았기에 이 지면을 통해 감사의 뜻을 표하고자 한다.

끝으로 이 책은 여러 가지 자료를 분석하여 정리한 것이기 때문에 많은 미비점이 있으리라 생각되며, 향후 발견되는 미비점을 지속적으로 보완하고자 한다.

2018년 4월 25일

공저자 함철훈

머리말

우리가 살고 있는 지구는 매우 아름답다. 따사로운 햇볕이 화사한 꽃망울을 터트리고, 활짝 피어난 꽃들은 눈을 즐겁게 한다. 어느새 우거진 녹음은 싱그러운 공기와 안식처를 제공하며, 굵은 빗방울이 심금을 울리기도 한다. 형형색색의 단풍과 바람에 날리는 낙엽이 보석 같았던 추억을 떠올리는 계절이 되었나 싶으면, 이내 눈송이가 메마른 땅을 새하얗게 덮어버리기도 한다.

자연의 아름다움만큼 일상이 평안하면 좋으련만 인생살이가 그리 녹록치 않다. 자연에 순응하던 삶은 수차례 급격한 변화를 거쳐 4차 산업혁명을 논하는 시대에 이르렀고 그 흐름을 되돌리기는 사실상 어려운 실정이다. 자원이 고르게 분포되어 있지 않아 인구에 비해 먹고 마시며 영위할 것이 부족하다 보니 다툼이 끊이지 않는다. 최근 매스컴에서 전하는 사회, 외교, 군사, 환경 등 대부분의 소식들은 어둡고 혼란스러울 정도이다.

에너지 분야에 국한해도 상황이 크게 다르지 않다. 파리 유엔기후변화협약당사국총회에서 온실가스 감축의 시급성에 공감하고 협력을 다짐하였음에도, 현실적 한계에 가로막힌 각국의 대처는 지지부진하거나 퇴보하고 있다. 신·재생에너지를 선도하는 독일은 석탄발전의 유지 및 전기요금 상승으로 고심 중이고, 세계최초로 상용 원전을 가동하였던 영국은 신규 건설을 희망하지만 자체 공급망을 상실한지 오래이다.

미국은 기후변화협약 탈퇴와 더불어 환경오염 및 위험성 논란 속에서도 셰일가스·셰일유 발전을 통해 활로를 찾으려 하고 있다. 러시아와 중국은 원자력발전 확대 및 수출 이니셔티브 확보를 위한 범국가적 지원을 아끼지 않고 있으며, 화석연료가 풍부한 중동국가들도 원전 건설을 추진하고 있다. 탈원전을 선언했던 대만에서는 대규모 정전사태가 벌어지자 원전 재가동을 결정하여 논란이 증폭된 상태이다.

우리나라의 안보와 경제 상황은 다른 국가보다 심각하고 복잡하다. 광활했던 영토가 한반도로 축소된 것은 차치하더라도, 좁은 무대마저 남·북한의 대치로 대륙과 차단된 형국이며, 주변 열강들은 이해득실에 따라 태도를 여반장으로 뒤집기 일쑤이다. 호조를 보이던 수출 중심의 산업구조 또한 시간적 깊이를 간직한 유럽 등 선진국, 공간적 넓이를 자랑하는 중국, 자원과 노동력 기반의 후발국에 밀려 점차 취약해 지고 있다.

에너지 소비량의 95% 이상을 수입에 의존하는 것은 주지의 사실이며, 이산화탄소의 약 80%는 발전과 수송 부문에서 비슷하게 발생한다. 이견이 있을 수 있지만 현대문명은 기본적으로 많은 에너지를 필요로 한다. 지속가능한 에너지 자립 없이는 첨단산업의 해외시장 석권과 미래의 터전인 우주나 심해로 진출하기 어렵다. 경제 및 환경 문제는 예측가능한 에너지원의 확보와 최적 조합을 통해서만 해결할 수 있다.

소형 연구로, 다목적 SMART, 대형 APR-1400 기술로 강국과 경쟁하는 기사를 접하는 것은 이제 새삼스러운 일이 아니다. 경계의 대상이 되었지만 양질의 일자리 창출과 국격 향상에 기여한 점에서 자부심을 가져야 한다. 정부의 강력한 의지와 장기간의 과학기술 개발, 전문가들의 헌신이 어우러져 꿈같은 현실이 되었다. 진행 중인 핵융합 기술에 대한 기여와 4세대 원자로 및 후행핵주기 연구 노력이 매도되어서는 안 된다.

신고리 5,6호기 공론화위원회를 비롯한 일련의 사회적 현상과 전개를 보면서, 평소에는 하지 않던 여러 생각을 하게 되었다. 고도의 전문성을 요하지만 공통의 관심사가 되는 중요기술에 대해 입장과 의견이 다른 개인이나 집단이 합의점을 찾아가는 방법도 그 중 하나이다. 객관적 정보를 적기에 공유함으로써, 사실의 왜곡과 감정적 대응을 예방하고 합리적·이성적 판단을 지원할 도의와 책임이 있다.

적은 지면에 다소 장황한 글을 적은 이유가 본 교재를 출판하게 된 계기이기도 하다. 현업에 치여 미처 엄두를 내지 못하고 있을 때, 혜안을 지닌 함철훈 교수님을 만나게 된 것은 큰 행운이 아닐 수 없다. 방향을 제시하고 격려하며 솔선수범하는 모습은 아직까지 후학 및 제자들과 티격태격하는 저자에게 큰 감명을 주었다. 함철훈 교수님과 책이 나오기까지 헌신적으로 행정지원을 해준 조하나·양혜정 선생, 화산미디어 현근택 사장 및 관계자 여러분들의 노고에도 깊은 감사의 뜻을 전하고 싶다.

2018년 4월 25일

공저자 장윤석

목 차

제1장 서 론_1

Ⅰ. 원자력의 이용과 방사성폐기물 ····· 1

Ⅱ. 사용후핵연료의 관리개념 ····· 2

1. 핵연료주기의 개요 ····· 2
2. 사용후핵연료의 개요 ····· 3
3. 사용후핵연료의 특성 및 관리의 개요 ····· 5
4. 사용후핵연료 처분의 개요 ····· 8

Ⅲ. 외국의 사용후핵연료에 관한 정의 ····· 17

1. 미 국 ····· 17
2. 영 국 ····· 20
3. 프랑스 ····· 21
4. 캐나다 ····· 22
5. 일 본 ····· 23
6. 스웨덴 ····· 24

Ⅳ. 1997년 공동협약 ····· 25

1. 개 요 ····· 25
   (1) 협약의 배경 / 25　(2) 국제적 방사선 방호기준의 설정 / 26
2. 1997년 공동협약의 내용 ····· 27
   (1) 협약의 목적 / 27　(2) 정의규정 / 27
   (3) 협약의 적용범위 / 28　(4) 방사성폐기물과 사용후핵연료의 규제 / 28
3. 1997년 공동협약 고유의 문제 ····· 29
   (1) 방사성폐기물과 사용후핵연료의 구분 / 29
   (2) 규제대상 / 30
   (3) 방사성물질의 국경이동 / 30

Ⅴ. 외국의 사용후핵연료에 관한 사회적 공론화 ······ 31
1. 미 국 ······ 31
2. 영 국 ······ 34
3. 캐나다 ······ 40
4. 프랑스 ······ 42
(1) 프랑스 국가공공토론위원회 현황 / 42
(2) 사회적 공론화 관련 법적 근거 / 43
5. 일 본 ······ 45
6. 스웨덴 ······ 47

제2장 각국의 사용후핵연료 발생현황 및 처분정책 _ 48

Ⅰ. 스웨덴 ······ 48
1. 개 요 ······ 48
2. 사용후핵연료의 처분방침 ······ 49
Ⅱ. 핀란드 ······ 51
1. 개 요 ······ 51
2. 사용후핵연료의 처분방침 ······ 53
Ⅲ. 프랑스 ······ 53
1. 개 요 ······ 53
2. 사용후핵연료의 발생과 저장(처분 전 관리) ······ 54
3. 처분방침 ······ 56
4. 처분방침의 결정경위 ······ 56
Ⅳ. 독 일 ······ 57
1. 개 요 ······ 57
2. 사용후핵연료의 발생과 저장(처분 전 관리) ······ 58

3. 폐기물처리의 개념 ········· 60
4. 중간저장(Zwischenlagerung) ········· 61
5. 최종저장 ········· 62
(1) 모르스레벤 / 63 (2) 콘라드 / 63
(3) 앗세(Endlager Asse) / 64
(4) 고어레벤(Erkundungsbergwerk Gorleben) / 64

Ⅴ. 스위스 ········· 65
1. 개 요 ········· 65
2. 사용후핵연료의 발생과 저장(처분 전 관리) ········· 66
3. 처분방침과 결정경위 ········· 68

Ⅵ. 영 국 ········· 70
1. 개 요 ········· 70
2. 사용후핵연료의 발생과 저장(처분 전 관리) ········· 71
3. 처분방침과 결정경위 ········· 73

Ⅶ. 캐나다 ········· 75
1. 개 요 ········· 75
2. 사용후핵연료의 발생과 저장(처분 전 관리) ········· 75
3. 처분방침과 결정경위 ········· 77

Ⅷ. 미 국 ········· 80
1. 개 요 ········· 80
2. 사용후핵연료의 발생과 저장(처분 전 관리) ········· 80
3. 미국의 방사성폐기물 처분정책에 관한 법적 문제 ········· 83
(1) 문제의 소재 / 83 (2) 고준위방사성폐기물정책법 / 84
4. 방사성폐기물 처분정책 수행상의 문제점 ········· 95
(1) 방사성폐기물 처분계약을 둘러싼 DOE에 대한 소송 / 95
(2) 연방항소법원에 있어서의 소송 / 98

제3장 처분사업의 시행체제 및 관련 제도 _ 101

Ⅰ. 스웨덴 ········ 101

1. 시행체제의 개요 ········ 101
2. 시행주체 ········ 102
3. 안전규칙 ········ 102
4. 처분관련 법제 ········ 103

(1) 사업규제 / 103　(2) 안전규제 / 103
(3) 재원조달 / 104　(4) 환경규제 / 105
(5) 원자력손해배상 / 105

Ⅱ. 핀란드 ········ 107

1. 시행체제의 개요 ········ 107
2. 시행주체 ········ 107
3. 안전규칙 ········ 108
4. 처분관련 법제 ········ 109

(1) 사업규제 / 109　(2) 안전규제 / 111
(3) 재원조달 / 111　(4) 환경 / 111
(5) 원자력손해배상 / 112

Ⅲ. 프랑스 ········ 112

1. 시행체제의 개요 ········ 112
2. 시행주체 ········ 114
3. 안전규칙 ········ 116
4. 처분관련 법제 ········ 117

(1) 사업규제 / 117　(2) 안전규제 / 117
(3) 재원조달 / 118　(4) 환경 / 118
(5) 원자력손해배상 / 118

Ⅳ. 독 일 ········ 121

1. 시행체제의 개요 ········ 121

2. 시행주체 ······ 122
3. 안전규칙 ······ 123
4. 처분 관련 법제 ······ 124
(1) 사업규제 / 124
(2) 안전규제 / 124
(3) 재원조달 / 126
(4) 환 경 / 126
(5) 원자력손해배상 / 127

V. 스위스 ······ 128
1. 시행체제의 개요 ······ 128
2. 시행주체 ······ 130
3. 안전규칙 ······ 130
4. 처분 관련 법제 ······ 131
(1) 사업규제 / 131
(2) 안전규제 / 131
(3) 재원조달 / 132
(4) 환경 / 133
(5) 원자력손해배상 / 133

VI. 영 국 ······ 134
1. 시행체제의 개요 ······ 134
2. 시행주체 ······ 136
3. 안전규칙 ······ 137
4. 처분 관련 법제 ······ 139
(1) 사업규제 / 139
(2) 안전규제 / 139
(3) 재원조달 / 140
(4) 환경 / 140
(5) 원자력손해배상 / 141

VII. 캐나다 ······ 142
1. 시행체제의 개요 ······ 142
2. 시행주체 ······ 142
3. 안전규칙 ······ 142
4. 처분 관련 법제 ······ 144
(1) 사업규제 / 144
(2) 안전규제 / 144

(3) 재원조달 / 144 (4) 환경 / 145
(5) 원자력손해배상 / 145

Ⅷ. 미 국 ···· 147

1. 시행체제의 개요 ···· 147
2. 시행주체 ···· 147
3. 안전규제 ···· 148
4. 처분 관련 법제 ···· 150
(1) 사업규제 / 150 (2) 안전규제 / 151
(3) 재원조달 / 151 (4) 환경 / 152
(5) 원자력손해배상 / 152

제4장 심층처분계획과 기술개발 _ 154

Ⅰ. 스웨덴 ···· 154

1. 처분계획 ···· 154
(1) 심층처분 대상 방사성폐기물 / 154 (2) 처분개념 / 155
(3) 처분장 건설예정지의 지질구조 / 157 (4) 처분사업의 시행계획 / 158
2. 연구 및 기술개발 ···· 160
(1) 연구기관 / 160 (2) 연구계획 / 160
(3) 지하연구소 / 161

Ⅱ. 핀란드 ···· 163

1. 처분계획 ···· 163
(1) 심층처분 대상 방사성폐기물 / 163 (2) 처분개념 / 164
(3) 처분사업의 시행계획 / 165
2. 연구 및 기술개발 ···· 166
(1) 연구기관 / 166 (2) 연구계획 / 167
(3) 지하특성조사시설 / 167 (4) 처분장 건설 예정지의 지질구조 / 168

Ⅲ. 프랑스 ···· 168

1. 처분계획 ··· 168
(1) 심층처분 대상 방사성폐기물 / 168 (2) 처분형태 / 169
(3) 처분개념 / 169 (4) 처분장 후보지의 지질구조 / 170
(5) 처분의 기본방침과 시행계획 / 171

2. 연구 및 기술개발 ··· 173
(1) 연구개발 및 연구체제 / 173 (2) 연구계획 / 173
(3) 뷰어 지하연구소 / 173

Ⅳ. 독 일 ··· 174

1. 처분계획 ··· 174
(1) 심층처분 대상 방사성폐기물 / 174 (2) 처분형태 / 175
(3) 처분개념 / 175 (4) 독일 북부지역의 암염 분포 / 177
(5) 고어레벤에서의 조사활동 상황 / 178 (6) 처분사업의 시행계획 / 179

2. 연구 및 기술개발 ··· 180
(1) 연구기관 / 180 (2) 연구계획 / 182
(3) 지하연구소 / 182

Ⅴ. 스위스 ··· 183

1. 처분계획 ··· 183
(1) 심층처분 대상 방사성폐기물 / 183 (2) 처분개념 / 185
(3) 처분장 건설예정지의 지질구조 / 185 (4) 처분사업의 시행계획 / 186

2. 연구개발·기술개발 ··· 188
(1) 연구기관 / 188 (2) 연구계획 / 188
(3) 지하연구소 / 189

Ⅵ. 영 국 ··· 190

1. 처분계획 ··· 190
(1) 심층처분 대상 방사성폐기물 / 190 (2) 처분형태 / 190
(3) 처분개념 / 192 (4) 처분사업의 시행계획 / 192

2. 연구 및 기술개발 ··· 194
(1) 연구기관 / 194 (2) 연구계획 / 194
(3) 지하연구소 / 194

Ⅶ. 캐나다 ········· 195

1. 처분계획 ········· 195

(1) 심층처분 대상 방사성폐기물 / 195 (2) 처분개념 / 196
(3) 처분장 건설예정지의 지질구조 / 197 (4) 처분사업의 시행계획 / 197

2. 연구 및 기술개발 ········· 198

(1) 연구기관 / 198 (2) 연구계획 / 198
(3) 지하연구소 / 198

Ⅷ. 미 국 ········· 200

1. 처분계획(유카산계획) ········· 200

(1) 3종류 고준위방사성폐기물의 심층처분 / 200
(2) 처분형태 / 200 (3) 처분장 건설예정지의 지질구조 / 201
(4) 처분개념 / 202 (5) 처분사업의 시행계획 / 203

2. 처분계획(블루리본위원회의 권고와 처분계획) ········· 206

(1) 정권교체에 의한 유카산계획 중지 / 206
(2) 블루리본위원회의 8가지 권고 / 206
(3) 심층처분의 기본방침 불변 / 207
(4) 에너지부(DOE)의 처분전략 / 208
(5) 연방회의에서의 법안 검토 / 209
(6) 에너지부(DOE)가 관리하는 고준위방사성폐기물의 처분 / 210

3. 연구 및 기술개발 ········· 210

(1) 연구기관 / 210 (2) 연구계획 / 210
(3) 지하특성 조사시설 / 210
(4) 블루리본위원회의 권고에 대응한 DOE의 UFD 프로그램 / 211

제5장 처분사업의 재원조달 _ 214

Ⅰ. 스웨덴 ········· 214

1. 처분비용의 확보제도 ········· 214

2. 처분비용의 산정 ········· 215

Ⅱ. 핀란드 ········· 217
1. 처분비용의 확보제도 ········· 217
2. 처분비용의 산정 ········· 218
3. 처분비용의 산정대상 ········· 218
Ⅲ. 프랑스 ········· 220
1. 처분비용의 확보제도 ········· 220
2. 처분비용의 대상 및 산정액 ········· 220
Ⅳ. 독 일 ········· 221
1. 처분비용의 부담자 ········· 221
2. 처분비용의 확보제도 및 예상금액 ········· 222
Ⅴ. 스위스 ········· 222
1. 처분비용의 확보제도 ········· 222
2. 처분비용의 산정 ········· 224
Ⅵ. 영 국 ········· 225
1. 처분비용의 확보제도 ········· 225
2. 처분비용의 산정 ········· 226
Ⅶ. 캐나다 ········· 227
1. 처분비용의 확보제도 ········· 227
2. NWMO에 의한 처분비용 산정 ········· 227
3. 장기관리방안 별 처분비용의 분석 ········· 229
Ⅷ. 미 국 ········· 231
1. 처분비용의 확보제도 ········· 231
2. 처분비용의 산정 ········· 232

제6장 안전성 확보대책 및 커뮤니케이션 _ 233

Ⅰ. 스웨덴 ······ 233

1. 심층처분 안전확보 대책 ······ 233

(1) 안전성 확인과 지식 축적 / 233

2. 처분사업의 투명성 확보와 커뮤니케이션 ······ 234

(1) 부지선정에 해당지역의 의견 반영 / 234

(2) 환경영향평가서와 EIA 협의 / 237

(3) 지역협의 · 커뮤니케이션을 유지하는 재정지원 / 238

(4) 해당지역 지방자치단체에서 수행된 부지선정에 대한 대응 / 239

3. 의식파악과 정보제공 ······ 241

(1) 홍보활동(정보제공) / 241

(2) 국민의식과 주민의식(주요 여론조사 결과) / 241

Ⅱ. 핀란드 ······ 242

1. 심층처분 안전확보 대책 ······ 242

(1) 안전성 확인과 지식 축적 / 242

(2) 최종처분장 부지선정에 대한 안전 확보 / 243

2. 처분사업의 투명성 확보와 커뮤니케이션 ······ 245

(1) 정보개시, 퍼블릭 코멘트, 공청회 / 245

(2) 지역커뮤니케이션 조직과 협의 / 246

3. 의식파악과 정보제공 ······ 247

(1) 홍보활동(정보제공) / 247

(2) 국민의식과 주민의식(주요 여론조사 결과) / 248

Ⅲ. 프랑스 ······ 249

1. 심층처분 안전확보 대책 ······ 249

2. 처분사업의 투명성 확보 및 커뮤니케이션 ······ 250

(1) 지역정보감시위원회(CLIS) / 250

(2) 원자력의 안전성정보와 투명성에 관한 고등평의회(HCTISN) / 251

(3) 공개토론회의 의견청취와 반영 / 252

3. 의식파악과 정보제공 ············ 254

Ⅳ. 독 일 ············ 254

1. 심층처분 안전확보 대책 ············ 254

2. 처분사업의 투명성 확보와 커뮤니케이션 ············ 255

(1) 「부지선정법」에 의한 선정절차에의 대중 참여 / 255

(2) 연방차원의 참여 / 256

(3) 후보지역·후보부지 주민참여 / 256

(4) 시민집회 / 257

(5) 과거의 커뮤니케이션 활동(고어레벤) / 257

3. 의식파악과 정보제공 ············ 258

(1) 부지선정법에 관한 시민포럼 / 258

(2) 고어레벤에서의 홍보 활동(정보 제공) / 258

Ⅴ. 스위스 ············ 259

1. 심층처분 안전확보 대책 ············ 259

2. 처분사업의 투명성 확보와 커뮤니케이션 ············ 260

(1) 처분사업과 커뮤니케이션 / 260

(2) 특별계획 「심층처분장」에 대한 규정 / 261

(3) 지역회의 / 261

3. 의식파악과 정보 제공 ············ 262

(1) 위원회 등의 설치 / 262　　(2) 정보제공방안 / 262

Ⅵ. 영 국 ············ 263

1. 심층처분 안전확보 대책 ············ 263

2. 처분사업의 투명성 확보와 커뮤니케이션 ············ 264

(1) 지방자치단체와 협력 하에 수행되는 작업 / 264

(2) 2008년 백서에 의한 부지선정절차 : 캄브리아주 서부 사례 / 265

(3) 참여를 지원하기 위한 자금제공 / 265

3. 의식파악과 정보제공 ············ 266

(1) 2008년 백서에 의한 부지선정절차 : 캄브리아주 서부에서의 지역홍보활동 / 266

(2) 국민의식과 주민의식(주요 여론조사결과) / 266

Ⅶ. 캐나다 ········ 267

1. 심층처분 안전확보 대책 ········ 267
   (1) 안전성 확인과 안전지식의 축적 / 267
   (2) 방사성폐기물 이외의 안전성 평가 실시 / 267
2. 처분사업의 투명성 확보와 커뮤니케이션 ········ 268
   (1) 대중 참여 프로그램 / 268
   (2) 부지선정에 대한 해당지역과의 커뮤니케이션 / 269
   (3) 해당지역 협의·커뮤니케이션을 지탱하는 재정지원 / 269
3. 의식파악과 정보제공 ········ 270
   (1) 부지선정절차에 대한 홍보활동(정보제공) / 270
   (2) 국민의식과 주민의식(주요 여론조사결과) / 270

Ⅷ. 미 국 ········ 271

1. 심층처분 안전확보 대책 ········ 271
2. 처분사업의 투명성 확보와 커뮤니케이션 ········ 272
   (1) 정보제공과 주민의견 수집 / 272
   (2) 해당지역의 의견표명과 인·허가 절차 참가 / 273
3. 의식파악과 정보 제공 ········ 274
   (1) 홍보·정보제공활동 / 274
   (2) 정보센터 / 274

제7장 처분장 선정의 진행절차 및 지역진흥 _ 275

Ⅰ. 스웨덴 ········ 275

1. 처분장의 선정절차 및 경위 ········ 275
   (1) 처분장 선정의 추진방법 / 275 (2) 종합부지조사 / 277
   (3) 지방자치단체의 타당성조사 수용 / 277
   (4) 지방자치단체의 부지조사 수용 / 278
   (5) 건설지 결정에 관한 법제도 / 279

2. 지역진흥대책 …… 280
(1) 제도적 재정지원 / 280
(2) 사업자와 지방자치단체간의 협력협정 / 280

Ⅱ. 핀란드 …… 282

1. 처분장의 선정방법 및 경위 …… 282
(1) 처분장 선정 추진방법 / 282
(2) 원자력시설 도입계획 승인절차의 제도화(원칙결정절차) / 282
(3) 환경영향평가(EIA) 절차 / 283 (4) 처분지 선정 경위 / 285

2. 지역진흥대책 …… 286
(1) 사회·경제적 영향평가 / 286 (2) 제도적 재정면의 우대조치 / 288
(3) 지역과 협력에 의한 조치 / 288

Ⅲ. 프랑스 …… 289

1. 처분장의 선정방법 및 경위 …… 289
(1) 처분장 부지선정 상황과 계획 / 289
(2) 지하연구소를 포함한 부지선정 상황 / 290
(3) 2006년 이후 부지선정 진척상황 / 291

2. 지역진흥대책 …… 292
(1) 공익사업공동체(GIP)의 설치와 GIP에 대한 조성금 / 292
(2) 폐기물 발생자에 의한 지역에서의 경제적 지원에 관한 대응 / 293

Ⅳ. 독 일 …… 294

1. 2013년 「부지선정법」에 의한 새로운 부지선정절차 …… 294
(1) 부지선정절차의 진행방법 / 294
(2) 고준위방사성폐기물 처분위원회 / 294

2. 현재까지의 경위 …… 296
(1) 새로운 부지선정절차 수립 이전 / 296
(2) 부지선정방법의 재검토 / 297

3. 지역진흥대책 …… 297
(1) 고어레벤에 대한 보조금 지급 / 297
(2) 콘라드 처분장에 대한 지역진흥계획 / 298

Ⅴ. 스위스 ······ 299

1. 처분장 선정절차 및 경위 ······ 299

⑴ 처분장 선정절차의 진행방법(프로젝트 확정절차) / 299
⑵ 특별계획의 공간개념 / 300
⑶ 특별계획 「심층처분장」 계획의 수립 / 301
⑷ 부지선정 제1단계의 진척(2008년~2011년) / 302
⑸ 부지선정의 제2단계 진척상황과 작업예정(2011 ~ 2017년) / 306
⑹ 부지선정 3단계 예정작업과 프로젝트 확정절차(2017년에서부터) / 308
⑺ 환경영향평가 / 309

2. 지역진흥대책 ······ 309

Ⅵ. 영 국 ······ 310

1. 부지선정절차의 개선을 위한 검토상황 ······ 310

⑴ 부지선정절차의 재검토 / 310 ⑵ 새로운 부지선정절차의 개시 / 311
⑶ 2014년 백서 이후의 활동상황 / 312

2. 지금까지의 부지선정절차와 경위 ······ 313

⑴ 처분장 부지선정절차 / 313
⑵ 제1단계 : 지방자치단체에서의 관심표명 상황 / 315
⑶ 제2단계조사 : 캄브리아주 서부 / 315
⑷ 참가결정에 관한 지방자치단체의 판단 / 315

3. 지역진흥대책 ······ 318

Ⅶ. 캐나다 ······ 319

1. 처분장의 선정절차 및 경위 ······ 319

⑴ 심층처분의 진행방법 / 319
⑵ 처분부지 선정 시 실시주체의 행동원칙 / 319
⑶ 9단계 부지선정절차 / 320
⑷ NWMO에 의한 부지선정절차의 진척 동향 / 322
⑸ 부지선정에 관한 법제도 / 323

2. 지역진흥대책 ······ 324

Ⅷ. 미 국 ······ 325

1. 처분장의 선정절차 및 경위(유카산 계획) …… 325

2. 처분장 선정절차(블루리본위원회의 권고를 수용한 처분계획) …… 328

(1) 블루리본위원회가 최종보고서에서 권고한 처분장 선정 추진방안 / 328

(2) 에너지부(DOE) 및 연방의회의 검토 / 329

3. 지역진흥대책 …… 330

(1) 제도적 지원 / 330 (2) 블루리본위원회의 권고 / 331

제8장 우리나라의 사용후핵연료 관리 _ 333

Ⅰ. 서 론 …… 333

Ⅱ. 우리나라의 중·저준위방사성폐기물처분장 부지선정의 추진과 입법 …… 335

1. 부지선정 추진과정 …… 335

(1) 제1차 추진(울진·영덕·영일 : 1986년~1989년) / 335

(2) 제2차 추진(안면도 : 1990년~1991년) / 335

(3) 제3차 추진(부지공모를 통한 후보부지 도출 : 1991년~1993년) / 335

(4) 제4차 추진(방촉법 시행 : 1993년~1994년) / 336

(5) 제5차 추진(굴업도 : 1994년~1995년) / 336

(6) 제6차 추진(자율유치 공모방식 도입 : 1997년~2001년) / 336

(7) 제7차 추진(사업자 주도방식 전환 : 2001년~2003년) / 337

(8) 제8차 추진(전북 부안군 단독 신청 : 2003년) / 337

(9) 제9차 추진(주민투표제 도입: 2004년) / 337

(10) 중·저준위방사성폐기물 처분시설 건설(2004년~2015년) / 338

2. 「중·저준위방사성폐기물 처분시설 유치지역 지원에 관한 특별법」의 제정 … 340

(1) 법률의 제정 / 340 (2) 제정사유 / 340

(3) 주요내용 / 341

Ⅲ. 사용후핵연료 공론화위원회의 정책 권고 …… 342

1. 공론화위원회의 개요 …… 342

(1) 설치의 법적 근거 / 342 (2) 설치목적 / 343

(3) 위원회의 구성 및 주요기능 / 343

2. 공론화위원회의 정책 권고사항 ········ 344
(1) 국민의 안전 / 344 (2) 안정적 저장시설 마련 / 345
(3) 지하연구소의 부지 선정 및 실증연구 / 351
(4) 환경감시센터(가칭)의 설치 / 354
(5) 선정된 지하연구소(URL) 부지에 처분 전 보관시설의 건설 / 356
(6) 사용후핵연료 보관비용의 지불 / 359
(7) 기술개발 통합시스템 개발 / 360
(8) 사용후핵연료 기술관리공사(가칭)의 설립 / 364
(9) 「사용후핵연료 특별법(가칭)」의 조속한 제정 / 365
(10) 범정부 차원의 의사결정 기구의 구성 및 운영 / 367

Ⅳ. 사용후핵연료 관련 법제 정비 ········ 369

1. 법제 정비의 필요성 ········ 369
2. 관련 법제의 문제점 ········ 370
(1) 「방사성폐기물관리법」의 문제점 / 370
(2) 「원자력안전법」 상의 문제점 / 382

Ⅴ. 고준위방사성폐기물에 대한 관리 법안 ········ 387

1. 개 요 ········ 387
2. 제안이유 및 주요내용 ········ 387
(1) 정부 발의 법안 / 387 (2) 신창현 의원 발의법안 / 389
3. 검토내용 ········ 391
4. 제정안의 시행에 따른 소요 예산 추계 ········ 394
5. 조문별 검토 ········ 396
(1) 시설의 정의(정부안 및 신창현의원안 제2조) / 396
(2) 부지선정위원회의 구성·운영 등(정부안 제4조~제13조, 신창현의원안 제4조~제16조) / 398

부록 1 방사성폐기물 관리법(약칭: 방사성폐기물법) _ 409

부록 2 사용후핵연료 공론화위원회의 설치 및 지원에 관한 고시 (제 2013-163호) _ 419

부록 3 중·저준위방사성폐기물 처분시설의 유치지역지원에 관한 특별법 (약칭: 방폐물유치지역법) _ 423

부록 4 고준위방사성폐기물 관리시설 부지선정절차 및 유치지역지원에 관한 법률(정부안) _ 429

부록 5 고준위방사성폐기물 중간저장시설 부지선정에 관한 법률안 (신창현 의원 대표발의 법안) _ 437

부록 6 사용후핵연료 및 방사성폐기물 관리의 안전에 관한 공동협약 (Joint Convention on the Safety of Spent Fuel Management and on the Safety of Radioactive Waste Management) _ 443

부록 7 방사성폐기물 관리정책에 대한 주요 권고내용(Strategy for the Management & Disposal of Used Nuclear Fuel & High-Level Radioactive Waste) _ 460

◆ 사항색인 479

표목차

표 1. 주요 핵종의 붕괴열 점유비율(%) ········· 5
표 2. 발생 가능한 열화기구 ········· 7
표 3. 저준위방사성폐기물의 방사능 농도 제한치 ········· 10
표 4. 심지층처분에 고려할 수 있는 암반 종류별 특성 ········· 12
표 5. SCHEDULE 1(SPECIFIED ELEMENTS) ········· 20
표 6. 스웨덴의 원전 운영현황 ········· 49
표 7. 핀란드의 원전 운영현황 ········· 51
표 8. 고준위방사성폐기물 관리정책 결정의 경위 ········· 74
표 9. 캐나다 핵연료폐기물 장기관리「적응성 있는 단계적 관리(APM)」의 개요 ········· 77
표 10. 사용후핵연료 장기관리방침이 결정되기까지의 경위 ········· 79
표 11. NRC 규제 ········· 94
표 12. EPA 규제 ········· 94
표 13. 안전기준과 안전평가에 관한 지침 ········· 104
표 14. 안전지침(YVL D.5)에 대한 피폭선량 및 방사성핵종 방출량의 억제한도 ········· 109
표 15. 원자력안전청(ASN)의 주요기능 및 구성 ········· 116
표 16. 발열성 방사성폐기물의 최종처분에 관한 안전요건 ········· 123
표 17. 심층처분장의 폐쇄 후의 기간에 관한 방호기준 ········· 130
표 18. 안전기준지침 ········· 137
표 19. 심층처분장 운영개시까지의 잠정적 이정표(milestone) ········· 172
표 20. 심층처분 대상 폐기물의 총량 전망 ········· 191
표 21. 협의·조정을 위해 NDA가 검토·제시하는 지층처분사업 실시일정 ········· 193
표 22. 처분장 건설에서 운영까지의 일정 ········· 204
표 23. 연도별 항목별 예산요구액 ········· 213
표 24. 고준위방사성폐기물(사용후핵연료) 처분관련비용 ········· 216
표 25. 각 원자력사업자가 설립한 신탁기금 상황(100만 캐나다 달러) ········· 228
표 26. 캐나다의 사용후핵연료 장기관리방식의 비용견적 ········· 230

표 27. 심층처분 시행을 위한 SKB사의 활동(부지선정절차 및 안전평가 시점) …………… 235
표 28. 환경법 제정 전 개최된 비공식 EIA 협의 …………… 238
표 29. 스웨덴의 방사성원자력폐기물기금의 지자체 등에 대한 교부액 …………… 239
표 30. 지역주민이 생각하는 프로젝트가 미치는 영향의 크기 …………… 249
표 31. 인터넷회의「다른 의견에 의한 토론」의 구성 …………… 253
표 32. 위원회의 명칭과 역할 …………… 262
표 33. 실현가능성 조사를 수용한 지방자치단체의 의결상황 …………… 277
표 34. 부지조사 수용에 관한 지역의회의 의결 …………… 278
표 35. 핀란드의 처분장 입지에 의한 사회·경제면에의 영향에 대한 평가항목 …………… 287
표 36. 프랑스의 폐기물 발생자에 의한 지역지원사업 …………… 293
표 37. 독일의 부지선정절차의 흐름 …………… 295
표 38. 독일의 고준위방사성폐기물 위원회의 구성 …………… 296
표 39. 스위스의 부지선정에 대한 각 조직의 역할 …………… 301
표 40. 스위스의 특별계획이 규정하는 제1단계에서의 안전성과 기술적 실현가능성에 대한 부지평가기준 …………… 302
표 41. 방사성폐기물의 지질학적 후보지역과 면적 …………… 304
표 42. 제2단계에서 실시하는 초기 조사의 기준 …………… 317
표 43. 부지선정절차 수립과 진척 경위 …………… 319
표 44. 9단계로 구성되는 부지선정절차 …………… 321
표 45. 조선일보 기고기사 …………… 340
표 46. 각 원전별 사용후핵연료 발생량 및 예상발생량저장 …………… 347
표 47. 각 원전별 사용후핵연료 저장과 조밀저장대 설치 현황 …………… 349
표 48. 방사성폐기물관리법에 있어서 사용후핵연료의 용례 …………… 374
표 49. 원자력안전법시행령 관련 규정 …………… 375
표 50.「방사성폐기물관리법」 및「원자력안전법」상 처리 개념 …………… 376
표 51. 외국의 사용후핵연료 개념 및 중간저장시설(임시저장시설, 독립저장시설) …………… 382
표 52. 방사성폐기물의 분류 …………… 391
표 53. 원전별 사용후핵연료 저장현황 …………… 392
표 54. 고준위방사성폐기물 처분장 건설사업 예산 산출내역 …………… 396

표 55. 시설의 정의에 관한 정부안과 신창현의원안 ········· 396
표 56. 연구용 URL과 인·허가용 URL ········· 398
표 57. 부지선정위원회의 구성 및 운영에 관한 정부안과 신창현의원안 ········· 399
표 58. 심의대상 및 심의효력에 관한 정부안과 신창현의원안 ········· 400
표 59. 정보공개에 관한 정부안과 신창현의원안 ········· 402
표 60. 부지선정절차에 관한 정부안과 신창현의원안 ········· 403
표 61. 유치지역위지원원회 설치에 관한 정부안과 신창현의원안 ········· 405

그림목차

그림 1. 영국의 사회적 공론화 ······ 36
그림 2. Public and Stakeholder Engagement(PSE) Program ······ 37
그림 3. 영국의 CoRWM 단계별 공론화 로드맵 ······ 38
그림 4. 영국의 사회적 공론화 PSE 프로그램 ······ 39
그림 5. 캐나다의 사회적 공론화 ······ 41
그림 6. 일본의 사회적 공론화 구조 ······ 46
그림 7. 스웨덴의 원전이용상황 ······ 50
그림 8. 스웨덴의 원전 및 기타 관련시설 소재지 ······ 50
그림 9. 핀란드의 원전 이용상황 ······ 52
그림 10. 핀란드의 원전 및 기타 관련시설 소재지 ······ 52
그림 11. 프랑스의 원전이용상황 ······ 55
그림 12. 프랑스의 원전 및 기타 관련시설 소재지 ······ 55
그림 13. 독일의 원전이용상황 ······ 59
그림 14. 독일의 원전 및 기타 관련시설 소재지 ······ 59
그림 15. 스위스의 원전이용상황 ······ 67
그림 16. 스위스의 원전 및 기타 관련시설 소재지 ······ 67
그림 17. EKRA에서 비교 검토 실시한 처분개념 ······ 69
그림 18. 영국의 원전이용상황 ······ 72
그림 19. 영국의 원전 및 기타 관련시설 소재지 ······ 72
그림 20. 캐나다의 원전이용상황 ······ 76
그림 21. 캐나다의 원전 및 기타 관련시설 소재지 ······ 76
그림 22. 미국의 원전이용상황 ······ 82
그림 23. 미국의 원전 및 기타 관련시설 소재지 ······ 82
그림 24. 스웨덴의 사용후핵연료 처분에 관한 법령체계도 ······ 106
그림 25. 핀란드의 규제문서체계 ······ 108
그림 26. 핀란드의 사용후핵연료 처분에 관한 법령체계도 ······ 110

그림 27. 프랑스의 고준위방사성폐기물 처분사업의 실시체제 ··· 113
그림 28. 프랑스의 고준위방사성폐기물 처분에 관련된 법령체계도 ··· 120
그림 29. 독일의 고준위방사성폐기물 처분 시행체제 ··· 121
그림 30. 독일의 고준위방사성폐기물 처분에 관련된 법령체계도 ··· 125
그림 31. 스위스의 고준위방사성폐기물 처분사업의 시행체제 ··· 129
그림 32. 스위스의 고준위방사성폐기물 처분 관련 법령 체계도 ··· 132
그림 33. 영국의 고준위방사성폐기물 처분의 실시체제 ··· 135
그림 34. 영국의 고준위방사성폐기물 사용후핵연료 처분 관련 법령체계도 ··· 138
그림 35. 캐나다의 고준위방사성폐기물 처분 관련 법령체계도 ··· 146
그림 36. 미국의 고준위방사성폐기물 처분사업의 시행체제 ··· 148
그림 37. 미국의 고준위방사성폐기물 처분 관련법령 체계도 ··· 149
그림 38. 사용후핵연료의 밀봉 ··· 154
그림 39. 사용후핵연료의 밀봉 ··· 155
그림 40. 사용후핵연료 처분장의 개요 ··· 156
그림 41. 포스마르크 주변의 암반구조 ··· 159
그림 42. 스웨덴의 사용후핵연료 최종처분을 위한 일정(Schedule) ··· 160
그림 43. 에스포 암반연구소의 개념도 ··· 162
그림 44. 캐니스터 용기 ··· 163
그림 45. 캐니스터 단면도 ··· 164
그림 46. 캐니스터의 정치방법 ··· 165
그림 47. 핀란드의 최종처분지 결정 이후의 사용후핵연료 처분일정 ··· 166
그림 48. ONKALO 지하특성조사시설의 조감도 ··· 167
그림 49. 폐기물 패키지 정치 이미지 ··· 170
그림 50. 프랑스의 처분장 개념도 ··· 171
그림 51. 뷰어 지하연구소의 구조 ··· 174
그림 52. 사용후핵연료용으로 예정된 Pollux Cask ··· 175
그림 53. 고어레벤에서의 처분개념 ··· 176
그림 54. 다중방벽시스템 ··· 176
그림 55. 처분갱도 수평처분방식 ··· 177

그림 56. 처분공 수직방식 ………… 177
그림 57. 고어레벤의 부지 개요 ………… 179
그림 58. 독일의 처분장사업의 흐름 …………181
그림 59. 유리고화체 처분을 위한 캐니스터 ………… 184
그림 60. 사용후핵연료 처분용 캐니스터 ………… 184
그림 61. 오파리너스 점토층 내의 고준위방사성폐기물 처분장과 캐니스터 ………… 186
그림 62. 처분사업의 실시계획 ………… 187
그림 63. 유리고화체와 사용후핵연료의 처분용기 내부 ………… 191
그림 64. 심층처분장의 개념도 ………… 192
그림 65. CANDU 노형의 핵연료집합체 및 사용후핵연료 처분용기의 구조 ………… 195
그림 66. 심층처분장의 개념도 ………… 196
그림 67. AECL의 지하연구소 ………… 199
그림 68. 미국의 방사성폐기물 인벤토리 ………… 200
그림 69. 방사성폐기물 패키지의 종류 ………… 201
그림 70. 운반·저장·처분(TAD) 캐니스터 ………… 202
그림 71. 처분터널과 폐기물 패키지의 개념 ………… 203
그림 72. 유카산 처분에 관한 일정 및 Milestone ………… 205
그림 73. 초심공처분의 개념 ………… 208
그림 74. 설정된 저장·처분체제 ………… 209
그림 75. 스웨덴의 비용확보체제 ………… 214
그림 76. 원자력폐기물기금의 매 연도 말 잔고 추이(시장가격) ………… 215
그림 77. 스웨덴의 방사성폐기물 관리비용 내역 ………… 216
그림 78. 핀란드의 비용확보체제 ………… 217
그림 79. 핀란드의 방사성폐기물관리기금 적립현황 ………… 219
그림 80. 핀란드 처분비용의 내역 ………… 219
그림 81. 2014년 ANDRA에 의한 처분비용의 산정 ………… 221
그림 82. 스위스의 자금확보 구조 ………… 223
그림 83. 처분비용 산정액 내역 ………… 225
그림 84. 영국의 지층처분에 관한 장래지급액 예상 추이 ………… 226

그림 85. 캐나다의 심층처분비용 산정액 내역 ···· 228
그림 86. 사용후핵연료의 장기관리 프로젝트 코스트 비교 ···· 229
그림 87. 연도별로 본 비용의 개요 ···· 232
그림 88. 스웨덴의 부지타당성 조사와 부지조사의 상황 ···· 236
그림 89. TILA-99에서 취급된 안전평가 시나리오 구조 ···· 243
그림 90. 핀란드의 심층처분장 입지, 건설 및 조업을 위한 안전평가의 흐름 ···· 244
그림 91. 투명성의 확보와 설명책임을 위한 제반절차 ···· 245
그림 92. 핀란드 지역주민의 의식조사 ···· 248
그림 93. ANDRA의 안전평가 반복절차 ···· 250
그림 94. 프랑스 지역정보감시위원회(CLIS)의 조직 ···· 252
그림 95. 독일의 부지선정에 있어서 대중참여 ···· 257
그림 96. 스위스의 처분 실현가능성 실증프로젝트에 이른 경위 ···· 260
그림 97. 「적응성 있는 단계적 관리」에 대한 의사결정 포인트 ···· 268
그림 98. 스웨덴의 부지선정 흐름도 ···· 276
그림 99. 핀란드의 환경영향 평가절차의 개요 ···· 284
그림 100. 핀란드의 부지확정조사(1983년~1985년)에 있어서 조사지역 선정 및 압축 ···· 286
그림 101. 핀란드의 처분장 입지에 의한 고용 증가 ···· 287
그림 102. 핀란드의 처분장 입지 우대조치에 의한 고정자산세의 세수증가 ···· 288
그림 103. 프랑스의 방사성폐기물의 관리에 관한 사업의 흐름 ···· 290
그림 104. 스위스의 심층처분장 부지선정과 인·허가 절차의 흐름 ···· 300
그림 105. 제1단계의 개요 ···· 303
그림 106. 특별계획 「지층처분장」 제1단계에서 확정한 지질학적 후보지역 ···· 305
그림 107. 제2단계의 개요 ···· 306
그림 108. 제3단계의 개요 ···· 308
그림 109. 2014년 7월 「심층처분-고준위방사성폐기물 등의 장기관리를 위한 종합계획에 제시된 신 부지선정절차의 개요」 ···· 311
그림 110. 영국의 부지선정절차 ···· 314
그림 111. 초기조사에서 제외된 지역 ···· 316
그림 112. 미국의 처분장 사업의 흐름 ···· 326

그림 113. 부지추천에서 결정까지의 동향(2002년) ········· 327
그림 114. 2013년 「방사성폐기물관리법」 개정안에 대한 부지선정의 흐름 ········· 329
그림 115. 「1982년 방사성폐기물관리법」에 규정된 네바다주로의 급부액 ········· 331
그림 116. 사용후핵연료 관리정책 수립 및 실행지도 ········· 334
그림 117. 정부와 공론화위원회의 역할 분담 ········· 343
그림 118. 「방사성폐기물관리법」 및 「원자력안전법」상 방사성폐기물관련 규정 ········· 383
그림 119. 중간저장시설에 대한 정부안과 신창현의원안 ········· 393
그림 120. 고준위방사성폐기물 관리비용 산정절차 ········· 394

제 1 장 서 론

Ⅰ. 원자력의 이용과 방사성폐기물

오늘날 군사용 핵물질은 차치하더라도 상용 원전이나 방사성동위원소 활용시설 등에서 불가피하게 발생되는 방사성폐기물의 처리·처분을 어떻게 할 것인가라는 문제는 사회적으로 심각한 갈등을 야기하고 있다.

우리나라를 비롯한 세계의 주요국가도 고준위방사성폐기물 및 사용후핵연료의 처분을 위한 명확한 입법정책 및 사회제도가 확립된 나라는 없고 이러한 문제들이 원전을 추진함에 실질적 장해가 되고 있다.[1)]

방사성폐기물은 그 안에 포함되어 있는 방사성핵종이 다양하기 때문에 그 개념을 명확히 정의하기 어려우나, 일반적으로 방사성핵종의 농도가 규정치 이상 함유되어 있거나, 또는 이들에 의하여 오염된 물질로서 이를 재사용하지 아니하고 폐기되어야 할 물질을 말한다.[2)]

국제원자력기구(International Atomic Energy Agency; IAEA)는 방사성폐기물을 "규제면제량(exempt quantities)"보다 농도 또는 방사능준위가 큰 방사성핵종을 함유하고 있거나 이와 같은 핵종에 오염된 모든 물질로 정의하고 있다.[3)] 따라서 재사용될 수 있는 우라늄이나 플루토늄과 같이 재처리과정에서 분리되어 중간저장된 생성물(사용후핵연료)은 원칙적으로 방사성폐기물의 범주에서 제외된다.[4)]

방사성폐기물의 분류에는 다양한 분류체계가 이용되고 있으며, 그러한 분류체계에는 방사성핵종의 함유량, 폐기물의 원형, 방사선의 종류, 핵종의 반감기, 폐기물의 유해수명, 단위질량, 방사능농도 및 선량률 등이 기초가 되고 있다. 이러

---

1) 함철훈/박윤원, 원자력안전법론(상), 진원사, 2016, 515면; 卯辰昇, 現代原子力法の展開と法理論(第2版), 日本評論社, 2012, 213면.

2) 함철훈/박윤원, 위의 책, 2009, 272면.

3) Journal of Nuclear Material Management, 1994. 4, 17면.

4) 우리나라의 「원자력안전법」에서 "방사성폐기물"이라 함은 방사성물질 또는 그에 의하여 오염된 물질(이하 "방사성물질 등"이라 한다)로서 폐기의 대상이 되는 물질(제35조 제4항에 따라 폐기하기로 결정한 사용후핵연료를 포함한다)을 말한다(제2조 제18호).

한 분류체계들은 서로 다른 이점이 있으므로 각국은 자국의 실정에 맞는 독자적 분류체계를 개발하여 왔다.[5)]

Ⅱ. 사용후핵연료의 관리개념

1. 핵연료주기의 개요

국제원자력기구는 원자력에너지 생산에 수반되는 모든 과정을 “핵연료주기(nuclear fuel cycle)”로 정의하고 있으며,[6)] 미국 원자력규제위원회(Nuc lear Regulatory Commission; NRC)는 핵연료주기를 원광의 채광 및 정련, 우라늄의 변환 및 농축, 핵연료의 가공, 원자로에서의 연소, 사용후핵연료의 중간저장 또는 재처리, 고준위방사성폐기물의 처분과 같은 일련의 단계로 설명하고 있다.[7)]

이와 같이 핵연료주기에 대한 정의는 각 기관 또는 전문가의 견해에 따라 다소 차이가 있을 수 있으나 일반적으로 자연에 존재하는 우라늄 또는 토륨 등의 자원을 이용하여 핵연료로 만드는 과정, 핵연료를 원자로에서 연소하는 과정, 연소된 사용후핵연료를 재처리하여 다시 핵연료로 만들어 원자로에서 연소시키거나 방사성폐기물로 최종 처분하기까지 과정을 포함하는 일련의 연속된 과정으로 볼 수 있다.

핵연료주기는 사용후핵연료의 재활용 여부에 따라 순환 핵연료주기(closed nuclear fuel cycle)와 비순환 핵연료주기(open nuclear fuel cycle)로 구분하기도 한다. 전자는 채광, 정련, 변환, 우라늄 농축, 핵연료 가공, 원자로 운전, 전기 생산 또는 기타 에너지 생산, 핵분열성물질 회수를 위한 재처리, 재처리된 핵분열성 물질 저장, 고방사성 핵분열생성물 처분 및 모든 방사성폐기물의 최종 처분

---

5) 주요 국가별 방사성폐기물의 분류는 다음과 같다. ① 미국 : 고준위폐기물 및 저준위폐기물, ② 영국 : 고준위폐기물, 중준위폐기물 및 저준위폐기물, ③ 프랑스 : 고준위폐기물(범주 C), 중준위폐기물(범주 B) 및 저준위폐기물(범주 A), ④ 일본 : 고준위폐기물 및 저준위폐기물.

6) International Atomic Energy Agency, Safety Glossary - 2016 Edition, IAEA, Vienna(2016).

7) Nuclear Regulatory Commission, Glossary (https://www.nrc.gov/reading-rm/ asic-ref/golssary/fuel-cycle.html).

단계로 이루어지는 반면 후자는 채광에서 에너지 생산까지는 전자의 경우와 동일하나 재처리 없이 저장 및 처분 단계로 구성된다는 점에서 차이가 있다.

한편 핵연료 또는 부산물의 순환과정을 기준으로 하여, 우라늄의 채광부터 핵연료가공까지의 과정을 선행핵연료주기(front-end fuel cycle) 그리고 연소 이후 사용후핵연료의 재처리 및 방사성폐기물의 최종 처분과정을 후행핵연료주기(back-end fuel cycle)로 구분하기도 한다.

원자로 노심으로부터 인출된 사용후핵연료는 다음 관리단계(처리, 저장, 처분 등)로 이송하기 전, 발생되는 열 제거와 방사선량률 감소를 위해 대부분 사용후핵연료 저장조(spent fuel pool)에 일정기간 저장한다. 이 때 원전 부지에 습식 또는 건식으로 저장하는 방식과 부지 외부의 별도 저장시설에서 습식 또는 건식으로 저장하는 방식을 고려할 수 있다.

사용후핵연료의 재처리(reprocessing)는 잔류하는 유용한 핵물질(U, Pu 등)을 분리·회수하는 과정을 말하고, 회수된 물질을 이용하여 핵연료를 제조한 후 원자로의 연료로 다시 이용하는 과정을 포함하여 재활용(recycling)이라고 한다.

사용후핵연료 또는 고준위방사성폐기물은 지하 처분환경에서 목표기간 동안 건전성을 유지할 수 있는 처분용기(캐니스터; canister)에 장입한 후 지하 수백 미터 암반 내에 정치(定置, emplacement)함으로써 인간의 생활권으로부터 영구적으로 격리될 수 있다.[8)]

궁극적으로 핵연료주기는 각국의 핵연료주기 정책, 원자로 노형, 운영 및 관리기술, 핵연료주기 시설의 특성, 국민 수용성 등에 따라 구체적인 사항이 달라질 수밖에 없다. 우리나라의 경우 현재 우라늄의 채광, 정광, 정련, 변환 및 농축과 사용후핵연료 재처리는 실시하지 않고 있다.

2. 사용후핵연료의 개요

일반적으로 사용후핵연료는 "상업용 또는 연구용 원자로에서 연료로 사용된 핵연료 물질 또는 기타의 방법으로 핵분열시킨 핵연료물질"을 말한다. 사용후핵연료는 사용전핵연료와 외관상 차이는 없으나 원자로 내에서 일어나는 방사선 조사와

---

8) 정재학/장윤석, 사용후핵연료관리 개론, 한스하우스, 2017.6, 28면.

핵분열 연쇄 반응 등을 통해 물질 구성이 달라지고, 방사선과 높은 열을 방출한다.

우리나라에서 발전용으로 사용되는 핵연료는 원자로의 종류에 따라 경수로형과 중수로형, 두 가지 종류가 있다. 중수로는 핵연료 U-235 농축도가 0.7%인 천연 우라늄을, 경수로의 경우는 농축도가 3~5%인 농축우라늄을 사용한다.

두 종류 모두 핵연료 초기에는 우라늄만 존재하나 원자로 내에서 핵분열 연쇄 반응이 진행됨에 따라 사용후핵연료에는 많은 방사성 핵종들이 존재하게 된다. 핵분열 연쇄 반응이 진행되면 최초에 장전된 우라늄은 원자로 내에 존재하는 중성자를 흡수하여 넵튜늄(Np), 플루토늄(Pu), 아메리슘(A), 큐륨(Cm) 등으로 변하게 되며, 이들은 반감기가 길어 지속적 관리가 필요하다.

우라늄, 플루토늄을 제외한 원자번호 92번 이상의 초우라늄 원소는 중수로 사용후핵연료의 경우 약 0.02%, 경수로 사용후핵연료의 경우 0.2%가 생성된다. 또한 핵분열을 통해 쪼개지며 생성된 원소를 핵분열생성물이라 하며, 중수로 사용후핵연료의 경우 약 0.8%, 경수로 사용후핵연료의 경우 5.6%를 차지하는데 초기 열 및 방사선 발생의 대부분을 유발한다.

경수로 사용후핵연료 내에는 아직도 연소되지 않고 남아 있는 대부분의 우라늄과 새로이 생성된 플루토늄을 함유하고 있어, 이를 회수하여 다시 사용하는 방안이 논의되고 있다. 그러나 다량의 방사성 핵종을 포함하고 있어 고준위 방사성폐기물로 분류될 수 있기 때문에 저장과 최종 처분 문제는 사회적 또는 국제적으로 많은 관심의 대상이 된다.

우리나라는 사용후핵연료에 대한 국민적 공감대를 조성하고 관리 방안을 함께 찾아가고자 공론화위원회를 설립하여 운영하였고, 2015년 6월 최종권고안이 제출되었으며, 정부는 이를 바탕으로 2016년 5월 26일 「고준위방사성폐기물 관리 기본계획(안)」[9]을 발표하였다. 이 계획에는 고준위방사성폐기물을 안전관리하기 위한 절차와 방식 중심으로 일정이 제시되었으며, 향후 12년간의 부지선정 절차를 제시하고 책임감 있게 실행할 것을 권고하였다.

---

9) 산업통상자원부의 (안)에는 추진개요, 고준위방사성폐기물 발생전망, 고준위방사성폐기물 정책 방향, 주요 추진과제, 투자계획, 실행방안 등이 포함되어 있다.

3. 사용후핵연료의 특성 및 관리의 개요

사용후핵연료에 포함된 주요 장수명 핵종의 반감기는 짧게는 18년에서 길게는 약 200만년에 이르는 것으로 파악되고 있다. 이러한 핵종들의 방사성붕괴 과정에서 생성되는 열(이하 붕괴열이라 한다)은 건식저장 또는 영구처분 시 저장밀도에 영향을 미치는 중요한 요소이다.

붕괴열은 원자로에서 인출된 후 시간이 경과함에 따라 지수함수 형태로 감소하고 연소도가 높은 사용후핵연료일수록 그 값이 커지는 특징이 있다. 아래(표 1. 참조)는 대표적인 경수로 사용후핵연료 내 주요 핵종의 냉각시간에 따른 붕괴열 점유비율을 나타낸 것이다.

초기에는 주요 핵종인 세슘(Cs), 이트륨(Y), 바륨(Ba), 스트론튬(Sr)의 붕괴열이 전체 붕괴열의 60% 이상을 차지한다. 그러나 바륨과 이트륨이 각각 세슘과 스트론튬의 붕괴로 생성되기 때문에, 사용후핵연료로부터 이를 분리하여 제거하면 붕괴열을 낮출 수 있어 처분장 면적을 크게 줄일 수 있다.

냉각시간 (년)	스트론튬 (Sr)	이트륨 (Y)	세슘 (Cs)	바륨 (Ba)	기타 핵분열생성물	마이너 악티나이드
5	3.9	18.5	23.3	18.2	15.3	20.8
10	5.2	24.6	12.3	24.4	3.9	29.7
300	0.0	0.2	0.1	0.3	0.0	99.3

표 1. 주요 핵종의 붕괴열 점유비율(%)[10)]

또한 사용후핵연료는 불안정한 핵종들이 안정한 핵종으로 붕괴되면서 방사선을 방출하게 되는데, 시간에 따른 방사선적 특성의 변화는 붕괴열의 변화와 유사하다. 초기에는 핵분열생성물 붕괴에 의해 발생하는 방사선이 주를 이루고, 100~150년 이후에는 마이너악티나이드 핵종이 방출하는 방사능의 세기가 이를 능가하게 되지만, 납 및 콘크리트와 같은 차폐재를 이용하여 환경으로의 방출을 차단할 수 있다.

---

10) 정재학/장윤석, 사용후핵연료관리 개론, 한스하우스, 2017.6, 40면.

방사성 독성도는 사용후핵연료가 생태계에 끼칠 수 있는 위해 수준을 나타내는 지표로서, 어느 시점까지 안전 관리해야 하는지를 결정짓는 인자로 사용될 수 있다. 독성이 천연우라늄 수준으로 감소하기까지는 약 30만년이 소요되며, 이처럼 장기간에 걸쳐 영향을 미치는 핵종은 장수명 악티나이드와 요오드 및 테크네슘이다.

따라서 사용후핵연료 내에 존재하는 이들 핵종들을 분리하면 안전 관리기간을 1,000년 이내로 크게 줄일 수 있으며, 플루토늄 등 고방사능물질을 제거할 경우 천연우라늄 수준이 되는데 필요한 시간은 약 300년으로 현저하게 감소한다.[11)]

한편 약 3~5년간 연소된 사용후핵연료는 수조에서 50℃ 미만의 온도로 수년~수십년간 습식저장하게 되며, 피복관 내 압력은 원전 운전 시보다 낮다. 그러나 건식저장을 위해 인출하는 순간 붕괴열에 의해 피복관의 온도가 상승하게 되고, 피복관의 수분을 제거하기 위해 진공 건조 시 온도는 약 400℃에 이르게 된다.

이 때 핵분열성 기체생성물의 활동이 활발해져서 내압은 높아지게 되고 응력도 증가하게 된다. 또한 피복관의 수소고용도(hydrogen solubility)가 낮아져서 기계적 특성과 파괴인성을 매우 취약하게 만들 수 있으므로, 사용후핵연료의 취급 및 운반 과정에서 외부 충격을 받게 되면 파손될 가능성이 있다.

열화기구	특 징
부식	환경에 의해 표면이 다소 균일하게 얇아지거나 손실되는 열화기구. 부식 생성물의 축적 등을 유발하며, 파손 또는 누설 등의 문제로 이어질 수 있음.
산화	원자, 이온, 또는 분자로부터 하나 이상의 전자가 제거되는 현상. 일반적으로 핵연료의 연소도가 증가할수록 피복관의 산화막 두께와 수소농도는 증가하고, 이에 따라 피복관이 취화되어 재료적 건전성을 저하시킬 수 있음.
수소 취성	재료 내부로의 수소 원자 확산에 따라 연성이 감소되는 현상. 일반적으로 수소를 함유한 지르코늄합금의 경우 고온에서는 연성을 유지하지만 온도가 감소함에 따라 확연하게 낮아지고 취성파괴에 이를 수 있음. 수소화물의 농도와 수소화물의 배열 그리고 재료의 함수이며, 사용후핵연료의 운반 시기를 결정함에 있어 고려해야 할 중요한 인자임.

11) 정재학/장윤석, 사용후핵연료관리 개론, 한스하우스, 2017.6, 42면.

지연 수소화 균열	피복관 내부에 균열이 존재하는 경우 균열선단에서 수소화물이 집중되면서 성장하고 결국은 파단(Rupture)에 이르게 되는 현상. 장기적인 온도 감소에 따른 수소화물의 석출량 증가와 작용 내압에 의해 발생되며, 영향을 미치는 인자로는 응력, 온도, 냉각방식 그리고 수소화물재배열 등이 있음.
응력 부식균열	부식환경과 높은 인장응력 하에서 민감재료의 균열 생성과 전파를 야기하는 열화기구. 입계응력부식균열(Intergranular SCC; IGSCC)은 결정립 경계를 따라 선택적 침입에 의해 특성화되고 오염물질이 존재하는 순수 또는 수화학 환경에서 발생할 수 있으며, 입내응력부식균열(Transgranular SCC: TGSCC)은 결정립 내부를 따라 선택적 침입에 의해 특성화되며 오염물질과도 관련이 있음.
수소화물 재배열	피복관의 온도가 서서히 낮아짐에 따라 원주방향 수소화물이 재석출될 때 높은 응력에 의해 반경방향 수소화물로 배열되는 현상. 건식저장 중에는 외부응력이 존재하지 않으므로 재배열이 발생하더라도 재료의 손상이 발생하지 않지만, 수송 중 갑작스런 충격이나 외부응력이 존재하는 경우 피복관이 손상될 수 있음.
크립	일정 응력 하에서 시간이 경과함에 따라 발생하는 영구변형. 연료봉 내부에 축적된 핵분열생성 기체로 인한 내압에 의해 피복관의 크립 변형이 발생하고 응력이 높은 경우 파단이 발생할 수 있음.

표 2. 발생 가능한 열화기구

아울러 장기 건식저장 시 연료봉은 잠열로 인한 높은 온도와 내압에 의한 열 및 기계적 응력을 장기간 받게 되며, 다양한 열화기구(degradation mechanism)로 인해 건전성이 저해될 수 있다. 위(표 2. 참조)에서는 사용후핵연료의 재료 특성에 영향을 미칠 수 있는 주요 열화기구의 종류와 특징을 나타낸 것이다.

사용후핵연료의 파손을 방지하기 위해서는 적절한 조치가 필요하다. 먼저 검사는 운반 및 저장 등 사용후핵연료 관리공정의 정상적 수행 여부를 손상 유무 점검으로 확인하는 것이다.

대표적인 예로 센서를 이용하여 누설을 검출함으로써 결함 연료봉을 판독하는 초음파탐상법(Ultrasonic Testing; UT)과 이에 따른 손상 핵연료봉의 수리, 사용후핵연료 저장조 내에서 성능 및 기계적 건전성을 검사하는 PSE(Pool-Side Examination) 등을 들 수 있다.

PSE의 경우 측정자 및 인코더(encorder), 영상처리기(image processor), 선형가변변위계량기(Linear Variable Differential Transformer; LVDT), 와류탐상시험법(Eddy Current Testing; ECT)을 기반으로 중성자 조사에 의한 핵연료집합체의 길이 성장, 연료봉의 휨 및 비틀림, 피복관의 산화막 두께를 측정할 수 있다.[12)]

건전성평가는 사용후핵연료의 특성을 기반으로 운반 및 취급 또는 장기저장과 같은 주어진 환경 하에서 안전성을 평가하는 것이다. 이를 위해서는 다양한 설계 및 운전 자료뿐만 아니라 전술한 사용후핵연료의 특성 및 검사 정보 등이 필요하다.

일례로, 실험과 해석을 통해 수소화물재배열을 유발하는 주요 인자들을 분석한 일련의 연구에서는 온도, 원환응력, 수소농도, 냉각속도, 온도순환 그리고 등온시간 순으로 수소화물재배열에 큰 영향을 미치는 것으로 나타났다.[13]

세계적으로 운반·저장 시스템이 정해지지 않은 국가들이 대부분이므로 실제 설비를 대상으로 한 안전성 입증 연구는 아직까지 그리 많지 않은 실정이나, 직접 처분할 경우 생태계에 미칠 수도 있는 방사선 영향을 감안한 장기간의 안전관리가 요구된다.

이와 관련하여 최근에는 핵연료의 임계 및 차폐뿐만 아니라 열·유동 및 유한요소 해석, 사용후핵연료에 미치는 조사영향의 평가, 저장시설에 대한 항공기 충돌 시뮬레이션, 사용후핵연료 관리시설의 중대사고 가능성 분석, 확률론적 분석 및 장기저장 열화특성 평가 등 보다 다양하고 실용적인 연구가 수행되고 있다.

4. 사용후핵연료 처분의 개요

영구처분은 감시나 유지보수에 의존하지 않고 방사성폐기물을 장기간 안전하게 격리할 수 있는 처분시설에 정치하기 위한 것으로서, 사용후핵연료 관리의 마지막 단계에 해당한다.

현재 채택하고 있는 방식은 크게 천층처분(near-surface disposal)과 심지층처분(deep geological disposal)으로 구분할 수 있다. 세계적으로 중·저준위폐기물의 처분방식은 지표로부터 수십 미터 이내의 지하에 처분하는 천층처분이 주류를 이루고 있으며, 고준위방사성폐기물과 사용후핵연료는 지하 수백 미터 이하의 암반에 처분하는 심지층처분 방식이 가장 유력하게 고려되고 있다.

영구처분의 준비 또는 시행은 핵연료주기 내 다른 단계와 마찬가지로 법제도와 밀접한 관련이 있다. 우리나라의 경우 2014년 9월 원자력안전위원회는 고시 제

12) 정재학/장윤석, 사용후핵연료관리 개론, 한스하우스, 2017.6, 48면.
13) 정재학/장윤석, 위의 책, 51면.

2014-3호(방사성폐기물 분류 및 자체처분 기준에 관한 규정)에서 방사성폐기물의 분류 및 이에 따른 표준 처분방식을 전면 개정·공포한 바 있다.

‘고준위방사성폐기물’은 반감기 20년 이상의 알파선을 방출하는 핵종으로 4,000Bq/g 이상이고 열발생률이 2kW/㎥ 이상인 경우이다. ‘중준위방사성폐기물’은 중·저준위방사성폐기물 중에서 방사능 농도가 핵종별 농도(표 3. 참조) 이상인 경우에 속한다.

‘저준위방사성폐기물’은 중·저준위방사성폐기물 중에서 방사능 농도가 자체처분 허용농도의 100배 이상이고 제시된 표의 핵종별 농도 미만인 경우이며, 규정되지 않은 핵종에 대해서는 처분시설 운영자의 인수기준에 따른 처분제한농도를 적용하게 된다.

‘극저준위방사성폐기물’은 중·저준위방사성폐기물 중에서 방사능 농도가 자체처분 허용농도 이상이고, 자체처분 허용농도의 100배 미만인 방사성폐기물에 해당한다. 자체처분 허용농도는 원자력안전위원회고시 제2014-3호에 제시된 방사성핵종별 자체처분 허용농도이다.

「원자력안전법」에서는 방사성폐기물의 처분방식을 심층처분, 동굴처분, 표층처분 및 매립형처분으로 구분하고 있다. ‘심층처분’은 지하 깊은 곳의 안정한 지층구조에 천연방벽 또는 공학적 방벽으로 방사성폐기물을 처분하는 개념이고, ‘천층처분’은 동굴처분, 표층처분 또는 매립형처분이다. 또한 ‘동굴처분’은 지하의 동굴 또는 암반 내에 천연방벽 또는 공학적 방벽으로 방사성폐기물을 처분하는 개념이고, ‘표층처분’은 지표면과 가까이에 천연방벽 및 공학적 방벽으로 방사성폐기물을 처분하는 개념이며, ‘매립형처분’은 지표면과 가까이에 천연방벽으로 방사성폐기물을 매립하여 처분하는 방식이다.[14)]

14) 정재학/장윤석, 사용후핵연료관리 개론, 한스하우스, 2017.6, 172~173면.

방사성 핵종	방사능 농도(Bq/g)
^{3}H	$1.11E \times 10^{6}$
^{14}C	2.22×10^{5}
^{60}Co	3.70×10^{7}
^{59}Ni	7.40×10^{4}
^{63}Ni	1.11×10^{7}
^{90}Sr	7.40×10^{4}
^{94}Nb	1.11×10^{2}
^{99}Tc	1.11×10^{3}
^{129}I	3.70×10^{1}
^{137}Cs	1.11×10^{6}
전알파	3.70×10^{3}

표 3. 저준위방사성폐기물의 방사능 농도 제한치[15)]

원자력안전위원회고시 제2014-3호에서는 방사성폐기물의 종류별로 표준 처분방식을 제안하고 있다. 고준위방사성폐기물은 천층처분(동굴처분, 표층처분 또는 매립형처분) 방식으로 처분할 수 없으므로 심층처분만 가능하다.

중준위방사성폐기물은 표층처분 또는 매립형처분 방식으로 처분할 수 없으므로 심층처분이나 동굴처분을 적용해야 한다. 저준위방사성폐기물은 매립형처분 방식이 아닌 심층처분, 동굴처분 또는 표층처분 방식으로 처분할 수 있다.

극저준위방사성폐기물은 모든 천층처분 또는 심층처분방식의 처분 방법을 적용할 수 있다. 사용후핵연료를 직접 처분할 경우 고준위방사성폐기물로 분류되므로, 심층처분방식이 적용될 것으로 예상할 수 있다.

일반적으로 사용후핵연료의 처분안전성은 사용후핵연료를 적절한 처분용기에 장입한 후 처분시설에 영구적으로 격리하는 '농축 및 격납(Concentration and Containment; C&C)'개념을 통해 달성된다. 이러한 격리기능은 사용후핵연료로부터 주변 환경으로 방사성핵종의 누출을 제한할 수 있는 방벽(barrier)을 마련함으로써 달성된다. 방벽은 천연방벽(예: 암반, 토양 등)과 공학적 방벽(예: 처분용기, 뒤

15) 정재학/장윤석, 사용후핵연료관리 개론, 한스하우스, 2017.6, 172면.

채움재 등)으로 구분할 수 있으며, 일반적으로 처분시설의 격리시스템은 다중방벽으로 구성된다.

또한 방벽은 일정 시간 동안 방사성핵종을 격납하는 방벽(예: 처분용기 등)과 방사성핵종의 누설을 지연시키는 방벽(예: 흡착능이 높은 뒤채움재, 암반 등)으로 구분할 수 있다. 따라서 처분시설 방벽의 설계는 해당 처분시스템과 방사성폐기물의 형태에 따라 결정되어야 한다.

상술한 내용을 조금 더 구체적으로 살펴보면, 심지층처분은 지상으로부터 300~1000m 이하 깊이의 심부 결정질암반(crystalline rock or hard rock), 암염층(salt formation), 점토 또는 퇴적암(clay or sedimentary rock) 등에 사용후핵연료 또는 고준위방사성폐기물을 처분하기 위한 개념이다. 심지층처분 개념의 적합성은 안정한 지질환경과 역학적 특성으로 지하에 위치한 처분시설이 적절하게 보호될 수 있고, 안정된 수리·지구화학적 완충 작용과 누출된 핵종의 이동 지연을 기대할 수 있으며, 처분장 주변 암반의 낮은 투수성에 의해 방사성핵종의 확산을 제어할 수 있어야 한다.

다음에서(표 4. 참조) 사용후핵연료 심지층처분장 후보부지로 고려할 수 있는 암반의 종류 및 그 장·단점을 요약한 것이다.

2016년 12월 원자력안전위원회는 고준위방사성폐기물 심층처분시설에 관한 일반기준(이하 "심층처분 일반기준")을 원자력안전위원회고시 제2016-27호로 공포·시행한 바 있다. 해당 기술기준의 주요 내용을 간략히 살펴보면 다음과 같다.[16)]

심층처분 일반기준 제4조(국민건강과 환경의 보호)에서는 심층처분시설로 인한 국민 건강상의 위해는 용인할 수 있을 정도로 낮아야 하고, 후세대에 예상되는 방사선영향은 현재 용인되는 수준보다 크지 않아야 하며, 심층처분시설로 인한 환경의 방사선영향은 무시할 만한 수준으로 낮아야 한다고 명시되어 있다.

16) 정재학/장윤석, 사용후핵연료관리 개론, 한스하우스, 2017.6, 177~189면.

방사성 핵종	장점	단점
암염층	지하수 흐름이 없음 비교적 우수한 열전도도 크립(creep)이 가능하므로 모든 균열을 자체 밀봉	소량의 소금성분도 이동해서 폐기물 캐니스터 부식 유발 가능 매질 자체가 귀한 자원 지하수가 암염을 용융시킬 수 있음
점토 또는 퇴적암	방사성물질 흡착가능 낮은 투수성 매우 우수한 이온 잔류용량	가열에 따른 반응에 대한 정보 부족 보조용 구조재 적용 필요성 점토 형태의 가변성
결정질 암반	비균열 상태에서 매우 낮은 투수성 유리고화체 침출물질에 대한 우수한 흡착성능	암염보다 낮은 열전도도 필요한 캐니스터 정치공간 증가 더 긴 처분전 냉각기간 필요

표 4. 심지층처분에 고려할 수 있는 암반 종류별 특성[17)]

심층처분 일반기준 제5조(안전목표치)에서는 폐쇄 후 방사능영향이 일련의 안전목표치를 만족하도록 심층처분시설을 설계하여야 한다고 규정되어 있으며, '안전목표치'는 발생가능성이 낮은 확률의 자연현상과 인간침입 등 단일 시나리오에 따른 대표인에 대한 예상 피폭선량 10 mSv/yr이다.

심층처분 일반기준 제6조(안전성평가)에서는 안전목표치 만족여부 평가를 위한 기준이 규정되어 있다. 평가대상 피폭시나리오는 처분시스템의 특성을 대표하고 총위험도(total risk)에 대한 기여도가 클 것으로 예상되는 주요 현상, 과정 및 사건을 체계적으로 분석하여 구성해야 한다. 안전성평가의 기간은 해당 처분시스템의 성능기간을 포함하되, 안전목표치에 대한 부합성을 판단하기 위한 평가기간은 심층처분시설의 폐쇄 시점으로부터 '1만년'으로 상정하여야 한다.

심층처분 일반기준 제7조(신뢰성 구축)에서는 안전성평가 결과가 안전목표치에 부합함에 대한 판단은 선량 및 위험도의 확률론적 분포특성에 관한 분석, 평가에 수반되는 불확실성의 분석, 자연유사물 및 보조안전지표를 이용한 비교평가, 심층방어 증거의 확보 등 다중의 논거를 통해서 뒷받침하도록 되어 있다.

심층처분 일반기준 제8조(종합안전성 구축)에서는 심층처분시설의 안전성은 기초연구, 부지조사, 설계, 건설, 운영, 폐쇄 및 폐쇄 후 관리 등 해당 처분시스템의 전체 단계에 걸쳐 단계별 목적에 맞게 최신의 정보를 바탕으로 단계별 안전성평

17) 정재학/장윤석, 사용후핵연료관리 개론, 한스하우스, 2017.6, 172면.

가를 통해 지속적으로 구축하도록 규정되어 있다.

심층처분시설 부지의 선정과 설계, 건설, 운영, 폐쇄 및 폐쇄 후 관리 등 처분시설 전체 단계의 제반 사항은 심층처분시스템의 특성을 파악할 수 있는 지하연구시설에서 수행한 연구결과에 바탕을 두도록 되어 있다. 이 조항은 심층처분시설이 건설될 해당 부지에서 처분시스템 고유의 특성을 확인하고 장기성능을 예측하기 위하여 처분시설 부지에 지하연구시설의 설치·운영을 의무화한 것이다.

심층처분 일반기준 제9조(부지)에서는 심층처분시설의 부지는 해당 지역의 기상조건, 지표면의 상태, 지표수 및 지하수의 분포, 생태학적 특징 등 자연환경과 인문사회적 특성이 처분시설의 안전운영에 영향을 미치지 않는 곳이어야 한다고 규정되어 있다. 해당 부지는 미래에 지하자원의 탐사나 지하개발, 고고학적 발굴과 같은 굴착활동이 일어날 가능성이 낮은 곳이어야 하고, 심층처분시설에 위치하는 사용후핵연료의 인수저장시설은 원자력안전위원회고시 제2014-52호(사용후핵연료 중간저장시설의 위치에 관한 기술기준)를 충족하여야 한다.

심층처분 일반기준 제10조(지질학적 안정성)에서는 심층처분시설의 부지는 지질학적으로 안정된 곳으로서 해당 처분시스템의 성능기간에 걸쳐 구조적인 변형이 일어날 가능성이 낮은 곳을 선정하도록 규정되어 있다. 심층처분시설의 부지는 활동성단층지역에 속하지 않아야 하고, 역사적으로 지진 발생빈도와 규모 및 진도가 낮아야 하며, 성능기간에 걸쳐 그러할 것으로 예상되는 곳으로 한정하였다. 또한 성능기간에 걸쳐 지각의 융기나 침강 등 지각변동과 지열에너지의 방출이 격리성능에 영향을 미칠 가능성이 낮은 곳이어야 한다.

심층처분 일반기준 제11조(처분시스템의 구성)에서는 다중방벽과 이들이 제공하는 다중의 안전기능으로 처분시스템을 구성하도록 규정되어 있다. 또한 처분시스템은 처분된 방사성폐기물을 회수할 필요나 처분시설의 폐쇄 후 회수할 여지가 없도록 하는 방식으로 개발되어야 하며, 방사성폐기물의 회수가 처분안전성을 확보하기 위한 방안의 하나로 고려하는 것을 금지하고 있다.

심층처분 일반기준 제12조(천연방벽)에서는 심층처분시설의 모든 처분고(處分庫, disposal unit)를 균질한 암반으로 강도가 큰 단일 기반암 내에 위치하도록 규정하고, 석회암이나 이방성(異方性; anisotropy)이 큰 불안정한 암종이 분포하는 곳은 배제하도록 되어 있다. 심층처분시설의 처분고는 미래에 해당 지역에서 예상되는 지표면의 변화와 기후변화에 의해 심각한 영향을 받지 않아야 하고, 미래 인간침입의 가능성과 그 영향이 제한될 수 있도록 충분한 깊이에 위치하여야 한다.

심층처분 일반기준 제13조(공학적 방벽)에서는 처분환경에서 방사성핵종의 유출을 장기간 제한할 수 있는 처분용기를 심층처분시설의 공학적 방벽으로 확보하도록 되어 있다. 심층처분시설의 공학적 방벽은 다른 설계특성 및 천연방벽의 특성과 연계하여 처분시설 운영 중 및 폐쇄 후 방사성폐기물로 인한 붕괴열과 주변의 압력에 견딜 수 있어야 하고, 폐쇄 후 정상적인 자연현상 하에서 방사성핵종이 지하수 흐름에 따라 천연방벽으로 유입되는 것을 수천 년 이상 제한할 수 있어야 한다.

심층처분 일반기준 제16조(처분시설 건설)에서는 심층처분시설은 안전성평가를 통해 확인된 해당 부지환경과 천연방벽의 안전기능을 보전하는 방식으로 건설되어야 한다고 규정되어 있다.

심층처분 일반기준 제14조(설계 일반사항)에서는 심층처분시설에 대한 설계기준이 규정되어 있다. 심층처분시설의 설계는 건설 및 운영의 안전과 폐쇄 후 처분 안전성을 확보하기 위한 처분시스템 구성 전략 및 안전성 구성 전략에 기초해야 한다. 운영 중 필요한 경우 방사성폐기물을 안전하게 회수할 수 있는 방안이 확보되어야 하고, 회수한 방사성폐기물을 관리할 수 있는 공간과 설비를 지상과 지하의 적절한 위치에 각각 확보하여야 한다. 이 외에도 심층처분시설은 운영 중 핵물질의 불법이전 및 사보타주(sabotage) 등에 대해 물리적방호(physical protection)를 확보할 수 있도록 설계되어야 한다.

심층처분 일반기준 제15조(구조 및 설비)에서는 심층처분시설에 위치하는 사용후핵연료의 인수저장시설이 원자력안전위원회고시 제2015-19호(사용후핵연료 중간저장시설의 구조 및 설비에 관한 세부기술기준)를 충족하여야 한다고 규정되어 있다. 또한 심층처분시설은 주어진 기능을 수행하는데 필요한 설비 또는 공간을 충분히 확보하여야 하며, 해당 처분시스템의 특성에 적합하게 배치하여야 한다.

심층처분 일반기준 제17조(구조물·계통 및 기기의 성능)에서는 심층처분시설의 구조물·계통 및 기기가 수행해야 할 기능과 각 구조물·계통 및 기기에 대한 성능기준이 제시되어 있다.

심층처분 일반기준 제18조(방사성폐기물 특성)에서는 심층처분시설에 처분되는 고준위방사성폐기물의 특성기준이 규정되어 있다. 심층처분시설에 처분되는 고준위방사성폐기물은 출처·발생시점·처분 전 관리내용 등 이력이 분명하고 선량률 및 핵종별 재고량 등 방사선 특성과 열 특성, 방사성폐기물 형태·포장재 및 포장물의 물리적·화학적 특성을 비롯하여 관리와 안전성평가에 필요한 특성들이 충분히 규명된 것이어야 한다.

심층처분 일반기준 제19조(시설운영)에서는 심층처분시설의 운영 과정에서 설계 및 성능에 관한 기준, 구역설정 및 방사성폐기물 특성기준 등을 준수하도록 규정되어 있다. 심층처분시설은 안전성평가를 통해 가정된 주요 폐쇄 후 안전기능들을 보전하는 방식으로 운영되어야 하고, 운영기준을 이행하는 데 필요한 절차서를 수립하여 적용하여야 한다.

심층처분 일반기준 제20조(제한구역 등의 설정)에서는 심층처분시설 운영자는 해당 부지에 대하여 제한구역을 설정·관리하기 위해 해당 제한구역에 적용할 기준과 보전구역에 적용할 기준이 제시되어 있다.

심층처분 일반기준 제21조(방사성폐기물관리)에서는 심층처분시설의 운영자가 해당 처분시설에 고유한 안전성평가를 바탕으로 상세한 처분폐기물 특성기준을 수립하여 적용하도록 되어 있다. 방사성폐기물의 발생자와 처분을 위탁하고자 하는 자에게 관련 정보를 사전에 제공해야 하며, 해당 처분시설에 처분폐기물 특성기준을 만족하는 것으로서 처분검사를 통해 입증된 방사성폐기물만을 처분하여야 한다.

심층처분 일반기준 제22조(안전성평가 갱신)에서는 심층처분시설 단계별 안전성평가 외에도 천재지변이나 인위적 사고 등으로 처분시설의 방사성폐기물 격리기능에 영향을 미칠 수 있는 사건이 발생하는 경우, 처분시설 운영자가 최신의 가용자료를 바탕으로 해당 처분시설의 안전성을 재평가하고 필요 시 안전성분석보고서 등 해당 허가서류와 절차서를 변경하도록 되어 있다.

심층처분시설 운영자는 처분시설을 운영 및 관리하는 과정에서 얻은 경험과 자료 및 안전성평가의 결과를 바탕으로 처분시설의 안전에 관한 조건들을 운영개시일로부터 10년마다 재평가하고 필요한 경우 안전성분석보고서 등 해당 허가서류와 절차서를 보완하여야 한다. 우리나라의 경우 심층처분시설에 대한 주기적 안전성평가(Periodic Safety Review; PSR) 주기를 10년으로 규정한 것으로 판단된다.

심층처분 일반기준 제23조(폐쇄 전 모니터링)에서는 심층처분시설 운영자가 처분시설을 폐쇄하기 전에 처분고의 상태에 대한 모니터링이 필요한지 검토하고 필요한 경우 모니터링을 실시하도록 규정되어 있다. 심층처분시설의 폐쇄 전 모니터링 기간과 방법은 최신의 안전성평가에 기초하여야 하며, 해당 안전성분석보고서에 반영되어야 한다.

심층처분 일반기준 제24조(폐쇄)에서는 처분시설을 폐쇄하기에 앞서 폐쇄계획을 수립하고 해당 안전성분석보고서에 반영하여 이행하도록 규정되어 있다. 또한 제26조(폐쇄 후 관리의 종료)에서는 처분장에 대한 폐쇄 후 관리를 종료하고자 할 때, 관리종료보고서를 작성하고 해당 안전성분석보고서에 최종적으로 반영하여 이행하도록 되어 있다.

심층처분 일반기준 제27조(영구표지)에서는 처분된 방사성폐기물에 대한 후세대의 부주의한 접근을 막기 위하여 해당 방사성폐기물의 지하 존재를 알리는 조형물 형상의 경고판으로 영구적 표지를 하고, 해당 지점에 성능기간 동안 존속할 수 있도록 조치하도록 되어 있다.

심층처분 일반기준 제28조(일반지침)에서는 심층처분시설 부지선정, 설계, 안전성평가 등 심층처분시스템의 개발을 위한 제반활동이 적절한 품질관리체계 내에서 단계별로 포괄적 기초연구와 고유연구를 바탕으로 하도록 되어 있다. 심층처분시설의 안전이나 건설·운영허가 신청서류의 작성에 관련된 기준이 다른 분야의 기준과 상충하거나 해당 처분시스템의 특성상 적용하기 어려운 경우에는 그 근거와 대체방안을 제시하도록 하고 있다.

Ⅲ. 외국의 사용후핵연료에 관한 정의

1. 미 국

미국에서는 1970년대 말부터 1980년대 초에 걸쳐 많은 원전에서 사용후핵연료의 저장에 대한 논의가 개시되었다. 미국은 사용후핵연료를 고준위방사성폐기물로 분류하였고, 1980년 에너지부는 고준위방사성폐기물을 심층처분하기로 결정하였다.

위와 같은 사정을 배경으로 미국 연방의회는 1982년 연방정부 스스로 고준위방사성폐기물의 영구처분실시계획을 입안할 책임을 지고(42 U.S.C.§10131(a)(2)), 그 처분에 필요한 비용은 고준위방사성폐기물의 소유자 및 발생자(이들을 “비용부담자”라 한다)가 부담(42 U.S.C.§10131(a)(4))하는 것을 골자로 하는 방사성폐기물정책법(Nuclear Waste Policy Act; NWPA)을 제정하였다.[18]

이에 따라 DOE 장관이 NWPA 규정에 따른 처분실시계획을 승인할 때까지는 상기 비용부담자가 고준위방사성폐기물의 중간저장(interim storage)에 대하여 1차적으로 책임을 부담하도록 규정되었다(42 U.S.C.§10131 (a)(5)).[19]

그리고 1998년 1월 31일까지 지층 처분장을 건설해 운전을 개시할 것과 사용후핵연료를 인수할 것을 의무화하였다. 최종처분장 후보지는 네바다 주 유카 마운틴이 선정되어 특성조사가 실시되었고, 2002년 대통령령에 의하여 처분장을 부지로 선정하였다.

---

18) 미국의 「1982년 방사성폐기물정책법」은 수행기관과 기금조성, 처분장 부지선정 절차와 일정, 확정방법 명시, 사용후핵연료와 고준위폐기물처분의 연방정부의 책임을 담고 있다. 「1987년 방사성폐기물정책법」은 부지조사 대상을 유카산으로 단독 지정했고, 감독기관으로 방사성폐기물기술검토위원회를 설치하였다. 「1992년 에너지정책법」은 유카산 관련 공중보건 및 안전표준을 제정했고, 폐쇄 후 감시명령규정을 담고 있다. 10.C.F.R.Part 960은 초기 DOE 부지선정지침, 10.C.F.R.Part 963 유카산에 대한 수정된 DOE 부지선정 지침, 40.C.F.R.Part 191 심지층처분장을 위한 일반적인 초기 EPA 보건 및 안전성 표준, 40.C.F.R.Part 197 유카산 관련 EPA 공중보건 및 안전성 표준, 10.C.F.R.Part 60 심층처분장에 대한 일반적인 초기 NRC 인허가 규정, 10.C.F.R.Part 63 유카산에 대한 NRC 인허가 규정을 담고 있다(한국법제연구원, 사용후핵연료 관련 법령 정비방안, 2012.10. 26, 45면).

19) 방사성폐기물정책법 제111조, 제123조, 제211조, 제304조.

2002년 7월 23일, 미국 의회는 최종 환경영향평가 등의 보고를 근거로 최종처분장으로 유카산을 정식으로 합동결정을 하였다. 즉 에너지부(DOE)는 2008년 6월 유카산의 최종처분장 건설허가 신청을 하여, 2020년 운영을 개시할 예정이었지만, 2009년 오바마 정부의 정권교체로 방사성폐기물 처분전략을 재검토하게 되었다.

2010년 1월 오바마 정부의 지시에 따라 DOE는 "미국 원자력의 장래에 관한 블루리본위원회"(Blue Ribbon Commission on America's Nuclear Future)[20]를 발족시켜 사용후핵연료 및 고준위방사성폐기물의 후행핵주기정책(저장, 운송, 처분)의 포괄적 평가·검증을 행하였다.[21]

동 위원회는 발족 시부터 2년의 기한에 맞추어 2012년 1월 26일 최종보고서를 마무리하였다. 이러한 미국의 블루리본위원회는 정치적인 이해를 떠나 투명하고 민주적인 절차에 의하여 사용후핵연료 관리의 지층저장 방식을 포함한 처분에 대한 모든 선택방안을 검토한다고 강조했다.[22]

따라서 미국의 블루리본위원회는 사용후핵연료 및 고준위방사성폐기물 관련 이슈에 대한 검토 및 권고 등을 제시토록 하였는데, 2011년 8월 중간보고서를 최종보고서는 2012년 2월말에 작성하여 에너지부(DOE) 장관에게 제출토록 하였다.

미국은 사용후핵연료 개념(10.C.F.R.2.1105§2.1105)과 관련하여 "사용후핵연료(Spent Nuclear Fuel)"라 함은 원자로에서 방사선을 조사한 후에, 원자로에서 추출된, 연료로 재처리에 의하여 분리되지 않은 구성요소를 말한다[23]라고 정의하고 있다.

---

20) 연방자문위원회법에 따라 2010년 1월 20일 DOE 장관 소속으로 대통령 명령에 의해 설립되었다. 원전에서 발생되는 사용후핵연료의 중·장기적 처분방법을 검토·제안하는 자문위원회이다.

21) 함철훈, 원자력안전법론(상), 진원사, 2016, 547면.

22) 블루리본위원회에서 주요검토사항은 다음과 같다. 첫째, 현재 개발된 핵주기기술 및 R&D 프로그램 검토, 특히 비용, 안전성, 자원이용 및 지속가능성, 핵비확산 및 테러방지 검토방안, 둘째, 사용후핵연료의 최종처분장이 결정되고 추진될 때까지 저장을 위한 안전저장방안, 셋째, 사용후핵연료 및 고준위방사성폐기물의 심층처분을 포함한 처분방안 마련, 넷째, 사용후핵연료 고준위방사성폐기물 관리를 위한 법적 및 상업적 제도 정비, 다섯째, 사용후핵연료 고준위방사성폐기물 관리 및 처분을 위한 유연하고, 적용가능하고 책임성 있는 의사결정과정 마련, 여섯째, 미국의 1982년 제정된 Nuclear Waste Policy Act 개정안 마련, 일곱째, 기타 장관 등이 검토가 필요하다고 인정한 사안에 대한 검토를 한다(한국법제연구원, 사용후핵연료 관련 법령 정비방안, 2012.10.26, 45면).

23) United States Nuclear Regulatory Commission 10.C.F.R.2.1105 (b) Spent Nuclear Fuel means fuel that has been withdrawn from a nuclear reactor following

사용후핵연료의 독립저장시설(Independent Spent Fuel Storage Installation; ISFSI)은 사용후핵연료의 저준위방사성(Greater Than Class C; GTCC)폐기물과 관련된 고체 원자로 및 기타 사용후핵연료와 저준위방사성폐기물 저장과 관련된 방사능 물질의 임시저장을 위해 설계되고 건설된 저장시설을 의미한다.

또한 지상처분시설(Land Disposal Facility)이란 토지, 건물 그리고 구조물과 방사성폐기물 처리를 위한 장비 등을 의미한다. 그리고 10.C.F.R의 Part 60과 63에 정의되어 있는 지층처분장(geologic repository)은 지상처분시설(land disposal facility)로 간주되지 않는다.[24] 이와 더불어 "사용후핵연료, 고준위방사성폐기물, 및 C급 이상의 방사성 물질에 대한 독립 핵물질 저장시설(§72.128)"과 관련하여 다음과 같이 규정하고 있다.[25]

첫째, 폐기물에 대한 안전을 담보하기 위해 관리 및 감시 체계를 갖추어야 한다.

둘째, 어떠한 경우를 막론하고 방사능 물질로부터 보호받을 수 있는 지속가능한 방호시설을 갖추어야 한다.

셋째, 무엇보다 안전성을 기반으로 한 검증 가능하며, 신뢰 가능한 방사성폐기물에 대한 열 제거 능력을 보유해야 한다.

넷째, 이는 방사성폐기물 확산의 최소화를 의미한다.

다섯째, 방사성폐기물 처리시설은 필수사항으로, 이는 현장에서 발생된 저준위 방사성 물질에 대한 사전 밀봉 및 지속가능한 저장을 위한 중간시설 또는 처분장으로 운송하기 위한 절차상의 필수사항이다.[26]

---

irradiation, the constituent elements of which have not been separated by reprocessing.

24) 10.C.F.R.61.2 Land disposal facility means the land, building, and structures, and equipment which are intended to be used for the disposal of radioactive wastes. For purposes of this chapter, a "geologic repository" as defined in part 60 or 63 is not considered a land disposal facility.

25) 한국법제연구원, 사용후핵연료 관련 법령 정비방안, 2012.10.26, 50면~51면.

26) 10.C.F.R.61.2§72.128 (LICENSING REQUIREMENTS FOR THE INDEPENDENT STORAGE OF SPENT NUCLEAR FUEL, HIGH-LEVEL RADIOACTIVE WASTE, AND REACTOR-RELATED GREATER THAN CLASS C WASTE)

2. 영 국

영국은 고준위방사성폐기물인 사용후핵연료의 경우 지역주민의 심각한 반발로 난관에 봉착하게 되었다. 이에 영국 정부는 농식품환경농촌부에서 “방사성폐기물의 안전관리”라는 보고서를 만들어 사용후핵연료의 위험에 대한 주민의 수용성을 검토했고, 이에 따라 사회적공론화를 위한 방사성폐기물관리위원회(Committee on Radioactive Waste Management; CoRWM)가 2003년 발족되었다.

이후 사용후핵연료 관련 정부정책에 대해 3단계의 과정을 거쳐 기존 정부의 계획에 대한 검토, 방사성폐기물관리위원회에 의한 심층검토, 후보지 부지 선정을 수행했고, CoRWM은 이를 통해 다양한 방식으로 수렴한 국민의 소리를 반영한 부지선정 보고서를 정부에 제출하였다.[27)]

영국의 방사성폐기물법(Radioactive Substances Act of 1993)은 “방사성 물질”에 대해 규정하며, 어떠한 물질이 포함되고 있는지를 정의한다. 다만, 방사성물질이라 함은 “폐기물”을 포함하지 않으며, 다음과 같은 사항에 대해 일부 적용되거나 모두 해당되는 물질을 말한다.

ELEMEMNT	BECQUERELS PER GRAM(Bq/g)		
	Solid	Liquid	Gas or Vapour
1. Actinium	0.37	7.40×10^{-2}	2.59×10^{-6}
2. Lead	0.74	3.70×10^{-3}	1.11×10^{-4}
3. Polonium	0.37	2.59×10^{-2}	2.22×10^{-4}
4. Protoactinium	0.37	3.33×10^{-2}	1.11×10^{-6}
5. Radium	0.37	3.70×10^{-4}	3.70×10^{-5}
6. Radon	-	-	3.70×10^{-2}
7. Thorium	2.59	3.70×10^{-2}	2.22×10^{-5}
8. Uranium	11.1	0.74	7.40×10^{-5}

표 5. SCHEDULE 1(SPECIFIED ELEMENTS)[28)]

27) 한국법제연구원, 사용후핵연료 관련 법령 정비방안, 2012.10.26, 46면.
28) 한국법제연구원, 위의 보고서, 52면.

영국에 있어서 "사용후핵연료"(Spent Fuel)라 함은 원자로에서 방사선에 조사되고, 원자로로부터 영구적으로 분리된 핵연료를 말한다. 사용후핵연료는 재처리로 사용할 수 있는 연료로 간주되거나 또는 더 이상 사용할 수 없는 영구처분의 대상인 방사성폐기물로 간주된다.[29] 사용후핵연료 중간저장시설이란 최종처리단계 이전의 방사성폐기물을 저장하는 곳(재사용 이전의 핵물질을 저장하는 곳)이라 정의되고 있다.[30]

3. 프랑스

프랑스는 "사용후핵연료"를 "폐기물"로 보지 않고 "재활용 가능한 에너지 자원"로 보아 재처리의 대상으로 삼고 있다. 프랑스는 사용후핵연료를 원전 부지 내에 잠시 저장하다가 La Hauge 재처리 공장 내의 중간저장시설로 옮겨 그곳에서 재처리를 한다.[31]

프랑스는 "사용후핵연료"의 개념을 「방사성물질 및 방사성폐기물의 지속적인 관리를 위한 프로그램법(2006-739호)」[32] 제5조에 규정하고 있으며, 관련된 주요 개념들은 다음과 같다. 방사성물질(Radioactive Substance)은 방사성보호 통제를 하는 자연적 인공적 방사성핵종을 함유한 물질이고, 방사성원료(Radioactive Material)는 한번 사용한 후에 또 다시 사용이 예정(예견)되거나 계획되는 방사성 물질을 말한다.

---

29) ATOMIC ENERGY RADIOACTIVE SUBSTANCES - THE Trans-frontier Shipment of Radioactive Waste and Spent Fuel Regulations 2008 §2 (Interpretation) "spent fuel" means nuclear fuel that has been irradiated in and permanently removed from a reactor core; spent fuel may either be considered as a usable resource that can be reprocessed or be destined for final disposal with no further use forseen and treated as radioactive waste.

30) 한국법제연구원, 사용후핵연료 관련 법령 정비방안, 2012.10.26, 51면.

31) 한국법제연구원, 위의 보고서, 47면.

32) 동법 시행 후에 외국에서 발생한 방사성폐기물 및 외국에서 프랑스로 운반되는 사용후핵연료를 재처리하는 과정에서 발생하는 방사성폐기물을 프랑스 국내에서 처분하는 것을 금지하고 있다. 또한 사용후핵연료, 방사성폐기물과 함께 재처리, 조사, 외국간의 운송의 경우를 제외하고 프랑스 영역 내에 반입할 수 없다. 또한 재처리를 위해 사용후핵연료를 프랑스로 반입하는 것은 정부 간 합의체제 하에서 허가되고 있으며 그 합의에 따라 정해진 기간을 초과하여 재처리에 따라 발생한 방사성폐기물은 프랑스 국내에 보관할 수 없다.

핵연료(Nuclear fuel)는 원자로 노심에서 방사성물질을 제거하고 분리되었을 때, 사용후핵연료(spent fuel)로 간주한다. 방사성폐기물(Radioactive Wastes)은 더 이상 사용할 수 없거나 사용이 예견될 수 없는 방사성물질을 말한다.

최종 방사성폐기물(Ultimate Radioactive Wastes)은 특히 사용할 수 있는 부분을 추출했거나 또는 오염물질이나 위험한 성분을 줄임으로써 기술적 및 경제적 조건상 더 이상 사용할 수 없는 방사성폐기물을 말한다.

방사성원료 또는 방사성폐기물의 임시보관시설은 나중에 영구처분을 위하여 지표면과 지하시설에 이들 물질을 임시(temporarily)로 보관하는 시설을 말한다. 방사성폐기물의 중간저장 또는 처분시설은 L542-1에서 언급된 이익에 따라 중장기적으로 이들 물질을 보관하기 위한 특수시설을 말한다.

심해 저장부지 내의 방사성폐기물의 처분은 가역원칙에 따라 이 물질들을 특수한 지하시설에 처분하는 방식을 말한다.

따라서 프랑스의 법령상 「방사성물질 및 방사성폐기물의 지속적인 관리를 위한 프로그램법(2006)」 제5조에서 “핵연료는 원자로 노심에서 방사성물질을 제거하고 분리되었을 때 사용후핵연료(Spent Fuel)로 간주된다”는 점에서 “사용후핵연료”의 개념을 파악할 수 있다.[33]

4. 캐나다

캐나다 정부는 원전에서 발생하는 캐나다형 중수로(CANDU 원자로) 사용후연료의 처분에 대비하여 1978년 6월 “캐나다 방사성폐기물 관리계획”에 관한 정부 간 협력협정을 체결하였다.

이 계획에 따라 고준위방사성폐기물로서의 재처리를 거치지 않고서도 사용후연료에 대한 지층처분이 허용되었고, 지층처분을 위한 기술개발 업체가 선정되었다. 그 결과 캐나다 원자력공사가 사용후연료의 심층처분 기술개발, 온타리오 하이드로사가 사용후연료의 임시저장 및 수송 기술개발을 담당하게 되었다.

그러나 이러한 진행과정에도 불구하고 연방정부는 1998년 12월 공표를 통해 심층처분은 과학적으로 받아들일 수 있지만 캐나다 국민의 생각에는 동의하지 않

33) 한국법제연구원, 사용후핵연료 관련 법령 정비방안, 2012.10.26, 53면~54면.

는다고 하여, 기존의 방사성폐기물 처분 계획은 원점으로 돌아가게 되었다.[34)]

이후 2002년 11월 캐나다는 방사성폐기물법에 근거하여 방사성폐기물관리기구(Nuclear Waste Management Organization; NWMO)를 설립하였고, NWMO는 2005년 11월 사용후연료의 처분에 대한 적응성 있는 단계적 관리를 제안하였다. 이 관리 방법은 당분간(60년), 부지에 저장, 집중 저장을 한 후 최종적 회수 가능성을 유보한 채 지층 처분을 실시하는 것으로 2007년 6월에 정식으로 채택되었다.

캐나다의 방사성폐기물법(Nuclear Fuel Waste Act of 2002)은 방사성폐기물과 관련한 내용을 규정하고 있다. "핵연료폐기물(Nuclear Fuel Waste)"이라 함은 상업용 또는 연구용 핵분열 원자로(Nuclear Fission Reactor)로부터 분리된 후 원자로에서 방사선 조사를 거친 연료들을 말한다.[35)]

5. 일 본

일본은 1956년 "원자력의 개발이용에 관한 장기 기본계획"을 수립한 이래로 플루토늄의 활용 및 고속증식로 개발을 추진하였고, 비핵보유국가로서는 유일하게 재처리정책을 추진하고 있었다.

또한 일본은 사용후핵연료를 미래의 에너지자원으로 간주하여 사용후핵연료의 직접처분을 법으로 금지하고 있고, 재처리에서 발생한 고준위폐기물 유리고화체만 처분대상으로 삼고 있다.

따라서 사용후핵연료 재처리는 영국과 프랑스에 위탁하여 왔다. 이후 로카쇼무라 재처리가 수행될 예정이었으나, 2011년 3월 후쿠시마 원전사고로 인하여 해당 정책은 다시 검토 중에 있다.

일본의 방사성폐기물에 관련 법률은 「원자력기본법」, 「핵원료물질, 핵연료물질 및 원자로에 관한 법률」, 「방사성동위원소 등의 방사선 장애를 방지하기 위한 법률」, 「특정방사성폐기물의 최종처분에 관한 법률」에 근거하고 있다.[36)]

---

34) 한국법제연구원, 사용후핵연료 관련 법령 정비방안, 2012.10.26, 46면.

35) "nuclear fuel waste" means irradiated fuel bundles removed from a commercial or research nuclear fission reactor.

36) 이들 법률에 관하여 자세한 내용은 "함철훈/박윤원, 원자력안전법론(상), 진원사, 2016, 192면~200면"을 참조할 것.

동법의 규정들은 방사성 폐기물이 환경에 방출되는 것을 방지하기 위해 저장 및 처분을 규정하고 있으며, 원자력사업자가 사업 폐기물을 처리함에 있어 어떠한 조치를 취해야 하는지를 규정하고 있다. 방사성폐기물처분에 관한 책임은 방사성물질을 발생시킨 자가 책임을 지며, 이에 대한 관리감독의 책임은 정부가 지도록 되어 있다.

「핵원료물질, 핵연료물질 및 원자로의 규제에 관한 법률(원자로등규제법)」상의 정의에 의하면 "사용후핵연료"라 함은 원자로에서 연료로 사용한 핵연료 물질 및 기타 핵연료분열을 통해 발생된 핵연료물질을 말한다.

"사용후핵연료 중간저장시설"은 「원자로등규제법」에 따라 "원전 부지 외에서 사용후연료를 저장하는 시설"로 규정되어 있으며, 즉 사용후연료를 재처리되기 전까지의 일시적으로 발전소 부지 외에서 저장·관리하는 시설을 말한다.[37)]

6. 스웨덴

스웨덴은 사용후핵연료를 고준위방사성폐기물로 보아 직접처분하는 정책을 시행하고 있다. 스웨덴의 원전운영 4개사가 사용후핵연료 최종처분에 관한 연구개발과 처분장의 건설, 운영의 전담 기관으로 스웨덴 핵연료·폐기물 관리회사인 SKB를 설립했다.

스웨덴의 핵연료·폐기물 관리회사인 SKB는 지형과 지질을 고려하여 후보지를 선정하는데, 일반적으로 현재 원전이 있거나 원자력연구소가 있는 지역을 우선적으로 선정하였고, 스웨덴 지역 주민이나 지방정부가 방사성폐기물 매립지 선정에 반대하는 경우에는 부지선정 후보에서 제외시켰다.

스웨덴은 1990년대부터 전국을 대상으로 부지조사를 실시하여 얻은 8개 지자체에 대한 타당성 조사 결과에 기초하여, 2000년 3개 지역이 후보지로 선정되었다.

스웨덴 원자력과 관련된 기본법 중 Nuclear Activities Act(SFS 1984:3)은 원자력의 안전과 통제 이슈를 주로 다루고 있으며, 원자력의 전반적 안전에 대한 문제를 다룬다. 원자력과 관련된 주된 정의는 이 법안에 명시되어 있고, 원자력

37) 한국법제연구원, 사용후핵연료 관련 법령 정비방안, 2012.10.26, 55면.

과 관련된 다른 법안은 기본 개념 정의를 이 법에서 인용하고 있다.

「Nuclear Activities Act(SFS 1984:3)」는 Section 1에서 원자력이용의 개념을, Section 2에서 원자력 시설, 원자력 물질, 원자력 폐기물, 원자력 장비의 개념을 정의하고 있다.

사용후핵연료(Spent Nuclear Fuel)[38]는 원자로에 노출된 핵연료로서 방사능과 열을 방출하는 다양한 방사능 물질 또는 방사능핵종으로 구성된 물질인 고준위 폐기물(HLW)이다. 스웨덴 법령에 의하면 사용후핵연료는 저장소에 저장되기 전까지는 핵물질로 간주되고, 저장소에 저장된 후에야 방사성폐기물로 간주된다.[39]

Ⅳ. 1997년 공동협약

1. 개 요

(1) 협약의 배경

1994년 원자력안전협약의 채택은 원자력의 평화적 이용에 있어서 법적 구속력을 가진 일반협약에 의하여 국제적 안전규제가 수행된다는 점에서 큰 의미가 있었으며, 이외에도 원자력의 안전에 관련된 몇 개의 중요한 국제협약이 추진되었다.

이러한 과정에서 1997년 "사용후핵연료 및 방사성폐기물 안전관리에 관한 공동협약"(이하 "1997년 공동협약"이라 한다)이 채택되었다. 이 협약은 1986년 4월 발생된 구 소련의 체르노빌 원전사고 이후 1996년에 발효된 원자력안전협약의 자매협약이다.

1997년 공동협약은 원자력안전협약에서 제외된 해체 원자력시설의 안전성, 사용후핵연료 및 방사성폐기물을 안전하게 관리하기 위한 국제규범이다. 동 협약은

38) 스웨덴의 「Nuclear Activities Act(SFS 1984:3)」는 사용후핵연료에 대해 개별적으로 구체적인 정의를 내리고 있지는 않다. 다만 동법 Section 2의 정의에 의하면 사용후핵연료에 대한 개념을 해석할 수 있다. Section 2. 2. nuclear material: spent nuclear fuel that has not been placed in a repository. Section 2. 3. nuclear waste: spent nuclear fuel that has been placed in a repository.

39) 한국법제연구원, 사용후핵연료 관련 법령 정비방안, 2012.10.26, 57면.

제40조 제1항에 따라 원전을 가동하고 있는 15개국을 포함한 25개국이 비준한 날부터 90일 후에 발효된다.

1997년 공동협약은 원자력의 평화적 이용을 위한 7개 국제협약[40]의 하나이다. 1986년 구소련의 체르노빌 원전사고를 계기로 국제원자력기구(IAEA)는 그동안 권고지침으로 개발해 왔던 각종 원자력안전 기술기준을 국제법적 효력을 가진 법규범으로 격상하는 노력을 계속하여 왔다. 이와 같은 노력의 과정에서 결실을 맺은 것 중의 하나가 1994년 원자력안전협약이다.

1997년 공동협약은 원자력안전협약의 준비단계에서 초안이 마련되었다. 1991년 IAEA 국제회의 이후 원자력 안전에 관한 다양한 문제를 종합하는 방침이 결정되었으나, 전문가회의는 1994년 안전협약과는 별도로 방사성폐기물 문제를 취급하기로 하였다. 이것은 원자력안전협약 전문 ix항[41]에 명시되어 있다.

(2) 국제적 방사선 방호기준의 설정

1997년 공동협약 이전의 방사선 방호기준의 설정을 위한 국제적 시도는 1928년 방사선방호위원회의 권고가 있었으며, 이외에도 1952년 EURATOM, 1962년 IAEA의 권고 등이 있었다. 여기에서는 다음과 같은 3개의 원칙이 설정되었다.[42]

i) 정당화 원칙(le principe de justification) : 얻어지는 편익에 정당화 사유가 없는 한 방사선 피폭은 허용되지 아니한다.

ii) 최선의 원칙(le principe d'optimisation; ALARA) : 달성 가능한 최소의 수준으로 방사선 피폭을 저감한다.

iii) 상한의 원칙(le principe de limitation du risque individual) : 기준치 이상의 방사선 피폭을 억제한다.

---

40) 7개 협약은 ① 1986년 조기통보협약, ② 1986년 원조협약, ③ 1988년 비엔나협약 및 파리협약에 관한 공동의정서, ④ 1994년 원자력안전협약, ⑤ 1997년 보충기금협약, ⑥ 1997년 개정 비엔나협약, ⑦ 1997년 공동협약이다.

41) 이 조항에서 “방사성폐기물의 안전관리에 관한 국제협약의 채택이 신속히 이루어질 것”을 강조하고 있다.

42) 兼原敦子, 1997年 使用済み核燃料管理及び放射性廢棄物管理の安全に關する條約をめぐって, 原子力平和利用をめぐる國際協力の法形態(JELI · R · No.83), 日本エネルギー法研究所, 2000.7, 18면.

2. 1997년 공동협약의 내용

(1) 협약의 목적

공동협약의 목적은 다음과 같다(제1조).

i) 국가에 의한 조치와 국가협력을 통한 안전성의 향상 및 유지

ii) 방사능의 유해한 영향으로부터 사람 및 환경 보호

iii) 원자력사고의 방지와 그 피해결과의 최소화

(2) 정의규정

1997년 공동협약에는 제2조에서 21개 항목의 정의규정을 두고 있다. 그러나 1997년 공동협약은 ① 사용후핵연료와 방사성폐기물이 같은 협약에서 규제대상이 되어 있음에도 규제상의 차이점이 존재한다는 점, ② 바젤협약과의 관계, ③ 협약의 적용범위와 관련하여 중요한 의미를 가지는 다음과 같은 정의규정이 있다.[43)]

i) "처분"이라 함은 사용후핵연료 또는 방사성폐기물의 반출·반입을 의도하지 않는 영구처분(emplacement)을 말한다((d)항).

ii) "방사성폐기물"이라 함은 체약국에 의하여 향후 이용가능성이 없는 물질과 체약국의 규제권한에 의해 방사성폐기물로 관리되는 물질을 말한다((h)항).

iii) "방사성폐기물관리"라 함은 이송을 제외한 해체, 취급 및 기타의 모든 활동을 포함한다((i)항).

iv) "재처리"라 함은 사용후핵연료를 재이용할 목적으로 방사성동위원소를 추출하는 작업과정을 말한다((l)항).

v) "사용후핵연료"라 함은 원자로에서 방사선에 조사되어 원자로에서 영구적으로 분리된 핵연료를 말한다((n)항).

vi) "사용후핵연료의 관리"라 함은 이송을 제외한 저장, 취급 및 기타 모든 활동을 말한다((o)항).

vii) "저장"이라 함은 방사성물질 또는 사용후핵연료의 보존으로 반출·반입을 의도하지 않는 보존을 말한다((t)항).

---

43) 함철훈/박윤원, 원자력안전법론(상), 진원사, 2016, 595면.

(3) 협약의 적용범위

1997년 공동협약은 제3조에서 적용범위를 규정하고 있다. 1997년 공동협약은 민간의 발전용원자로에서 나온 사용후핵연료의 관리에 적용된다(제3조). 따라서 재처리과정에 있는 사용후핵연료는 이 협약의 적용대상에서 제외되나, 체약당사국이 사용후핵연료에 대한 관리의 일부로서 재처리 선언을 하면 이 협약의 적용대상이 된다(1항).[44]

이 협약은 민간의 발전용원자로에서 나온 방사성폐기물의 관리에도 적용된다. 핵연료주기의 과정에서 발생되지 아니한 것으로서 자연적으로 발생된 방사성물질을 포함한 방사성폐기물은 체약당사국이 이 협약의 적용대상으로 한다는 선언이 없는 한 제외된다(2항).

군사적 또는 방위적 목적의(within military or defence programmes) 사용후핵연료 및 방사성폐기물은 이 협약의 적용대상에서 제외된다. 다만 체약당사국이 이들을 협약의 적용대상에 포함할 것을 선언하거나 또는 당해 물질이 영구히 평화적 목적으로 전용되어 관리될 때에는 적용대상이 된다(제3항).[45]

(4) 방사성폐기물과 사용후핵연료의 규제

1997년 공동협약은 제2장에서는 사용후핵연료를, 제3장에서는 방사성폐기물의 규제에 대해 정하고 있으나 그 내용은 유사하다. 사용후핵연료는 장래 이를 재처리하여 유효한 자원으로 활용하고자 하는 국가에서 방사성폐기물과 구별하려는 점에서 의미가 있으나, 규제의 내용은 실질적으로 거의 비슷하다.[46] 체약국의 의무는 다음과 같다.

i) 방사성폐기물 및 사용후핵연료 관리의 모든 단계에서 개인·사회·환경을 방사선재해로부터 보호하기 위해 적당한 조치를 취할 것(제4조, 제11조)

---

44) 이 조항에는 체약당사국에 의한 협약 적용대상으로 자발적 포함(voluntary inclusion) 제도가 규정되어 있다.

45) 이 조항에는 자발적 포함 제도 이외에 강제적 포함(mandatory inclusion) 제도가 규정되어 있다.

46) 兼原敦子, 1997年 使用済み核燃料管理及び放射性廢棄物管理の安全に關する條約をめぐって, 原子力平和利用をめぐる國際協力の法形態(JELI·R·No.83), 日本エネルギー法研究所, 2000.7, 22면.

ii) 신규 관리시설의 설치장소에 대한 안전평가·통보·국경지대 설치의 경우 협의를 위해 적당한 조치를 취할 것(제6조, 제13조)

iii) 시설의 설계·건설과정에서 발생되는 방사선에 의한 영향을 제한하는 적당한 조치를 취할 것(제7조, 제14조)

iv) 시설의 안전평가를 행할 것(제8, 제15조) 등이 있다.

3. 1997년 공동협약 고유의 문제

(1) 방사성폐기물과 사용후핵연료의 구분

1997년 공동협약의 추진과정에서 초기단계부터 견해가 대립된 것은 방사성폐기물과 사용후핵연료를 동일하게 취급할 것인가의 문제였다. 최종적으로는 양자가 기술한 바와 같이 각각 별개의 장으로 규정되었다.

1997년 공동협약의 정의규정에 의한 방사성폐기물과 사용후핵연료의 구별은 물질의 객관적 성질에 따라 구분하기는 곤란하며, 결국 양자는 각국의 정책에 따라 구별된다고 할 수 있다.[47] 한편 사용후핵연료가 국가의 결정에 따라 처분될 경우 그 처분은 방사성폐기물에 관한 규정이 적용된다(제10조 참조).

방사성폐기물과 사용후핵연료는 양자가 이용 가능한 자원인가 아닌가라는 관점에서 보면 명백한 차이가 존재한다. 그러나 양자 모두 방사선 위험을 야기한다는 점에서 보면 양자의 본질적 차이는 발견하기 어렵다.

1997년 공동협약은 각국의 핵연료주기의 정책결정을 존중하면서 각국의 의도를 고려하여 방사성폐기물과 사용후핵연료를 구별하고 있으나, 이와 같이 각국의 의도에 따라 양자를 구별하는 논리와 양자를 동일협약에서 규제하는 근거가 불명확하다.[48]

---

47) 이것은 핵연료주기에 대한 정책결정이 각국의 고유한 권리라는 협약 전문의 기본원칙 vii)에 의해 인정되고 있다.

48) 兼原敦子, 1997年 使用済み核燃料管理及び放射性廢棄物管理の安全に關する條約をめぐって, 原子力平和利用をめぐる國際協力の法形態(JELI·R·No83), 日本エネルギー法研究所, 2000.7, 26~27면 참조.

(2) 규제대상

1997년 공동협약 제3조 제2항에 의하면, 핵연료주기의 과정에서 발생되는 것이 아니라 자연적으로 발생되는 방사성물질은 이 협약의 적용대상에서 제외되며, 이와 같은 물질도 체약당사국이 "방사성폐기물"로 선언하면 이 협약의 적용대상이 된다. 따라서 객관적 기준과 주관적 의도에 따라 이 협약의 적용대상이 결정된다고 할 수 있다. 결국은 체약국의 의도에 따라 방사성폐기물의 범위가 좌우된다고 이해할 수 있다.

1994년 원자력안전협약은 원자로의 운전에 따른 위험에 대처하는 것인 반면, 1997년 공동협약은 방사성폐기물 또는 사용후핵연료 관리시설의 안전성을 확보하기 위한 것이다. 이러한 점에서 원자력안전협약과 공동협약은 규제대상이 발전용원자로의 운전인지 또는 방사성폐기물이나 사용후핵연료의 관리에 있는지에 따라 양 협약의 내용이 구별된다.[49)]

(3) 방사성물질의 국경이동

방사성물질의 국경이동에 대한 국제적 규제는 꾸준히 진행되어 왔다. 1989년 바젤협약은 방사성폐기물을 규제대상에서 제외하였으나, IAEA가 간접적으로 규제하도록 관련규정을 두었다.

한편 1991년 바마코협약에서는 방사성폐기물도 포함된 유해폐기물의 국경이동을 금지하고 있다. 그러나 바젤협약은 바마코협약과는 달리 처리기술의 측면에서 국내처리가 환경적으로 부적절할 경우 또는 수입국의 산업적 고려에 따라 재처리하여 이용할 필요가 있는 폐기물을 제외하고 있다.

이와 같은 예외적 경우를 제외한 모든 유해폐기물은 폐기물의 발생국(state of origin)에서 처분되어야 한다. IAEA는 1984년 개최된 정부간 회의에서 하나의 규칙을 채택하였다. 이것은 방사성폐기물의 운송방법에 대한 기술기준 등(운송서류 등의 형식통일 및 사전통보 등)에 관한 것이었다.

1990년 IAEA 권고지침(code de bonne pratiques)은 방사성폐기물의 수입금지원칙, 수출 시의 사전통보 및 사전동의, 수출국의 운송관리의무, 재수입의무 등을 규정하고 있으나 법적 구속력은 없다.

---

49) 함철훈/박윤원, 원자력안전법론(상), 진원사, 2016, 598면.

1992년 EC제국 상호간 및 제3국과의 유해폐기물의 국경이동에 대한 지침(92/3-EURATOM)에서는 동지침의 국내적 이행 여부는 각국의 국내법에 위임하였다.[50] 이에 대해 1997년 공동협약 전문 xi항에서는 일단 국경 내 처리원칙(le principe autosuffisance)을 규정하고 있으나, 동항에서는 재처리를 위한 방사성물질이 국경을 이동해 타국에서 처리가 행해지고 재처리 이후 당해 물질이 되돌아오는 것을 승인하고 있다.

1997년 공동협약의 기본입장은 각국의 핵연료주기정책을 존중한다는 것이다. 따라서 바젤협약은 유해폐기물의 위법한 취급에 처벌규정이 있지만 1997년 공동협약에는 이와 같은 강력한 규정을 두고 있지 않다고 볼 수 있다.[51]

Ⅴ. 외국의 사용후핵연료에 관한 사회적 공론화

1. 미 국

고준위방사성폐기물의 처분은 처분지 선정 등을 둘러싼 정치적 대립을 포함해 저준위방사성폐기물 처분 이상으로 문제가 크다고 할 수 있다. 미국에서는 사용후핵연료 및 고준위방사성폐기물(이들을 총칭하여 "고준위방사성폐기물"이라 한다)이 증가함에 따라 고준위방사성폐기물의 처분문제는 주(州) 자체로 해결하여야 할 문제가 아니라, 국가적 차원의 문제로 인식하게 되었다.

국가적 문제로서 인식된 고준위방사성폐기물의 처분문제는 원전비율이 높고 공업화가 진전된 주가 원전을 찬성하지도 않고, 원전에 의한 전력공급을 받지 않은 상태에서 다른 주의 원전에서 발생된 달갑지 않은 부산물을 억지로 떠맡는 양상을 띠고 있어 이 문제는 일종의 남북문제로 파악되고 있다.[52]

---

50) 兼原敦子, 1997年 使用済み核燃料管理及び放射性廢棄物管理の安全に關する條約をめぐって, 原子力平和利用をめぐる國際協力の法形態(JELI·R·No.83), 日本エネルギー法研究所, 2000.7, 18~19면 참조.
51) 함철훈/박윤원, 원자력안전법론(상), 진원사, 2016, 599면.
52) 卯辰昇, 現代原子力法の展開と法理論(第2版), 日本評論社, 2012, 219면~220면.

그러나 어떤 주정부도 자발적으로 고준위방사성폐기물처분장과 같은 혐오시설을 수용하려고 하지 않기 때문에 최적의 부지를 선정하기 위한 과학적·객관적인 접근이 필요하고, 절차상의 투명성을 확보하기 위해 연방법을 제정할 필요가 있었다.

미국에서는 1977년 상업용발전로에서 발생하는 사용후핵연료의 재처리 무기한 연기를 표명하고 향후 기본적으로 직접처분의 입장을 취하고 있으며 장기적 처분정책을 지층처분으로 하고 있다.[53)]

고준위방사성폐기물 처분의 기본이 되는 법률은 방사성폐기물정책법(Nuclear Waste Policy Act of 1982; NWPA)이며, 동법에 따른 최종적 처분지점으로서 유카산이 선정되었다. 그러나 주로 정치적인 사정에 따라 계획이 촉진되지 못하고 현재는 그 대부분이 원자력시설 내의 저장조나 또는 택지 내의 건식 캐스크의 중간저장시설(ISFSI)에서 보관되고 있다.[54)]

미국은 1982년 방사성폐기물정책법과 1987년 개정된 방사성폐기물정책법을 근거로 고준위폐기물 처분을 위한 조직체계를 갖추게 되었다. 이러한 조직체계를 갖추기 위하여 NRC와 EPA법률과 DOE지침서를 포함한 초안문서와 새로운 요건들은 지방정부에 제공되어 재검토하는 절차와 논증을 거치게 되었다.[55)]

미국의 사용후핵연료 처분과정을 분석해 보면, 1954년부터 1975년까지 암염 대상의 처분부지에 대한 연구를 수행하였다. 이후 이 연구는 1976년부터 1982년까지 이판암, 현무암, 결정암을 포함하는 탐사까지 확장되었으며, 공식적으로 부지선정절차는 NWPA에서 요구하는 바에 따라 DOE의 부지선정지침(10.C.F.R.Part 960)에서 개발되었다.

이어서 1983년 DOE는 9개 지역을 예비후보지로 선정하였고, 동년 대통령이 9개 지점 중 3개 지점을 승인하였다. 1987년 방사성폐기물정책법이 개정되어 3개 지역 중 유카산(Yucca Mountain)만을 지역으로 선정하였다. 1988년 유카산부지

---

53) 1953년 아이젠하워 대통령이 “Atoms for Peace”를 공표한 당시는 재처리를 실시하고 있었다. 1974년 인도 핵실험을 계기로 핵비확산을 위해 직접처분하기로 방향을 잡았으나, 1977년 카터 대통령이 상업용 재처리 무기한 연기를 표명하였다. 그 후 1981년 레이건 정부는 상업용 재처리 금지정책을 철회하였으나 전력회사는 재처리를 재개하지 않았다.

54) 10.C.F.R Part 50 및 10.C.F.R. Part 72에 의해 NRC가 규제한다.

55) 예를 들면, 네바다주와 유카산 후보지역의 지방정부는 DOE의 부지특성조사에 대한 전반적인 감독을 수행하고 에너지비서관에게 제안한다.

개발을 위한 부지특성조사계획을 수립하였고, 1998년 DOE에 의한 "부지타당성 평가" 보고서를 발표했다.

2001년 부시 행정부는 에너지 정책을 발표하였고, EPA에 의한 유카산 처분장의 환경기준을 발표하였다. 2002년 2월 에너지부장관은 대통령에게 심지층처분장을 유카산으로 추천하였고, 대통령은 이를 승인 후 의회에 안건을 넘겼다.

동년 7월 의회는 추천승인을 위한 표결을 실시하였고, 의회 승인 후 대통령은 유카산결의서에 서명하였다. 이에 2008년에 DOE가 NRC에 처분장 인·허가를 신청하였다.

하지만 DOE의 이러한 추진계획은 성사될 가능성이 높다고 할 수 없다. 그 이유는 네바다주의 저항이 상당할 뿐만 아니라 유카산의 지질학적인 안전성을 신뢰하기가 힘들다는 과학적인 연구결과물들이 계속 나오고 있기 때문이다.

즉, 미국의 경우 원전의 가동률이 높아 이제까지 발생한 사용후핵연료 등 방사성폐기물의 양이 누적적으로 증가함으로 인하여 유카산 처분시설이 계획대로 건설이 되어야 하지만 처분시설의 건설이 쉽지 않다는 점이 문제이다.

미국 사회에서도 사용후핵연료 등 처분시설에 대한 계획이 지연되는 이유는 "방사성폐기물 처분장"에 대한 과학적 결론과 이러한 결론에 대한 사회적 수용성에 대한 간극을 효과적으로 축소하는 방안을 강구하여야 하기 때문이다.

미국의 경우에도 정부와 국민간의 대화와 기술을 통한 신뢰성과 투명성으로 해결하기 보다는 방사성폐기물관리 프로그램을 통하여 사업을 수행하고 있다. 그러나 사용후핵연료 등 처분시설을 건설하기 위해서는 이해당사자의 참여가 필수적이며 시설입지 지역과 수송로 인근 지역(주와 주민)의 참여가 필수적이라는 점에서 이러한 이해당사자의 참여가 있을 때 이해당사자의 시각에서 문제를 조명하면서 기술적인 것만이 아니라 비기술적인 것을 포함한 이슈를 해결할 수 있다고 할 것이다.

따라서 미국의 사회적 공론화는 성공적인 모델로 삼기는 힘들다고 하겠다. 이는 사용후핵연료에 대한 정책결정과정이나 실행과정에서 대중의 참여를 통한 공공협의의 과정이 상당히 축소된 형태로 운영되고 있기 때문이다.[56)]

56) 한국법제연구원, 사용후핵연료 관련 법령 정비방안, 2012.10.26, 61면.

즉 미국의 연방정부는 사용후핵연료 등의 처분장을 유카산지역으로 결정을 내릴 때 일반대중의 의견을 개진하거나 이를 경청하며 논의하는 과정들이 제대로 작동하지 않았다는 점에서 우리나라의 사용후핵연료 공론화 모델로 삼기에는 어렵다고 하겠다.

2. 영 국

영국은 1990년대 초 중·저준위 방사성폐기물 처분장 건설을 위해 500여 곳의 지역조사를 진행했으나, 갑자기 애초 후보부지에도 없던 셀라필드 지역이 방사성폐기물처분장으로 선정되면서 논란이 시작되었다.

왜냐하면 셀라필드 지역은 이미 재처리 시설을 비롯한 원자력연구단지가 있던 곳으로 지역주민들의 반발이 상대적으로 적을 것이라 생각되었기 때문이다. 그러나 주 의회의 건설허가 신청의 반환, 정부자문기구인 방사성폐기물관리자문위원회(RWMAC)의 부지안전성 추가조사 권고, 지역주민단체와 환경단체의 반발 등 사회적 논란이 커지면서 결국 1997년 방사성폐기물처분장 건설 계획의 일환으로 여겨졌던 암반연구시설(RCF) 계획이 백지화되었다.

이후 영국 상원은 "의사결정과정에서의 공개성, 투명성 및 이를 바탕으로 한 국민들의 신뢰"의 중요성과 "일반 국민이 참여하는 구조"의 필요성을 강조하는 내용의 보고서를 내는 등 잘못된 정책으로 인한 교훈을 사회 전체가 받아들였다.

이와 같은 혼란을 겪으면서 설립된 영국의 CoRWM(Committee on Radioactive Waste Management)은 공론화 논의를 시작하는 기구였다.[57)]

2003년 발족한 CoRWM은 관련 전문가, 학계, 환경단체 구성원으로 이루어져 방사성폐기물 문제에 있어 '선택할 수 있는 선택사항을 정리하고 선택 가능하고 환경적 문제가 없는 장기적 해결책을 정부에 권고'하는 역할을 수행하였다.

이를 통해 '일반 국민들의 신뢰'에 기반으로 한 문제해결을 만들고자 한 것이었다. 2003년부터 2006년까지 학생(미래세대를 고려), 전문가, 지역주민, 관련 전

---

57) 영국정부는 2003년 11월에 에너지경제학 교수를 위원장으로 총 12인으로 구성된 방사성폐기물관리위원회를 설립하였고, 2006년 7월까지 약 3년간 공론화를 추진하였다. 즉 기술전문가, 사회과학자, 환경단체 인사 등으로 구성된 운영위원회는 방사성폐기물량 조사그룹(Inventory Working Group)과 대중과 이해당사자 참여를 위한 실행그룹(Public and Stakeholder Engagement(PSE) Working Group)을 두었다.

문가를 망라하는 다양한 논의구조에서 수백 차례의 크고 작은 모임을 개최해서 다양한 옵션들을 정리하고 최종적으로 15개항의 권고사항을 도출하였다.[58)]

따라서 영국 정부와 의회가 한결같이 CoRWM의 권고안 수용을 긍정적으로 받아들인 것은 무엇보다도 CoRWM의 권고안이 몇몇 전문가들에 의해서가 아니라 광범위한 사회적 공론화 과정을 거쳐 도출되었기 때문이다.

실제로 영국 CoRWM이 2년 7개월 동안 주도한 방사성폐기물 관리정책에 대한 PSE 프로그램에 약 5000명 정도의 일반 대중과 이해관계자들이 참여하였다. 그 결과 CoRWM의 PSE 프로그램은 영국 역사상 가장 대규모적이고 야심찬 사회적 공론화 방식이었던 것으로 평가되고 있다. 특히 PSE 프로그램이 그 전에 활용되었던 대중 참여 프로그램들과 가장 다른 점은 다음과 같다.

첫째, PSE에서는 대중과 이해관계자들로 하여금 의사결정 과정상의 매우 이른 단계에서부터 참여할 수 있도록 했다는 점이다.

둘째, 구체적인 의사결정 단계에서는 다기준 의사결정기법(MCDA)과 총체적 평가기법(HA)이라는 체계적인 방법론을 활용하여 일반 대중의 의견과 전문가들의 의견을 균형 있게 통합하고자 노력했다는 점이다.

이러한 두 가지 특징은 영국에서 방사성폐기물 관리정책에 대한 공론화를 성공적으로 수행하게 하였던 결정적인 요인들로서, 사용후핵연료에 대한 바람직한 공론화 모델을 모색하는 우리나라에도 시사하는 바가 매우 크다고 판단된다.[59)]

---

58) 한국법제연구원, 사용후핵연료 관련 법령 정비방안, 2012.10.26, 62면.
59) 한국법제연구원, 위의 보고서, 62면~63면.

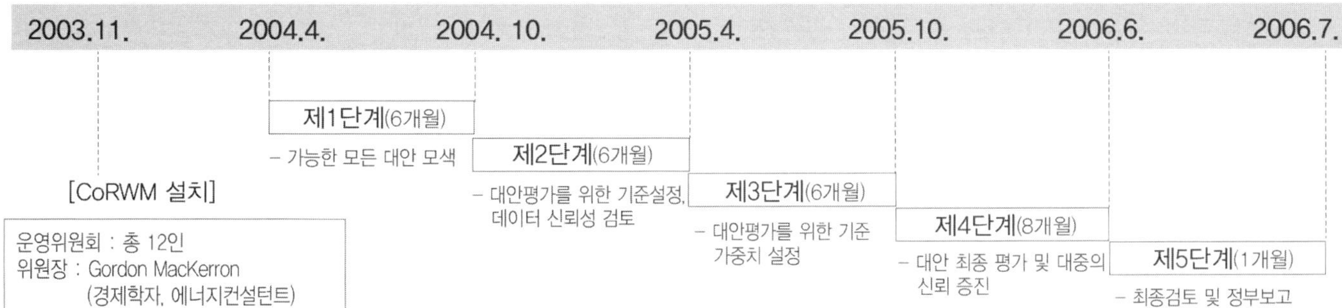

[CoRWM 활동의 원칙]

윤리	기본원칙, 세대간 형평성을 중시
참여	다양한 이해관계자 및 시민의 참여를 바탕
전문가 지식활동	과학기술적 사실과 지식을 바탕으로 사람과 환경을 보호, 대안 선택 시 사회과학 방법론 활동
숙의	숙의적 방식에 의한 참여, 토론과 합의 형성
민주적방식	공평성을 바탕으로 사회의 다양한 가치와 욕구 반영
통합	전문가와 일반인들의 통합적 지식과 경험 활용
실행가능성	안전하고 지속가능한 관리를 위한 최선의 대안 선택
상호의존성	불확실성 기술, 사회적 측면을 통합적으로 고려, 정치적 사회적 분석, 논의대상들은 모두 상호의존성을 가짐

출처 : 한국법제연구원, 사용후핵연료 관련 법령 정비방안, 2012.10.26, 64면

그림 1. 영국의 사회적 공론화

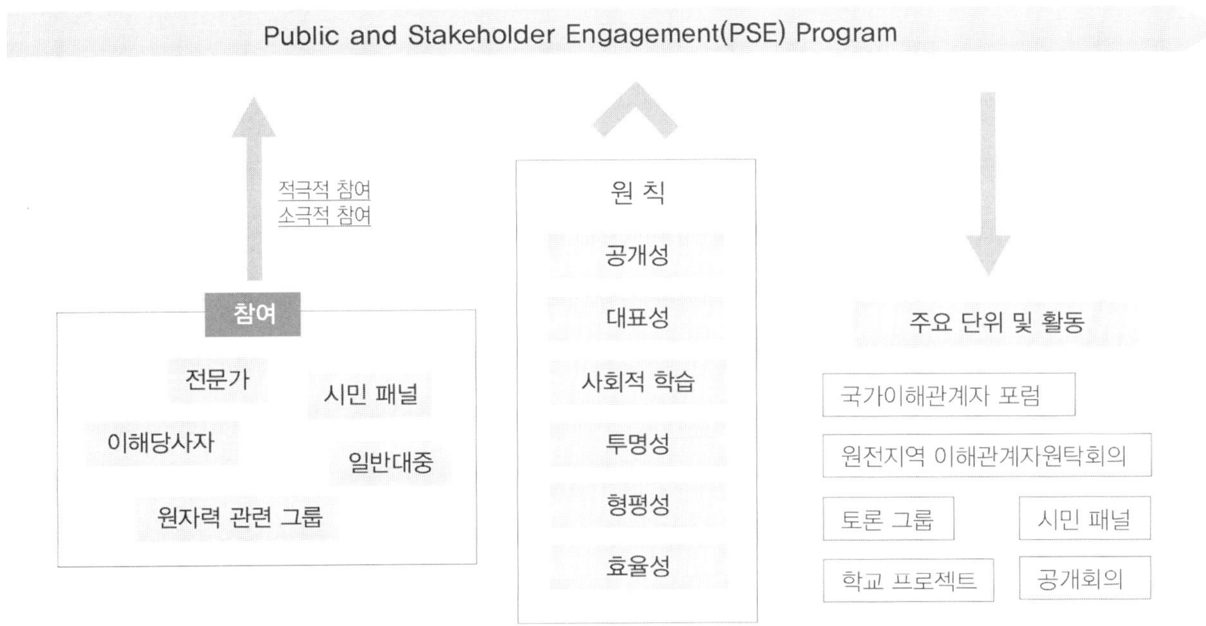

출처 : 한국법제연구원, 사용후핵연료 관련 법령 정비방안, 2012.10.26, 65면

그림 2. Public and Stakeholder Engagement(PSE) Program

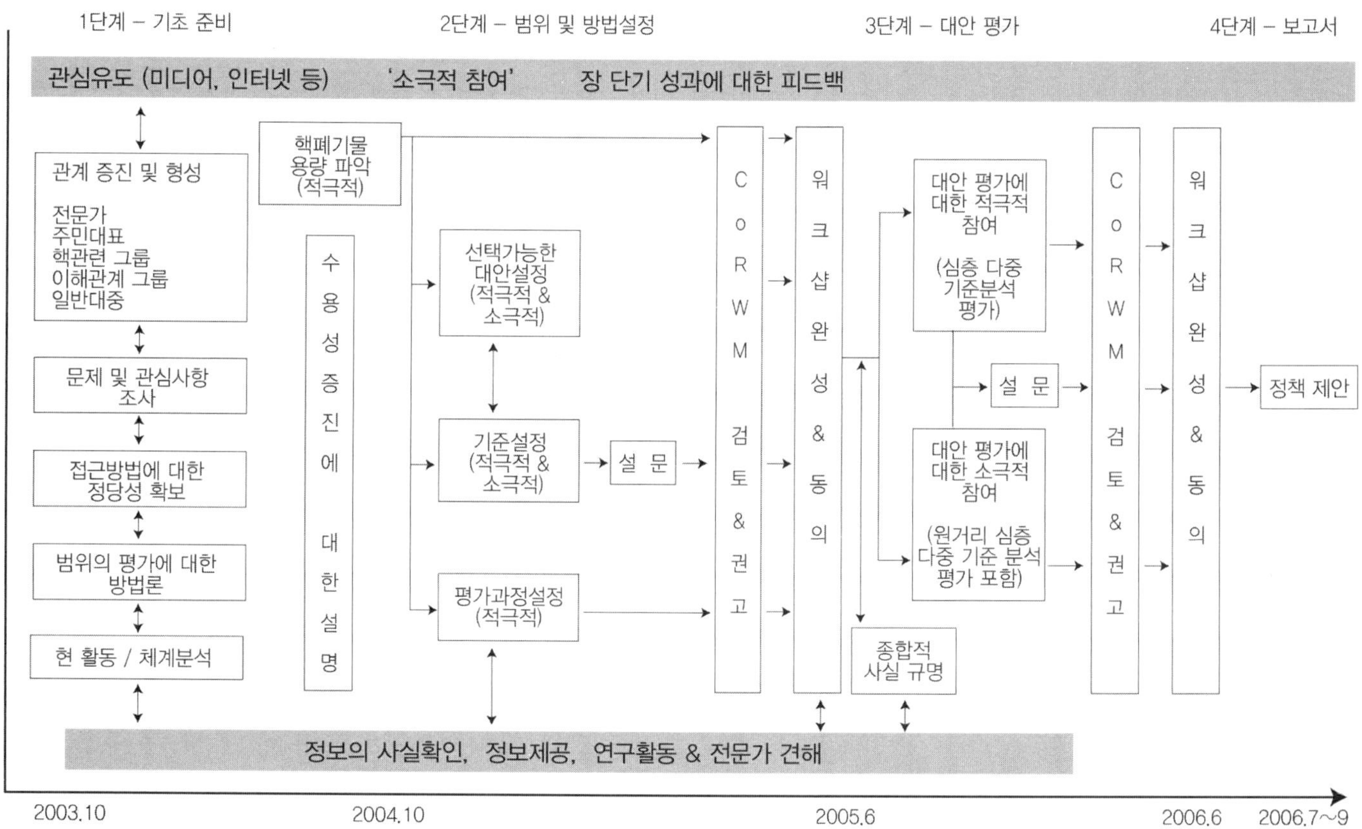

출처 : 한국법제연구원, 사용후핵연료 관련 법령 정비방안, 2012.10.26, 66면

그림 3. 영국의 CoRWM 단계별 공론화 로드맵

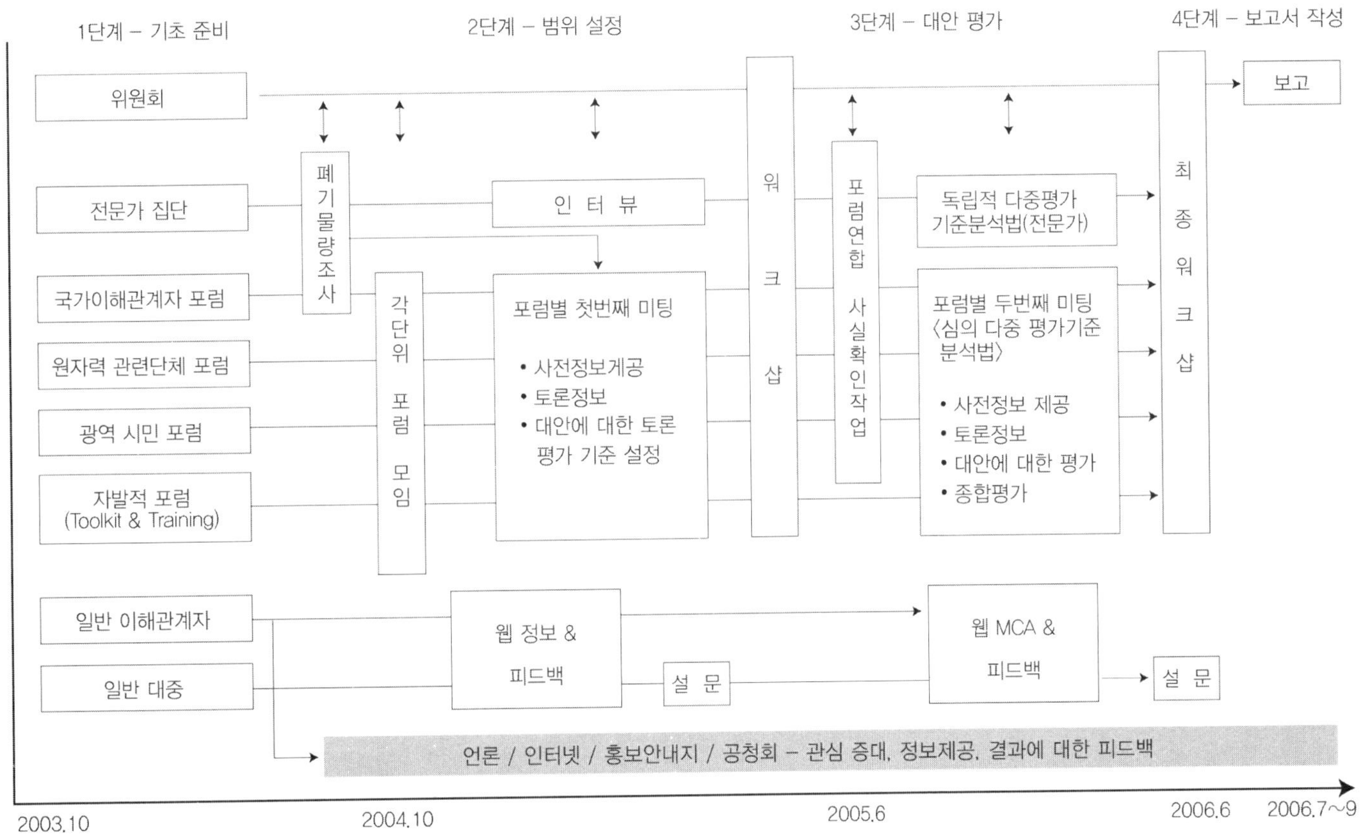

출처 : 한국법제연구원, 사용후핵연료 관련 법령 정비방안, 2012.10.26, 67면

그림 4. 영국의 사회적 공론화 PSE 프로그램

3. 캐나다

캐나다의 NWMO는 사회적 공론화를 2002년 12월 ~ 2005년 11월에 걸쳐 행하였다. 즉 사회적 공론화는 광범위한 일반대중들의 참여와 이를 통한 의견수렴을 통하여 장기적인 방사성폐기물 관리 방안에 대한 해법을 찾는 것이었다.

이 기구는 핵연료폐기물법의 "배출자부담원칙에 따라 원자력발전에 따른 폐기물발생회사가 방사성폐기물 관리기구의 설립 및 운영에 대한 비용을 부담하였고, 폐기물 발생회사의 관계자가 이 기구의 이사직을 맡는다.

자문위원단은 직접적인 이해관계가 없는 사회인사로 구성되었고, 실질적으로 자문위원단에 의해 이 기구의 객관성을 검증받을 수 있었다. NWMO는 사회적으로 수용가능하고, 기술적으로 안전하며 환경적으로 책임질 수 있고, 경제적으로 실행 가능한 결론을 도출하기 위하여 노력했다.

캐나다 NWMO의 공론화는 4단계로 구성된다.

제1단계는 2002년 12월 ~ 2003년 3월에 진행된 것으로 사용후핵연료에 대한 일반대중들의 관심사항을 파악하고, 원주민 단체, 원전종사자 및 지역주민, 환경단체 인사들이 대면토론을 통하여 서로의 관심사항을 심도 있게 논의하고, 워크숍, 토론회, 전화설문조사, 이메일 등 다양한 매체와 방법을 통하여 대중들의 기대와 관심을 파악한 단계였다.

제2단계는 2003년 4월 ~ 2004년 3월에 이루어졌다. 캐나다 국민들의 가치관을 바탕으로 사용후핵연료 처리 문제에 대한 우선순위를 파악하기 위하여 1단계의 논의사항을 심도 있게 체계적으로 분석하였다.

이러한 과정을 통하여 NWMO는 일반대중들이 안전과 건강, 환경보호, 보안, 사회정의와 윤리, 원주민에 대한 영향과 참여보장, 폐기물 관리시설지역의 사회경제적 영향, 운반 시 위험요소, 사용후핵연료의 재활용 가능성 등을 중요한 요소로 고려하고 있음을 파악했다.

제3단계는 2004년 4월 ~ 2005년 3월에 진행된 것으로, 일반국민들의 관심사항을 토대로 어떠한 사용후핵연료 처리방식이 캐나다에 적합한가를 평가하였다.

제4단계는 2005년 4월 ~ 2005년 11월에 이루어졌고, 최종적으로 도출된 내용을 일반 대중들에게 다시 한 번 알리고 의견을 수렴하여 최종보고서를 작성하여 정부에 보고하였다.[60)]

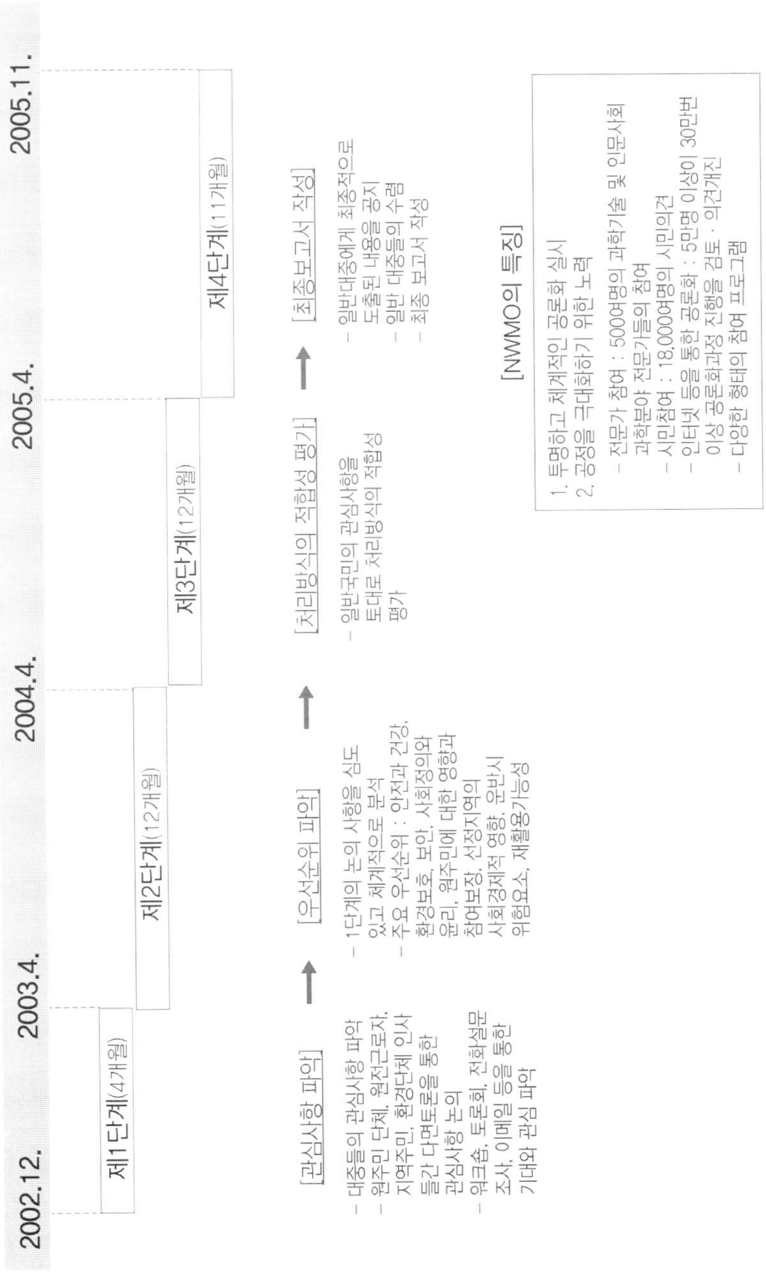

출처 : 한국법제연구원, 사용후핵연료 관련 법령 정비방안, 2012.10.26, 70면

그림 5. 캐나다의 사회적 공론화

60) 한국법제연구원, 사용후핵연료 관련 법령 정비방안, 2012.10.26, 69면.

캐나다의 NWMO는 최종보고서에서 단계적 처리방식이 가장 적합하다는 결론을 도출했다고 한다. 즉 캐나다는 사회적 공론화와 관련하여 NWMO를 통하여 투명하고 체계적으로 공론화를 실시하였다.

특히, 캐나다에서는 공정성, 공공의 건강과 안전, 작업자의 건강과 안전, 안보, 경제성, 지역사회의 복지, 환경친화성, 적용성 등과 같이 사용후핵연료 관리 옵션평가에 사용되는 기준들이 무엇을 의미하는 지를 철저하게 분석하고 공정성을 극대화하기 위하여 노력했다고 한다.

즉 3년간의 공론화 기간 동안 500여명의 과학기술 및 인문사회과학분야 전문가가 참여하였고, 18,000여명의 시민의견이 정책 방향 결정에 도움을 주었다. 특히, 캐나다의 사회적 공론화는 인터넷 등의 매체를 적극적으로 활용하였다는 점이다.

NWMO에 따르면 5만명 이상이 30만번 가량 NWMO 홈페이지에 방문하여 공론화과정이 어떻게 진행되는지를 검토하였고, 의견을 개진하였다고 한다. 이와 더불어 국가와 시민, 지역주민간의 대화, 원전지역의 방문 등의 다양한 형태의 참여 프로그램을 통하여 의견을 수렴했다고 한다.[61]

4. 프랑스

(1) 프랑스 국가공공토론위원회 현황

프랑스 "국가공공토론위원회"(Conseil National du Débat Public, 이하 'CNDP')[62]는 환경 및 국토개발사업과 관련하여 시민참여를 보장함으로써 참여민주주의를 고양할 것을 목표로 하고 있다. 그리고 참여민주주의 일환으로 숙의민주주의를 도입하고 있고, 공공토론 활성화를 위한 주민 선택권의 보장을 목표로 한다.

CNDP는 중대한 사회·경제적 효과를 가지거나, 환경 또는 국토에 중대한 영향을 미치는 국토개발사업 및 설비사업의 전반을 감독한다. 즉 공공토론을 통해 사업의 목적, 적정성, 특징 등 사업 전반에 대하여 공중의 의사를 수렴·반영함으로써 사업의 효율적인 진행을 도모한다. 예컨대, CNDP는 사업기획단계(예비타당성

---

61) 한국법제연구원, 사용후핵연료 관련 법령 정비방안, 2012.10.26, 69면.

62) 도미니크 부와네(Dominique VOYNET) 국토개발·환경부 장관 재임시절인 1997년 9월 4일, CNDP(Conseil National du Débat Public)가 창설되었다.

조사 단계)에서 종결단계까지, 사업 전 과정에 걸쳐 대중 참여를 보장한다.

CNDP는 사업이 일정 요건을 충족시키거나 사업결과의 영향을 고려해 필요하다고 판단할 경우, 공공토론을 조직·운영한다. 즉 대중 참여를 통한 집단의사의 공론화를 목표하기 때문에 CNDP의 최종의견은 권고사항일 뿐 구속력을 가지는(binding) 결정이 아니며, 권고사항의 수용 여부는 사업자가 최종 결정한다.

1970년대 후반부터 프랑스 국내는 물론 유럽연합 차원에서 녹색당(Les Verts), 생태운동연합(Les Ecologistes) 등 환경운동 정당이 약진함에 따라 반복되는 국책사업의 표류와 효율성 저하가 현안으로 부상하였다.

고속증식로(Fast Breeder Reactor)[63]를 사용하는 슈퍼 피닉스(Super Phoenix)의 안전성을 우려하는 환경 테러리스트들이 건설 중인 원전에 1982년 로켓 테러를 감행하는 등 정치적 논란이 격화(1993년 가동을 개시했으나 1996년 폐쇄)되었다.[64]

이와 관련하여 1980년대에 전개된 2건의 환경분쟁은 공공참여를 통한 의사결정의 필요성을 자각하는 계기로 작용하였다. 고속철도 지중해선(TGV-Mediterranée)의 건설사업 관련 분쟁으로 프랑스에서는 5년 동안(1989-1994) 4인의 건설부 장관이 사임하였다. 그리고 르와르 지방 재개발 사업 관련 분쟁에서 환경보호론자의 반대로 11개 보 건설 사업계획 가운데 3개 보 건설계획을 철회하고, 기 건설된 2개의 보를 해체하게 되었다.

(2) 사회적 공론화 관련 법적 근거

프랑스의 사회적 공론화와 관련된 법적 근거는 「바르니에법」(Loi Barnier, 1995년 제정)[65]이다. 이 법은 프랑스 최초로 공공토론 형태의 대중참여 원칙을 천명하고 있고, 국익과 관련된 대규모 국토개발사업을 결정하기 전 대중의 의사를 수렴하여 이를 심의에 반영시키겠다는 입법의지를 천명하고 있다.

동법의 위임에 따라 1996년 5월 10일 제정된 「개발사업 결정 이전에 시행하는 주민 자문과 시민단체 자문에 관한 집행명령 제96-388호」에는 국익과 관련된 개

63) 고속증식로는 플루토늄과 우라늄 혼합을 주원료로 하는 고에너지 생성방식으로, 냉각재로 사용하는 액체 나트륨이 화학적으로 고온 폭발할 위험이 상존하고 중성자와 핵반응을 일으켜 방사능 배출 위험이 높은 취약점이 내재되었다.

64) 한국법제연구원, 사용후핵연료 관련 법령 정비방안, 2012.10.26, 71면.

65) 「바르니에 법(Loi Barnier)」의 정식 명칭은 「환경보호강화 관련법 제95-101호」이다.

발사업의 기획 과정에 대중을 참여시키기 위한 절차로서 공공토론방식이 도입되었다.

한편 2002년 2월 27일 제정된 「풀뿌리 민주주의 관련 법, 제2002-276호」 제134조에는 "환경 또는 국토에 중대한 영향을 미치는 개발사업이나 설비사업 기획 시 대중참여" 관련 조항이 포함되었다.[66]

이 법에서는 일반대중의 참여원칙에 대한 정의를 확장하는 한편, CNDP의 법적 지위를 독립행정기관으로 격상시킴으로써 권한의 범위를 확대하였다. 동법은 2002년 10월 22일 개정되어 공공토론의 구체적 개최방식·절차 규정을 정비하게 되었다.[67]

CNDP의 기관구성은 대통령령에 따라 임명된 위원장 1인과 부위원장 2인 등 위원 24인으로 구성되며 구체적으로는 다음과 같다.

i) 상·하원의장 추천 의원 : 각 1인(총 2인)
ii) 지방의회 추천 의원 : 6인
iii) 참사원장(Conseil d'Etat) 추천 : 1인
iv) 대법원장 추천 대법관 : 1인
v) 지방법원 추천 판사 : 1인
vi) 회계감사원 추천 감사 : 1인
vii) 행정법원 또는 행정항소법원 추천 판사 : 1인
viii) 전국적 규모의 환경보호단체 대표 : 2인
ix) 전국적 규모의 소비자 단체 대표 : 1인,
x) 교통물류 단체 대표 : 2인
xi) 갈등관리 전문가 : 2인
xii) 노동문제 전문가 : 2인
xiii) 관료 : 2인 등 총 25인

프랑스의 독립행정기관은 국가기관으로서, 정부의 직접적인 개입이 바람직하지 않은 주요 부문의 행정업무를 담당한다. 즉 프랑스의 전통적 행정업무와는 달리 특정장관의 소속에서 벗어나 자율적으로 사무를 처리하고, 정부의 명령이나 지시, 조언으로부터 독립성을 갖는다.

---

66) 환경법 L.121-1 ~ L.121-15 참조.
67) 한국법제연구원, 사용후핵연료 관련 법령 정비방안, 2012.10.26, 72면.

또한 CNDP 위원들의 해임은 사실상 불가하며, 5년의 임기를 보장받는다. 그리고 CNDP의 위원장과 부위원장은 상근직으로 소정의 보수를 받고, 기타 위원들에게는 수당을 지급한다.[68)]

CNDP의 사무국은 국토부 감독관이 이끄는 6인의 행정팀으로 구성된다. 동 조직의 예산은 2004년 1월 1일 이래 고유예산을 편성 및 집행을 하고 있다.

5. 일 본

일본정부는 방사성폐기물의 완벽한 관리 등 핵연료주기의 확고한 정립을 위하여 고준위방사성폐기물 처분기금을 법제화하는 방안으로 원자력환경정비촉진·자금관리센터(Radioactive Waste Management Funding and Research Center; RWMC)를 경제산업성의 승인을 받아 1976년에 설립하였다.

일본 원자력위원회는 1976년 고준위폐기물의 심지층처분을 결정하고 1988년 고준위방사성폐기물 처분연구를 시작하였다. 그리하여 2000년 6월에 「특정방사성폐기물의 최종처분에 관한 법률」을 제정하였다. 동법에 근거하여 처분장 부지선정, 처분장 건설, 처분장 운영 및 정비, 시설의 폐쇄, 폐쇄 후 조직관리 등을 담당하는 원자력발전환경정비기구(NUMO)를 설립하고 공론화를 수행하였다.

일본정부는 고준위폐기물 처분 부지선정을 위하여 1단계로 2007년까지 개요조사지구를 선정하고, 제2단계로 2012년에 정밀조사 지구 선정을 완료하기로 하였다. 즉 정밀조사를 완료하면 지하시설에 대한 조사를 거쳐 2023년 이후 최종처분시설 건설부지 선정을 완료할 예정이다.

---

68) 환경법 L.121-5조는 CNDP 위원들과 CPDP 위원들이 개인적으로 연관된 사업 또는 자신의 직무와 관련된 사업에 관련된 토론 또는 조정절차에 참여할 수 없음을 명시하고 있다.

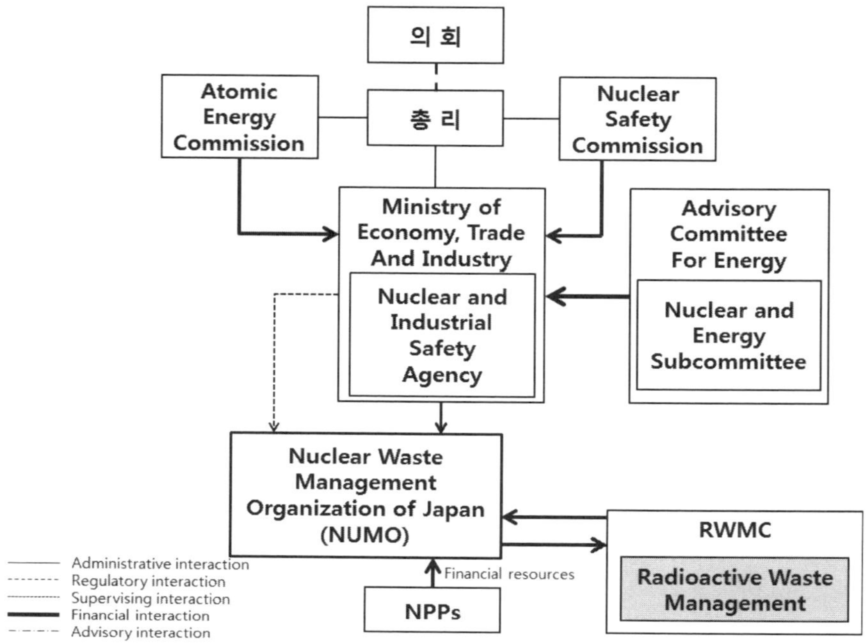

그림 6. 일본의 사회적 공론화 구조[69)]

그러나 처분부지 선정을 위하여 2002년 12월 19일에 10㎢ 정도의 부지를 대상으로 도도부현(都道府縣) 단위의 지방자치단체를 대상으로 공모하였으나 유치신청을 한 곳은 없는 상태이다. NUMO는 각 단계별로 조사결과에 대한 설명회를 통하여 지역주민에게 공지하였다.

일본의 공론화 주요활동을 보면, 처분부지 선정의 안전 및 신뢰성을 증진하기 위하여 단계적으로 사업을 개발하고 추진하되 각 단계별로 일반대중의 참여와 정보 평가를 통하여 추진하였다.

이에 따라 폭넓은 대중 참여를 지원하고 지자체 참여를 요청하였으며, 모든 지자체 및 일반인들에게 적절하고 광범위한 방법으로 사업에 대한 모든 정보를 공표했다. 또한 본사 이전 및 현지 주민을 채용하는 등의 지속적인 지역개발을 추진하고 상호이해증진을 위한 방안으로 해외시설 시찰 기회를 제공하는 등의 활동을 진행하고 있다.

69) 한국법제연구원, 사용후핵연료 관련 법령 정비방안, 2012.10.26, 74면.

6. 스웨덴

스웨덴은 1970년 초 원전의 운영을 시작하면서 4개의 원자력발전회사의 공동출자로 방사성폐기물관리전담기구(SKB: Swedish Nuclear Fuel and Waste Management)를 설립하였으며, 원자력활동법(Nuclear Active Act)에서는 방사성폐기물의 처분책임과 실시주체를 규정하고, 실시주체가 방사성폐기물 관리대책을 3년마다 의무적으로 정부에 제출하도록 규정하고 있다.

스웨덴의 사용후핵연료에 대한 공론화 실시주체인 SKB는 부지선정을 위하여 종합입지조사, 타당성조사, 부지조사, 상세특성조사의 4개 조사의 수행을 결정한다.

이와 더불어 SKB는 관련법을 마련한 후, 다음 단계로 심층처분장의 부지를 선정하기 위하여 5개의 다른 지질구조를 살펴보고, 7~10개의 부지를 대상으로 타당성연구를 수행하였다.

타당성연구의 초기단계에서는 인구밀도가 낮은 스웨덴의 북부지역을 주요대상으로 하였으나, 국가적 및 지역적 지원이 미흡하여 심층처분 시설에 대한 지역주민들의 신뢰성이 낮아 처분장 후보부지 선정에 실패하였다.

이후 주요 원자력시설이 들어서 있는 남부지역을 대상으로 한 타당성 연구에서는 국가적인 차원과 지역사회 차원의 지원이 보다 광범위하고 적극적으로 이루어졌으며, 지역사회의 적극적인 주민참여를 통한 실질적인 대화를 추진하였다.

그 결과 원전 부지인 포스마크와 사용후핵연료 중간저장시설인 CLAB(Central Interim Storage Facility for Spent Fuel)와 중·저준위 방사성폐기물처분시설인 SFR이 위치한 Oskarshamn 지역을 후보 부지로 선정하였다.

선정된 2개의 후보부지는 2002년부터 부지의 타당성조사에 착수하여 4년 동안 지하 1,000m 깊이의 시추공을 뚫어 지질학적인 특성을 평가하였다. 부지의 타당성조사결과를 토대로 최종후보 부지를 결정하였고, 최종후보지에 대해서는 좀 더 엄격하고 상세하게 부지조사연구를 수행하여 2008년에 건설허가를 신청하였다. 처분장은 2020년 시작하여 2050년에 폐쇄할 예정이라고 한다.

제 2 장 각국의 사용후핵연료 발생현황 및 처분정책

Ⅰ. 스웨덴

1. 개 요

스웨덴에서는 1980년 국민투표를 통해 2020년까지 원전의 폐기를 결정한 이후 그 결과에 따라 원전을 단계적으로 폐기하는 정책이 수립되었다. 4군데의 원전에서 합계 12기의 원자로가 도입되었지만 이 정책에 의해 2기가 영업운전을 정지하였다.[1)]

그 후 지구온난화 문제에 대응하기 위해 탈 원자력정책은 철회되고 있고 기존 원자로의 개축에 한정된 신설(리플레이스)을 인정하는 법 개정이 2010년 6월에 행해졌다. 스웨덴에서는 원자력발전 도입을 위한 우대정책은 없고 2011년 3월의 동경전력(주) 후쿠시마 제1원전의 사고 후에도 큰 정책변경은 없다.

스웨덴의 원자력발전 4개 회사는 사용후핵연료의 최종처분에 관한 연구개발, 처분장 건설 및 운영을 위한 전담기관으로 스웨덴 핵연료·폐기물관리회사(SKB사)를 설립하였다. 이들 원전에서 발생되는 사용후핵연료는 중앙집중 중간저장시설인 CLAB로 운반되어 CLAB에서 약 30년간 중간저장된 후 처분되며, CLAB는 습식저장시설로서 1985년에 운영을 개시하였다.

스웨덴은 처분장 부지선정을 위하여 1990년대부터 전국을 대상으로 입지조사를 실시했으며, 그 결과 및 8개 지자체를 대상으로 실시한 타당성 조사결과를 바탕으로 오스카샴(Oskarshamn), 오스타마르(Osthammar), 티에르프(Tierp) 등 3개 지역을 부지조사 대상지역으로 선정하였다.

---

1) 스웨덴의 원전 : 스웨덴에는 Barsbäck, Forsmark, Oskarshamn, Ringhals 4군데에 원전이 있다. 이 중 코펜하겐(이웃 국가 덴마크의 수도)으로부터 약 50km 지역에 있는 Barsbäck 원전 2기(BWR)가 1999년 11월 말, 2005년 5월 말 각각 영업운전을 정지하였다.

연번	원자로명	원자로형	출력(MW)	가동개시연도
1	Oskarshamn-1	BWR	500	1972
2	Oskarshamn-2	BWR	630	1974
3	Oskarshamn-3	BWR	1,450	1985
4	Ringhals-1	BWR	860	1976
5	Ringhals-2	PWR	870	1975
6	Ringhals-3	PWR	1,045	1981
7	Ringhals-4	PWR	950	1983
8	Forsmark-1	BWR	1,018	1980
9	Forsmark-2	BWR	1,028	1981
10	Forsmark-3	BWR	1,230	1985
폐쇄	Barsbäck-1	BWR	630	1975~1999
폐쇄	Barsbäck-2	BWR	630	1977~2005

표 6. 스웨덴의 원전 운영현황

스웨덴에서 처분되는 사용후핵연료는 국내 1군데로 모아 중간저장되고 있다. 2012년의 저장량은 5,575톤이다. 모든 원자로의 운전이 정지될 때까지 발생하는 사용후핵연료의 누적량은 약 12,000톤이 될 전망이다. 스웨덴에서는 이를 재처리하지 않고 캐니스터에 밀봉하여 지층처분하는 방식을 채택하였다.[2)]

2. 사용후핵연료의 처분방침

스웨덴에서는 원전에서 발생한 사용후핵연료를 재처리하지 않고 고준위 방사성 폐기물로서 지하 약 500m 깊이의 결정질암 속에 지층처분할 방침이다. 전력회사가 공동 출자하여 설립한 SKB사가 처분시행 주체이다.

사용후핵연료는 각 발전소에서 냉각(원자로 추출 후 약 1년간)한 후, SKB사가 운영하는 「집중 중간저장 시설」(CLAB)로 수송하여 지하에 설치된 저장소에 저장되어 있다.[3)]

---

2) 日本經濟産業省, 諸外國における高レベル放射性廢棄物の處分について, 2017.2, 10면 참조; 한국원자력환경공단, 국외 고준위방사성폐기물 처분현황, 2016.12, 4면 참조.

3) CLAB는 1985년 운전을 시작했다. 허가받은 저장용량은 8,000톤이다.

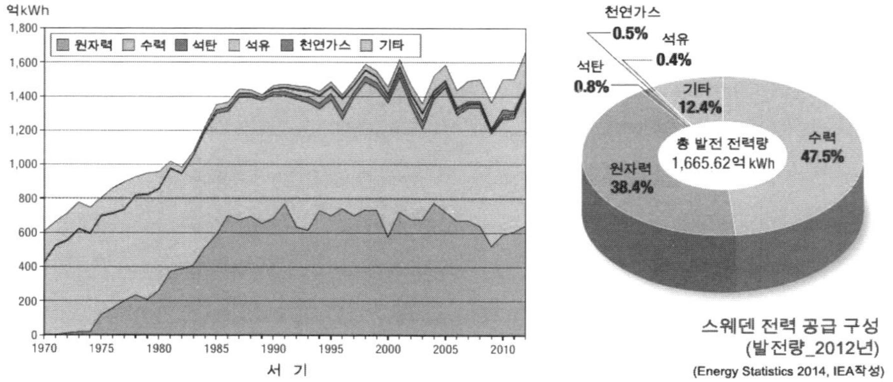

2012년 스웨덴	총 발전 전력량	수입	수출	국내 공급 전력량	국내 전력 소비량
단위 : 억 kWh	1,665.62	116.82	312.55	1,469.89	1,272.86

◎원자력 발전 설비 용량 합계 10기 948.7만 kW (2015년 1월)

그림 7. 스웨덴의 원전이용상황[4)]

그림 8. 스웨덴의 원전 및 기타 관련시설 소재지[5)]

---

4) 日本經濟産業省, 諸外國における高レベル放射性廢棄物の處分について, 2017.2, 11면.
5) 日本經濟産業省, 위의 보고서, 11면.

Ⅱ. 핀란드

1. 개 요

핀란드는 2곳에 원전 부지가 있다. 동쪽의 로비사(Lovisa)에는 러시아의 가압경수형 원자로(VVER) 2기, 서쪽의 올킬루오토(Olkiluoto)에는 스웨덴에서 도입된 비등경수형 원자로(BWR) 2기가 운전 중이다(표 7. 참조).

로비사(Lovisa) 원전을 운영하는 포르튬 파워 & 히트사(Fortum Power & Heat; FPH사)는 북유럽의 에너지 대기업 포르튬사의 자회사이다. 포르튬사는 주식시장에 상장된 기업이지만 그 주식의 과반수를 핀란드 정부가 보유하고 있다.

올킬루오토(Olkiluoto) 원전은 TVO사가 운영하고 있다. 이 회사는 그 모회사에 전력을 판매하는 민간 전력회사이다.

핀란드에서는 총 소비전력량의 약 14%(2007년)를 수입에 의존하는 한편, 2005년부터 올킬루오토 원전 3호기의 건설이 진행되고 있다. 올킬루오토 원전 3호기는 유럽가압경수형원자로(EPR)로서 2018년에는 상업운전을 시작할 예정이다. 나아가 원자로를 신설하는 움직임이 있어서 2010년 7월에는 TVO사의 올킬루오토(Olkiluoto) 4호기 도입계획 및 원자력발전사업에 신규참여를 꾀하는 페노보이마(Fennovoima)사의 발전소 입지계획이 정부 및 국회의 승인을 받고 있는 중이다.

연번	원자로명	원자로형	출력(MW)	가동개시연도
1	Lovisa-1	VVER	510	1977
2	Lovisa-2	VVER	510	1980
3	Olkiluoto-1	BWR	880	1979
4	Olkiluoto-2	BWR	880	1982
5	Olkiluoto-3	EPR	1600	-
6	Olkiluoto-4	미정	1500-1770	-
7	Hanhikivi-1	VVER	1200	-

표 7. 핀란드의 원전 운영현황

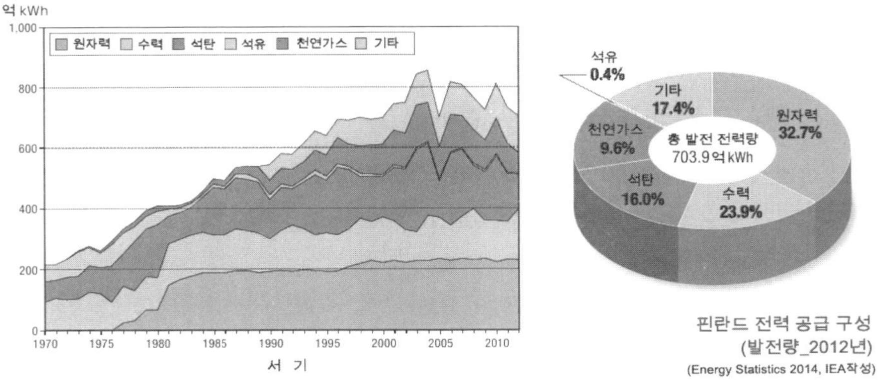

2012년 핀란드	총 발전 전력량	수입	수출	국내 공급 전력량	국내 전력 소비량
단위 : 억 kWh	703.99	190.89	16.45	878.43	807.55

◎ 원자력 발전 설비 용량
합계 4기 274.1만 kW
(2015년 1월)

그림 9. 핀란드의 원전 이용상황[6]

그림 10. 핀란드의 원전 및 기타 관련시설 소재지[7]

6) 日本經濟産業省, 諸外國における高レベル放射性廢棄物の處分について, 2017.2, 35면.
7) 日本經濟産業省, 위의 보고서, 11면.

2. 사용후핵연료의 처분방침

핀란드는 1994년에 원자력법을 개정하여 사용후핵연료의 수출입을 금지하고 있다.

원전에서 발생되는 사용후핵연료는 각 원전에 중간저장되어 있다. 원전에서 추출된 사용후핵연료는 원자로격납건물 임시저장조에서 수년간 냉각한 후, 발전소 내에 별도 설치된 중간저장시설로 옮겨진다.[8)]

핀란드에서 처분의 대상이 되는 고준위 방사성폐기물은 올킬루오토(Olkiluoto) 원전과 로비사(Lovisa) 원전에서 발생하는 사용후핵연료이다. 핀란드에서는 이들 사용후핵연료를 재처리하지 않고 그 상태에서 고준위방사성폐기물로서 처분하는 직접처분방식을 취하고 있다. 「1994년 원자력법」 개정 시 "사용후핵연료를 포함하여 핀란드의 원자력발전에서 발생하는 방사성폐기물은 자국 내에서 최종처분해야 한다"는 것을 법률에 명문화하였다.

다시 말해 핀란드에서는 원전에서 발생하는 사용후핵연료를 재처리하지 않고 고준위방사성폐기물로서 처분할 방침이며, 처분하기 전에는 각 원전에서 중간저장하고 있다.[9)]

Ⅲ. 프랑스

1. 개 요

프랑스의 원전은 모두 프랑스 전력주식회사(EDF사)가 운영하고 있다. 프랑스는 2014년 말 현재 58기의 원전을 운영하고 있고 프랑스 전역에 전력을 공급하며 수출도 하고 있다.

프랑스 북서부의 코땡땅(Cotentin) 반도의 끝에 AREVA사(이전 COGEMA사)의 라하그 재처리시설이 있고, UP2, UP3라고 불리는 플랜트가 운영되고 있다. 재

8) 올킬루오토(Olkiluoto) 원전에서는 1987년부터 발전소 내에 중간저장시설이 운영되고 있다. 건설 중인 3호기 등에서 발생하는 사용후핵연료의 저장에 대응하기 위해 용량확대 공사가 진행되고 있다.

9) 日本經濟産業省, 諸外國における高レベル放射性廢棄物の處分について, 2017.2, 34면 참조; 한국원자력환경공단, 국외 고준위방사성폐기물 처분현황, 2016.12, 20면 참조.

처리에서 회수한 플루토늄을 MOX 핵연료 등으로 가공하여 다시 원전 연료로 이용하고 있다. 프랑스에서는 고속증식로의 개발도 진행되었지만 현재 운전 중인 것은 없다.

2. 사용후핵연료의 발생과 저장(처분 전 관리)

프랑스의 모든 원전으로부터 발생하는 사용후핵연료는 연간 약 1,150톤인데, 그 중 연간 약 1,050톤이 라하그 재처리시설에서 재처리되고, 나머지는 재처리하지 않고 사용후핵연료 상태로 저장되고 있다.

재처리 대상인 사용후핵연료는 각 원전에 저장되는 외에 라하그 재처리 수납시설에 습식 저장된다. 또한 라하그 재처리 시설에는 재처리 후에 발생하는 고준위 유리 고화체의 저장시설도 있고, 향후 심층처분장 개설 때까지 저장한다.

프랑스에서는 잉여 플루토늄을 발생시키지 않기 때문에 MOX 연료의 연간 생산・부하량으로부터 사용후핵연료의 연간 재처리량을 계획하고 있다.[10] 따라서 발생된 모든 사용후핵연료가 곧바로 재처리되지 않고 장래 재처리를 하기 위해 저장된다.[11]

2012년 처분시행 주체기관인 방사성폐기물관리기관(ANDRA)이 종합한 최신 재고량보고서(Inventory Report)에 의하면 2010년 말 시점의 저장량은 유리고화체가 2,700㎥, 장수명(長寿命) 중준위 방사성폐기물이 41,000㎥, 사용후핵연료가 18,900톤이다. 프랑스에서 최종적으로 지층 처분할 필요가 있는 고준위 방사성폐기물 등의 구성과 분량은 앞으로 사용후핵연료의 재처리 상황에 따라 변화가 예상된다.[12]

---

10) 현재 연간 약 120톤의 MOX 연료를 생산하기 위해 연간 약 1,050톤의 사용후핵연료를 재처리하고 있다.

11) 이들 사용후핵연료의 저장량 증가에 대응하기 위해 사용후핵연료 저장시설의 확장 등이 계획되어 있으며 장래의 고속로 개발계획(제4세대 원자로의 개발)에 있어서 핵연료주기의 확립(전량 재처리)을 목표로 하고 있다.

12) 日本經濟産業省, 諸外國における高レベル放射性廢棄物の處分について, 2017.2, 62면 참조; 한국원자력환경공단, 국외 고준위방사성폐기물 처분현황, 2016.12, 36면 참조.

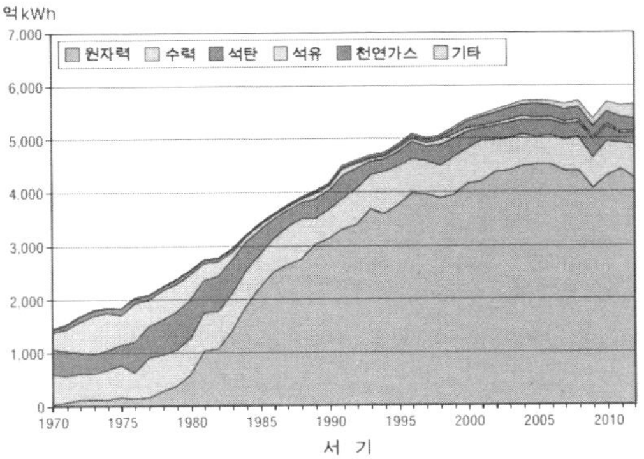

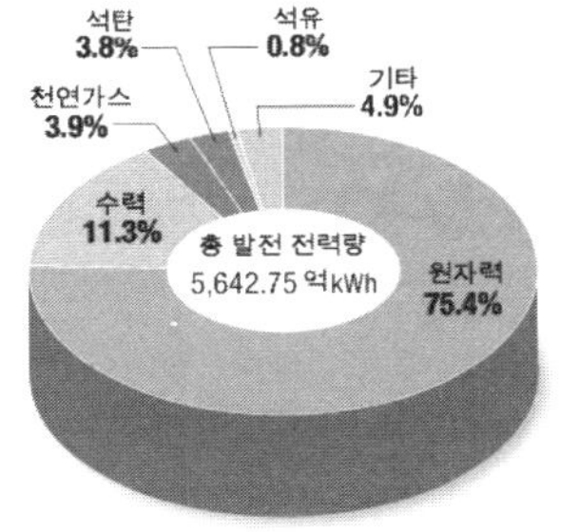

프랑스 전력 공급 구성(발전량_2012년)

(Energy Statistics 2014, IEA작성)

2012년 프랑스	총 발전 전력량	수입	수출	국내 공급 전력량	국내 전력 소비량
단위: 억 kWh	5,642.75	122.13	567.34	5,197.54	4,340.93

◎원자력 발전 설비 용량
합계 58기 6,313.0만 kW
(2015년 1월)

그림 11. 프랑스의 원전이용상황[13)]

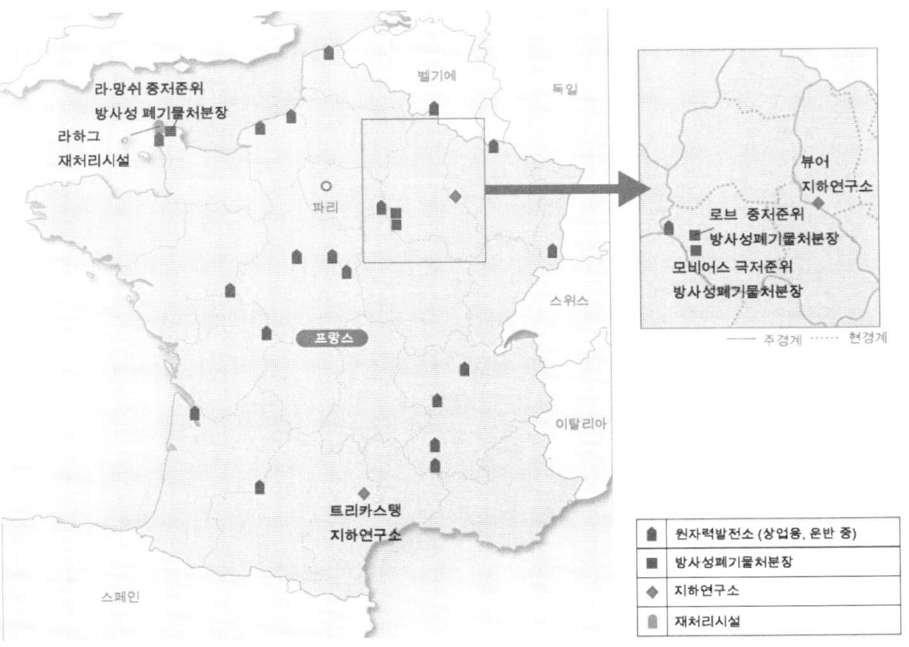

그림 12. 프랑스의 원전 및 기타 관련시설 소재지[14)]

13) 日本經濟産業省, 諸外國における高レベル放射性廢棄物の處分について, 2017.2, 61면.

14) 日本經濟産業省, 위의 보고서, 61면.

3. 처분방침

프랑스는 2006년 「방사성폐기물 등 관리계획법」을 제정하여 고준위 방사성폐기물을 포함한 모든 방사성폐기물 관리에 관한 기본방침을 수립하였다. 동법에서는 고준위 방사성폐기물 및 장수명 중준위 방사성폐기물에 대해 「가역성 있는 지층 처분」[15)]을 기본으로 하고 그 목표를 위해 2015년까지 지층처분장에 설치허가 신청을 제출하여야 하며, 2025년에는 운영을 개시하여야 한다고 규정하였다.

동법에서는 지층처분사업에 대한 가역성을 확보하는 기간을 적어도 100년 이상(처분장 폐쇄단계까지 고려)으로 하고, 처분시행주체의 설치허가 신청 후 가역성의 조건을 규정하는 법률을 제정할 것을 규정하고 있다.

4. 처분방침의 결정경위

프랑스는 2006년 「방사성폐기물 등 관리계획법」을 제정하여 고준위 방사성폐기물을 포함한 모든 방사성폐기물 관리에 관한 기본방침을 수립하였다. 동법에서는 고준위 방사성폐기물 및 장수명 중준위 방사성폐기물에 대해 「가역성 있는 지층 처분」[16)]을 기본으로 하고 그 목표를 위해 2015년까지 지층처분장에 설치허가 신청을 제출하여야 하며, 2025년에는 운영을 개시하여야 한다고 규정하였다.

동법에서는 지층처분사업에 대한 가역성을 확보하는 기간을 적어도 100년 이상(처분장 폐쇄단계까지 고려)으로 하고, 처분시행주체의 설치허가 신청 후 가역성의 조건을 규정하는 법률을 제정할 것을 규정하고 있다.

프랑스의 현행 사용후핵연료 처분방침(가역성이 있는 지층처분)은 1991년 제정된 「방사성폐기물 관리연구법」에 규정된 3개의 관리방법에 관하여 15년간에 걸친

---

15) 「가역성이 있는 지층 처분」이라 함은 처분사업을 단계적으로 실시하고 각 단계에서 이용 가능한 지식을 토대로 기술, 환경, 경제, 사회적 관점에서 처분장 설계의 변경이나 보관된 폐기물의 회수를 진행하는 등 장래 세대에 선택의 가능성을 남기는 것을 목적으로 한 유연한 사업개념이다.

16) 「가역성이 있는 지층 처분」이라 함은 처분사업을 단계적으로 실시하고 각 단계에서 이용 가능한 지식을 토대로 기술, 환경, 경제, 사회적 관점에서 처분장 설계의 변경이나 보관된 폐기물의 회수 등을 진행하는 등 장래 세대에 선택의 가능성을 남기는 것을 목적으로 한 유연한 사업개념이다.

연구와 그 연구성과에 대한 종합적 평가를 거쳐 결정된 것이다.

이 법률의 제정 이전에는 정부 산하의 원자력청(CEA)의 일부분이었던 방사성폐기물관리기관(ANDRA)이 4개 지역에서 지층조사에 착수하였으나 해당지역의 반대로 1990년에 중단된 바 있다.

이와 같은 반대운동의 원인을 의회의 과학기술선택평가위원회(OPECST)[17]가 조사한 결과에 따라 1991년 「방사성폐기물 관리연구법」이 제정되었다. 이 법률에서 "고준위 장수명 방사성폐기물 관리방침"에 관한 3개 옵션[18]을 설정하여 연구를 실시하기로 하였다. 프랑스에서는 고준위 방사성폐기물의 처분 방침의 정책결정에 의회(국회)가 큰 역할을 수행한 것이 특징이다.[19]

Ⅳ. 독 일

1. 개 요

독일에서는 1998년 성립된 연립정권이 탈 원자력정책을 진행하여 현재도 계속되고 있다. 2000년 6월 연방정부와 주요 전력회사는 원자력발전으로부터의 단계적 철수 등에 관하여 합의했다.

2002년 4월 전면 개정된 원자력법에서는 이러한 합의내용의 일부가 법제화되어 상용 원전의 운전을 원칙적으로 32년으로 제한함과 동시에 향후 원자력발전의 총량에 상한을 마련하였다. 2009년 가을에 등장한 현 연립정권은 탈핵정책을 유지하면서도 운전 중인 원자로 17기의 운전기간을 평균 12년 연장하는 것 등을

---

17) 의회 과학기술선택평가위원회(OPECST)는 1983년 법률로 의회 내에 설치되어 있는 상설 위원회이다. 국민 의회(하원)와 원로원(상원)에서 각 18명, 합계 36명으로 구성되어 있다. 일정 수 이상의 의원으로부터 요청을 받은 과학기술정책의 특정 주제에 대해 평가위원회 멤버인 의원 자신이 조사활동을 한다. 통상적으로는 조사 과정에서 공청회를 개최한다. 조사보고서를 평가위원회에서 작성한 후 의회에 제출한다.

18) 여기의 옵션에는 ① 장수명 방사성 핵종의 분리와 단기수명 핵종으로의 변환을 가능하게 하는 해결법, ② 지하연구소를 이용한 가역성이 있거나 또는 가역성이 없는 지층처분의 실현 가능성, ③ 장기 중간저장방법 및 사전에 필요한 폐기물의 전처리(前處理) 방법이 있다.

19) 日本經濟産業省, 諸外國における高レベル放射性廢棄物の處分について, 2017.2, 63면 참조; 한국원자력환경공단, 국외 고준위방사성폐기물 처분현황, 2016.12, 37면 참조.

포함한 「원자력법」 개정안을 2010년 10월 통과시켰다.[20)]

2011년 6월 연방정부는 정지시킨 원자로 8기를 즉시 폐쇄하고 남은 9기도 2022년까지 폐쇄하기로 하여 장래 에너지정책의 재검토를 국무회의에서 결정했다. 2014년 말 현재 독일에서 운전 중인 원자로가 있는 발전부지는 8개소이며 가압수형 원자로(PWR)가 7기, 비등수형 원자로(BWR)가 2기이다. 이들 9기의 원자로는 2015~2022년 말까지 순차적으로 운전을 종료할 예정이다.[21)]

2. 사용후핵연료의 발생과 저장(처분 전 관리)

독일에서는 당초 사용후핵연료를 재처리하여 핵물질을 재이용하도록 법률로 정하고 있었지만, 1994년 「원자력법」의 개정에 의해 재처리하지 않고 사용후핵연료를 직접 처분하는 것을 원자력발전사업자가 선택할 수 있도록 하였다.

그 후 원전의 단계적 철수정책에 따라 2002년 4월 개정된 「원자력법」에 의해 재처리를 목적으로 한 사용후핵연료의 반출을 2005년 7월 이후 영구적으로 금지하고 있다. 원전에서 발생되는 사용후핵연료는 원칙적으로 처분을 위해 반출하기까지 발생 부지 내에서 저장하는 것이 기본방침이다. 사용후핵연료는 연료 저장소에서 약 5년간 냉각시킨 후, 「수송저장 겸용 캐스크(cask)」에 밀봉하여 저장된다. 이러한 건식저장은 운전 중 및 폐쇄된 원자로를 포함하여 12기에서 실시되고 있다.

---

20) 동경전력(주) 후쿠시마 제1원자력발전소의 사고를 접한 독일연방정부는 2011년 3월, 17기의 원자로 중 8기(1980년 이전에 운전을 개시한 원자로)를 정지시킴과 동시에 예정되어 있던 원자로의 운전기한의 연장을 동결하였다.

21) 日本經濟産業省, 諸外國における高レベル放射性廢棄物の處分について, 2017.2, 84면 참조; 한국원자력환경공단, 국외 고준위방사성폐기물 처분현황, 2016.12, 54면 참조.

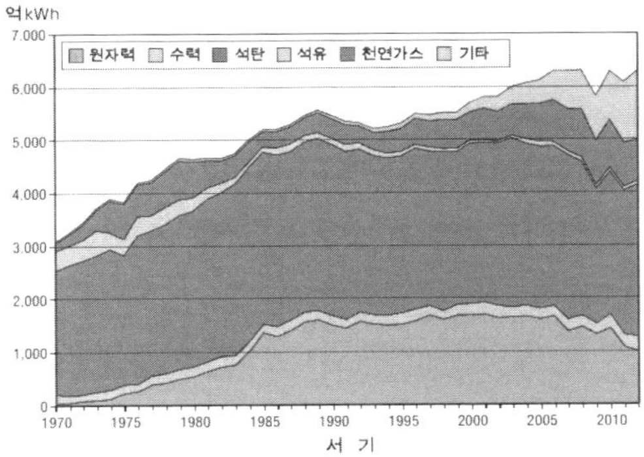

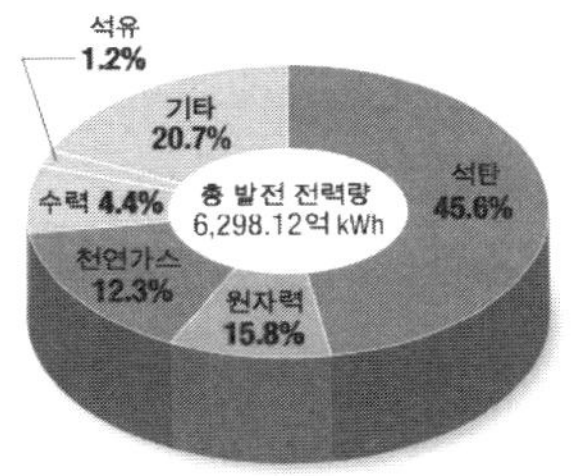

독일 전력 공급 구성 (발전량_2012년)
(Energy Statistics 2014, IEA작성)

2012년 독일	총 발전 전력량	수입	수출	국내 공급 전력량	국내 전력 소비량
단위: 억 kWh	6,298.12	462.68	668.10	6,092.70	5,258.34

◌ 원자력 발전 설비 용량
합계 9기 1,200.3만 kW
(2015년 1월)

그림 13. 독일의 원전이용상황[22)]

그림 14. 독일의 원전 및 기타 관련시설 소재지[23)]

22) 日本經濟産業省, 諸外國における高レベル放射性廢棄物の處分について, 2017.2, 85면.
23) 日本經濟産業省, 위의 보고서, 85면.

일부 사용후핵연료는 원전에서 반출되어 고어레벤(Gorleben)과 아하우스(Ahaus) 2군데의 중간저장시설에 집중저장되어 있다. 전력회사 등이 출자한 이들 중간저장시설을 운영하는 원자력서비스회사(GNS)는 고어레벤 집중 중간저장시설[24]에 대해 사용후핵연료 뿐 아니라, 프랑스와 영국에 위탁한 재처리로부터 반환된 유리 고화체(고준위 방사성폐기물)를 함께 저장할 계획이었다.

그러나 사용후핵연료의 수송에 대한 반대운동이 격심해졌기 때문에 1997년을 마지막으로 사용후핵연료의 반입은 금지되고 있다. 외국으로부터 반환된 유리 고화체의 수용은 계속되고 있었지만 2013년 3월의 연방과 니더작센주의 합의에 의해 반입이 정지되었다.

아하우스 중간저장시설에는 주로 연구로나 고온가스로[25]의 사용후핵연료가 건식저장되어 있다. 또한 구 동독에 도입된 원자력발전소의 폐지조치에 따라 그들 발전소로부터의 사용후핵연료가 노르트 집중 중간저장시설에 건식저장되어 있다.

2010년 12월말 현재 독일 국내의 사용후핵연료 저장량은 약 6,220톤(우라늄 환산. 이하 동일)이다. 또한 이미 약 6,670톤의 사용후핵연료가 주로 프랑스 및 영국에서 재처리되고 있다.

3. 폐기물처리의 개념

폐기물처리의 가능성은 원자력의 평화적 이용을 전제하는 것으로 원자력시설의 운영자, 방사성폐기물을 보유한 기타의 자는 방사성잔류물질의 "재이용" 또는 "적정한 처리의무"를 지닌다(원자력법 제9a조).

무엇보다 재처리를 위한 사용후핵연료의 인수는 2005년 7월 1일 이후 금지되어(동조 제1항 제2문), 독일 국내에서의 재처리도 1998년 1월의 바카스도르프에 있는 재처리시설 건설을 위한 산림벌채에 관련된 지역상세계획의 무효판결에 의해 중단되었다.[26] 따라서 현재 방사성잔류물질의 취급은 원칙적으로 적정한 처리(직접최종저장)에 한정된다.[27]

24) 고어레벤 집중 중간저장시설에서는 1995년부터 사용후핵연료를 밀봉한 「수송저장 겸용 캐스크(cask)」의 수납이 시작되었다.

25) 실험로와 실증로 모두 1980년대 말에 폐지되었다.

26) VGH München, NVwZ 1989, S.546; 雄川献呈, 行政法の諸問題(上), 有斐閣, 1990年, 567면.

4. 중간저장(Zwischenlagerung)

독일에서도 발열성(고준위)방사성폐기물 최종저장시설은 건설되지 않고, 부지에 가까운 분산적 중간저장시설의 건설이 원전사업자의 법률상 의무로 되어있다(원자력법 제9a조 제2항 제3문).

고아레벤과 아하우스에도 BfS가 관리하는 중앙중간저장시설이 있으나, 동 시설은 프랑스와 영국에서 재처리로 인해 발생된 폐기물의 반입을 위한 것이며, 국내 원전에서의 방사성폐기물의 운송은 원칙적으로 행해지지 않는다(동법 제4조 제2항 제7호).

2002년 원자력법 개정 시 폐기물처리 사전배려증명제도(Entsorgungsvorsorgenachweis)가 도입되고 있다(원자력법 제9a조 제1a항 내지 제1e항). 즉, 원자로시설의 운영자는 사용후핵연료의 재처리에서 반환되는 방사성폐기물을 포함한 사용후핵연료 및 원자력법 제7조에 의해 예정된 운전기간 중 발생하는 사용후핵연료에 대하여 폐기물처리 의무수행을 위한 충분한 사전배려를 매년 증명할 의무가 있다(폐기물처리 사전배려 증명서류, 동조 제 1a항).[28)]

증명대상은 ① 사용후핵연료와 ② 사용후핵연료의 재처리를 거쳐 반환된 방사성폐기물이 최종저장시설에 인수되기까지 중간저장시설에 안전하게 보관된다는 것이다. 이와 같은 증명은 수요에 따른 충분한 크기를 가진 중간저장시설의 이용가능성을 보여주는 현실적 계획에 의해 이루어진다.[29)]

첫째, 향후 2년간 발생될 사용후핵연료의 중간저장 수요에 대해 폐기물처리 의무부담자 또는 제3자가 법적·기술적으로 이용 가능한 중간저장시설을 현재 보유한 사실이 현실적 계획에 의해 증명되어야 한다.

둘째, 사용후핵연료의 재처리에서 반환되는 방사성폐기물에 대해 방사성폐기물의 반송이 예정되는 기일에 중간저장시설이 확보되어 있음을 보여주는 현실적 계획에 의해 제거의 증명이 행해진다(동조 제1b항).

---

27) M.Kloepger, Fn.4, § 9 Rn.42; H.-J.Koch, Fn.34, Rn.82.

28) 日本エネルギー法研究所, 諸外國における原子力發電所の安全規制に係る法制度(JELI-R-No.127), 2013.1, 31면.

29) 함철훈/박윤원, 원자력안전법론(상), 진원사, 2016, 549면.

또한 2005년 7월 1일까지는 재처리를 위해 인수된 사용후핵연료에 대해 재처리과정에서 발생되는 모든 플루토늄을 원래의 원전, EU 또는 스위스 국내의 원전을 포함한 기타 원전에 투입할 수 있음을 보여주는 현실적 계획에 의해 이용증명이 이루어진다(동조 제1c항). 기타 재처리에 의해 추출되는 우라늄에 대하여 수요량에 따른 충분한 크기의 중간저장시설의 이용가능성을 보여주는 현실적 계획에 의해 제거증명이 행해진다(동조 제1d항).

이러한 증명은 원자로시설허가의 요건에 해당하지 않으나 의무위반은 거부재량의 고려요소가 된다.[30] 또한 폐기물처리 사전배려증명(동법 제9조 a항 내지 제1e항)이 제출되지 않고 적정 기간 내에 개선명령을 받았음에도 불구하고 그것이 제출되지 않을 경우 원자로 시설허가는 철회될 수 있다(동법 제17조 제3항 제4호).[31]

5. 최종저장

방사성폐기물의 안전관리(Sicherstellung)와 최종저장(Endlagerung)용 시설의 건설이 의무화되어 있는 것은 연방정부이다(원자력법 제9a조 제3항 제1문). 이 사무는 BfS의 소관으로 되어 있다(동법 제23조 제1항 제2호).

무엇보다 연방정부는 최종처리장의 건설을 제3자에게 위임할 수 있고(동법 9a조 제3항 제2호), 이 규정에 따라 BfS는 민간의 독일최종처분장건설운영회사(die Deutsche Gesellschaft für den Bau und Betrieb von Endlagern(DBE))와 계약을 맺고 기술적 조업을 행하도록 하고 있다.[32] 또한 연방정부는 제3자에게 절대적 권한을 위임할 수도 있으나(동법 제9a조 제3항 제3문) 이 규정은 적용된 적이 없다.

참고로 BfS는 최종저장시설의 건설·조업뿐만 아니라 그를 위한 학술연구도 관할하고 있다(연방방사선방호청설치에 관한 법률 제2조 제1항 · 제3항). 현재 BfS가 관할하는 최종저장시설은 모르스레벤(작센 · 암허르트주), 콘라트(니더작센주), 앗세(레니더작센주), 고아레벤(니더작센주)이다.[33]

---

30) R.Sparwasser/R.Engel/A.Voßkuhle, Fn.16, Rn.275.
31) 日本エネルギー法研究所, 諸外國における原子力發電所の安全規制に係る法制度(JELI-R-No.127), 2013.1, 31면.
32) K.Hansmann /D.Sellner, Fn.15, Rn.310.
33) 함철훈/박윤원, 원자력안전법론(상), 진원사, 2016, 551면.

(1) 모르스레벤

모르스레벤(Endlager für radioakitive Abfälle Morsleben; ERAM)은 구 동독에 의해 건설된 최종저장시설로 중·저준위 방사성폐기물을 저장한다. 통일 후에도 원자력안전법의 경과규정(동법 제57a조)에 따라 잠정적 조업을 해 왔으나 현재는 폐쇄를 향한 절차가 진행되고 있다.

시설의 폐쇄는 원자력안전법상 계획확정결정을 필요로 할 때(동법 제9b조), 계획확정절차는 행정절차법의 규정(행정절차법 제72조 내지 제78조)과 그 특칙(원자력법 제9b조)에 따라 진행되어 계획의 열람, 이의신청, 청문기일의 실시, 결정의 송달은 원자로시설허가(동법 제7조)와 관련된 「원자력법절차령」의 규정에 의한다(동조 제5항 제1호).

계획확정결정의 요건에는 원자로시설허가에 관련된 원자력법 제7조 제2항 제1호, 제2호, 제3호, 제5호가 직접 참조되며(동법 제9b조 제4항 제1문), 아울러 계획된 시설의 건설 또는 운영이 공공복지의 훼손이 예상될 때 또는 환경친화성 등 환경에의 영향에 관한 기타 공법규정에 저촉될 경우 허가는 부여되지 않는다(동법 제9b조 제4항 제2문 제1호 · 제2호).

계획확정결정은 연방위탁행정으로서 란트가 행하고(동법 제24조 제1항), 란트정부가 정하는 란트 최상급관청이 이를 관할한다(동조 제2항 제1문). 모르스레벤 최종저장시설의 폐쇄에 대해 사업주체(BfS)의 신청을 받은 작센·암허르트 주관청은 2011년 10월 청문기일을 실시한 단계이며 계획확정절차는 앞으로 수년간 지속될 것으로 예상되고 있다.

(2) 콘라드

콘라드갱도(Schacht Konrad)는 중·저준위방사성폐기물의 최종저장시설이 될 것으로 예정된 철광석광상시설단지이다. 계획확정절차를 관할하는 니더작센주의 관청은 사업주체(BfS)의 신청에 따라 원자력안전법상의 계획확정결정을 마치고 그 결정은 불가쟁력[34)]이 발생되었다.

34) 불가쟁력은 행정행위에 흠이 있어도 쟁송기간이 경과하면 행정쟁송으로서 더 이상 다툴 수 없는 효력이다. 쟁송기간 경과 후라도 행정청은 직권에 의한 취소를 할 수 있다. 행정행위에 불가쟁력을 인정하는 이유는 행정행위의 적법성에 의문이 있다 하더라도 이를 일정기간 내에만 다투게 하여 행정법관계의 조속한 안정을 이룩하기 위한 것이다.

동 시설은 2010년대 말경 조업개시가 예상되고 있다. 저준위·중준위의 방사성 폐기물의 대부분은 연구시설, 의학이용 등에서 발생한 핵연료에 해당하지 않는 방사성폐기물이며 현재 주로 란트집적소(Landessammelstelle)에 중간 저장되어 있다.[35)]

(3) 앗세(Endlager Asse)

앗세는 민간사업자에 의해 중·저준위방사성폐기물의 사실상의 최종저장시설로서 이용된 암염광상지이다. 앗세Ⅱ에서의 방사성폐기물 저장은 1967년부터 1976년에 걸쳐 방사성물질취급허가를 받아 이루어졌으나 그 기한이 만료된 1978년 이래 사실상 폐쇄되어 있다.[36)]

그 후, 민간사업자의 위법한 방사성폐기물의 취급에 따른 안전성의 결여가 발각되어 현재 앗세Ⅱ는 BfS에 이양되어(원자력안전법 제23조 제1항 제2호), 원자력안전법의 적용을 받고 있다(동법 제57b조 제1항 제1문).[37)]

따라서 이 폐쇄는 계획확정절차를 필요로 하나, BfS/BMU는 앗세Ⅱ에 저장된 방사성폐기물을 회수할 방침을 수립하는 한편, 그 회수목표와 안전확보책 등을 규정하는 관련법안의 제정을 추진하고 있다.

(4) 고어레벤(Erkundungsbergwerk Gorleben)

고어레벤 암염층은 발열성(고준위)방사성폐기물 최종저장시설의 후보지로 거론되는 조사대상 광산이다. 이 지하탐사는 시설의 건설을 의미하는 것이 아니며, 계획확정절차(원자력안전법 제9b조)를 요하지 않는다는 해석에 따라, 공중참가절차를 수반하지 않는 연방광산법상 기본사업계획(Rahmenbetriebsplan)에 의해 탐사활동이 추진되었다.[38)]

독일에서는 이와 같이 고어레벤에 발열성(고준위) 방사성폐기물 최종저장시설의

---

35) K.Hansmann /D.Sellner, Fn.15, Rn.299,312.

36) 이 방사성물질취급허가의 기한은 1978년에 완료되었으나 최종저장시설로서 사용하기 위해서는 1976년에 개정된 원자력법 제9b조에 의해 복잡한 계획확정절차를 거칠 필요가 발생하여 동 시설은 사실상 폐쇄되었다.

37) H.-J.Koch, Fn.34, Rn.95; K.Hansmann /D.Sellner, Fn.15, Rn.311

38) 日本エネルギー法研究所, 諸外國における原子力發電所の安全規制に係る法制度(JELI-R-No. 127), 2013.1, 33면.

건설계획을 위한 조사가 계속되어 왔으나, 1998년 성립한 SPD와 녹색당의 연립정권은 고어레벤·프로젝트에 의문을 제기하여 2000년 10월 조사활동이 동결되었다.[39)]

원자력안전법상의 계획확정절차(동법 제9b조)는 대체지의 비교검토가 예정되지 않은 시설허가절차이며,[40)] 발열성(고준위)방사성폐기물최종저장시설의 부지선정절차를 규정하는 법률은 현재 독일에는 존재하지 않기 때문이다.

현재 연방환경장관은 부지선정절차법안을 제출할 의향을 보여주고 있으나, 아직 그 법안은 미제출 상태이다(2012년 9월 30일 현재). 다만, 방사성폐기물처리문제에 관한 연방·란트회담은 2011년 12월 이후의 기본방침과 일정을 합의하였다.[41)]

Ⅴ. 스위스

1. 개 요

스위스는 전국 4개 부지에 건설된 5기의 원전을 1969년부터 1984년에 걸쳐 운전을 개시하였다.[42)] 2003년 제정된 「원자력법」(2005년 2월 시행)은 신규 원자로의 도입 동결을 해제함과 동시에 원자로의 운전기한의 제한을 철폐하였다.

그러나 2011년 3월에 동경전력(주) 후쿠시마 제1원전 사고 후인 2011년 5월 연방평의회[43)]는 「에너지 전략 2050」[44)]을 결정하고, 이미 설치된 5기가 상업운전

---

39) H.-J.Koch, Fn.34, Rn.93.

40) BVerwG NVwZ 2008, S.841.

41) 함철훈/박윤원, 원자력안전법론(상), 진원사, 2016, 553면.

42) 스위스는 비등수형 원자로(BWR)가 2기, 가압수형 원자로(PWR)가 3기이다.

43) 연방평의회는 연방 행정부로서 영국의 내각에 해당하며, "연방참사회"라고도 불리며 7인의 각료로 구성되는 합의체이다. 연방평의회의 각료는 연방의회에서 선출되고 임기는 4년이다. 대통령에는 수석각료가 취임하고 윤번제로 1년마다 교대한다. 의회는 연방평의회를 불신임할 수 있고, 연방평의회는 연방의회를 해산할 수 있다.

44) 스위스는 원전이 전체 에너지 사용량의 36%를 차지할 정도로 원전의존도가 높은 국가 중 하나이다. 그러나 후쿠시마 원전사고 이후 국가적으로 원전에 대한 불안감이 커지게 되면서 원전 폐기프로젝트에 돌입하였다. 이에 따라 스위스는 원전 폐쇄를 목표로 한 「에너지전략 2050」을 발표하였고 국민투표를 통해 탈원전에 대한 합의(찬성: 58.2%)를 얻어 내면서

을 종료한 이후에는 재가동하지 않고 단계적으로 원자력발전을 폐쇄하는 방침으로 전환했다.

연방 의회는 2012년 12월에 원자로의 신설을 금지하도록 의결하였다. 정부는 이 전략에 따라 에너지 구조 개혁을 위한 법안을 2013년 9월에 연방의회로 제출하였지만, 원자로의 운전수명을 두고 정당 간에 대립이 있었다.

2. 사용후핵연료의 발생과 저장(처분 전 관리)

스위스는 원전에서 발생되는 사용후핵연료를 각 발전회사가 개별적으로 외국(프랑스, 영국)의 회사와 위탁계약을 맺음으로써 재처리를 해왔다. 그러나 원자력법에 의해 2006년 7월 이후 10년간에 걸쳐 재처리를 목적으로 한 사용후핵연료의 수출을 금지하였다. 이로 인해 현재는 임시저장소에서 사용후핵연료를 수년간 냉각시킨 후 발전소 내부 또는 외부시설에 중간저장하고 있다.

발전소 외부의 중간저장시설에는 원전을 보유한 4개 발전회사들이 출자하여 건설한 '뷰렌린겐' 방사성폐기물 집중중간저장시설(ZZL, 2001년 운영개시)이 있다. 이 시설에는 사용후핵연료(건식캐스크 저장) 이외에 외국에서 재처리에 수반되어 반환된 유리고화체나 다른 방사성폐기물이 저장되고 있다.[45]

2018년 1월 1일부로 해당 정책이 발효될 예정이다.

45) 日本經濟産業省, 諸外國における高レベル放射性廢棄物の處分について, 2017.2, 106면 참조; 한국원자력환경공단, 국외 고준위방사성폐기물 처분현황, 2016.12, 72면 참조.

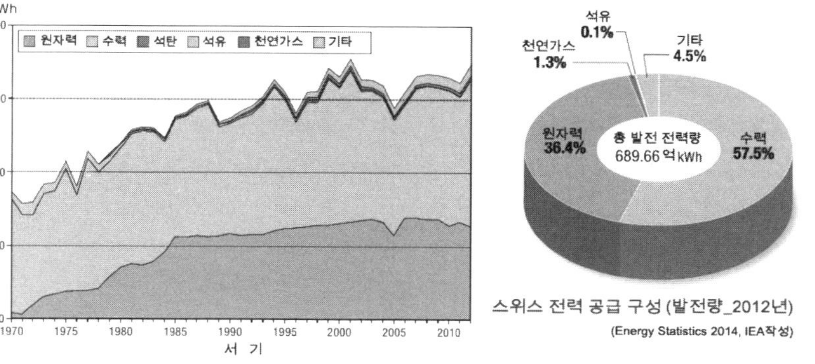

2012년 스위스	총 발전 전력량	수입	수출	국내 공급 전력량	국내 전력 소비량
단위: 억 kWh	689.66	315.49	337.49	676.66	589.59

◎ 원자력 발전 설비 용량 합계 5기 325.2만 kW (2015년 1월)

그림 15. 스위스의 원전이용상황[46)]

그림 16. 스위스의 원전 및 기타 관련시설 소재지[47)]

46) 日本經濟産業省, 諸外國における高レベル放射性廢棄物の處分について, 2017.2, 107면.
47) 日本經濟産業省, 위의 보고서, 107면.

원전부지(베즈나우와 게스겐)에는 원전 내에 중간저장시설이 있고 2곳 모두 2008년부터 사용후핵연료의 저장이 개시되었다.[48] 2010년 12월 말 현재 스위스의 사용후핵연료 저장량은 약 1,241톤(우라늄환산, 이하 동일)이다. 외국과의 신규 재처리 위탁계약이 종료되기까지 프랑스와 영국으로 약 1,139톤의 사용후핵연료가 반출되어 있고, 유리 고화체의 형태로 115㎥가 반환될 전망이다. 이 중 2010년 12월 현재 40㎥가 반환 완료되었고 ZZL에 저장되어 있다.

3. 처분방침과 결정경위

스위스는 원자력법에서 재처리를 위한 사용후핵연료의 반출을 2016년 6월까지 금지하고 있다. 그러나 장래 재처리 실시 옵션이 남아 있으므로 사용후핵연료는 "직접 처분해야 할 고준위방사성폐기물"로 규정된 것은 아니다.

2005년 시행된 원자력법 시행령에서는 재이용하지 않는 사용후핵연료를 "고준위 방사성폐기물"로 규정하고 있다. 스위스에서는 방사성폐기물을 국내에서 처분할 경우 지층처분을 할 방침이다. 다만 법적으로는 국제 공동처분장에서의 처분도 가능하다.[49]

심층처분장의 주된 구성요소인 처분시설과는 별도로 소량의 대표적 방사성폐기물을 수납하여 일정기간에 걸쳐 모니터링하는「파일럿시설」의 설치는 원자력법시행령에 규정되어 있다. 이와 같은 개념을 「감시형 장기지층처분」이라 한다.

스위스에서는 원자력 분야에 대한 규제가 다수의 법령에 분산되어 규정되어 있음을 이유로 원자력관련법 제도 전반에 대한 정비의 필요성이 제기되었다. 1998년 연방평의회는 「에너지 대화」라는 워킹그룹을 설치하여 원자력관련법의 재정비 방안을 검토하였다.

이 워킹그룹에는 관계관청이나 NAGRA, 원자력발전사업자 및 환경단체 등도 참여하여 원전의 지속 여부와 재처리사업의 실시에 대한 논의가 이루어졌다. 동

---

48) 베즈나우의 중간저장시설(ZWIBEZ)은 건식캐스크(cask)를 이용한 저장방식이고, 게스겐의 중간저장시설은 습식 저장방식이다.

49) 「원자력법」은 다음 중 어느 하나를 만족한 경우, 방사성폐기물의 관리의무가 이행된 것으로 규정하고 있다.

i) 폐기물이 지층처분장에 반입되어 모니터링 기간과 장래 폐쇄를 위한 자금이 확보된 경우

ii) 폐기물이 외국의 방사성폐기물 관리시설에 반입된 경우

워킹그룹은 방사성폐기물관리의 문제에 대하여 폐기물의 회수 가능성에 관한 검토를 계속하기를 권고하였다.

그 후 연방의 환경·운송·에너지·통신부(UVEK)는 1999년 「방사성폐기물의 처분개념에 관한 전문가그룹」(EKRA)을 설치하고 기술과 사회 양면에서 문제를 검토·권고하도록 의뢰하였다.

EKRA는 2000년에 최종 보고서를 정리하여 「감시형 장기지층처분」이라는 개념을 제안했고, 이 개념에서 방사성폐기물을 처분하는 것을 법률로 명확히 할 것을 권고하였다.[50)]

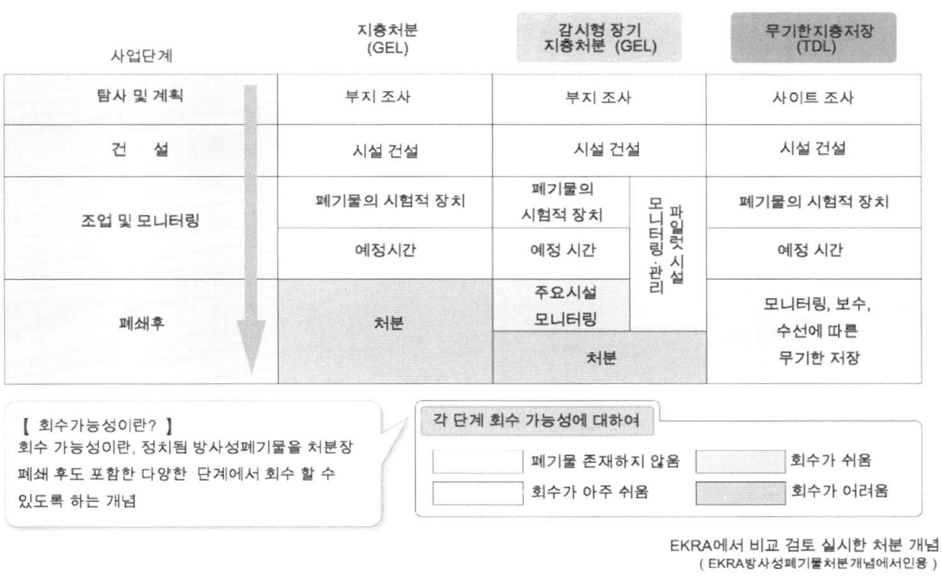

그림 17. EKRA에서 비교 검토 실시한 처분개념

50) 2000년 EKRA 보고서의 주요 권고 내용은 다음과 같다.
- i) 방사성폐기물 관리에 관한 일반대중의 논의를 장려하도록 한다.
- ii) 모든 방사성폐기물의 처분 개념으로서 지층처분을 원자력법에 규정한다. 처분사업의 시행자에 대해 「감시용 장기지층처분」개념의 구체화를 요구한다.
- iii) 폐기물 관리는 원전사업자로부터 재정적으로 독립되어 행해져야 한다.
- iv) oplinus 점토는 감시형 장기지층처분에도 적합하다.
- v) 국제공동처분은 스위스 자체에서 처분문제를 해결하기 위한 선택사항이 아니다.
- vi) 처분 프로젝트의 일정을 설정하여 정기적으로 점검해야 한다.

EKRA는 종래의 지층처분(GEL)[51] 이외에 무기한 지층저장(TDL) 등의 개념을 비교·검토하였다. TDL에 대해서는 장기안전계획에 적합하지 않다는 결론에 따라 GEL에 모니터의 개념을 적극적으로 조합한 「감시용 장기지층처분」개념(KGL)을 고안하였다.

이와 같은 EKRA의 권고를 받아들여 처분시행주체인 NAGRA도 KGL개념에 의한 처분장 시스템의 검토와 안전평가를 실시하였다. 2002년에 작성된 「처분의 실현가능성 프로젝트」[52] 보고서에서 KGL 개념에 따른 고준위방사성폐기물의 심층처분에 의해 장기안전성을 확보할 수 있다는 것을 확실히 하였다.

그 후 연방평의회는 모든 방사성폐기물을 「감시용 장기지층처분」개념으로 처분하는 방침을 입법화하기 위해 원자력법제의 정비를 진행하였다. 새로운 원자력법이 2003년에 제정되었고, 2005년 동법의 시행에 맞춰 새로운 원자력법시행령이 제정되어 「감시형 장기지층처분」방식이 법률로 명확화되었다.[53]

Ⅵ. 영 국

1. 개 요

영국에는 상업용 원전인 가스냉각로(GCR, 매그녹스로) 26기, 개량형 가스냉각로(AGR) 14기, 가압수형 경수로(PWR, 1995년 운전 개시) 1기가 도입되었다. 2013년 말 기준으로 운전 중인 원자로는 16기이며 초기에 도입된 GCR은 모두 폐쇄되었다. 14기의 AGR도 2023년까지는 운전을 종료할 예정이다.

---

51) 보수를 하지 않고 회수하지 않으며 방사성폐기물을 생물권으로부터 영원히 격리하는 개념이다.

52) 스위스에서는 법률에 의해 국내의 방사성폐기물 처분 실현 가능성의 실증이 요구되었다. 이에 따라 NAGRA는 결정질암과 퇴적암에 대한 조사·연구 후, 2002년 12월 취리히·바인랜드의 오피리너스 점토를 대상으로 한 「처분 실현가능성 실증프로젝트」에 관한 보고서를 작성하였다. 이에 2006년 6월 연방평의회는 처분의 실현가능성이 실증되었음을 승인하였다. 다만, 향후 조사대상을 취리히·바인랜드의 오피리너스 점토에 국한한다는 NAGRA의 요청은 받아들이지 않았다.

53) 日本經濟産業省, 諸外國における高レベル放射性廢棄物の處分について, 2017.2, 109면 참조; 한국원자력환경공단, 국외 고준위방사성폐기물 처분현황, 2016.12, 74면 참조.

영국 정부는 온실가스의 배출량 억제 또는 에너지 안전보장의 관점에서 2030년대까지 전력 공급의 탈 탄소화를 목표로 재생가능에너지, 원자력, 가스, 이산화탄소의 회수·저장을 이용한 다양한 에너지 믹스의 구축을 지원할 방침이다.

민간에 의한 원자력발전에 대한 신규 참가나 투자촉진을 위해 2013년 「에너지법」이 제정되었다. 2011년 3월 일본동경전력(주) 후쿠시마 제1원전 사고에 따라 원자력시설의 안전 관리 등을 규제하는 원자력규제국(ONR)은 영국 정부의 지시에 따라 이 사고에 의한 영국의 원자력 안전에 미치는 영향을 조사하였다. 이와 같은 조사 결과에 따라 신규원전계획을 포함한 원자력정책의 커다란 변화는 없다.[54)]

2. 사용후핵연료의 발생과 저장(처분 전 관리)

영국의 원전에서 사용후핵연료의 발생회사는 GCR을 소유한 「원자력해체기구(NDA), AGR 14기와 PWR 1기를 소유한 민간발전사업자인 EDF 에너지사(프랑스 전력회사의 영국 자회사)」이다.

이들 원전에서 발생된 사용후핵연료 중 재처리 대상은 재처리시설이 소재한 셀라필드[55)]로 수송(주로 철도)되고 있다. 현시점에서는 EDF에서 발생되는 사용후핵연료의 일부는 동사가 최종적 관리 방침을 결정하고 있지 않고 원전 내에 저장하고 있다.

한편 NDA는 일찍이 영국의 원자력산업계, 연구개발기관이 가지고 있던 원자력시설을 소유하여 운전·운영하고, 해체 및 방사성폐기물의 처리·처분을 위해 2005년 설립된 공공기관(NDPB)이다.

---

54) 日本經濟産業省, 諸外國における高レベル放射性廢棄物の處分について, 2017.2, 132면 참조; 한국원자력환경공단, 국외 고준위방사성폐기물 처분현황, 2016.12, 92면 참조.

55) 영국의 서북부 셀라필드에 재처리시설이 있으며, 이 시설은 1950년대부터 영국 내에서 발생된 사용후핵연료뿐만 아니라 외국의 사용후핵연료도 위탁계약에 의해 재처리하였다. 재처리를 위해 제작된 유리고화체는 재처리시설 내에 저장되어 있다. 세라필드에는 NDA가 소유하는 2개의 재처리시설인 매그녹스(Magnox) 재처리시설과 산화물연료 재처리시설(THORP)이 있다. NDA는 부지허가회사인 세라필드사와 관리·운영계약을 체결하고 동사가 상업용으로 운영하고 있다.

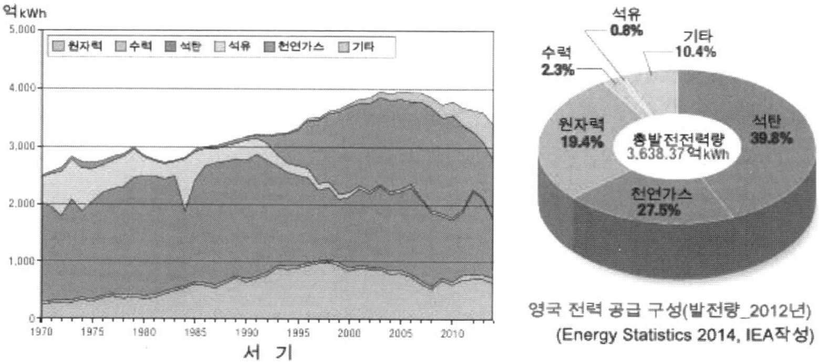

2012年 영국	총발전전력량	수입	수출	국내공급 발전량	국내전력 소비량
단위:억kWh	3,638.37	137.01	17.47	3,758.81	3,175.70

◇원자력 발전 설비 용량
합계 16기 1,003.8만 kW
(2015년 1월)

그림 18. 영국의 원전이용상황56)

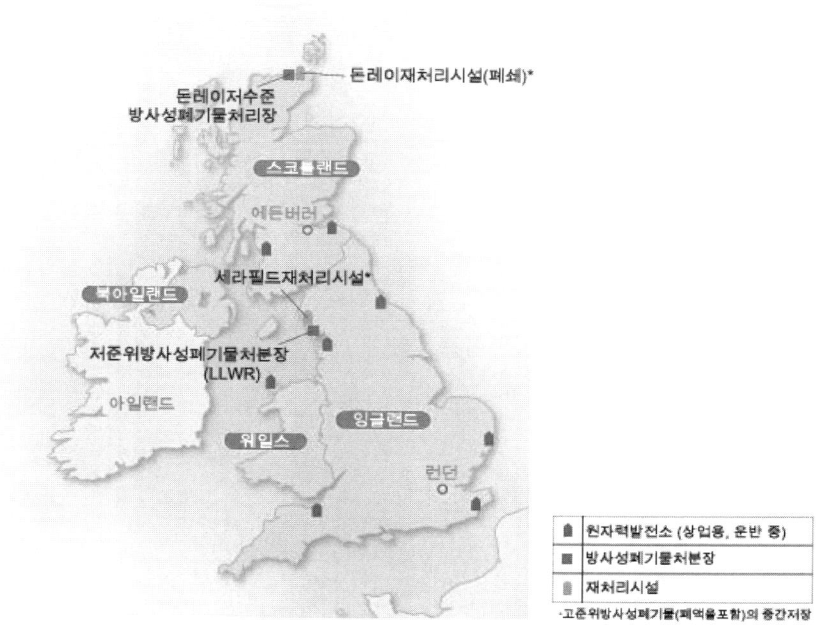

그림 19. 영국의 원전 및 기타 관련시설 소재지57)

56) 日本經濟産業省, 諸外國における高レベル放射性廢棄物の處分について, 2017.2, 133면.
57) 日本經濟産業省, 위의 보고서, 133면.

NDA는 각 원전 부지에 존재하는 원자력시설을 운영하는 부지허가회사(SLC)와 관리·운영 계약을 체결하지만 SLC의 경영은 국제경쟁입찰에서 결정된 모회사(PBO)가 시행한다.

3. 처분방침과 결정경위

재처리에서 제조된 유리고화체는 냉각을 위해 최소한 50년간 저장 후 심지층 처분할 방침이다. 세라필드의 재처리시설에서는 외국의 사용후핵연료도 재처리하고 있으며, 시설의 운영계획에 따라 재처리하지 않은 사용후핵연료가 남을 가능성이 있다. 그 소유자가 사용후핵연료를 방사성폐기물로 간주할 경우에는 그것을 용기에 밀봉하여 심층처분할 가능성도 고려하고 있다.

영국[58]에서 고준위방사성폐기물을 심층처분한다는 최종적 관리방침은 2001년부터 영국정부가 실시하고 있는 「방사성폐기물의 안전관리」라는 정부의 액션프로그램(Action Program)을 통하여 2006년 결정되었다.[59] 이는 정책 개발·결정의 방법으로서 공개토론을 통하여 정부에 권고하는 방식을 취하는 것이 특징이다.[60]

정부는 공개토론의 운영·정책제안을 담당하는 조직으로서 위원장을 포함한 13명을 공모·선임하여 2003년 방사성폐기물관리위원회(CoRWM)를 설치했다. CoRWM은 대중·이해관계자 참여프로그램(PSE)을 추진하여 관리방침이 미정된 방사성폐기물 관리방법에 대해 기술·비용측면 뿐만 아니라 사회·윤리적 측면도 검토하여 협의를 진행하였다.

영국정부는 2006년 CoRWM이 제출한 권고를 수용하여 고준위방사성폐기물 등의 심층처분을 포함한 관리방침을 결정했다. 처분의 실시주체는 고준위 방사성폐기물 등의 중간저장의 책임을 지고 있던 NDA로 결정되었다.

---

58) 영국의 정식 명칭은 Great Britain & Nothern Ireland 연합왕국으로 잉글랜드, 웨일즈, 스코틀랜드, 북아일랜드 등 4개의 자치정부로 구성되어 있다.

59) 지층 처분장에서는 고준위 방사성폐기물과 중·저준위 방사성폐기물 양쪽을 처분할 계획이다. 단, 고준위 방사성폐기물 지층 처분 방침에 대해서는 스코틀랜드가 반대하고 있으므로 고준위 방사성폐기물에 한하여 스코틀랜드는 실시 주체의 계획에는 포함되지 않는다.

60) 이것은 방사성폐기물정책에 대한 대중의 신뢰를 얻기 위해 불가피하다는 인식에 따른 것이었다. 공개토론의 운영을 어느 조직이 담당하는가에 대해서도 다양한 의견을 구하였다.

또한 CoRWM은 권고 시에 지층 처분의 입지 선정에 대한 성공 요인으로써 지방자치단체의 "주체적 참가"와 "파트너십"(호혜관계)을 들고 있다. 그에 따라 정부는 계속해서 「방사성폐기물의 안전 관리」프로그램을 운영하고 있고 지층처분장의 부지선정을 공모 방식으로 진행하고 있다.

2001년 9월	환경 · 식량 · 농촌 · 지역부(Defra)가 영국 내의 방사성 고체폐기물 관리를 위한 정책 개발을 위한 제안을 정리, 의견 모집(제 1기)
2003년	정책 권고를 검토하는 「방사성폐기물 관리위원회」(CoRWM)의 설치를 결정. 의원을 공모, 임명하고 11월부터 검토 작업을 개시(제 2기)
2006년 7월	CoRWM이 방사성폐기물 관리 옵션에 관한 권고를 정부에 제출
2006년 10월	정부가 권고를 받아들여 고준위 방사성폐기물 등의 지층 처분시행을 포함한 관리 방침을 결정.
2007년 4월	원자력 폐지 조치기관(NDA)이 지층 처분의 실시 주체가 된다.
2007년 6월	Defra가 시행체제나 처분지 선정 프로세스 등을 포함한 「지층 처분의 실시 계획」안을 정리, 의견 모집(제 3기)
2008년 6월	Defra가 백서 「지층 처분의 실시 계획」을 공표. 처분시행 주체의 역할을 중간 저장의 책임을 가지고 있던 원자력 폐지 조치기관(NDA)에 할당함과 동시에 정부 주체의 부지선정 프로세스를 개시(제 4기)

표 8. 고준위방사성폐기물 관리정책 결정의 경위[61]

61) 日本經濟産業省, 諸外國における高レベル放射性廢棄物の處分について, 2017.2, 134면.

Ⅶ. 캐나다

1. 개 요

캐나다는 국가차원의 에너지정책은 연방정부가 권한을 갖고 있으나 천연자원의 보유를 비롯하여 주 내에서의 에너지개발 및 규제권한은 기본적으로 주정부에 속한다. 따라서 원자력정책도 주 별로 다르지만 국가 전체로는 원자력의 평화적 이용을 추진하고 있다.

캐나다는 1952년 설립된 캐나다 원자력공사(AECL)가 천연우라늄을 연료로 하는 캐나다형 중수로(CANDU)[62]를 개발하였다. 상용 원전은 온타리오주, 퀘백주 등 5곳에 건설되었고 1971년부터 1983년에 걸쳐 CANDU 원자로 22기가 도입되었다.[63]

현재 캐나다 정부는 원자력발전을 에너지믹스(Energy Mix)의 중요한 구성요소로 보고 있다. 2011년 3월 동경전력(주) 후쿠시마 제1원전사고 후에도 이러한 방침은 유지되고 있다.

2. 사용후핵연료의 발생과 저장(처분 전 관리)

캐나다에서는 원자로에서 추출된 사용후핵연료는 그 시점부터 “폐기물”로 간주되어 이를 「핵연료폐기물」이라 한다. 천연우라늄(자국산)을 연료로 하고 있기 때문에 연소도가 낮고 함유된 플루토늄의 양도 적기 때문에 재처리는 경제적으로 부적합하다.

원자력발전소에서 발생된 사용후핵연료(핵연료폐기물)는 당해 발전소에 저장되어 있다. 원자로에서 추출된 사용후핵연료는 저장소에서 6~10년간 냉각한 후, 건식관리시설로 이동된다. 2014년 6월 현재 사용후핵연료의 저장량은 약 245만개(우라늄 환산으로 약 48,000톤) 중 약 1,000만개(약 40%)가 건식 저장되어 있다.[64]

62) CANDU 원자로는 캐나다 원자력공사(AECL)가 개발하였다. 동 원자로는 감속재와 냉각재로 중수(천연 중에 0.02% 포함)를 사용하는 가압중수형으로 핵연료는 천연우라늄(우라늄 235를 농축하지 않음)을 이용한다. CANDU 원자로는 캐나다를 포함한 7개국에서 운영되고 있으며 우리나라에 4기, 중국에 2기가 있다.

63) 2014년 말 현재 19기가 운전 중이다. 2012년 캐나다 총발전량의 약 15%는 원자력발전에 의한 것이었다.

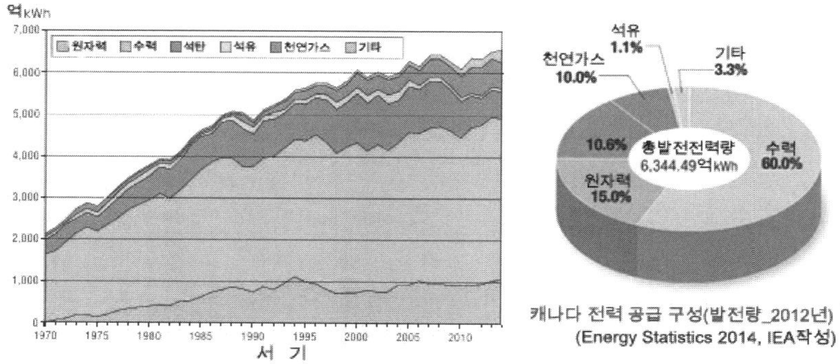

2012년 캐나다	총발전전력량	수입	수출	국내공급 발전량	국내전력 소비량
단위: 억 kWh	6,344.49	108.87	-578.65	5,874.71	5,019.21

◎원자력 발전 설비 용량
합계 19기 1,355.3만 kW
(2015년 1월)

그림 20. 캐나다의 원전이용상황[65)]

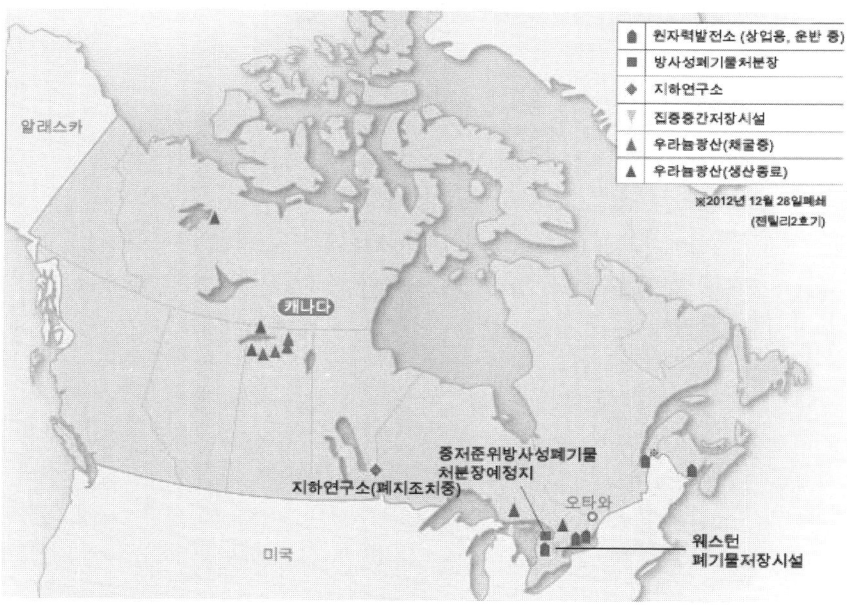

그림 21. 캐나다의 원전 및 기타 관련시설 소재지[66)]

64) 日本經濟産業省, 諸外國における高レベル放射性廢棄物の處分について, 2017.2, 156면 참조; 한국원자력환경공단, 국외 고준위방사성폐기물 처분현황, 2016.12, 108면 참조.

65) 日本經濟産業省, 위의 보고서, 157면.

66) 日本經濟産業省, 위의 보고서, 157면.

3. 처분방침과 결정경위

캐나다에서는 사용후핵연료를 「핵연료폐기물」로 간주하고 있는 점에서 알 수 있듯이 재처리 하지 않고 고준위방사성폐기물로 처분할 방침이다. 핵연료폐기물의 장기관리연구는 「적응성 있는 단계적 관리」(APM: Adaptive Phased Management) 방식이라 하며 2007년 6월 캐나다의 국가방침으로 결정되었다. 이것은 최종적으로 지층처분을 목표로 하지만 달성기간(300년 또는 그 이상)을 다음(표 9. 참조)과 같이 3단계의 시기로 나누어 대응한다.

<table>
<tr><td rowspan="4">제 1 기
집중관리
준 비
(약 30년)</td><td colspan="2">적응성이 있는 단계적 관리를 추진하기 위한 정부방침 결정</td></tr>
<tr><td colspan="2">• 원전부지의 사용후핵연료 저장 및 모니터링 계속
• 관련프로그램, 부지 선정절차 수립 및 실시
• 집중시설(지하특성조사시설, 심층처분장, 천층부암반공동)의 선정작업
• 집중시설의 부지특성조사, 안전해석 및 환경평가
• 기술개발
• 캐나다 환경평가법에 의한 환경평가절차(인·허가 절차)</td></tr>
<tr><td colspan="2">관련프로그램을 통하여 「천층부암반공동」에서의 집중저장을 할 것인지를 결정</td></tr>
<tr><td>• 지하특성조사시설의 인·허가절차</td><td>• 천층부암반공동시설의 인·허가 절차</td></tr>
<tr><td rowspan="2">제 2 기
집중저장과
기술 실증
(약 30년)</td><td>• 원전부지에 저장 계속
• 지하특성조사
• 심층처분장으로서 적합성 확인</td><td>• 사용후핵연료 운반(30년 소요)
• 천층부암반공동시설에 집중저장</td></tr>
<tr><td colspan="2">• 관련프로그램을 통한 최종설계 준비, 심층처분장과 부속시설의 건설시기 결정
• 심층처분장의 건설허가를 얻음</td></tr>
<tr><td rowspan="2">제 3 기
장기폐쇄
격 리
모니터링</td><td>• 지층처분장으로 사용후핵연료 운반 (30년 소요)
• 모니터링 및 성능평가를 위해 필요에 따라 회수하기 위한 접근 유지</td><td>• 심층부암반공동시설 폐지조치</td></tr>
<tr><td colspan="2">• 폐쇄 전 모니터링은 최대 300년간 = 60년(원전부지 등에서의 저장) + 240년(처분시설) 처분장을 폐쇄할지 결정→폐쇄, 해체</td></tr>
</table>

표 9. 캐나다 핵연료폐기물 장기관리「적응성 있는 단계적 관리(APM)」의 개요[67)]

67) 日本經濟産業省, 諸外國における高レベル放射性廢棄物の處分について, 2017.2, 158면; 한국

심층처분의 실시만을 보면 제1기에서 심층처분장 부지선정, 제2기의 지하특성 조사시설에서의 기술실증과 확인을 거쳐, 제3기(약 60년 후)부터 핵연료폐기물처분을 개시할 수 있다.

그러나 심층처분장을 이용할 수 있을 때까지 현재 행해지고 있는 각 원전의 사용후핵연료 저장 이외에 한곳으로 모아 저장하는 방침이 수립된 경우의 계획을 선택사항으로 구상하고 있다.

이 경우에는 제2기(약 30년)에 지하천층부에 중간저장을 실시할 예정이다. 이를 위한 저장시설은 지층처분장과 동일부지에 입지할 계획이다. 각 원전에 있는 사용후핵연료를 어딘가 1곳으로 운반하는데 약 30년이 소요된다고 판단된다.

캐나다에서 고준위방사성폐기물 처분사업은 당초에는 캐나다원자력공사(AECL)가 중심이 되어 진행되고 있었다. 1978년 연방정부와 온타리오주는 핵연료폐기물 관리계획에 관한 공동성명을 발표하고 AECL 주도하에 지층처분의 연구개발을 시작하였다. ACEL은 그 성과를 환경영향평가로서 1984년에 공표하였다.

환경영향평가를 검토하는 조직으로서 천연자원부(NRCan)가 1989년 설치한 "핵연료폐기물관리 처분개념의 평가 패널"(환경평가 패널)은 1998년 2월 「기술적으로는 가능하지만 사회적 수용성이 불충분하다」고 결론을 낸 권고를 연방정부에 제출하였다. 연방정부는 1998년 2월 환경평가 패널의 권고에 대체로 동의한다는 정부견해를 발표하였다.

그 후, 천연자원부(NRCan)는 실시주체의 설립, 핵연료폐기물(사용후핵연료)의 장기관리 연구 수립, 자금 확보제도의 확립 등을 목적으로 한 법률정비를 진행하였으며, 2002년 6월 「핵연료폐기물법」[68]이 제정되어 2002년 11월부터 동법이 시행되었다. 이 법률에 따라 핵연료폐기물관리의 실시주체로서 핵연료폐기물관리기관(NWMO)이 설립되었다.[69]

원자력환경공단, 국외 고준위방사성폐기물 처분현황, 2016.12, 109면.

68) 핵연료폐기물의 장기관리 연구로서 3가지 선택사항인 ① 지층처분, ② 원전의 부지 내 저장, ③ 집중저장을 포함한 여러 가지 연구를 NWMO가 검토하고 캐나다 정부에 제안하는 것이 핵연료폐기물법에 규정되었다.

69) NWMO는 2003년부터 2005년에 걸쳐 협의보고서를 작성·공표함과 동시에 각지에서 대화집회, 워크숍이나 전문가와의 대화, 원탁회의 등을 통하여 2005년 11월 최종보고서인 「진행해야 할 길의 선택 : 캐나다의 사용후핵연료 관리」를 채택하였다.

NWMO는 최종적으로는 심층처분을 하지만 우선 약 60년간은 부지저장, 집중저장을 실시한다는 "적응성 있는 단계적 관리" 방침을 제안하였다. 그 후, 천연자원부장관의 권고를 받아 2007년 6월 총독결정에 의해 APM이 캐나다의 사용후핵연료의 장기관리방침으로 결정되었다.

1978년	연방정부와 온타리오주에 의한 핵연료폐기물관리계획의 수립
1994년	AECL이 핵연료폐기물의 처분개념에 관한 환경영향평가서 발표
1998년	환경평가 패널이 「기술적으로는 가능하지만 사회적 수용성이 불충분」하다는 보고서를 연방정부로 답신 연방정부가 환경평가 패널의 견해를 공표
2001년	천연자원부가 핵연료폐기물법안을 의회에 제출
2002년	핵연료폐기물법이 시행되어 원자력사업자가 실시주체로서 핵연료폐기물관리기관(NWMO)을 설립. 사업규제, 감독관청으로서 핵연료폐기물국(NFWB)을 천연자원부(NRCan) 내에 설치
2005년 11월	NWMD가 최종보고서를 제출하고 「적응성이 있는 단계적 관리(APM) 방침」를 정부에 제안
2007년 6월	천연자원부장관이 NWMO의 제안을 승인하고 정부가 관리방침을 결정

표 10. 사용후핵연료 장기관리방침이 결정되기까지의 경위[70)]

70) 日本經濟産業省, 諸外國における高レベル放射性廢棄物の處分について, 2017.2, 159면; 한국원자력환경공단, 국외 고준위방사성폐기물 처분현황, 2016.12, 109면.

Ⅷ. 미 국

1. 개 요

미국의 원전 부지는 모두 85곳이고, 그 중 62곳에 있는 104기의 원자로가 운전 중이다. 29곳의 원전부지에 있던 32기의 원자로는 이미 폐쇄되었다. 미국의 원자력발전회사에는 공영과 민영의 전력회사가 공존함과 동시에 원전 소유자와 운영자가 동일하지 않은 경우도 다수이다.

2011년 3월의 동경전력(주) 후쿠시마 제1원전사고에 따라 미국의 원자력규제위원회(NRC)는 사고에 대한 평가를 한 후, 원전의 안전성을 확보하기 위한 규제대안을 마련하고 있다.

미국에서 규정하는 고준위방사성폐기물에는 ① 상업용 원전에서 발생된 사용후핵연료, ② 에너지부(DOE)가 보유한 사용후핵연료(연구로나 해군의 선박로에서 발생된 것), ③ 핵무기의 제조 및 이전부터 실시된 상업용 원전에서 사용후핵연료의 재처리 과정에서 발생된 유리고화체가 있다.

DOE는 핵무기 제조용 원자로, 연구로, 해군 선박로, 원형로 등에서 발생된 사용후핵연료를 보유하고 있고, 처분해야 할 분량은 2035년에 약 2,500톤에 이를 것으로 추정된다.[71)]

2. 사용후핵연료의 발생과 저장(처분 전 관리)

미국에서는 상업용 원전에서 발생된 사용후핵연료가 2013년 말 합계 약 71,700톤(중금속 환산, 이하 동일) 축적되어 있는 것으로 추정된다. 에너지부(DOE)는 2012년 기준으로 운전 중이었던 104기의 원자로가 모두 60년간 운영될 경우 사용후핵연료의 총량은 140,000톤에 달한다고 추정하고 있다.

---

71) 과거에 행해진 상업용 원전에서 나온 사용후핵연료의 재처리에 의해 발생된 것을 포함하여 DOE의 국방시설이나 국립연구소에서 발생된 고준위방사성폐액이 DOE의 4개 부지의 지하 탱크 안에 저장되어 있다. 그 밖에 대학의 연구로, DOE의 연구시설, 상업용 연구로, 상업용 핵연료제조 플랜트 등, 약 55개의 시설에서 소량의 사용후핵연료나 고준위방사성폐기물이 발생되고 있다.

이와 같이 발생된 사용후핵연료는 원전 부지 내에서 저장조에 저장하거나 또는 건식저장 캐스크 등에 의해 저장되지만 일부는 부지 밖에서 중간 저장되고 있다. 부지 밖의 중간저장시설은 일리노이주의 모리스 중간저장시설(저장조 저장방식)이 미국 내에서 유일하다.[72] 특수한 것으로서 쓰리마일섬 원자력발전소 2호기의 사고에 따라 발생한 연료저장조 쓰레기 및 사용후핵연료를 아이다호 국립연구소(INL)에서 건식저장 캐스크에 수납하여 저장하고 있다.

미국은 1973년 이후 상업용 원자로에서 발생된 사용후핵연료의 재처리를 하지 않고 그대로 고준위방사성폐기물로서 처분하는 직접처분방식을 채택하고 있다. 다만 후행핵주기 대책에 관한 대안이 검토되고 있고 사용후핵연료의 재처리도 그 일환으로서 검토가 진행되고 있다.[73] 미국의 1982년 「방사성폐기물정책법」에서는 고준위방사성폐기물을 처분하는 것은 연방정부의 책임이고 처분비용의 부담은 발생자 및 소유자의 책임이라는 사실이 인정되었다.

동법에서 「처분」이라는 용어가 정의되면서 고준위방사성폐기물은 심층처분하는 것으로 방침이 결정되었다. 또한 에너지부(DOE)에 「민간방사성폐기물관리국」(OCRWM)이 처분의 실시주체로서 설립되어 처분후보지의 선정, 부지특성조사를 추진하였다.

1987년 「방사성폐기물정책수정법」에서는 ① 유카(Yucca)산을 유일한 처분후보지로 할 것, ② 유카산 이외에서의 부지특성조사를 중지할 것, ③ 유카산에의 처분량은 70,000톤으로 제한하여 지층처분 연구프로그램을 실시할 것이 규정되었다.

한편 미국은 1982년 방사성폐기물정책법에 의한 절차를 거쳐 2002년에 네바다주 유카산이 최종처분지로 결정되어 2008년 6월에는 DOE가 처분장의 건설에 관한 인·허가신청서를 원자력규제위원회(NRC)에 제출했지만 2009년 1월 출범한 민주당의 오바마 정부는 유카산 계획을 중지하였다.

후행핵주기(back-end) 대책을 검토하기 위해 설치된 「미국 원자력의 미래에 관한 블루리본위원회」(이하 「블루리본위원회」라고 한다)에서는 2012년 1월 지층처분장의 필요성을 재확인함과 동시에 중간저장시설의 설치를 권고하였다.[74]

---

72) 이 시설은 제네럴 일렉트릭사(General Electric)가 건설하고 있던 민간 재처리공장의 사용후핵연료 저장조를 사용한 것이고, 일리노이주의 원전에서 발생된 약 670톤의 사용후핵연료는 1972년부터 저장되고 있다.

73) 日本經濟産業省, 諸外國における高レベル放射性廢棄物の處分について, 2017.2, 180면 참조; 한국원자력환경공단, 국외 고준위방사성폐기물 처분현황, 2016.12, 124면 참조.

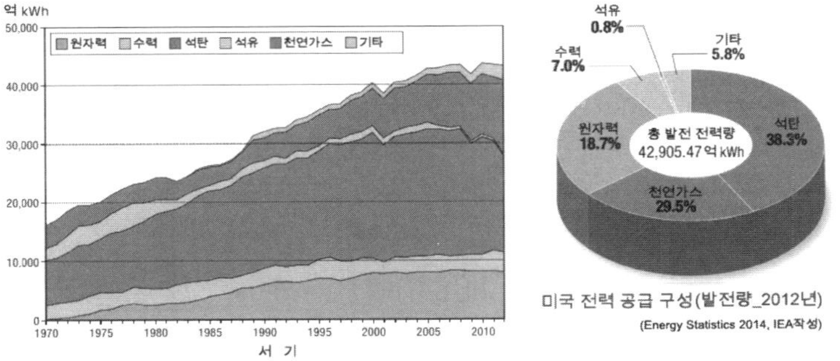

2012년 미국	총 발전 전력량	수입	수출	국내 공급 전력량	국내 전력 소비량
단위: 억 kWh	42,905.47	592.57	-119.95	43,478.09	37,268.32

◇원자력 발전 설비 용량
합계 99기 9,875.6만 kW
(2015년 1월)

그림 22. 미국의 원전이용상황75)

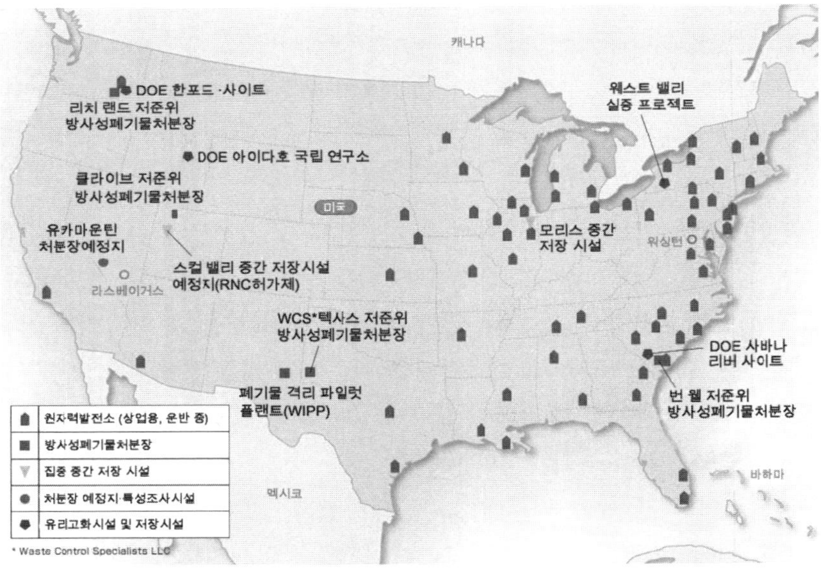

그림 23. 미국의 원전 및 기타 관련시설 소재지76)

74) 블루리본위원회의 보고서에서는 동의에 의한 처분장의 입지를 권고하고 있지만 미국에는 해당 지역 주민들의 이해를 얻어 순조롭게 운전하고 있는 지층처분장이 있다. 뉴멕시코주 칼스버드 근교의「폐기물격리 파일럿 플랜트」(WIPP)는 국방활동에서 발생한 초우라늄 원소를 포함한 TRU 폐기물을 대상으로 한 지층처분장으로서 지하 약 655m의 암염층 중에 설치되어 있다.

75) 日本經濟産業省, 諸外國における高レベル放射性廢棄物の處分について, 2017.2, 181면.

76) 日本經濟産業省, 위의 보고서, 181면.

3. 미국의 방사성폐기물 처분정책에 관한 법적 문제

(1) 문제의 소재

오늘날 원자력의 이용에서 생기는 비생산적 유산으로서 군사용 방사성물질이나 상업용 원전에서 불가피하게 발생되는 방사성폐기물의 처리·처분을 어떻게 할 것인가라는 문제가 있다.

원전을 운영하는 세계 주요국가에 있어서도 고준위방사성폐기물 처분을 위한 명확한 입법정책 및 사회시스템이 확립된 나라는 없고, 고준위방사성폐기물의 처분 문제가 원자력발전의 추진에 실질적 장애가 되고 있다. 미국과 유럽국가의 대부분은 "확립된 처분방법 및 국민적 합의(consensus)가 도출되지 않은 이상 원자력발전에서 탈피하지 않을 수 없다" 라고 한다.

한편 원자력은 이산화탄소를 배출하지 않는 청정에너지(clean energy)임과 동시에 주요 에너지원의 하나인 석유와는 달리 정치 등의 외적 요인에 영향을 받지 않기 때문에 우리나라와 같은 경우는 에너지의 준 자립이 가능할 수 있다.

그러나 원전의 추진에는 고준위방사성폐기물 처분을 전제로 한 핵연료주기의 확립이 필수 불가결하다고 개발 당시부터 지적되어 왔음에도 불구하고 핵연료주기에 관한 입법정책을 확립하지 못하고 있다.

예를 들어 일본의 경우, 고준위방사성폐기물에 관한 법률을 제정하지 않고 있었으나, 현재는 고준위방사성폐기물의 처분을 추진하기 위하여 최종처분지의 선정과 필요한 비용의 부담을 전력회사의 의무로 하는 「특정방사성폐기물의 최종처분에 관한 법률」(2000년 법률 117호)이 제정되었다.

사실 미국에서는 이미 1982년 「고준위방사성폐기물정책법(NWP법[77])」이 제정되었지만, NWP법에 의거한 처분 후보지인 네바다 주정부에서 NWP법에 대하여 위헌소송을 제기하는 등 당초의 법률규정에 따른 처분계획이 대폭적으로 지연되고 있다.

방사성폐기물 처분문제는 대량생산, 대량소비의 20세기형 사회가 후세에 남기는 비생산적인 유산의 처리라는 개념을 가지며, 환경보존이라는 관점에서도 현세대가 해결하는 것이 바람직하다. 방사성폐기물 처분문제는 다른 유해 폐기물 처

---

77) 42 U.S.C. §§10101-10270, Pub. L. 97-425(1983).

분의 문제와 동일한 개념을 가지고 있다고 할 수 있다.

(2) 고준위방사성폐기물정책법

(가) 고준위방사성폐기물 처분에 관한 정치적 대립

고준위방사성폐기물의 처분은 처분지 선정 등을 둘러싼 정치적 대립을 포함해 저준위방사성폐기물 처분 이상으로 문제가 크다고 할 수 있다. 미국에서는 사용후핵연료나 고준위방사성폐기물(이들을 총칭하여 "고준위방사성폐기물"이라 한다)이 증가함에 따라 고준위방사성폐기물의 처분문제는 주(州) 자체로 해결하여야 할 문제가 아니라 국가적 차원의 문제로 인식하게 되었다.

국가적 문제로서 인식된 고준위방사성폐기물의 처분문제는 원전 비율이 높고 공업화가 진전된 주가 원전을 찬성하지도 않고, 원전에 의한 전력공급을 받지 않은 상태에서 다른 주의 원전에서 발생된 달갑지 않은 부산물을 억지로 떠맡는 양상을 띠고 있어 이 문제는 일종의 남북문제로 파악되고 있다.[78)]

그러나 어떤 주정부도 자발적으로 고준위방사성폐기물 처분장과 같은 혐오시설을 수용하려고 하지 않기 때문에 최적의 부지를 선정하기 위한 과학적·객관적인 접근이 필요하고, 절차상의 투명성을 확보하기 위해 연방법을 제정할 필요가 있었다.

미국에서는 1977년 상업용원자로에서 발생되는 사용후핵연료의 재처리를 무기한 연기하도록 하고 향후 기본적으로 직접처분의 입장을 취하고 있으며 장기적 처분정책을 지층처분으로 하고 있다.[79)]

고준위방사성폐기물 처분의 기본이 되는 법률은 「방사성폐기물정책법(Nuclear Waste Policy Act of 1982; NWPA)」이며, 동법에 따른 최종적 처분지점으로서 유카산이 선정되었다. 그러나 주로 정치적 사정에 따라 계획이 촉진되지 못하고 현재는 그 대부분이 원자력시설 내의 저장조나 부지 내의 건식캐스크의 중간저장시설(ISFSI)에 보관되고 있다.[80)]

---

78) 卯辰昇, 現代原子力法の展開と法理論(第2版), 日本評論社, 2012, 219면~220면.

79) 1953년 아이젠하워 대통령이 "Atoms for Peace"를 공표한 당시는 재처리를 실시하고 있었으나 1974년 인도의 핵실험을 계기로 핵비확산을 위해 직접처분하기로 방향을 잡았으나, 1977년 카터 대통령이 상업용 재처리의 무기한 연기를 표명하였다. 그 후 1981년 레이건 정부는 상업용 재처리 금지정책을 철회하였으나 전력회사는 재처리를 재개하지 않았다.

80) 10.C.F.R.Part 50 및 10.C.F.R.Part 72에 의해 NRC가 규제한다.

(나) 방사성폐기물정책법의 제정

① 1982년 방사성폐기물정책법

위와 같은 사정을 배경으로 연방의회는 1982년 연방정부 스스로 고준위방사성폐기물의 영구처분실시계획을 입안할 책임을 지고((42 U.S.C. §10131(a)(2)), 그 처분에 필요한 비용은 고준위방사성폐기물의 소유자 및 발생자(이들을 "비용부담자"라 한다)가 부담(42 U.S.C.§10131(a)(4))하는 것을 골자로 하는 「방사성폐기물정책법(NWPA)」을 제정하였다.[81)]

이에 따라 DOE 장관이 NWPA 규정에 따른 처분실시계획을 승인할 때까지는 상기 비용부담자가 고준위방사성폐기물의 중간저장(interim storage)에 대하여 1차적으로 책임을 부담하도록 규정되었다(42 U.S.C.§10131 (a)(5)).[82)]

DOE에 민사방사성폐기물관리국(Office of Civilian Radioactive Waste Management)이 설치되어 고준위방사성폐기물처분에 대한 총괄적 책임을 맡게 되었고, 고준위방사성폐기물 처분정책의 추진은 연방정부의 책임이라는 것이 명확해졌다.[83)]

법률상 전력회사는 고준위방사성폐기물에 관한 처분비용을 출연함과 동시에 DOE는 1998년 1월 31일까지 고준위방사성폐기물 또는 사용후 핵연료의 처분장을 개설하도록 하였다(42 U.S.C.§10222(a)(5)(b)).

한편 1998년까지 DOE는 사용후핵연료를 인도하여 2개소의 최종처분장을 조업하기까지의 일정표와 절차를 마련하였다.[84)] 그 후 처분장 후보지의 상세한 조사비용의 합계가 상승함에 따라 1987년 이 법은 개정되어 DOE의 부지특성조사 대상을 유카산에 한정하여 조업개시를 2003년으로 연기하였다.[85)]

---

81) 卯辰昇, 現代原子力法の展開と法理論(第2版), 日本評論社, 2012, 223면.

82) 방사성폐기물정책법 제111조, 제123조, 제211조, 제304조.

83) NWPA에 규정된 규제계획의 일부로서 연방의회는 DOE 장관에게 고준위방사성폐기물의 발생자 및 소유자와의 사이에 고준위방사성폐기물의 보관, 운송 및 영구처분을 위한 계약을 체결할 권한이 부여되었다((42 U.S.C.§10222 (a)(1)).

84) 다수의 사업자가 동법에 규정된 DOE의 의무(1988년까지 폐기물을 인수하는 것)를 수행하지 않음을 이유로 연방정부를 제소하였다. 방사성폐기물기금의 대가로 원자력발전사업자와 DOE가 체결한 "사용후핵연료·고준위방사성폐기물의 처리에 관한 표준계약"(방사성폐기물정책법 제302조 (b) (1) (A))에 따라 DOE의 폐기물인수의 법적 의무 또는 계약상의 책임을 질 것을 요구한 것으로 인디애나·미시간 전력회사 대 연방에너지부사건판결(1996년) 등이 있다(Indiana-Michigan Power Co. v. U.S.Dept. of Energy, 88 F 3d 1272(D.C.Cir.1996)).

85) Nancy J.Zacha, Yucca Mountain; Dumped and Wasted?, Radwaste Solutions, July/August 2009, p.14.

또한 고준위방사성폐기물의 처분에 필요한 비용은 전액 발생자 부담이 되어 원자력발전사업자가 부담한다. 발전사업자는 전기요금에 반영된 원자력발전의 판매전력 1kwh당 1mill(0.001달러/kwh)을 출자금으로 재무부에 설치된 방사성폐기물기금(Nuclear Waste Fund; NWF)에 예치한다.[86)]

다만 사용후핵연료는 10.C.F.R Part 60(지층처분장에 있어서 고준위방사성폐기물의 처분)에서 고준위방사성폐기물로 규제되기 때문에, 여기에서는 특별한 사유가 없는 한 고준위방사성폐기물 중에 포함되고 있다.[87)]

② 1987년 수정 방사성폐기물정책법[88)]

1987년 수정 방사성폐기물정책법(Nuclear Policy Amendment Act of 1987. 이하 "수정법"이라 한다)[89)]에 의하여 네바다주 유카산이 유일한 고준위방사성폐기물 지층처분장 부지후보지로 선정되어(42 U.S.C.§10172 (Supp. V. 1987)) 각종의 적성조사가 실시되었다. 그러나 연방법에 의한 연방정부의 정책과 이에 반대하는 네바다 주정부 사이에 소송을 포함한 격렬한 대립이 지속되었다.

1987년 수정법에 따라 고준위방사성폐기물의 지층처분 예정지를 네바다주 유카산으로 함에 둘러싼 논쟁은 경제정책과 환경정책을 州 독자적으로 결정할 수 있다는 것이 주 고유의 권한이라는 근본적 문제를 포함하여 주내에서 실시되는 연방계획을 주정부가 승인할 수 있는지 여부에 대한 주정부 권한의 본질에 대한 헌법상 문제가 따르게 되었다.

NWPA의 역사적 과정은 1982년 제정 시, 1987년 수정법 제정 시 및 1992년 국가에너지정책법의 제정을 계기로 한 수정법 제정시의 3단계로 나눌 수 있다.

특히 "부동의통지(notice of disapproval)조항"(42 U.S.C.§10136 (b)(2)(1982 & Supp. V. 1987) 및 "무효(override)조항"(42 U.S.C.§10135 (b)) (1982 & Supp. V. 1987)에 대한 합헌성을 주된 쟁점으로 한 1987년 수정법 제정 후의 연방항소심

---

86) 방사성폐기물정책법 제302조. 사용 중에는 부지선정프로그램의 촉진을 도모할 목적으로 부지수용의 인센티브효과를 고려한 처분장부지주(州) 등에 대한 원조금도 포함한다.

87) 10.C.F.R Part 60.2(Defenitions)에서는 고준위방사성폐기물에 irradiated reactor fuel이 포함된다.

88) 이 책 83면~100면은 "卯辰昇, 現代原子力法の展開と法理論(第2版), 日本評論社, 2012, 224면~234면"을 요약 정리한 것이다.

89) Pub. L. 100-203, 101 Stat. 1330-227 (1997).

판결이 중요하다. 소송의 주된 쟁점이 된 부지선정절차에 관한 상기 2개 조항은 다음과 같은 내용이다.

㉮ 부동의 통지조항

1982년 NWPA는 복수의 선정 후보지 중에서 지질조사 등을 통하여 단계적으로 최종후보지를 선정한다는 절차상의 투명성을 가지고 후보지들 간의 선정에 대한 공평성이 보장되는 법률이라는 평가를 할 수도 있을 것이다. 나아가 고준위방사성폐기물처분지의 지정을 받은 주가 연방의회에 대하여 부동의를 표명할 수 있는 조항이 있다(부동의 통지조항).

즉 대통령의 의회에 대한 처분부지 지정권고(42 U.S.C.§10134)에 따라 권고대상이 된 주의 지사 또는 주의회는 당해 부지지정에 대한 부동의로서 거부권을 행사할 수 있다. 이 거부권을 행사하기 위해서는 대통령의 연방의회에 대한 권고 후 60일 이내에 연방의회에 부동의 통지를 하여야 한다.[90)]

㉯ 무효조항

그러나 연방의회가 이 통지 수령 후 90일 이내에 대통령의 처분지 지정권고를 승인하는 결의를 하게 되면 주로부터의 부동의 통지는 무효로 되고 주의 반대가 있어도 처분지후보로서 선정된다.

㈐ 1987년 수정법에 대한 위헌 소송

네바다주만을 선정후보지로 한 1987년 수정법 시행 이후 네바다주의 처분지 선정에 반대하는 움직임이 격렬하였다. 네바다주의 대응은 다음과 같다.

① 처분지 선정에 반대하는 결의와 주법 제정

네바다주 의회 상하양원은 연방의회에 대하여 2개의 거부결의를 하였다. 그 하나는 네바다주에 고준위방사성폐기물처분장을 설치하는 것에 "강력히 반대한다"는 결의[91)]이다. 그리고 또 다른 하나는 연방정부가 네바다 주의회의 사전 동의를 받지 않는 한 또는 네바다주 수정법 제328조에 의한 주관할권의 이양을 받지 않는 한 유카산에 고준위방사성폐기물처분장을 설치할 수 없다는 결의였다.

---

90) 卯辰昇, 現代原子力法の展開と法理論(第2版), 日本評論社, 2012, 225면~226면.

91) Assembly Joint Resolution 4. Jan, 17, 1989

게다가 네바다주에서 시행될 어떠한 고준위방사성폐기물처분사업에도 주의 공무원이나 주의 시설을 사용하는 것을 금지하는 주법[92]을 제정하였다.

② 네바다 주정부의 제소이유

상기와 같은 네바다 주의회의 대응은 고준위방사성폐기물의 처분부지 선정이 방사성폐기물처분정책을 수행함에 제일 곤란한 문제임을 보여주었다. 더욱이 네바다 주정부는 고준위방사성폐기물처분장 부지선정에 관한 NWPA 조항의 위헌성을 문제 삼아 소송으로 다투는 방법을 선택하였다.

1987년 수정법에 의한 고준위방사성폐기물처분장의 유일한 부지후보로 된 네바다 주정부는 DOE가 계속 시행하고 있는 방사성폐기물처분장의 부지조사 중지를 요구하는 소송인 "State of Nevada v. U.S. Department of Eenergy 사건"(이하 "Nevada 사건"이라 한다)[93]을 제기하였다.

네바다 주정부는 연방의회가 유카산을 후보지로 선정하는 것이 위헌이고 위헌인 법률(NWPA)에 따라 DOE 장관이 부지조사를 계속하는 것은 위법이며, 유카산이 후보지로 지정됨에 대하여 연방입법에 대한 거부권(legislative veto)을 행사하고, 이 거부결의는 연방법에 우선한다고 주장함과 동시에 DOE는 유카산 후보지 지정취소의 연방규칙을 공포해야 한다고 주장하였다.

네바다 주정부는 상기 2개의 결의에 의해 NWPA에 따른 부동의통지(42 U.S.C. §10136 (b) (2))를 하면서, 그에 대하여 연방의회가 무효결의를 하지 않는 이상 유카산의 후보지선정은 무효임을 주장하고 있다.[94]

③ 연방과 주의 권한을 둘러싼 헌법상의 문제

그러나 제9순회지역 항소법원은 NWPA가 DOE장관이 시행하는 부지조사를 금지하는 네바다 주의회의 상기 거부결의에 대하여 우선한다고 판시하여 네바다 주정부의 주장을 기각하였다. 즉, 1987년 수정법에 있어서 연방의회의 명시적 의사는 유카산을 선정후보지로 하는 것이고, 네바다 주정부의 거부결의는 연방법의 입법목적에 저촉되고 있다는 것이다.[95]

---

92) Nev. Rev. Stat. 459. 910 (1989).

93) 914 F. 2d 1545 (9th Cir. 1990), cert denied, 111S. Ct. 1105 (1991).

94) 卯辰昇, 現代原子力法の展開と法理論(第2版), 日本評論社, 2012, 227면.

95) 卯辰昇, 위의 책, 228면.

또한 주의 공화정체의 담보조항(헌법 제4편 제4절)에 따라 네바다 주의회가 주장하는 부동의통지는 실제 대통령이 연방의회에 대하여 네바다주 유카산을 최종처분후보지로서 권고하지 않았기 때문에 가정에 의한 것으로서 무효라고 판시하였다.

④ 특정의 주에 대한 우월적 이익의 제공 금지

더욱이 네바다 주정부는 제소이유의 하나로서 고준위방사성폐기물처분장이 건설되면 네바다주의 대표적 관광지인 라스베가스의 이미지가 손상되어 관광객이 감소한다고 주장하였다. 1987년 수정법은 방사성폐기물처분장이 건설되는 네바다주 이외의 주에 관광객을 유인하여 네바다주 경제의 희생 하에 타주에 통상 상의 우월적 지위를 부여하는 것이 되어 위헌이라는 것이다.

이 판결에 관하여 그 후 연방대법원에서 재량상소신청이 인정되지 않았다고 하여 연방의회는 NWPA에 의한 네바다주 유카산이 미국에서 유일한 최종처분지로서 선정될 것이라는 확신을 가지게 되었다.

1992년 연방의회는 국가에너지정책법(Energy Policy Act of 1992; EPA)[96]을 제정하였지만 동법 제801조에 EPA가 국가과학아카데미(NAS)에 대하여 유카산 주변주민에 적용될 방사선방호기준이 적절한지 여부에 관한 조사를 위촉하는 것을 의무로 부과하는 내용이 규정되기에 이르렀다.[97]

⑤ 부동의·무효조항과 연방제와의 저촉 문제

이 판결에서 이른바 연방법의 우선에 대하여 나타난 판단은 문제가 있는 것으로 생각된다. 이 판결은 2년 후에 내려진 「저준위방사성폐기물정책법」의 권리취득조항에 관하여 “New York 판결”에서 연방제에 관하여 나타난 위헌판단과 비교하더라도 위헌성이 강하다.

이 소송은 연방입법이 주의 고유권한 침해를 주된 이유로 다투게 되었고, 헌법상 문제에 대하여 New York 판결과 대조하여 정리하면 다음과 같다.

---

96) 이 법은 유카산에 있어서 배출물의 주요방사선기준의 설정권이 EPA에 부여되며, NRC는 EPA기준이 공표된 때로부터 1년 이내에 해당기준을 NRC 규제요건에 반영할 것을 규정하였다.

97) 卯辰昇, 現代原子力法の展開と法理論(第2版), 日本評論社, 2012, 228면.

최근 미국에서 연방제를 쟁점으로 하는 일련의 판결은 반드시 연방제의 근본원칙을 부정하는 것은 아니다. 1992년의 New York 판결에서는 연방과 주의 이중정부구조에 관한 장점(merit)으로서 다음과 같은 것을 들고 있다.[98)]

i) 정치의 중앙집권적 체제가 억제되어 중층적인 시민구조의 중요성이 인식된다.

ii) 민주정치에 대한 시민의 참가의식을 향상시킨다.

iii) 정부의 개혁을 촉진시킨다.

iv) 주간 시민의 자유이동을 보증하여 통상을 확대시킨다.

그래서 연방제의 장점으로서 지적된 i)에 대하여 주에 유보되어 있는 고유권한이 방사성폐기물처분문제라는 국가적 문제와 필연적으로 충돌하는 영역에서 문제를 어떻게 해석해야 할 것인가라는 조정문제로 나타나고 있다.

따라서 방사성폐기물처분문제의 해결에는 최적의 부지를 선정하기 위한 객관적 절차가 필요하고 그것을 위해 연방법의 제정이 불가결하였다. 그와 같은 의미에서 고준위방사성폐기물정책법이 제정되었으나 부지예정주로부터 소송을 포함한 격렬한 저항을 받아 혼란이 발생되었다.

㈑ 원전 건설허가 유보의 합헌성

한편 원전의 건설허가를 유보하는 주법의 합헌성을 인정한 "Pacific Gas 판결"[99)]은 고준위방사성폐기물처분에 관한 명확한 입법이 존재하지 않은 상황에서 원전을 운전하는 것은 바람직하지 않다는 것이다. 판결의 핵심은 고준위방사성폐기물처분의 경제성을 문제로 하여 주의 규제권한을 승인한 것이다.

① 캘리포니아주 공공자원법

캘리포니아 공공자원법(California Public Resources Code)에 의하면 주에너지자원보전개발위원회(State Energy Resources Conservation and Development Commission)는 원전의 건설허가를 할 때 사전에 당해 발전소가 방사성폐기물처분을 위한 충분한 처분시설을 확보하고 있는지 여부를 판단하여야 한다고 규정하고 있다(§25524. 1(b)).[100)]

---

98) 함철훈/박윤원, 원자력안전법론(상), 진원사, 2016, 538면.

99) Pacific Gas & Electric Co. v. State. Energy Resources Conservation and Development Commission, 461 U. S. 190, 103 S. CT. 1713(1983).

100) 또한 §25524.1(a)는 이미 건설이 시작된 Diablo Canyon 원전과 San Onofre 원전을 제외한다고 규정하고 있으며, 이 조항은 신규 건설허가를 필요로 하는 원전에 대한 것이다.

게다가 고준위방사성폐기물의 영구처분기술이 확립되어 그에 대한 연방정부기관의 승인을 얻을 수 있다고 판단될 때까지 주위원회는 신규원전에 대한 건설허가를 정지할 수 있다는 것이다(§25524. 2). 원고전력회사는 1978년 주법의 상기 규정은 원자력에 관한 한 원자력법[101]이 우선하기 때문에 합중국법상 연방법규의 우월조항[102]에 따라 무효라는 선언적 판결을 구하는 소송을 연방지방법원에 제소하였다.

② 하급법원의 판결

연방법원은 주법의 합헌성을 문제로 하는 원고의 소의 이익(standing)을 승인한 다음 원고의 주장을 인정하고 주법의 상기 2조항은 원자력안전법의 입법목적에 저촉되어 무효라고 판결[103]하였다.

상기판결에 불복하는 피고 등으로부터 상소를 받은 연방제9순회항소법원은 연방법원의 판단을 지지하여 주법에 대하여 원고의 소의 이익을 포괄적으로 승인하여[104] 주위원회의 건설허가 요건을 정한 조항(§25524. 2)에 대한 원고의 소의 이익이 있음(ripeness)[105]을 승인하였다.

그러나 건설허가요건으로서 사전에 적정한 방사성폐기물처분시설의 확보에 대한 판단을 규정한 조항(§25524. 1(b))에 대하여 원고의 소의 이익은 성숙되지 않는 것으로서 원고의 소송을 기각하였다.

장래 건설될 원전의 방사성폐기물저장시설의 타당성에 관한 결정은 입법자와 주정부의 정치적 책임으로 법원이 판단할 수 있는 것은 아니라는 것이다.[106]

그 다음에 원자력법(42 U.S.C.§§2018, 2021(k))은 방사선방호에 대한 규제권한을 제외하고 원전에 대한 규제권한을 주에 이양하고 있으며 원전유보(moratorium)

---

101) Atomic Energy Act of 1954, as amended, 42 U.S.C. §2210 et seq.

102) U.S.Cont.art. Ⅳ, §2.

103) Pacific Gas & Electric Co. v. State. Energy Resources Conservation and Development Commission, 489 F. Supp. 699(E. D. Cal. 1980).

104) State Energy Resources Conservation and Development Commission. v. Pacific Gas & Electric Co., 659 F. 2d 903 (9th Cir. 1981).

105) 사법권행사의 요건인 justifiability(사법판단 적합성)의 한 요소로서 분쟁이 사법판단을 받기에 충분히 성숙되어 있을 것. 특히 이 소송과 같이 선언적 판결을 구하는 경우에 분쟁이 추상적인 동안에는 개입하지 않겠다고 하였기 때문이다.

106) 659 F. 2d 903, 918.

조항은 「원자력법」에 의해 우선되지 않는다고 판결하였다.

결국 상기 주법의 규정은 방사선피폭으로부터 공중보호를 목적으로 입법된 것이 아니라, 핵연료주기의 실현에 대한 확실성이 확보되지 않는 한 원전의 경제성을 해치게 되어 불안정한 에너지원으로 된다는 이유로 제정되었다는 입장이다.[107)]

③ 연방대법원의 판결

항소심판결 이후 1심 원고의 상소에 의해 연방대법원은 사법판단의 성숙성의 판단에 대하여 의약품의 성분표시방법을 두고 다툰 "Abbott판결"[108)]에 나타난 "사법판단에 대한 문제의 적합성"과 "사법판단회피에 의해 예측되는 당사자의 분쟁해결의 곤란성"의 기준을 원용하여 원심 연방항소법원의 판단을 지지했다.

유보조항(§25524.2)은 진정 연방법에 의해서 우선되는지 여부에 대한 법적 문제로 다투어지고 있다. 유보조항의 유효성이 확인되지 않는 한 원자력사업자가 원전을 건설할 것인가, 그리고 캘리포니아 주민에게 어떠한 이해가 생기는지에 대하여는 판단할 수 없다는 것이다.

따라서 유보조항은 상기 2개의 기준에 비추어 사법판단을 함에 충분할 만큼 문제의 성숙성을 충족하고 있어야 한다. 게다가 유보조항이 원전의 발전을 저해하는 것으로서 무효로 된다면 고준위방사성폐기물 처분기술의 부진에도 불구하고 원전 건설이 추진되어 방사성폐기물처분정책의 지연에 의한 불이익을 공중이 부담하게 되고 원자력안전법의 입법목적의 하나인 공중보호가 손상된다고 할 수 있을 것이다.

한편 사전에 적정한 방사성폐기물처분시설의 확보에 관한 판단을 규정한 조항(§25524. 1(b))에 관하여 항소법원의 판단을 지지함과 동시에 상기와 같은 유보조항의 유효성이 확인된 이상 캘리포니아주에서 원전이 어떻게 추진되는지가 불투명한 상황 속에서 주공익위원회가 취한 중간저장시설의 유효성 판단에 관한 사법심사는 성숙되지 않았다고 판결하였다.[109)]

---

107) 卯辰昇, 現代原子力法の展開と法理論(第2版), 日本評論社, 2012, 231면~232면.
108) Abbott Laboratories v. Gardner, 387 U.S. 136, 87 S.Ct. 1507(1967)
109) 卯辰昇, 위의 책, 233면.

(마) 방사성폐기물처분정책에 대한 캘리포니아주 유보조항의 의의

상기 판결이 의미하는 것은 어떤 것이 있는가? 연방법과의 우선관계에서 유보조항은 원자력의 이용촉진이라는 연방정부의 정책수행에 장해가 되지 않고 원자력안전법의 입법목적에 반하여 무효라고 할 수 없다는 것이다.

그러나 연방의회가 상기 원자력안전법과 고준위방사성폐기물법(NWPA)에 의해 주정부에 권한을 위임했기 때문에 연방의회는 경제성을 도외시한 원전을 추진할 의사를 가지지 않았다는 것이 분명하다고 보아야 할 것이다.

연방의회는 다른 전원과의 균형을 고려하여 전원개발을 추진할 것을 도모하였으나, 전통적으로 州가 행사하는 규제권한과 연방정부가 명시적으로 행사할 수 있는 규제권한의 균형을 배려하여야 한다는 것이 분명하였다.

전통적으로 주정부에 유보된 권한의 범위 내에서 州는 독자적으로 발전방식을 선택, 장래의 발전용량의 확보 그리고 전력요금의 결정 등 경제적 문제에 관한 규제권한을 행사하고 있는 것이다.

유보조항은 방사성폐기물처분방법이 확립되지 않는 한, 원전의 선택을 허용하지 않는다는 것이다. 유보조항에 관한 최고법원의 판결부분은 공중의 보호라는 방사성폐기물처분을 포함한 핵연료주기의 확립이 원전의 추진요건으로 언급한 것이며 이는 중요한 의미를 가지는 것으로 평가된다.[110)]

(바) 안전규제에 관한 연방규칙

안전규제에 관한 연방규칙에는 NRC와 EPA가 제정한 것이 있다. 유카산에 있어서 배출물의 주요 방사선기준의 설정권은 EPA에 부여되며, NRC는 EPA기준이 공표된 때로부터 1년 이내에 해당기준을 NRC 규제요건에 반영하도록 되어 있다.[111)]

10. C.F.R Part 60은 「방사성폐기물정책법」에 따라 1981년 책정되어 폐기물처분장의 기술요건과 기준을 정하고 있다. 다만, 유카산의 지층처분에는 1992년 「에너지정책법」에 따라 10.C.F.R Part 63이 적용된다.[112)]

---

110) 함철훈/박윤원, 원자력안전법론(상), 진원사, 2016, 542면.

111) 1992년 에너지정책법 제801조(b).

112) 10.C.F.R Part 60.1(Purpose and scope) 10.C.F.R Part 60과 10.C.F.R Part 63은 적된 안전규제에 대하여 차이가 있다. 10.C.F.R Part 60에서는 서브파트 E “기술기준”의 “영

NRC 규제		적용대상
10.C.F.R Part 60	지층처분장에 고준위방사성폐기물 처분	일반부지
10.C.F.R Part 63	네바다주 유카산 지층처분장에서의 고준위방사성폐기물 처분	유카산

표 11. NRC 규제[113)]

E P A 규 제		적용대상
40.C.F.R.Part 191	사용후핵연료, 고준위 및 TRU 방사성폐기물의 관리와 처분을 위한 환경방사선방호기준	일반부지
40.C.F.R.Part 197	네바다주 유카산을 위한 공중의 건강 및 환경방사선방호의 기준	유카산

표 12. EPA 규제[114)]

40.C.F.R Part 197은 유카산에 관한 기준으로 2001년 6월 제정되어 그에 맞추어 NRC도 2001년 11월 10.C.F.R Part 63을 개정하였다. 이러한 기준은 처분시설의 신청서 중 처분 후 1만년의 영향평가를 행하도록 요구하고 있으나 미연방법원이 평가대상을 1만년 이상으로 한 NAS 권고를 받아들여 2004년 7월 1만년의 준수기간을 무효로 하였기 때문에 EPA는 2008년 9월 30일 동 기준을 개정하였고, 이를 받아들여 NRC도 2009년 10. C.F.R Part 63을 개정하였다.

구적 폐쇄 후의 특정장애물의 성능(§60.113)"에서 인공장벽이 가져야 할 성능을 규정하고 있다. 구체적으로는 ①) 폐기물 패키지 내의 고준위방사성폐기물의 밀봉은 영구적 폐쇄 후 300년 내지 1000년 사이에 완료할 것, ② 밀봉기간 후 인공장벽시스템에서 방사성핵종의 방출속도는 영구폐쇄의 1000년 후에 존재한다고 계산된 방사성핵종 재고량이 연간 10만분의 1을 넘으면 안 된다는 규정이 있다. 이 방출속도에 대해 NRC와 미국 내외로부터 제한적이라는 비판을 받아 10.C.F.R Part 63의 "영구폐쇄 후의 지층처분장의 성능목표(§63.113)"에서는 성능의 구체적 요구사항이 제외되고 폐기물 패키지(용기)를 인식하지 않고 인간침입이 발생하는 시기를 상정할 것을 규정하고 있다.

113) 日本エネルギー法研究所, 諸外國における原子力發電所の安全規制に係る法制度(ELI-R-No.127), 2013.1, 131면.

114) 日本エネルギー法研究所, 위의 연구보고서, 132면.

4. 방사성폐기물 처분정책 수행상의 문제점

전술한 바와 같이 1980년대 ~ 1990년대에 「고준위방사성폐기물정책법(NWPA)」을 둘러싼 문제는 방사성폐기물처분장의 입지선정에 대한 연방정부와 주정부간의 연방제와 관련된 헌법상의 논점을 중심으로 한 것이었다.

NWPA법에 규정된 고준위방사성폐기물처분의 개시기한은 1998년 1월 31까지였다. 법률상 이미 그 기한은 경과되었고, 현실적으로 유카산의 처분개시는 빠르면 2010년으로 예측되었다.

방사성폐기물 정책수행상 연방정부의 계약위반을 이유로 하는 소송이나 고준위방사성폐기물처분장에 적용될 방사선방호기준에 대한 논의와 대립 그리고 NWPA법의 개정 등 문제가 산적해 있었다. 이와 같은 문제를 아래와 같이 정리한다.

(1) 방사성폐기물 처분계약을 둘러싼 DOE에 대한 소송

방사성폐기물 처분정책의 지연에 대한 DOE의 계약상 채무이행과 손해배상책임을 추구하는 전력회사와 주 규제당국으로부터 일련의 소송이 제기되었다.

㈎ 방사성폐기물 처분정책의 지연에 관한 연방규제

미국은 1990년대에 있어서도 최종처분지선정을 둘러싼 사회적, 정치적 혼란이 수습되지 않아 NWPA법에 규정된 처분개시기일인 1998년 1월 31일까지의 처분이 개시된다는 것은 사실상 불가능하게 되었다.

이러한 상황 속에서 DOE는 1993년 4월 18일 「고준위방사성폐기물의 처분 등에 관한 표준계약(이하 "표준계약"이라 한다)[115]」이라는 연방규칙을 공포함과 동시에 1995년 「방사성폐기물의 반입문제에 관한 최종해석, (이하 "최종해석"이라 한다)[116]」이라는 연방규칙을 공포하였다.

---

115) "Standard Contract for Disposal of Spent Nuclear Fuel[SNF] and/or High-Level Radioactive Waste [HLW]", 10 C. F. R. §961. 11(2000). 연방행정절차법(APA) 553조에 정한 약식규칙제정에 따라 notice and comment 절차를 이행한 후의 최종규칙이 공표되어 규칙제정이 이루어졌다.

116) "Final Interpretation of Nuclear Waste Assistance Issues", 60 Fed. Reg. 21, 793 (1995).

최종해석에 있어서 DOE는 NWPA법에 따른 최종처분장 혹은 중간저장시설을 건설하지 않는 한 NWPA법 및 DOE와 전력회사 간에 체결된 표준계약상 1998년 1월 31까지 고준위방사성폐기물처분을 개시하는 어떠한 법적 의무도 부담하지 않는다는 것이다[117].

또한 NWPA법에 따라 DOE가 1998년 1월 31일까지 처분을 무조건 개시한다고 해석이 되더라도 상기 표준계약에 규정된 "지연조항"에 따라 당사자 간의 문제를 해결하여야 한다는 것이다.[118]

이 연방규칙에 대해 전력회사와 주 규제당국에서 DOE에 대하여 고준위방사성폐기물 반입의무의 이행을 요구하는 소송이 연속적으로 제기되었다. 이와 관련된 대표적 소송에 대하여 검토를 하고, 그 의미를 고찰한다.

(나) Indiana Michigan Power Co. v. Department of Energy

이 사건은 DOE의 고준위방사성폐기물 인수의무의 이행과 관련하여 제기된 최초의 소송이다. 1996년 연방항소심재판에서 이 사건을 통해 DOE는 NWPA법에 따라 1998년 1월 31일까지 고준위방사성 폐기물 및 사용후핵연료의 처분을 개시할 무조건적 의무를 부담한다고 판시하였다.

그리고 NWPA법에 반하는 상기 DOE 규칙의 해석은 무효라고 판결하였다.[119] 그러나 동 판결 후 DOE는 전력회사나 규제당국에 대하여 1998년 1월까지 고준위방사성폐기물의 인수가 불가함을 수차례에 걸쳐 표명하였다. DOE 주장의 근거는 1998년까지 처분개시의 무조건적 의무를 부담함과 동시에 당해 의무의 이행은 표준계약에 규정된 불가항력에 의한 지연의 경우에는 면제된다는 것이다.

(다) Northern States Power Co. v. Department of Energy

위의 소송에 이은 2번째 소송으로서 1997년 1월 31일 36개의 전력회사와 33개 주의 법무장관은 전술한 판결에 따라 직무집행영장(write of mandamus[120])의 발

117) Id. at 794.

118) Id. at 797.

119) Indiana Michigan Power Co. v. Department of Energy, 88 F. 3d 1272 (D. C. Cir. 19960. 또한 NWP법(42 u.s.c. §10139) 상 DOE의 연방규칙 해석에 관한 전속 제1심 재판관할은 연방항소심법원으로 되었다.

120) 법률상 어떤 공적 직무를 행할 의무를 부담하고 있는 자가 그 직무를 이행하지 않을 때 그

급을 청구함과 동시에 법률상 기한까지 사용후핵연료의 처분 개시를 청구하는 소송을 제기하였다.

원고는 예상된 1998년 1월 31일까지의 인수지연은 NWPA법 및 전력회사와 DOE간에 체결된 표준계약상의 의무에 위반한다고 주장하였다. 또한 원고는 NWF(방사성폐기물기금)에의 납부중지와 당해 분담금은 DOE가 표준계약을 근거로 처분을 개시할 때까지 공탁하는 허가를 요구하였다.

법원은 원고의 주장을 받아들여 전기한 (나)의 Indiana Michigan사건과 같이 DOE는 1998년까지 처분을 개시할 무조건 의무를 진다는 것을 인정하여 DOE가 주장하는 전기 판결에 대한 해석의 착오를 바로잡기 위한 직무집행영장을 발급하는 것은 적절하다고 하였다.

또한 DOE는 최종처분장이나 중간저장시설이 건설되지 않는 것을 이유로 스스로 인수지연을 정당화하는 것은 있을 수 없다고 직무집행영장을 발급하는 것을 인정하면서도, DOE에 대하여 기한까지 사용후핵연료를 인수하도록 하는 직무집행영장의 발급 청구는 기각하였다.[121)]

이 판결 후 원고·피고 쌍방의 청구에 의하여 재심리에 착수하였지만 항소법원은 원고주장의 분담금 공탁에 대하여 명확한 판단을 피함과 동시에 "표준계약상의 불가항력에 의한 지연"이라는 DOE의 주장을 배척하고 있다.

나아가 이 사건은 연방정부와의 계약에 의한 손해배상청구사건에 관한 연방항소법원(U.S. Court of Federal Claims[122)])의 전속관할에 따름과 동시에 주권면책(sovereign immunity[123)])이 된다는 DOE의 항변을 인정하지 않았다.[124)]

법원은 DOE와 원자력사업자간의 권리·의무를 정한 표준계약의 분쟁해결조항

이행을 명령하는 영장.

121) Northern States Power Co. v. Department of Energy, 128 F. 3D 754 (D. C. Cir. 1997).

122) 제1편 기타 연방의회에 입법권을 부여하는 헌법조항에 따라 창설된 법원("Article I courts" 라고도 한다)으로서, 1855년 설립된 구 청구법원(Claims Court)의 명칭이 1992년에 개칭되었다. 연방항소심법원 이외에 연방국세재법원(United States Tax Courts) 등이 있다.

123) 연방 또는 주는 그 동의가 없을 때 연방 또는 주법원이 성립하지 않는 원칙을 말하지만 미국에서는 제정법에 의해 광범위하게 주권면책을 포기하고 있다.

124) Northern States Power Co. v. Department of Energy, 1998. WL 276581 (D. C. Cir.). 그 후 DOE는 연방대법원에 대하여 재량상소의 신청을 하였지만 허가되지 않았다. Department of Energy. v. Northern States Power Co, 119 S. Ct. 540(1998).

에 따라서 행정심판에 의해 해결하여야 한다고 함으로써 사업자의 요구인 무조건적 직무집행영장의 발부에는 신중한 자세를 보여주고 있다.

가령 법원이 직무집행영장을 발부한다 하더라도 최종처분장도 중간저장시설도 건설되지 않은 이상 DOE의 사용후핵연료 인수는 사실상 불가능하고 당사간의 권리·의무를 정한 표준계약상의 명문규정에서 해석의 실마리를 찾는 입장을 보여주었다고 이해된다.

(2) 연방항소법원에 있어서의 소송

이 문제는 DOE의 처분장 개설의무 위반에 대한 손해배상청구소송과 유사한 형식을 취하고 있다. 따라서 DOE가 전술한 바와 같이 전속관할권이 문제가 되는 경우에는 통상 연방법원[125]의 일반소송과는 달리 연방법원에 손해배상을 청구하는 소송이 제기되고 있다. 연방법원에 대하여는 미합중국을 당사자(특히 피고)로 하는 구체적 사건유형에 대한 관할권이 연방법원에 관한 법률(28 U.S.C. §§1492-1509) 또는 정부계약분쟁에 관한 계약분쟁법[126] 및 기타 법률에 규정되어 있다.

한편 1887년 제정된 Tuker법[127]은 불법행위에 근거하지 않는 손해배상청구소송에 대하여 일반적으로 미합중국의 주권면책을 포기한 이상, 1만 달러 이하 소송가액의 사건에 대하여는 연방지방법원과 연방청구법원이 경합하는 제1심 관할권을, 1만 달러를 초과하는 사건에 대하여는 연방청구법원의 전속으로 제1심 관할권을 인정하고 있다. 현재 판결이 2개로 나누어져 있어 대표적 판결을 중심으로 연방청구법원 판결을 고찰한다.

(가) 원전 폐쇄 전력회사에 의한 소송

Yankee Atomic 전력회사는 1998년 2월 자사의 부지에 사용후핵연료를 장기간 저장할 수 없다고 하여 DOE의 채무불이행에 의한 총액 2.7억 달러의 손해배상 청구소송을 제기하였다. 원고의 주장은 NWP법에 따라 계약에 근거한 분담금의 지불을 하였음에도 불구하고 DOE는 사용후핵연료의 처분을 개시하지 않았다

---

125) 헌법 제3편 사법권의 규정에 따라 창설되는 일반 3개 법원(Article Ⅲ Courts를 말하며, 대법원, 항소법원, 지방법원)은 청구법원 등의 특별법원과는 구별된다.

126) Contract Disputes Act of 1978, 41 U.S.C §§601-613 (1994).

127) Tuker Act, 28 U.S.C §1436(a)(2),§1491(a)(1)(1994).

는 것이다.

이에 대하여 DOE는 원고가 사용후핵연료 인수지연에 의하여 입은 손해는 표준계약상의 「회피 가능한 지연」조항에 따라서 구제될 수 있는 것이고(원고는 계약상 구제조치를 요구하는 권리를 행사하지 못한다), 계약에 정한 행정심판의 절차에 따라서 적정한 분담금의 조정을 주장할 수 있을 뿐이라고 반론하였다. 연방청구재판소는 1998년 10월 다음과 같이 판시하였다.[128)]

즉, 전력회사와 DOE사이의 분쟁에 관하여는 표준계약의 분쟁조항에 따라 해결하는 것이 원칙이다. 그러나 계약상 NWPA법에 규정된 시행기일인 1983년 4월 7일 이후의 분담금에 관한 조정만이 이루어졌고,[129)] 원고는 이미 원자력발전을 정지하여 1983년 4월 7일 이전의 발생 분을 포함하여 분담금 전액을 지불하였다.

계약에 따라 지출된 분담금의 사용에 대하여는 법률상 제약이 있어 DOE는 원고의 저장시설에서 저장비용을 감안한 비용의 소급적 적용은 할 수 없다. 따라서 원고는 계약상의 행정심판에 의하여 구제를 받을 수도 없고, 표준계약의 분쟁조항에 따라서 해결하는 것도 할 수 없다고 판시하여 원고의 손해배상에 관한 약식재판신청이 인정되었다.

2개의 소송에서 DOE의 채무불이행에 대하여 전력회사들은 각각 9천만 달러와 1.28억 달러의 손해배상청구를 하였다. 1998년 10월과 11월 양 소송의 원고에 대하여 Yankee 사건과 같은 이유로 DOE는 채무불이행에 의한 손해배상책임을 지게 되었다.[130)]

(나) 운전 중인 원자로를 가진 전력회사의 소송

한편 1998년 Northern States 전력회사는 표준계약에 따른 계약위반을 이유로 DOE에 대하여 연방법원에 약 40억 달러의 손해배상 청구소송을 제기하였다.

---

128) Yankee Atomic Electric Co. v. United States, U. S. Court of Federal Claims, Case no. 98-126C.

129) 10.C.F.R.§961.11, Art. Ⅷ, A. 2. 1983년 4월 7일 이전의 원자력발전에 의해 발생하였던 사용후핵연료에 대하여는 일시금으로 출연하고 이것은 조정대상으로 하지 않는다고 규정되어 있다.

130) Connecticut Yankee Atomic Electric Co. v. United States, Court of Federal Claims, Case no. 98-154C & Maine Yankee Atomic Electric Co. v. United States, Court of Federal Claims, Case no. 98-474C.

이 소송의 주요한 쟁점도 상기 ㈎의 소송과 같이 원고는 계약위반을 이유로 DOE에 대한 손해배상청구를, 행정상의 심판절차를 거치지 않고 직접 법원에 제소할 수 있는가라는 것이었다.

법원은 1999년 4월 16일 "원고는 표준계약에 정한 행정상 심판절차에 따라 청구하여야 한다"라고 판시하여 원고의 청구를 기각하였다.[131] 원고인 전력회사가 계약상의 권리실현을 재판에서 다툴 수 있는가 또는 행정심판에 따라서 해결하여야 하는가에 관련한 판단기준을 보여주어 상기 Yankee사건과는 달리 원고는 「계약에서 발생되는 문제의 해석을 둘러싼 분쟁은 계약담당관(Contracting Office)의 재결에 따라서 해결한다」라고 하여 분쟁조항에 따라 해결해야 된다는 입장이다.

또한 「회피 가능한 지연」조항은 고준위방사성폐기물의 처분에 관련하여 발생된 어떠한 지연에 대해서도 적용된다는 규정이고, DOE가 제시하는 12년의 지연(2010년 처분개시)은 계약이 상정하고 있는 범위 내에서 계약에 따라 해석되어야 할 것이라고 판시하였다. 따라서 표준계약에 따라 행정심판에 의한 구제는 적당하지 않고, 불완전하기 때문에 소송에 의해 해결할 필요가 있다는 원고의 주장이 기각되었다.

한편 이 판결은 표준계약이 DOE의 고준위방사성폐기물 처분 개시지연에 의해 전력회사에 발생된 추가비용에 대한 분담금의 공정한 조정을 통하여 손해배상의 청구가 가능함을 규정하고 있다고 볼 수 있다.

---

131) Northern States Power Co. v. United States, Court of Federal Claims, Case no. 98-484C.

제 3 장 처분사업의 시행체제 및 관련 제도

Ⅰ. 스웨덴

1. 시행체제의 개요

스웨덴의 환경부는 원자력 안전과 방사선 방호를 담당하는 기관이다. 스웨덴은 「원자력활동법」에 따라 정부가 심층처분장의 건설 및 운영 인·허가를 행한다. 정부는 명령(시행령 등)을 제정하여 법률(원자력활동법 또는 방사선방호법)에 의한 규제권한을 「방사선안전기관」(SSM)에 위임하고 있다. SSM은 환경부가 관할하는 중앙행정집행기관[1]으로 원자력안전과 방사선방호의 관점에서 관리·감독을 하며 필요한 안전규칙을 제정한다.

환경부 산하에는 1992년부터 원전의 운전이나 해체 등으로부터 발생되는 방사성폐기물의 문제에 대해 독자적 평가를 하여 정부나 안전규제기관에 대해 조언을 하는 「방사성폐기물평의회」가 설치되어 있다.

처분장의 건설·운영에는 「원자력활동법」과 「환경법」에 의한 정부의 허가를 받아야 한다. 환경법에 의한 허가(환경에 영향을 주는 활동의 허가)의 심사는 허가기관인 「토지·환경법원」[2]이 행한다. 다만, 최종처분장은 토지·환경법원이 허가를 하기 전에 정부가 그 가부를 결정하여야 한다.[3]

---

1) 스웨덴의 중앙행정집행기관은 정부로부터 독립된 행정조직이며, 이 기관은 구속력 있는 규칙을 제정 또는 사업자를 직접 감독할 수 있도록 법령에 관련 권한이 위임되어 있다.

2) 토지·환경법원은 정부가 지정하는 지방법원 내에 설치되어 법률전문가인 법원장과 환경문제 전문가인 환경간사와 전문위원 2명 등 총 4명으로 구성된다. 토지·환경법원의 역할은 환경측면에서 환경에 영향을 미치는 활동에 관해 조사한다.

3) 정부의 이러한 판단에 대해서는 해당지역 지방자치단체에 거부권이 인정되어 있다.

2. 시행주체

스웨덴에서는 원전을 소유·운영하는 전력회사가 원자력활동으로부터 발생되는 방사성폐기물을 안전하게 처분할 책임을 지도록 「원자력활동법」에 규정되어 있다. 전력회사들은 공동출자하여 처분사업의 시행주체인 스웨덴 핵연료·폐기물관리회사(SKB사)를 1984년 설립하였다.[4)]

SKB사는 사용후핵연료의 집중중간저장시설(CLAB : 1985년 운영시작) 또는 원전에서 발생된 중·저준위방사성폐기물 처분장(SFR)[5)]도 운영하고 있다.

3. 안전규칙

스웨덴의 사용후핵연료 처분에 관한 안전규칙은 환경부에 설치되어 있는 방사선안전기관(SSM)이 정하고 있다. 현재 시행되고 있는 규칙은 다음과 같다.[6)]

i) 원자력시설의 안전성에 관한 SSM 규칙(2008년)

ii) 핵물질 및 방사성폐기물 처분의 안전성에 관한 SSM 규칙(2008년)

iii) 사용후핵연료 및 방사성폐기물의 최종관리에 관한 인체건강 및 환경보호에 관한 SSM 규칙(2008년)

처분장의 안전기준은 아래(표 13. 참조)와 같이 리스크 값으로 규정되어 있고 처분장 폐쇄 후에 유해한 영향(방사선에 의한 발암 등)을 발생시킬 우려가 있는 리스크는 최대 피폭 결정 집단에 대하여 10^{-6}/년을 초과하지 않도록 설정된다.[7)]

---

4) 日本經濟産業省, 諸外國における高レベル放射性廢棄物の處分について, 2017.2, 17면 참조; 한국원자력환경공단, 국외 고준위방사성폐기물 처분현황, 2016.12, 9면 참조.

5) 이 시설은 1988년부터 운영을 시작하였다. SFR은 스웨덴어로 "운영폐기물의 처분장"의 약어로 원전 이외에서 발생된 방사성폐기물도 처분하고 있다.

6) SSM은 위의 규칙 적용에 관하여 필요에 따라 일반권고 형식의 규제문서를 정하고 있다.

7) 한편 일반권고에서는 안전평가방법, 평가기간, 시나리오 등에 관한 지침이 나와 있다.

4. 처분관련 법제

(1) 사업규제

사용후핵연료의 최종처분사업을 포함한 원자력사업의 규제는 「원자력활동법」 및 「원자력활동령」에 의해 행해지고 있다.

「원자력활동법」에서는 ① 안전을 유지할 것, ② 방사성폐기물을 안전하게 최종처분할 것, ③ 시설해체가 원자력사업 허가취득자의 일반적 의무로 규정되어 있다. 또한 일반적 의무를 이행하기 위해 필요한 연구개발을 행할 것과 매 3년마다 연구개발계획을 수립하여 제출할 의무를 규정하고 있다.

또한 지방안전위원회의 설치를 통해 지방자치단체가 원자력시설의 안전에 관한 정보를 입수할 수 있도록 되어 있다. 원자력활동은 스웨덴의 규제기관인 방사선안전기관(SSM)의 「원자력활동법」에 따른 의무의 범위가 규정되어 있으며, 연구개발계획의 제출과 심사 및 평가에 관한 상세한 내용도 규정되어 있다.[8)]

(2) 안전규제

사용후핵연료의 처분계획사업을 포함한 원자력사업의 안전 중, 방사선방호에 관한 규제에 대해서는 「방사선방호법」 및 「방사선방호령」에 규정되어 있다. 동 법령에서는 원자력사업 이외에서 이용되는 방사선을 취급하는 시설 및 장치도 포함한 총괄적인 규제가 행해지고 있다. 상기 법령에 의한 구체적인 규칙은 SSM이 정하고 있다. 주요한 규칙은 다음과 같다.

i) 원자력시설의 안전성에 관한 SSM 규칙

ii) 사용후핵연료 및 방사성폐기물의 최종관리에 있어서 인체의 건강 및 환경보호에 관한 SSM 규칙이 있다.

---

8) 日本經濟産業省, 諸外國における高レベル放射性廢棄物の處分について, 2017.2, 20면 참조; 한국원자력환경공단, 국외 고준위방사성폐기물 처분현황, 2016.12, 10면 참조.

<table>
<tr><td>안전기준
(처분장방호 능력평가)</td><td>• 개인리스크 10^{-6}/년 미만(실효선량으로부터 리스크 환산계수는 0.073/Sv)
• 평가의 불확실성을 고려하여 처분장 폐쇄 후 최초 1,000년간 및 그 이후 기간으로 나누어 평가</td></tr>
<tr><td rowspan="8">안전평가에 관한 권고 및 지침 개요</td><td>리스크 기준의 적용</td></tr>
<tr><td>• 최대피폭을 받는 그룹이 매우 소수의 인원인 경우, 개인리스크는 10^{-6}/년을 초과하지 않으면 기준을 만족시킨다.</td></tr>
<tr><td>안전해석기간</td></tr>
<tr><td>• 최소 약 10만 년 또는 빙하기 1주기에 해당하는 기간을 포함하여 최대 100만년으로 하고, 처분장의 방호능력의 개량가능성에 대한 중요한 정보를 가져오는 기간까지 연장한다.</td></tr>
<tr><td>안전해석에서 평가하는 시나리오</td></tr>
<tr><td>• 처분장의 방호능력과 환경영향은 처분장과 그 주변, 생물권의 가장 중요한 변천 프로세스를 해명할 수 있도록 구성한 시나리오를 종합하여 평가한다.
• 안전평가는 다양한 시기에 처분장 기능의 기본적 이해를 바탕으로 처분장의 다양한 구성부분의 기능 및 설계요건의 확인을 목적으로 한다.
• 처분장으로의 직접적 인간침입 등 장래의 인간활동을 포함한 시나리오에 대해서는 사건을 겪지 않은 처분장에 대한 리스크 해석과 분리하여 보고한다.
• 시나리오의 발생확률과 발생시기의 차이에 대해서 해석하고 시나리오 및 계산사례가 실제로 발생할 확률을 가능한 한 평가한다.</td></tr>
</table>

표 13. 안전기준과 안전평가에 관한 지침[9)]

(3) 재원조달

원자로의 소유 및 운영허가의 취득자에게는 방사성폐기물관리비용을 부담할 의무가 「원자력활동법」 및 「자금확보법」에 의해 규정되어 있고, 상세한 내용은 「자금확보법」[10)]과 「자금확보령」에 규정되어 있다.

9) 日本經濟産業省, 諸外國における高レベル放射性廢棄物の處分について, 2017.2, 20면 참조; 한국원자력환경공단, 국외 고준위방사성폐기물 처분현황, 2016.12, 10면 참조.

10) 「자금확보법」은 허가취득자가 부담할 비용의 범위를 규정하고 매년 부담금 납부와 부족자금을 충당하기 위한 담보제공을 의무화하고 있다. 또한 처분비용의 상세사업비의 작성과 정부 또는 정부가 지정하는 기관에 의한 상세사업비 심사를 매년 실시하도록 규정하고 있다.

(4) 환경규제

사용후핵연료의 최종처분장 등과 같은 환경에 큰 영향을 미치는 시설의 건설에 대해서 스웨덴은 환경영향평가를 시행함과 동시에 「환경법」에 의한 허가를 얻도록 되어 있다.[11)]

「환경법」에서는 방사성폐기물처분장을 포함하여 특별히 환경에 큰 영향을 주는 시설입지에 대해서는 정부에 의한 허가 가능성의 평가를 의무화하고 있고, 이와 같은 결정에는 지방자치단체 의회에 의한 승인이 필요하도록 하고 있다.

다만, 국익에 매우 중요하다고 인정된 활동에 관해서는 ① 달리 우수한 부지가 없고, ② 적절한 부지일지라도 해당 지방자치단체의 승인을 얻을 수 없는 경우에 한하여 지방 의회의 판단에 관계없이 허가 가능성을 인정할 수 있다. 여기의 허가신청에는 환경영향평가서가 첨부되어야 한다.

(5) 원자력손해배상

원자력손해배상에 관해서는 「원자력손해배상법」 및 「원자력손해배상령」에 규정되어 있다. 이러한 법령은 제3자 책임에 관한 파리조약[12)]과 브뤼셀보충조약[13)] 및 비엔나조약[14)]이라는 3개의 국제조약의 국내법화를 도모하고 있다.

「원자력손해배상법」은 원자력시설 소유자에 대해 원자력시설 내에서 발생한 원자력사고에 의해 발생된 원자력손해의 배상을 의무화하고 있다. 「원자력손해배상령」에서는 원자력책임법의 적용범위 등에 대하여 규정되어 있다.

---

11) 日本經濟産業省, 諸外國における高レベル放射性廢棄物の處分について, 2017.2, 20면 참조; 한국원자력환경공단, 국외 고준위방사성폐기물 처분현황, 2016.12, 10면 참조.

12) 이 조약의 정식명칭은 원자력분야의 제3자책임에 관한 파리조약(Convention on Third Party Liability in the Field of Nuclear Damage; Paris Convention)이다. 파리조약은 OEEC/NEA 주도로 작성되었으며 이 분야의 조약으로서는 최초의 조약이다. 파리조약의 목적은 실체법적 측면에서 각국의 원자력손해배상법을 통일하고 국제사법적 측면에서 재판관할권, 준거법, 외국판결의 집행에 관한 원칙을 정하는 것이었다. 이에 관하여 자세한 내용은 "함철훈, 원자력손해배상법, 진원사, 2013, 436면 이하"를 참조할 것.

13) 이에 관하여 자세한 내용은 "함철훈, 원자력손해배상법, 진원사, 2013, 438면 이하"를 참조할 것.

14) 이 조약의 정식 명칭은 "원자력손해의 민사책임에 관한 비엔나조약"(Vienna Convention on Civil Liability for Nuclear Damage; Vienna Convention)이다. 비엔나조약은 IAEA가 중심이 되어 작성한 조약으로서 1963년 5월 21일 채택되었으며, 1977년 11월 12일 발효되었다. 비엔나조약은 OEEC를 중심으로 성립된 파리조약과 같이 지역적 조약이 아니라, 범세계적 성격을 가지는 조약이다. 이에 관하여 자세한 내용은 "함철훈, 원자력손해배상법, 진원사, 2013, 456면 이하"를 참조할 것.

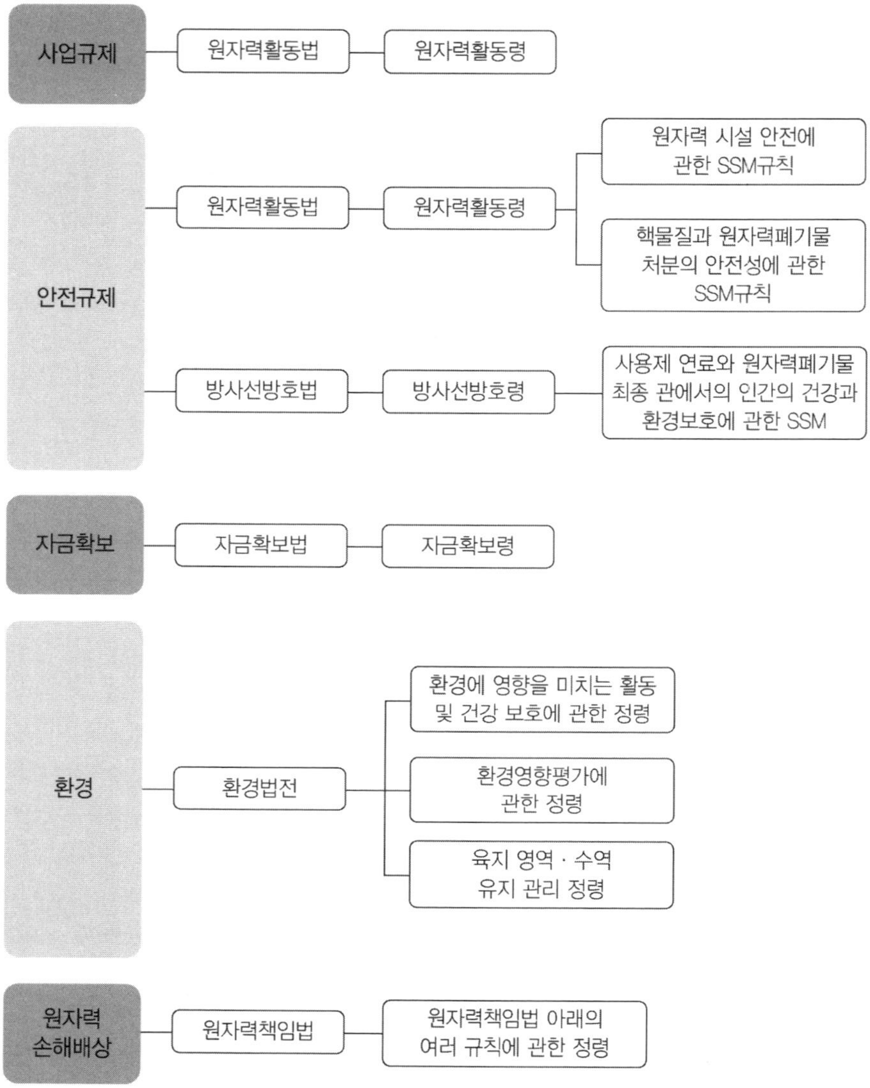

그림 24. 스웨덴의 사용후핵연료 처분에 관한 법령체계도[15)]

15) 日本經濟産業省, 諸外國における高レベル放射性廢棄物の處分について, 2017.2, 19면.

Ⅱ. 핀란드

1. 시행체제의 개요

핀란드의 방사성폐기물 관련 분야 책임체제는 「원자력법」에 규정되어 있고, 전반적 권한은 국가의 에너지정책을 수립할 책임이 있는 고용경제부에 있다. 고용경제부는 방사성폐기물의 관리의무요건을 수립하며 정부가 의사결정을 위한 준비를 한다.

정부는 처분목표(부지선정 단계와 목표시기)의 원칙결정과 일반안전규칙을 정하는 이외에 처분장 건설 및 운영에 관한 허가를 발급한다. 안전규제 측면에서는 방사선원자력안전센터(STUK)가 방사선과 원자력 안전에 대해 규제관리를 하는 독립행정기관으로 존재하고 있지만, 위와 같이 정부와 고용경제부에도 안전규제에 관한 역할이 부여되어 있음이 핀란드의 특징이다.

고준위방사성폐기물처분장의 건설·운영·폐쇄는 시행주체인 포시바(Posiva)사가 실시한다. 처분장 폐쇄 후에 방사성폐기물이 영구처분된 것을 STUK이 확인한 후에는 폐기물의 소유권은 국가로 이전되고 폐기물에 관한 모든 책임을 국가가 지도록 「원자력법」에 규정되어 있다.[16)]

2. 시행주체

핀란드에서는 방사성폐기물의 처분책임은 원자력시설에 대한 허가를 취득한 자에게 있다. 또한 정당한 이유가 있으면 원자력발전사업자가 공동으로 처분책임을 질 수 있도록 되어 있다. 2개사의 원자력사업자 중 포르툼 파워 & 히트사(FPH사)의 사용후핵연료는 모두 러시아로 반환되었다.

따라서 또 다른 원자력사업자인 TVO사가 고준위방사성폐기물 처분연구 또는 부지선정을 진행하고 있었다. 그러나 1994년 「원자력법」의 개정에 의해 사용후핵연료의 반출입이 금지되어 자국 내에서 처분하게 되었으므로 위 2개사는 공동으로 처분을 실시하기로 하고, 1995년 말 고준위 방사성폐기물 처분사업의 시행주체로서 포시바사(Posiva)[17)]가 설립되었다.

---

16) 日本經濟産業省, 諸外國における高レベル放射性廢棄物の處分について, 2017.2, 41면 참조; 한국원자력환경공단, 국외 고준위방사성폐기물 처분현황, 2016.12, 25면 참조.

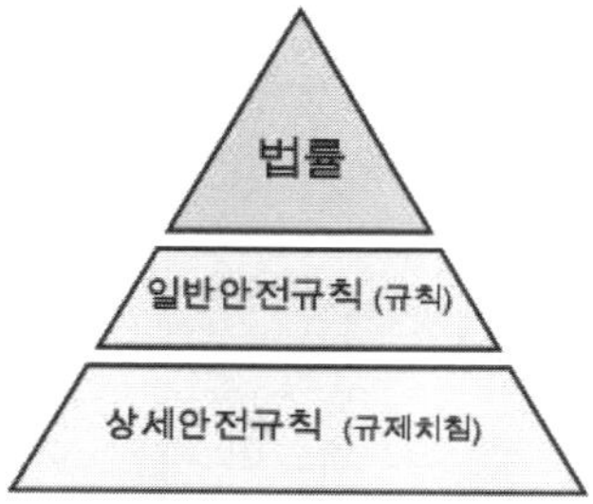

그림 25. 핀란드의 규제문서체계[18)]

3. 안전규칙

핀란드의 원자력시설에 관한 안전규제의 문서체계는(그림 25. 참조) ① 원자력 법령, ② 시행령(일반안전규칙), ③ 상세안전규칙의 3단계로 구성되어 있다. 사용후핵연료의 처분에 관한 일반안전규칙은 당초 1999년 제정되었지만, 그 후 2008년 「방사성폐기물의 최종처분 시의 안전성에 관한 시행령」으로 개정되었다.[19)]

최종처분의 장기안전성에 관한 상세안전규칙은 2001년 5월 「안전지침 YVL 8.4 : 사용후핵연료 처분의 장기안전성에 관한 시행령」으로 제정되었으나, 2013년 12월 새로운 안전지침인 「YVL D.5 방사성폐기물의 처분」으로 대체되었다.

이와 같은 안전지침 YVL D.5에서는 방사선 안전에 관하여 아래(표 14. 참조)와 같이 인간의 피폭평가에 대해서 충분히 예측 가능한, 적어도 수천년간이라는 기간에 대해서는 실효선량에 의한 제약조건을 적용하고, 그 이후에는 처분장에서 생태계로 방사성핵종 방출방사능량에 관한 제약조건을 적용하여 규제하는 방법을 취하고 있다. 이 외에 발생가능성이 매우 낮고 설계에서 가정한 상황을 초과하는 경우에 대한 고찰이나 또는 동물 및 식물 등 인간 이외의 환경에 대한 방사선방호에 대한 규제요건도 갖추고 있다.

---

17) 포시바(Posiva)사는 고준위방사성폐기물의 처분사업을 하는 회사로서 기타 방사성폐기물의 처분이나 사용후핵연료의 중간저장은 원자력발전사업자가 각 원전 부지 내에서 하고 있다.
18) 日本經濟産業省, 諸外國における高レベル放射性廢棄物の處分について, 2017.2, 42면.
19) 상세안전규칙의 제정권한은 안전규제기관인 방사선원자력안전센터(STUK)에 있다.

(1) 충분히 예측 가능한 기간(적어도 수천년 간) 인간이 피폭될 가능성이 있는 선량	
* 최대피폭을 받는 사람의 연간 유효선량	0.1 mSv
* 결정집단의 평균 유효선량	0.1 mSv의 1/100 ~ 1/10 이하
(2) 수천년 후에 사용후핵연료에서 방출되어 환경으로 방출될 것으로 예상되는 방사성핵종의 장기간에 걸친 평균량	
* 처분에서 발생하는 방사선 영향	최대에서도 지각 내 자연의 방사성물질에서 발생하는 정도
* 방사성핵종별 환경에 방출되는 연간 양	개별 규제치 이하에서 각 핵종 방출량/ 규제치 비율의 합계가 1 이하

표 14. 안전지침(YVL D.5)에 대한 피폭선량 및 방사성핵종 방출량의 억제한도[20)]

4. 처분관련 법제

(1) 사업규제

고준위방사성폐기물 처분에 관한 기본계획을 규정하고 있는 것은 「원자력법」이다. 다만 부지선정을 포함한 기본적 처분방침에 대해서는 1983년 정부가 폐기물관리목표에 관한 원칙을 결정하였다.[21)]

원자력 관련 기본법인 「원자력법」은 동법의 이용이 사회 전체의 이용에 합치하고 인간과 환경에 안전하다는 것을 확보하기 위해 원자력의 이용, 방사선폐기물관리(저장·처분 등)의 인·허가 절차 또는 관계기관의 역할 등을 명확히 규정하고 있는 법률이다.

원자력법에서는 처분장을 포함한 중요한 원자력시설의 건설에 관한 원칙과 결정절차를 규정하고 있다. 원칙결정절차는 원자력시설의 건설이 사회 전체의 이익에 합치한다는 원칙적 판단을 건설허가를 위한 허가 신청보다 빠른 시간에 정부가 결정하는 것이다. 이 결정이 유효하려면 국회에 의한 승인을 받는 것이 필요하다.

---

20) 日本經濟産業省, 諸外國における高レベル放射性廢棄物の處分について, 2017.2, 42면; 한국원자력환경공단, 국외 고준위방사성폐기물 처분현황, 2016.12, 26면.

21) 폐기물관리목표의 원칙 결정에서는 처분책임, 계획작성의무, 자금부담의무 등에 대하여 그 후의 원자력법에서 규정의 골격이 되는 제도와 단기적 부지개발로부터 처분장의 운영에 이르기까지의 목표시기도 규정되어 있다.

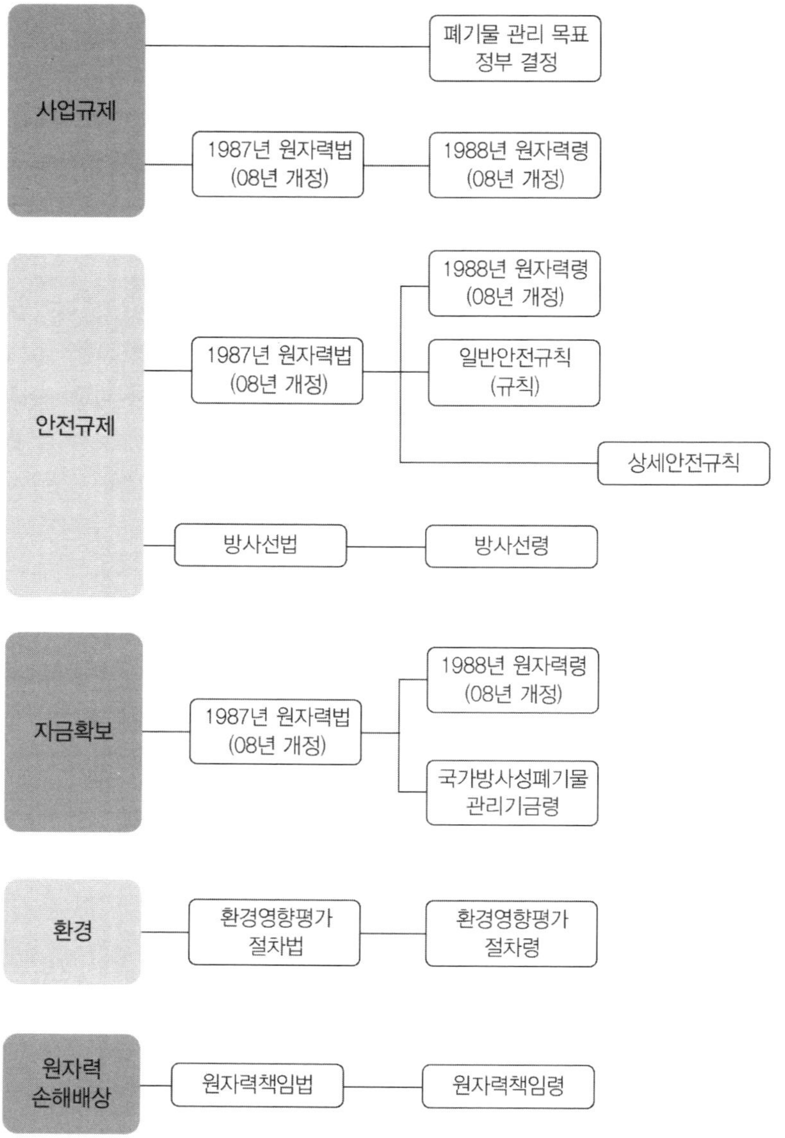

그림 26. 핀란드의 사용후핵연료 처분에 관한 법령체계도[22)]

22) 日本經濟産業省, 諸外國における高レベル放射性廢棄物の處分について, 2017.2, 43면.

이와 같은 원칙결정의 신청을 하려면 안전평가를 실시하는 이외에 해당지역 지방자치단체로부터 긍정적 의견을 얻는 것이 필요하다고 규정되어 있다. 「원자력법시행령」은 「원자력법」의 규정에 의해 상세한 절차 등을 규정한 명령이다.

(2) 안전규제

안전성 확보를 위한 기본계획은 「원자력법」 및 「원자력법시행령」에 규정되어 있다. 방사성폐기물 처분 시 처분시설의 설계 또는 안전기준 등 안전성에 관해서는 2008년 「방사성폐기물 처분 시의 안전성에 관한 명령」에서 기본적 요건에 관한 원칙이 규정되어 있다.

그리고 안전원칙의 세부내용에 대해서는 방사선·원자력안전센터(STUK)가 제정하기로 되어 있고, 2001년 「안전지침 YVL 8.4 : 사용후핵연료 처분의 장기안전성」, 2002년 「안전지침 YVL 8.5 : 사용후핵연료 처분장의 운영에 대한 안전지침」이 제정되었지만, 2013년 12월 새로운 안전지침인 「YVL D.5 : 방사성폐기물의 처분」으로 대체되었다.[23)]

(3) 재원조달

방사성폐기물의 재원조달에 대해서도 「원자력법」에 규정되어 있다. 「원자력법」에는 방사성폐기물의 관리를 위해 특정기금을 설치하고, 원자력발전회사에 의한 비용부담원칙, 비용산정방법과 필요자금의 출연방법, 적립자금의 관리방법 등이 규정되어 있다.

특히 국가방사성폐기물관리기금(VYR)에 대해서는 「원자력법」에서 국가예산에서 독립된 기금을 설치함과 동시에 보다 상세한 규정은 「국가방사성폐기물관리기금(VYR)에 관한 명령」(폐기물기금시행령)에 규정되어 있다.

(4) 환경

핀란드의 방사성폐기물처분장 건설에는 환경영향평가(EIA)가 요구되고 있다. EIA에 관한 절차는 「EIA 절차에 관한 법률」 및 「EIA 절차에 관한 시행령」에 규정된 평가절차에 따라 실시된다.

---

23) 日本經濟産業省, 諸外國における高レベル放射性廢棄物の處分について, 2017.2, 44면 참조; 한국원자력환경공단, 국외 고준위방사성폐기물 처분현황, 2016.12, 26면 참조.

EIA 절차의 주요사항은 실제 평가활동에 들어가기 전에 EIA 계획표가 작성된 단계에서 해당지역 주민이나 지방자치단체 등의 의견제출 기회가 부여되어 있고, 여기에 표명된 의견은 조사기관(원자력시설의 경우는 고용경제부)이 정리하여 필요에 따라 EIA 계획서의 수정을 명할 수 있다. 또한 평가결과에 대해서는 공청회나 주민의견의 청취, 관계기관으로부터의 의견서를 취득한 후에 고용경제부가 평가의 적절성에 대한 의견서를 제출하도록 되어 있다.

(5) 원자력손해배상

핀란드의 원자력손해배상에 관한 법령으로는 「원자력책임에 관한 법률」 및 「원자력책임에 관한 시행령」이 있지만, 이들은 제3자 책임에 대한 「파리조약」과 「브뤼셀보충조약」 및 「민사책임에 관한 비엔나조약」의 국내법화를 도모하는 법령이다.[24]

Ⅲ. 프랑스

1. 시행체제의 개요

프랑스의 고준위방사성폐기물에 관한 시행체제는 시행주체인 방사성폐기물관리기관(ANDRA)을 포함하여 주요 관리기관으로서는 정책 결정 등을 하는 정부 또는 의회 및 안전규제기관인 원자력안전청(ASN)[25]을 들 수 있다.

---

24) 이에 관하여는 상기 주) 12 및 주) 14를 참조할 것.

25) 원자력안전청(Autorité de sûreté nucléaire; ASN)은 1973년 산업성 산하의 규제담당 부서인 "Nuclear Installation Safety"가 설립되면서 시작되었으며, 1991년 환경성과 산업성 2개 부처에 보고를 하도록 변경되었고, 1997년에는 방사성물질의 수송까지 그 업무영역이 확장되었다. 그리고 2002년에는 방사능방호영역까지 업무범위가 확장됨에 따라 산업성, 환경성, 보건성 3개 부처에 보고를 하게 되었다. 이에 관하여 자세한 내용은 "함철훈/박윤원, 원자력안전법론(상), 진원사, 2016, 98면~101면"을 참조할 것.

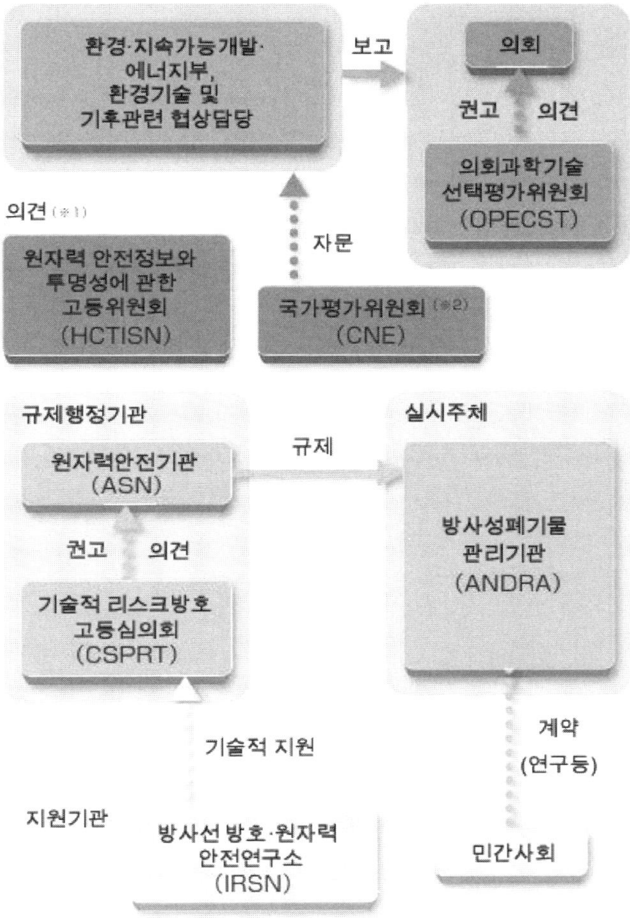

(※1) 관계 기관의 의견제시를 실시한다.
(※2) 정식 명칭은 "방사성 물질 및 방사성 폐기물 관리 연구 조사에 관한 국가 평가 위원회"라고 한다.

그림 27. 프랑스의 고준위방사성폐기물 처분사업의 실시체제[26)]

26) 日本經濟産業省, 諸外國における高レベル放射性廢棄物の處分について, 2017.2, 69면.

정부나 의회는 2006년 「방사성폐기물 등 관리계획법」 등의 법률 또는 각종 명령 등을 제정·공포하고 방사성폐기물 관리정책이나 방침을 결정한다. 정부, 의회 산하에는 「방사성폐기물 및 방사성폐기물의 관리 연구·조사에 관한 국가평가위원회(CNE)」, 의회의 상설위원회인 「의회과학기술선택위원회(OPECST)」가 각각 설치되어 기술적 검토 등을 실시하여 정부나 의회를 지원하고 있다.

정부의 기술적인 자문 조직인 CNE는 당초 1991년 「방사성폐기물 관리연구법」에 따라 고준위·장수명 방사성폐기물의 관리 대책에 관한 3개 연구 분야의 진척을 매년 평가하여 15년째 종합보고서를 정리하는 역할을 담당하는 조직으로 설치되었다.[27)]

원자력 분야의 규제체제는 2006년 6월 제정된 「원자력안전·정보개시법」에 의해 독립성을 높인 형태로 재편되었다. 규제기관인 원자력안전청(ASN)은 중앙부처에서 독립시키기 위해 대통령 직속으로 설치되었다.[28)] ASN을 기술면에서 지원하는 조직으로서 방사선방호·원자력안전연구소(IRSN)가 설치되어 있다.

또한 「원자력안전·정보개시법」에 의해 ASN과는 독립된 「원자력 안전정보와 투명성에 관한 고등위원회(HCTISN)」가 설치되어 있고, 국가 차원에서 원자력안전 및 그 정보 제공에 관한 문제의 검토나 의견을 제시한다.[29)]

2. 시행주체

ANDRA는 방사성폐기물의 장기관리 책임을 지는 폐기물 발생자와는 독립된 입장의 「상공업적 성격을 가진 공사(EPIC)」형태로 설립되었다. ANDRA는 당초 프랑스 원자력·대체에너지청(CEA)[30)]의 일부로서 1979년에 창설되었지만, 1991년 「방사성폐기물 관리연구법」에 의해 CEA로부터 독립된 조직으로서 현재의 역할과 기능이 규정되어 있다. ANDRA는 고준위방사성폐기물의 처분시행 주체임과 동시에 저준위방사성폐기물의 처분도 실시하고 있다.[31)]

---

27) 그 후에도 CNE는 2006년의 「방사성폐기물 등 관리계획법」에 의해 모든 방사성폐기물의 관리를 평가대상으로 하여 연차평가보고서를 정리하고 있다.

28) 이 기관은 대통령이 임명하는 3인, 의회의 양원 의장이 임명하는 각 1명 등 합계 5명의 위원으로 구성된다.

29) 함철훈/박윤원, 원자력안전법론(상), 진원사, 2016, 563면 참조.

30) 함철훈/박윤원, 위의 책, 94면 참조.

주 요 기 능	• 원자력 안전성에 관하여 정부가 발하는 데크레(Decret) 및 각 성청이 발하는 아레테(Arrêté)에 대한 자문 및 답신 • 원자력의 안전성 및 방사선방호에 관한 위의 데크레 등의 적용을 보완하기 위한 기술적 결정 기능 • 원자력기본시설, 해당 시설용 특수설비의 건설 및 이용, 방사성물질의 운송 등, 그 밖의 원자력에 관한 활동의 감시 • 이를 위하여 원자력의 안전성에 관한 검사관, 방사선방호에 관한 검사관 및 특수설비에 관한 검사관의 임명 • 전리방사선의 리스크에 대한 정보공개 • 「원자력안전·투명화법」 제54조에서 규정하고 있는 원자력 상황 또는 사고의 경우, 해당 사고에 의해 발생하는 긴급사태의 통제 • 특히 긴급사태에 대처하는 국가기관 등에 대한 기술적 지원(appui technique) • 긴급사태의 경우, 원자력 분야에 관한 모든 질문에의 회답, 해당 사태에 대처하는 기관에 의학적·위생적 관점에서의 권고 • 긴급사태를 발생시킨 원자력기본시설이 제어가능하게 된 경우 그 안전성 및 방사성폐기물의 안전성에 대한 정보의 공개 • 국회에 설치된 과학기술선택평가회의국(Office parlemantaire d'evaluation des choix scientifiques et techniques; OPECST), 정부 및 대통령에 대한 연차보고 제출 • 국민의회 및 원로원의 원자력 안전성에 관한 문제를 심의하는 위원회 또는 과학기술선택평가회의위원회의 요청이 있는 경우, 원자력안전청의 장은 원자력의 안전성에 관한 활동을 설명 • 과학기술선택평가회의국의 설치근거는 1983년 7월 8일의 법률 제83-609호(ⅰ)이며, 상·하 양원의 과학기술정책결정에 자문(ⅱ)
구 성	• 원자력안전청은 원자력 분야의 유식자 5명으로 구성되며, 그 중 3명은 대통령이 임명하고(그 중 1명은 원자력안전청의 장), 나머지 2명은 국민의회(하원) 의장 및 원로원 의장에 의해 각각 임명됨 • 원자력안전청의 구성원 임기는 6년, 재임 가능 • 원자력안전청의 구성원은 일정한 장애(empêchement)(ⅲ) 등에 의해 임무수행이 불가능하게 된 경우에만 대통령이 파면

(ⅰ) Loi no 83-609 du 8 juillet 1983 portant création d'une délégation parlementaire denommée Office parlemantaire d'évaluation des choix scientifiques et techniques.

(ⅱ) 이 법률에 따르면, 과학기술선택평가회의국은 상·하 양원 각 18명으로 구성되어 국회의 과학기술에 관한 정책의 결정에 도움을 주기 위하여 과학적 및 기술적인 문제(구체적으로는 에너지문제, 환경문제, 과학기술문제 및 생명과학문제 등)에 대하여 정보를 입수하고,

31) 日本經濟産業省, 諸外國における高レベル放射性廢棄物の處分について, 2017.2, 70면 참조; 한국원자력환경공단, 국외 고준위방사성폐기물 처분현황, 2016.12, 43면 참조.

조사를 하며, 평가를 하기 위한 조직으로 정의되고 있음.

(ⅲ) 여기에서의 "empêchement"라 함은 일시적 또는 확정적인 공무수행상의 장애로서 이 용어는 프랑스 제5공화국 헌법 제7조에서도 사용되고 있다. 즉 대통령의 장애가 헌법원에 의하여 인정된 경우에는 장애가 일시적이면 원로원 의장이 임시로 대행하고, 확정적이면 새로이 대통령을 선출하는 선거를 실시하도록 하고 있음.

표 15. 원자력안전청(ASN)의 주요기능 및 구성[32)]

3. 안전규칙

프랑스의 고준위방사성폐기물 및 장수명 중준위방사성폐기물의 지층처분에 적용되는 안전규제의 기본이 되는 것은 「원자력안전·정보개시법」이다.[33)]

안전규칙으로는 1991년 수립된 안전기본규칙(RFS Ⅲ.2.f)을 대체하는 것으로 심지층 방사성폐기물의 최종처분에 관한 안전지침이 원자력안전청(ASN)에 의해 2008년 수립되었다.

이 지침에서는 처분장 폐쇄 후의 안전성을 확보하기 위해 방사성폐기물의 심층처분장의 설계 및 건설단계에서 준수할 필요가 있는 요건을 규정하였다. 또한 처분장의 설계 및 건설에 책임이 있는 실시주체인 ANDRA는 ASN에 대해 이 규칙의 적용 상태에 관한 보고를 하도록 되어 있다.[34)]

---

32) 이상윤, 원자력 관련법령 체계 개편에 관한 연구(연구보고 2011-05), 한국법제연구원, 278면~279면; 함철훈/박윤원, 원자력안전법론(상), 진원사, 2016, 102면.

33) 동법의 시행령에는 방사성폐기물의 처분장도 대상이 된 원자력기본시설(INB)의 정의 및 그 구체적 설치허가절차 등이 규정되어 있다.

34) 이 지침에서는 처분장 폐쇄 후의 장기안전의 선량기준으로 0.25mSv/년(개인선량당량)을 설정하고 있다.

4. 처분관련 법제

(1) 사업규제

1991년 고준위방사성폐기물 및 장수명 중준위방사성폐기물 관리연구에 관한 여러 활동의 법적 대응을 목적으로 「방사성폐기물관리연구법」이 제정되었다.「방사성폐기물관리연구법」에서는 장수명 방사성 핵종의 분리·변환, 가역성이 있거나 또는 가역성이 없는 지층처분, 장기지상저장 등 3개의 연구내용을 규정하였다.

또한 2006년까지 정부가 의회에 이들 연구에 대한 종합보고서, 필요에 따라 심층 처분장의 건설허가에 관한 법률안을 제출하도록 규정하였다. 또한 동법에서는 방사성폐기물관리청(ANDRA)의 설치에 관한 내용을 규정하였다.

2006년 6월 「방사성폐기물 등 관리계획법」[35]이 제정되고 고준위방사성폐기물 및 장수명 중준위방사성폐기물에 대해서는 「가역성이 있는 지층처분」을 실시하도록 규정되었다.

동법은 정부가 방사성폐기물 관리에 관한 국가계획을 수립하고, 지하연구소 구역에 설치되는 지역정보팔로어업위원회(CLIS), 지하연구소 또는 심층처분장 구획에 설치되는 공익사업공동체(GIP)에 대해서도 규정하고 있다.[36]

(2) 안전규제

방사성폐기물에 관한 안전규제에 대해서는 「원자력안전·정보개시법」이 적용되고 있다. 「원자력안전·정보개시법」은 원자력활동의 원칙이나 원자력안전·방사선 방호 및 정보공개에 관한 국가의 역할과 책임을 정한 것이다.

원자력기본시설(INB)에 관한 시행령은 「원자력안전·정보개시법」에 따라 제정되고, INB의 설치, 운영, 영구정지, 해체 인·허가에 대해서 규정하고 있다.

심층처분의 안전지침은 처분장 폐쇄 후의 안전성을 확보하기 위해 방사성폐기물의 심층처분장의 설계 및 건설 시에 적용해야 할 목표를 정하고 있다.[37]

---

35) 동법에서는 처분장시설의 허가대상이 지하연구소에 의한 연구대상이 된 지층에 관한 것일 것, 설치허가는 가역성에 대한 조건을 정하는 법률 제정 후 공표에 의해 발급될 것, 처분장의 최종폐쇄는 새로운 법률에 의해 허가된다는 것, 가역성의 확보기간은 적어도 100년 이상으로 한다는 것 등이 규정되었다.

36) 한편 「방사성폐기물 등 관리계획법」은 「방사성폐기물 관리연구법」의 일부를 개정하고, CLIS 또는 GIP의 설치 등에 대해서 새로 규정하도록 하고 있다.

(3) 재원조달

「방사성폐기물 등 관리계획법」에서는 중간저장시설 및 심층처분장의 건설·운영 등에 필요한 자금 확보를 위해서는 원자력기본시설(INB) 운영자로부터의 출연에 의한 기금을 ANDRA 내에 설치하도록 규정되었다. 또한 ANDRA 운영자는 기금이 출연될 때까지는 충당금에 의해 자금을 확보하도록 동법에 규정되어 있다. 또한 관리비용의 견적은 ANDRA가 실시하고 에너지 담당 장관이 최종적인 견적액을 결정하도록 되어 있다. 또한 중간저장시설 및 심층처분장에 관한 조사 및 연구 활동에 필요한 자금 확보를 위해 「연구세」를 자금원으로 하는 기금을 방사성폐기물관리기관(ANDRA) 내에 설치하도록 규정되어 있다.

(4) 환경

환경법전에서는 자연계에 대해 피해를 줄 가능성이 있는 사업은 그 영향평가를 위한 조사를 진행하고, 환경영향평가의 실시항목과 대중의견조사를 행하는 경우 이를 환경영향평가 대상에 첨가하도록 규정되어 있다.

또한 사업이 환경에 미치는 영향이 있을 경우 공사에 앞서 대중의견을 청취할 필요가 있다고 규정하고 있다.

나아가 천연자원이나 자연 환경 등의 보호, 개발, 관리 등의 원칙을 정하고, 개발에 앞서 공개토론회 개최와 요건 등을 규정하고 있다.

(5) 원자력손해배상

원자력 분야에 대한 민사책임법은 프랑스에서 원자력 분야의 제3자에 대한 책임에 관한 파리조약의 내용을 국내법으로서 효력을 갖도록 하기 위해 제정된 법률이다. 이 법률에서는 사업자의 책임 한도액 및 그 시효를 규정하고 있고, 상업용 또는 군사용 원자력 시설을 이용하는 개인이나 법인은 공공기관이나 민간을 불문하고 규정에 따라야 하도록 규정하고 있다.

다시 말해 프랑스의 원자력손해배상제도는 파리조약을 기본으로 동 조약에서 각 체약국에 위임되고 있는 부분을 국내법으로 제정하고 있는 것이 특징이며, 원자력사업자의 책임집중, 무과실책임, 배상책임한도액, 손해배상조치, 국가보상

37) 이 부분은 "함철훈/박윤원, 원자력안전법론(상), 진원사, 2016, 564면 이하"를 참조할 것.

등 원배제도의 기본원칙은 파리조약과 국내법을 조합하여 규정되어 있다.[38)]

따라서 용어정의, 적용범위, 원자력사업자의 책임집중, 손해배상조치, 면책사유, 재판관할, 준거법 등에 대해서는 파리조약(개정의정서를 포함)에 규정되어 있어 국내법에는 별도의 규정이 없다.

프랑스는 1968년 10월 30일 "원자력분야의 민사책임에 관한 법률(LOI N° 68-943)의 제정 이후 여러 차례 개정을 거쳤다. 동법은 2006년 6월 13일 개정안이 마련되었으며, 구체적 내용은 2004년 파리조약 추가의정서(개정파리조약 및 브뤼셀 보충조약/추가의정서)의 내용을 국내에 수용하는 것이다.

한편, 개정법의 발효는 개정파리조약의 발효가 요건으로 되어 있기 때문에 현재 동법은 아직 발효하지 않고 있다.[39)]

---

38) 日本原子力産業協會, あなたに知つてもらいたい 原賠制度, 2011, 106면.
39) 함철훈/박윤원, 원자력손해배상법, 진원사, 2013, 165면.

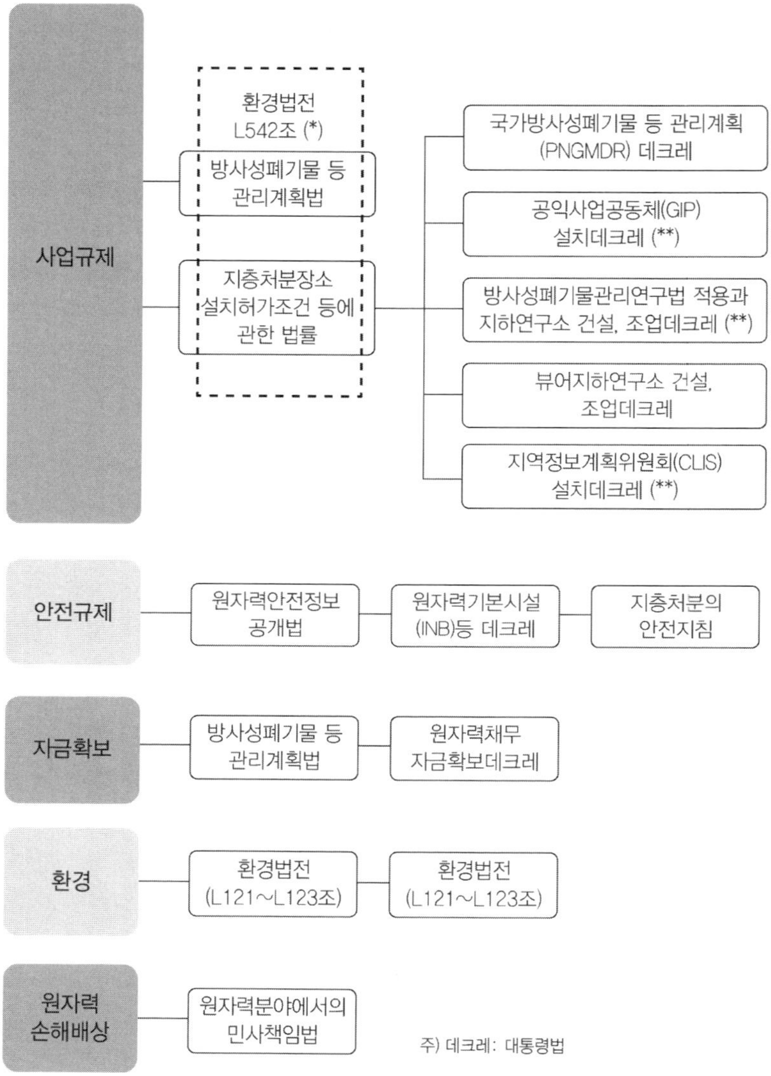

(*) 프랑스 법률의 일부는 법전화되어 있고 1991년의 「방사성폐기물 관리연구법」의 경우는 환경법전의 L542조 등에 편찬되어 있다. 2006년 제정된 「방사성폐기물 등 관리계획법」에서는 이 환경법전의 L542조의 일부가 개정되었다. 따라서 1991년 「방사성폐기물 관리연구법」 내용이 변경된 것이다.
(**) 환경법전 L542조에 편찬된 법률행령의 일부가 환경법전 L542조에 편찬되어 있다.

그림 28. 프랑스의 고준위방사성폐기물 처분에 관련된 법령체계도[40]

40) 日本經濟産業省, 諸外國における高レベル放射性廢棄物の處分について, 2017.2, 71면.

Ⅳ. 독 일

1. 시행체제의 개요

연방정부에서는 원자력문제 전반을 담당하는 연방환경·자연보호·건설·원자로 안전부(BMUB)가 관할관청이고, 그 아래에 설치된 연방방사성폐기물처분청이 고준위방사성폐기물처분에 관한 규제를 담당한다.

처분장의 건설·운영 시행주체인 연방방사선방호청(BfS)도 BMUB에 소속되어 있는 연방관청이다. 각 연구소 등이 진행하는 기초적 조사·연구는 연방에너지부(BMWi) 및 연방교육연구부(BMBF)가 중심이 되어 실시하고 있다.

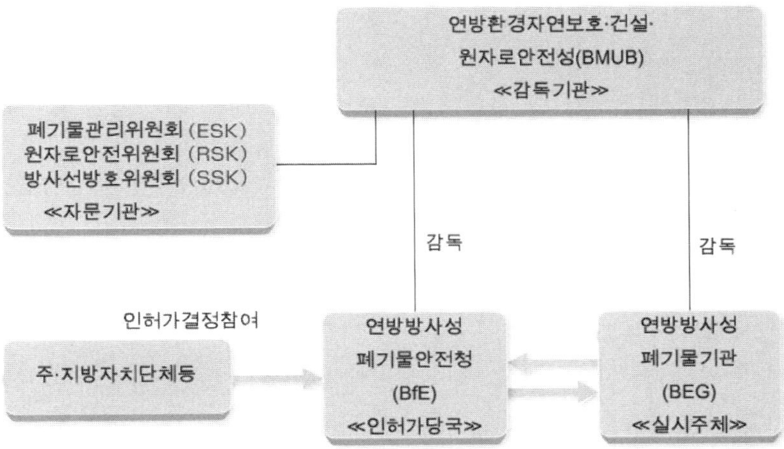

그림 29. 독일의 고준위방사성폐기물 처분 시행체제[41)]

2014년 1월부로 발효된 「연방방사성폐기물처분청(BfE)설치법」에 따라 2014년 9월 연방방사성폐기물처분청(BfE)이 설치되었다. 동청은 우선 처분장 부지선정절차 전체의 감독·조사를 담당한다. 처분장 부지가 결정된 후에는 고준위방사성폐기물 처분에 관한 규제당국으로서 시행주체인 BfS에 대한 감독을 수행한다.[42)]

41) 日本經濟産業省, 諸外國における高レベル放射性廢棄物の處分について, 2017.2, 93면.
42) 종래에는 고준위 방사성폐기물의 처분장에 대해서는 주의 관할관청이 인·허가 당국으로서의 역할을 수행하고 있었지만 BfE의 설치 등에 따라 규제·시행체제가 재정비되었다.

BfE는 부지선정의 단계부터 처분장의 건설·운영·폐쇄에 이르기까지 고준위방사성폐기물의 처분사업에 대한 규제감독의 임무를 일관하여 담당한다. 독일 원자력법에서는 BfE가 인·허가서를 발급할 때에는 주 또는 관계지방자치단체도 결정에 참가하기로 되어 있다.

2. 시행주체

독일의 「원자력법」에서는 방사성폐기물처분장을 연방정부가 설치하도록 되어 있다. 처분장의 건설·운영의 시행주체로서 연방방사선방호청(BfS)[43)]이 1989년에 설치되었다.

BfS는 연방환경·자연보호·건설·원자로안전부(BMUB)의 감독 하에 있고, 주로 방사선방호, 통신기기로부터의 전자파 방호에 관한 연방업무 외에 방사성폐기물의 처분·수송 등에 관한 업무도 담당하고 있다. BfS는 당시까지 수개의 상이한 부처에 분산되어 있던 권한을 통합하여 다음과 같은 업무를 수행한다.[44)]

i) 총괄업무(Zentralabteilung)

ii) 원자력기술안전(Fachbereich SG)

iii) 방사성폐기물처리안전(Fachberich SE)

iv) 방사선방호·건강(Fachbereich SG)

v) 방사선방호·환경(Fachberich SW)의 각국(各局)과 청장관, 부장관을 비롯하여[45)] 기타 원자로안전 및 방사선방호에 관한 모든 사항에 대하여 BMU를 전문적·과학적으로 지원

한편 2013년 7월 새로 제정된 「발열성방사성폐기물 최종처분장의 부지선정에 관한 법률(부지선정법)에서 "BfS는 부지선정의 임무를 제3자에게 위탁할 수 없다." 라고 규정되었다. 그러나 부지선정 이외의 업무위탁에 대한 제한은 없다.

독일에서 고준위방사성폐기물의 최종처분장의 부지선정절차는 연방정부가 주도하도록 되어 있다. 「부지선정법」의 제정 이전에 BfS는 민간회사인 독일 폐기물

---

43) 이에 관하여는 "함철훈/박윤원, 원자력안전법론(상), 진원사, 2016, 82면 이하"를 참조할 것.

44) 日本エネルギー法研究所, 諸外國における原子力發電所の安全規制に係る法制度(JELI-R-No.127), 2013.1, 14면.

45) http://www.bfs.de/de/bfs/wir/organigramm.

처분시설·운전회사(DBE사)와 업무계약을 맺어 고어레벤에서의 탐사작업을 위탁하고 있었다.[46)]

3. 안전규칙

독일의 방사성폐기물 처분에 관한 안전규칙으로는 1983년 4월 당시의 관할청이었던 내무부가 제정한 「광산의 방사성폐기물의 최종처분에 관한 안전기준」이 있다.[47)] 이와 같은 안전기준은 콘라드(Konlad)에서의 비발열성 방사성폐기물의 처분에 관한 계획확정절차에 적용되었다.

고어레벤(Goreleben)에서의 탐사활동 재개에 앞서 BMU(현 BMUB의 이전 명칭)는 2009년 7월 「발열성 방사성폐기물의 최종처분을 위한 안전요건」을 수립하여 고어레벤 부지를 위한 안전요건 적용에 대해 니더작센(Niedersachsen)주를 포함한 각 주정부와 협의하였다. 그 결과에 의해 2010년 9월에 안전요건의 일부를 개정했지만 몇 가지 문제점이 남아 있어서 협의를 계속하고 있다.

앞으로는 2013년 제정된 「부지선정법」에 의해 2015년 말까지 「고준위 방사성폐기물처분위원회」가 안전요건에 관한 검토결과를 권고하고 정리하여 정부, 의회에 제출하고 의회가 이것을 토대로 안전요건 등의 부지선정에 관한 각종 기준을 연방법으로 채택하여 결정할 예정이다.

현재의 안전요건에서는 100만년을 평가목표기간으로 하여 선량기준을 규정하고 있다. 기타 방사선방호 일반에 관해서는 「방사선방호령」에 규정되어 있다.

선량기준: 평가기간은 100만년을 목표로 한다.	
• 발생확률이 높은 사건	평가목표기간 내에서의 발생확률이 10% 이상인 사건에 대해서는 10μSv/년 이하임을 나타내야 한다.
• 발생확률이 낮은 사건	평가목표 기간 내에서의 발생확률이 1~10%인 사건에 대해서는 0.1mSv/년 이하임을 나타내야 한다.

표 16. 발열성 방사성폐기물의 최종처분에 관한 안전요건[48)]

46) DBE사는 PTB가 시행주체였던 1979년 연방정부계통의 출자도 포함하여 설립된 회사이다. 현재는 정부기관의 출자는 없고 원전을 소유하는 전력회사가 주주인 원자력서비스사(GNS)가 DBE사에 75%를 출자하고 있다.

47) 여기서는 「방사선방호령」에서 규정된 안전기준인 연간 0.3mSv가 보장되어야 한다고 되어 있다.

4. 처분 관련 법제

(1) 사업규제

고준위방사성폐기물 처분에 관한 기본계획은 「원자력법(Atomgesetz)」[49]에 규정되어 있다. 다만 독일의 특징으로서 부지조사단계에는 「원자력법」이 적용하지 아니하며, 지하활동 등은 「광산법」에 의해 규제되고 있다.

원자력법은 원자력의 이용·방사성폐기물관리(저장·처분 등)의 인·허가 절차, 관계기관의 역할 및 손해배상책임 등을 규정하는 법률이다. 방사성폐기물처분장 설치의 책임이 연방에 있는 것도 「원자력법」에 규정되어 있다.

한편, 처분부지의 선정은 「발열성 방사성폐기물의 최종처분장의 부지선정에 관한 법률(부지선정법)」에 의해 진행된다. 이 법률에서는 "선정에 관한 안전요건이나 조사대상 부지의 결정, 처분부지의 최종결정 등, 부지선정에 관한 중요한 결정은 시민집회 등의 대중참가절차를 거친 후 최종적으로 의회가 연방법으로서 채택한다"고 규정하고 있다.

(2) 안전규제

방사성폐기물에 관한 안전규제에 대하여 「원자력법」에는 개괄적 방침이 규정되어 있을 뿐이다. 방사선방호에 관한 전반적 안전규제로서는 「방사선방호령」이 기본적 법령이지만 처분장에 특화된 형태로의 규제는 없다.

방사성폐기물 처분에 관한 안전기준은 원래 원자로안전위원회(RSK)의 권고로부터 나온 「1983년 광산에 대한 방사성폐기물의 최종처분을 위한 안전기준」이 있고, 방사성폐기물처분에 관한 기본요건을 정하고 있다. 이 안전기준은 콘라도(Konrad)에서의 비발열성 방사성폐기물의 처분에 관한 계획확정절차에 적용되었다.

2009년 7월 연방환경·자연보호·원자로안전부(현 BMUB의 이전 명칭)는 「발열성 방사성폐기물의 최종처분에 관한 안전요건」을 규정하였다(2010년 8월 일부 개정). 이와 같은 안전요건은 발열성 방사성폐기물의 지층처분에만 적용되는 것이고, 이 점에 있어서 「광산에 대한 방사성폐기물의 최종처분을 위한 안전기준」으로 대신하기도 한다.[50]

---

48) 日本經濟産業省, 諸外國における高レベル放射性廢棄物の處分について, 2017.2, 94면.

49) 「원자력의 평화이용 및 그 위험방호에 관한 법률(원자력법)」은 원자력관계 기본법이지만, 2002년 4월 개정 이후 동법에서는 상업용 원전의 단계적 철수가 규정되어 있다.

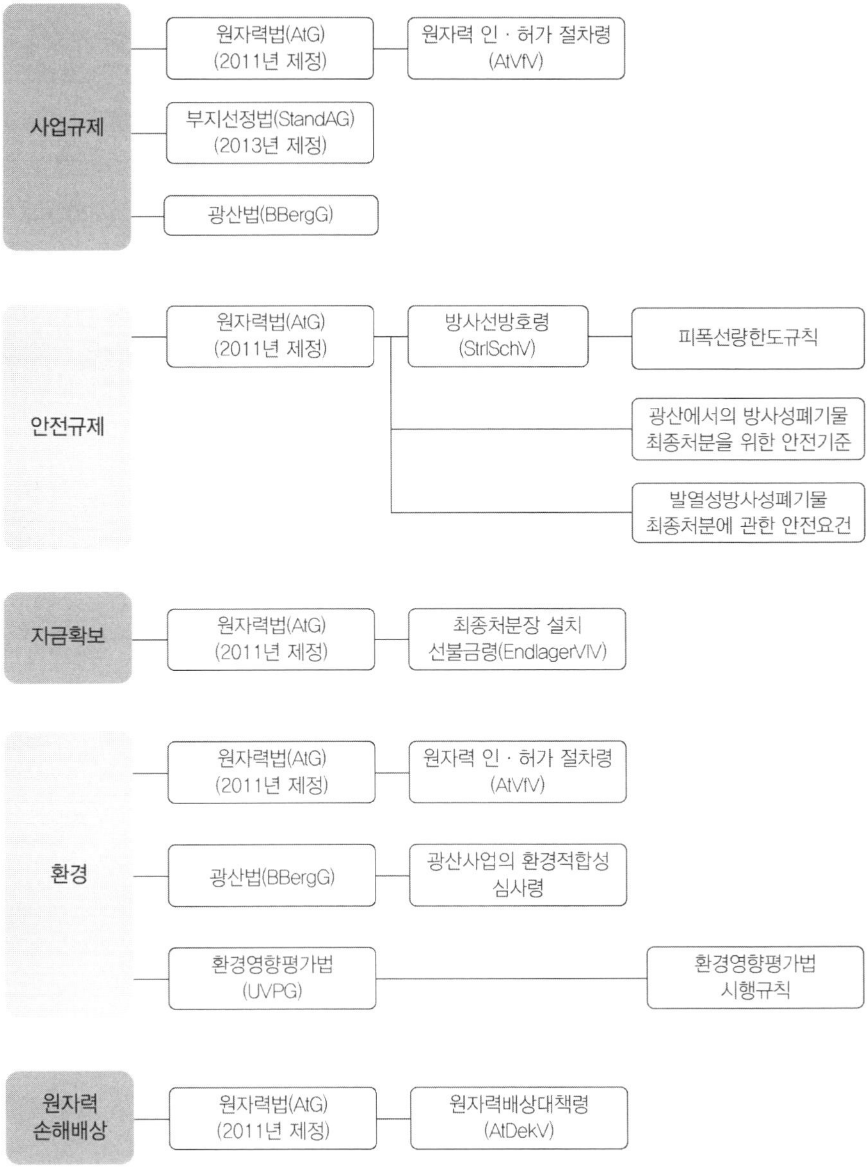

그림 30. 독일의 고준위방사성폐기물 처분에 관련된 법령체계도[51)]

50) 日本經濟産業省, 諸外國における高レベル放射性廢棄物の處分について, 2017.2, 96면 참조; 한국원자력환경공단, 국외 고준위방사성폐기물 처분현황, 2016.12, 62면 참조.

51) 日本經濟産業省, 위의 보고서, 95면.

(3) 재원조달

방사성폐기물관리를 위한 비용부담, 자금확보에 대해서도 원자력법에 의해 그 기본적 계획이 규정되어 있다. 처분사업에 관한 비용은 이른바 발생자 부담원칙에 의해 처분장 이용에 따라 이익을 받는 방사성폐기물의 발생자로 규정되어 있다.

최종저장시설의 건설에 필요한 비용은 시설 이용으로 이익을 향수하는 자가 납부하는 분담금으로 조성된다(원자력법 제21b조 제1항 제1문). 또한 방사성폐기물의 인도의무가 있는 자는 최종저장시설 이용에 요금을 부담한다(동법 제21a조 제1항 제1문).

한편 최종저장시설의 건설에는 거액이 필요하기 때문에 자금을 미리 확보할 수 있도록 「최종저장시설설치선불령」(Endlagervorausleistungsverordnung v.28. April 1982)[52]이 제정되어 있다.[53]

(4) 환 경

「부지선정법」은 지하에서의 상세한 지질학적 탐사단계에서 환경적합성평가(환경영향평가)를 실시할 필요가 있다고 규정하고 있다. 부지선정 후의 「원자력법」에 의한 인·허가 절차에서는 부지선정 시의 환경적합성 평가를 토대로 필요에 따라 추가적 평가를 실시한다.

독일의 환경적합성평가에 대해서는 「환경적합성의 심사에 관한 법률」 및 「환경영향평가법 시행을 위한 일반행정규칙」에 의해 그 절차 등을 포함한 상세내용이 규정되어 있다. 또한 방사성폐기물 처분장의 건설을 포함한 일정 광산사업에 있어서는 광산의 환경영향평가에 관한 법령이 적용된다.[54]

---

52) 이 명령은 선불분담금징수자는 BfS이라는 것(동령 제1조), 분담금 납부자는 시설허가 등이 있고, 허가에 준한 활동으로 인도의무대상이 되는 방사성물질을 발생하게 하는 자일 것(동령 제2조), 분담금의 선불로 확보된 자금용도(동령 제3조), 분담금의 분담분할(동령 제4조) 등을 규정한다.

53) 함철훈/박윤원, 원자력안전법론(상), 진원사, 2016, 556면.

54) 日本經濟産業省, 諸外國における高レベル放射性廢棄物の處分について, 2017.2, 96면 참조; 한국원자력환경공단, 국외 고준위방사성폐기물 처분현황, 2016.12, 62면 참조.

(5) 원자력손해배상

독일의 원자력손해배상책임에 대한 법적 근거는 「원자력 분야의 제3자 책임에 관한 파리조약」(Convention on third party Liability in the Field of Nuclear Damage)(이하 "파리조약"이라 한다)과 국내법인 원자력법(Atomgesetz) 제4장의 이중 구조로 되어 있다.[55]

원자력손해배상에 관한 실체적 책임규정은 대부분 파리조약에 규정되어 있으며, 이 규정들은 독일법에 직접 적용된다.[56] 이와 같이 독일의 배상체제는 이중으로 구성되어 있다.[57]

파리조약은 일정한 경우에 가입국들이 국내법으로 파리조약을 보충하거나 제외하는 규정을 둘 수 있도록 하고 있는데, 독일에서는 「원자력법」 제25조 이하의 규정들이 그 기능을 담당하고 있다[58]. 원자력사고의 경우에는 「환경책임법」은 적용되지 않으며(동법 제18조 제2항) 파리조약과 원자력법에 규정이 없는 경우에는 일반배상책임법이 적용된다(예를 들면, 독일 원자력법 제32조 제5항). 「원자력법」에서는 다음과 같은 3가지의 책임요건이 법정되어 있다.[59]

첫째, 원자력시설에 의한 원자력사고로 인하여 손해가 발생한 경우에는 원자력사업자가 원자력법 제25조 및 파리조약에 따라 무한책임 및 무과실책임을 부담한다.

둘째, 원자력선에 의한 원자력사고로 인하여 손해가 발생한 경우에는 원자력법 제25조의a 및 브뤼셀 원자력선조약에 의하여 원자력선보유자가 무과실책임을 부담한다.

셋째, 이러한 요건에 해당하지 아니하는 기타의 원자력손해에 대하여는 원자력법 제26조에 따라 배상책임을 물을 수 있지만, 일부는 무과실책임으로, 일부는 면책가능성이 인정되는 변형된 무과실책임의 형태로 법정되어 있다.

---

55) 함철훈/박윤원, 원자력손해배상법, 진원사, 2013, 117면.

56) 독일 「원자력법」 제25조 제1항 제2문 참조.

57) Nobert Pelzer, Begrenzte und unbegrenzte Haftung im deutschen Atomrecht, S 10 ff. : Hädrich, Atomgesetz, Rdn. 2 ff. zu Vorbem. vor § 25 : Däubler, Haftung für gefährliche Technologien, S. 3.

58) Haftpflichtprozess/Schlegelmilch, § 23(Rdn. 5).

59) 이병준, 독일의 원자력법상의 손해배상책임, 자치연구(제10권 제3호), 2000, 140면; 안경희, 독일원자력법에 관한 소고(Die Studie zum deutschen Atomhaftungsrecht), 法學論叢(제24권 제1호), 국민대학교 법학연구소, 2011.8, 270면.

그 밖에 독일 원자력법 제38조는 피해자가 손해배상을 청구할 수 없었던 경우에 독일연방에 대하여 손해의 보상을 청구할 수 있는 규정을 두고 있다.[60)]

V. 스위스

1. 시행체제의 개요

스위스의 고준위방사성폐기물의 처분에 관한 연방행정기관에는 환경·운수·에너지·통신부(UVEK)와 UVEK가 관할하는 행정기관인 연방에너지청(BFE), 연방원자력안전검사국(ENSI)[61)]이 있다.

고준위방사성폐기물 처분장의 건설 및 운영허가는 UVEK가 발급한다. UVEK는 에너지나 환경에 관한 연방기관이며 UVEK가 관할하는 행정기관인 BFE는 부지선정절차의 감독·책임관청이다.

ENSI는 원자력안전과 방사선방호의 관점에서 직접적 규제·감독을 행하고 방사성폐기물 처분의 안전 확보를 위한 지침을 수립한다. 연방평의회, UVEK, ENSI에 대한 자문기관으로는 심층처분장 전문가그룹(EGT), 원자력안전위원회(KNS)가 있다.

방사성폐기물관리 워킹그룹(AGNEB)은 연방평의회와 UVEK를 대신하여 폐기물관리에 관한 전문가의 견해 등을 종합하는 역할을 하고 있다.[62)]

60) 이병준, 독일의 원자력법상의 손해배상책임, 자치연구(제10권 제3호), 2000, 140면; 안경희, 독일원자력법에 관한 소고(Die Studie zum deutschen Atomhaftungsrecht), 法學論叢(제24권 제1호), 국민대학교 법학연구소, 2011.8, 140면~141면.

61) ENSI는 전 감독기관인 원자력시설안전본부(HSK)가 BFE로부터 독립되어 2009년 1월에 발족되었다.

62) 日本經濟産業省, 諸外國における高レベル放射性廢棄物の處分について, 2017.2, 115면 참조; 한국원자력환경공단, 국외 고준위방사성폐기물 처분현황, 2016.12, 79면 참조.

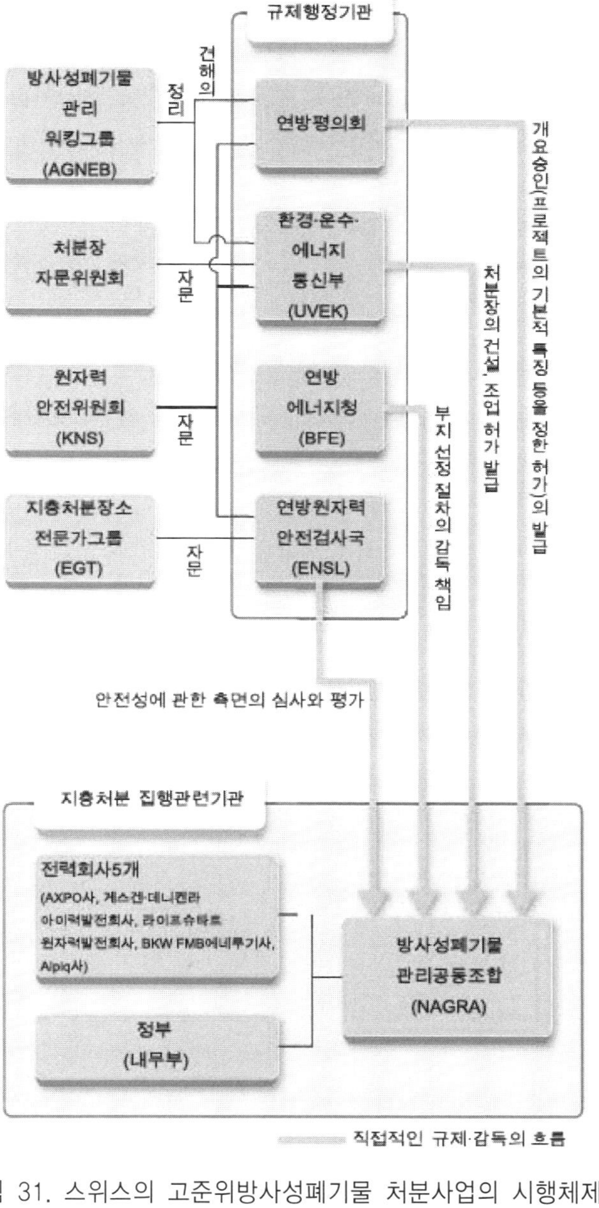

그림 31. 스위스의 고준위방사성폐기물 처분사업의 시행체제[63]

63) 日本經濟産業省, 諸外國における高レベル放射性廢棄物の處分について, 2017.2, 115면.

2. 시행주체

1959년 스위스의 「구 원자력법」은 원자력시설 소유자에게 운영허가가 취소된 원자력시설에 대한 모든 위험의 제거를 의무화하였다. 또한 의료·산업·연구분야에서 발생되는 방사성폐기물에 대해서는 연방정부에 책임이 부여되었다.

이와 같은 의무를 이행하기 위해 스위스 전력회사와 연방정부는 1972년 「방사성폐기물 관리공동조합(NAGRA)」을 설립했다. 2005년 2월 시행된 「원자력법」에서도 방사성폐기물의 처분책임은 발생자가 부담하는 것으로 규정되어 있다.

3. 안전규칙

원자력 안전에 관한 규제기관인 연방원자력안전검사국(ENSI)은 2009년 4월 처분의 안전성에 대해여 「ENSI-G03 : 심층처분장의 설계원칙과 세이프티 케이스(Safety Case)에 관한 요건」[64]이라는 지침을 제정하였다.

이 지침에 따라 심층처분장에서는 미래세대에 과도한 부담이나 의무를 부과하지 않고 방사성폐기물에서 방출되는 방사선으로부터 인간이나 환경이 장기적으로 보호되는 방법으로 방사성폐기물을 처분해야 한다는 방어목표가 수립되어 있다.

한편 아래(표 17. 참조)와 같이 2개의 정량적 방어기준이 설정되어 있고, 안전평가에 있어서 이러한 방호기준이 100만년의 기간 동안 준수되어야 한다고 규정되어 있다.

또한 심층처분장의 세이프티 케이스에 대해서는 개요승인 및 건설, 운영, 해체 등의 허가절차의 각 단계마다 허가신청자가 심층처분장의 운영단계, 해체단계의 각각에 대응하는 세이프티 케이스를 제출할 것이 요구되고 있다.

방호기준 1	장래의 영향 중 발생확률이 높은 것으로 분류된 것에 대해서는 방사성핵종의 방출에 의한 개인선량이 연간 0.1mSv를 초과하여서는 안 된다.
방호기준 2	장래의 영향 중 발생확률이 낮은 것으로 분류된 것에 대해서는 방사선에 의한 추가적 건강 리스크가 연간 100분의 1을 초과하여서는 안 된다.

표 17. 심층처분장의 폐쇄 후의 기간에 관한 방호기준[65]

64) 「ENSI-G03 : 심층처분장의 설계 원칙과 세이프티 케이스에 관한 요건」에서 "세이프티 케이스"(Safety Case)라 함은 심층처분장의 장기적 거동과 그 방사선학적 영향에 관한 안전평가에 따른 폐쇄 후 심층처분장의 장기안전성에 관한 종합적 평가로 정의되어 있다.

4. 처분 관련 법제

(1) 사업규제

2005년 2월 시행된 「원자력법」에서는 심층처분장의 입지 및 프로젝트의 기본사항 등에 관한 개요승인, 심층처분장 설치를 위해 실시되는 입지 가능성이 있는 지역에서의 지질 등의 조사 및 건설, 운영, 해체에 대하여 연방정부만이 허가의 발급권이 있는 것으로 규정되어 있다.

또한 동법에서는 원자력시설을 운영 또는 해체하고자 하는 자는 원자력시설에서 발생된 방사성폐기물을 자체비용으로 안전하게 관리할 의무를 부담하며, 이와 같은 관리의무에는 처분에 관한 연구, 지구과학적 조사 및 심층처분장 설치 등의 준비작업 등도 포함하도록 규정되어 있다. 나아가 방사성폐기물의 관리의무를 부담하는 자는 폐기물의 관리프로그램을 작성하여 제출할 것이 요구된다.[66]

(2) 안전규제

「원자력법」 및 「원자력법시행령」에서는 원자력안전에 관한 감독관청을 연방원자력안전검사국(ENSI)으로 규정하고 있다. 또한 동법에서는 특별한 규정이 없는 한 「방사선방호법」[67]이 적용된다고 규정되어 있다.

방사성폐기물에 관해서는 적절한 방법으로 보관, 밀봉, 고화처리, 집적 등을 통하여 처분시설로 이전하기 전까지는 감독관청의 허가를 받은 장소에 저장하는 것이 의무화되어 있다.

또한 「원자력법시행령」에서는 심층처분장을 위한 특별설계원칙을 가이드라인으로 정하는 책임에 대해 규정하고 있고, 방사성폐기물처분장의 안전성에 대해 ENSI가 안전성 확보를 위해 적용되는 목표를 정한 지침을 수립하고 있다.

---

65) ENSI-G03 「심층처분장의 설계원칙과 세이프티 케이스에 관한 요건」.

66) 日本經濟産業省, 諸外國における高レベル放射性廢棄物の處分について, 2017.2, 118면 참조; 한국원자력환경공단, 국외 고준위방사성폐기물 처분현황, 2016.12, 80면 참조.

67) 「방사선방호법」은 전리방사선에 의한 위험으로부터 사람이나 환경을 보호할 목적으로 제정된 법률로서 연방평의회가 개인의 피폭선량한도를 설정할 수 있도록 규정되어 있다.

그림 32. 스위스의 고준위방사성폐기물 처분 관련 법령 체계도[68]

(3) 재원조달

방사성폐기물 관리를 위한 재원조달에 대해서는「원자력법」에 폐기물발생자가 처분에 필요한 자금을 부담하여야 한다고 규정되어 있다. 또한 방사성폐기물 관리기금의 설립을 포함한 자금 확보방법 등을 상세히 규정한 「폐지조치 및 폐기물 관리기금령」이 제정되어 있다.

이 기금에서는 원전의 폐쇄 후에 필요한 운전폐기물 및 사용후핵연료의 관리를 위한 비용이 대상이다.[69]

---

68) 日本經濟産業省, 諸外國における高レベル放射性廢棄物の處分について, 2017.2, 116면.

또한 원자력발전소의 폐쇄 전 발생된 방사성폐기물 관리에 관한 비용은 폐기물 발생자인 전력회사 등에 의해 방사성폐기물관리에 책임을 지는 방사성폐기물 관리공동조합(NAGRA)에 지급하도록 되어 있다.

(4) 환경

「원자력법」 및 「원자력법시행령」에서는 방사성폐기물 처분장의 개요 승인 및 건설허가 신청 시 환경영향평가보고서를 제출하도록 규정되어 있다.

「환경보호법」은 인간·동물·식물, 이들의 생활공동체 및 생활권의 보호, 비옥한 대지의 유지 및 예방의 관점에서 유해하거나 부담이 될 수 있는 영향을 사전에 억제함을 목적으로 하고 있다.

환경에 현저한 부담을 끼칠 우려가 있는 시설계획, 건설 또는 변경을 결정하기 전에 제출된 보고서에 의해 환경영향평가를 실시할 것이 규정되어 있다. 「환경보호법」은 방사선학적인 영향에 대해서는 「방사선방호법」이 적용된다고 규정하고 있다. 「환경영향평가법시행령」에는 환경영향평가를 실시할 필요가 있는 시설, 복수단계에 대한 조사, 예비조사 등에 대한 규정이 있다.

(5) 원자력손해배상

스위스는 파리조약과 브뤼셀 보충조약의 원서명국이며 1964년, 1982년 2004년 개정의정서에도 서명했지만 어느 쪽도 비준하지 않았다. 스위스의 원자력배상책임제도는 1983년 시행된 「원자력 제3자 책임법」[70] 및 동년 가결된 「동법시행령」에 의해 정해졌지만 책임제한을 제외한 원자력책임조약의 기본원칙을 국내법에 수용하였다.

대부분의 원전보유국과는 달리 스위스는 원자력사업자의 배상책임을 제한하는 규정을 두지 않았지만, 원자력사업자에게 배상조치의무를 부과하고 있다.[71]

---

69) 이 기금은 연방평의회에 의해 임명된 위원으로 구성되는 관리위원회가 관리한다.

70) 원자력법에 의한 규제 대상이 아니었던 폐쇄 후의 심층처분장에서 손해가 발생한 경우 연방정부가 손해를 보상하도록 규정되어 있다.

71) 飯塚浩敏, 主な原子力責任條約非締約國の原子力責任制度, 原子力損害賠償に係る法的構組研究班報告書(JELI·R·No.109), 日本エネルギー法研究所, 2007.3, 64면.

Ⅵ. 영 국

1. 시행체제의 개요

영국에서는 에너지·기후변동부(DECC),[72] 환경·식량·농촌·지역부(Defra), 웨일즈 정부(WG) 및 북아일랜드 환경부(DoENI)가 방사성폐기물의 관리 및 방침의 결정, 부지선정 프로그램의 실시, 이해관계인과의 연대 등에 대한 책임을 가지고 있다.

이외에 영국의 중앙정부 및 자치정부에 조언을 하는 자문기관으로서 방사성폐물관리위원회(CoRWM)가 있고, 동 위원회에는 심층처분의 구체화를 위한 실시계획을 독립적으로 조사하는 역할이 부여되어 있다. 영국에서 방사성폐기물을 처분하려면 다음과 같은 2개의 허가가 필요하다.

i) 방사성폐기물을 처분하기 위한 허가

ii) 원자력시설의 운영 및 건설 등의 허가(원전 부지허가)

방사성폐기물을 처분하기 위한 허가는 연합 왕국을 구성하는 각 자치 정부(잉글랜드, 웨일즈, 스코틀랜드, 북아일랜드)가 설치하고 있는 환경규제당국이 발급합니다. 예를 들면 처분장의 입지지점이 잉글랜드 영역 내이면 잉글랜드를 관할하는 환경청(EA)이 시행한다.

환경청(EA)은 환경의 보전·개선 및 지속가능한 사회의 발전에 관한 역할을 담당하고 환경보전에 관한 규제 속에서 「2010년 환경허가규칙」에 따라 방사성물질 등에 관한 규제도 행한다.[73]

---

72) 에너지·기후변동부(Department for Energy and Climate Change; DECC)는 비즈니스 기업·규제개혁부(Department for Business, Enterprise and Regulatory Reform; BERR)로부터 에너지행정을, 환경·식량·지방문제청(Defra)으로부터 기후행정업무를 인수하여 2008년 10월 설립된 기관이다.

73) 스코틀랜드에서는 「1993년 방사성물질법」에 따라 규제가 이루어지고 있으며 스코틀랜드 정부(Scottish Government) 산하의 NDPB인 스코틀랜드환경보호국(Scottish Environment Project Agency; SEPA)이 해당규제를 하고 있다.

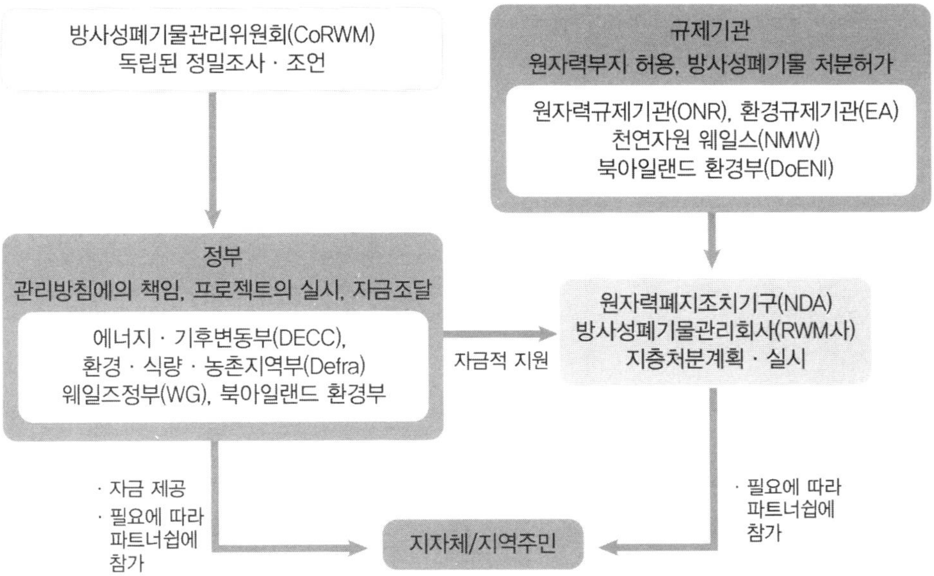

그림 33. 영국의 고준위방사성폐기물 처분의 실시체제[74)]

규제기관으로서의 환경청(EA)의 독립성은 HSE와 같이 원자력 추진에 관한 역할과 그 관련시설 및 활동에 아무런 책임을 갖지 않는 Defra 등의 산하조직이라는 점과 또한 다음과 같이 2010년 환경허가규칙에 따른 규제시스템상의 권한을 갖고 있기 때문에 확보되어 있다고 본다.

우선, 환경청(EA)은 언제라도 환경허가의 부대조건(환경허가조건)을 변경할 수 있고(제20조) 또한 이 조건에 위반한 경우에 개선을 요구하는 "시정통고(Enforcement Notice)"를 발할 권한(제36조) 및 환경허가조건에 적합한지의 여부를 불문하고 해당허가에 관한 활동이 심각한 공해 리스크를 포함하고 있을 때 해당 활동의 일시정지를 요구하는 "정지통고(Suspension Notices)"를 발할 권한(제37조)을 가진다.

그 밖에 이러한 조치에서는 환경보전 등이 담보될 수 없는 경우를 가정하여 환경청(EA)이 적절하다고 판단할 때 환경허가에 대한 "취소통고(Revocation Notices)"를 발할 권한(제22조)도 가진다.[75)]

---

74) 日本經濟産業省, 諸外國における高レベル放射性廢棄物の處分について, 2017.2, 138면.

원자력시설의 운영 및 건설 등의 허가는 원자력규제국(ONR)이 발급한다. ONR은 보건안전집행부(HSE)의 내부조직이었지만 「2013년 에너지법」에 의해 원자력시설에 관한 안전관리 또는 방사성폐기물의 수송 등을 관할하는 독립규제당국이 되었다.

영국에서는 심층처분의 실시에 있어서 해당지역의 주체적 참가와 지역과의 연대를 중시한다. 지방자치단체는 심층처분시설의 부지선정 절차에 관하여 시행주체와 정식으로 논의를 시작할 수 있다. 또한 충분한 정보가 제공된 후 심층처분시설의 수용에 관한 주민의 지지를 조사·확인할 때까지 언제라도 철회할 수 있다.[76)]

2. 시행주체

영국의 고준위방사성폐기물의 처분시행주체는 원자력해체기구(NDA)이다. NDA는 노후화된 원자력시설의 해체 및 방사성폐기물의 안전한 중간저장을 위해 2005년 설립된 정부 외 공공기관으로 영국정부의 방사성폐기물 처분방침에 따라 처분을 시행하는 역할을 맡고 있다.[77)]

한편 고준위방사성폐기물 등의 심층처분장의 계획수립 또는 개발 및 심층처분 이외의 방법으로 처분하는 방사성폐기물의 전체계획 등을 수립하기 위해 NDA의 내부조직으로 방사성폐기물관리국(RWMD)이 설립되었다. 그 후 NDA는 2014년 4월 RWMD를 분리하여 NDA가 100% 소유하는 자회사로 방사성폐기물관리회사(RWM)를 설립하였다.

---

75) 함철훈/박윤원, 원자력안전법론(상), 진원사, 2016, 91면.

76) 日本經濟産業省, 諸外國における高レベル放射性廢棄物の處分について, 2017.2, 138면 참조; 한국원자력환경공단, 국외 고준위방사성폐기물 처분현황, 2016.12, 97면 참조.

77) NDA는 처분방침 결정 후 필요한 법 개정이 이루어지고 2007년 4월부터 시행주체가 되었다.

3. 안전규칙

영국에서는 2009년 2월 잉글랜드(England)와 웨일즈(Wales)를 관할하던 환경청(EA) 등이 고준위방사성폐기물 등의 심층처분시설에 관한 허가 신청을 검토할 때 기초가 되는 원칙 및 요건을 기재한 「심층처분시설의 허가요건에 관한 지침」을 수립하였다. 여기에는 심층처분시설의 개발자·운영자가 만족할 수 있는 관리요건, 부지사용, 해당 시설의 설계, 건설, 운영 및 폐쇄에 관하여 만족시켜야 할 방사선학적 및 기술적 요건 등이 제시되어 있다.

심층처분의 기본적 방호목표로서 「처분 시 및 장래의 인체의 건강, 이익 및 환경의 건전성이 보호됨과 동시에 사람들의 신뢰를 환기시키고 비용을 고려한 방법에 따라 실행된다」고 한다. 또한 심층처분장이 폐쇄된 후의 제도적 관리기관은 적어도 큰 리스크를 받는 인간을 대표하는 개인이 하나의 심층처분시설에서 받는 방사선학적 리스크가 10^{-6}/년 이하임을 지침수준(목표치)으로 설정하고 있다.

허가기간 내	선량구속치 : 0.3mSv/년
	부지구속치 : 0.5mSv/년
허가기간 후	위험도 기준치 : 10^{-6}/년

표 18. 안전기준지침[78)]

78) 日本經濟産業省, 諸外國における高レベル放射性廢棄物の處分について, 2017.2, 139면; 한국원자력환경공단, 국외 고준위방사성폐기물 처분현황, 2016.12, 97면.

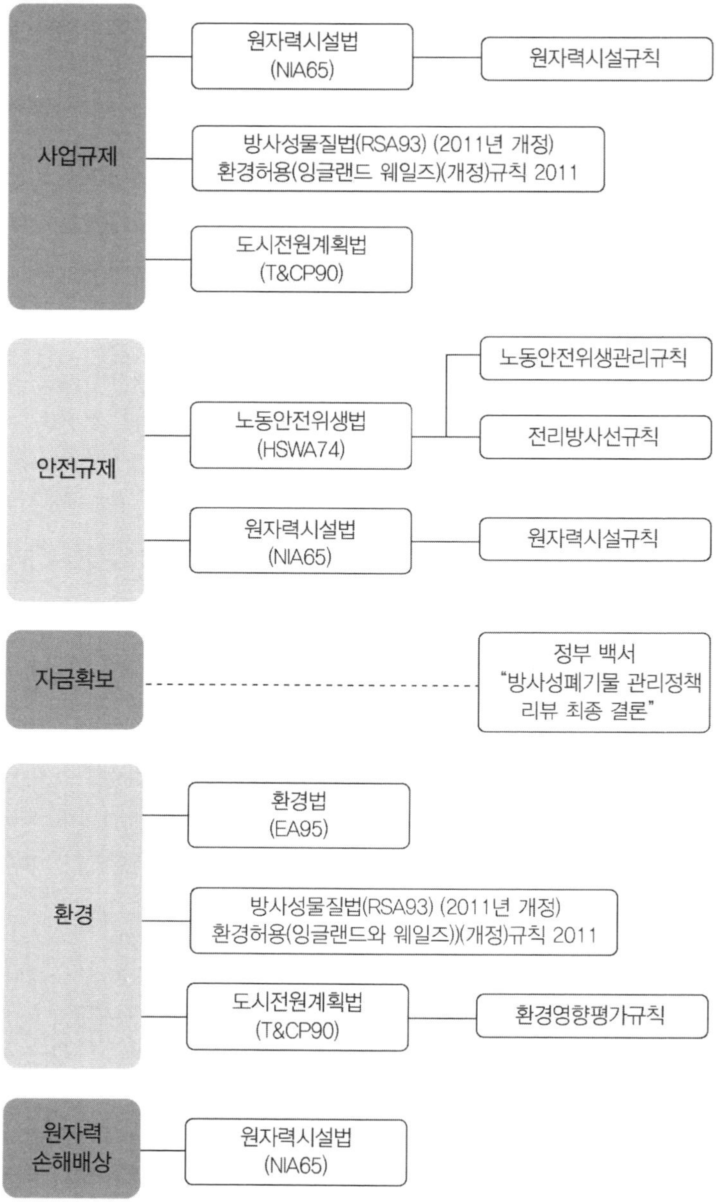

그림 34. 영국의 고준위방사성폐기물 사용후핵연료 처분 관련 법령체계도[79)]

79) 日本經濟産業省, 諸外國における高レベル放射性廢棄物の處分について, 2017.2, 138면.

4. 처분 관련 법제

(1) 사업규제

사용후핵연료 및 방사성폐기물의 관리·처분시설을 포함한 원자력시설의 건설과 운영 등에 대해서는 「1965년 원자력시설법」에 따라 원자력 부지허가의 발급을 받도록 규정되어 있다.

또한 원전 부지 등에서 방사성폐기물을 처분할 때에는 「방사성물질법」에 따라 스코틀랜드 환경보호국(SEPA) 및 북아일랜드 환경청(DoENI)에 의한 사전허가를 받아야 한다.

잉글랜드와 웨일즈에서는 법 개정에 의해 방사성폐기물을 처분하려면 환경허가(잉글랜드와 웨일즈)(개정) 규칙 2011에 의한 허가가 필요하다. 「1990년 도시전원계획법」에서는 지방 관련 기관으로부터 허가를 얻도록 되어 있다.

(2) 안전규제

방사성폐기물에 관한 안전규제는 「1965년 원자력시설법」 및 「1974년 노동안전위생법」 및 이들 법률과 관련된 규칙에 의해 시행된다.

「1965년 원자력시설법」(Nuclear Installations Act 1965)은 원자력부지허가(Nuclear Site License)를 받은 자(Nuclear Site Licensee. 이하 "설립자"라 한다)의 의무 및 원자력손해책임 등을 정하고 있는 법이다. 이 법의 규정 가운데 원자력시설의 안전규제에 관한 규정은 전술한 「1974년 노동안전위생법」의 관련법 규정이라는 점이다.[80)]

이 법 제1조에 따라 원자로를 포함한 원자력시설[81)]의 설치 또는 운영을 목적으로 부지를 사용함에는 HSE가 교부하는 원자력 부지허가가 필요하다. 또한 설치자는 그 운영기간 중에[82)] 원자력허가부지(nuclear licensed site)에서 발생한

---

80) 구체적으로는 「1965년 원자력시설법」 제1조 및 제3조~제6조(이상 원자력부지허가 "안전규제"관련), 제22조(위험한 사태의 보고 등) 및 제24A조(HSE)가 지출한 비용의 회복이 관련법 규정에 해당한다(1974년 노동안전위생법 부칙 1).

81) 이 법에서 "원자력시설"이라 함은 원자로, 원자력을 생산·이용하기 위한 시설, 원자력의 생산·이용의 준비 또는 그에 부속하는 처리를 위한 시설, 핵연료의 생산·이용과정에서 발생 또는 방사능을 띤 대량의 물질의 저장·처리·처분을 위한 시설을 말한다(제1조 제1항). 또한 보다 구체화한 정의는 "Nuclear Installations Regulations 1971"에 규정되어 있다.

핵물질과 관련한 우발적 사고 등에 의해 설치자 이외의 관련자의 재산 및 신체에 피해가 발생하지 않도록 할 의무를 지닌다(제7조).[83]

「1974년 노동안전위생법」(Health and Safety at Work etc. Act of 1974)[84]은 원자력산업뿐만 아니라 산업 전반에 관해 안전위생 및 복지후생을 확보하는 관점에서 모든 사업주 및 고용자에게 부과되는 일반의무에 따라 그 의무를 실현하기 위해 규제당국인 안전위생청(Health and Safety Executive; HSE)의 설립과 직무 및 권한 등을 규정하고 있다.[85]

(3) 재원조달

방사성폐기물 처분의 재원조달에 대해서는 정부 백서 「방사성폐기물 관리정책 재검토 최종 결론」에서 방사성폐기물 처분에 관한 비용부담의 오염자부담원칙이 명시되어 있다. 그러나 고준위방사성폐기물의 처분에 관한 재원조달에 대해 규정하고 있는 법령은 없다.

(4) 환경

환경보호에 대해서는 「1995년 환경법」에 의해 현재의 규제계획이 정해져 있다. 동법에 의해 잉글랜드와 웨일즈를 관할하고 있던 환경청(EA) 및 스코틀랜드 환경 보호청(SEPA)이 설립되어 있다.

한편 환경청(EA)은 2013년 4월 잉글랜드만을 관할하는 기관이 되었다. 웨일즈에서는 새로운 조직으로서 천연자원웨일즈(NRW)를 설치하고 환경청(EA)의 기능 등을 인수하였다.

1999년 도시전원계획(환경영향 평가) 규칙 등에 따라 방사성폐기물의 영구저장 또는 최종처분용으로 설계된 시설에 대해 환경영향평가서를 작성할 것을 요구되

82) 허가교부로 시작하는 해당 부지에서의 전리방사선의 위험이 소멸하였다고 HSE가 판단하여 설치자에게 통지한 날 또는 새로운 허가가 그 부지에서 교부된 날까지이다(제5조 제3항).

83) 함철훈/박윤원, 원자력안전법론(상), 진원사, 2016, 241면.

84) http://www.legislation.gov.uk/ukpga/1974/37/contents.

85) 이에 관하여 보다 상세한 내용은 "원자력안전위원회, 원자력 법령분석을 통한 최적 안전규제 기법 및 제도 도입방안 연구(A Study on the Introduction Plan of the Optimum Safety Regulation System and Technique by Analyzing the Nuclear Law System), 한국법제연구원(과제번호 : 1345180889), 2013.9, 197~199면"을 참조할 것.

고 있다. 동 규칙에서는 환경영향평가서를 작성하지 않고 처분장을 건설하는 계획 허가를 취득하는 것은 불가능하다고 되어 있다.[86)]

(5) 원자력손해배상

영국은 미국에 이어 1959년 7월 9일 세계에서 두 번째로 원자력손해배상법인 원자력시설허가 및 보험법(Nuclear Installations Licensing and Insurance Act)을[87)] 제정하여 1960년 4월 1일부터 시행하였다.

이제까지 사실상 영국 원자력공사(UKAEA)의 독점이었던 원전 건설이 중앙전력청(CEGB) 및 남스코트란드전력청(SSEB)에 의해서도 행해지게 되었다는 것과 및 1957년의 윈드스케일의 플루토늄 생산로(연구용)에서 사고가 발생한 것을 계기로 이에 관한 입법이 촉진되었다.[88)]

영국은 1960년 파리조약 및 1963년 브뤼셀보충조약의 체약국이다. 따라서 이 법은 1965년 8월 5일 파리조약 및 브뤼셀보충조약의 비준을 위하여 「1965년 원자력시설법(Nuclear Installations Act; 이하 "1965년법"이라 한다)」으로 개칭되어 1965년 12월 1일부터 시행되었으며, 그 후 여러 차례의 개정을 거쳐 현재에 이르고 있다.

특히 1969년에는 파리조약 등의 원활한 적용을 도모하기 위한 개정이 있었으며, 또한 1983년에는 1982년의 파리조약 및 브뤼셀보충조약 추가의정서의 비준에 따라 배상책임의 한도액을 인상하는 개정이 있었다.[89)]

---

86) 日本經濟産業省, 諸外國における高レベル放射性廢棄物の處分について, 2017.2, 141면; 한국원자력환경공단, 국외 고준위방사성폐기물 처분현황, 2016.12, 98면.

87) 이 법은 원자력손해배상과 표리일체의 관계에 있는 원자력시설과 핵물질 취급에 관한 인·허가제도를 포함하고 있다.

88) 함철훈, 원자력손해배상법, 진원사, 2013. 162면.

89) 永井宏治, イギリス原子力損害賠償制度, 諸外國の原子力損害賠償制度(JELI·R·No.58), 日本エネルギー法研究所, 1993. 12, 3~4면 참조.

Ⅶ. 캐나다

1. 시행체제의 개요

핵연료폐기물관리에 관한 주요행정기관으로서 핵연료폐기물국(NFWB)과 캐나다 원자력안전위원회(CNSC)가 있다. NFWB는 천연자원부(NRCan)의 내부조직이며 「방사성폐기물법」에 의해 방사성폐기물관리의 전체를 감독한다. 원자력안전위원회(CNSC)는 「원자력안전관리법」에 따라 설립되었고 원자력과 방사성물질의 사용에 관한 규제기관으로서 역할을 담당하고 있다.

2. 시행주체

캐나다에서는 2002년 제정된 「방사성폐기물법」에 의해 사용후핵연료의 관리책임이 있는 원자력기업이 방사성폐기물 관리조직을 설립하도록 되었다. 여기에서 “원자력기업”이라 함은 온타리오 파워 제네레이션(OPG)사, 하이드로 퀘벡사, 뉴브런즈윅 파워사 및 캐나다원자력공사(AECL)를 말한다.

2002년 이들 4개 회사는 공동으로 방사성폐기물의 장기관리에 관한 연구를 정부에 제안하고 아울러 정부가 이를 승인·결정한 방침을 실시하는 조직으로 캐나다 방사성폐기물관리기구(NWMO)[90]를 설립하였다.

또한 NWMO는 2009년부터 OPG사의 위탁을 받아 원전에서 발생되는 중저준위방사성폐기물 심층처분장(DGR)의 안전평가를 포함한 기술지원 또는 지역소통 등의 업무를 행하고 있다. 이 처분장에서는 사용후핵연료를 처분하지 아니한다.

3. 안전규칙

원자력안전에 관해서는 「캐나다 원자력안전위원회(CNSC)의 설립 및 관련법 개정을 위한 법률」(원자력안전관리법, 1997년 3월 20일)에 의해 안전규제당국인 원자

90) NWMO는 「방사성폐기물법」의 규정에 따라 자신의 활동에 대한 자문 또는 검토를 받기 위해 자문평의회를 설치하였다. 자문평의회는 NWMO에 대해 조언하거나 보고서를 독립적으로 평가한다.

력안전위원회(CNSC)가 설치되었다.[91)]

원자력시설의 소유·운영에는 원자력안전위원회(CNSC)의 허가가 필요하다. 원자력안전위원회(CNSC)는 「원자력안전관리법」에 의해 원자력의 이용이나 방사선 방호에 관한 규칙을 정하는 권한을 가지고 있다.

인·허가취득자가 지켜야 할 일반요건은 일반 원자력안전관리규칙에 나타나 있으며, 인·허가의 보유자에 대해서는 원자력시설의 폐지, 허가의 갱신이나 수정, 폐지에 있어서 CNSC에 대하여 신청을 청구하는 규칙 등이 있다.

방사성폐기물 관리시설을 포함한 1등급 원자력시설에 대해 해당시설의 부지준비, 건설, 운전, 폐지조치를 실시할 때에는 원자력안전위원회(CNSC)의 허가를 받아야 한다.

「방사선방호규칙」에는 인·허가 취득자의 원자력종사자에 대한 방사선방호에 관한 의무 등이 규정되어 있다. 선량한도에 대해서는 국제방사선방호위원회(ICRP)의 권고에 따른 값을 채택하고 있다.

이러한 규칙 외에 CNSC는 법률이나 규칙을 보충하는 규제방침, 규제기준, 규제지침, 규제통지 등의 규제문서를 정하도록 하고 있다.[92)] 방사성폐기물처분에 관련된 규제문서로는 규제방침 P-290 「방사성폐기물의 관리」와 규제지침 G-320 「방사성폐기물의 장기안전성 평가」가 있다.

---

91) 日本經濟産業省, 諸外國における高レベル放射性廢棄物の處分について, 2017.2, 164면 참조; 한국원자력환경공단, 국외 고준위방사성폐기물 처분현황, 2016.12, 113면 참조.

92) 원자력안전위원회(CNSC)의 규제문서에는 문서의 성질에 따라 다음과 같이 4개 종류가 있다.
  i) 규제방침(Regulatory Policy) : 문서번호의 앞부분에 「P」가 붙으며, 규제방침은 규제에 대한 CNSC의 이념, 원칙 또는 기본적인 요소를 나타낸다. 이것은 CNSC의 스텝에 대한 규제활동의 방향성을 제시함과 동시에 사업자를 포함한 이해관계인에게 공표하는 것이다.
  ii) 규제기준(Regulatory Standard) : 문서번호의 앞부분에 「S」가 붙으며, 규제기준은 규제요건을 나타낸다. 법적 구속력을 가지는 수단에 의해 규제기준의 적용이 지정된 경우 이 규제기준을 준수하여야 한다.
  iii) 규제지침(Regulatory Guide) : 문서번호의 앞부분에 「G」가 붙으며, 규제지침은 법률이나 규칙, 규제기준 등으로 규정되어 있듯 CNSC가 요구하는 규제요건을 만족하기 위한 방법을 허가소유자 등에 나타낸다.
  iv) 규제통지(Regulatory Notice) : 문서번호의 앞부분에 「N」이 붙으며, 규제통지는 허가소유자 등에 대한 중요문제에 적절히 대응할 수 있도록 정보를 제공하기 위해 발행된다.

4. 처분 관련 법제

(1) 사업규제

캐나다에서는 「핵연료폐기물의 장기관리에 관한 법률(방사성폐기물법)」에 의해 국내의 원전에서 발생하는 방사성폐기물을 장기적으로 관리하기 위한 개괄적 계획이 규정되어 있다. 「방사성폐기물법」에서는 원전을 운영하고 있는 기업에 대해 폐기물관리 프로그램을 실시하는 자율적 조직을 설립할 것, 폐기물관리를 위한 재원조달방안으로서 신탁기금을 창설할 것 등이 규정되어 있다.

시행조직은 방사성폐기물을 장기적으로 관리하기 위한 방안을 연구하고 그 연구성과를 연방정부에 제안하여 승인된 방식을 실행할 책임을 지고 있다. 또한 폐기물의 장기관리에 대해 제안된 방안 및 요구받은 보고서를 검토하여 평가할 목적으로 한 자문조직을 창설하도록 되어 있다.[93)]

(2) 안전규제

「원자력안전위원회(CNSC)의 설치 및 관련법 개정을 위한 법률」(원자력안전관리법)에 의해 안전규제당국으로서 원자력안전위원회(CNSC)가 설치되었다. CNSC는 「원자력안전관리법」에 의해 원자력의 이용 또는 방사선방호에 관한 규칙을 정하는 권한을 가지고 있고 이외에 법률이나 규칙을 보충하기 위한 규제방침, 규제기준, 규제통지 등의 규제문서를 정하고 있다.[94)]

(3) 재원조달

폐기물관리를 위한 자금조달은 「방사성폐기물법」에 의해 핵연료폐기물 관리의 책임을 가진 사업자가 신탁기금을 창설하도록 규정되어 있다. 사업자는 「방사성폐기물법」에 규정된 일정금액을 매년 신탁기금으로 납부하도록 되어 있으며, 폐기물관리 프로그램의 자체조직만이 신탁자금에서 자금을 인출할 수 있다.

---

93) 「핵연료폐기물법」에 따른 방사성폐기물관리기관(NWMO)이 사용후핵연료의 관리에 관한 시행주체로서 원자력기업에 의해 설립되었다.

94) 日本經濟産業省, 諸外國における高レベル放射性廢棄物の處分について, 2017.2, 167면 참조; 한국원자력환경공단, 국외 고준위방사성폐기물 처분현황, 2016.12, 114면 참조.

(4) 환경

「특정활동의 환경평가와 중대한 환경상의 악영향 방지에 관한 법률(2012년 환경평가법)」에 의해 방사성폐기물처분장을 포함한 원자력시설의 건설사업에 대해 환경평가가 실시된다. 환경평가의 관할당국은 원자력안전위원회(CNSC)이다.

원자력안전위원회(CNSC)는 환경평가 시 해당 사업이 중대한 환경상의 악영향을 일으킬 가능성이 있는지를 판단하여 결정을 행한다.

(5) 원자력손해배상

캐나다는 1970년 6월 19일 "원자력손해의 민사책임에 관한 법률"(An Act Respecting Civil Liability for Nuclear Damage; 이하 "원자력책임법"이라 한다)을 제정하였다. 이 법은 제35조에 따라 캐나다 총독(the Governor in Council)의 선언에 의하여 1976년 10월 11일 시행되었으며, 그 후 1985년에 약간의 개정을 거쳐 현재에 이르고 있다.[95)]

캐나다의 모든 원자력활동은 에너지·광업·자원 장관의 감독 하에 원자력관리위원회(AECB; Atomic Energy Control Board)에 의하여 규제된다. 원자력책임법상 AECB는 원자력시설을 지정하고 예산국의 승인을 얻어 원자력사업자가 체결해야 할 보험금액 등을 결정한다.[96)]

캐나다는 파리조약 및 비엔나조약의 체약국은 아니나 원자력책임법에서는 이들 조약상의 주요원칙이 대부분 수용되어 있다.[97)] 캐나다의 원자력책임법은[98)] 3편으로 구성되어 있다. 제1편은 원자력사업자의 책임 및 원자력손해보험, 제2편은 국가의 재정보상에 관한 조건 및 방법 등에 관한 특별보상조치, 제3편은 이 법의 적용범위에 관한 사항을 규정하고 있다.[99)]

---

95) 高野廣充, カナダの原子力損害賠償制度, 諸外國の原子力損害賠償制度(JELI·R·No.58), 日本エネルギ−法研究所, 1993. 12, 289~290면 참조.

96) Atomic Energy Control Board, ANNUAL REPORT(1990~1991), p.44.

97) OECD/NEA, Paris Convention – Decisions, Recommendations, Interpretations, OECD Paris, 1984, p.55.

98) OECD/NEA, Nuclear Law Bulletin No. 6(1970. 11), p.6.

99) 이에 관하여 자세한 내용은 "함철훈, 원자력손해배상법, 진원사, 2013, 182면~183면"을 참조할 것.

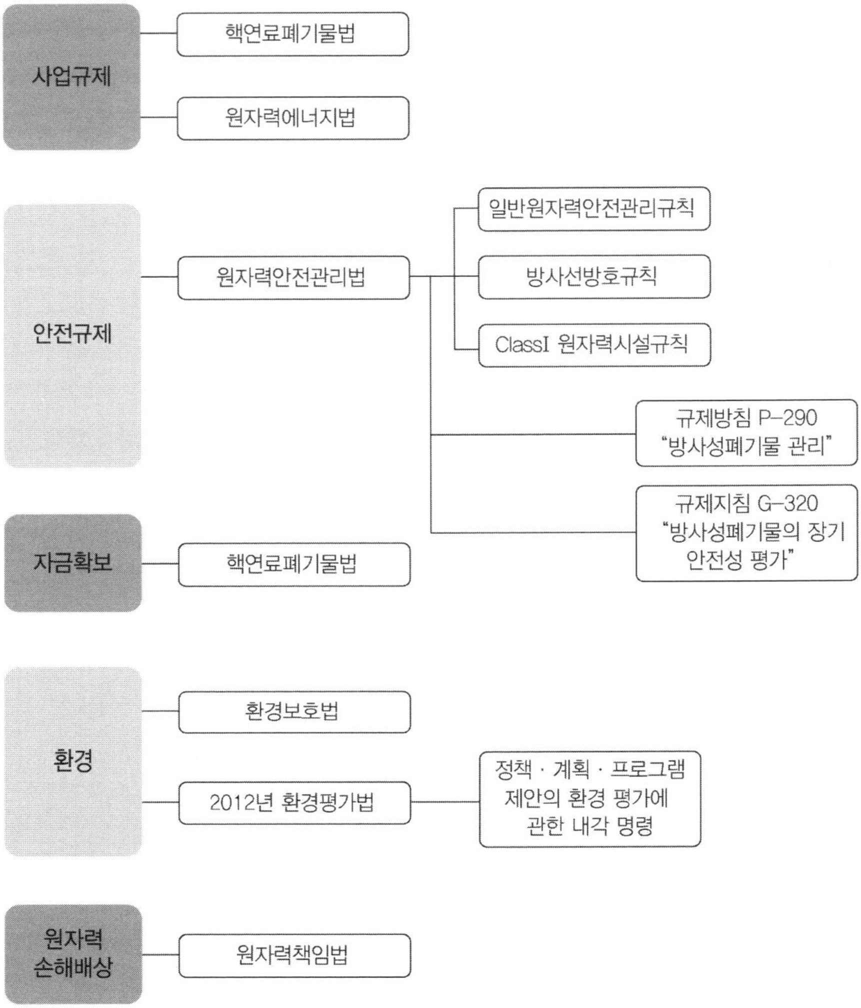

그림 35. 캐나다의 고준위방사성폐기물 처분 관련 법령체계도[100)]

100) 日本經濟産業省, 諸外國における高レベル放射性廢棄物の處分について, 2017.2, 166면.

Ⅷ. 미 국

1. 시행체제의 개요

미국의 고준위방사성폐기물에 관한 처분기준과 관련하여 민간 원자력이용의 규제, 시설관련 인·허가를 하는 원자력규제위원회(NRC), 그 처분기준에 편입되는 환경방사선방호기준의 수립은 환경보호청(EPA)이 담당하고 있다.

NRC 및 EPA가 규칙을 제정할 때에는 전미과학아카데미(NAS)의 권고에 따라야 하도록 「1992년 에너지정책법」에 규정되어 있다. 미국의 경우 고준위방사성폐기물이 증가함에 따라 이 문제가 각 주 차원의 문제가 아니라 연방 전체의 국가적 문제로 인식되고 있다.[101)]

그러나 어떤 주정부도 자발적으로 고준위 방사성폐기물 처분장과 같은 혐오시설을 수용하려고 하지 않기 때문에 최적의 입지를 선정하기 위한 과학적·객관적 접근이 필요하고, 절차상의 투명성을 확보하기 위해 연방법 제정이 필요하였으며, 이에 따라 「1982년 방사성폐기물정책법」(Nuclear Waste Policy Act of 1982)이 제정되었다.[102)]

한편 자문기관에 대하여는 기술면에 대한 독립적 평가기관으로서 방사성기술심사위원회(NWTRB)의 설치를 「1982년 방사성폐기물정책법(1987년 수정)」 제501조 이하에서 규정하고 있다.

2. 시행주체

미국에서는 1982년 방사성폐기물정책법 제111조에서 고준위 방사성폐기물 및 사용후핵연료 처분의 책임은 연방정부에 있다고 규정하고 있다. 구체적으로는 에너지부(DOE)가 처분의 실시주체로 규정되어 있다.

특히 동법 제304조에 의해 DOE 내부에 설치된 민간방사성폐기물관리국(OCRWM)이 시행을 담당한다. 그러나 유카산(Yucca Mountain) 계획중지 방침에 따라 OCRWM은 폐지되었고 DOE의 원자력국(NE)이 그 책임을 지고 있다.[103)]

---

101) 함철훈/박윤원, 원자력안전법론(상), 진원사, 2016, 176면.
102) 卯辰昇, 現代原子力法の展開と法理論, 日本評論社, 2012, 223면.

3. 안전규제

미국에서는 고준위방사성폐기물 처분의 안전기준으로서 유카산 처분장에 적용되는 기준과 유카산 이외의 처분장에 적용되는 일반기준이 있다. 후자의 일반기준은 원자력규제위원회(NRC)에 의해 수립되는 것(「심층처분장에서의 고준위방사성폐기물의 처분」(10.C.F.R.Part 60))과 환경보호청(EPA)에 의한 것(「사용후핵연료, 고준위방사성폐기물 및 TRU 폐기물의 관리와 처분을 위한 환경방사능방호기준」(40. C.F.R.Part 191))의 2종류가 있다.

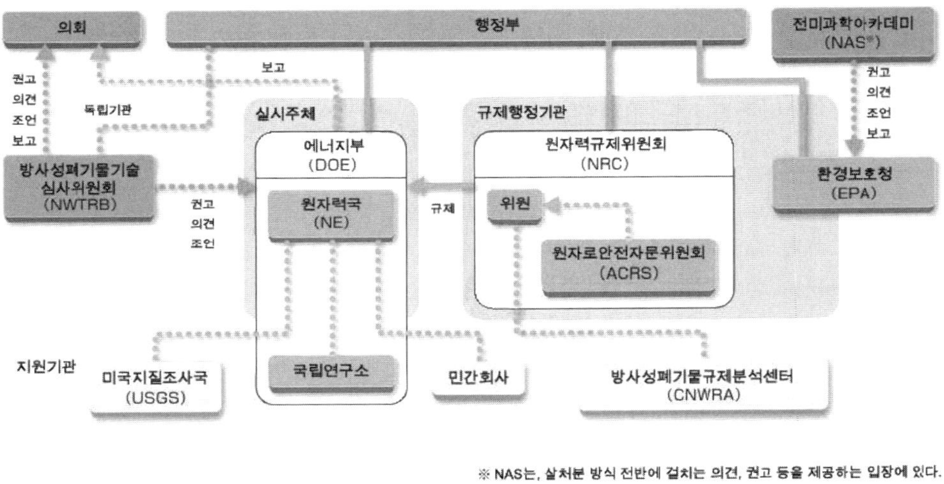

그림 36. 미국의 고준위방사성폐기물 처분사업의 시행체제[104)]

한편, 유카산에 대하여 EPA는 전미과학아카데미(NAS)의 권고에 따라 유카산에만 적용되는 처분의 안전기준을 수립할 것과, NRC는 이 기준에 적합하도록 기술요건기준을 변경할 것이 「1992년 에너지정책법」에 의해 규정되었다.

103) 日本經濟産業省, 諸外國における高レベル放射性廢棄物の處分について, 2017.2, 190면 참조; 한국원자력환경공단, 국외 고준위방사성폐기물 처분현황, 2016.12, 132면 참조.

104) 日本經濟産業省, 위의 보고서, 190면.

그림 37. 미국의 고준위방사성폐기물 처분 관련법령 체계도[105)]

---

105) 日本經濟産業省, 諸外國における高レベル放射性廢棄物の處分について, 2017.2, 192면.

이를 수용하여 EPA의 「네바다주 유카산을 위한 환경방사선방호기준」(40.C.F.R. Part 197), NRC의 「네바다주 유카산 심층처분장에서의 고준위방사성폐기물의 처분」(10.C.F.R.Part 63)이 각각 2001년 6월, 2001년 11월에 제정되었다. EPA의 40. .C.F.R.Part 197에서는 개인에 대한 방호 및 인간 침입에 대한 안전기준 이외에 지하수에 대해서도 보호기준이 설정되었다.[106)]

이에 따라 EPA는 2005년 8월, NRC는 2005년 9월 지질학적으로 안정된 기간(처분 후 100만년)까지의 성능평가를 요구하기로 한 개정안을 공표하였으나 EPA는 2008년 10월 처분 후 1만년 내지 100만년 후의 기간에 대한 선량기준치를 1mSv/년으로 하는 연방규칙 최종판을 연방관보에 게재하였다.

4. 처분 관련 법제

(1) 사업규제

고준위방사성폐기물 처분에 관한 기본계획은 「1982년 방사성폐기물정책법(1987년 수정)」에 의해 규정되어 있다. 동법은 고준위방사성폐기물 처분에 대한 연방정부의 책임 및 명확한 정책 확립을 위해 처분장의 선정 등에 대한 연방정부 내의 절차 또는 연방정부와 처분장 입지의 가능성이 있는 주정부와의 관계에 대해 규정하고 있다.

동법은 처분사업의 실시를 에너지부 장관이 하고 그 시행을 위해 DOE 내부에 민간방사성폐기물관리국(OCRWM)을 설치하도록 규정하고 있다. 방사성폐기물처분장으로서 부지적합성 평가에 사용하는 규정으로는 「방사성폐기물처분장의 부지추천을 위한 일반지침」(10.C.F.R.Part 960)이 있다.

다만 1982년 방사성폐기물정책법이 1987년 수정에 따라 유카산이 부지특성조사를 실시하는 유일한 처분후보지가 된 것을 수용하여 유카산의 처분장 부지로서 적합성을 판정하기 위해 DOE가 적용하는 방법 및 기준을 상정한 「유카산 부지적합성지침」(10 CFR Part 963)이 제정되었다.

---

106) EPA의 40.C.F.R.Part 197 및 NRC의 10.C.F.R.Part 63은 2004년 7월 「1992년 에너정책법」에서 NAS의 권고에 의해 수립한다는 규정을 만족시키지 않고 1만년의 준수기간이 설정되어 준수기간이 규정되어 있는 한도에 일부무효라는 연방항소법원의 판결이 나왔다.

또한 블루리본위원회의 최종보고서에서 명시된 권고를 수용하여 부지선정절차에 의한 처분장 및 중간저장시설의 개발, 새로운 시행주체의 설립 등을 도모하는 「2013년 방사성폐기물관리법」의 개정 검토가 연방 상원에서 검토되었다.

(2) 안전규제

고준위방사성폐기물 처분의 안전성, 안전기준에 대해서는 「1982년 방사성폐기물 정책법(1987년 수정)」에 의해 심층처분장의 건설 및 운영 등의 인허가 요건과 조건을 규정하는 「심층처분장에 대한 고준위방사성폐기물의 처분」(10.C.F.R.Part 60)과 「사용후핵연료와 고준위 및 TRU 폐기물의 관리와 처분을 위한 환경방사능방호기준」(40.C.F.R.Part 191)이 규정되어 있다.[107)]

2004년 7월 연방 항소법원에 의해 환경방사선 방호기준을 일부 무효로 하는 판결이 나옴에 따라 2005년에 환경보호청(EPA) 및 원자력규제위원회(NRC)에 의해 40. C.F.R.Part.197 및 10.C.F.R.Part 63의 규제안이 각각 공표되었다. EPA의 40.C.F.R.Part 197은 2008년 10월, NRC의 10.C.F.R.Part 63은 2009년 3월 각각 최종규칙이 발행되었다.[108)]

(3) 재원조달

고준위방사성폐기물 처분에 관한 재원조달은 「1982년 방사성폐기물정책법(1987년 수정)에 규정되어 있다. 동법에서는 고준위방사성폐기물의 발생자가 처분에 필요한 자금을 부담할 것과 이를 위해 방사성폐기물기금을 설립할 것이 규정되어 있다. 또한 폐기물의 발생자는 「사용후핵연료 또는 고준위방사성폐기물 처분을 위한 기준계약」(10.C.F.R.Part 961)에 따라 비용을 부담할 것을 규정하고 있다.

107) 다만 유카산에 관한 인허가 요건 및 환경방사능방호기준으로는 「1992년 에너지 정책법」에 의해 「네바다주 유카산 심층처분장의 고준위방사성폐기물의 처분」(10.C.F.R.Part 63) 및 「네바다주 유카산을 위한 환경방사선방호기준」(40.C.F.R. Part 197)이 적용되도록 되어 있다.

108) 日本經濟産業省, 諸外國における高レベル放射性廢棄物の處分について, 2017.2, 193면 참조; 한국원자력환경공단, 국외 고준위방사성폐기물 처분현황, 2016.12, 134면 참조.

(4) 환경

고준위방사성폐기물 처분장의 부지선정, 건설 등에 대한 환경영향평가에 대해서는 「1969년 연방환경정책법」에 의해 규정되어 있다. 동법에서는 인간 환경에 영향을 미치는 법률 및 기타 연방정부의 주요행위에 대해 사전에 환경영향 평가를 실시하는 것을 예정하고 있다.[109)]

(5) 원자력손해배상

미국의 원자력손해배상책임에 관한 연방법은 Price-Anderson법(이하 "PA법"이라 한다)[110)111)]으로 이 법은 NRC로부터 허가를 받은 자(즉 원자력사업자) 및 DOE의 계약자(contractor)에 의한 원자력사고 시의 책임 및 배상을 규정하고 있다. 또한 NRC는 피해자 보호를 위하여 원자력사업자에 대한 손해배상조치를 정하는 규칙을 공포하고 있다.

고준위방사성폐기물 처분에 관한 원자력 손해 배상에 대해서는 1954년 프라이스앤더슨법(2005년 수정)에 규정되어 있다. 1954년 PA법(2005년 수정)에서는 고준위 방사성폐기물 처분에 관하여 DOE와 관리, 운영 계약자와의 보상계획을 체결할 것을 상정하고 있는 것 외에 방사성폐기물기금으로부터 자금 공급에 따른 공적 책임은 한도액 내에서 방사성폐기물기금에서 보상하도록 규정되어 있다.[112)]

공적책임의 위험을 수반하거나 Sect 170 b에서 규정된 손해배상조치의 요건 또는 Sect 170 c 또는 k에 따라 보상계약에 따르지 아니하는 활동을 DOE와의 계약에 따라 행한 자는 2002년 8월 1일까지 체결하는 DOE 장관과의 보상계약에 따라 장관이 승인하는 소송비용을 포함한 공적책임총액까지 보상을 받는다.

---

109) 환경영향의 평가방법에 대해서는 「1969년 연방환경정책법」의 시행절차(40.C.F.R.Part 1500~ 1508, 10.C.F.R.Part 1021)에 규정되어 있다.

110) 이 법은 당초 10년 기한의 한시법으로 1957년 제정되었으며, 그 후 1965년(제1차 개정)에 1977년(8월 1일까지, 1975년(제2차 개정)에 1987년 8월 1일까지, 1988년(제3차 개정)에 2002년 8월 1일까지, 2005년(제4차 개정)에 2025년까지 각각 연장되었다.

111) Price-Anderson법은 미국의 원자력법 제170조를 말하며, 이 법안을 제출한 Price 상원의원 및 Anderson 상원의원의 이름을 따서 일반적으로 Price-Anderson법이라고 하는데, 이는 세계 최초의 원자력손해배상법으로서 그 후 세계 각국의 원자력손해배상법의 제정에 커다란 영향을 미쳤다.

112) 이 부분에 관하여 자세한 내용은 "함철훈, 원자력손해배상법, 진원사, 2013, 51면~77면을 참조할 것.

1988년 개정 이전의 PA법에서 DOE 계약자의 경우, DOE는 계약자에 대하여 배상조치를 요구하고 당해 배상조치액을 초과하는 손해에 대하여 5억 달러를 한도로 하는 보상계약에 따라 계약자가 부담해야 할 손해배상책임을 보상하도록 되어 있었다.[113)]

---

113) 1988년 개정 PA법에서는 「1982년 방사성폐기물정책법(Nuclear Waste Policy Act : 42 U.S.C. 10222)」에 따라 행해진 DOE의 활동에서 발생된 사고에 의한 손해는 「방사성폐기물정책법」 Sect 302에 의한 핵폐기물기금(Nuclear Waste Fund)에서 전보하도록 규정되어 있다(Sect 170 d (1) (b) (ii)).

제 4 장 심층처분계획과 기술개발

Ⅰ. 스웨덴

1. 처분계획

(1) 심층처분 대상 방사성폐기물

스웨덴에서 심층처분대상인 고준위방사성폐기물은 주로 원전에서 발생된 사용후핵연료이다. 사용후핵연료는 아래(그림 38. 참조)와 같이 외측이 구리, 내측이 주철인 2중구조의 캐니스터 용기에 밀봉하여 처분할 계획이다. 외측의 구리용기가 부식에 견디는 역할을 하고 두께는 약 50㎜이다. 내측의 주철용기는 외부로부터의 응력에 견디는 역할을 한다.

BWR 핵연료다발을 캐니스터에 밀봉할 경우, 채널박스를 부착한 상태에서 최대 12개를 수납한다. PWR 핵연료다발의 경우는 그 다발에 제어봉을 삽입한 상태로 최대 4개를 수납한다. 사용후핵연료의 밀봉 후 중량은 캐니스터 1개당 약 24~27톤이다.

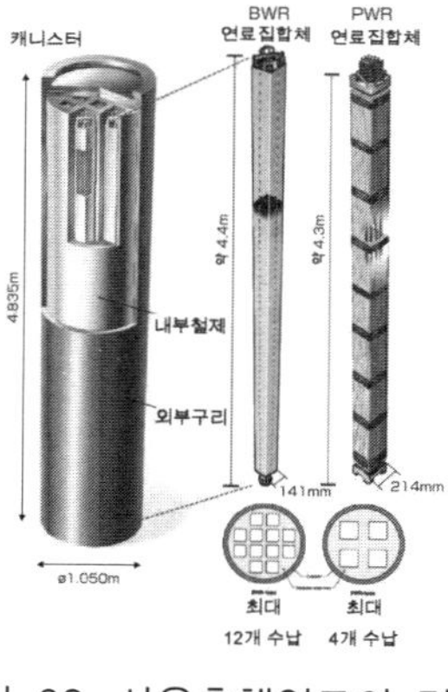

그림 38. 사용후핵연료의 밀봉[1)]

1) 日本經濟産業省, 諸外國における高レベル放射性廢棄物の處分について, 2017.2, 12면; 한국원자력환경공단, 국외 고준위방사성폐기물 처분현황, 2016.12, 5면.

(2) 처분개념

스웨덴의 처분시행주체인 SKB사가 검토하고 있는 처분개념은 「KBS-3」이다. 이는 아래(그림 39. 참조)와 같이 사용후핵연료를 캐니스터에 밀봉하여 그 주위를 완충재(벤토나이트)로 둘러싸고 역학적 또는 화학적으로 안정된 암반층 내에 보관하는 방법이다.

복수의 인공방벽과 천연방벽을 조합한 다중방벽 시스템에 의해 방사성폐기물을 장기격리하며, 격리할 수 없는 경우에는 처분장으로부터의 방사성 핵종의 방출을 지연시킨다는 안전철학에 근거하고 있다.

캐니스터의 정치방법에 대하여 SKB는 수직공 처분방식을 주로 하여 기술개발을 하고 있으나, 핀란드의 사용후핵연료 처분의 시행주체인 포시바사[2)]와 수평터널 처분방식의 실현 가능성도 검토하고 있다.

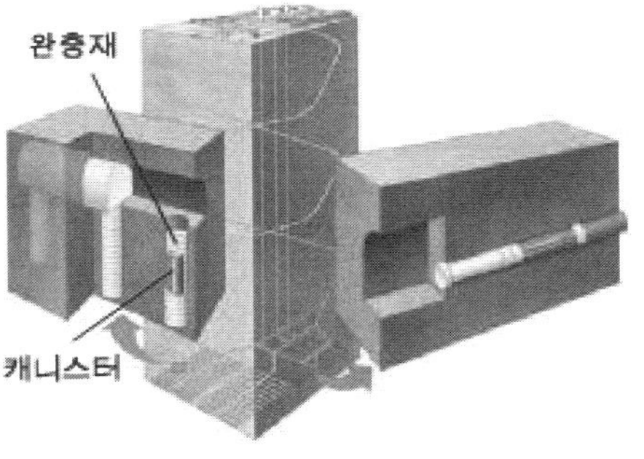

그림 39. 사용후핵연료의 밀봉[3)]

SKB사가 심층처분을 실시하려면 사용후핵연료를 캐니스터에 밀봉하는「캐니스터 밀봉시설」과 SKB사가 제조한 캐니스터를 처분하는「사용후핵연료 처분장」 2개의 시설이 새로 필요하다.

캐니스터 밀봉시설은 오스카샴 지방자치단체에 있는 사용후핵연료의 집중 중간저장시설(CLAB)[4)]에 병설하여 CLINK라는 일체시설로 할 계획이다. CLAB에서는

---

2) 이 책 49면을 참조할 것

3) 日本經濟産業省, 諸外國における高レベル放射性廢棄物の處分について, 2017.2, 12면; 한국원자력환경공단, 국외 고준위방사성폐기물 처분현황, 2016.12, 5면.

4) 日本經濟産業省, 위의 보고서, 10면 참조.

1985년부터 스웨덴의 모든 원전에서 발생된 사용후핵연료가 지하저장소에 저장되어 있다.

사용후핵연료의 처분장 건설예정지는 오사마르 지방자치단체의 포스마르크이다. 기존의 모든 원전이 운전을 종료할 때까지 발생되는 사용후핵연료에 대응하여 약 6,000개의 캐니스터(우라늄 환산으로 약 12,000톤 상당)를 지하 약 500m 깊이에서 처분할 계획이다.

최종적 지하시설 전체의 면적은 약 3.6㎢, 터널의 총 연장거리는 약 72km(처분갱도의 길이는 약 61km)이다. 지하시설은 단계적으로 건설될 예정이며 완성된 처분갱도에 캐니스터를 보관함과 동시에 별도의 장소에서 처분갱도 건설이 진행된다.

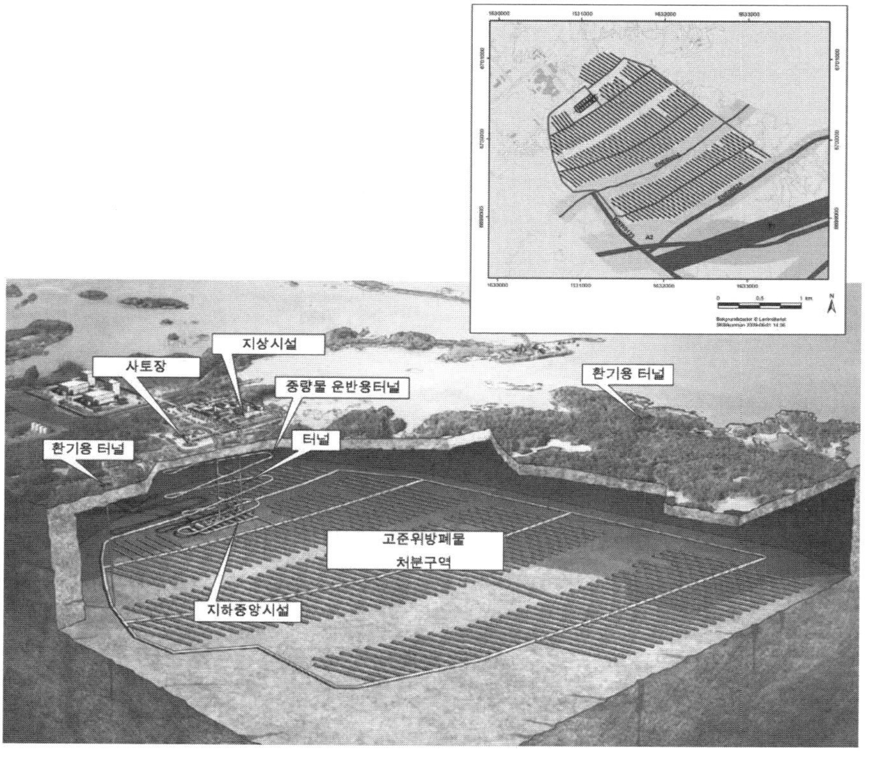

그림 40. 사용후핵연료 처분장의 개요[5)]

5) 日本經濟産業省, 諸外國における高レベル放射性廢棄物の處分について, 2017.2, 13면; 한국원자력환경공단, 국외 고준위방사성폐기물 처분현황, 2016.12, 6면.

(3) 처분장 건설예정지의 지질구조

스웨덴은 노르웨이, 핀란드, 러시아 북서부 등에 「페노스칸디아 순상지」[6)]라는 오래된 지각 위에 위치하고 있다. 심층처분장의 건설예정지인 포스마르크를 포함한 스웨덴 남동부의 암반은 19.5~17.5억년 전(고원생대)에 형성된 결정질암이다.

약 4~2.5억년 전 「페노스칸디아 순상지」는 대서양측의 플레이트(판) 운동의 압력에 의해 노르웨이와의 국경에 있는 스칸디나비아 산맥이 형성됨과 동시에 스웨덴 남동부의 암반에도 대규모의 단층이 생겼다.

또한 약 200만년 전 이후의 신생대 제4기에는 산맥의 동쪽 기슭에 빙하가 몇 번이나 형성된 흔적이 남아 있다. 울름(Ulm) 빙하기로 알려진 마지막 빙하기는 약 11만년 전부터 시작되어 최고로 왕성할 때에는 스칸디나비아반도 전체가 얼음으로 뒤덮여 빙상의 두께는 최대 3km에 이르렀다고 추정되고 있다.[7)]

빙상의 성장, 퇴보에 따라 암반에 걸리는 하중이 변화되므로 단층이 움직이면서 지진이 발생하는 경우도 있다. 빙하기가 끝난 약 1만년 전부터 현재까지 침하 지반이 원래대로 되돌아가려고 천천히 융기가 계속되고 있다.

처분장 건설예정지인 포스마르크[8)]에도 대규모의 단층이 있다. 그러한 단층 근처에서는 그 움직임에 의해 결정질 암석이 잘게 깨져 있으나 그에 따라 일정거리 이상 떨어진 곳의 암반은 상대적으로 안정되어 렌즈 상태의 덩어리로 남아 있는 부분이 있다. 그러한 암반을 「구조렌즈」라 한다.

포스마르크의 지하 약 500m 부분에는 지금까지 지각(플레이트) 활동이나 빙상 하중의 변동으로 인한 영향을 받지 않아 구조렌즈가 존재하는 것이 시추공 조사에서 확인되고 있다. 사용후핵연료의 처분장은 이러한 구조렌즈 내의 결정질암에 건설된다.[9)]

---

6) 순상지(shield, 楯狀地)는 지각에서 지질학적으로 가장 오래되고 안정되어 있는 부분을 말한다. 발트 순상지 혹은 페노스칸디아 순상지는 스칸디나비아 반도의 동반부와 핀란드 및 발트해 연안 지방이 포함된 순상지이다. 지구상에 존재하는 가장 오래된 고지괴의 핵심지역으로 선캄브리아기의 편마암과 화강암이 주로 분포하고 있으며, 시생대에 이미 준평원화된 안정 지괴이다.

7) 이 얼음의 무게로 인해 지반이 가라앉아 스웨덴과 핀란드 사이에 생긴 구덩이(웅덩이)가 현재의 보스니아만이다.

8) 현재의 포스마르크는 해안에 접하고 있지만 기원전 8,800년경에는 해수면 150m 아래 부분에 있었고 기원전 500년경에 육지가 되었다. 표층 5~6m의 토양은 빙상의 움직임에 의해 암반이 침식되어 운반된 빙성점토 또는 자갈 퇴적물이다.

⑷ 처분사업의 시행계획

KBS-3 개념에 의한 사용후핵연료의 처분에서는 사용후핵연료의 「캐니스터 밀봉시설」 및 「최종처분장」이 필요하다. 이들 2개 시설은 각각 독립시설로서 SKB가 방사선안전기관(SSM)[10]에 인·허가를 신청한다. 그러나 양 시설은 상호의존적이므로 두 개의 허가심사가 일관되도록 SSM이 조정한다.

2006년 11월 SKB사는 캐니스터 밀봉시설을 오스카샴에 있는 사용후핵연료 중간저장시설(CLAB) 부근에 건설하기 위해 허가신청을 하였다. 포스마르크의 최종처분장은 2011년 3월에 건설 등 허가를 신청하였다. 현재 「환경법」과 「원자력활동법」 등 2개의 법률[11]에 의한 심사가 진행되고 있다.

처분장의 운영에 대해서는 2029년부터 시험운영하면서 캐니스터를 년간 25~50개 정도로 처분을 시작하고 그 후 서서히 처분속도를 증가하여 통상적으로 운영(년간 150~160건을 처분)해 나갈 계획이다.

---

9) 日本經濟産業省, 諸外國における高レベル放射性廢棄物の處分について, 2017.2, 13면; 한국원자력환경공단, 국외 고준위방사성폐기물 처분현황, 2016.12, 6면.

10) 이 책 102면을 참고할 것.

11) 이 책 103면을 참고할 것.

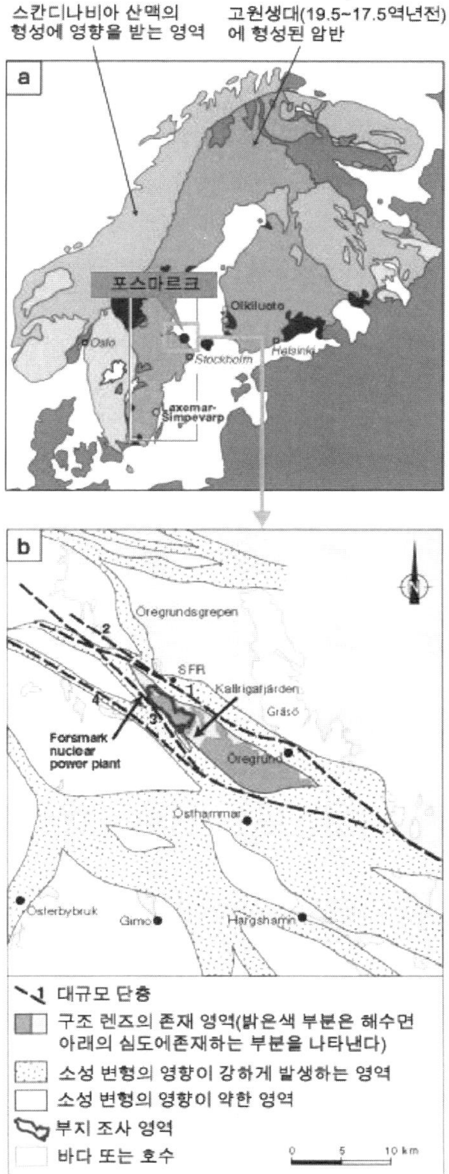

그림 41. 포스마르크 주변의 암반구조[12)]

12) 日本經濟産業省, 諸外國における高レベル放射性廢棄物の處分について, 2017.2, 14면.

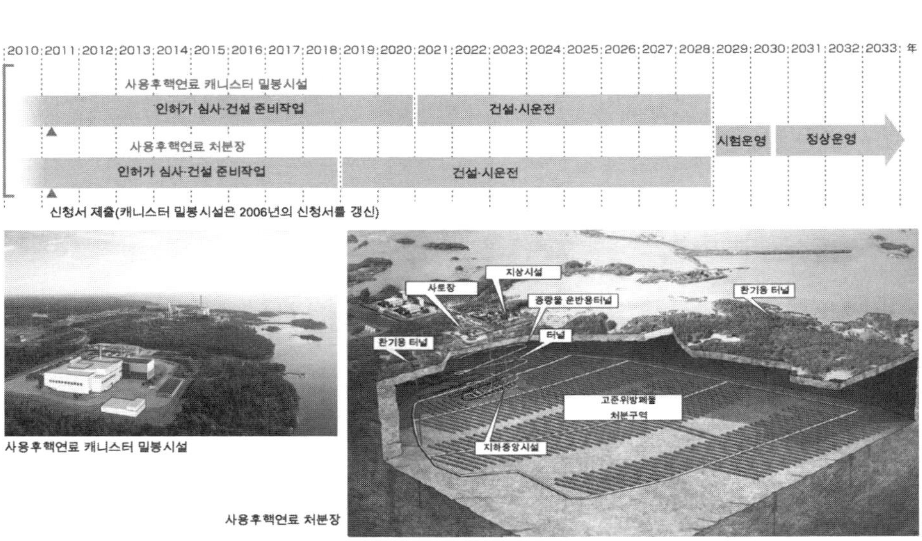

그림 42. 스웨덴의 사용후핵연료 최종처분을 위한 일정(Schedule)[13)]

2. 연구 및 기술개발

(1) 연구기관

사용후핵연료의 처분에 관한 연구는 시행주체인 SKB사가 1970년대 후반부터 실시하고 있다. SKB사는 스웨덴 국내외의 대학, 타 연구기관 및 전문가와 협력하여 연구·기술개발을 진행하고 있고 약 250명이 연구 활동에 종사하고 있다. 주요 연구시설로는 오스카샴 지방자치단체에 있는 에스포 암반연구소와 캐니스터 연구소를 들 수 있다.

(2) 연구계획

SKB사는 1984년 제정된 「원자력활동법」에 따라 3년마다 연구개발계획서를 작성하고 있다. 이 계획서는 연구계획 및 처분사업계획 등을 포함하는 포괄적인 것으로 SKB사는 이를 「연구개발실증(RD&D) 프로그램」이라 한다.

동 계획서는 감독기관의 검토를 받은 후에 정부결정이라는 형태로 승인을 받는

---

13) 日本經濟産業省, 諸外國における高レベル放射性廢棄物の處分について, 2017.2, 15면; 한국원자력환경공단, 국외 고준위방사성폐기물 처분현황, 2016.12, 7면.

다. SKB사로부터 RD&D 프로그램을 제출받은 규제기관은 SSM이며, SSM은 검토활동의 일환으로 정부출연연구기관, 지방자치단체, 대학, 연구기관, 환경보호단체 등 다양한 기관에 조언을 요청하고 이를 종합한 검토보고서를 정부에 제출하였다.[14)]

(3) 지하연구소

오스카샴 지방자치단체인 에스포섬에는 「에스포 암반연구소」[15)]라는 지하연구소가 있으며, 여기에는 지하 약 450m 깊이에 달하는 갱도를 갖추고 있다. SKB사는 1986년 지하연구소 설립의 계획을 밝히고 1990년 이 계획에 대한 정부와 지방자치단체의 허가를 받았다. 지하연구소의 건설에는 5년이 걸려서 이 연구소는 1995년부터 운영되고 있다. 이 연구소의 연구목적은 다음과 같다.[16)]

i) 모암(母岩) 조사기법의 개발과 시험

ii) 암반특성에 따른 처분개념의 개발과 시험

iii) 처분장의 안전성을 높이기 위한 과학적 방법의 축적

iv) 처분장에서 사용되는 기술의 개발, 시험 및 실증

이 외에 암반의 천연방벽으로서의 기능을 파악하기 위해 지하수의 거동이나 그 화학조성에 관한 조사 등이 행해지고 있다. 이 연구소에서는 국제적 공동연구도 다수 진행되고 있으며 오늘날에는 8개국이 이 프로젝트에 참가하고 있다.

---

14) 이와 함께 정부의 자문조직인 「방사성폐기물평의회」도 독립적으로 평가를 실시한다. 최근의 「RD&D 프로그램 2013」에서 SKB사는 실시중인 연구 및 기술개발 현황과 향후 계획을 체계적으로 평가한 결과를 보고하며, 심층처분장의 장기적 변천을 이해함에 중점을 둔 활동의 시행방침을 밝히고 있다.

15) 이 연구소는 실제 지층환경에서의 연구를 목적으로 SKB사가 건설하였다.

16) 日本經濟産業省, 諸外國における高レベル放射性廢棄物の處分について, 2017.2, 16면; 한국원자력환경공단, 국외 고준위방사성폐기물 처분현황, 2016.12, 8면.

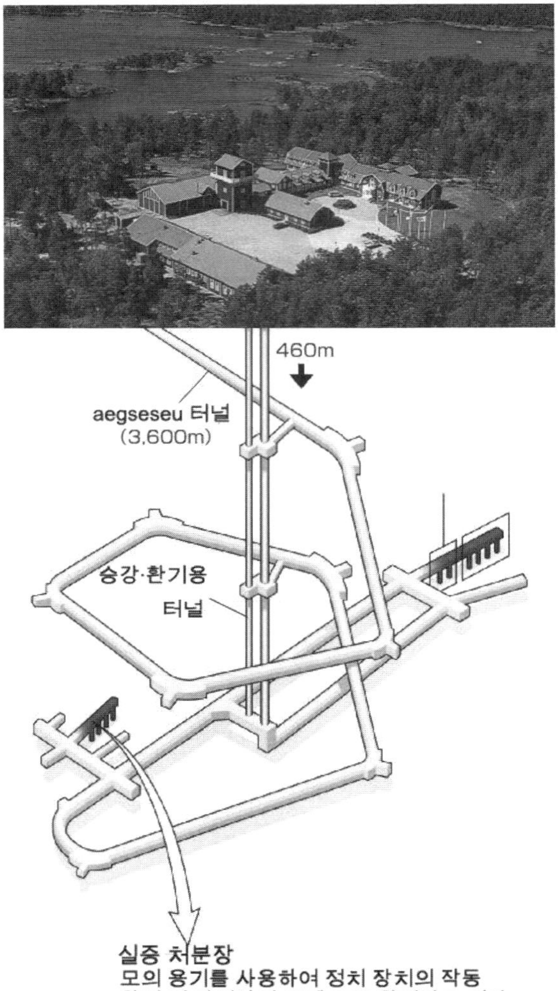

그림 43. 에스포 암반연구소의 개념도[17)]

17) 日本經濟産業省, 諸外國における高レベル放射性廢棄物の處分について, 2017.2, 16면.

Ⅱ. 핀란드

1. 처분계획

(1) 심층처분 대상 방사성폐기물

핀란드에서 심층처분의 대상이 되는 고준위방사성폐기물은 원전에서 발생되는 사용후핵연료이다. 사용후핵연료는 아래(그림 44. 참조)에서 보는 바와 같이 외측이 구리용기, 내측이 주철용기인 이중구조의 용기(캐니스터)에 밀봉하여 처분된다.[18)]

그림 44. 캐니스터 용기[19)]

캐니스터는 세 종류의 크기를 생각하고 있다. 이것은 원자로 형식에 따라 다른 크기의 사용후핵연료가 발생하기 때문이다. 아래(그림 45. 참조)와 같이 왼쪽은 로비사(Lovisa)에 건설된 러시아의 가압경수형 원자로(VVER)로부터 발생하는 사용후핵연료, 중앙과 오른쪽이 올킬루오토(Olkiluoto) 원전의 비등경수형 원자로(BWR)와 건설 중인 유럽 가압경수형 원자로(EPR)에서 발생되는 사용후핵연료를 각각 밀봉하는 캐니스터이다.[20)]

---

18) 외측의 구리용기는 부식에 견디는 역할을 하고 내측의 주철용기는 하중을 견디는 역할을 맡고 있다.

19) 日本經濟産業省, 諸外國における高レベル放射性廢棄物の處分について, 2017.2, 37면; 한국원자력환경공단, 국외 고준위방사성폐기물 처분현황, 2016.12, 21면.

20) 사용후핵연료의 연소도에 따라 BWR용 및 VVER용은 12대, EPR용은 최대 4다발을 수납할 계획을 검토하고 있다. 사용후핵연료를 캐니스터에 밀봉하는 시설은 처분장의 지상시설로 건설할 계획이다.

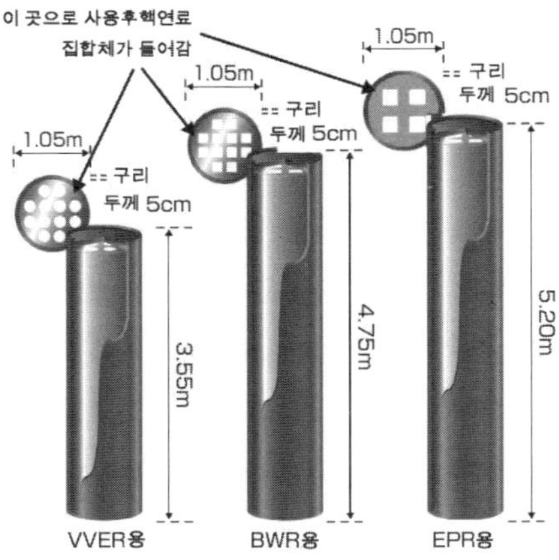

그림 45. 캐니스터 단면도[21)]

(2) 처분개념

처분시행주체인 포시바(Posiva)사가 검토하고 있는 처분개념은 인접국가인 스웨덴의 처분시행주체인 SKB사가 개발한 KBS-3 처분개념과 대동소이하다. 사용후핵연료에 포함되는 방사성핵종을 사용후핵연료 자체, 캐니스터, 완충재, 뒤채움재, 심층에서의 다중방벽 시스템에 의해 장기간에 걸쳐 격리하는 방식이다.

캐니스터의 보관방법으로는 지하처분갱도의 바닥 부분에 굴착한 처분공에 하나씩 정치하는 「수평터널 처분방식」의 연구·개발도 추진하고 있다. 캐니스터 주변에는 완충재(벤토나이트)를 충전할 계획이다.[22)]

최종처분지는 유라요키(Eurajoki) 시의 올킬루오토이다. 포시바사는 사용후핵연료를 최대 9,000톤(올킬루오토 1~4 호기 및 로비사 1, 2 호기 합계 6기의 원전에서 50~60년간 운전하는 경우 발생하는 양)을 반입할 수 있는 처분장을 지하 400~450m 깊이에 설치할 계획이다.[23)]

---

21) 日本經濟産業省, 諸外國における高レベル放射性廢棄物の處分について, 2017.2, 37면; 한국원자력환경공단, 국외 고준위방사성폐기물 처분현황, 2016.12, 21면.

22) 포시바사는 스웨덴의 SKB사와 함께 「수평터널 처분방식」의 연구개발도 진행하고 있다.

23) 포시바사의 계획에서 처분장의 규모는 처분갱도의 연장거리가 42km이며, 처분구역의 면적은 2~3㎢이다(5,500톤 처분의 경우, 건설허가신청에서 설정하고 있는 6,500톤 처분시의 갱도거리와 면적정보는 나오지 않고 있다).

(3) 처분사업의 시행계획

핀란드에서 고준위방사성폐기물의 최종처분지는 2001년 유라요키시의 올킬루오토로 결정되었다. 향후 시행주체인 포시바사가 최종처분을 시행하려면 「원자력법」에 따라 처분시설의 건설허가 및 운영허가를 순차적으로 취득하여야 한다.

포시바사는 2012년 12월 28일에 처분장의 건설허가신청서를 정부에 제출하였다. 동시에 포시바사는 규제기관인 방사선·원자력안전센터(STUK)에 처분장의 장기안전성을 입증하는 「Safety Case」[24]를 제출하였다.

STUK는 Safety Case를 포함한 건설허가 신청관련 문서를 평가하고 그 결과는 정부의 건설허가서 발급에 판단자료로 활용된다. STUK는 2015년 2월 11일 캐니스터 밀봉시설 및 심층처분장을 안전하게 건설할 수 있다는 심사의견서를 고용경제부에 제출하여 2015년 11월 12일, 핀란드 정부는 포시바사에 처분장 건설을 허가하였다.

핀란드 정부는 1983년 수립한 정책문서(2003년 일부 수정)에서 처분개시목표를 2020년으로 설정하였다. 이것은 사용후핵연료를 원자로로부터 인출한 다음 40년 후에 처분한다는 방침인 것이다. 포시바사는 이러한 일정에 따라 처분사업의 실시계획을 진행하고 있고, 2020년대 초반 경 최종처분장의 운영허가를 신청할 계획이다.

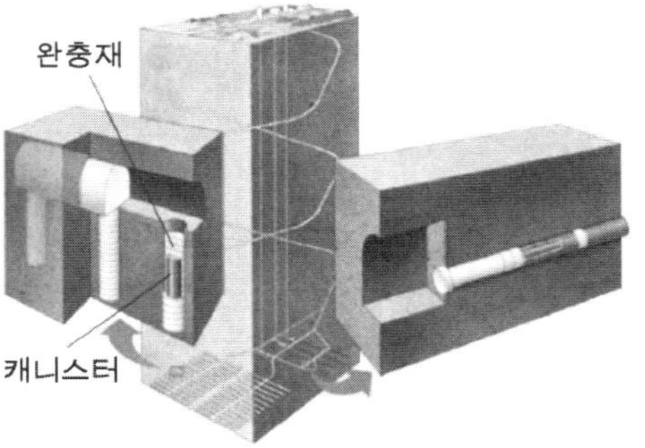

그림 46. 캐니스터의 정치방법[25]

24) 日本經濟産業省, 諸外國における高レベル放射性廢棄物の處分について, 2015.2, 38면.

25) 日本經濟産業省, 위의 보고서, 38면; 한국원자력환경공단, 국외 고준위방사성폐기물 처분현황, 2016.12, 22면.

2. 연구 및 기술개발

(1) 연구기관

핀란드에서는 처분시행주체인 포시바사가 연구개발계획을 작성하여 시행하고 있다. 포시바사는 소규모의 관리프로젝트 조직이기 때문에 많은 연구개발 업무를 외부의 연구기관, 대학, 컨설턴트 회사 등에 위탁하고 있다.[26)]

포시바사를 지원하고 있는 주요연구기관으로는 핀란드기술연구센터(VTT)가 있다. VTT는 고용경제부가 관할하는 핀란드 종합연구소로서 고준위방사성폐기물의 처분에 관하여 규제행정기관이 처분사업을 관리·감독하기 위해 수행하는 연구프로그램의 연구 지원도 시행하고 있다.

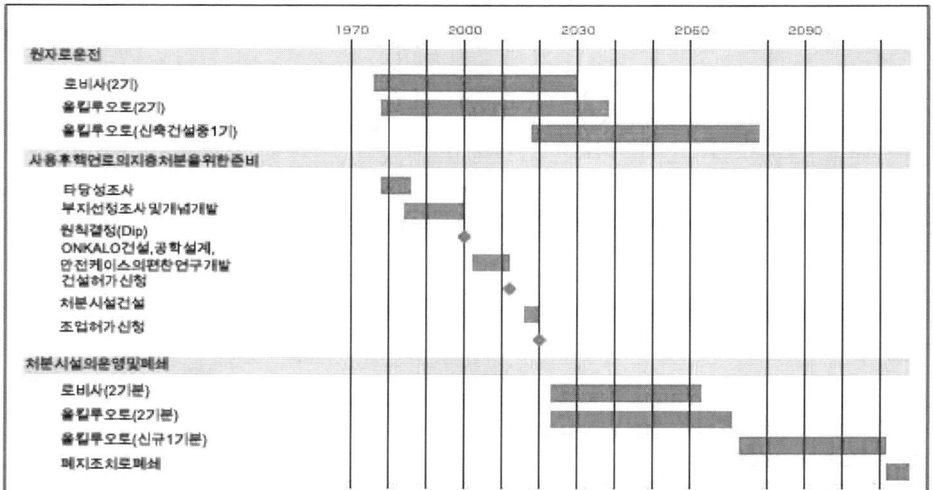

그림 47. 핀란드의 최종처분지 결정 이후의 사용후핵연료 처분일정[27)]

---

26) 핀란드는 유사한 처분개념을 개발하고 있는 스웨덴 이외에 스위스, 캐나다 등 다른 나라와의 국제협력에 의한 연구개발도 진행하고 있다.

27) 日本經濟産業省, 諸外國における高レベル放射性廢棄物の處分について, 2017.2, 39면; 한국원자력환경공단, 국외 고준위방사성폐기물 처분현황, 2016.12, 23면.

(2) 연구계획

핀란드의 폐기물관리책임자는 폐기물관리계획(연구개발계획 포함)을 3년마다 갱신하여 고용경제부에 제출하는 것이 의무화되어 있다. 고용경제부는 이들 계획서에 방사선·원자력안전센터(STUK)의 의견서를 첨부하도록 하고 있다.[28)]

(3) 지하특성조사시설

최종처분지로 결정된 올킬루오토의 상세한 부지특성조사를 위해 2004년 6월 지하특성조사시설인 「ONKALO」[29)]의 건설이 시작되었다. ONKALO의 출입갱도는 2010년 6월에 처분심도까지 굴착되었으며, 2014년 7월 현재 갱도의 전체 길이는 약 5km, 심도는 455m에 이른다.

포시바사는 건설작업과 병행하여 처분장의 건설허가 신청에 필요한 암반이나 지하수의 데이터를 수집하고 또한 굴착작업이 미치는 영향에 대하여 조사하였다. 향후 처분갱도 및 캐니스터 정치터널의 굴착 등 처분기술의 검증도 실시할 예정이다.

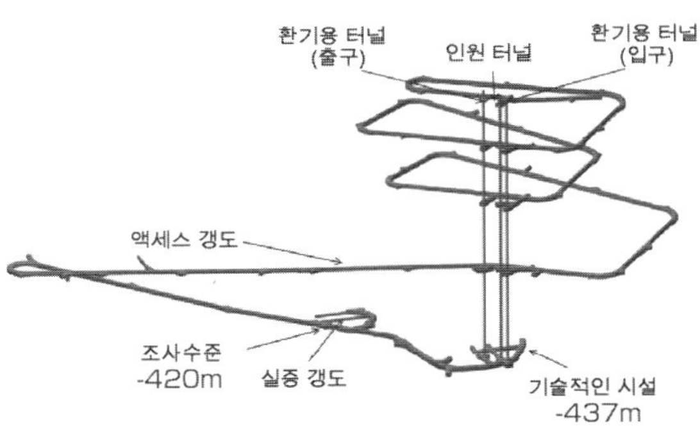

그림 48. ONKALO 지하특성조사시설의 조감도[30)]

28) 2003년 이후 폐기물관리의무자인 TVO와 FPH는 3년에 한 번 사용후핵연료와 중저준위방사성폐기물의 관리현황과 연구개발을 포함한 장래 폐기물관리계획에 관한 보고서를 포시바사와 공동으로 작성하고 있다.

29) ONKALO에서의 조사는 한국의 처분지 선정절차 중 심층조사에 해당한다.

30) 日本經濟産業省, 諸外國における高レベル放射性廢棄物の處分について, 2017.2, 40면.

ONKALO에서의 기술개발은 최종적 처분기술을 실제조건에서 시험할 수 있는 것이 특징이다. ONKALO는 장래 처분시설의 일부로 이용될 예정이지만 처분장의 건설허가가 발급되기까지는 처분시설이 아니라 조사시설로 보고 있다.[31)]

(4) 처분장 건설 예정지의 지질구조

올킬루오토는 핀란드 남서부의 사타쿤타 지역에 위치하고 있다. 이 지역의 기반암은 선캄브리아기의 페노스칸디아 순상지의 약 8억년(19억년 전~12억년 전)에 이르는 지질이력을 가지고 있다. 가장 오래된 기반암은 고원생대에 해당하는 19~18억년 전의 「스베코페니안」 조산운동[32)]에 의해 변형과 변성을 받은 퇴적암과 화강암으로 구성되어 있다. 그 후 약 16억년 전의 중원생대의 비조산기에 침투성이 큰 라파키비(rapakivi) 화강암이 이 지역의 중심부에 출현하였다.

이러한 마그마 활동기 이후에는 사타쿤타 퇴적암이 퇴적하여 이들 퇴적암이나 그 이전의 오래된 암석은 약 12억년 전 감람석 휘록암의 암맥 및 암상에 의한 침투를 받고 있다. 올킬루오토의 기반암은 주로 19~18억년 전 마그마사이트 질의 운모편마암 등의 결정질암이다.[33)]

Ⅲ. 프랑스

1. 처분계획

(1) 심층처분 대상 방사성폐기물

프랑스는 원전에서 발생된 사용후핵연료를 재처리하고 있으며, 사용후핵연료를

31) ONKALO의 건설 이전에는 올킬루오토 원전 부지 내의 지하에 설치되어 있는 중·저준위방사성폐기물처분장 내에 전용갱도를 설치하여 소규모 시험이 이루어지고 있었다.

32) 조산운동은 지구표면을 덮은 약 10장의 강한 판이 운동을 하여 다른 판에 부딪치거나 다른 판 밑으로 들어가는 것을 말한다. 판끼리 접촉하는 지대에서는 지진이나 화산활동이 빈번하게 일어난다. 조산운동을 통해 알프스나 히말라야 같은 대산맥도 생겨난다. 이와 같은 견해를 「판구조론」이라 한다.

33) 日本經濟産業省, 諸外國における高レベル放射性廢棄物の處分について, 2017.2, 40면; 한국원자력환경공단, 국외 고준위방사성폐기물 처분현황, 2016.12, 24면.

재이용 가능한 자원으로 보고 있다. 「가역성 있는 심층처분」의 대상인 고준위방사성폐기물은 사용후핵연료의 재처리에 의해 발생되는 고준위폐액을 고체화한 것(유리고화체)이다.

재처리에 의해 발생되는 TRU 폐기물 등 장수명 중준위방사성폐기물도 동일 처분장 내의 다른 구역에서 함께 처분할 방침이다. 또한 연구로 등을 가지고 원자력에 관한 연구개발을 담당하고 있는 원자력청(CEA)[34]에서 발생시키는 동종의 폐기물도 동일 처분장에서 처분할 예정이다.

(2) 처분형태

재처리 등에 의해 발생된 고준위방사성폐액은 고온에서 녹인 규산유리와 혼합되어 유리고화체[35]로서 스테인리스강 캐니스터에 밀봉된다. 캐니스터 1개에는 사용후핵연료를 약 1.3톤 재처리한 경우에 발생되는 고준위방사성폐기물을 수납할 수 있다. 이것을 다시 높이 1.3~1.6m, 직경 0.57~0.64m, 무게 1.7~2톤, 두께 약 5cm의 강철제용기(오버팩)에 밀봉하여 처분한다.

(3) 처분개념

뷰어 지하연구소에서 조사하고 있는 점토층에서의 처분개념은 지하 약 500m의 점토층 내에 처분갱도를 건설하고 다중방벽 시스템에 의해 폐기물을 격리하는 것이다. 방사성핵종을 밀폐하기 위해 다음과 같이 세 가지 방벽으로 구성되는 다중방벽 시스템이 고려되고 있다.[36]

i) 폐기물 패키지(방사성폐기물 자체와 이를 수용하는 용기로 구성)
ii) 인공방벽(처분공 및 입갱의 밀봉, 수평갱도의 매립 등에 사용하는 구성요소)
iii) 천연방벽(부지의 지질학적 환경특성)

---

34) 함철훈/박윤원, 원자력법제론(상), 진원사, 2016, 94면을 참조할 것.
35) 유리고화체는 냉각을 위해 AREVA사(구 COGEMA사)의 라하그 재처리시설 및 구 마쿨(Marcoule) 재처리시설(1997년 운영 정지)의 전용시설에 저장되고 있다.
36) 日本經濟産業省, 諸外國における高レベル放射性廢棄物の處分について, 2017.2, 65면; 한국원자력환경공단, 국외 고준위방사성폐기물 처분현황, 2016.12, 39면.

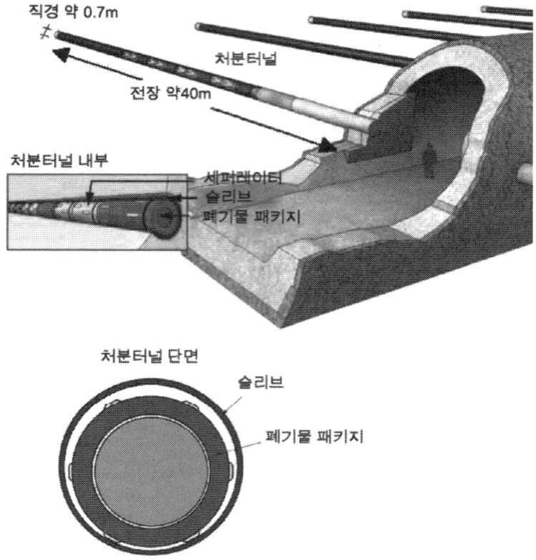

그림 49. 폐기물 패키지 정치 이미지[37)]

처분장의 지하시설은 고준위방사성폐기물의 처분구역, 장수명 중준위방사성폐기물의 처분구역으로 구분되어 있다. 또한 각 처분구역에서 시행되는 건설작업 및 폐기물 정치작업의 범위를 나누기 위해 세분화된 처분구역이 설치된다. 심층처분장은 규제당국이 정한 안전지침에 따르는 형태로 다음의 카테고리 C 및 카테고리 B라고 불리는 방사성폐기물을 처분하기 위한 설계가 진행되고 있다.

i) 고준위방사성폐기물(카테고리 C)

ii) 장수명 중준위방사성폐기물(카테고리 B)

(4) 처분장 후보지의 지질구조

뷰어 지하연구소는 파리 분지의 동쪽 끝에 위치하며 뫼즈(Meuse) 시와 오토마른(Haute-Marne) 시의 경계에 위치하고 있다. 지표로부터 약 500m의 깊이에 점토층(Callovo Oxfordian Argillete)이 있으며, 그 상하를 석회암이 두르고 있는 형태로 하나의 균질한 심층(층 두께: 130~160m)이 펼쳐져 있다. 이 점토층은 약 1억 5,000만년 전에 형성된 것으로 투수성이 매우 낮은 것이 특징이다.

37) 日本經濟産業省, 諸外國における高レベル放射性廢棄物の處分について, 2017.2, 65면; 한국원자력환경공단, 국외 고준위방사성폐기물 처분현황, 2016.12, 39면.

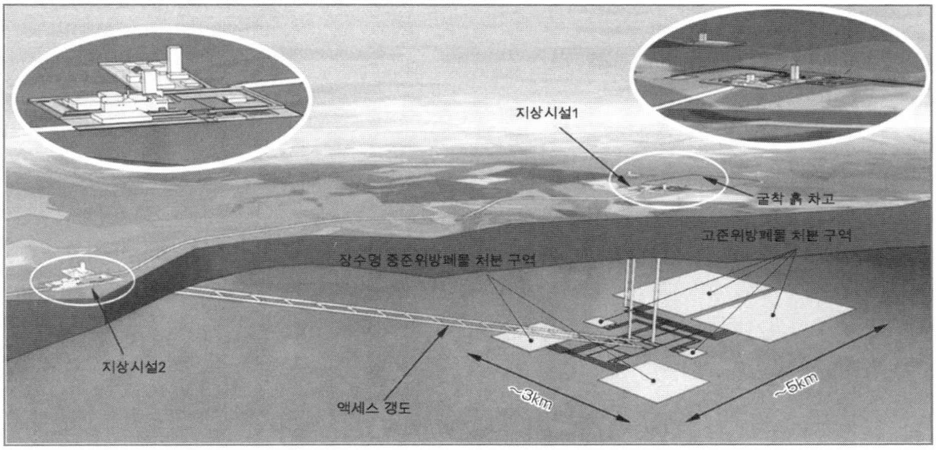

그림 50. 프랑스의 처분장 개념도[38)]

(5) 처분의 기본방침과 시행계획

2006년 「방사성폐기물 등 관리계획법」[39)]이 제정되어 고준위방사성폐기물 및 장수명 중준위방사성폐기물의 관리대책으로서 「가역성 있는 심층처분」을 기본으로 하는 방침이 규정되었다.

이와 같은 기본방침의 실현을 위해 2015년까지 처분장의 실시허가신청을 하고 2025년에는 처분장 운영을 개시한다는 목표일정이 동법에 규정되었다. 처분장의 설치허가 신청에 앞서 국민 각계각층으로부터 사전에 의견을 청취하여 이를 반영하기 위해 공개토론회를 개최할 것도 규정되어 있다.

또한 프랑스에서는 방사성폐기물 관리에 관한 연구방침 등을 포함한 국가계획(PNGMDR)[40)]을 정부가 3년마다 작성·개정함과 동시에 의회에 제출, 공개할 방침이다. 이것은 2006년 「방사성폐기물 등 관리계획법」에 규정되어 있다.

---

38) 日本經濟産業省, 諸外國における高レベル放射性廢棄物の處分について, 2017.2, 65면; 한국원자력환경공단, 국외 고준위방사성폐기물 처분현황, 2016.12, 39면.

39) 함철훈/박윤원, 원자력법제론(상), 진원사, 2016, 275~276면을 참고할 것.

40) 방사성물질 및 방사성폐기물 관리에 관한 국가계획(PNGMDR)은 2006년의 「방사성폐기물 등 관리계획법」에 의해 3년마다 정부가 수립한다. 현재 유효한 것은 2013년 4월 수립된 것(2013~2015년의 계획)이다. 고준위방사성폐기물 뿐만 아니라 모든 종류의 방사성폐기물 관리대책이 논의되고 있다.

PNGMDR의 수립은 ASN이 담당하고 있으며, 2007년 이후 3년마다 보고서를 공표하고 있다. PNGMDR에는 프랑스의 방사성폐기물 관리 현황분석 및 최종관리방식의 실행을 위한 연구개발이 포함되어 있다.

「가역성 있는 심층처분」의 시행주체인 ANDRA는 「고준위 및 장수명 중준위 방사성폐기물의 심층처분 산업센터」(Cigeo 프로젝트)의 설치허가를 신청할 예정이며, 이 프로젝트를 둘러싼 국가적 규모의 토론회가 2013~2014년에 걸쳐 개최되었다.

공개토론회의 결과를 수용한 ANDRA는 2014년 5월 Cigeo 프로젝트를 계속 진행하기 위한 개선안을 공표하였다. 개선안에는 실제 처분장에서의 시험을 가능하게 하는 「파일럿 운영단계(phase)」 도입 이외에 처분운영 기본계획의 정기적 검토와 시민사회의 참여 기회를 부여하는 제도의 창설 등이 포함되어 있다.

법개정이 필요한 사항도 있기 때문에 현재 ANDRA는 정부와 협의를 진행 중이다. ANDRA는 개선안에서 2017년까지 처분장 설치 인·허가 신청서를 제출하고, 당초 목표인 2025년 운영개시를 위한 작업을 검토하고 있다. 2020년 설치허가가 발급될 것을 가정한 경우의 일정은 다음과 같다.

2015년	발전소 건설, 도로 정비 등 지역 준위에서의 건설, 운영 준비의 개시
2017년	심층처분장의 설치허가 신청
2020년	심층처분장의 건설 개시
2025년	파일럿 운영 단계 개시

표 19. 심층처분장 운영개시까지의 잠정적 이정표(milestone)[41]

41) 日本經濟産業省, 諸外國における高レベル放射性廢棄物の處分について, 2017.2, 67면; 한국원자력환경공단, 국외 고준위방사성폐기물 처분현황, 2016.12, 40면.

2. 연구 및 기술개발

(1) 연구개발 및 연구체제

고준위방사성폐기물 및 장수명 중준위방사성폐기물의 심층처분에 대해서는 ANDRA가 중심이 되어 CEA, 지질·광산연구소(BRGM) 등의 연구기관과 협력하면서 연구개발 계획을 작성·시행하고 있다. 또한 화강암을 지질매체로 하는 심층처분에 대해서는 스웨덴, 스위스, 캐나다 등과 국제협력에 의한 연구개발도 추진하여 왔다.

(2) 연구계획

2006년 제정된「방사성폐기물 등 관리계획법」에서는「가역성이 있는 심층처분」의 실행을 위한 연구와 함께 이를 보완하기 위한 두 가지 연구도 실시하고 있다. 하나는 폐기물 내의「장수명 방사성핵종의 분리·변환」이며, 다른 하나는「중간저장」에 관한 연구로서 폐기물을 최종적으로 처분장에 정치하기까지 안전하게 보관·반출할 수 있는 관리방법의 실현을 목적으로 하고 있다.[42)]

또한 장수명 방사성핵종의 분리·변환에 대해서는 차세대 원자로 및 방사성폐기물의 핵종변환을 전용으로 하는「가속기 구동로」에 관한 연구 및 조사와 관련된 연구를 실시하기로 되어 있다. 중간저장에 관한 연구는 중간저장시설을 2015년까지 설치(또는 기존 시설을 개수)하도록 정해져 있다.

(3) 뷰어 지하연구소

뫼즈, 오트마른 양쪽 시에 걸친 뷰어 부지에서 점토층을 대상으로 한 지하연구소 설치가 1999년 결정되어 2000년부터 건설이 진행되고 있다. ANDRA는 이 건설작업과 함께 지하에서의 조사·연구도 실시하고 있다.

뷰어 지하연구소에서는 주로 깊이 445m에 설치된 실험용 횡갱, 깊이 490m의 주 실험갱도 및 주 실험갱도로부터 10%의 경사로 상하방향 두 개의 사갱(inclined shaft)이 설치되어 있어 다양한 조사 및 시험이 진행되고 있다.[43)]

---

42) 이 법률에서는 목표일정으로「가역성이 있는 심층처분」에 대해서는 2015년까지 처분장의 설치허가 신청이, 2025년에는 운영을 개시할 수 있도록 연구를 하도록 규정되어 있다.

43) 日本經濟産業省, 諸外國における高レベル放射性廢棄物の處分について, 2017.2, 68면; 한국원자력환경공단, 국외 고준위방사성폐기물 처분현황, 2016.12, 41면.

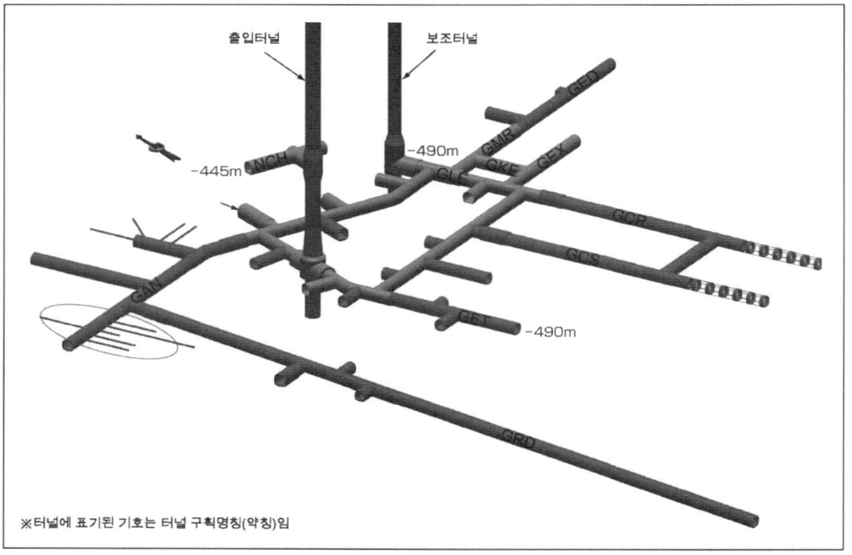

그림 51. 뷰어 지하연구소의 구조[44)]

Ⅳ. 독 일

1. 처분계획

(1) 심층처분 대상 방사성폐기물

독일은 모든 종류의 방사성폐기물을 심층처분할 방침이다. 폐기물에서 발생되는 열에 따라 지하처분동굴 벽면의 온도상승이 3℃ 이상인 폐기물을 「발열성방사성폐기물」로 정의하고 있으며, 사용후핵연료 이외에 외국에서의 재처리를 통해 제조·반환되는 유리고화체나 중준위방사성폐기물(hull)[45)]과 말단부(end piece)[46)] 등의 압축체 등이 이에 해당된다.

44) 日本經濟産業省, 諸外國における高レベル放射性廢棄物の處分について, 2017.2, 68면; 한국원자력환경공단, 국외 고준위방사성폐기물 처분현황, 2016.12, 42면.
45) 핵연료봉을 다발채로 수 ㎝ 길이로 절단한 내측의 핵연료를 질산에 용해한 후 녹지 않고 남은 피복관의 절편을 말한다.
46) 사용후핵연료 집합체를 절단할 때 제거된 핵연료집합체의 말단부를 말한다.

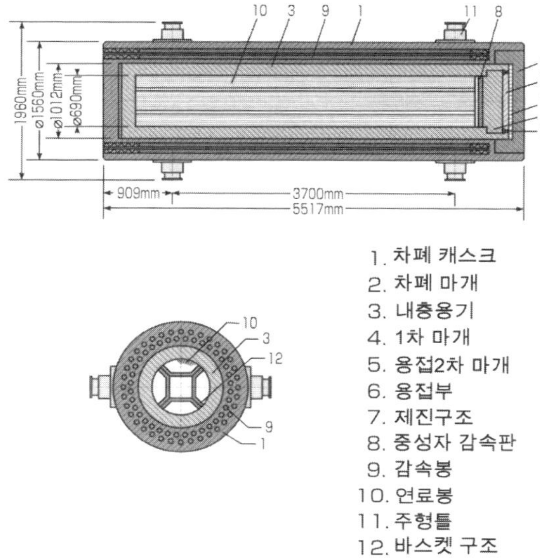

그림 52. 사용후핵연료용으로 예정된 Pollux Cask[47)]

(2) 처분형태

사용후핵연료는 처분을 위한 처리로서 복합구조를 가진 「Pollux 캐스크」(그림 52. 참조)에 밀봉 후 처분장에 보관하는 방법이 검토되고 있다. 이 방법은 원자로에서 추출된 사용후핵연료 집합체를 해체한 후 핵연료봉만을 Pollux 캐스크에 밀봉한다. 1999년 건설된 고어레벤에 파일럿 컨디셔닝시설에서 핵연료봉을 Pollux 캐스크에 밀봉하기 위한 시험이 행해질 예정이다.

(3) 처분개념

독일은 부지선정절차를 재차 시도하기로 결정하였고 처분장 부지의 모암에 대해서도 재검토하기로 하였지만, 지금까지는 주로 암염층에 대한 처분개념이 검토되었다. 아래는(그림 52. 참조)은 1979년~2011년까지 부지특성조사가 실시된 고어레벤에서의 처분개념을 나타낸 것으로 지하 840m 깊이의 암염돔에 처분갱도가 배치되어 있으며 그 면적은 약 3㎢이다.

---

47) 日本經濟産業省, 諸外國における高レベル放射性廢棄物の處分について, 2017.2, 87면; 한국원자력환경공단, 국외 고준위방사성폐기물 처분현황, 2016.12, 56면.

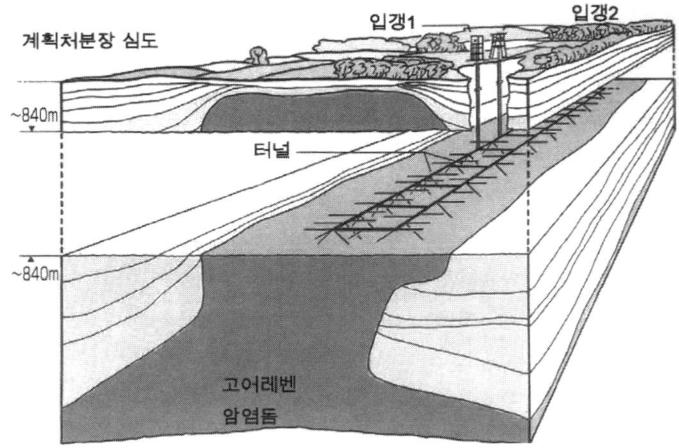

그림 53. 고어레벤에서의 처분개념48)

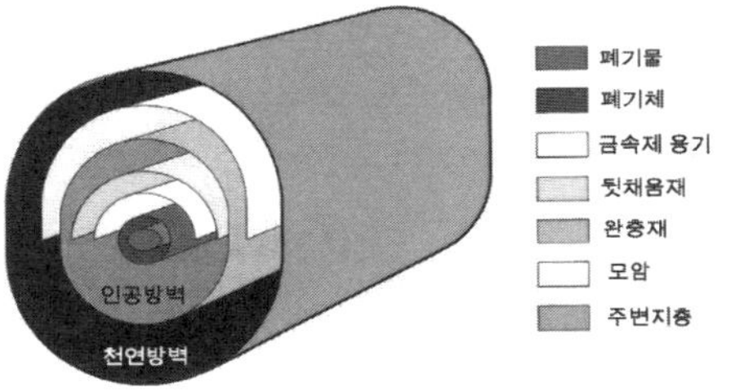

그림 54. 다중방벽시스템49)

고어레벤에서는 방사성폐기물을 캐스크 등의 금속제 용기인 인공방벽으로 감싼 후 암염층이라는 지질구조를 천연방벽으로 이용하는 다중방벽시스템(그림 54. 참조)의 적용이 검토되어 왔다. 쌓는 방식은 폐기물의 종류에 따라 두 가지가 고려되고 있다. 아래(그림 55. 및 그림 56. 참조)의 왼쪽은 처분갱도 수평처분방식, 오른쪽은 처분공 수직방식을 보여주고 있다. 폐기물처분 후 남는 공간은 암염조각으로 채운다.

---

48) 日本經濟産業省, 諸外國における高レベル放射性廢棄物の處分について, 2017.2, 88면; 한국원자력환경공단, 국외 고준위방사성폐기물 처분현황, 2016.12, 57면.

49) 日本經濟産業省, 위의 보고서, 88면; 한국원자력환경공단, 국외 고준위방사성폐기물 처분현황, 2016.12, 57면.

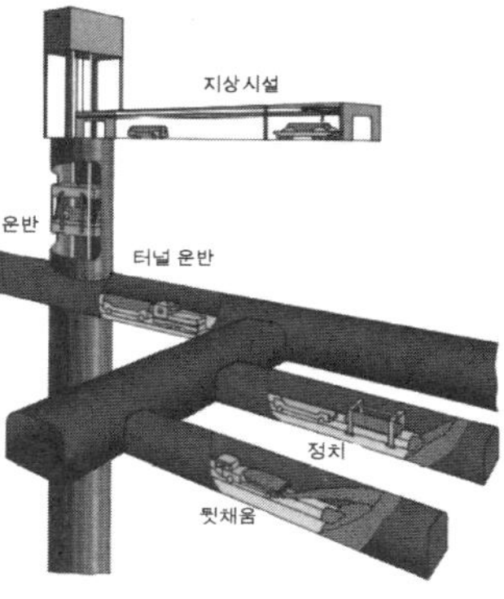

그림 55. 처분갱도 수평처분방식[50)]

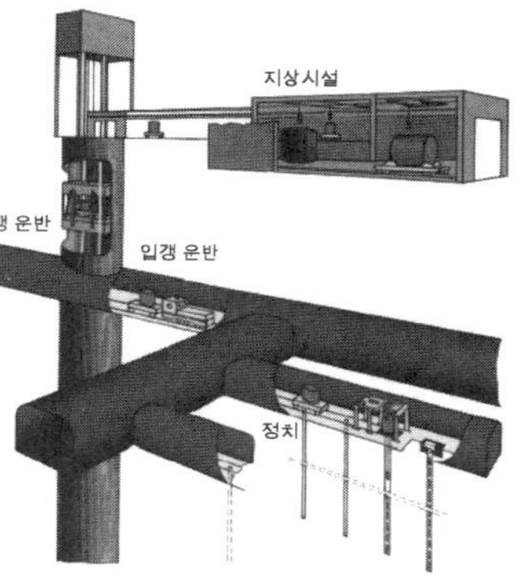

그림 56. 처분공 수직방식[51)]

(4) 독일 북부지역의 암염 분포

독일의 암염층은 특별한 받침대 없이 수십년간 독립된 지하공간을 굴착할 수 있었고, 장기적으로는 자연의 작용으로 굴착공간이 채워지는 현상(크리프 현상)[52)]이 확인되었다. 또한 암염은 열전도율이 높아 방사성폐기물에서 발생되는 열을 주변으로 확산할 수 있으므로 발열성방사성폐기물에 적합하다고 판단되었다.[53)]

독일 북부의 고어레벤에서는 최종처분지로서의 적합성 확인을 목적으로 한 조사활동이 1979년부터 계속되어 왔다. 고어레벤의 지표에서 약 260m 이상 깊은 부분에는「암염돔」이 형성되어 있다.[54)]

---

50) 日本經濟産業省, 諸外國における高レベル放射性廢棄物の處分について, 2017.2, 88면; 한국원자력환경공단, 국외 고준위방사성폐기물 처분현황, 2016.12, 57면.

51) 日本經濟産業省, 위의 보고서, 88면; 한국원자력환경공단, 국외 고준위방사성폐기물 처분현황, 2016.12, 57면.

52) 특정물질을 고온에서 일정한 힘을 가하면 내부 저항력인 응력(stress)은 거의 일정한 값을 유지하는 반면 변형(deformation)은 계속해서 증가하는 거동을 나타낸다. 이와 같이 일정한 하중을 받는 물체가 시간과 더불어 그 변형이 지속적으로 증가하는 거동을「크리프 현상」(creep phenomenon)이라 한다.

53) 방사성폐기물을 격리한 후에는 천연방벽이 가장 중요한 역할을 한다는 이유로 1970년대부터 암염층에의 처분가능성이 주목을 받았다. 독일에서는 100년 이상 암염의 채굴경험과 그 특성이 잘 알려져 있었다.

54) 암염 자체는 약 2억 6천만년 전 형성되었으며, 이 암염층의 상부에 퇴적된 지층과의 비중차에 의해 장기에 걸쳐 돔(dome) 상태로 부풀어 올라 형성된 구조이다.

고어레벤의 암염돔의 규모는 길이 약 14km, 폭이 최대 약 4km이며, 암염층의 가장 깊은 부분은 지하 약 3,500m까지 이어지고 있다. 고어레벤에서의 처분심도는 지하 약 840m 내지 1,200m의 범위였다.

(5) 고어레벤에서의 조사활동 상황

고어레벤의 지하탐사활동은 1998년부터 연방정부의 탈원전정책의 영향을 받아 2000년 10월부터 10년에 걸쳐 신규 활동이 동결되었다. 동결 해제 후인 2010년 11월부터 조사목적을 처분장으로서의 적합성 확인으로 바꿔 탐사활동이 재개되었다.

그러나 부지선정 절차의 재검토에 따라 2012년 11월 고어레벤에서의 조사활동이 일시 정지되었다. 그 후 2013년 7월에 시행된 「부지선정법」에 따라 조사는 일단 종료되었다. 「부지선정법」에 따라 고어레벤은 다음의 경우에는 검토대상에서 제외되며 다른 후보부지와 동일하게 취급된다.[55)]

i) 검토대상인 부지지역에 포함되지 않는 경우

ii) 지표조사를 실시하는 부지(지상조사 대상부지)로 선택되지 않은 경우

iii) 지하조사를 실시하는 부지(지하조사 대상부지)로 선택되지 않은 경우

iv) 최종적으로 처분장 부지로 선택되지 않은 경우

따라서 고어레벤이 동법에 의한 향후 절차에서 새로 조사부지로 지정될 때까지 더 이상 조사는 실시되지 않는다. 아래는(그림 57. 참조) 고어레벤의 지하조사갱도의 개요를 보여주고 있다.

55) 日本經濟産業省, 諸外國における高レベル放射性廢棄物の處分について, 2017.2, 89면~90면; 한국원자력환경공단, 국외 고준위방사성폐기물 처분현황, 2016.12, 57면~58면.

그림 57. 고어레벤의 부지 개요[56)]

고어레벤의 암염돔은 933m 및 840m 2개의 갱도입구가 굴착되어 있으며, 처분예정 심도인 840m에 조사용 수평갱도(총연장 약 7km)가 전개되어 있다. 지금까지의 조사활동은 처분사업의 시행주체인 BfS의 위탁을 받아 독일 폐기물처분시설건설·운전회사(DBE사)가 중심이 되어 실시하고 있었다.

이러한 조사활동 자체는 「연방광산법」에 의한 규제 하에 진행되고 있다. 또한 2013년 7월 제정된 「부지선정법」에 따라 고어레벤에서의 조사를 종료하고 지하탐사갱도는 일부를 제외하고 폐쇄하기로 결정되었다.

(6) 처분사업의 시행계획

독일에서는 연방환경·자연보호·건설·원자로안전부(BMUB) 산하에 연방방사선방호청(BfS)이 시행주체로서 처분사업을 주관하고 있다. 과거 처분장의 설치·운영에 관한 인·허가 절차는 주 당국의 관할이었다.

56) 日本經濟産業省, 諸外國における高レベル放射性廢棄物の處分について, 2017.2, 90면; 한국원자력환경공단, 국외 고준위방사성폐기물 처분현황, 2016.12, 59면.

그러나 2014년 새로 BMUB[57] 산하에 방사성폐기물처분에 관한 규제기관으로서 「연방방사성폐기물처분청」(BfE)이 설치된 이후 이 연방관청이 부지선정절차의 관리부터 부지선정 후의 설치·운영·폐쇄에 이르기까지의 규제를 일관하여 담당하게 되었다.

2013년 7월 제정된 「발열성 방사성폐기물의 최종처분장의 부지선정에 관한 법률」(부지선정법)에서는 처음으로 「고준위방사성폐기물처분위원회」를 설치하여 처분개념과 부지선정에 관한 기준 및 선정절차의 방법을 검토하도록 규정하고 있다.

동 위원회는 2014년 5월 정식으로 발족되어 2015년 말까지 검토결과를 정리한 보고서를 연방의회, 정부에 제출하기로 되어 있다. 부지선정기준 등은 연방법으로 확정될 예정이다. 「부지선정법」에 명시되어 있는 일정의 개요(그림 58. 참조)는 다음과 같다.[58]

i) 2015년 말까지 고준위방사성폐기물처분위원회에 최종보고서 제출

ii) 2023년 말까지 지하조사대상인 복수 후보부지 선정(연방법으로 확정)

iii) 2031년 말까지 처분장 부지 결정(연방법으로 확정)

2. 연구 및 기술개발

(1) 연구기관

심층처분에 관한 연구개발은 부지후보지로서 지하조사도 진행되어 온 고어레벤을 중심으로 하는 조사와 보다 일반적인 조사·연구로 나뉜다. 고어레벤에 관한 조사·연구는 시행주체인 연방방사선방호청(BfS) 및 동청과의 계약에 의해 실질적 시행주체로서의 작업을 담당하고 있는 독일 폐기물처분시설건설·운전회사(DBE사)가 진행해 왔다. 한편, 일반적인 조사·연구는 각종 기관이 각각 전문영역의 연구활동을 시행고 있다.[59]

---

57) 처분사업을 관할하는 연방관청인 「BMUB」는 2013년 9월 총선결과에 의해 동년 12월 새로 발족되었고, 새 정권의 부처개편에 따라 아래와 같이 명칭이 변경되었다. 과거의 사업에 대해서는 구 명칭을, 부처명칭이 바뀐 후의 사업에 관한 명칭은 신 명칭을 사용한다.
i) 구 명칭 : 연방환경·자연보호·원자로안전부(BMU)
ii) 신 명칭 : 연방환경·자연보호·건설·원자로안전부(BMUB)

58) 日本經濟産業省, 諸外國における高レベル放射性廢棄物の處分について, 2017.2, 91면; 한국원자력환경공단, 국외 고준위방사성폐기물 처분현황, 2016.12, 58면.

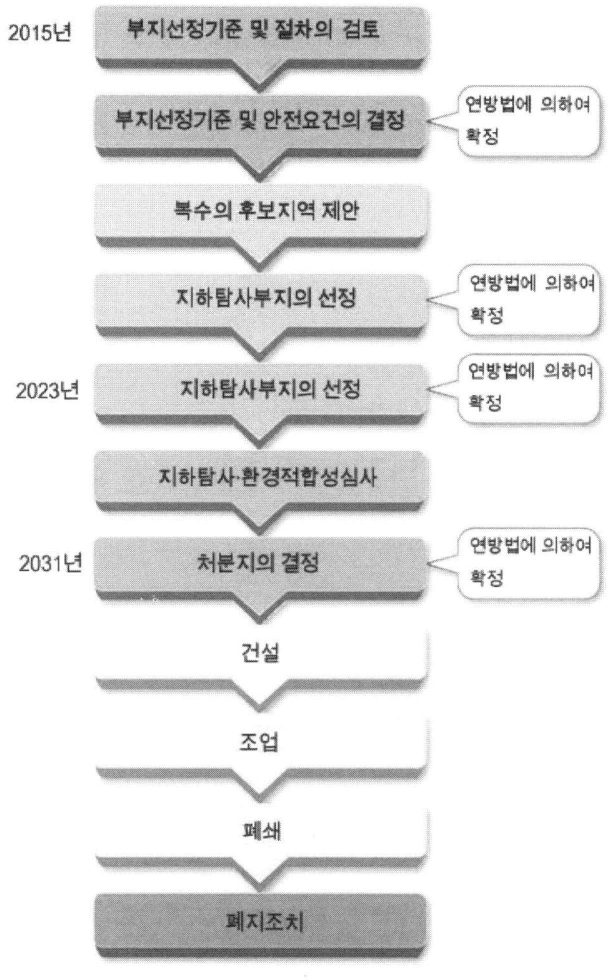

그림 58. 독일의 처분장 사업의 흐름[60)]

59) 주요기관으로서는 지질관계연구소인 연방지구과학·천연자원연구소(BGR), 기타 유리히(Jülich), 칼스루에(Karlsruhe), 로쎈도르프(Rossendorf)의 각 국립연구소(FZJ, FZK, FZR), 시설·원자로안전협회(GRS), 대학연구실 등을 들 수 있다.

60) 日本經濟産業省, 諸外國における高レベル放射性廢棄物の處分について, 2017.2, 91면.

(2) 연구계획

고어레벤 프로젝트에 대해서는 1977년 7월 당시의 시행주체였던 연방물리·기술연구소(PTB)에 의하여 고어레벤 최종처분장 개발·조사계획이 시작되었지만, 그 개요는 PTB와의 계약에 의해 작업을 시행하고 있던 독일 핵연료재처리회사(DWK)의 보고서에 정리되어 있다.

또한 기초연구는 연방경제에너지부(BMWi), 연방교육연구부(BMBF)를 중심으로 진행되고 있다. 고준위방사성폐기물의 처분에 관해서는 처분대상으로 고려되었던 암염 이외에 결정질암, 퇴적암 및 암종에 의존하지 않는 연구도 진행되고 있다.

(3) 지하연구소

1965년 방사성폐기물의 최종처분에 관한 조사·연구를 실시하기 위해 과거에는 암염광산이었던 앗세 II 연구광산을 당시의 방사선·환경협회(GSF)(현재 뮌헨 헬름홀츠센터)가 취득했다. 여기에서 1967년부터 1977년까지 중·저준위방사성폐기물의 시험적 처분이 시행되었으나 그 후에는 고준위방사성폐기물의 암염층으로의 처분 등에 관한 지하연구소로 되었다.

현재는 앗세 II 연구광산의 연구소로서의 기능은 실질적으로 종료되었다. 2009년 1월부터는 BfS가 시행주체로서 동 광산의 폐쇄를 위한 절차를 진행하였다. 2010년 1월 BfS는 앗세 II 연구광산의 폐쇄에 관하여 시험적으로 처분한 중·저준위방사성폐기물의 회수가 최선이라는 평가결과를 공표하였다.

또한 2013년에는 폐기물의 회수를 우선 옵션으로 하고 앗세의 폐쇄를 촉진하는 것을 목적으로 하는 「원자력법」이 개정되었다. BfS는 현재 폐기물의 회수계획 수립을 위한 준비작업(폐기물을 보관한 처분실의 시험굴착 및 조사 등)을 실시하고 있다. 한편 고어레벤의 암염돔에 대한 지하조사갱도도 실질적으로 지하연구소로서의 기능을 수행하고 있다고 할 수 있다.[61)]

61) 日本經濟産業省, 諸外國における高レベル放射性廢棄物の處分について, 2017.2, 92면; 한국원자력환경공단, 국외 고준위방사성폐기물 처분현황, 2016.12, 60면.

V. 스위스

1. 처분계획

(1) 심층처분 대상 방사성폐기물

스위스는 고준위방사성폐기물용과 중·저준위방사성폐기물용 2개소의 처분장을 건설할 예정이지만, 지질조건 등에 따라서는 모든 방사성폐기물을 대상으로 한 처분장을 1곳에 건설할 가능성이 있다는 것이 특별계획 「심층처분장」이라는 프로젝트 확정절차에 규정되어 있다.

고준위방사성폐기물용 심층처분장에서는 영국과 프랑스에 위탁한 재처리에 따라 반환되는 유리고화체와 함께 잔여 사용후핵연료를 처분한다. 또한 유리고화체와 함께 반환되는 장수명 중준위방사성폐기물(TRU 폐기물)[62]도 고준위방사성폐기물용 처분장에서 처분할 계획이다.

유리고화체는 철제용기(over pack)에 밀봉하여 처분할 계획이다. 스위스에서는 유리고화체를 수납하는 용기를 「플라스코」라 하며 그것을 over pack한 용기 전체를 「캐니스터」라 한다. 사용후핵연료의 경우는 연료집합체인 상태에서 철제용기에 수납·밀봉하여 처분할 계획이다.

---

62) TRU 폐기물은 재처리시설이나 MOX 연료가공시설로부터 발생하는 장반감기의 초우라늄 원소(우라늄보다 큰 원자번호를 가진 원소)가 들어 있는 폐기물로서 「초우라늄」의 영어 Trans-uranic의 머리문자를 딴 이름이 붙여져 있다. 그 관리는 고준위방사성폐기물에 따른 취급이 필요하다.

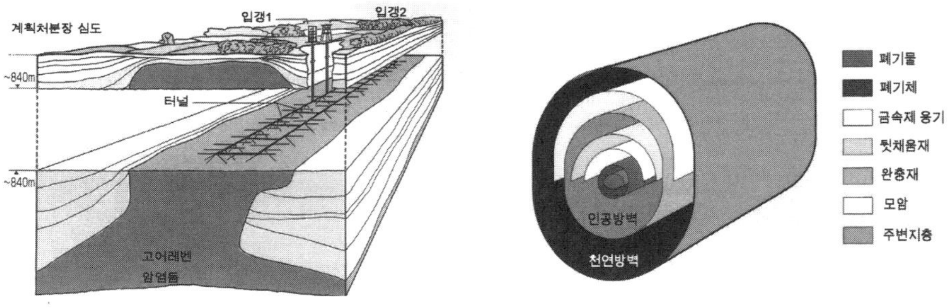

그림 59. 유리고화체 처분을 위한 캐니스터[63)]

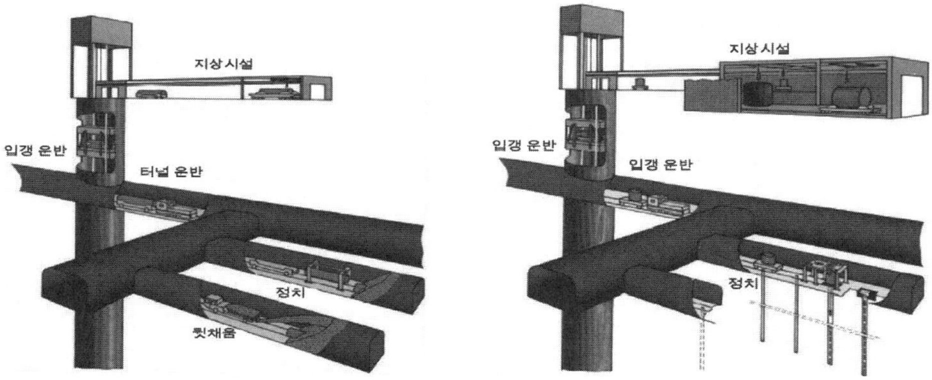

그림 60. 사용후핵연료 처분용 캐니스터[64)]

---

63) 日本經濟産業省, 諸外國における高レベル放射性廢棄物の處分について, 2017.2, 88면; 한국원자력환경공단, 국외 고준위방사성폐기물 처분현황, 2016.12, 57면.

64) 日本經濟産業省, 위의 보고서, 88면; 한국원자력환경공단, 위의 보고서, 57면.

NAGRA가 2008년 공표한 예측에 따르면 스위스 국내 5기의 원자로를 50년간 운전한 경우 약 3,600톤의 사용후핵연료가 발생하고, 이 중 2008년 시점에 약 1,100톤이 재처리되었으며, 나머지 2,435 톤은 직접 처분할 계획이다. NAGRA는 처분할 캐니스터(canister) 중 유리고화체를 수납한 것이 730개(730㎥), 사용후핵연료를 수납한 것이 1,225개(6,595㎥)로 평가하고 있다.

(2) 처분개념

NAGRA는 고준위방사성폐기물용 심층처분장을 스위스 북부 지하에 분포된 퇴적암 「오파리너스 점토」[65]를 모암으로 하는 지층 내 깊이 400~900m 장소에 설치하는 방안을 검토하고 있다.

NAGRA가 「처분실용가능성 실증프로젝트」에서 검토한 심층처분장의 개념은 아래(그림 61. 참조)와 같다. 스위스에서는 「감시형 장기심층처분」 개념에 의한 처분장에 처분할 방침이다.

상기 심층처분장의 지하에는 고준위방사성폐기물의 처분구역, 장수명 중준위방사성폐기물 처분구역 이외에 파일럿시설이 설치된다. 파일럿시설은 소량의 폐기물을 처분함으로써 처분 후에 발생하는 변화나 움직임을 모니터링 하여 예측모델의 정확성을 확인하거나 가정에서 벗어난 악영향을 조기에 검출할 수 있도록 하기 위해 설치되었다. 파일럿시설의 설치는 법률(원자력법 및 동시행령)상 요건이다.

유리고화체 또는 사용후핵연료를 수납한 캐니스터는 갱도 내에서 「벤토나이트 블록」제의 받침대 위에 가로로 정치한다. 남은 공간은 입자상태가 된 벤토나이트로 채우는 방법이 검토되고 있다.

(3) 처분장 건설예정지의 지질구조

스위스에서는 「원자력법시행령」에 따라 심층처분장 건설지의 선정은 「도시계획법」에서 제도화되어 있는 특별계획이라는 프로젝트 확정절차대로 단계적으로 진행되고 있다. 이와 같은 절차는 2008년부터 개시되었고, 2011년 11월 고준위방사성폐기물의 심층처분장으로 세 군데의 지질학적 후보지역이 확정되어 3단계로 이루어진 부지선정절차의 제1단계가 종료되었다.

---

65) 오파리너스 점토는 약 1억 8천만년 전 쥬라기에 형성된 퇴적암의 일종이다. 「오파리너스」라 함은 이 지층에서 발굴된 암모나이트 껍질이 오팔과 같은 광채를 띠며 채굴되었기 때문이다.

두 곳 모두 지질학적 후보지역으로서 지하에 오파리너스 점토의 지층존재가 확인되고 있다. 퇴적암의 일종인 오파리너스 점토는 안정성 및 투수성이 낮은 특성을 가지고 있어 심층처분장의 모암으로서 적합성이 높다.

> **[6] 오파리너스 점토:** 약 1억 8,000만년전인 쥬라기에 형성된 퇴적암의 일종이다. < 오파리너스 > 라고 하는 단어는 이 지층에서 발굴된 암모나이트 껍질이 오팔과 같은 광채를 가지는 것에서 찾을 수 있다.

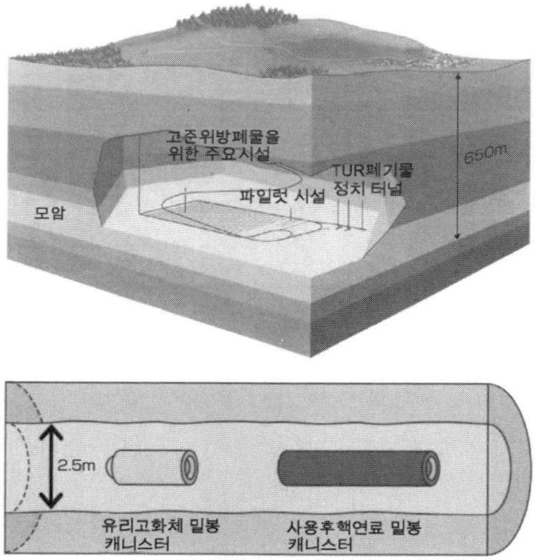

그림 61. 오파리너스 점토층 내의 고준위방사성폐기물 처분장과 캐니스터[66)]

(4) 처분사업의 시행계획

2005년 2월 시행된 「원자력법」과 「원자력법시행령」에 따라 원자력발전사업자는 방사성폐기물관리 프로그램을 매 5년마다 작성하여 규제기관의 승인을 받도록 의무화되어 있다.

---

66) 日本經濟産業省, 諸外國における高レベル放射性廢棄物の處分について, 2017.2, 111면; 한국원자력환경공단, 국외 고준위방사성폐기물 처분현황, 2016.12, 76면.

이 프로그램은 폐기물의 종류나 양, 처분장 건설의 시행계획 등을 기술하는 것이다. NAGRA는 방사성폐기물관리 프로그램을 2008년 10월 연방정부에 제출하고 연방평의회는 2013년 8월 이를 승인하였다.

연방평의회는 동 프로그램에 따라 실시되는 연구개발계획 및 방사성폐기물관리 비용의 산정에 관한 보고서 제출에 맞추어 다음 회의 개정판 프로그램을 2016까지 제출하도록 NAGRA에 요구하였다.

연방에너지청(BFE)은 폐기물관리 프로그램의 부지선정 일정에 관한 부분이 개정된 것을 2013년 4월 공표하였다. 개정 후의 일정에는 부지선정절차가 2029년에 종료한다고 예상하였다. 지하특성조사시설의 건설 및 조사시행 후 처분장 건설을 개시하고 2060년경 운영이 개시될 예정이다.

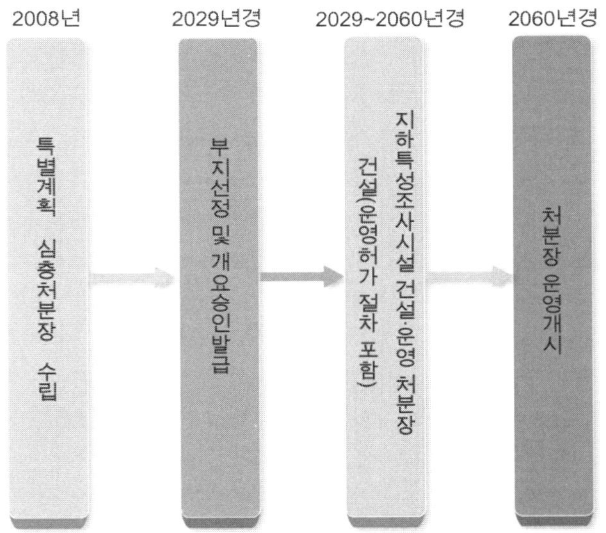

그림 62. 처분사업의 실시계획[67]

67) 日本經濟産業省, 諸外國における高レベル放射性廢棄物の處分について, 2017.2, 112면; 한국원자력환경공단, 국외 고준위방사성폐기물 처분현황, 2016.12, 76면.

2. 연구개발 · 기술개발

(1) 연구기관

스위스의 고준위방사성폐기물 처분에 관한 연구는 NAGRA가 중심이 되어 시행하고 있다. NAGRA는 지표조사, 보링조사, 지하연구소에서의 연구활동 등을 통하여 처분장의 부지선정, 안전평가, 처분프로젝트에 필요한 자료수집 및 평가, 처분장 및 인공방벽의 설계, 운영과정의 계획입안, 성능평가용 데이터 및 모델의 검증 등을 시행하고 있다.

이 밖에 처분프로젝트계획의 기반이 되는 방사성폐기물의 특성평가 및 인벤토리의 작성 등도 진행하고 있다. NAGRA의 연구는 스위스의 국립연구기관인 파울·쉐라연구소(PSI)와의 긴밀한 협력을 비롯하여 대학, 연구기관 및 민간기관과의 협력에 의해 진행되고 있다.

(2) 연구계획

「원자력법시행령」(2005년 제정)에서 5년마다 수립하도록 의무화되어 있는 「방사성폐기물관리 프로그램」에 대해 NAGRA는 2008년 제1차 프로그램을 공표하였다. 이 프로그램에는 처분사업 진행의 각 단계에서 필요한 연구·개발사항 등이 정리되어 있다.

「원자력법시행령」의 제정 이전에도 NAGRA는 고준위방사성폐기물의 처분연구에 관한 계획서를 작성하였다. 1995년 NAGRA는 지질조사계획 및 그 실시일정을 등을 포함한 「고준위방사성폐기물 처분 : 목적, 전략 및 일정」을 공표하였다.

지금까지 NAGRA의 연구성과는 2002년 말 연방평의회에 제출된 「처분 실현가능성 실증프로젝트」보고서에 반영되어 있다. 또한 NAGRA는 2009년 「스위스의 방사성폐기물처분을 위한 연구·개발·실증 계획」을 수립하고 있다.

동 계획에는 「처분 실현가능성 실증프로젝트」 및 연방정부의 프로젝트에 대한 재검토에서 명확화된 과제 및 향후 5~10년 내에 실시해야 할 작업계획이 정리되어 있다. 동 계획에 대해서는 「방사성폐기물 관리프로그램」의 다음 개정에 맞추어 2016년의 중반 경 개정이 예정되었다.

(3) 지하연구소

스위스에는 지하연구소는 결정질암을 대상으로 한 그림젤 시험부지연구소와 퇴적암인 오파리너스 점토를 대상으로 한 몬·테리 암반연구소 등 2곳의 지하연구소가 있다. 이들 지하연구소에서는 고준위방사성폐기물의 안전한 처분을 위해 암반특성의 연구 등이 진행되고 있다.[68)]

[그림젤 시험부지연구소]

이 연구소는 1984년 NAGRA에 의해 설치되었다. 동 부지에서의 조사활동에는 독일, 프랑스, 일본, 스페인, 스웨덴, 대만, 미국, EU 등의 기관이 참가하고 있다. 현재는 장기적 실험이 중심이 되고 있으며 실제 규모에서 고준위방사성폐기물의 처분개념의 실증 및 인공방벽이나 주위암반에 대한 방사성핵종의 이행에 관한 실험 등 처분장과 동일한 조건 하에서의 처분개념의 현실적 실증에 주안점을 두고 있다.

[몬테리 암반연구소]

이 연구소는 1996년 각국의 관계기관이 참여하는 국제공동프로젝트로서 스위스 국립 수문학 지질조사소가 중심이 되는 형태로 설치되었다. NAGRA는 오파리너스 점토에 관한 이해를 높이기 위한 데이터 취득을 목적으로 한 연구를 시행하고 있다. NAGRA가 참여하고 있는 주요 연구로는 오파리너스 점토에서의 방사성핵종이나 가스확산, 미생물활동, 모암에 대한 열적 영향 연구 등이 있다.

68) 日本經濟産業省, 諸外國における高レベル放射性廢棄物の處分について, 2017.2, 114면; 한국원자력환경공단, 국외 고준위방사성폐기물 처분현황, 2016.12, 77면.

Ⅵ. 영 국

1. 처분계획

(1) 심층처분 대상 방사성폐기물

영국은 기존의 천층처분장에서 처분할 수 없는 방사성폐기물을 심층처분할 방침이다.[69] 이를 위해 현재 처분지 선정이 진행되고 있는 심층처분장에서는 고준위방사성폐기물 이외에도 재처리시설이나 원전 등에서 발생되는 방사성폐기물도 처분할 계획이다.

한편 개량형 가스냉각로에서 발생되는 사용후핵연료의 일부와 가압경수형 원자로(1기)에서 발생되는 사용후핵연료에 대해서는 현시점에서 재처리계획이 미정이므로 이들을 처분 캐니스터에 밀봉하여 심층처분할 가능성도 고려되고 있다.

핵연료로 사용되는 농축우라늄 이외의 열화우라늄, 재처리 과정에서 회수된 플루토늄 및 우라늄은 현재 방사성폐기물로 분류되고 있지 않지만, 향후 마땅한 용도가 없다고 결정된 경우에는 이들도 심층처분 대상으로 예상되고 있다.

처분시행주체인 NDA[70]는 확보해야 할 중간저장시설 및 심층처분장의 규모를 검토하기 위해 매 3년마다 영국 내의 방사성폐기물의 인벤토리를 평가하고 있다. 2010년 4월 시점의 데이터에 따라 추정된 심층처분 대상 폐기물의 총량은 아래(표 20. 참조)와 같다.

(2) 처분형태

유리고화체와 사용후핵연료는 2종류 모두 처분캐니스터에 밀봉하여 처분하는 방법이 검토되고 있다(그림 63. 참조). 처분캐니스터의 재질은 처분지의 암반·지하수 조건 등에 따라 달라지나 동·주철의 캐니스터와 강철 캐니스터가 검토되고 있다. 유리고화체의 경우는 2개를 하나의 처분캐니스터에 밀봉한다. 또한 PWR 핵연료집합체는 4개, AGR 연료체는 8개를 하나의 처분캐니스터에 밀봉한다.

---

69) 기존의 천지층처분장으로는 NDA가 관리하는 드리그(Drigg) 처분장(1955년부터 처분 개시)이 있다. 2007년 수립된 저준위방사성폐기물 관리정책에서는 일부의 소규모사업자가 이용할 가능성을 남기면서도 원자력시설에서 발생되는 방사성폐기물용으로는 새로운 천지층처분시설을 설치하지 않을 방침이다.

70) 함철훈/박윤원, 원자력안전법론(상), 진원사, 2016, 89면 참조.

종 류	심층처분 시설에 수납하는 폐기물 패키지의 체적(참조사례)
고준위방사성폐기물	7,454 m^3
중준위방사성폐기물	361,692 m^3
심층처분 대상 저준위방사성폐기물	16,632 m^3
사용후핵연료	10,363 m^3
플루토늄	6,989 m^3
우라늄	94,502 m^3
합 계	497,635 m^3

표 20. 심층처분 대상 폐기물의 총량 전망[71)]

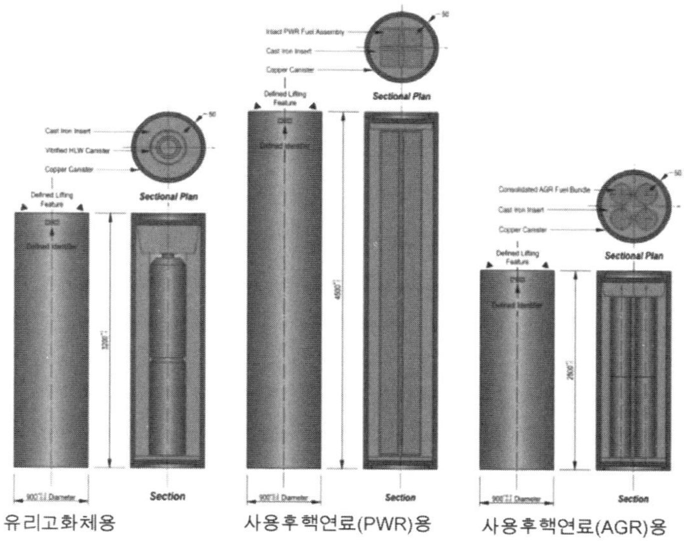

그림 63. 유리고화체와 사용후핵연료의 처분용기 내부[72)]

71) 日本經濟産業省, 諸外國における高レベル放射性廢棄物の處分について, 2017.2, 135면; 한국원자력환경공단, 국외 고준위방사성폐기물 처분현황, 2016.12, 94면.

72) 日本經濟産業省, 위의 보고서, 135면; 한국원자력환경공단, 위의 보고서, 94면.

(3) 처분개념

영국정부는 처분장의 부지선정을 진행해 왔으나 구체적 후보지는 아직 미정이다. 처분의 실시주체인 NDA는 3종류의 지질조건을 가정하여 심층처분 시스템에 관한 기본개념의 설계 및 개발을 추진하고 있다.[73] 기술검토단계의 처분장 개념에서는 아래(그림 64. 참조)와 같은 다양한 기술옵션을 검토하고 있다.

i) 결정질암의 경우에는 심도 650m에서 처분캐니스터를 수직처분

ii) 퇴적암의 경우 심도 500m에서 수평처분

iii) 암염층의 경우에는 심도 650m에서 수평처분

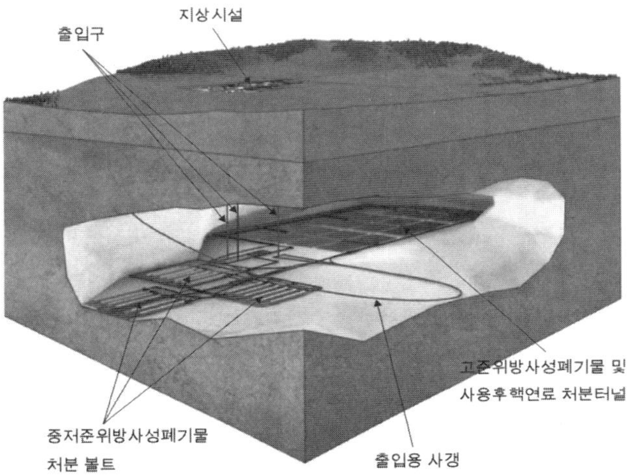

그림 64. 심층처분장의 개념도[74]

(4) 처분사업의 시행계획

영국 정부는 원자력산업계와 공동으로 「영국 원자력의 장래」라는 제목의 보고서를 2013년 3월 발간하였다.[75] 이 보고서는 영국의 원자력개발의 중장기전략으로 심층처분에 관한 이정표(milestone)를 아래와 같이 설정하고 있다.

---

73) 심층처분장의 설치 심도는 지하 200~1,000m의 범위를 고려하고 있다.

74) 日本經濟産業省, 諸外國における高レベル放射性廢棄物の處分について, 2017.2, 136면; 한국원자력환경공단, 국외 고준위방사성폐기물 처분현황, 2016.12, 95면.

75) 여기에는 「심층처분장의 개발은 우선도가 높은 과제」라는 인식을 보이고 있다.

i) 2020년대까지 : 지층에서부터 조사

ii) 2030년대까지: 처분지 결정과 지하특성조사시설 건설작업 개시

iii) 2050년대까지 : 심층처분장의 설계, 건설 및 운영 개시

NDA는 심층처분사업에 대해 다양한 이해관계자들과 협의·조정을 위해 사업 규모 및 일정 등 전체적 사항을 검토하고 있다. 그 결과로서 NDA는 2010년 3월 「심층처분시행을 향한 절차」라는 보고서를 발간하였다.

NDA는 다양한 규제 당국과의 사이에서 규제의 시행방법을 논의하고 아울러 영국 정부가 담당하고 있는 부지선정절차와 NDA가 실시하는 조사·건설공정과의 관련 등에 대해 협의해 나갈 방침이다.

소요연한	각 국면의 개요(NDA안)
~5년	① 예비조사 ○ 후보부지에 대한 탁상조사 실시 ○ 다음 단계로 진행하는 하나 또는 복수의 후보부지를 정부가 결정할 때까지의 기간
~10년	② 지상에서의 조사 ○ 후보부지에서 보링조사 실시 ○ 환경영향평가 실시 ○ 우선부지를 정부가 결정할 때까지의 기간
~15년	③ 처분장의 건설·지하 조사 ○ 우선부지 결정 후 계획허가와 규제허가 신청 ○ 건설과 함께 지하조사 실시
~90년	④ 처분장의 운영 ○ 운영개시 전 요구받은 인·허가 취득 ○ 운영 전까지 운반체제 구축 ○ 처분갱도의 건설/폐기물 보관활동
~100년	⑤ 처분장의 폐쇄 ○ 폐쇄시기는 해당지역의 의향을 고려하여 결정 ○ 폐쇄 후 시설은 제도적 관리당국의 관할로 이관 예정

표 21. 협의·조정을 위해 NDA가 검토·제시하는 지층처분사업 실시일정[76)]

76) 日本經濟産業省, 諸外國における高レベル放射性廢棄物の處分について, 2017.2, 136면.

2. 연구 및 기술개발

(1) 연구기관

영국의 심층처분 연구개발은 NDA가 주관하고 있으며, NDA는 심층처분 시스템 개발 단계를 통하여 필요한 연구개발을 실시하고 있다.

(2) 연구계획

NDA는 2009년 3월 심다음의 6개 연구개발 주제로 구성된 심층처분 연구개발 전략을 공표하였다.[77)]

i) 고준위방사성폐기물 및 사용후핵연료에 관한 연구개발의 진전·확장

ii) 우라늄 및 플루토늄 등 핵물질의 장래 관리전략의 개발 지원

iii) 중준위방사성폐기물 처분을 위한 연구개발의 지속

iv) 처분프로그램 실시 상의 문제에 대한 대응

v) 부지특성조사 준비

vi) 사회과학적 연구 실시

또한 NDA는 2011년 2월 동 전략의 보완책으로서 예비연구단계에서 실시되어야 할 연구개발계획의 개요를 공표하였다. 여기에는 실시해야 할 연구개발내용을 항목별 체계화방법 또는 항목에 대한 실시내용을 특정화·우선화 하는 방법이 나타나 있다.[78)]

(3) 지하연구소

영국에는 현재 고준위방사성폐기물 처분의 연구개발을 위한 지하연구소는 없다. NDA가 검토하고 있는 처분사업의 실시일정에는 심층처분장의 건설과 병행하여 지하특성 조사일정이 포함되어 있다.

---

77) 日本經濟産業省, 諸外國における高レベル放射性廢棄物の處分について, 2017.2, 137면; 한국원자력환경공단, 국외 고준위방사성폐기물 처분현황, 2016.12, 96면.

78) 여기에는 원자로의 정화 및 폐기물관리에 대해 안전하고도 지속가능하며 국민이 수용할 수 있는 해결책을 제시한다. 이것은 결코 안전성과 안보측면에서 타협하지 않고 사회적 또는 환경에 대한 책임을 충분히 고려하여 납세자의 이익을 우선하고 이해관계자와의 협의를 적극적으로 구축한다.

Ⅶ. 캐나다

1. 처분계획

(1) 심층처분 대상 방사성폐기물

캐나다의 원전에서 운전되고 있는 원자로는 모두 "CANDU 노형"으로 불리는 형식이다. 이 원자로에서는 핵연료로 천연우라늄을 사용하여 길이 약 50㎝의 짧은 핵연료집합체를 사용하고 있다. 기존의 원자로가 예정대로 운전될 경우, 발생될 사용후핵연료는 약 460만개(우라늄환산으로 약 87,400톤)가 될 전망이다.

캐나다는 사용후핵연료를 재처리하지 않고 핵연료집합체 그대로 바스켓에 수납하여 그것을 이중구조의 처분용기에 밀봉하여 처분하는 방법을 검토하고 있다(그림 65. 참조).[79]

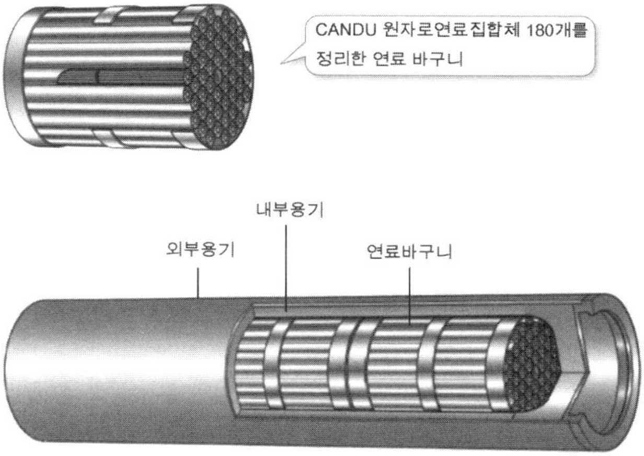

그림 65. CANDU 노형의 핵연료집합체 및 사용후핵연료 처분용기의 구조[80]

---

79) 처분용기는 이중구조로서 내측은 강철제, 외측은 동제(결정질암의 경우) 또는 강철제(퇴적암의 경우)로 하는 설계를 검토하고 있다.

80) 日本經濟産業省, 諸外國における高レベル放射性廢棄物の處分について, 2017.2, 160면; 한국원자력환경공단, 국외 고준위방사성폐기물 처분현황, 2016.12, 110면.

(2) 처분개념

캐나다의 NWMO는 처분장의 후보암종, 처분심도, 처분장 규모 등 구체적 처분설계를 결정하고 있지 않지만, 2010년 5월 공표한 부지선정절차의 최종안을 제시한 「연계 추진 : 캐나다 사용후핵연료의 심층처분장 선정절차 보고서」에서는 심층처분장의 요소로서 부지의 지질에 따라 약 500m 깊이의 장소에 설치할 것을 계획하고 있다.

사용후핵연료는 특별히 설계·인가된 운반용기에 원전부지에서 밀봉되고 처분장에서 내식성이 강한 처분용기에 다시 밀봉된다. 용기는 설치구획까지 운반된 후, 암반에 굴착된 수직 또는 수평의 처분공 내에 설치되어 벤토나이트(bentonite)에 의해 다시 채워진다. NWMO가 계획하고 있는 심층처분개념은 아래(그림 66. 참조)와 같다.

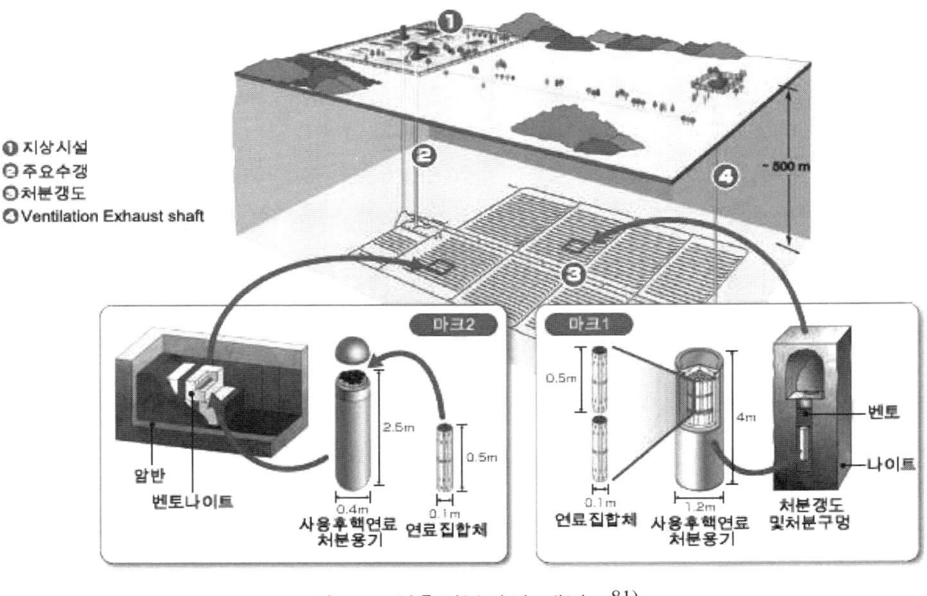

그림 66. 심층처분장의 개념도[81)]

81) 日本經濟産業省, 諸外國における高レベル放射性廢棄物の處分について, 2017.2, 161면.

(3) 처분장 건설예정지의 지질구조

캐나다에서는 심층처분장 부지선정이 진행 중이므로 처분장 건설예정지는 미정이다. 다만 캐나다의 국가방침인 사용후핵연료의 「적응성 있는 단계적 관리」에서는 심층처분장 후보암종으로서 캐나다 순상지[82]의 결정질암(약 45억년 전~5.4억년 전 형성) 또는 오르도비스(Ordovices)기[83]의 퇴적암(약 4억5,000만~5억년까지의 사이에 형성)이 고려되고 있다.

(4) 처분사업의 시행계획

핵연료폐기물의 처분시행주체인 NWMO는 캐나다 정부가 2007년 6월 결정한 「적응성 있는 단계적 관리」(APM)를 시행하고 있다. 이 계획에서는 정부가 이 방침을 추진하기로 결정한 시점부터 계산을 시작하여 처분개시는 약 60년 후로 예상하고 있다.

캐나다 국내의 사용후핵연료를 모두 1군데의 심층처분장으로 옮기려면 약 30년이 걸리므로 심층처분장에서의 사용후핵연료를 일정한 곳에 옮기려면 약 60년에서 90년이 걸릴 예정이다.[84]

사용후핵연료를 일정한 곳에 옮기는 기간 중이나 후에라도 처분방침의 채택결정 시점부터 300년까지는 모니터링을 계속할 수 있다고 가정하고 있다. 적절한 모니터링 방법과 기간은 미래의 후세대가 결정하고 실시할 것이다. 아울러 처분장을 최종적으로 폐쇄하는 시점과 방법에 대해서도 마찬가지이다.

---

82) 캐나다 순상지는 북미대륙의 북동부에 펼쳐져 있는 캄브리아기(약 45억년 전 ~ 5.4억년 전)에 형성된 암반으로 서양의 방패를 엎어놓은 형상을 닮았다고 하여 이와 같이 불린다.

83) 고생대의 한 기(紀)로서, 캄브리아기 다음인 약 5억년 전부터 6,000만~8,000만년간 지속되었다. 필석류 화석이 산출되는 필석상(graptolite facies)과 패각화석이 다량 산출되는 패각상(shelly facies)으로 퇴적층을 크게 나눈다. 삼엽충, 산호류 등이 번성하였고, 최초의 척추동물인 원시 어류 화석이 발견된다.

84) 이 기간은 매우 장기에 걸치므로 NWMO는 「적응성이 있는 단계적 관리는 유연하게 조건을 갖추면 반드시 가속할 수 있다」고 한다.

2. 연구 및 기술개발

(1) 연구기관

핵연료폐기물(사용후핵연료)의 처분실시주체인 NWMO는 핵연료폐기물처분의 장기적 방법으로서 채택된 「적응성 있는 단계적 관리」(APM) 방침의 실시를 지원하기 위한 기술적 연구를 진행하고 있다.

기술적 연구프로그램은 NWMO 이외에 캐나다의 국내대학을 포함한 전문가에 의해 실시되며 독립기술평가그룹(ITRG)[85]에 의해 매년 1회 검토되고 있다. 또한 NWMO는 스웨덴, 핀란드, 스위스, 프랑스 등 해외기관과 제휴하여 연구를 진행하고 있다.

(2) 연구계획

2007년 6월에 캐나다 정부가 「적응성이 있는 단계적 관리」(APM) 방침의 실시를 결정한 후, NWMO는 향후 5년간의 행동계획을 정리한 「APM 실시계획서」를 2008년 이후 매년 작성하고 있다.[86] 연구나 기술개발에 관한 성과를 포함한 NWMO의 활동상황은 연차보고서와 3년차 보고서에 반영되어 있다.

이와 같은 보고서를 NWMO가 작성할 의무는 「핵연료폐기물법」에 규정되어 있다. 최초의 3년차 보고서는 2008~2010년의 활동을 대상으로 한 것으로 2011년 3월 발간되었다.

(3) 지하연구소

NWMO가 2002년 설치되기 이전 고준위 방사성폐기물의 처분·관리의 연구개발을 실시하고 있던 AECL은 마니토바주의 화이트쉘연구소 근교에 지하연구소(URL)를 건설하고 있었다(그림 67. 참조). 이 시설은 화강암층 지하 약 450m에 있

85) 독립기술평가그룹(ITRG)은 NWMO의 연구활동 등 기술프로그램이 적절한 과학적·기술적 방법에 따라 NWMO가 기술적 지식을 가지고 있는지 여부를 확인하기 위해 2008년 설치되었다. ITRG는 핵연료폐기물의 심층처분 프로젝트의 실시분야에서 국제적으로 인정된 4명의 전문가로 구성되어 있으며 현재는 스웨덴의 SKB, 스위스의 NAGRA, 캐나다 알바타(Alberta) 대학의 전문가 및 영국의 컨설턴트가 멤버로 되어 있다.

86) 여기에는 연구 또는 기술개발 계획의 포함 및 일반대중의 의견을 고려하여 정식으로 발행되나 이와 같은 계획서의 작성은 법률상 의무는 아니다.

으며 처분지 후보 모암이 존재하는 캐나다 순상지를 대상으로 한 원위치(in-situ) 시험[87]이 행해지고 있었다.

이 지하연구소에서는 지표 및 지하의 특성조사, 지하수, 핵종 이행연구, 지하수의 지구화학 및 미생물학, 온도 및 시간의 경과에 따른 암반의 변형 및 파괴의 특성분석, 컨트롤보링 및 발파와 그 영향의 평가, 뒷채움재 재료의 개발과 성능 평가 등의 연구가 행해졌다.

1988년에 AECL은 URL을 포함한 화이트쉘연구소에서의 작업을 종료시킬 것을 발표한 후 URL의 폐지조치계획을 수립하였다. AECL은 현재 이 계획에 따라 URL을 해체하고 있다.

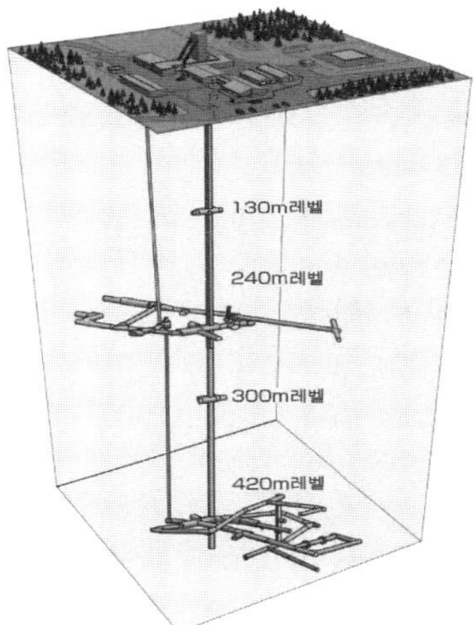

그림 67. AECL의 지하연구소[88]

87) 원위치시험(in-situ test)은 원위치의 지표 또는 보링공 등을 이용하여 흙의 성질을 직접 조사하는 시험을 총칭한다. 이 시험은 밀도 등의 물리정수 및 투수성 등을 구하는 것으로 분류할 수 있다.
 i) 물리정수를 구하는 것 : 지표 및 지하에서의 물리탐사, 흙의 들밀도시험, 방사능 검층 등
 ii) 강도를 구하는 것 : 표준관입시험, 원추관입시험, 스웨덴식 사운딩시험, 베인시험, CBR시험 등
 iii) 강도와 변형특성을 구하는 것 : 현장전단시험, 보링공내횡방향재하시험, 도로평판재하시험, 지반의 재하시험, 말뚝의 연직(수평)재하시험 등
 iv) 지하수와 투수에 관한 것 : 현장투수(투기)시험, 양수시험, 간극수압사운딩 등
 한편 흙공사에서 실시하는 시공관리시험도 원위치시험의 일종으로 볼 수 있다.

88) 日本經濟産業省, 諸外國における高レベル放射性廢棄物の處分について, 2017.2, 163면; 한국원자력환경공단, 국외 고준위방사성폐기물 처분현황, 2016.12, 112면.

Ⅷ. 미 국

1. 처분계획(유카산계획)

(1) 3종류 고준위방사성폐기물의 심층처분

유카산(Yucca Mountain)에 처분예정인 고준위방사성폐기물은 다음과 같이 3종류가 있다.

i) 상용원전에서 발생된 사용후핵연료가 63,000톤(중금속환산, 이하 동일)

ii) 에너지부(DOE)가 보유한 사용후핵연료(연구소 또는 해군의 선박로 등에서 발생한 것)가 2,333톤

iii) 핵무기 제조 및 과거 상용 원전에서 사용후핵연료의 재처리에 의해 발생된 고준위방사성폐기물이 4,667톤. 합계 총 70,000톤이다.

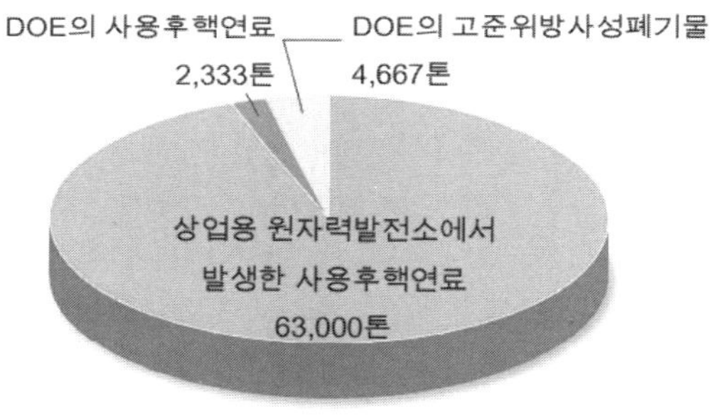

그림 68. 미국의 방사성폐기물 인벤토리[89)]

(2) 처분형태

처분대상인 고준위방사성폐기물은 외측이 알로이(Alloy) 22라고 불리는 니켈기합금, 내측이 스테인레스강인 2중 구조의 폐기물 패키지로 밀봉되어 처분된다. 외측의 합금이 부식에 견디는 역할을, 내측의 스테인레스강이 역학적 하중을 견디는 역할을 한다.

89) 日本經濟産業省, 諸外國における高レベル放射性廢棄物の處分について, 2017.2, 183면; 한국원자력환경공단, 국외 고준위방사성폐기물 처분현황, 2016.12, 126면.

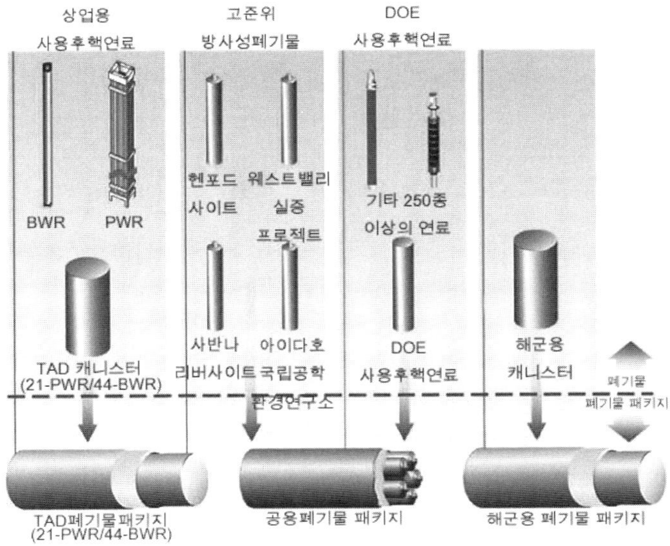

그림 69. 방사성폐기물 패키지의 종류[90)]

상용 원전에서 발생된 사용후핵연료의 약 90%는 원전에서 운반·저장·처분(TAD) 캐니스터에 수납하여 유카산으로 운반할 계획이며, 나머지는 처분장에서 TAD 캐니스터에 수납할 계획이다. 이 TAD 캐니스터를 상술한 2중 구조의 폐기물 패키지에 밀봉하여 처분한다.

폐기물 패키지는 수납하는 폐기물의 종류에 따라 민간의 사용후핵연료를 수납한 TAD 폐기물 패키지, 군사용 고준위방사성폐기물을 수납한 것, 선박용의 사용후핵연료를 수납한 것 등의 6종류가 있다.

(3) 처분장 건설예정지의 지질구조

유카산 주변의 암반은 약 1,100~1,400만년 전 일련의 분화에 의해 발생된 화산재가 퇴적된 응회암이다. 연간 강수량이 적고 증발량이 많은 사막지대에 있어 지하수면이 지표로부터 500~800m 깊은 곳에 있다.

---

90) 日本經濟産業省, 諸外國における高レベル放射性廢棄物の處分について, 2017.2, 183면; 한국원자력환경공단, 국외 고준위방사성폐기물 처분현황, 2016.12, 126면.

(4) 처분개념

처분장은 지표에서 200~500m의 깊이, 지하수면보다 평균 약 300m 상부에 건설할 것이 검토되고 있다. 이러한 지질구조의 특징 이외에 방사성폐기물을 환경에서 장기간 격리하기 위한 인공방벽에 의한 다중방벽시스템에 의한 처분개념이 고려된다.[91)]

처분장은 지상시설과 지하시설로 구성되어 있고 지상시설의 주요 구성요소로서는 운반·저장·처분(TAD) 캐니스터에 수납된 사용후핵연료를 운반용 캐니스터에서 꺼내어 처분 또는 저장으로 나누기 위한「수납시설」, 운반캐니스터에 그 상태로 운반되어 온 사용후핵연료 등을 TAD 캐니스터에 수납하기 위한「습식취급시설」, TAD 캐니스터 등을 처분용 폐기물 패키지에 수납하기 위한「캐니스터 수납·밀봉시설」, 사용후핵연료를 냉각저장하기 위한「저장시설」등이 있다.

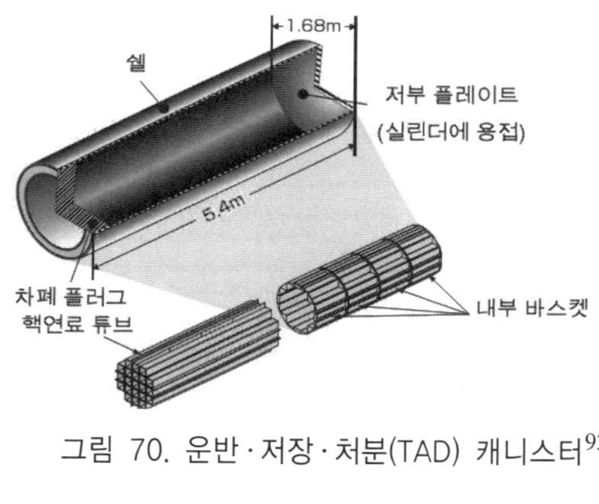

그림 70. 운반·저장·처분(TAD) 캐니스터[92)]

또한 지하시설의 주요 구성요소로서는 직경 약 5.5m로 11,000개의 폐기물 패키지를 처분하는「처분갱도」, 처분된 다양한 형태의「폐기물 패키지」, 폐기물 패키지의 상부에 설치되어 처분갱도 벽면으로부터의 액체방울·암석의 낙하로부터 폐기물 패키지를 방어하는「드립 쉴드」가 있다.

91) 처분장의 규모는 총면적이 약 5㎢, 처분갱도의 연장거리는 약 64km로 예정되어 있다.
92) 日本經濟産業省, 諸外國における高レベル放射性廢棄物の處分について, 2017.2, 183면; 한국원자력환경공단, 국외 고준위방사성폐기물 처분현황, 2016.12, 126면.

폐기물 패키지는 처분갱도에 설치된 팔레트에 수납된다. 또한 처분장은 단계적 건설이 고려되어 있고 지하시설은 초기단계의 건설이 완료된 시점에 운영허가를 받아 폐기물의 수납이 시작된다. 나머지 부분에 대해서는 폐기물의 처분작업과 병행하여 처분장 건설이 진행될 예정이다.

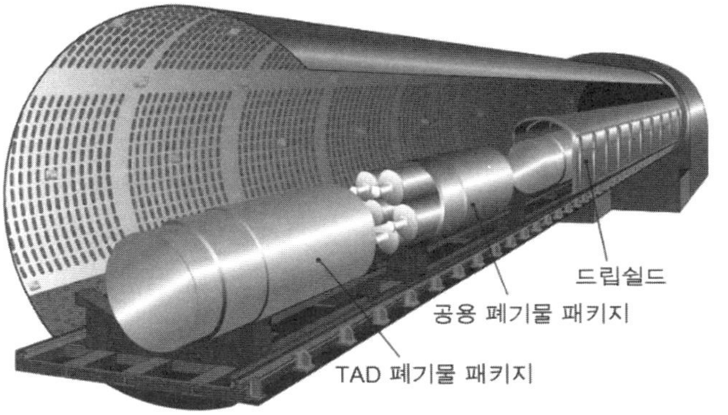

그림 71. 처분터널과 폐기물 패키지의 개념[93)]

(5) 처분사업의 시행계획

미국에서의 고준위방사성폐기물 처분의 기본방침은 「1982년 방사성폐기물정책법」에 규정되어 있고, 동법 제301조에서는 DOE가 프로그램의 포괄적 계획을 제시한 「미션 플랜」을 작성하도록 규정되어 있다.

1985년의 미션 플랜에서는 처분장의 운영개시를 1998년으로 계획하였다. 그러나 그 후 1987년 「1982년 방사성폐기물정책법」이 수정되어 부지특성조사활동을 유카산에만 한정하게 되어, 1987년 미션 플랜의 수정판에서 운영개시는 5년이 지연된 2003년으로 되었다.[94)]

약 20년의 조사연구 후, 유카산 부지는 2002년 대통령에게 추천하고 연방의회의 승인을 거쳐 최종처분장 부지로 결정되었다. 그 후 예정보다 늦게 유카산의

93) 日本經濟産業省, 諸外國における高レベル放射性廢棄物の處分について, 2017.2, 184면; 한국원자력환경공단, 국외 고준위방사성폐기물 처분현황, 2016.12, 127면.

94) 그 후 1989년 다시 7년 지연이 발표되었고 2000년 공표된 「민간방사성폐기물 관리프로그램 플랜 제3판」에서는 운영개시를 2010년으로 계획하였다.

건설허가에 관한 인·허가신청의 준비작업이 진행되었다.

DOE는 2008년 6월 3일 인·허가신청서(약 8,600페이지) 및 동월 최종보충 환경영향평가서 등을 원자력규제위원회(NRC)에 제출하여 2008년 9월 8일 NRC가 정식으로 이를 수리하였고, 인·허가절차가 일시 중단되었으나, 현재 안전심사결과를 종합한 안전성평가보고서(SER)의 작성이 진행되고 있다. 처분장 개발일정은 다음과 같이 예정되어 있다.

2009년	NRC가 처분장에 관한 연방규칙의 최종판 발행
2011년 12월	NRC가 처분장의 건설허가 발급
2012년 10월	처분장 건설 시작
2013년 11월	네바다주의 철도건설 시작
2016년 3월	폐기물 반입·보유를 위한 허가(운영허가) 신청
2019년 3월	NRC가 폐기물 반입·보유를 위한 허가증(운영허가) 발급
2019년 10월	처분장의 초기운영을 위한 건설 완료
2020년 3월	전체 미국 운반시스템 가동, 처분장 운영 개시

표 22. 처분장 건설에서 운영까지의 일정[95)]

95) 日本經濟産業省, 諸外國における高レベル放射性廢棄物の處分について, 2017.2, 185면; 한국원자력환경공단, 국외 고준위방사성폐기물 처분현황, 2016.12, 127면.

2002 에너지부 장관이 대통령에게 부지 추천
대통령이 부지를 승인, 의회에 추천, 네바다 주지사로부터 반대통지가 있었으나 연방의회가 부지 지정의 합동결의를 가결, 대통령 서명에 의하여 법으로 성립
건설허가 신청을 준비

2008 NRC에 건설인가신청을 제출

2011 NRC로부터 인가취득 후 건설 개시

2016 폐기물 반입을 위한 허가신청(조업허가의 신청)

2020 NRC로부터의 허가취득 후 폐기물 반입 개시

폐쇄를 위한 허가수정 가능성
처분장 폐쇄 개시
처분장 폐쇄의 가능성

그림 72. 유카산 처분에 관한 일정 및 Milestone[96)]

96) 日本經濟産業省, 諸外國における高レベル放射性廢棄物の處分について, 2017.2, 185면.

2. 처분계획(블루리본위원회의 권고와 처분계획)

(1) 정권교체에 의한 유카산계획 중지

지금까지 입지가 추행되어 온 유카산계획에 대해서 민주당(오바마 정권)으로의 정권교체 후 오바마 정권은 계획을 중지하고 대체안을 검토하였다. 이에 따라 에너지부 장관은 방사성폐기물관리를 포함한 백엔드 정책의 대체안을 검토하는 「미국 원자력의 미래에 관한 블루리본위원회」(이하 「블루리본위원회」라 한다)를 2010년 1월에 설치하였다.

블루리본위원회는 2년 이내에 최종보고서 제출을 위해 원자로·핵연료주기, 운반·저장, 처분의 3개 소위원회를 설치하여 검토를 진행하였다. 2011년 5월 13일 각 소위원회의 권고안을, 이어서 2011년 5월부터 2011년 6월초에 걸쳐 각 소위원회의 보고서 초안이 공표되어 의견을 수렴하였다.[97)]

(2) 블루리본위원회의 8가지 권고

블루리본위원회는 2011년 7월 29일 1년 반 이내에 제출해야 했던 보고서 초안을 공표하였다. 블루리본위원회의 전체 보고서 초안에는 각 소위원회의 보고서 초안에 대한 의견 수렴을 통해 다음과 같이 정리된 의견이 반영되어 있다.[98)]

i) 미래의 방사성폐기물관리시설 입지를 위한 동의에 따른 새로운 방식 : 적응성이 있고 단계적이며 동의에 의해 투명성이 있고, 기준과 과학에 따른 방사성폐기물관리 및 처분시설의 부지선정을 실시하고 개발하기 위한 새로운 방식

ii) 폐기물관리프로그램의 실시만을 목적으로 하고, 성공을 추진하기 위한 권한 및 자원을 부여받은 새로운 조직 : 국내 방사성폐기물의 운반, 저장 및 처분을 위해 집중적으로 통합프로그램을 개발하고 실시할 단일 목적을 가진 새로운 조직

---

97) 보고서 초안이 공표된 이후 2011년 10월 31일까지 의견수렴절차가 진행되었고, 이 기간 중 미국내 5개 지역에서 공청회도 개최되었다.

98) 日本經濟産業省, 諸外國における高レベル放射性廢棄物の處分について, 2017.2, 186면; 한국원자력환경공단, 국외 고준위방사성폐기물 처분현황, 2016.12, 128면.

iii) 원전의 소비자가 방사성폐기물관리를 위해 제공하고 있는 자금의 이용권 : 방사성폐기물기금의 적립금과 매년 부담금에서 방사성폐기물 관리프로그램에 필요한 자금이 제공될 것

iv) 하나 또는 복수의 심층처분시설을 개발하기 위한 신속 대처 : 사용후핵연료 및 고준위방사성폐기물의 안전처분을 위하여 하나 또는 복수의 심층처분시설을 개발하기 위해 가능한 한 신속한 대처

v) 하나 또는 복수의 집중저장시설을 개발하기 위한 신속한 대처 : 후행핵연료주기의 관리를 위한 계획의 일부로서 하나 또는 복수의 집중중간저장시설을 개발하기 위해 가능한 한 신속한 대처

vi) 집중저장시설, 처분시설을 이용할 수 있는 시점에서 사용후핵연료 및 고준위방사성폐기물을 최종적으로 그 시설에 대규모로 운반할 수 있도록 하기 위한 신속한 대처 : 운반량 확대에 대한 일반대중의 우려를 제거하기 위한 운반기준 등의 갱신, 지방정부에 대한 기술지원 및 훈련자금의 제공

vii) 원자력기술에 대한 미국의 기술혁신 계속과 인재육성을 위한 지원 : 선진원자로 및 핵연료주기 기술에 관한 연구개발·실증을 위한 안정된 장기적 지원

viii) 안전성, 폐기물관리, 핵비확산 및 안전보장상의 우려에 대처하기 위한 국제체제에 대한 미국의 적극적 리더십 : 전 세계의 원자력시설 및 핵물질 안전성 및 보안을 향상시키기 위한 국제적인 리더십

(3) 심층처분의 기본방침 불변

블루리본위원회의 권고에서는 동의에 의한 부지선정절차 등 지금까지 진행되어 온 유카산계획과는 다른 처분장 개발, 중간저장시설 개발의 추진방안이 제시되어 있다. 그러나 어떤 핵연료주기정책을 채용한다 하더라도 심층처분은 필요하다는 결론이다.

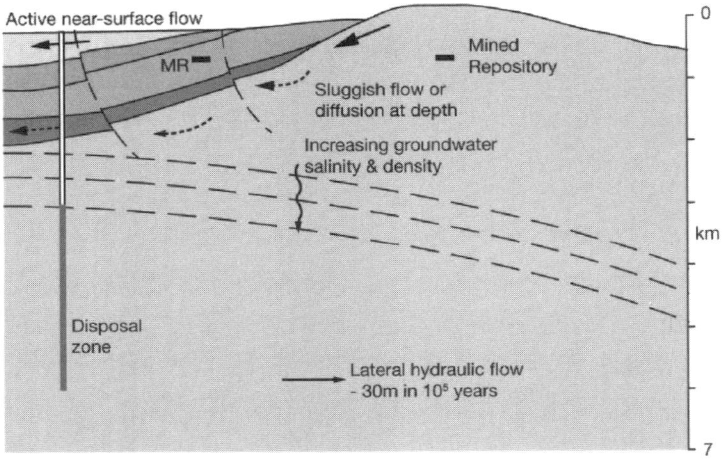

그림 73. 초심공처분의 개념[99)]

또한 심층처분의 선택사항으로서는 종래에 진행되어 온 갱도형 심층처분장은 타당한 선택이었고, 심부시추공처분도 유망한 선택사항으로서 연구개발이 계속되어야 한다고 권고하고 있다.

또한 처분장의 모암에 대해서는 지금까지 연구가 진행되어 온 암염, 결정질암, 점토층, 혈암, 응회암, 현무암 등 다양한 암종에 처분 가능하며, 암종 자체보다도 처분방법의 선택이 중요하다는 견해가 나왔다.

(4) 에너지부(DOE)의 처분전략

블루리본위원회의 최종보고서를 수용한 연방의회의 지시에 따라 DOE는 2013년 1월 11일 「사용후핵연료 및 고준위방사성폐기물의 관리·처분전략」(이하 「DOE 전략」이라 한다)을 공표하여 2025년까지 사용후핵연료의 중간저장시설이 사용가능하게 되도록 부지선정과 인·허가의 실시, 2048년까지 심층처분장을 실현하도록 처분장의 부지선정과 부지특성조사의 진행 등의 일정을 중심으로 아래(그림 74. 참조)와 같은 전략을 공시하였다.

99) 日本經濟産業省, 諸外國における高レベル放射性廢棄物の處分について, 2017.2, 187면.

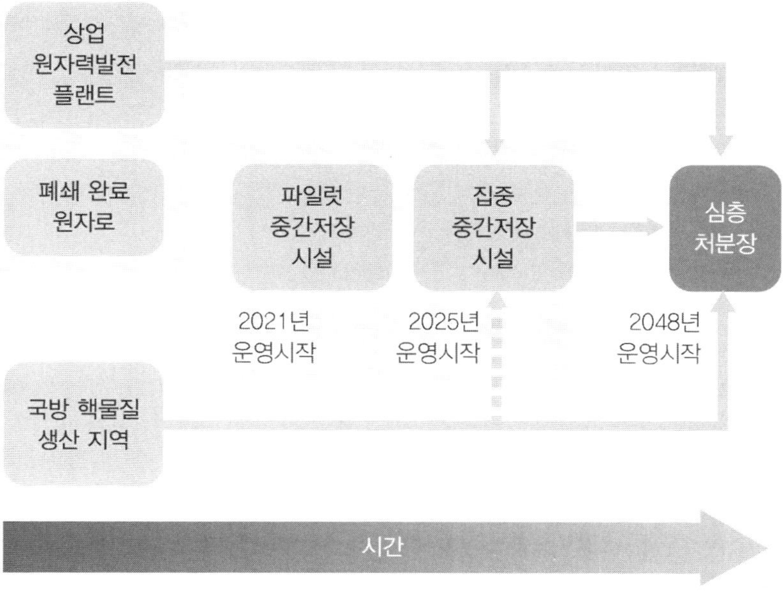

그림 74. 설정된 저장·처분체제[100)]

이와 같은 DOE의 전략에는 폐쇄한 원전에 저장되어 있는 사용후핵연료의 조기 인출 등을 추진하기 위해 중간저장 파일럿시설의 개발이 포함되어 있다.

(5) 연방회의에서의 법안 검토

블루리본위원회의 권고를 실현하려면 유카산을 최초의 처분장 후보지로서 정하고 있는 「1982년 방사성폐기물정책법」의 개정이 필요하므로 연방의회에서도 법률개정안이 검토되었다.

상원에 제출된 「2015년 방사성폐기물관리법」에는 블루리본위원회의 권고를 거의 수용한 형태로서 새로운 방사성폐기물 관리조직의 설치, 동의에 의한 부지 선정절차, 중간저장시설의 조기실현을 위한 제도, 새로운 기금의 창설 등이 포함되어 있다.

---

100) 日本經濟産業省, 諸外國における高レベル放射性廢棄物の處分について, 2017.2, 187면; 한국원자력환경공단, 국외 고준위방사성폐기물 처분현황, 2016.12, 129면.

(6) 에너지부(DOE)가 관리하는 고준위방사성폐기물의 처분

에너지부(DOE)가 관리하는 고준위방사성폐기물에 대해서는 지금까지 민간 원전에서 발생되는 사용후핵연료 등과 같이 처분하도록 되어 있었으나, 이와는 독립적으로 처분을 실시할 것이 계획되었다.[101)]

3. 연구 및 기술개발

(1) 연구기관

「1982년 방사성폐기물법」에는 에너지부(DOE)가 처분장을 개발하도록 규정되어 있으며[102)], DOE 산하에 민간방사성폐기물관리국(OCRWM)을 설치할 것이 규정되어 있다. 이와 같은 OCRWM은 실제 처분계획을 수행하고, 부지특성조사를 실시하며, 처분예정지로서의 적합성을 평가하기 위한 연구를 하였다.

OCRWM은 미국 내의 연구기관이나 관리, 운영계약자(M&O)에의 위탁 등에 따라 처분기술 및 안전성 평가 등에 관한 연구를 진행하였으며, 2006년 1월에는 주관 연구소로서 산디아국립연구소(SNL)가 지정되었다.

아울러 OCRWM은 캐나다, 일본, 프랑스, 스웨덴, 스위스, 스페인 각국과 방사성폐기물처분에 관한 정보교환이나 공동연구를 실시하였다.

(2) 연구계획

「1982년의 방사성폐기물정책법」 제211조는 에너지부 장관이 고준위방사성폐기물 및 사용후핵연료의 중점적 또는 통합적 연구개발 프로그램을 수립해야 한다고 규정하고 있다.[103)]

(3) 지하특성 조사시설

원자력규제위원회(NRC)가 수립한 고준위방사성폐기물 처분기준(10.C.F.R. Part

---

101) DOE가 관리하는 고준위방사성폐기물의 독립된 처분계획은 2015년 3월 24일 대통령이 법률에 따라 수용함을 각서로 제출하였다.

102) DOE가 지하에서의 시험·평가시설 건설, 운영 및 보수를 시행하는 것도 규정되어 있다.

103) 이 계획에는 고준위방사성폐기물의 심층처분에 관한 연구를 실시하여 그것을 위한 기술을 통합적으로 실증하기 위한 시설 개발도 포함되어 있다.

60)에서는 DOE가 유카산 심층처분장의 건설인가에 관한 인·허가신청을 함에 있어서 지하시험의 실시를 의무화하고 있다.

유카산에서 조사연구시설(ESF)의 건설은 1992년 시작되어 1997년 완성되었다. ESF의 심도는 약 300m이고 본 갱도의 전체 길이는 7.9km이다. ESF에서는 유카산 지층의 암석학적 성질이나 수문지질학적 특성을 파악하기 위하여 열이나 물의 이동에 관한 실험 등이 실시되었다.

(4) 블루리본위원회의 권고에 대응한 DOE의 UFD 프로그램

2013 회계연도의 에너지부(DOE) 예산요구자료에는 블루리본위원회의 권고에 대한 대응과 관련된 연구개발로서 「사용후핵연료 처분 등 프로그램」(UFD 프로그램)이 실시되는 것으로 나타나 있다. 그러나 2012 회계연도의 UFD 프로그램에서는 다음과 같이 단기적 우선사항으로서의 연구개발이 제시되어 있었다.[104)]

i) 표준적 운반·저장·처분 용기의 개발 및 인·허가 지원
ii) 처분장 지층의 특성조사
iii) 부지에 의존하지 않는 심층처분에 관한 연구개발
iv) 저장 옵션 및 각각의 이점 평가
v) 유력한 파트너십 시스템을 포함하여 사용후핵연료 및 고준위방사성폐기물의 대체관리방식 평가의 시작
vi) 사용후핵연료의 저장 안전성에 관련된 과제에 대한 DOE의 평가능력의 강화

한편 2013 회계연도의 UFD 프로그램에서는 다음과 같은 연구개발이 제시되어 있다.

i) 집중중간저장 및 운반과제의 평가(최초에 해체된 원전부지를 대상)
ii) 산업계와 협력하여 사용후핵연료 관리방식의 표준화
iii) 사용후핵연료 저장의 장기화를 지원하기 위한 재료시험의 실시
iv) 사용후핵연료 및 고준위방사성폐기물의 안전운반에 관한 전미국과학아카데미(NAS) 보고서의 검토에 의해 특정된 실시작업의 시작
v) 대체환경에서의 심층처분연구의 시작(시스템 모델화, 천연방벽, 인공방벽, 설계개념의 평가 및 시험)과 같은 연구개발

---

104) 日本經濟産業省, 諸外國における高レベル放射性廢棄物の處分について, 2017.2, 188면; 한국원자력환경공단, 국외 고준위방사성폐기물 처분현황, 2016.12, 130면.

이들은 2014년 1월 16일 가결된 2014년 포괄세출법안에 의한 UFD 프로그램을 포함한 핵연료주기 연구개발 프로그램에 관한 세출예산으로 실시된다. 연도별 예산항목은 다음과 같다.

회계 연도	활동 내용	예산요구액 (천 달러)
2011	• 장기저장 지원에 필요한 사용후핵연료 평가를 규정하는 갭분석(Gap analysis), 사용후핵연료 저장의 필요성을 평가하기 위한 개략계획의 수립 • 연구개발활동의 우선순위를 위한 처분연구개발 로드맵 작성 • 건식저장하고 있는 사용후핵연료의 준비로서 운반하기 위한 데이터베이스 개발 • 일반적 인공방벽시스템(EBS) 및 천연방벽시스템에 관한 정보를 활용한 일반적 성능평가모델화의 계속, 데이터베이스 및 소프트웨어 추출 개시	32,535
2012	• 최초의 집중중간저장, 표준용기의 사용, 운반의 효율향상을 포함한 시스템 해석 개시 • 건식 및 습식저장의 안전성에 관련된 문제점 평가를 포함하여 사용후핵연료의 장기저장에 관한 연구개발 실시 • 장기저장을 지속하기 위한 사용후핵연료 운반에 관한 연구개발의 실시(특히, 고연소도 핵연료와 관련) • 대체환경에서의 심층처분에 관한 연구개발의 실시(예를 들면 시스템 모델화, 인공방벽, 설계개념의 평가, 시험) • 암염을 포함할 가능성이 있는 심층처분 모암의 원위치측성조사 개시	59,650
2013	• 집중중간저장, 표준용기, 운반에 관한 시스템해석의 계속 • 사용후핵연료의 장기화된 저장에 관한 연구개발의 계속 • 사용후핵연료의 장기 저장을 위한 기술기반을 지원하기 위한 시험검증 복합시설의 설계완료 • 사용후핵연료의 운반에 관한 가능성이 있는 이해관계자와의 교류확대 • 사용후핵연료 및 고준위방사성폐기물의 안전운반에 관한 전미국과학아카데미(NAS) 보고서 검토에 의해 특정된 실시작업의 개시 • 대체환경에서의 심층처분에 관한 연구개발의 계속, 초심도시추공처분 개념을 위한 연구개발 및 로드맵의 완성.	59,688

2014	사용후핵연료 처분 등 연구개발(3천만 달러) • 사용후핵연료의 장기화 저장을 지원하는 연구개발 • 대체환경에서의 처분연구개발(모델화, 평가, 시험) • 발열성 폐기물처분을 위한 암염처분장의 필드 테스트 • 초심도시추공 처분 연구: 심부 결정질암의 수리지질화학, 물리지질학, 구조지질학, 지구물리학적 상태, 공학적 특성에 관한 연구개발의 진전. • 국제적 지식의 활용을 위한 사용후핵연료 처분에 관한 국제조직 등에의 참여 • 장기저장의 지속을 위한 사용후핵연료 운반을 지원하는 연구개발 : 운반 중 현실적 운반물 평가를 위한 필드테스트 고준위방사성폐기물 관리·처분 시스템의 설계활동(3천만 달러) • 동의에 의한 부지 선정절차의 계획수립 계속 • 해체한 원전부지에서의 초기사용후핵연료 운반 해석 : 인원, 루트, 조달, 운용, 보안, 품질보증, 긴급시 대응, 훈련, 물류(logistics), 부지 용역, 동원, 운용준비, 부지용역일정 등 • 일반적 심층처분시설과 운반시스템의 개념설계 계속 • 다양한 사용후핵연료 관리시스템의 시스템 구조와 운용평가 : 집중지역저장시설, 다양한 재밀봉 시나리오와 인수속도, 운반, 저장시스템 모델갱신, 비용의 데이터베이스 구축. • 저장, 운반, 처분을 포함한 표준용기의 평가 계속 • 각 주의 지역그룹과 운반문제에 대한 협력작업 계속 • 해체 원전부지에서 일반적 집중중간저장시설로 초기운반에 대응하는 형태로 전미운반계획의 갱신	60,000

표 23. 연도별 항목별 예산요구액[105)]

105) 日本經濟産業省, 諸外國における高レベル放射性廢棄物の處分について, 2017.2, 189면; 한국원자력환경공단, 국외 고준위방사성폐기물 처분현황, 2016.12, 131면.

제 5 장 처분사업의 재원조달

Ⅰ. 스웨덴

1. 처분비용의 확보제도

스웨덴에서는 1981년 제정된 「자금확보법」[1]에 따라 장래 필요한 방사성폐기물 관리비용을 조달하기 위한 기금제도가 확보되었다. 기금의 적립대상에는 고준위 방사성폐기물의 처분비용 외에 중간저장, 중·저준위 방사성폐기물처분 및 원전의 해체비용이 포함되어 있다.

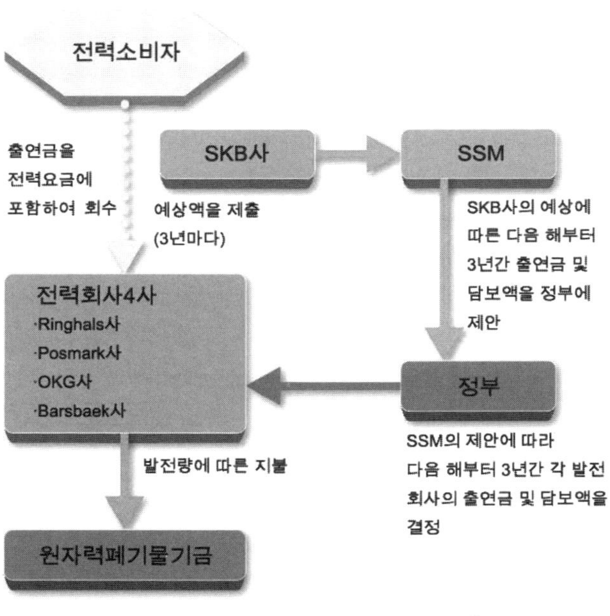

그림 75. 스웨덴의 비용확보체제[2]

---

1) 스웨덴은 1995년 「자금확보법」의 개정에 따라 기금에의 출연과는 별도로 원전을 40년 이상 운전하는 경우 전력회사는 발생될 추가비용을 적립하도록 되었다.
2) 日本經濟産業省, 諸外國における高レベル放射性廢棄物の處分について, 2017.2, 25면.

비용부담자인 전력회사는 매년 정부가 결정하는 바에 따라 기금에 부담금을 출연한다. 부담금액은 원전을 40년 운전하는 경우 발생되는 사용후핵연료 또는 방사성폐기물의 처분에 필요한 비용을 기준으로 원전회사별 발전량 1kWh 당 단가로 결정된다.

원전을 운영하는 전력회사는 주주인 모회사에 원가로 전기를 파는 전력회사이나 부담금 충당을 위해 발전단가를 인상하여 모회사에 전력을 팔아 그 인상분을 「원자력폐기물기금」에 3개월마다 납부한다. 부담금은 국채 등의 매입에 사용된다. 2014년 말 잔고는 579억 크로네(약 7조 4000억원)이다.

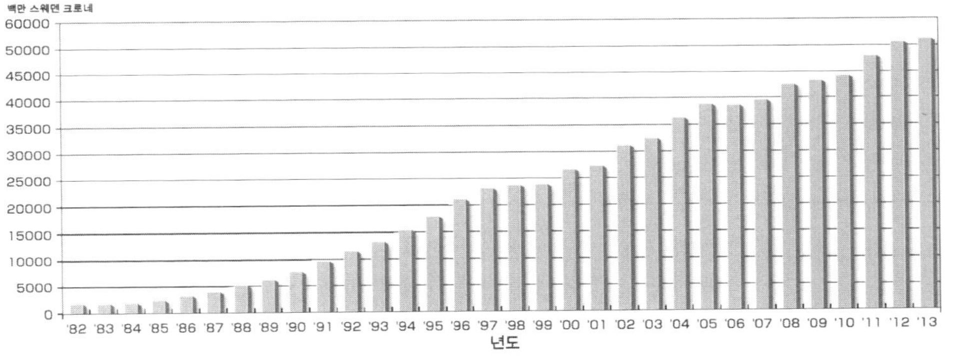

※ 1995년 이후에는 기금과는 별도로 담보형태로 추가비용을 확보하고 있다.

그림 76. 원자력폐기물기금의 매 연도 말 잔고 추이(시장가격)[3)]

2. 처분비용의 산정

원자력폐기물기금에 의해 적립된 폐기물관리비용의 산정은 전력회사들이 공동출자하여 설립한 스웨덴 핵연료·폐기물관리회사(SKB사)가 3년마다 실시하고 있다.[4)]

비용산정의 대상에는 사용후핵연료의 캐스크(cask) 밀봉 관련비용, 심층처분장

3) 日本經濟産業省, 諸外國における高レベル放射性廢棄物の處分について, 2017.2, 25면.
4) 최근의 비용산정은 「플랜 2013 : 원전에서 발생되는 방사성폐기물 관리를 위해 필요한 2015년 이후의 비용」에 나타나 있다.

관련비용 외에 사용후핵연료 집중중간저장시설인 CLAB의 운영비용, 원전해체비용, 방사성폐기물 운송비용, 연구개발비용 등이 포함된다.[5)]

플랜 2013에서는 고준위방사성폐기물(사용후핵연료)의 심층처분 관련비용 및 캐스크(cask) 밀봉 관련비용은 아래와 같이 예상된다(표 25. 참조). 이들 금액을 합산하면 사용후핵연료 약 12,600톤(우라늄 환산)의 처분비용은 492억 크로네(약 6조 2,600억원)로 추정된다.

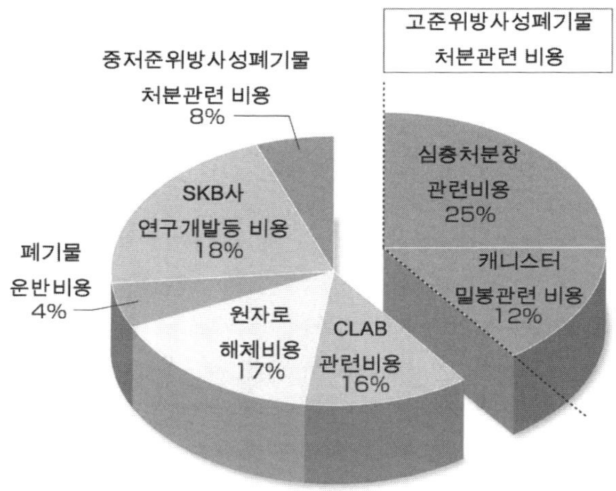

그림 77. 스웨덴의 방사성폐기물 관리비용 내역[6)]

구 분	2014년까지 지출(누계)	2015년 이후 발생예상비용
캐니스터 밀봉비용	5.0억 SEK	156.5억 SEK
심층처분장 관련비용	43.4억 SEK	287.5억 SEK
합 계	492억 SEK	

표 24. 고준위방사성폐기물(사용후핵연료) 처분관련비용[7)]

5) 이들 비용은 원자력폐기물기금에서 조달되며 2014년까지 약 272억 크로네(약 3조 4600억원)가 사용되었고, 2015년 이후에는 992억 크로네(약 12조 6,200억원)의 비용이 발생될 전망이다.

6) 日本經濟産業省, 諸外國における高レベル放射性廢棄物の處分について, 2017.2, 26면; 한국원자력환경공단, 국외 고준위방사성폐기물 처분현황, 2016.12, 14면.

7) 주 6)과 동일.

Ⅱ. 핀란드

1. 처분비용의 확보제도

핀란드의 「원자력법」에는 원자력시설의 인·허가취득자가 방사성폐기물의 처분 및 저장 등을 포함한 관리비용을 부담할 책임이 있다고 규정되어 있다. 그 대상이 되는 비용은 최종처분장의 건설·운영 이외에, 연구개발 및 운반, 저장 등을 포함한 방사성폐기물관리 전반에 관한 비용이다. 원자로시설 허가취득자(전력회사)인 TVO사와 FPH사는 3년마다 제출하는 방사성폐기물관리계획과 함께 그 실시에 필요한 비용산정서의 제출도 의무화되어 있다.[8)]

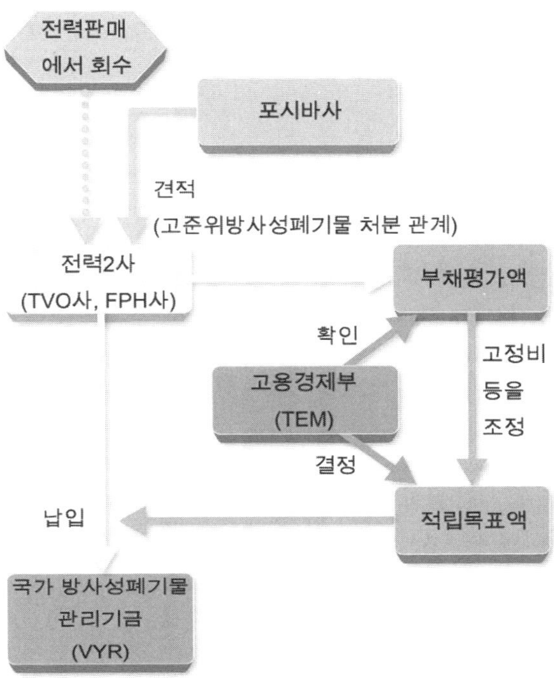

그림 78. 핀란드의 비용확보체제[9)]

8) 방사성폐기물 관리비용은 고용경제부가 관할하는 「방사성폐기물관리기금」에 적립되어 있다. 이 기금에 출연하는 주요 폐기물발생자는 TVO사와 FPH사이다.

9) 日本經濟産業省, 諸外國における高レベル放射性廢棄物の處分について, 2017.2, 50면.

핀란드의 특징은 그 시점까지 발생된 방사성폐기물의 분량(원자력시설의 해체폐기물에서 발생한 것으로 가정한 양)을 처리, 중간저장, 운반, 처분하는 비용을 그 시점의 산정액으로 평가하는 점이다.

고용경제부는 TVO사와 FPH사로부터 제출된 비용산정액을 상세히 조사한 후에 채무평가액(각사가 최종적으로 부담할 금액)과 적립목표액[10]을 결정한다. 각 폐기물발생자는 이 적립목표액을 매년 3월말까지 방사성폐기물관리기금에 납부한다. 또한 적립목표액과 채무평가액의 차액에 대해서는 국가에 담보제공이 의무화되어 있다.

2. 처분비용의 산정

핀란드의 고준위방사성폐기물의 처분 시행주체인 포시바사는 처분비용에 대해서 정기적으로 산정을 하고 있다. 2010년 기준으로 처분비용의 총액은 약 33.2억 유로(약 4조 1,360억원)[11]로 추정되었다.

그 내역은 지하특성조사시설(ONKALO)을 포함한 건설비 등의 투자비용이 약 7억 유로, 운영비가 약 24.2억 유로, 처분장의 폐쇄, 폐지조치비용이 약 2억 유로이다.

3. 처분비용의 산정대상

고준위방사성폐기물의 처분비용은 방사성폐기물의 전반을 대상으로 산정하고 있다. 고준위방사성폐기물 처분비용의 산정은 시행주체인 포시바사가 맡고 있다.

이와 같이 포시바사의 산정내용을 기초로 TVO사와 FPH사는 고준위방사성폐기물의 처분비용 이외에 중간저장, 운반비용 및 중·저준위방사성폐기물의 처리, 중간저장, 처분비용 및 원전해체비용 등을 포함한 모든 비용을 산정한 후에 이를 고용경제부에 제출한다.[12]

---

10) 적립목표액은 폐기물발생량에 비례하지 않는 고정비 부분을 장기분할로 조정한 금액이다.
11) 이 금액은 원전의 가동년수 등을 기초로 5,500톤의 고준위방사성폐기물 처분을 전제한 금액이다.
12) 핀란드는「원자력법」에 따라 이들 비용의 산정에는 장래의 불확실한 조건도 다수 예상되므로 예비비 20%가 포함된다.

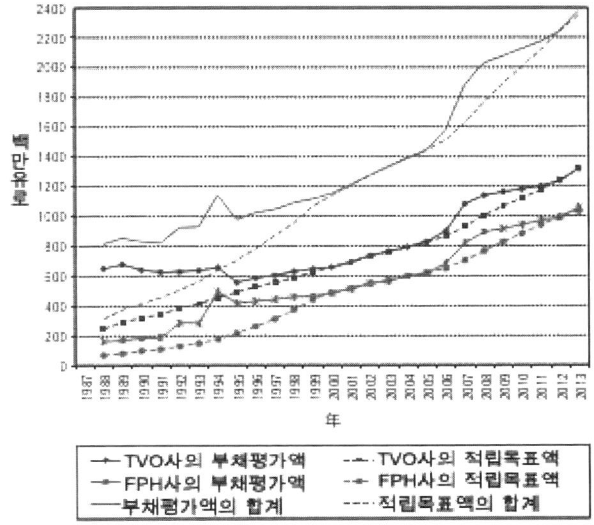

그림 79. 핀란드의 방사성폐기물관리기금 적립현황[13)]

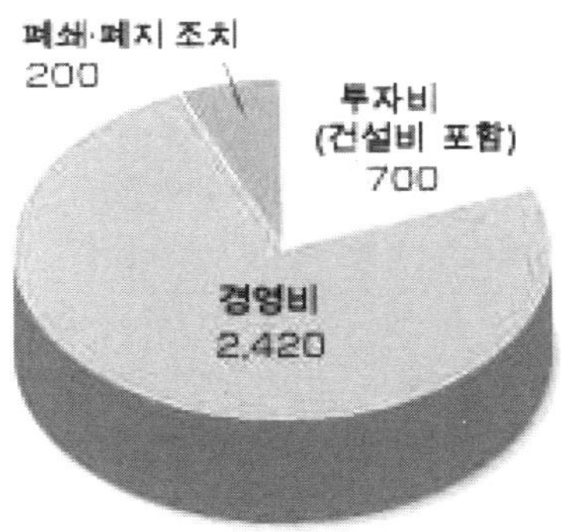

그림 80. 핀란드 처분비용의 내역[14)]

13) 日本經濟産業省, 諸外國における高レベル放射性廢棄物の處分について, 2017.2, 51면.
14) 日本經濟産業省, 위의 보고서, 51면; 한국원자력환경공단, 국외 고준위방사성폐기물 처분현황, 2016.12, 30면.

Ⅲ. 프랑스

1. 처분비용의 확보제도

프랑스에서는 2006년 「방사성폐기물 등 관리계획법」에 따라 고준위방사성폐기물 등의 중간저장시설 또는 가역성이 있는 지층처분장의 건설·운영 등의 자금을 원자력기본시설(INB) 운영자의 부담금으로 충당한다.[15)]

동 관리계획법에는 건설단계 이후 ANDRA 내의 독립된 회계관리가 행해지는 기금을 설치하는 것도 규정되어 있고, 필요자금을 운영자가 출연하도록 되어 있다. 2014년 말 현재 EDF는 고준위방사성폐기물 및 장수명 중준위방사성폐기물을 포함한 방사성폐기물 전체의 저장 및 처분을 위해 76억 8,600만 유로(약 9조 5,760억원)를 충당하고 있다.

2. 처분비용의 대상 및 산정액

고준위방사성폐기물 및 장수명 중준위방사성폐기물의 처분비용은 중간저장시설 또는 처분장의 건설, 운영, 폐쇄, 보수 및 모니터링이 대상이다. 고준위방사성폐기물 및 장수명 중준위방사성폐기물의 처분비용은 ANDRA[16)]가 산정하고 최종적으로 에너지부 장관이 처분비용을 산정하기로 되어 있다. 정부, ANDRA, EDF, AREVA사, CEA에 의해 2014년 ANDRA가 산정한 처분비용은 344억 유로(약 42조 8,600억원)이다.

---

15) 프랑스에 있어서 고준위방사성폐기물 및 장수명 중준위방사성폐기물의 처분비용 부담은「방사성폐기물 등 관리계획법」제16조에 따라 프랑스전력주식회사(EDF), AREVA사, 원자력청(CEA) 등 원자력기본시설(INB)을 가진 사업자가 부담하는 것으로 규정되어 있다.

16) 이 책 57면을 참조할 것.

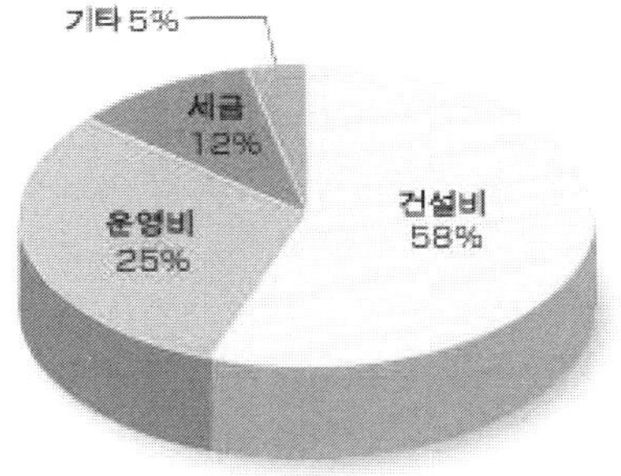

그림 81. 2014년 ANDRA에 의한 처분비용의 산정[17)]

Ⅳ. 독 일

1. 처분비용의 부담자

독일에서 방사성폐기물발생자는 이제까지 자체의 충당금[18)]으로서 방사성폐기물 관리비용을 확보하여 왔으나, 2016년 새로운 법률이 제정되어 공적 기금을 설치하여 방사성폐기물 관리비용에 충당하게 되었다.

방사성폐기물발생자가 기금에 대하여 방사성폐기물 관리의 장래비용과 위험에 대비하기 위한 보험료를 납부하는 대신 방사성폐기물의 운반, 중간저장부터 처분에 이르기까지 연방정부의 책임 하에 행해지게 되었다.

앞으로 자금 확보를 포함하여 방사성폐기물 관리에 관한 책임은 연방정부로 이관되고 폐기물발생자가 기금에 납입을 완료한 후에는 비용이 늘어난 경우에도 폐기물발생자가 추가부담을 하지 않게 되었다.[19)]

17) 日本經濟産業省, 諸外國における高レベル放射性廢棄物の處分について, 2017.2, 78면; 한국원자력환경공단, 국외 고준위방사성폐기물 처분현황, 2016.12, 48면.
18) “충당금”이란 앞으로 지출할 것이 확실한 특정비용에 대비해 미리 그 이전에 준비를 위해 설정하는 계정을 말하는 것으로, 충당금은 종래 일반적으로 준비금이라고 했으나 자본계정의 준비금과 구별하기 위해 충당금이란 용어를 사용하게 되었다.
19) 日本經濟産業省, 위의 보고서, 100면.

2. 처분비용의 확보제도 및 예상금액

독일에서는 이제까지 방사성폐기물 관리비용의 확보에 관한 공적 기금제도가 없었다. 이 때문에 원전사업자들은 원전 폐지조치비용 및 방사성폐기물 관리를 위하여 발생하는 장래비용을 자체 충당금으로 확보하여 왔다.

그러나 자금 확보제도의 기본방침은 「탈원자력을 위한 자금확보 검토위원회」가 2015년 10월 설치되어 검토한 결과 동위원회는 2016년 4월 공적 기금의 설치에 관한 권고를 행하였다. 이러한 권고에 따라 2016년 12월 공적 기금의 설치 등을 규정한 법률이 제정되었다. 이 법률에 의하여 방사성폐기물발생자인 원전회사는 기금에 174억 유로(약 21조 6,800억원) 및 위험에 대비한 보험료 62억 유로(약 7조 7,250억원)를 납부하게 되었다.[20]

이 가운데 처분장 건설비용이 약 39억 유로(약 4조 8,590억원), 사업비용이 약 34억 유로(약 4조 2,360억원), 폐로비용이 약 4억 유로(약 5,000억원)이다. 한편 「부지선정법」에 의한 부지선정비용은 약 20억 유로(약 2조 4,920억원)를 계상하고 있다.

Ⅴ. 스위스

1. 처분비용의 확보제도

스위스에서는 방사성폐기물의 발생자가 처분비용을 부담해야 한다는 것이 2005년 2월 시행된 「원자력법」에 규정되어 있다. 폐기물 발생자인 전력회사 및 연방정부는 방사성폐기물관리공동조합(NAGRA)[21]의 방사성폐기물관리에 관한 조사·연구 활동 등에 필요한 비용을 부담하고 있다.

스위스에서는 방사성폐기물 관리자금 확보방안으로서 충당금제도와 분담금제도가 병행되고 있다. 운영 중인 원전이 방사성폐기물 관리비용에 대해서는 2005년 2월 시행된 원자력법에 의해 원전의 소유자가 충당금을 계상하여 자금을 확보하고 있다. 운전 정지 후의 원전 방사성폐기물의 관리에 있어서는 필요한 비용을

---

20) 日本經濟産業省, 諸外國における高レベル放射性廢棄物の處分について, 2017.2, 100면.
21) 이 책 68면을 참조할 것.

충당하기 위해 설립된 「방사성폐기물관리기금」에 전력회사가 매년 분담금을 납부하여야 한다.

2000년 3월 「방사성폐기물관리기금령」이 제정되어 원전 폐쇄 후의 폐기물 관리 활동 전반에 필요한 비용을 기금화하는 제도가 확립되었다. 동령은 2007년 12월 원자력시설의 해체기금에 관한 명령과 「해체·폐기물관리기금령」으로 통합되었다.

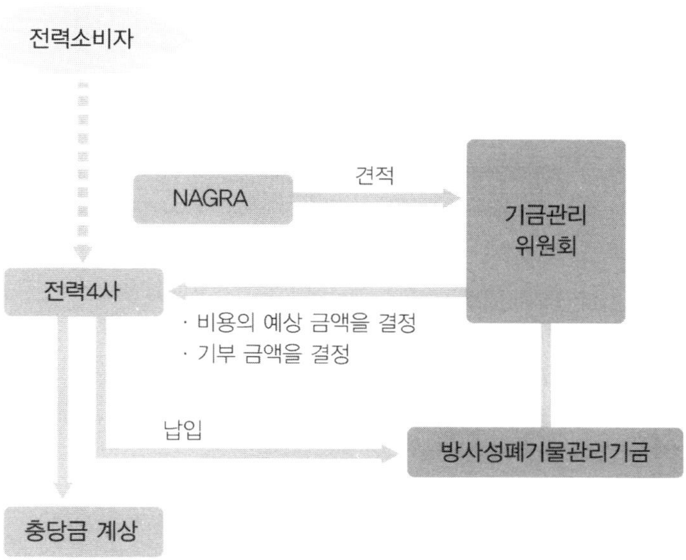

그림 82. 스위스의 자금확보 구조[22)]

방사성폐기물 관리를 위한 기금의 적립 대상이 되는 것은 원전 폐쇄 후에 필요한 다음과 같은 비용이다.[23)]

i) 폐기물의 운반 및 처분

ii) 사용후핵연료의 운반 및 처분

iii) 처분장 50년간 모니터링 단계

22) 日本經濟産業省, 諸外國における高レベル放射性廢棄物の處分について, 2017.2, 125면.

23) 日本經濟産業省, 위의 보고서, 125면; 한국원자력환경공단, 국외 고준위방사성폐기물 처분현황, 2016.12, 86면.

iv) 처분장의 설계, 계획, 계획 관리, 건설, 운영, 폐쇄 및 감시
v) 방사선방호조치 및 작업피폭 방지조치
vi) 인·허가 관청에 의한 인·허가 및 감독
vii) 보험
viii) 관리비용

이 기금은 연방평의회에 의해 설립된 관리위원회에 의해 관리되며, 또한 이 위원회가 비용을 산정한다. 기금에의 수납은 2001년부터 시작되었고, 2014년 말 방사성폐기물 관리기금의 잔액은 약 41억 1,000만 스위스 프랑(약 4조 7,600억원)이다.[24)]

방사성폐기물발생자의 관리의무에 따라 NAGRA의 사업비용은 현재 발생자로부터의 적립금과 처분장 프로젝트에 대한 지출에 의해 적립되어 있다. 현재 스위스에서는 폐쇄된 원전은 없으므로 「방사성폐기물관리기금」에 의한 지급은 없지만 원전의 운전정지 후 NAGRA의 활동비용은 기금에서 환불금으로 적립된다.

2. 처분비용의 산정

원전사업자는 스위스의 고준위방사성폐기물 처분비용의 총액이 약 45.5억 스위스 프랑(약 5조 2,700억원)이 될 것으로 2011년 시점에서 예상하였다. 처분비용 산정액의 내역은 부지선정을 포함한 개요승인까지의 준비작업비가 약 4.4억 스위스 프랑(약 5,100억원), 부지특성조사시설의 건설·운영비가 9.2억 스위스 프랑(약 1조 660억원), 처분장건설비가 11억 스위스 프랑(약 1조 2,750억원), 처분장 운영비용 8.8억 스위스 프랑(약 1조 200억원), 처분장 모니터링 비용이 10억 스위스 프랑(약 1조 11,580억원), 처분장 폐쇄비용이 약 2.3억 스위스 프랑(약 2,660억원)이다.

24) 기금에 대한 분담금 및 적립금은 5년에 한번 실시되는 방사성폐기물의 관리비용 산정에 따라 결정된다. 최근 원전사업자단체인 스위스 뉴클리어가 2011년 비용산정보고서를 발표하고 연방원자력안전검사국(ENSI)이 이를 검증하였다. 이에 따라 2012년부터 2016년까지의 분담금 및 적립금이 결정되었다.

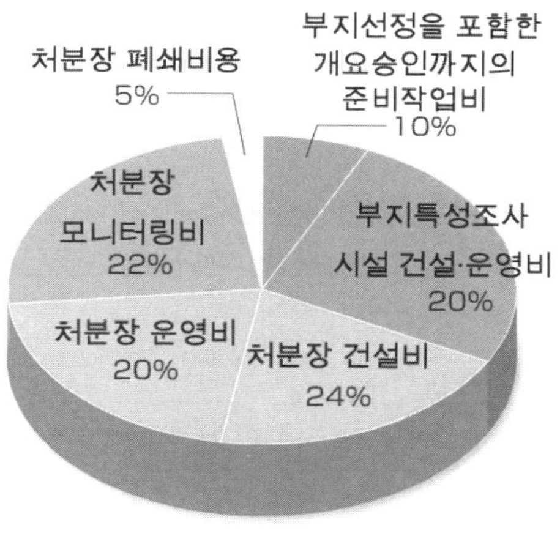

그림 83. 처분비용 산정액 내역[25)]

Ⅵ. 영 국

1. 처분비용의 확보제도

영국에서는 방사성폐기물의 발생자 및 소유자는 규제비용이나 자신 또는 규제기관이 행하는 관련연구비용을 포함하여 폐기물을 관리·처분하는 비용을 부담할 책임이 있다.[26)]

한편 영국에서는 방사성폐기물 관리비용의 확보를 위한 공적 기금제도는 없다. 따라서 영국에서 유일한 민간원자력발전사업자인 EDF에너지사(2009년 British Energy사를 매입한 프랑스전력의 영국 자회사)가 방사성폐기물 관리비용을 적립하고 있다. 2014년 말 현재 11.8억 유로(약 1조 4,000억원)가 적립되어 있다.

그리고 재처리시설 또는 이미 운전을 정지한 가스냉각로를 포함하여 NDA[27)]가

25) 日本經濟産業省, 諸外國における高レベル放射性廢棄物の處分について, 2017.2, 126면; 한국원자력환경공단, 국외 고준위방사성폐기물 처분현황, 2016.12, 86면.

26) 방사성폐기물의 발생자 및 소유자는 방사성폐기물의 관리·처분에 따른 채무를 그 발생 전부터 산정하여 적정한 자금을 준비하여야 한다.

27) 이 책 71면을 참조할 것.

소유하는 원자력시설의 해체비용 및 방사성폐기물 관리비용은 NDA가 행하는 지층처분사업비와 함께 영국정부가 부담(국세로 부담)한다. NDA는 해체 및 폐기물 관리사업을 진행하면서 사업효율의 개선을 위한 노력을 한다.

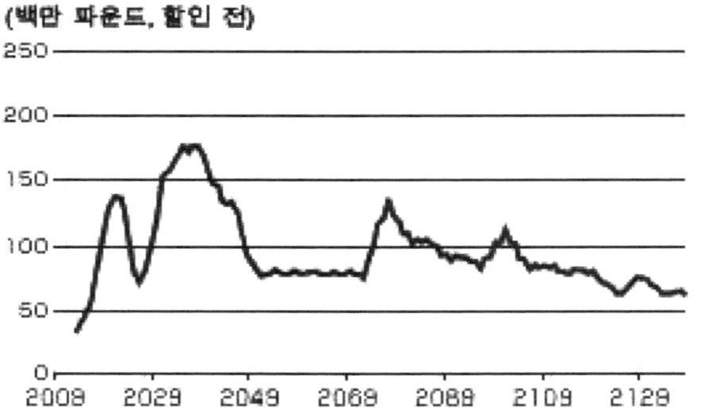

그림 84. 영국의 지층처분에 관한 장래지급액 예상 추이[28)]

2. 처분비용의 산정

2007년 4월 심층처분의 시행주체인 NDA는 2007년 연차회계보고서(2008년 3월 말)에서 심층처분장에 관한 비용산정을 공표하였다. 이에 따르면 해체 등을 포함한 심층처분장에 관한 총산정비용(할인 전 금액)은 2008년 금액으로 122억 파운드(17조 8,400억원)이다. 이 중 NDA가 지출하는 것은 약 83%(101억 파운드)이며, 나머지는 NDA 이외의 처분장 이용자가 부담해야 할 금액이다.

NDA는 2014년 연차회계보고서에서 심층처분에 관한 비용을 약 42.2억 파운드(약 1조 1,720억원)로 산정하고 있다. 이 산정액은 NDA가 지출하는 장래비용을 연당 2.2% 할인한 금액이다.

28) 日本經濟産業省, 諸外國における高レベル放射性廢棄物の處分について, 2017.2, 148면;.

Ⅶ. 캐나다

1. 처분비용의 확보제도

캐나다는 2002년 「핵연료폐기물법」에서 방사성폐기물의 장기관리에 필요한 자금을 확보하는 제도를 도입하였다. 사용후핵연료 발생자인 원전사업자 3사(온타리오 파워 제너레이션사, 뉴브른스윅 파워사, 하이드로 퀘벡사)와 캐나다 원자력공사(AECL)는 각각 독자적으로 신탁기금을 설립하여 이 기금에 매년 예치하도록 하고 있다.

이와 같은 신탁기금으로 방사성폐기물 지층처분장의 건설 및 그 이후에 발생되는 비용을 확보한다. 이들 신탁기금으로부터 자금 인출은 처분실시주체인 NWMO[29]만이 할 수 있는 것으로 규정되어 있다.

각 원전사업자는 신탁기금에 대하여 매년 잔고가 전년 6월 시점에서 발생된 방사성폐기물을 처분하기 위해 현시점에서 보유해야 할 금액(할인 후의 금액)을 초과하여 매년 적립한다.[30]

한편 부지선정활동 등 NWMO가 미래에 입지할 심층처분장의 건설인·허가를 받기까지 발생하는 비용은 NWMO를 설립한 원전사업자 3사와 AECL이 방사성폐기물의 처분량에 비례하여 분담하고 있으며 매 연도별로 회계 처리되고 있다.

2. NWMO에 의한 처분비용 산정

원전사업자 3사와 캐나다 원자력공사(AECL)의 신탁기금에 대한 분담액을 결정하기 위해 NWMO는 처분비용을 산정하고 있다. 최근의 비용 산정은 2011년 실시되었으며 심층처분장의 부지선정을 포함한 「적응성 있는 단계적 관리(APM)」 프로그램의 실시에 필요한 비용을 약 179억 캐나다 달러(약 15조 5,280억원)로 산정하고 있다. 이 금액은 아래와 같은 가정 하에 산정된 금액이다.[31]

---

29) 이 책 78면을 참조할 것.

30) 2014년 말 현재 신탁기금의 잔고합계는 약 34억 캐나다 달러(약 2조 9,500억원)이다.

31) 이러한 가정은 신탁기금 형태로 확보되는 자금액을 합리적 범위에서 조기에 증식시키기 위한 의도로 설정하였으며, 「적응성이 있는 단계적 관리(APM)」에 포함되어 있는 천층부 지하동굴에서의 집중저장방식을 배제한 것은 아니다.

i) CANDU로의 사용후핵연료 380만개(약 68,000톤 우라늄 상당)를 심층처분한다.
ii) 심층처분장은 2035년부터 운전을 시작하여 2160년에 폐쇄한다.
iii) 온타리오 파워 제너레이션사는 2035년부터, 다른 3사는 2050년부터 심층처분장으로의 방사성폐기물 운반을 시작한다.

구 분	2013년 각출액	2013년 12월말 잔고
온타리오 파워 제네레이션(OPG)사	154	2,688
하이드로 퀘벡사	8	105
뉴브른스위크 파워사	5	104
캐나다 원자력공사(AECL)	1	42
합 계	168	2,919

표 25. 각 원자력사업자가 설립한 신탁기금 상황(100만 캐나다 달러)[32]

그림 85. 캐나다의 심층처분비용 산정액 내역[33]

32) 日本經濟産業省, 諸外國における高レベル放射性廢棄物の處分について, 2017.2, 172면.
33) 日本經濟産業省, 위의 보고서, 173면; 한국원자력환경공단, 국외 고준위방사성폐기물 처분현황, 2016.12, 118면.

3. 장기관리방안 별 처분비용의 분석

NWMO가 사용후핵연료의 장기관리방안을 연구하던 때(2002~2005년)에는 4개의 선택사항에 대해 그 시작부터 1,000년간을 대상으로 한 비용을 비교하였다. 4개의 선택사항은 다음과 같다.

i) 심층처분

ii) 원자력발전소 부지 내 계속 저장

iii) 집중저장 계속

iv) 적응성이 있는 단계적 관리(APM) : 집중중간저장을 포함하면서 최종적으로 심층처분

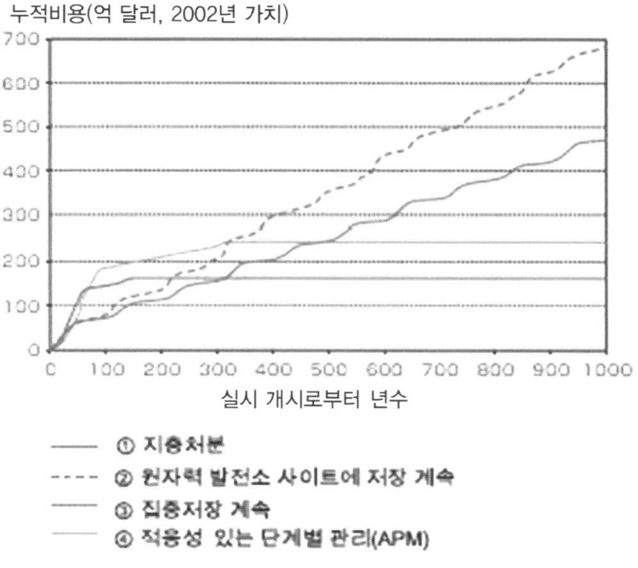

그림 86. 사용후핵연료의 장기관리 프로젝트 코스트 비교[34)]

34) 日本經濟産業省, 諸外國における高レベル放射性廢棄物の處分について, 2017.2, 173면.

선택사항 ii)와 iii)에서는 저장시설을 300년마다 재건축하는 것으로 가정하고 있다. 선택사항 i)은 30년 후부터 심층처분을 개시하여 100년 후부터 처분장을 폐쇄할 계획을 가정한 것이다.

선택사항 iv)는 캐나다의 장기관리방안으로 결정된 것이며, 30년 후부터 30년간 집중중간저장을 행하고 60년 후부터 심층처분을 개시하여 최대 300년 후까지 처분장 폐쇄를 연기하는 계획을 가정하고 있다. 그 후 처분장의 폐쇄에는 약 25년이 소요된다.

「적응성 있는 단계적 관리(APM)」 선택사항 iv)의 실시에 필요한 비용은 처분 전단계로서 지하 천층부에서의 집중중간저장시설을 건설하는 경우에는 244억 캐나다 달러(약 21조 1,1660억원), 건설하지 않을 경우에는 226억 캐나다 달러(약 19조 6,050억원)가 소요되는 것으로 추정된다.

선택사항	비용누계(억 캐나다 달러)	
	350년 후까지	1,000년까지
i) 심층처분	162	163
ii) 원전 부지 내 계속 저장	176	684
iii) 집중저장의 계속	200	470
iv) 적응성 있는 단계적 관리 (APM)*	244 226	244 226

* 상단은 지하 천층부에서의 집중중간저장을 건설하는 경우, 하단은 건설하지 않는 경우의 액수

표 26. 캐나다의 사용후핵연료 장기관리방식의 비용견적[35)]

35) 日本經濟産業省, 諸外國における高レベル放射性廢棄物の處分について, 2017.2, 173면; 한국원자력환경공단, 국외 고준위방사성폐기물 처분현황, 2016.12, 119면.

Ⅷ. 미 국

1. 처분비용의 확보제도

미국은 「1982년 방사성폐기물정책법」[36] 제111조에서 고준위방사성폐기물 및 사용후핵연료의 영구처분은 연방정부의 책임이라고 규정되어 있으나, 처분 비용은 고준위방사성폐기물 및 사용후핵연료의 발생자 및 소유자의 책임이라고 규정되어 있다.

이에 따라 동법 제302조에 의해 방사성폐기물기금(NWF)이 재무부에 설치되었고 폐기물발생자인 원자력발전사업자는 동 기금에 분담금을 출연하여 처분사업에 필요한 비용을 부담하고 있다.

분담금은 사용후핵연료를 발생시키는 원자력발전의 판매전력 1kWh당 1밀(0.001달러)이며, 이것은 전력소비자 전기요금에 반영되어 있다. 방사성폐기물기금(NWF)은 다음과 같은 고준위방사성폐기물 처분에 필요한 자금을 충당한다.[37]

i) 「1982년 방사성폐기물정책법」에 따라 설치되는 심층처분장, 중간저장시설, 시험·평가시설의 부지 선정, 개발, 인·허가 활동, 단계적 조치 및 단계적 조치 후의 유지 및 모니터링

ii) 「1982년 방사성폐기물정책법」에 의한 연구개발 및 실증(일반적인 것은 제외)을 위한 비용

iii) 심층처분장에서의 처분, 중간저장시설에서의 저장, 시험, 평가시설에서의 사용을 위한 고준위방사성폐기물의 운반, 전 처리, 용기에 밀봉

iv) 지층 처분장 부지의 시설, 중간저장시설 부지의 시설, 시험·평가시설 부지의 시설 및 이들 시설의 필요설비 또는 부수설비의 취득, 설계, 개조, 재건축, 건설, 운영

v) 주, 군(카운티) 및 인디언 부족을 위한 보조금

vi) 고준위방사성폐기물 프로그램의 일반관리비용

「1982년 방사성폐기물정책법」에서는 기금에 편입되는 모든 자금은 재무부에

---

36) 함철훈/박윤원, 원자력안전법론(상), 진원사, 2016, 176면.

37) 日本經濟産業省, 諸外國における高レベル放射性廢棄物の處分について, 2017.2, 198면; 한국원자력환경공단, 국외 고준위방사성폐기물 처분현황, 2016.12, 139면.

의해 관리되고, 재무부 단기증권이라는 미국채를 통하여 투자·운영하도록 규정되어 있다. 2015년 9월에 보유하고 있는 미국채의 시장가격은 약 424억 달러이다.

2. 처분비용의 산정

미국의 고준위방사성폐기물의 처분비용의 총액은 2007년 가격으로 약 962억 달러로 산정되어 있다. 이 중 1983년부터 2006년의 사이에 약 135억 달러가 지출되고, 나머지 826억 달러는 2007년부터 처분장이 폐쇄되는 2133년 사이에 지출될 것으로 예상된다.

이와 같은 산정은 상용 원전에 의한 사용후핵연료 109,300톤(중금속 환산. 이하 동일), 정부가 소유하는 사용후핵연료 2,500톤 및 유리고화체 19,667개(10,300톤 상당)의 반입 및 처분에 따른 모든 비용을 회수할 것을 전제로 하고 있다.

또한 「1982년 방사성폐기물정책법」에서의 처분량 제한과는 달리 122,100톤 이상의 반입이 가능한 하나의 처분장에서의 처분을 가정하고 있다.[38)]

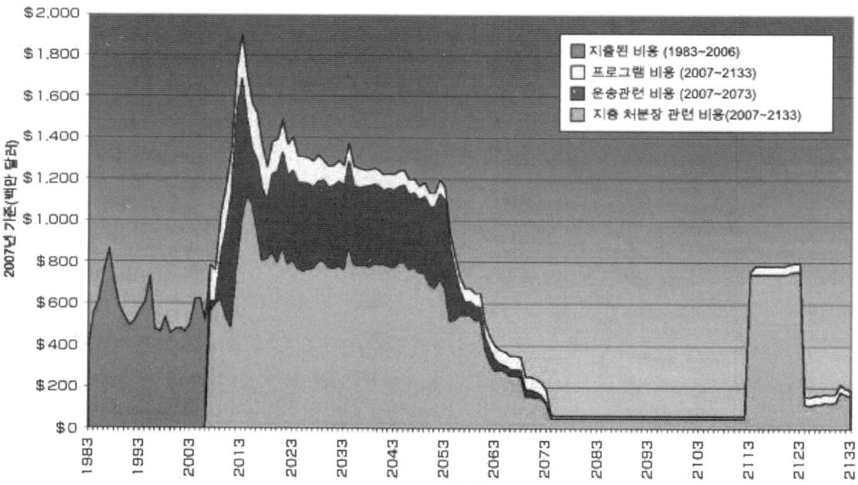

그림 87. 연도별로 본 비용의 개요[39)]

38) 비용산정액의 내역으로서는 지층처분비용이 약 647억 달러, 폐기물 반입·운반비용이 약 203억 달러 등 다양한 비용이 포함되어 있다.

39) 日本經濟産業省, 諸外國における高レベル放射性廢棄物の處分について, 2017.2, 199면.

제 6 장 안전성 확보대책 및 커뮤니케이션

Ⅰ. 스웨덴

1. 심층처분 안전확보 대책

(1) 안전성 확인과 지식 축적

시행주체인 SKB사는 처분장의 장기안전성을 평가하는 방법의 연구·개발을 진행하고 있다. 지금까지 SKB사는 종합안전평가를 부지조사 후보지의 선정 전(타당성 조사 실시기간 내)과 상세특성조사 후보지 1곳을 선정하기 전(부지 조사 실시기간 내)에 실시하고 있다.

이와 같은 안전평가를 실시하는 목적의 하나는 부지선정절차에 대한 지방자치단체 및 관계기관의 의사결정에 도움을 주기 위한 것이다. 이것은 SKB사가 3년마다 작성하는 「연구개발 실증프로그램」에 대한 규제기관 및 정부의 심사·승인을 거쳐 결정되었다.

스웨덴 정부는 1995년 5월의 상세특성조사는 처분장 건설의 일부라는 견해를 보였으며, 상세특성조사 후보지 1곳을 선정하기 전의 안전평가는 처분장의 건설허가 신청에 필요한 안전평가로서 인정하고 있다.

SKB사가 실시하는 이러한 처분장의 장기안전성 평가결과는 「안전보고서(SR)」에 정리되어 있다. 이 보고서는 규제기관에 제출되어 「연구개발실증 프로그램」의 경우와 마찬가지로 검토를 받는다. 규제기관은 「원자력폐기물평의회」 등의 평가기관이나 또는 다른 행정기관, 부지선정에 관계된 조사를 실시하고 있는 지방자치단체 등으로부터 의견을 수렴함과 동시에 이들의 의견을 정부에 전달한다.

2. 처분사업의 투명성 확보와 커뮤니케이션

(1) 부지선정에 해당지역의 의견 반영

SKB사는 1992년 부지선정을 시작함에 있어서 지방자치단체의 동의 없이는 조사활동을 하지 않을 것을 명확히 하였다. 법령상으로는 부지선정을 위한 조사(타당성 조사 및 부지조사)를 시행하기 위한 허가를 지방자치단체로부터 받을 필요는 없다.

그러나 SKB사는 부지선정활동에는 지방자치단체 및 해당지역 주민의 협력이 불가피하다고 생각하기 때문에 각 조사의 실시에 앞서 아래와 같이 지방자치단체의 동의를 얻는 절차를 밟고 있다.

1984년	SKB사 설립
1990년	에스포 암반연구소의 건설 개시
1992년 5월	「SKB 91-안전에 대한 모암의 중요성」
1992년 9월	「연구개발실증 프로그램 1992」의 정리, 부지선정절차 공표
1993~2000년	타당성 조사(문헌조사에 상당)
1999년 11월	「SR-97-폐쇄 후의 안전성」
2000년 12월	「연구개발실증 프로그램 1998의 보충」에 있어서 부지조사 후보지 선정결과를 정부에 제출
2001년 11월	정부가 SKB사의 부지조사 후보지의 선정결과를 승인. 그 후 3개 후보지 소재 지방자치단체에서 조사 수용에 관한 의결(2개 지방자치단체는 가결, 1개 지방자치단체는 부결)
2002~2009년	Östhammar와 Oskarshamn 2개 지방자치단체에서 부지조사 실시(지표에서의 조사)
2006년 11월	「SR-Can-포스마르크 및 락세멀의 KBS-3 개념처분장의 장기안전성-최초의 평가」
2009년 6월	부지조사결과에서 지질조건의 우위성을 주요 이유로 하여 Östhammar 지방자치단체의 포스마르크를 처분장 건설 예정지로 선정
2011년 3월	「SR-Site-포스마르크에 대한 사용후핵연료 처분장의 장기안전성」, 심층처분장의 입지, 건설허가신청서 제출

향후 일정	* 심층처분장의 예비적 안전보고서 갱신 * 처분장의 건설과 상세특성조사 실시 * 처분장의 운영 신청 * 사용후핵연료의 처분 시작(2029년경 예정)

i) 타당성 조사실시에 관하여 SKB사가 접촉, 논의한 지방자치단체로부터 승인을 얻을 수 없었던 곳에서는 조사를 실시하지 않는다.

ii) SKB사에 의한 타당성 결과가 긍정적인 것이라도 이후의 조사 계속을 중단한 지방자치단체에서는 조사활동을 중단하였다(북부의 2개 지방자치단체).

iii) SKB사는 다음 단계의 부지 조사를 Oskarshamn, Östhammar, Tierp의 3개 지역에서 실시하여, 운반 등의 문제에 대해 Nyköping에서 계속 조사를 할 의도였으며 정부나 규제기관으로부터 지지를 받았다. 그러나 Tierp와 Nyköping에서 지방자치단체의 동의를 얻을 수 없어 SKB사는 예정된 조사를 중지하였다.

표 27. 심층처분 시행을 위한 SKB사의 활동(부지선정절차 및 안전평가 시점)[1)]

1) 日本經濟産業省, 諸外國における高レベル放射性廢棄物の處分について, 2017.2, 27면.

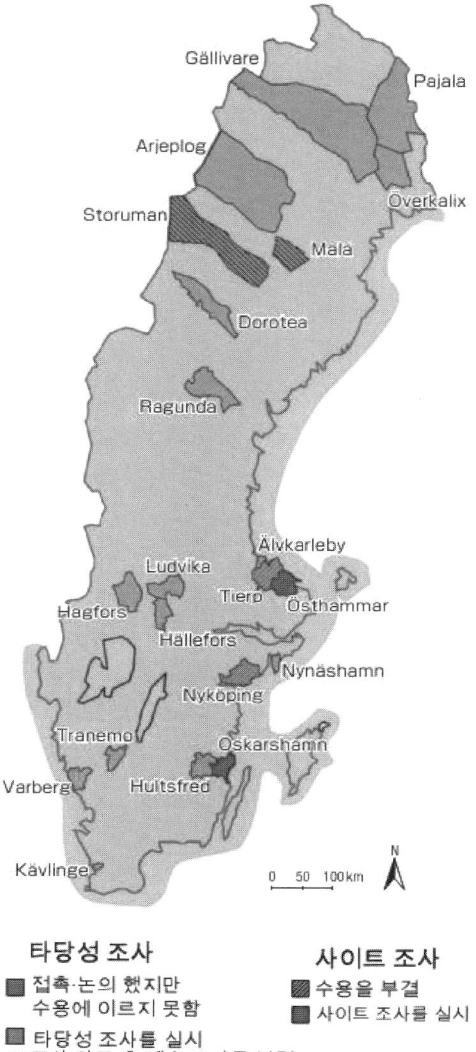

그림 88. 스웨덴의 부지타당성 조사와 부지조사의 상황[2)]

---

2) 日本經濟産業省, 諸外國における高レベル放射性廢棄物の處分について, 2017.2, 28면; 한국원자력환경공단, 국외 고준위방사성폐기물 처분현황, 2016.12, 16면.

(2) 환경영향평가서와 EIA 협의

스웨덴의 「환경법」에서는 환경에 영향을 미칠 가능성이 있는 활동을 할 때는 계획단계부터 지역집행기관과 협의하도록 되어 있고, 원자력시설에 대해서는 「그 계획을 실행하면 환경에 큰 영향을 줄 가능성이 있다」고 판단되면 환경영향평가(EIA) 절차를 이행하도록 의무화되어 있다.

또한, 허가신청서에 EIA를 근거로 작성된 환경영향평가서를 첨부하여야 한다. EIA 절차에 있어서 큰 역할을 하는 것이 「EIA 협의」로서 예정되어 있는 계획을 관계자에게 알리고 환경에 대한 영향을 협의하며 계획의 필요성 또는 환경영향을 저감하기 위한 조치가 적절한 지를 검토한다.

이 협의에는 지역집행기관,[3] SKB사 및 SSM 이외에 환경방호기관, 주택국가위원회 등의 관계행정기관, 관계지방자치단체, 환경영향을 받을 것으로 예상되는 개인, 해당 지역환경단체 등이 참가한다.[4]

「환경법」에 의한 정식 EIA 협의는 Östhammar와 Oskarshamn에서 각각 2002년, 2003년부터 시작되었다. 그러나 그 이전의 부지선정은 당초부터 SKB사가 규제기관이나 관계지방자치단체와 「환경법」에 정해진 EIA 협의에 준하여 선행적으로 협의(비공식 EIA 협의)를 하고 있었다.

그러한 비공식적 협의는 전국단위에서 개최된 적도 있었다. 부지선정 초기에 타당성 조사는 전국단위의 논의가 필요하다는 요청이 규제당국, 원자력폐기물협의회, 칼마르의 지역집행기관 및 Oskarshamn 지방자치단체로부터 제기되었다.

이에 따라 정부는 1996년부터 부지조사가 시작된 2002년 사이에 방사성폐기물 특별자문관(1999년 방사성폐기물 조정관에서 개명)을 설치하고 전국단위의 EIA 협의 주체, 부지선정에 관한 행정기관 간 활동의 조정, 타당성 조사대상 지방자치단체에 필요한 정보제공 및 조사활동을 해왔다. 또한 조사대상 지방자치단체를 포

---

3) 지역집행기관은 스웨덴의 21개 지역별로 설치되어 있는 국가의 출자사업기관이다. 주요임무는 관할지역 내의 각 지방자치단체 활동에 대한 지원이지만 지역계획의 수립이나 국가, 지방자치단체와 협력관계를 촉진하는 역할도 있다. 지역집행기관과는 별개로 스웨덴의 지방자치제도에서는 지방자치단체 독자적으로 해결하기 어려운 특정업무(보건의료분야 등)를 지역에서 협력하여 수행하는 지방자치단체연합이 있다. 지방자치단체연합을 운영하는 이사회 위원은 선거로 선출된다.

4) 정부는 심층처분장에 대해서 일찍부터 EIA 협의를 할 필요가 있다고 생각하여 부지조사의 시작과 동시에 EIA 협의를 시작할 것을 요구하였다.

함한 지역 수준에서의 협의도 정부출자기관인 지역집행기관 주최 하에 이행되었다.

(3) 지역협의 · 커뮤니케이션을 유지하는 재정지원

고준위 방사성폐기물 처분장의 부지선정을 위하여 SKB사가 실시하는 각 단계에서의 조사를 수용한 지방자치단체에서는 조사에 관련된 논의를 하는 지역협의가 개최되고 있다.

지역을 대상으로 한 비공식 EIA 협의
• 참가자 : 지역집행기관(주최), SKB사, SKI, SSI, 방사성폐기물평의회, 지방자치단체, 군 등 • 개최회수 : 1년에 2~3회 • 주 제 : 타당성 조사결과, 대중에 대한 정보, 인접 지방자치단체의 견해
전국을 대상으로 한 비공식 EIA 협의
• 참가자 : 특별자문관(주최), 지방자치단체, 현 집행기관, SKB사, SKI, SSI, 원자력폐기물평의회, 환경보호기관, 주택국가위원회, 원자력입지지방자치단체협회 • 개최회수 : 1년에 2~3회 • 주 제 : 일반적 문제(심층처분방법의 선택, 부지선정절차, EIS의 내용)

※ 스웨덴은 1998년 「환경법」이 제정되기 이전부터 선행적, 실험적으로 환경영향평가절차에 관한 협의가 개최되고 있었다. 또한 위의 표 가운데 SKI와 SSI는 통합되어 2008년 7월부터 SSM으로 되었다.

표 28. 환경법 제정 전 개최된 비공식 EIA 협의[5)]

지방자치단체는 주체적 의사결정을 위해 해당지역사회에 대한 영향을 다양한 각도에서 검토하는 조직을 설치하고 있다. 그러한 조직에는 주민도 참가하고 있고 SKB사로부터 조사상황의 보고나 질의응답이 이루어지는 이외에 주민간의 정보전달 또는 협의의 장이 되고 있다.

이러한 활동은 지방자치단체가 의사를 결정함에 중요한 것이라 판단된다. 지방자치단체 직원이나 의원, 주민을 포함한 협의조직을 설치하여 현안을 협의하는 구조는 스웨덴 지방자치의 역사 속에서 자리잡아 온 것이다.

5) 日本經濟産業省, 諸外國における高レベル放射性廢棄物の處分について, 2017.2, 29면.

이러한 지방자치단체에서 주민을 위해 수행하는 필수불가결한 활동을 지원하기 위한 정보제공활동비용은 방사성폐기물기금에서 조달하도록 「자금확보법」에 규정되어 있다.

지방자치단체는 예산을 SSM에 신청하여 사전교부금을 지원받는다. 교부금의 액수는 1개 지방자치단체 당 연간 최대 500만 크로네까지는 SSM이 결정하고 이를 초과할 경우에는 정부가 결정한다.

교부금은 주로 주민을 위한 세미나 등 개최비용 이외에 협의에 참가하는 지방자치단체 의원이나 직원의 인건비로 사용되고 있다. 2012년도의 교부처와 교부액은 다음 표와 같다.

교부처	교부금액(2013년도)
Oskarshamn 지자체	350만 SEK
Östhammar 지자체	760만 SEK
웁살라 지역연합	106만 SEK
칼마르 지역연합	86만 SEK
합 계	1,302만 SEK

표 29. 스웨덴의 방사성원자력폐기물기금의 지자체 등에 대한 교부액[6)]

(4) 해당지역 지방자치단체에서 수행된 부지선정에 대한 대응

지방자치단체 협의조직의 활동비용을 원자력폐기물기금에서 조달할 수 있으므로 지방자치단체는 비용부담에 신경을 쓰지 않고 EIA 협의에 참가할 수 있을 뿐만 아니라 외부 전문가를 고용하거나 주민을 위한 정보제공활동을 주체적으로 할 수 있다.

아래에는 2002년부터 시작된 부지조사를 수용한 Östhammar 지자체와 Oskarshamn 지자체의 대응을 소개한다.

6) 日本經濟産業省, 諸外國における高レベル放射性廢棄物の處分について, 2017.2, 29면.

i) 외스트함마르(Östhammar) 지방자치단체의 대응

Östhammar 지방자치단체에서는 1995년 타당성 조사가 시작되었다. 지방자치단체의 행정을 총괄하는 집행위원회(의회 의원의 대표로 구성된다)는 산하 준비그룹과 자문그룹을 설치하였다.

준비그룹은 지방자치단체 내에서 이 문제를 장기적으로 계속 논의하기 위해 여당과 야당 양쪽의 의회의원으로 구성되었다. 자문그룹은 의원뿐만 아니라 주민이나 인근 지방자치단체의 대표자도 참가하는 그룹으로 주민을 위한 정보전달 활동을 하는 역할을 담당하고 있다.[7)]

2009년 6월 SKB사가 동 지방자치단체의 포스마르크를 처분장 건설예정지로 선정한 것을 계기로 집행위원회는 준비그룹을 안전그룹과 환경영향평가그룹으로 확대·재편하였고 자문그룹의 활동도 강화하고 있다.

ii) 오스카샴(Oskarshamn) 지방자치단체의 대응

Oskarshamn 지방자치단체는 1995년 타당성 조사의 신청을 받은 후, 약 1년에 걸쳐 대응방법을 검토하였다. Oskarshamn에는 스웨덴 국내의 원전 사용후핵연료가 중간저장을 위해 저장되고 있으며, 캐니스터 밀봉시설과 처분장을 건설할 계획이 검토되고 있었다.[8)]

이러한 상황에 대처하기 위해 동 지방자치단체는 「Oskarshamn 지방자치단체의 지역능력 개발(LKO)」프로젝트를 발족시켜 외부전문가를 채용하고, 지방자치단체가 SKB사 및 규제기관과 대등하게 논의를 할 수 있는 체제를 구축하였다.[9)]

지방자치단체는 「LKO 프로젝트」에서 채용한 전문가의 지원을 받으면서 주민이 참가하는 복수의 검토그룹을 조직하여 SKB사가 행한 타당성 조사 또는 부지조사 결과를 검토하였다. 2009년 6월 SKB사가 처분장 건설예정지를 포스마르크로 선정하면서 Oskarshamn에 건설예정인 캐니스터 밀봉시설의 문제를 중심으로 활동을 계속하고 있다.

---

7) 또한 자문그룹은 정기모임 이외에 연구회나 주민공청회를 수시로 개최하였다. 집행위원회는 자문그룹에 접수된 의견을 듣고 지방자치단체의 의사결정에 도움을 주고 있다.

8) 日本經濟産業省, 諸外國における高レベル放射性廢棄物の處分について, 2017.2, 30면; 한국원자력환경공단, 국외 고준위방사성폐기물 처분현황, 2016.12, 17면.

9) Oskarshamn 지방자치단체는 설명회와 토론회를 여러 차례 개최하고 그 결과를 토대로 지방자치단체의 의회나 집행위원회가 협의하여 1999년에 타당성 조사를 수용하였다.

3. 의식파악과 정보제공

(1) 홍보활동(정보제공)

폐기물관리회사(SKB)는 부지선정 과정의 투명성을 확보하기 위해 초기 단계부터 해당지역 지방자치단체의 폭 넓은 층과 대화하였다. 조사를 실시한 지방자치단체에 정보사무소를 설치하여 주민과의 교류를 꾀하는 외에 정보책자 배포나 전시회, 세미나 등을 개최하고 있다.

매년 여름 SKB사는 자사 소유의 운반선을 개장하여 각지의 항구에서 전시회를 개최하였다. 또한 SKB사는 시설 등을 적극적으로 공개하여 정보제공을 하였다. 부지조사가 시작된 2003년에는 오스카샴 지방자치단체에 있는 에스포 암반연구소의 지하 약 500m를 방문하는 버스투어가 개최되었다.[10)]

SKB사는 2012년 자사시설 전체에서 연 15,000명 이상의 방문자를 맞이하고 있다. 에스포 암반연구소의 방문자수는 약 5,600명, 외스트함마르(Östhammar) 지방자치단체에 있는 중·저준위 방사성폐기물처분장(SFR)의 방문자수는 약 7,000명이었다.

SKB사는 학교에 대한 정보제공도 적극적으로 실시하고 있으며 학생용 책자, 비디오, 컴퓨터게임 등의 교재나 교사용 자료를 활용하고 있다. 교재의 토픽은 기술적인 것에서부터 논리적인 것까지 폭넓게 폐기물은 사회적 문제로 파악하여 교재 작성에 신경을 쓰고 있다.

(2) 국민의식과 주민의식(주요 여론조사 결과)

고준위방사성폐기물 처분에 관한 시행주체인 SKB사는 부지조사를 실시한 지방자치단체의 주민을 대상으로 의식조사(매년 4~5월에 실시)를 실시하여 왔다.

외스트함마르(Östhammar) 지방자치단체와 오스카샴 지방자치단체의 지역에서 처분장 건설에 대한 태도는 부지조사가 시작된 당초인 2003년에는 주민의 약 60%가 긍정적이었으나 2009년에는 약 80%까지 증가하고 있다.

---

10) 버스투어는 조사가 행해진 외스트함마르(Östhammar) 지방자치단체와 오스카샴 지방자치단체의 주민을 대상으로 기획된 것으로 2,500명 이상이 이 투어에 참가하였다. 또한 부지조사가 행해진 2009년까지는 시추구역의 안내투어도 개최되어 매년 약 300~500명이 참가하였다.

또한 SKB사가 처분장 건설예정지에 대한 외스트함마르 지방자치단체 주민에게 실시한 의식조사(2010년)에서는 건설을 지지하는 사람의 비율이 81%, 지지하지 않는 비율은 10%였다.[11]

Ⅱ. 핀란드

1. 심층처분 안전확보 대책

(1) 안전성 확인과 지식 축적

1980년대 당시 시행주체였던 TVO사가 부지확정조사를 실시하였고 1985년 안전성 평가결과를 정리하였다. 그 후 TVO사는 1992년 5개 부지를 대상으로 한 안전평가(TVO-92)결과를 정리하여 모든 부지가 처분장 건설이 가능한 적절한 장소라고 결론을 내렸다.

시행주체로서 1995년 설립된 포시바(Posiva)사는 TVO사가 실시해 온 부지조사 및 연구개발계획을 승계하였다. 포시바사는 개략부지특성조사 등으로 3군데로 좁혀진 부지 이외에, 로비사(Lovisa) 원전이 있는 헤스트 홀멘에서의 처분 안전성에 관한 중간보고서를 공표하였다.

또한 1999년 3월 포시바사는 상세부지 특성조사를 한 4개 부지에 대하여 사용후핵연료를 처분할 경우 장기안전성에 관한 보고서인 「헤스트 홀멘, 키베티, 올킬루오토, 로무바라에 대한 사용후핵연료 처분의 안전평가(TILA-99)(그림 89. 참조)」를 발표하였다.

TILA-99에서는 지하 약 500m의 결정질암의 암반 중에 건설되는 처분장에 대해 「KBS-3 개념」을 이용하여 사용후핵연료를 처분한다는 것을 전제로 안전평가를 하였다. 그중에서,

i) 사용후핵연료에서 캐니스터, 완충제, 뒤채움재의 일부 또는 전부를 통과하여 지층에까지 이르는 방사성핵종의 이행

11) 日本經濟産業省, 諸外國における高レベル放射性廢棄物の處分について, 2017.2, 32면; 한국원자력환경공단, 국외 고준위방사성폐기물 처분현황, 2016.12, 18면.

ii) 이행한 방사성핵종의 지하수에 의한 심층에서 생물권으로 이행

iii) 생물권으로 이행한 방사성핵종에 의한 인체피폭이라는 사용후핵연료로부터 사람에 이르는 경로에 대하여 다양한 시나리오를 설정하고, 모델과 데이터에 대해 컴퓨터를 사용한 시뮬레이션을 행하여 처분장 폐쇄 후에 안전성 등 처분장의 성능을 예측·평가하였다.

(2) 최종처분장 부지선정에 대한 안전 확보

1999년 5월 실시 주체인 포시바사는 Olkiluoto를 최종처분지로 선정하여 처분장 건설계획을 진행하기로 하고 「원자력법」에 따른 원칙결정을 정부에 신청하였다. 정부가 원칙을 결정하기 위한 필요한 요건 중 하나는 안전성에 관하여 STUK이 심사하고 긍정적 의견을 제출하는 것이다.

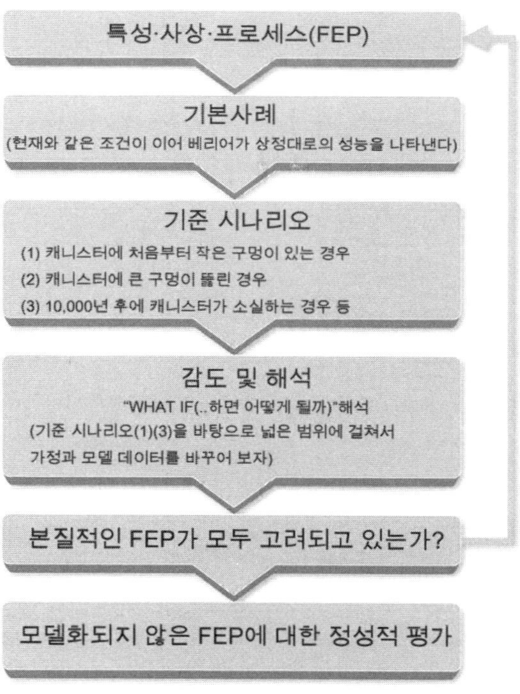

그림 89. TILA-99에서 취급된 안전평가 시나리오 구조[12)]

12) 日本經濟産業省, 諸外國における高レベル放射性廢棄物の處分について, 2017.2, 52면.

이를 위해 STUK 및 국제전문가로 이루어진 외부검증그룹에 의한 국제평가가 진행되었다. 그 결과 정부가 수립한 일반안전규칙에 포함된 안전요건이 충족되어 그 단계로는 적절하다는 STUK의 의견서가 제출되었다.

그 후에 제출된 해당지역 지방자치단체의 긍정적 의견서와 함께 Olkiluoto가 최종처분지로 결정되었다. Olkiluoto에서는 2004년 6월부터 지하특성조사시설 (ONKALO)[13]이 건설되고 있다.

포시바사는 이 건설작업과 병행하여 필요한 연구개발이나 설계연구를 실시하고 있으며, 상세한 지질환경 데이터를 취득하고 있다. 이러한 연구결과에 따라 처분장의 건설·운영허가 신청에 대한 처분의 안전성이 평가된다.

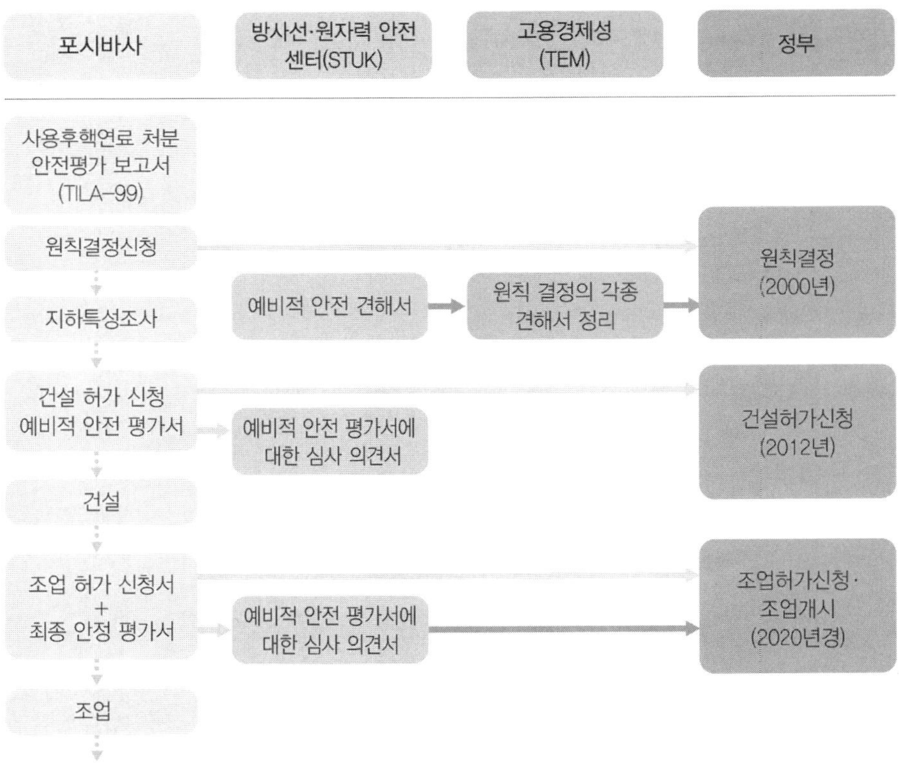

그림 90. 핀란드의 심층처분장 입지, 건설 및 조업을 위한 안전평가의 흐름[14]

13) 이 책 168면을 참고할 것.
14) 日本經濟産業省, 諸外國における高レベル放射性廢棄物の處分について, 2017.2, 52면.

2. 처분사업의 투명성 확보와 커뮤니케이션

(1) 정보개시, 퍼블릭 코멘트[15], 공청회

핀란드에서는 처분장의 부지선정과정에서 지방자치단체, 주민의 의견을 반영하기 위하여 다양한 활동을 진행하도록 환경영향평가서(EIA)에 열거하고 있다. 이들 중 법령에 의해 제도화되어 있는 절차는 다음과 같다.

i) 공고 · 공람 · 신문투고 등의 정보 개시

ii) 의견서의 작성 · 제출

iii) 공청회 개최

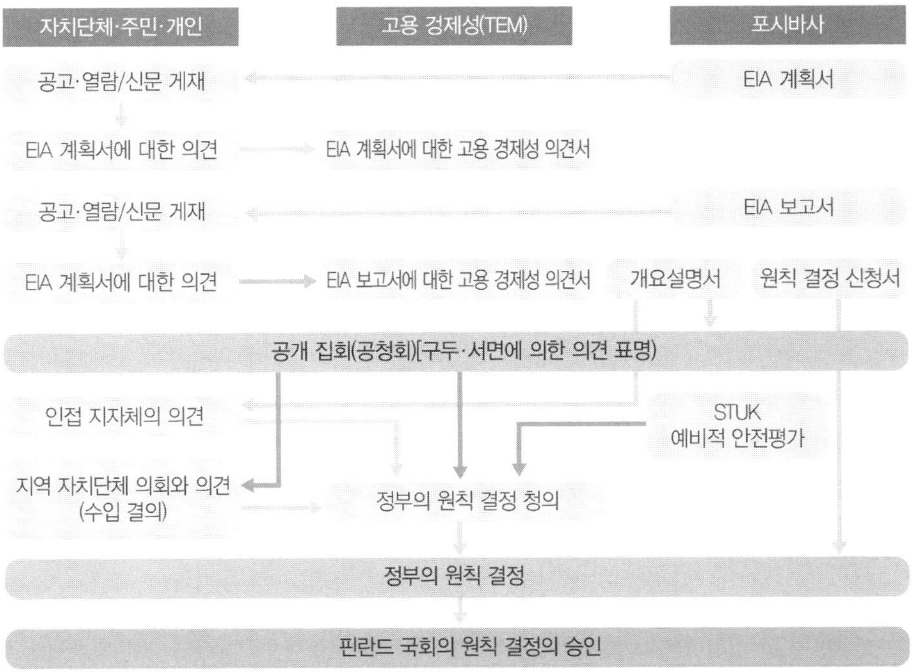

그림 91. 투명성의 확보와 설명책임을 위한 제반절차[16]

15) 퍼블릭 코멘트(Public Comment)는 시민들이 시정 현안 등에 대해 3분간 입장을 밝히고 시장과 시의원은 이를 의무적으로 경청하는 제도이다.

16) 日本經濟産業省, 諸外國における高レベル放射性廢棄物の處分について, 2017.2, 54면.

핀란드에서는 크게 2개의 법률에서 그 절차를 규정하고 있다. 하나는 「EIA 절차법」에 의한 EIA 절차로서 EIA 계획서의 심사와 EIA 보고서의 심사 두 단계에서 주민 등에 대한 정보의 개시와 의견 청취가 진행된다. 다른 하나는 「원자력법」에 의한 원칙결정절차로 안전성을 포함한 처분장의 건설·운영계획에 대해 정보 개시와 의견 청취가 진행된다.

⑵ 지역커뮤니케이션 조직과 협의

제도화된 커뮤니케이션 방법 이외에도 처분사업계획과 환경영향평가(EIA)에 관하여 가능한 한 많은 주민이 참여하도록 하여 활발한 논의가 이루어지도록 하고 있다. 포시바사는 아래와 같이 다양한 지역커뮤니케이션을 위한 조직을 구성해온 것을 EIA 보고서에 기재하고 있다.[17)]

i) 지역주민대상의 토론회 및 워킹그룹 회의
ii) 지역지방자치단체 직원 및 지방자치단체 의회의 의원 대상의 「협력/플로업 그룹(Floor-Up Group)」
iii) 지방자치단체를 운영하는 간사회 대상 회의
iv) 국가 및 기타 지역사무소 직원대상 회의 및 세미나

이와 같은 지역 커뮤니케이션 조직 중에서 지방자치단체의 대표자와 포시바사의 대표자를 멤버로 하는 「협력/플로어업 그룹」은 최종처분에 관한 여러 문제 및 그 계획, 환경영향평가 등에 대해 거의 2개월에 한 번 정도의 회의를 하고 있다.[18)]

이들 지역 커뮤니케이션 조직 등을 통하여 취합된 의견이나 질의 등은 포시바사가 EIA 계획서에 고려되었으며, 아울러 포시바사는 EIA 보고서에서 사회적 영향을 평가하여 대응하고 있다.

---

17) 日本經濟産業省, 諸外國における高レベル放射性廢棄物の處分について, 2017.2, 54면; 한국원자력환경공단, 국외 고준위방사성폐기물 처분현황, 2016.12, 32면.

18) EIA의 대상 지역이었던 로비사와 쿠모에서는 1997년에 유라요키와, 아아네코스키에서는 보다 빠른 시기에 그룹이 조직되었다.

3. 의식파악과 정보제공

(1) 홍보활동(정보제공)

포시바사가 진행하고 있는 처분장 개발을 위한 홍보활동(정보 제공)은 환경영향평가서에 상세히 기술되어 있다. 동 평가서에 의하면 홍보활동(정보 제공)의 목적은 환경영향평가(EIA)에 주민이 적극적으로 참여할 수 있도록 하는 것이고 구체적으로는 다음과 같은 것이 가능하도록 하고 있다.

i) 논의에 참여할 기회가 있음을 알린다.

ii) 처분사업계획, EIA 절차, 추진정보, 완성보고서 등 정보가 제공될 수 있도록 한다.

iii) 각 후보지의 지방자치단체 주민간의 계속적 대화가 가능하도록 한다.

iv) 처분사업과 영향예측 및 평가에 관하여 열린 논의가 이루어지도록 한다.

v) 처분사업에 대한 보고서의 내용과 사용기법의 적절성 및 타당성에 관하여 다양한 견해를 모은다.

이러한 목적을 달성하기 위해 포시바사는 다음과 같은 정보제공(홍보)활동을 하고 있다.[19)]

i) 지역지방자치단체의 각 세대에 EIA 뉴스레터 배포

ii) 포시바사 현지사무소에서의 자료 열람·제공

iii) 공공행사 개최

iv) 소그룹 모임 개최

v) 해당지역/인접 지방자치단체를 운영하는 간사모임 개최

vi) 지방자치단체 직원과 지방의회 의원을 위해 조정과 플로어업그룹 만들기

vii) 사업 내용과 EIA를 설명하고 또한 피드백을 얻기 위한 전시회의 기획·개최

viii) 지역행정관을 위한 설명회

ix) 중앙행정관을 위한 세미나

x) 신문 등의 논단에 기고

EIA 뉴스레터는 지방자치단체의 처분사업 내용이나 EIA 절차를 알리기 위해 발행된다. 내용을 알기 쉽게 하여 많은 사람들의 이해 촉진을 도모할 뿐만 아니

19) 日本經濟産業省, 諸外國における高レベル放射性廢棄物の處分について, 2017.2, 56면; 한국원자력환경공단, 국외 고준위방사성폐기물 처분현황, 2016.12, 33면.

라 EIA에 대한 참여를 촉구하고 있다.

포시바사는 해당지역 주민들이 보다 많은 의견을 제시하도록 전시회나 워킹그룹 모임을 기획·개최하고 있다. 이러한 모임에서는 브레인스토밍(자유토론) 및 기타 방법을 활용하여 참가자의 의견을 청취한다.

(2) 국민의식과 주민의식(주요 여론조사 결과)

환경영향평가(EIA)에서 실시된 「주민의 생활조건과 전반적 행복을 위한 영향평가」에서 처분장 입지를 수용하기 위하여 해당지역 주민의 의식조사가 진행되었다. 1999년 초 처분장 4개 후보지 지방자치단체 거주자의 10%를 무작위로 추출하여 전화에 의한 설문조사가 진행되었다.

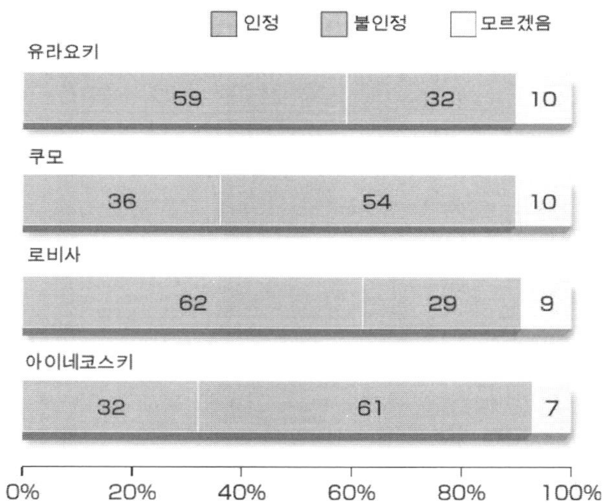

그림 92. 핀란드 지역주민의 의식조사[20)]

질문: 「안전규제당국에 의한 상세조사와 안전평가 결과 당신이 거주하는 지방자치단체가 방사성폐기물의 최종처분지로 안전하다는 것이 판명된 경우 당신의 지방자치단체 내에 핀란드 국내에서 발생된 방사성폐기물의 처분을 수용합니까?」

원전이 있는 유라요키와 로비사 2개의 지방자치단체에서는 찬성이 약 60% 전

20) 日本經濟産業省, 諸外國における高レベル放射性廢棄物の處分について, 2017.2, 57면.

후였지만, 쿠모와 아이네코스키 2개의 지방자치단체에서는 반대가 60% 전후로 나왔다.

또한 EIA 보고서 중에는 주민이 가지는 불안이나 리스크의 파악, 원자력기술에 대한 의식, 악평손해 등 다양한 문제에 대한 사회조사가 이루어졌다. 그러한 조사 중 처분프로젝트에 의한 영향에 대한 해당지역 주민의 의견을 평가한 결과는 다음(표 30. 참조)과 같다.

	안정성에 대한 우려와 그 결과(지역 이미지, 특성, 편안함에 미치는 영향)	직접적, 간접적 경제효과/지자체 발전시회에 처분 사업의 기여	계획 수립 및 의사 결정 과정에 관여하는 문제/갈등
유라요키	소	소	소
쿠모	대	대	대
로비사	대/소*	대/소*	대/소*
아이네코스키	대	소	대

※ 로비사에서는 양극단의 의견을 보였습니다. (포시바사 EIA보고서 1999에서 인용)

표 30. 지역주민이 생각하는 프로젝트가 미치는 영향의 크기[21)]

Ⅲ. 프랑스

1. 심층처분 안전확보 대책

처분장의 안전성 연구에 대해서는 지하연구소의 건설 개시 전인 1999년 초기 설계 옵션을 확보하기 위한 연구가 수행된 후 ANDRA[22)] 내에서 2005년 말까지 3회의 안전성 평가가 이루어졌다. 2005년에는 종합적 안전성에 대한 3회의 평가가 실시되었고 ANDRA의 보고서가 제출되었다.

21) 日本經濟産業省, 諸外國における高レベル放射性廢棄物の處分について, 2017.2, 57면.
22) 이 책 114면을 참고할 것.

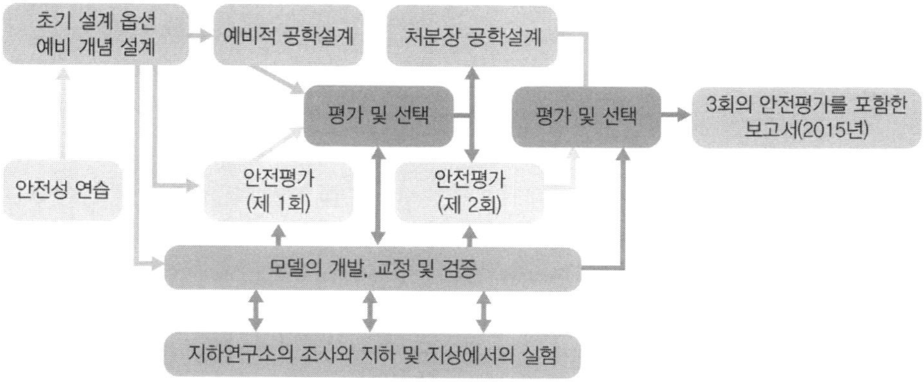

그림 93. ANDRA의 안전평가 반복절차[23)]

동 보고서 등에 따라 국가평가위원회(CNE)는 점토층에 대한 심층처분을 폐기물 관리 기본방침으로 할 수 있다는 평가를 하였다. 나아가 당시의 원자력안전당국도 ANDRA의 2005년 보고서에 대한 방사선방호·원자력안전연구소(IRSN) 등의 의한 평가에 따라 처분의 실현가능성과 안전성은 확립되어 있다고 발표하였다.

또한 OECD/NEA의 재검토팀도 ANDRA 보고서에 대해 지하연구소의 점토층에 처분장 설치가 실현 가능하며 운영 중 및 폐쇄 후의 안전성을 해치지 않고 가역성을 보전할 수 있다고 평가하였다.

2. 처분사업의 투명성 확보 및 커뮤니케이션

(1) 지역정보감시위원회(CLIS)

원전 등 원자력기본시설(INB) 지역에는 지역정보위원회(CLI)를 설치하도록 되어 있지만, 지하연구소는 이에 해당하지 않으므로 유사한 역할을 담당하는 조직으로서 CLIS가 설치되었다.

CLIS의 설치는 1991년 「방사성폐기물관리연구법」에 규정되어 있다. 2006년 「방사성폐기물 등 관리계획법」에서 CLIS의 설치조항이 일부 개정되어, 2007년 5월 「뷰어 지하연구소 CLIS」[24)]가 발족되었다.

---

23) 日本經濟産業省, 諸外國における高レベル放射性廢棄物の處分について, 2017.2, 79면.
24) 뷰어 지하연구소는 뫼즈, 오토마른 두 도시에 걸쳐 설치되어 있고, 지역정보감시위원회(CLIS

CLIS는 지하연구소의 환경 및 주변에 영향을 미치는 문제를 토의하고 청취할 수 있으며, 국가평가위원회(CNE) 및 원자력의 안전성에 관한 투명화 및 정보에 관한 고등평의회(HCTISN) 등을 외부전문기관으로 활용할 수 있다.

CLIS의 설립 및 운영자금은 국가보조금 또는 방사성폐기물의 심층처분활동에 관계되는 사업자의 보조금으로 충당된다.[25)]

(2) 원자력의 안전성정보와 투명성에 관한 고등평의회(HCTISN)

「원자력 안전·정보개시법」에 따라 원자력활동에 관한 리스크 및 원자력활동에 의한 건강, 환경, 안전보장에 대한 정보 제공 및 논의를 위하여 「원자력의 안전성에 관한 투명화 및 정보에 관한 고등평의회」(HCTISN)가 설치되었다.

HCTISN은 의회(국회)의 상원과 하원에서 각각 두 명, 지역정보위원회(CLI), 환경단체, 노동조합, 원자력사업자, 전문가, 학식경험자, 원자력안전기관(ASN), IRSN으로 구성된다.

---

du Laboratoire Bure)의 현재 구성원은 아래와 같다.

i) 상원과 하원의 해당지역 대표의원
ii) 두 개 시에 관계되는 지역권 지방장관, 시 지방장관(국가의 출자기관장)
iii) 두 개 시의 시의회의원, 지역권 의회의원
iv) 농업 및 기타 직능단체의 대표
v) 의료전문단체의 대표
vi) 특정 개인(입지와 직접 관련 있는 주민 3명)
vii) 관련 도시 마을의 장
viii) 환경보호단체의 자문위원
ix) ANDRA의 대표
x) ASN의 대표

25) 日本經濟産業省, 諸外國における高レベル放射性廢棄物の處分について, 2017.2, 80면; 한국원자력환경공단, 국외 고준위방사성폐기물 처분현황, 2016.12, 49면.

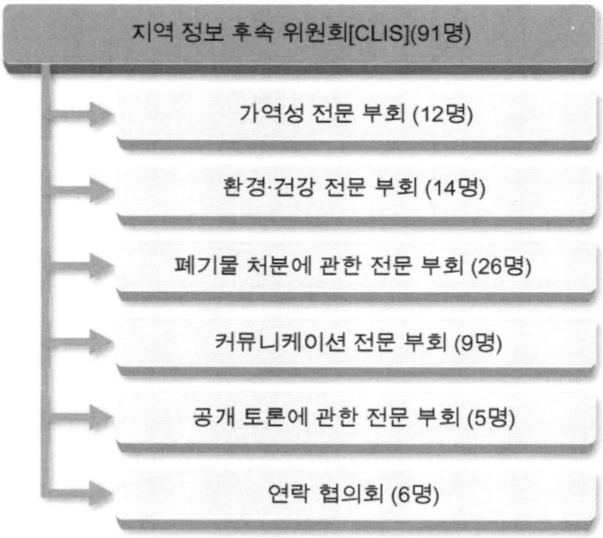

그림 94. 프랑스 지역정보감시위원회(CLIS)의 조직[26)]

(3) 공개토론회의 의견청취와 반영

2006년 「방사성폐기물 등 관리계획법」에 따라 심층처분장의 설치허가 신청에 앞서 공개토론회가 개최되었다. ANDRA가 신청하는 심층처분 프로젝트에 대해 사전에 국민 각층으로부터 의견을 반영할 수 있는 기회가 부여되었다.

ANDRA는 「고준위 및 장수명 중준위방사성폐기물의 심층처분사업센터 설치」(Cigeon 프로젝트)에 관한 공개토론회 개최를 2012년 12월에 국가토론위원회(CNDP)[27)]에 위탁하였다.

CNDP는 공개토론회를 2013년 5월 23일부터 12월 15일까지 7개월에 걸쳐 개최하였다. CNDP는 당초 전국 14곳에서 집회형식의 공개토론회를 계획하였지만 제1회 및 제2회 토론회는 반대파의 저지로 중지되었다.

---

26) 日本經濟産業省, 諸外國における高レベル放射性廢棄物の處分について, 2017.2, 80면.

27) 프랑스에서는 방사성폐기물 처분시설을 포함한 원자력기본시설(INB)등 환경에 중대한 영향을 미치는 대규모 공공사업이나 정책결정을 실행함에 있어서 계획단계부터 행정, 사업자, 국민, 전문가 등이 자유롭게 의견을 교환하기 위한 공개토론제도가 있다. 이에 대한 기획, 개최를 담당하는 조직으로서 CNDP라는 상설기관(의원 21명/임기 5년)이 있다. CNDP는 공개토론회의 대상인 프로젝트 안건별로 독립적·중립적 입장의 전문가로 구성되는 특별위원회(CPDP)를 설치하고 CPDP가 실제 공개토론을 입안·운영한다.

그 영향으로 CNDP는 공개토론회 방법을 재검토하고 소규모 주민참가회의, 특설 웹사이트에서의 토론방송 전송 및 SNS 등의 방법을 활용함과 동시에 공개토론회의 기간을 당초 예정보다 2개월 연장하였다.

인터넷회의인 「다른 의견에 의한 토론」은 총 9회 진행되었다. 또한 CNDP는 마지막 단계로서 전국에서 무작위로 선출된 17명의 시민패널에 의한 시민회의를 2013년 12월~2014년 2월에 걸쳐 개최하였다. 시민패널 중 8명은 뫼즈 시 및 오트마른 시에서 선출되었다.

일 자	토 론 주 제
2013.07.11	다양한 방사성폐기물
2013.09.18	처분대책(심층처분, 중간저장, 핵종분리, 변환)
2013.09.23	제외국과의 비교
2013.10.09	예방원칙과 가역성
2013.10.16	처분장작업자, 지역주민 및 환경에 대한 리스크와 안전성
2013.10.23	폐기물 운반
2013.10.30	지역의 장래 동태 예측과 지역개발
2013.11.13	프로젝트의 비용과 자금조달
2013.11.20	정책결정에 대한 주민 참여

표 31. 인터넷회의 「다른 의견에 의한 토론」의 구성[28)]

시민의회 종료 후인 2014년 2월 CNDP는 공개토론회의 종합보고서를 공표하였다. 한편 CNDP는 인터넷 등을 통해서 1,508건의 질문, 497건의 의견표명 이외에 전문지식인 아닌 시민의 반대의견을 포함한 다양한 관점에서의 정보를 제공받음으로써, 정책결정에 도움이 되는 의견이 제시되었다고 평가하고 있다.

공개토론회의 결과를 수렴하여 ANDRA는 2014년 5월 「Cigeo 프로젝트」의 지속적 시행을 위한 개정안[29)]을 공표하였다. 이 프로젝트에는 법 개정이 필요하기 때문에 ANDRA는 필요한 내용이 개정안에 반영되도록 정부와 협의하였다.

28) 日本經濟産業省, 諸外國における高レベル放射性廢棄物の處分について, 2017.2, 81면.

29) 여기에는 실제 처분장에서의 시험을 가능하게 하는 「파일럿 운영단계」의 설정 및 처분운영기본계획의 정기적 재검토를 통한 시민사회의 참가 기회를 보장하도록 하고 있다.

3. 의식파악과 정보제공

일반대중에게 프랑스의 방사성폐기물 관리프로그램에 관한 정보를 제공하는 것도 ANDRA 임무의 하나이다. 이를 위하여 ANDRA는 정보지(Le Journal de l'ANDRA)를 발행하고 있다.

정보지의 배포처에 따라 그 내용이나 지면 구성을 바꾸며, 일반버전 이외에 ANDRA의 각 시설(뷰어 지하연구소 및 중·저준위폐기물처분장)에 초점을 맞춘 버전을 정기발행(연 4회, 각 호 약 20페이지)하고 있다.

이들 정보책자에서는 지하연구소 부지에서의 연구진행상황, 과학적 해설, 이벤트 공지, 지역주민에게 실시한 강연회의 개요, 다양한 전문가의 의견을 특집기사로 소개하고 있다.[30]

ANDRA의 웹사이트에서는 뷰어 지하연구소의 건설작업이나 조사·연구 등의 상황을 영상으로 볼 수도 있다. ANDRA는 뷰어에 대한 견학프로그램도 기획·개최하고 있다. 뷰어 지하연구소의 구조, 지하에서의 조사결과(지질학, 지반역학, 수문지질학 등)를 해설한 책자나 동화도 인터넷상에 공개하고 있다.

Ⅳ. 독 일

1. 심층처분 안전확보 대책

1983년 5월 당시의 최종처분사업의 시행주체였던 연방물리·기술연구소(PTB)는 「고어레벤 부지조사의 총괄적 중간보고서」를 작성하였다. 이 보고서에서는 고어레벤에 심층처분장을 건설할 경우 안전해석이 행해지고, 고어레벤이 처분장의 건설지로서 적절하다고 평가하고 있다.[31]

고어레벤에서의 지하탐사활동은 1998년 연방정부의 탈원전정책[32] 전환의 영향

30) 이들 정보지에 관한 내용은 ANDRA의 웹사이트(www.andra.fr)에 공개되어 있다.
31) 이 평가결과에 의해 니더작센(Niedersachsen) 주가 지하탐사에 대한 허가를 발급하고, 탐사갱도 건설은 1986년부터 개시되었다.
32) 1986년 체르노빌 원전사고 이후 당시 서독에서는 탈원전에 대한 정치적 논의와 연구가 광범

을 받아 2000년 10월부터 10년간에 걸쳐 동결되었다. 탐사활동은 2010년 11월 재개되었지만 부지선정 재검토에 따라 2012년 12월 중단되었고 그 후 2013년 7월 「부지선정법」의 제정에 따라 종료되었다.

연방환경 · 자연보호 · 원자로안전부(BMU : 현 연방환경·자연보호·건설·원자로안전부)는 2009년 7월 「발열성 방사성폐기물의 최종처분을 위한 안전요건」을 수립하였다. 이 요건은 2010년 고어레벤 탐사재개에 앞서 동년 9월 일부 개정되었다.

2010년 8월 BMU의 위탁을 받은 시설 · 원자로안전협회(GRS)가 중심이 되어 2010 11월 탐사활동 재개 시까지 얻은 데이터에 의해 이와 같은 안전요건에 따른 고어레벤에서의 예비안전성평가를 착수하였다.

그러나 2013년 7월 제정된 「발열성 방사성폐기물의 최종처분장의 부지선정에 관한 법률」(부지선정법)에 의해 후보지인 고어레벤이 백지화되었기 때문에 예비적 안전성 평가작업은 중단되었다.

독일에서는 2014년 5월에 「부지선정법」에 의한 「고준위방사성폐기물처분위원회」가 설치되었다. 동 위원회는 2015년 말을 목표로 처분의 안전요건 및 복수 부지의 비교를 전제로 한 부지선정기준 및 선정절차를 검토하도록 되어 있다.[33]

2. 처분사업의 투명성 확보와 커뮤니케이션

(1) 「부지선정법」에 의한 선정절차에의 대중 참여

「부지선정법」[34]에는 우선 국민 각층의 대표자 33명으로 구성된 「고준위방사성폐기물처분위원회」가 2016년 말까지 안전요건, 부지선정기준 및 부지선정절차를 검토하도록 규정되어 있다.[35]

위하게 이루어졌으나 경제성장과 국제 경쟁력 확보 등의 이유로 탈원전을 쉽게 결정할 수 없었다. 1998년 탈원전을 내세운 녹색당과 사회민주당의 연립정부가 출범하면서 단계적 탈원전이 추진되었다. 1999년 독일 연방정부와 에너지기업들의 정치적 합의에 따라 「2000년 탈원전」이 결정되었다. 이와 같은 합의에 따라 2002년 「원자력법」이 개정되었고 원전가동기간은 32년으로 제한되었다.

33) 日本經濟産業省, 諸外國における高レベル放射性廢棄物の處分について, 2017.2, 101면; 한국원자력환경공단, 국외 고준위방사성폐기물 처분현황, 2016.12, 67면.

34) 이 위원회의 회의는 인터넷으로 중계되고, 의사록도 공개되어 있다.

35) 이 책 296면을 참조할 것.

선정절차 개시 후에는 시행주체인 BfS가 복수의 후보지역에서 대중참여 절차를 거쳐 대상을 압축하도록 되어 있다. 「부지선정법」에는 이러한 절차를 통하여 시민대화 및 인터넷 등의 미디어를 이용하여 관련정보의 발신 및 의견 청취를 하도록 규정되어 있다.

그리고 「부지선정법」에는 부지선정에 관하여 아래와 같은 중요한 사항에 대해서는 시민집회의 개최 이외에 관계되는 주 또는 해당지역 지방자치단체가 참여하여 결정하여야 한다고 규정되어 있다.

i) 후보지역, 지상으로부터 탐사대상부지의 선정
ii) 지상으로부터의 탐사계획 수립
iii) 지하에서의 탐사대상부지 선정
iv) 지하에서의 탐사계획 수립
v) 후보부지의 최종 비교

(2) 연방차원의 참여

부지선정기준이나 안전요건이 결정된 후 BMUB는 연방수준의 국민의견 반영을 위한 조직으로 다양한 계층으로 구성되는 「사회자문위원회」[36]를 설치하였다. 위원의 임명에는 의회의 승인이 필요하다.

(3) 후보지역 · 후보부지 주민참여

2014년 설립된 연방방사성폐기물처분청(BfE)은 부지선정절차를 감독하고 검토대상 지역이나 부지소재지의 다수가 참여할 수 있는 형태의 시민대회를 개최하였다. 그리고 검토대상지역이나 해당지역주민을 지원하는 조직으로서 처분청이 「시민사무국」을 설치하였다. 시민사무국은 독립된 입장에서 지역이나 지역 주민에게 절차에 관한 전문적 조언을 제공한다.

---

36) 이 위원회는 선정절차에 관한 모든 문서에 접근할 수 있고 절차에 관한 권고 및 견해를 공표하는 역할을 담당한다.

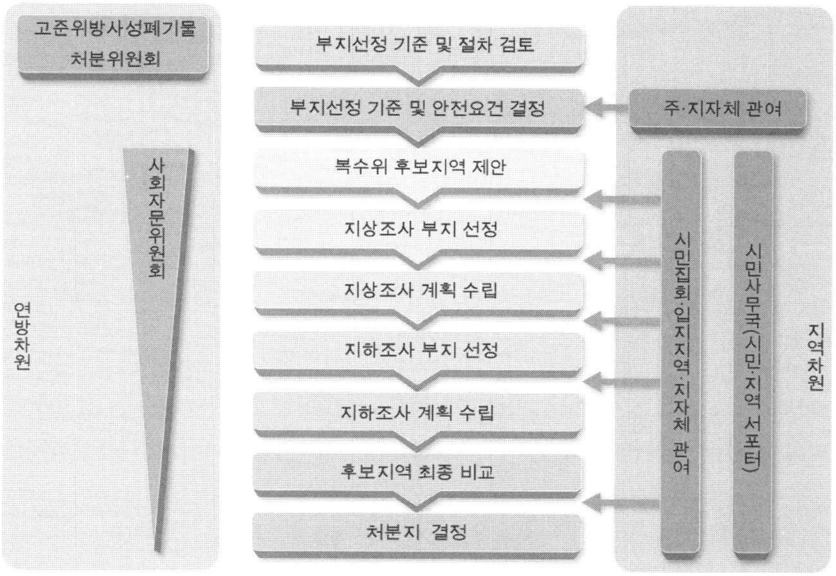

그림 95. 독일의 부지선정에 있어서 대중참여[37)]

(4) 시민집회

시민집회는 2013년 「부지선정법」에서 새로이 도입된 대중참여방법이다. 집회는 계획대상으로 된 지역 내에서 개최된다. BfE는 개최 2개월 전까지 연방관보, 웹사이트 및 해당지역 일간지에 개최공고를 하고, 최소한 1개월 이상 관련된 기초 자료를 게시한다.

시민집회의 의사록에는 그 지역에 대한 대중수용의 정도에 대하여 기재하도록 되어 있다. 연방방사성폐기물처분청은 탐사 부지 및 처분장 부지를 검토할 때 시민집회의 결과를 고려하여야 한다.

(5) 과거의 커뮤니케이션 활동(고어레벤)

2013년 「부지선정법」에 의하여 탐사활동이 중지되기까지 처분장 후보지로 탐사가 계속되어 온 고어레벤 지역에 대해서는 감독기관인 BMU 및 시행주체인 BfS가 대화활동이나 정보제공을 하여 왔다.

37) 日本經濟産業省, 諸外國における高レベル放射性廢棄物の處分について, 2017.2, 102면; 한국원자력환경공단, 국외 고준위방사성폐기물 처분현황, 2016.12, 68면.

고어레벤에는 1979년부터 정보센터가 설치되었다. 또한 해당 지역 및 주변 지방자치단체 의회의 의원으로 구성되는 「고어레벤 위원회」가 시행주체인 BfS나 BfS의 위탁을 받아 현지 탐사활동을 실시하고 있던 DBE 사와의 소통 역할을 맡고 있었다.

2010년 고어레벤의 탐사 동결이 해제된 후, BMU는 탐사 활동을 진행하면서 해당지역의 이해관계자 또는 주민참가절차서의 도입이 중요하다는 인식을 표명하였다. 따라서 BMU는 2010년 시민과의 대화활동인 「고어레벤 다이얼로그」를 개시하였다.[38)]

3. 의식파악과 정보제공

(1) 부지선정법에 관한 시민포럼

독일에서는 2013년 4월 「발열성 방사성폐기물의 최종처분장의 부지선정에 관한 법률」(부지선정법)의 법안이 내각에서 의결된 후, 동년 5월 31일부터 6월 2일까지 3일간에 걸쳐 「부지선정법에 관한 시민포럼」이 베를린에서 개최되었다.[39)] 포럼의 진행은 모두 인터넷에서 동시 중계되고, 녹화영상은 동영상 사이트를 통하여 공개되었다.

(2) 고어레벤에서의 홍보 활동(정보 제공)

고어레벤에서의 탐사가 중지되기 이전에는 처분의 시행주체인 BfS가 주로 일반시민을 위해 BfS의 위탁을 받아 실제조사작업을 하고 있던 DBE사를 통해 부지주변 주민에 대한 홍보활동을 실시하였다.

보도자료, 정보책자, 강연회 개최와 함께 고어레벤에는 정보센터가 설치되어 지하탐사갱도를 견학하기 위한 부지투어가 실시되었다. 2009년부터는 이동전시차량으로 각지를 순회하는 정보제공활동도 실시되었다.

---

38) 이와 같은 대화활동에서는 탐사활동 및 예비안전성 평가를 위해 전용 웹사이트를 운영하여 정보 제공이나 의견수렴 이외에도 시민과의 대화집회 등이 개최되었다. 그러나 부지선정 재검토에 따라 고어레벤의 탐사가 중지되었기 때문에 현재 이러한 대화 활동도 포함되었다.

39) 이 포럼에서는 연방의회 소속 각 정당의 의원 및 처분사업 관련 전문가들이 참석하고, 대중참가 등 사회적 측면 내지 재원조달측면, 기술적 측면 등 「부지선정법안」에서 취급되고 있는 다수의 측면을 시민들에게 설명하였다.

Ⅴ. 스위스

1. 심층처분 안전확보 대책

스위스는 1978년 연방의회의 「원자력법에 관한 연방 결의」에 의하여 원자력시설을 건설하려는 자에 대하여 원자력시설의 건설허가 및 운영허가의 전제조건으로 연방평의회(내각에 해당)가 발급하는 개요승인의 취득이 의무화되었다. 기존 원전의 계속운전 및 신규 원전의 인허가조건으로서 방사성폐기물이 확실하게 처분 가능하다는 것이 조건으로 되었다.

이와 같은 「처분의 실현가능성 실증」을 위하여 연방 정부는 1985년을 기한으로 실제 지질조건에서 심층처분의 실현가능성을 평가하는 「보증프로젝트」의 실시를 NAGRA에 요구하였다. 이 프로젝트에서는 스위스 북부의 결정질암에 주목하여 검토가 진행되었다.

1988년 연방평의회가 이 프로젝트의 보고서에 대하여 공표한 평가에서는 「심층처분장의 건설 가능성 및 안전성은 확인되었지만, 필요한 크기를 갖춘 모암을 찾을 수 있는지에 대해서는 입증할 수 없다」고 하여 퇴적암도 조사대상으로 할 것을 요구하였다.

NAGRA는 기존의 지질정보에 의해 스위스 전체 국토의 범위에서 압축해 나가는 형태로 점토질을 많이 포함한 암종에 착안하여 현지조사를 시행할 첫번째 우선구역으로 1994년 취리히 북부를 선정하였다.

연방 당국의 승인을 얻어 선정구역에서의 3차원 반사법 지진 탐사를 실시함과 동시에 1998년부터는 동구역에 있는 벤켄(Benken)에서 시추조사도 실시하였다. 2000년에는 환경·운수·에너지·통신부(UVEK)가 설치한 「방사성폐기물 처분개념 전문가그룹」(EKRA)이 「감시용 장기심층처분」이라는 개념을 제안하였다.

EKRA의 권고에 따라 처분시행주체인 NAGRA도 감시형 장기심층처분에 의한 처분장 시스템의 검토와 안전성 평가를 실시하고 2002년 「처분의 실현가능성 실증 프로젝트」 보고서에서 고준위 방사성폐기물의 장기 안전성을 확보할 수 있다는 견해를 밝혔다.

규제당국의 평가가 실시된 후 2006년 연방평의회는 처분의 실현가능성 실증결과를 승인하는 결정을 내렸다. 한편 NAGRA는 상기 보고서에서 향후 조사대상을 취리히 바인란트(취리히 북동부)의 오파리너스 점토로 압축할 것을 제안하였지만, 연방평의회는 이 제안을 물리치고 「도시계획법」에 의한 특별계획을 수립하여 심층처분장의 부지선정을 추진하기로 하였다.

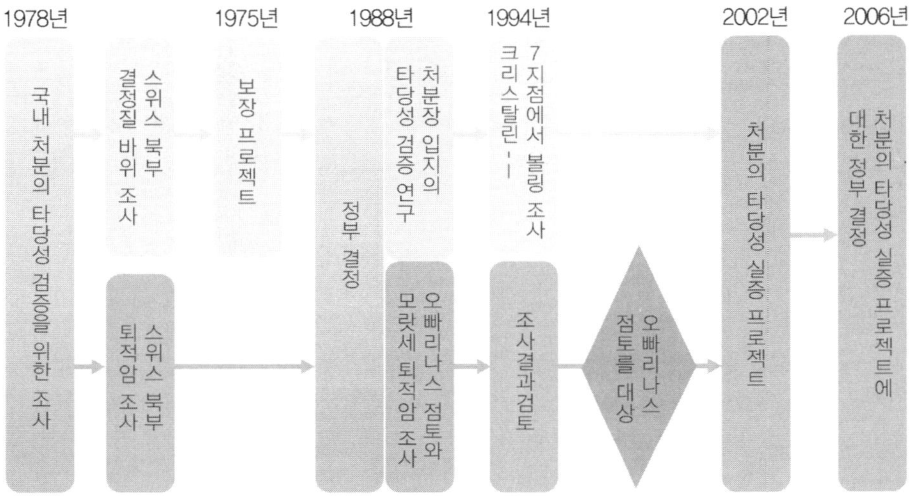

그림 96. 스위스의 처분 실현가능성 실증프로젝트에 이른 경위[40)]

2. 처분사업의 투명성 확보와 커뮤니케이션

(1) 처분사업과 커뮤니케이션

처분사업을 진행해 나가려면 주민의 이해를 얻는 것이 중요하다. 스위스에서 방사성폐기물 처분에 관해 주민과의 충분한 컨센서스를 얻지 못한 예로서 중·저준위방사성폐기물 처분장 계획을 들 수 있다.

이 계획에서는 전력회사와 지방자치단체의 공동출자에 의해 설립된 벨렌베르크(Welenberg) 방사성폐기물 관리공동조합(GNW)이 1994년 스위스 중부의 벨렌베르그에 대한 처분장 건설계획을 발표하고 개요승인절차를 개시하였다.

그러나 1995년 6월 주민투표[41)]에서 탐사갱의 굴착과 처분장 건설을 목적으로

---

40) 日本經濟産業省, 諸外國における高レベル放射性廢棄物の處分について, 2017.2, 128면.

41) 스위스의 주민투표는 주민에 의한 발안에 대해 일정 수 이상의 유효한 서명이 취합된 경우에 발안의 시비에 대하여 주민이 직접적으로 의사표명을 할 수 있는 제도이다. 주 수준에서 발

하는 지하공간 이용의 허가 및 연방에 의한 개요승인에 대한 주의 의견 · 권고가 부결되어 GNW는 연방, 주 정부, NAGRA 등의 협력 하에 처분개념의 재검토를 실시했다.

2002년에 GNW는 다시 탐사갱 굴착만을 목적으로 한 지하 공간 이용의 허가 신청을 주에 제출하였지만 동년 9월의 주민투표에서 주의 허가 발급이 다시 부결되었기 때문에 베른베르그 부지를 단념하기로 결정이 이루어져 GNW는 해산되었다. 또한 2005년 2월에 시행된 「원자력법」에서는 처분장 등의 원자력 시설의 입지 등에 관해서는 주 정부에 의한 허가가 필요하다는 것이 규정되었다.

(2) 특별계획 「심층처분장」에 대한 규정

부지선정절차 등을 규정한 특별계획 「심층처분장」은 2006년 3월 최초의 초안 공표 이후 국내 및 인접 국가 당국 및 조직과 개인, 스위스주 등으로부터 제출된 의견을 반영하여 2008년 4월 연방평의회에서 승인되었다.

동 계획은 부지선정 담당관청인 연방에너지청(BFE)의 역할의 하나로서 커뮤니케이션 방침의 작성 및 대중을 위한 정보제공과 홍보활동을 포함하고 있다. 또한 NAGRA는 관계자에 대한 전문적 지식을 제공하여야 한다.

특별계획에는 「부지지역」에 속하는 지방자치단체가 지역참가조직을 설치하도록 규정되어 있고, 2011년부터 6개 부지지역에 대해 BFE의 주도 하에 설치된 「지역회의」가 활동을 시작하였다.

(3) 지역회의

각 지역 회의는 약 85명 내지 110명의 멤버로 구성되어 있다.[42] NAGRA의 2012년 연차보고서에 의하면 지역회의[43]에는 약 200개의 지방자치단체가 참가하고 있고 그 중에는 독일의 12개 지방자치단체도 포함되어 있다.

또한 NAGRA의 제안과는 별도로 지역회의는 지상 건설의 배치와 입지에 대해

안의 권리는 광범위하게 인정되어 있고 주 헌법의 개정이나 주법의 개정도 대상이 된다.

42) 여기에는 ⅰ) 주 또는 부지지역을 구성하는 지방자치단체의 대표자, ⅱ) 경제단체, 정당, 교회 등의 대표자, ⅲ) 주민이 참가하고 있다.

43) 지역회의는 토지이용이나 사회경제 발전에 관한 조사를 실시하고 지역의 지속적 발전에 필요한 프로젝트를 추진하는 역할을 담당하고 있다.

서 독자적으로 제안할 수 있다. 쥐라 동부와 주트란덴에서는 지역회의가 제안한 지상시설의 설치구역안을 NAGRA가 채택하였다.

취리히 북동부와 북부 래게렌에서는 지역회의의 견해에 따라 NAGRA가 신규 설치구역안을 제안하여 채택하였다. 지역회의의 예산은 각 지역회의 별로 연간 약 50만 스위스 프랑이다.[44)]

3. 의식파악과 정보 제공

(1) 위원회 등의 설치

특별계획 「심층처분장」에는 주 및 지방자치단체에서도 대표자가 참가하여 구성되는 아래(표 32. 참조)와 같은 위원회 등의 설치를 규정하고 있고 이들 위원회는 이미 활동을 개시하고 있다.

명　칭	역　할
처 분 장 자문위원회	심층처분장 부지선정 절차의 수행 시에 환경·운송·에너지·통신부(UVEK)를 지원
주 위원회	부지선정에 관계되는 주나 인근 주, 인근 국가의 정부 대표자 간의 협력을 꾀하고 선정 절차의 실시로 연방을 도와 연방에 권고안을 제출.
주 안전전문가 그룹	안전성에 관한 자료의 평가 시에 주를 지원하고 안전기술포럼, 주민, 지방자치단체, 단체, 주, 관계 인접 국가의 영향을 받는 지방자치단체의 기술적인 문의에 대한 대응

표 32. 위원회의 명칭과 역할[45)]

(2) 정보제공방안

심층처분장의 지질학적 후보지역 제안을 공표한 후인 2008년 11월부터 12월에 걸쳐 BFE 주최로 독일을 포함한 9개 장소에서 정보제공 이벤트가 개최되었다.

---

44) 지역회의는 예산안과 활동비용에 관한 청구서를 BFE에 제출하고, BFE는 이 예산안을 승인하여 비용을 NAGRA에 청구한다. 이 예산은 지역회의 사무국 운영비, 홍보 활동비, 회의참가비 등에 할당되어 있으며 지역회의 멤버는 회의활동에 참가한 보수를 받고 있다.

45) 日本經濟産業省, 諸外國における高レベル放射性廢棄物の處分について, 2017.2, 130면; 한국원자력환경공단, 국외 고준위방사성폐기물 처분현황, 2016.12, 89면.

여기에서 ENSI 및 NAGRA도 프레젠테이션을 하였다. 또한 NAGRA는 독자적으로 정보제공을 위한 이벤트를 실시하였으며, 그 밖에 팜플렛의 작성, 교육기관에 대한 정보제공, 지하연구소를 이용한 정보제공 활동 등을 하였다. NAGRA는 2012년 취리히 중앙역에서 「타임라이드」(Time Ride)라는 제목의 대형 전시를 하였다.

Ⅵ. 영 국

1. 심층처분 안전확보 대책

영국정부는 2008년 백서에서 안전하고도 지속가능하며 일반대중이 수용하는 심층처분 프로그램을 시행하기 위하여 심층처분의 실시주체인 NDA에 대하여 환경평가 및 지속가능성이 있는 문제를 전체적으로 평가하고 고려하도록 지시하고 있다.

또한 EA 등은 2009년 2월 「심층처분시설의 허가요건에 관한 지침」을 공표하였다. 이 지침에서는 심층처분시설의 개발자 및 운영자가 심층처분시설이 인간이나 환경을 적절하게 보호하는 것임을 입증하도록 요구하고 있다.

영국 정부도 2014년의 백서에서 인간이나 환경보호대책이 확보될 필요가 있다고 하고 있으며, 개발사업자이자 심층처분시설의 실시주체인 방사성폐기물관리회사(RWM사)[46]에 대해 제안한 시설 전체에 관한 안전측면의 논거를 제시하도록 요구하였다.

NDA 및 RWMD(현재 RWM사)는 2010년 12월 심층처분사업에서 행해진 방사성폐기물의 운반, 처분장의 운영 및 장기안전성의 3가지 영역을 포괄하는 일련의 보고서 「일반적 조건에서의 처분시스템; safety case」를 채택하였다.

이들 보고서에서는 광범위한 환경 및 처분장의 설계를 고려한 처분개념의 예를 명시하고 있으며, 2014년의 백서에서는 이들 보고서 및 IAEA의 안전지침을 새로운 부지선정절차의 초기활동(지질학적 조사) 시에 고려할 필요가 있다고 하였다.

---

46) RWM사는 심층처분시설이 어떻게 안전성, 보안 및 환경보호에 관한 고도의 기준을 만족시키는가를 명시하기 위해 safety case를 개발하고 유지할 필요가 있다.

2. 처분사업의 투명성 확보와 커뮤니케이션

(1) 지방자치단체와 협력 하에 수행되는 작업

2014년 7월의 백서인 「심층처분 고준위방사성폐기물 등의 장기관리를 위한 개괄적 계획」에서 영국정부는 지방자치단체와 작업을 협력하여 진행하는 절차를 개발하고 있다. 이와 같은 절차에는 다음과 같은 사항이 포함되어 있다.

i) 지방자치단체 대표자의 결정방법

ii) 지방자치단체에 대한 투자에 관한 높은 수준의 정보제공

iii) 기술문제에 관하여 독립된 제3자로부터의 조언을 광범위하게 들을 수 있는 메카니즘의 설정

영국정부는 2014년 백서를 공표한 후 지방자치단체의 대표제도에 관한 작업그룹을 설치하였다. 이 그룹은 지방자치단체의 관여에 대한 다양한 문제에 대처하기 위한 것이다. 지방자치단체 대표제도 작업그룹의 활동으로서는 다음과 같은 내용이 포함된다.[47)]

i) 심층처분시설에 관하여 보다 많은 학습에 관심을 가지는 지역을 대상으로 「지방자치단체」 및 효과적인 지방자치단체 대표제도는 어떤 것인지 등에 관한 옵션을 개발한다.

ii) 지방자치단체 대표의 역할 및 책임에 대해 정의함과 동시에 심층처분시설의 부지선정절차의 진전에 따라 이들의 역할이 어떻게 변화해 가는지에 관한 이해를 깊게 한다.

iii) 현지 지방자치단체가 심층처분시설의 다양한 부지선정절차에 대해 의견을 표명할 수 있도록 하기 위한 옵션을 개발한다.

iv) 주민의 지지에 관한 조사·확인의 실시가 적절하다고 생각되는 시점 및 조사·확인의 실시방법에 대해 명확화를 도모한다.

v) 지방자치단체에 대하여 투자를 위한 재정지급에 관한 옵션을 개발한다. 여기에는 임의적 투자패키지의 관리, 자금조달신청이 제출된 경우의 평가 및 해당 지방자치단체가 그 지역 내에서의 투자에 영향을 미칠 가능성 등이 포함된다.

47) 日本經濟産業省, 諸外國における高レベル放射性廢棄物の處分について, 2017.2, 149면; 한국원자력환경공단, 국외 고준위방사성폐기물 처분현황, 2016.12, 104면.

(2) 2008년 백서에 의한 부지선정절차 : 캄브리아주 서부 사례

캄브리아주, 캄브리아주의 알러데일 시 및 코플랜드시 등 3개의 지방자치단체는 2009년 부지선정절차에 관심을 표명한 후, 다양한 측면에서 조언·지원활동을 실시하는 조직을 가동하였다.

이 조직은 「서캄브리아 방사성폐기물 안전관리 파트너십(조합)」이라 하며 지방자치단체가 참가 여부를 결정할 때(제3단계 종료시점)까지의 기간에 한하여 3개의 지방자치단체가 합동으로 설치한 것으로, 제4단계 이후에 설립되는 「지역입지 파트너십(조합)」(CSP)과는 입장이 다르다.

서캄브리아 방사성폐기물 안전관리 파트너십(조합)에는 2개의 시의회, 캄브리아주 내의 다른 시의회, 캄브리아주 지방의회 연합, 전국 농업자연맹(NFU), 지방노동조합 등이 참가하였다.[48)]

(3) 참여를 지원하기 위한 자금제공

심층처분장의 부지선정절차, 연구개발 및 시설설계 등에 대해 지역사회가 참가할 수 있는 가능성 뿐만 아니라, 영향력을 가지고 실질적으로 참가할 수 있는 체제를 갖추기 위해 「관여 패키지」라는 정책지원이 실시되었다.

2008년 6월 정부백서 「방사성폐기물의 안전한 관리-심층처분을 위한 개괄적 계획」에서는 관심표명을 한 지방자치단체 및 참가표명 후에 지방자치단체에 설립되는 「지역입지 파트너십」의 활동비용에 관하여 타당하다는 전제 하에서 정부가 부담할 것을 명확히 하고 있다.

캄브리아주, 캄브리아주의 알러데일시 및 코플랜드시가 설립한 「서캄브리아 방사성폐기물 안전관리 파트너십」의 경우에는 에너지·기후변동부(DECC)가 자금을 제공하고 있으며 그 대표가 옵저버로서 파트너십에 참가하였다.

48) 파트너십의 회합은 약 6주에 1회의 빈도로 개최되고 있고 의견교환이나 연구회의 장이 되었다. 회합에는 질문에 답하는 옵서버로서 CoRWM, DECC, EA, NDA 외에 해당지역의 원자력시설에 대해 비판적 입장에 있는 그룹도 참가하였다.

3. 의식파악과 정보제공

(1) 2008년 백서에 의한 부지선정절차 : 캄브리아주 서부에서의 지역홍보 활동

영국의 심층처분장 부지선정활동은 처분실시주체인 NDA가 아니라 영국정부가 직접하고 있다. NDA가 특정지역을 대상으로 하여 조사를 시작하는 시기는 지방자치단체가 부지선정절차에 참가하기로 결정한 후(제4단계)부터이다.

이를 위해 심층처분장의 입지에 관한 해당지역 주민에 대한 주요 정보제공은 관심표명을 한 지방자치단체가 합동으로 설립한 「서캄브리아 방사성폐기물 안전관리 파트너십」의 활동을 통하여 행해졌다.

이 파트너십은 캄브리아주 및 주내의 알러데일시와 코플랜드시가 부지선정절차에 관심표명을 한 직후인 2009년 11월 설립되었으며, 심층처분장에 관한 정보를 해당지역 주민이나 관계자에게 주지시켜 부지선정절차 참가에 대한 다양한 의견 평가를 활동목적의 하나로 하고 있다.

동 파트너십은 인터넷 사이트에서의 정보제공, 심층처분장의 부지선정에 관한 정보를 주민대상으로 소개하는 소책자를 독자적으로 작성하여 캄브리아주의 알러데일 시 및 코플랜드 시의 전 가정에 배포하였다. 또한 초기조사결과가 공표된 후인 2010년 11월 「DISCUSSION PACK」이라는 DVD 첨부책자를 작성·배포하고 앙케이트 조사 등도 실시하였다.[49)]

(2) 국민의식과 주민의식(주요 여론조사결과)

서캄브리아 방사성폐기물 안전관리 파트너십은 심층처분장 입지에 관한 해당지역의 다양한 의견을 평가함과 동시에 파트너십의 활동 개선을 위해 캄브리아주 전체를 대상으로 한 여론조사를 실시하였다.

외부의 여론조사회사를 이용하는 형태로 이제까지 4회(2009년 11월, 2010년 2월, 2011년 2월, 2012년 5월)에 걸쳐 전화 인터뷰를 실시하였고 그 결과를 파트너십의 인터넷 사이트에 공개하였다.

---

49) 日本經濟産業省, 諸外國における高レベル放射性廢棄物の處分について, 2017.2, 153면; 한국원자력환경공단, 국외 고준위방사성폐기물 처분현황, 2016.12, 106면.

Ⅶ. 캐나다

1. 심층처분 안전확보 대책

(1) 안전성 확인과 안전지식의 축적

캐나다에서는 2002년 NWMO[50)]가 설립되기 전 방사성폐기물의 심층처분연구는 AECL이 실시하고 있었다. AECL은 1994년 10월 「캐나다 방사성폐기물의 처분개념에 관한 환경영향평가서」(EIS)를 정리하였다.[51)]

AECL은 EIS 정리 이후에도 온타리오 파워제너레이션사(OPG사)와 1996년 및 2004년에 케이스 스터디를 실시하였지만 규제기관의 검토를 받을 수 있는 포괄적 안전평가는 실시되지 않고 있다.

캐나다에서는 2007년 방사성폐기물의 장기관리 방식인 「적응성 있는 단계적 관리」(APM) 방침의 채택을 결정하였다. 이 방식을 추진하는 NWMO가 2012년 3월 수립한 실시계획에 따라 규제당국과의 사전검토 기회를 갖기 위해 2016년까지 5년간 심층처분장 폐쇄 후에 대한 안전성 평가 준비작업을 추진하였다.

(2) 방사성폐기물 이외의 안전성 평가 실시

캐나다의 원자력발전사업자 중의 하나인 온타리오 파워제너레이션사는 자사의 원전에서 발생되는 중저준위방사성폐기물의 심층처분장(DGR)을 웨스턴폐기물관리시설(브루스 원전 부지 내)에 건설할 계획이다. OPG사는 DGR 프로젝트를 2001년부터 진행하여 왔다.[52)]

2009년 1월 OPG사와 NWMO는 OPG사가 수행하는 DGR에 관한 인·허가신청을 위해 NWMO가 기술지원 등을 하는 계약을 체결하였다. DGR 관련 업무에 종사하고 있던 OPG사의 인력이 NWMO로 넘어가 지질조사, 안전평가, 환경평가, 해당지역과의 커뮤니케이션 등의 업무를 NWMO가 승계하였다.

---

50) 이 책 198면을 참고할 것.

51) AECL은 처분개념의 안전평가도 하였지만 EIS에서의 안전평가를 위해 가상적 처분시스템에 대한 케이스 스터디를 진행하였다.

52) DGR에서는 방사성폐기물(사용후핵연료)을 처분하지 않는다.

OPG사는 2011년 캐나다 원자력안전위원회(CNSC)에 DGR의 인·허가를 신청하였다. 이 신청서에 첨부된 환경영향평가서, 예비안전성평가서 등은 OPG사를 위해 NWMO에서 준비하였다. 2011년 OPG사는 추가적 지질조사 및 구체적 처분장 시설의 설계를 NWMO에 위탁하였다.[53)]

2. 처분사업의 투명성 확보와 커뮤니케이션

(1) 대중 참여 프로그램

2002년에 제정된 「방사성폐기물법」에는 처분주체의 설립목적이 명기되었다. 이에 따라 NWMO는 연방정부에 방사성폐기물의 관리를 위한 복수의 방식을 제안하고, 채택이 결정된 방식대로 실시하여야 한다. NWMO가 방식을 제안할 때에는 그 실시일정에 「대중 참여 프로그램」에 대한 구체적 내용을 포함할 것이 요구되었다.

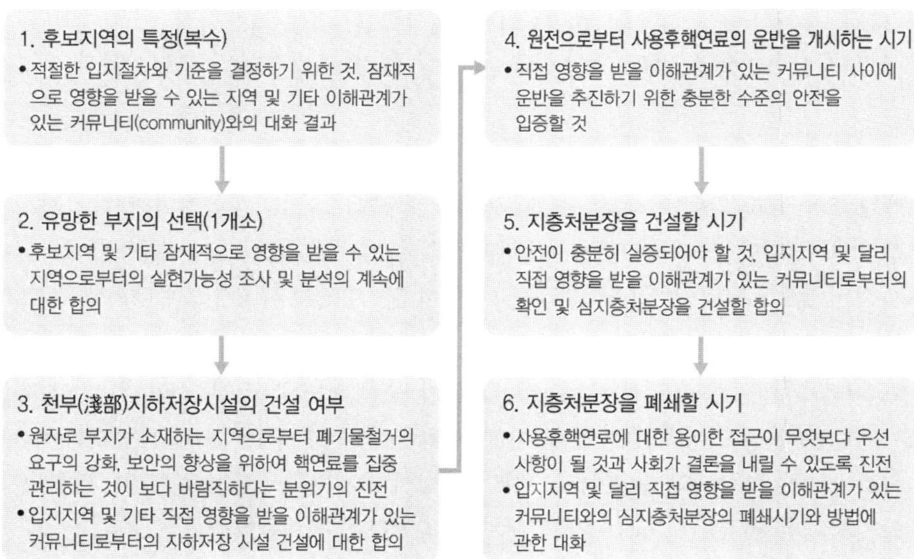

그림 97. 「적응성 있는 단계적 관리」에 대한 의사결정 포인트[54)]

53) NWMO는 방사성폐기물의 처분실시주체이지만 OPG사의 위탁을 통하여 다른 종류의 방사성 폐기물을 대상으로 한 심층처분장의 안전평가를 실시하고 있다.

54) 日本經濟産業省, 諸外國における高レベル放射性廢棄物の處分について, 2017.2, 176면.

NWMO는 약 3년의 공청회와 연구를 통하여 2005년 취합된 최종보고서 「가야 할 길의 선택」에서 「적응성이 있는 단계적 관리」(APM) 방안을 제안하였다. 이 중에서 NWMO는 방안실시과정의 구심점이 되는 중요한 의사결정 포인트를 복수로 설정함과 동시에 그 시점에서 시행되는 참여 프로그램의 성격과 범위도 명확히 하고 있다.

실시역할을 담당하는 NWMO는 단계적 실시와 적응을 도모함에 있어서 전문가와 일반시민 쌍방의 참가가 계속적, 적극적, 발전적인 것이 중요하며 그것이 NWMO의 실시능력의 향상에 연계된다고 판단하였다.

(2) 부지선정에 대한 해당지역과의 커뮤니케이션

NWMO는 2005년의 보고서 「가야 할 길의 선택」에서 부지선정절차는 「자주적으로 유치의사를 제시하는 입지지역을 특정하는 것이 관리방식의 실시에 대한 지역의 협력과 적극적 관여의 기초를 구축함에 핵심이 된다」라고 설명하고 있다.

이것은 처분장 프로젝트의 성공에 대해 국민이 요구하고 있는 수준을 보증하기 위해서는 부지의 기술적 측면에 대한 신뢰만으로는 부족하며 영향을 받는 개인과 지역의 사회적, 문화적, 경제적 지향을 존중하면서 합리적 방법으로 프로젝트를 역동적으로 전개할 필요가 있다는 판단이 배경을 이루었다.[55)]

해당지역의 "자주성"(처분장을 입지할 의욕)을 표명하는 방법과 "자주성"의 정도가 입지를 진행하는데 있어서 충분한지의 판단은 지방자치단체측의 문제임과 동시에 NWMO의 책임이라고 생각된다.

이러한 점에서 NWMO는 영향을 받는 이해관계가 있는 지역사회와 협력하여 부지 선정 프로세스를 개발, 실시할 것을 공약하고 있다.

(3) 해당지역 협의 · 커뮤니케이션을 지탱하는 재정지원

NWMO는 보고서 『제휴하여 진행한다: 캐나다의 사용후핵연료의 심층처분장 선정절차』(2010년 5월)에서 지방자치단체와 NWMO가 프로젝트를 받아들이는 데에 관한 정식협정에 조인하기 전까지 여러 단계에 있어서 프로젝트에 대한 관심 평가에 광범위한 시민의 참가와 관여가 달성될 수 있도록 필요한 자원(사람 · 자재 ·

55) 이것은 실제 발생 가능한 영향에 대해 충분한 정보를 가지고 NWMO와 협력하여 주요한 실시 결정을 구체화하고 방향을 설정함에 전력하는 지역의 존재가 전제가 되어야 한다는 것이다.

자금)을 공급하는 것을 확약하였다.

NWMO는 지방자치단체가 행하는 주민용 학습지원활동에 자금을 제공하고 있다. 이것에는 주민회합의 개최비용 외에, 부지 선정 프로세스에서 행해지는 초기 심사의 결과를 재검토하기 위해 지방자치단체가 제3자인 전문가를 고용하는 비용, 방사성폐기물의 저장시설을 견학하기 위한 여비 등이 포함된다. 또한 NWMO는 제3단계의 제1단계의 조사가 완료된 지방자치단체에 대해 해당지역 복지 향상에 이용할 수 있는 자금으로서 40만 캐나다달러(약 4억원)를 제공하고 있다.

3. 의식파악과 정보제공

(1) 부지선정절차에 대한 홍보활동(정보제공)

2010년 5월부터 시작된 부지선정절차[56]에 따라 NWMO는 「지식을 찾는 것에 대한 관심표명」을 한 지방자치단체에 대하여 「learn more(더 학습함)」 프로그램이라는 정보제공활동도 시행하고 있다.

이 프로그램은 지방자치단체 주민에 대해 「적응성 있는 단계적 관리」(APM) 방침의 전체상(全体像)이나 진행방법 외에 심층처분장의 부지선정절차 및 진행방법 등에 관한 설명에 중점을 두고 있다.

전시회에서는 포스터보드를 사용한 설명이나 체험형 전시, 비디오 상영이 행해지는 외에 NWMO의 전문가와 커뮤니티 대표자를 참여시킨 공개회합 등의 기획도 있다. 주민의 질문이나 의견에 대해 NWMO의 직원이나 전문가가 직접 대답하는 기회를 통하여 상호학습을 하는 형태도 포함된다.

부지선정절차의 제2단계에서는 해당 지방자치단체에 대한 심층처분장 입지의 잠재적 적합성을 평가하기 위해 기존 정보에 의한 초기 심사가 행해진다. 「learn more」 프로그램에서는 심사 결과에 관한 설명이나 질의응답도 행해지고 있다.

(2) 국민의식과 주민의식(주요 여론조사결과)

NWMO는 사회조사 프로그램의 일환으로서 지금까지 2회(2005년 8월과 2008년 11월)에 걸쳐 전국적인 여론조사를 실시(외부의 전문회사에 위탁)하고 있다. 2002년

56) 이 책 322면 이하를 참고할 것.

설립한 NWMO의 최초작업은 사용후핵연료의 장기관리를 위해 국민과 협력하여 「사회에 수용되고, 기술적으로 뛰어나고, 환경책임을 다하고, 경제적으로 무리가 없는」 관리 방식을 개발하는 것이었다.

2007년 6월에 캐나다는 「적응성이 있는 단계적 관리」(APM) 방침이 결정되었다. 여론조사는 관리방식의 제안이나 적응성이 있도록 방식을 실시함에 있어서 사회적 우려나 관심을 제거하기 위한 도구가 된다.

지금까지의 여론조사 설문에는 심층처분장의 입지를 수용함에 따른 편익과 리스크의 파악방법뿐 아니라 원자력발전의 장래, 다른 사회문제와 비교한 방사성폐기물 관리의 중요성에 대한 인식, APM의 실시에 관한 이해관계자의 신뢰도 등도 포함된다.

Ⅷ. 미 국

1. 심층처분 안전확보 대책

에너지부(DOE)는 「유카산(Mountain) 부지 적합성 지침」(10.C.F.R.Part 963)[57]에 따라 처분장 폐쇄 전 및 폐쇄 후 기간 동안 부지적합성을 판단한다. 또한 폐쇄 후의 기간에 대해서는 토탈시스템 성능평가(TSPA)를 사용하여 평가하도록 되어 있다.

TSPA에서는 처분시스템에 의한 폐기물 격리성능에 대해 영향을 미치는 수문지질학, 지구화학, 열, 응력(應力) 등의 다양한 프로세스 모델을 가정하여 부지특성조사에서 얻은 데이터를 이용하여 1만년을 넘는 장기간에 걸친 성능에 대한 발생확률, 불확실성을 고려한 확률론에 의한 시뮬레이션이 시행된다. 결과는 적용되는 안전기준과의 비교에 의해 정량적으로 평가된다.

또한 부지추천을 위한 TSPA(2002년 12월판)은 경제협력개발기구 원자력기관(OECD/NEA)에 의한 국제적 평가(peer review)도 받고 있다. 평가팀의 검사결과

57) 이 지침에서는 처분장 폐쇄 전의 기간에 대하여 처분장의 본래의 기능을 다하여 발생확률이 1만 분의 1 이상의 사고에 의한 영향을 방지 또는 경감할 수 있는지를 유카산에 적용되는 안전기준 비추어 평가하도록 규정되어 있다.

TSPA는 개선의 여지는 있지만 부지 추천에 충분한 근거를 주는 것이라는 결론을 제시하였다.

유카산 부지적합성지침에는 처분장 시스템의 성능에 따라 중요한 절차에 대한 적합성 기준으로서 다음과 같은 사항이 제시되어 있다.

i) 부지특성(지질학, 수문학, 지구물리학, 지구화학)

ii) 불포화대에서의 물의 유동특성

iii) 근계의 환경특성

iv) 인공방벽 시스템의 열화특성

v) 폐기물 열화특성

vi) 인공방벽 시스템의 열화와 물의 유동, 방사성핵종의 이행특성

vii) 불포화대에서의 물의 유동과 방사성핵종의 이행특성

viii) 포화대에서의 물의 유동과 방사성핵종의 이행특성

ix) 생태계 특성

그리고 「유카산 부지적합성지침」에는 다음과 같은 3개 시나리오에 대해 평가하도록 규정되어 있다.

i) 발생이 예측되는 정상 시나리오

ii) 발생확률은 낮지만 잠재적으로 영향을 초래할 「파괴적 시나리오」(화산활동, 지진, 핵임계 등)

iii) 조사목적의 굴착에 의한 「인간 침입 시나리오」

2. 처분사업의 투명성 확보와 커뮤니케이션

(1) 정보제공과 주민의견 수집

네바다주 유카산을 처분장 부지로 추천하여 처분장건설의 인·허가를 취득하려면, 2개의 방안으로 정보 제공과 의견수렴을 하도록 되어 있다. 하나는 환경영향평가절차에서 계획단계 및 환경영향평가서 초안(draft)의 공표 후에 공청회 또는 의견수집이 필요하다고 되어 있다.

유카산의 환경영향평가에서도 계획단계에서 15회의 공청회가 1995년에 실시된 것을 비롯하여 다수의 공청회가 개최되어 2002년 부지 추천까지 1만 건 이상의 의견이 접수되어 이에 대한 에너지부(DOE)의 회신이 있었다.

다른 하나는 「1982년 방사성폐기물정책법」에 규정된 특별절차로 특히 에너지부 장관이 대통령에 대한 부지 추천 시에는 동법 제114조 등에 따라 유카산 부지 주변의 주민에 대한 정보제공[58]과 의견수렴[59]을 위해 사전에 부지주변에서 공청회를 개최하여야 한다.

(2) 해당지역의 의견표명과 인·허가 절차 참가

「1982년 방사성폐기물정책법」에는 주 및 해당지역 지방자치단체 등이 처분장 개발에 관한 의사결정절차에 참가할 수 있도록 규정되어 있었다. 우선 부지추천 절차에는 에너지부 장관이 대통령에 대하여 처분장 부지추천을 하는 경우에는 사전에 네바다 주지사와 주의회에 통지를 하여야 한다.

그리고 주지사 또는 주의회는 대통령으로부터 연방의회로의 부지 추천에 관하여 60일 이내에 승인불가통지를 연방의회에 제출할 수 있도록 규정되어 있었다. 그러나 이와 같은 네바다주의 승인불가통지는 연방의회가 이를 부결할 수 있었다.

유카산의 부지 추천에서는 전술한 바와 같이 이와 같은 절차에 따라 연방의회가 입지승인 결의를 함으로써 해당지역인 네바다주의 승인불가는 번복되었다. 한편 미국에서는 원자력시설의 인·허가 절차에는 재판과 비슷한 형태로 심의가 진행되며 관련된 지방자치단체 등은 이러한 심의에 당사자로 참가할 수 있다.[60]

58) DOE는 부지추천을 위한 정보제공으로 공청회 등에 앞서 과학적 근거를 제시한 「유카산 과학·공학 보고서」와 환경영향평가서 초안의 보완서, 「예비 부지 적합성 평가보고서」 등을 공시하고 있다.

59) DOE는 2001년 5월부터 12월에 걸쳐 유카산 부지주변에서의 공청회와 유카산 부지추천에 관한 의견수집(public comment)을 실시하였다. 공청회는 네바다주 17개 군과 캘리포니아주 1개 군에서 개최되었다. 의견수집에는 약 4,600건이 접수되었고 그 결과를 검토하여 「정보제공」 항목에 제시된 각 보고서가 개정되었다. 또한 수집된 의견을 요약하고 그에 대한 DOE의 회신을 정리한 「부지추천 의견요약문」도 발표되었다.

60) 유카산의 심의절차에서는 네바다주 및 네바다주의 7개군 이외에 캘리포니아주 등도 당사자로 참가하였고, 특히 네바다주는 200건 이상의 논점을 제출하여 논증하는 자세를 보였다. 한편 이러한 절차에 참가하도록 주 및 관련된 지방자치단체 등에는 방사성폐기물기금(NWF)에서 보조금이 지급되었다.

3. 의식파악과 정보 제공

(1) 홍보 · 정보제공활동

시행주체인 에너지부(DOE)는 「1982년 방사성폐기물정책법」에 따라 필요한 해당지역 주민이나 일반대중에 대한 정보제공활동 이외에 지역주민 및 국민 전체의 이해촉진을 위한 정보제공활동도 실시하였다. 그 주요방법으로서는 소책자나 인터넷에 의한 것, 홍보센터에 의한 것 등이 있다.[61)]

(2) 정보센터

유카산의 가장 가까운 마을인 파럼프(Pahrump)에는 DOE의 OCRWM 정보센터가 설치되었다. 동 센터에는 전시, 비디오, 디스플레이, 대화형 컴퓨터 프로그램 및 기타 교육프로그램이 정비되었으며, 가상현실(Virtual Reality)에 의하여 처분장 내부로 들어가는 모의체험이 가능하도록 되어 있었다. 다만 그 후의 예산삭감과 오바마 정부의 유카산 계획 중지방침에 따라 정보센터는 폐지되었다.

---

61) DOE의 「민간방사성폐기물관리국」(OCRWM)은 인·허가신청서의 정식문서 및 전문적 분석보고서 등은 제한 없는 정보공개와 함께 일반시민도 이해하기 쉽도록 작성된 팜플렛 등을 웹사이트에도 제공하고 있다. 2002년 1월에는 유카산 부지추천 관련정보 제공으로 「왜 유카산인가」 및 「유카산 프로젝트의 Q&A」 등의 소책자가 웹사이트에 공개된 이외에도 「과학·사회 및 미국의 방사성폐기물」이라는 온라인 교육과정도 1992년부터 개정을 거듭하여 공개되었다. 2008년 6월의 건설허가에 관한 인·허가 신청서가 제출된 이후에는 「유카산 안전성설명서」 및 「유카산에 있어서 국가처분장」이라는 소책자가 발간되어 웹사이트에 공개되었지만, 오바마 정부의 유카산계획 중지방침에 따라 웹사이트는 폐지되었다.

제 7 장 처분장 선정의 진행절차 및 지역진흥

Ⅰ. 스웨덴

1. 처분장의 선정절차 및 경위

(1) 처분장 선정의 추진방법

스웨덴의 처분장 부지선정방법은 법령에 규정되어 있지 않다. 그러나 「원자력활동법」에 따라 시행주체인 SKB사는 3년마다 연구개발계획(RD&D 프로그램)을 수립하고, 이것을 규제기관 등이 검토하여 정부승인을 받는 절차를 통하여 간접적으로 국가의 감독이 이루어진다.

SKB사는 1992년 종합연구개발계획에 의하여 아래(그림 98. 참조)와 같이 종합입지조사, 타당성조사, 부지조사, 상세특성조사라는 4종류의 조사를 설정하고 2단계로 선정을 진행하도록 하는 방식을 채택하였다.

1995년 이와 같이 SKB가 계획한 선정방식에 대하여 정부는 제1단계 조사를 5~10개의 지방자치단체에서, 제2단계 조사를 적어도 2곳에서 실시한다는 조건을 설정하였다.[1)]

---

1) 상세특성조사는 처분장의 건설단계에 포함시키고 건설허가가 나온 후에 실시하도록 하였다.

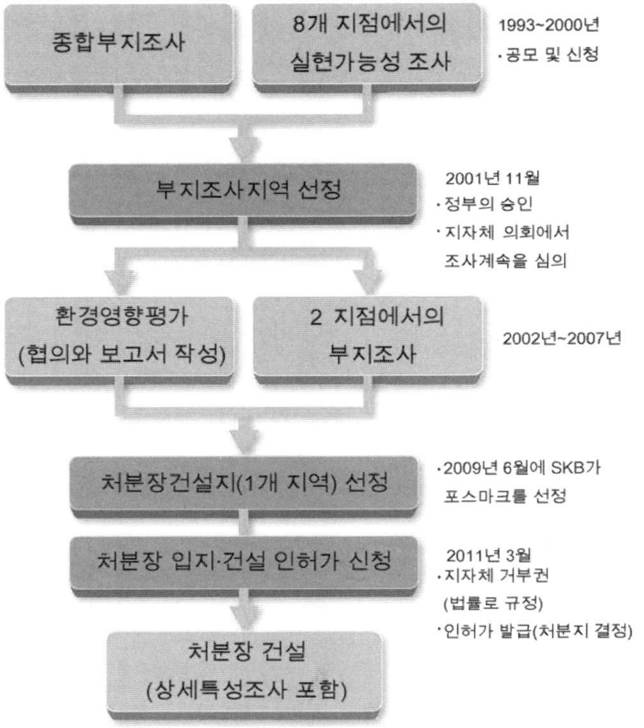

그림 98. 스웨덴의 부지선정 흐름도[2)]

2) 日本經濟産業省, 諸外國における高レベル放射性廢棄物の處分について, 2017.2, 21면; 한국원자력환경공단, 국외 고준위방사성폐기물 처분현황, 2016.12, 11면.

(2) 종합부지조사

부지선정절차를 구성하는 4종류의 조사 중 하나인 종합입지조사는 심층처분장의 입지방법론에 관한 기초적 문헌연구이다. 특정 지방자치단체를 대상으로 한 것이 아니라 일반 지방자치단체를 대상으로 하는 타당성 조사와 병행하여 실시되었다.[3)]

지자체명	의회에서의 의결사항	
스토루만	1993.06	찬성24, 반대5, 기권5
말 라	1993.11	찬성14, 반대14, 기권3 의장 찬성으로 가결
외스트함마르	1995.06	찬성36, 반대12
뉘 세 핑	의결이 불필요하다고 판단	
오스카샴	1996.10	찬성38, 반대5
세 르 프	1998.06	찬성49(전원일치)
홀트스프레드	1999.05	찬성47(전원일치)
엘브칼레뷔	1999.06	찬성30, 반대1

표 33. 실현가능성 조사를 수용한 지방자치단체의 의결상황[4)]

(3) 지방자치단체의 타당성조사 수용

지방자치단체를 대상으로 하는 타당성 조사를 실시할 때는 SKB사가 전국의 지방자치단체(당시 286개소)에 공모 또는 신청을 받아 시행하고, 지방자치단체 의회의 승인을 조건으로 하였다.

이 조사는 일종의 문헌조사에 해당하며 기존의 지질관련 문헌 이외에, 토지이용상황, 환경 및 고용측면의 영향을 조사하는 것이다. 아래(표 33. 참조)는 타당성조사가 실시된 지방자치단체 의회에서의 수용에 대한 의결상황을 보여주고 있다.

---

3) 예를 들면, 전국 각지에서 입지조사를 하고 있음을 보여주기 위해 1998년~1999년에 걸쳐 SKB사는 지역별로 지질분포 및 토지이용상황 등의 기존정보를 종합하였다.

4) 日本經濟産業省, 諸外國における高レベル放射性廢棄物の處分について, 2017.2, 22면; 한국원자력환경공단, 국외 고준위방사성폐기물 처분현황, 2016.12, 11면.

타당성조사 초기에는 공모에 응한 스토루만(Storuman)과 말라(Mala) 등 2개의 지방자치단체에서 1993년부터 조사가 행해졌으나 두 지방자치단체의 주민투표에서 모두 찬성이 다수인 결과로 나타났다. SKB사는 이 결과를 존중하여 이들 지방자치단체에서 철수하였다.

그 후, SKB사는 종합입지조사의 결과를 활용하면서 1995년부터 타당성조사 시행을 위한 부지조사 신청을 받기 시작하였다. 지방자치단체 의회의 승인을 얻은 외스트함마르, 뉘세핑, 오스카샴, 셰르프, 엘브칼레뷔, 홀트스프레드의 6개 지방자치단체에서 조사가 실시되었다.

(4) 지방자치단체의 부지조사 수용

6개 지방자치단체에서의 타당성조사 결과에 따라 2000년 11월에 SKB사는 부지조사의 후보지로 오스카샴, 외스트함마르, 셰르프의 지방자치단체에 위치한 3곳의 지역을 선정하였다.[5] 정부는 2001년 11월에 SKB사의 부지조사 후보지의 선정결과를 승인하였다.

아래(표 34. 참조)에서 보는 바와 같이 오스카샴과 외스트함마르는 수용을 결정했지만 셰르프는 조사를 중단하였다. 이러한 결과에 따라 SKB사는 외스트함마르와 오스카샴 지방자치단체에 대해 지표로부터의 굴착을 포함한 부지조사를 2002년부터 시작하였다.

지자체명	의회에서의 의결사항	
외스트함마르	2001.12	찬성 43, 반대 5
오스카샴	2002.03	찬성 49(전원일치)
세 르 프	2002.04	반대 25, 찬성 23

표 34. 부지조사 수용에 관한 지역의회의 의결[6]

5) 이와 같은 선정결과는 SKB사가 연구개발계획서의 보충이라는 형식으로 종합하여 3년마다 행해지는 연구개발계획의 심사절차와 마찬가지로 규제기관 등에 의한 심사가 이루어졌다.

6) 日本經濟産業省, 諸外國における高レベル放射性廢棄物の處分について, 2017.2, 22면; 한국원자력환경공단, 국외 고준위방사성폐기물 처분현황, 2016.12, 12면.

부지조사는 2007년까지 약 5년이 소요되었고 그 결과 2009년 6월 SKB사는 처분장 건설예정지로서 장기안전성에 중요한 지질학적 조건이 유리했던 외스트함마르의 포스마르크를 선정하였다.

(5) 건설지 결정에 관한 법제도

SKB사는 2011년 3월 포스마르크에 처분장 입지·건설에 대한 허가신청을 하였다. 스웨덴의 법제도에서는 고준위방사성폐기물 처분장의 입지·건설에는 「환경법」과 「원자력활동법」 2개 법률에 의한 허가가 요구된다. 아래의 설명처럼 시행주체가 하는 신청의 심리·심사의 경우도 다르지 않다.[7)]

첫째, 「환경법」에 의한(환경에 영향을 미치는 사업에 관한) 허가이다. 「환경법」에 의한 허가신청은 토지·환경법원에 제출되어 심리된다. 「환경법」에 의한 심리는 특정한 목적 달성을 위하여 「최적의 방법과 장소가 선택되었는가」를 심리하며 이러한 판단을 재판형식으로 진행한다.

고준위방사성폐기물 처분장의 경우에는 신청 사안이 토지·환경법원에서 판단할 수 있는지 여부를 정부가 사전에 판단하도록 되어 있다. 그 때는 건설예정지의 지방자치단체 의회가 당해 사업의 수용을 승인할 것을 전제로 한다. 이것은 해당지역 지방자치단체가 거부권을 가짐을 의미한다.

둘째, 「원자력활동법」에 의한 원자력시설의 건설허가이다. 「원자력활동법」에 의한 허가신청은 SSM에 제출되어 심사된다. SSM은 심사의견을 정부에 제출하고 이를 근거로 정부가 허가를 한다.

상기 두 법률에서는 허가신청 및 환경영향평가가 요구되고 있으며 해당지역 지방자치단체 및 영향을 받게 될 개인·단체 이외에 관계행정기관과의 협의가 의무화되어 있다. 한편 두 법률에 의한 심리·심사는 어느 경우에도 정부의 판단이 필요하지만 상호 모순을 피하기 위해 동시에 행해지도록 하고 있다.[8)]

---

7) 日本經濟産業省, 諸外國における高レベル放射性廢棄物の處分について, 2017.2, 23면.

8) 「환경법」과 「원자력활동법」이라는 2개의 법률에 의한 심리·심사가 동시에 진행되는 사례는 SKB사가 2011년 3월 제출한 처분장의 입지·건설에 대한 신청이 처음이다.

2. 지역진흥대책

(1) 제도적 재정지원

스웨덴에는 고준위방사성폐기물의 처분비용이나 원전의 해체비용을 확보하기 위해 제정된 「자금확보법」이 있으며, 지방자치단체가 수행하는 정보제공 및 협의에 필요한 비용을 원자력폐기물기금에서 교부금으로 지급하도록 규정되어 있다.

그러나 이외에 처분장입지에 관련된 지방자치단체에 대하여 경제적 편의제공을 정하는 제도는 없다. 교부금의 용도는 어디까지나 사용후핵연료 및 방사성폐기물의 문제에 대해 지방자치단체가 수행하는 정보제공활동의 비용에 한정되어 있고 다른 목적에는 사용할 수 없다.

(2) 사업자와 지방자치단체간의 협력협정

오스카샴[9] 및 외스트함마르[10] 지방자치단체는 2009년 3월 SKB사와 해당지역 개발에 관한 협정을 체결하였다. SKB사의 계획에 의하면 오스카샴 지방자치단체에는 앞으로 사용후핵연료의 집중중간저장이 행해짐과 함께 이들을 캐니스터에 밀봉하는 시설이 새롭게 건설된다. 한편 외스트함마르 지방자치단체에는 캐니스터를 처분하는 최종처분장이 건설된다.

SKB사는 2곳의 원자력시설을 장기적으로 계속하여 운영하기 위하여 해당지역의 사회·경제적 측면도 중시하고 있다. 스웨덴에서는 지방자치단체의 사회와 경

9) 오스카샴(면적 : 약 1,054 ㎢, 인구 : 약 26,300명)에는 사용후핵연료의 집중중간저장시설(CLAB)이 1985년부터 운영되고 있다. 이 시설은 심페바프반도에 위치하고 있으며 스톡홀름에서 남쪽으로 약 300km에 위치하고 있다. SKB사는 추가로 사용후핵연료를 캐니스터에 밀봉하는 시설을 건설하여 일체적으로 운용할 계획이다. 항구에 면한 오스카샴은 공업도시이다. 이전에는 조선산업이 활발했지만 최근에는 에너지산업이 번성하여 오스카샴 원전 이외에 에너지 관련 기업도 많이 모여 있다. 시가지에서 약 35km 북쪽에는 SKB사의 에스포 암반연구소가 있다.

10) 외스트함마르(면적 : 약 2,790 ㎢, 인구 : 약 21,400명)에는 SKB사가 최종처분장 건설예정지로 결정한 포스마르크가 있고 스웨덴의 수도 스톡홀름에서 북쪽으로 약 120km에 위치하고 있다. 핀란드와의 사이에 있는 보스니아만의 남단부에 접하고 있으며 많은 섬들이 펼쳐져 있다. 이렇게 뛰어난 경관 때문에 외스트함마르는 피서지나 관광지로 유명하다. 역사적으로는 어업/선박업, 철강업 및 농업이 활발한 지역이다. 오늘날에는 샌드빅 코로만트사와 포스마르크 발전회사 등 2개의 기업이 중심이다.

제를 발전시키는 것은 지방자치단체의 기본방침이다.

이러한 인식과 쌍방의 입장을 존중하여 SKB사 및 원자력발전사업자 4개사와 2개 지방자치단체 간에는 협력체계가 수립되었다. 이와 같은 개발협력협정에서는 신규 원자력시설 입지에 의한 지방자치단체에 대한 직접적 경제효과와는 별개로 지방자치단체에 대한 개발지원을 원자력발전사업자와 SKB사가 하도록 되어 있다.

SKB사는 2025년까지 총 20억 SEK(약 2,500억원) 규모의 경제효과를 창출하는 사업을 실시할 예정이며, 그 경제효과가 외스트함마르 지방자치단체에서 창출되도록 되어 있다. 2개 지방자치단체 간의 경제효과의 비율은 외스트함마르에서 25%, 오스카샴에서 75%의 비율로 창출되도록 되어 있다. 이를 위해 아래와 같은 분야에 투자가 행해지도록 되어 있다.

i) 교육
ii) 비즈니스 개발
iii) 인프라(예를 들면, 처분장 활동에 의한 교통량 증가에 대처하기 위한 도로 및 항만의 개량)
iv) 노동시장의 확대와 다양화
v) SKB사 본사 기능의 외스트함마르 이전
vi) SKB사 연구소의 발전
vii) 캐니스터 제조 플랜트
viii) 지역기업의 이노베이션 지원 및 개발

Ⅱ. 핀란드

1. 처분장의 선정방법 및 경위

(1) 처분장 선정 추진방법

핀란드의 처분장 선정방법은 법령에 규정되어 있지 않다. 핀란드에는 「원칙결정」이라는 핀란드 특유의 정책결정수단이 있고, 이 형식으로 1983년 심층처분장의 부지선정 단계와 목표시기가 설정되었다.

「원칙결정」이라 함은 정부 또는 행정청이 정책을 추진하는 근거로서 정부가 결정하는 문서(및 그 내용을 국무회의에서 결정하는 것)를 말한다. 원칙결정은 민간사업자에 대해서도 일정한 효력을 미친다.

1983년 정부의 「원칙결정」[11)]은 핀란드에서 4기째의 원자로가 상업운전을 개시한 다음 해에 진행되었다. 이것은 원전에서 발생되는 방사성폐기물의 관리에 관한 연구, 조사, 실시계획의 수립 시에 준수해야 할 목표를 규정한 것이다. 여기에서 고준위방사성폐기물의 최종처분지를 2000년 말까지 선정할 수 있도록 부지조사를 3단계로 진행할 것이 규정되었다.

i) 부지확정조사(1983년~1985년)

ii) 개략 부지특성조사(1986년~1992년)

iii) 상세 부지특성조사(1993년~2000년)

(2) 원자력시설 도입계획 승인절차의 제도화(원칙결정절차)

부지조사 진행 중 1987년 「원자력법」의 전면 개정이 이루어져 최종처분장을 포함한 원자력시설의 도입계획에 대하여 건설허가 신청보다 빠른 시기에 국민, 시설 설치예정지역, 인접 지방자치단체 및 규제기관 등이 의견을 표명할 기회가 있었다. 이에 따라 고준위방사성폐기물의 최종처분지의 건설예정지가 건설허가

---

11) 1983년 정부의 「원칙결정」에서는 사용후핵연료의 관리에 관한 정부의 방침에 대해 원자력발전사업자가 외국에 재처리를 위탁하는 한편, 재처리에서 발생되는 방사성폐기물이 핀란드에 반환되지 않는 형태로 재처리계약을 체결할 방침으로 교섭해야 한다는 방침이 기술되어 있다. 그러나 이러한 재처리계약이 실현되지 않을 가능성에 대비하여 사용후핵연료를 원자로에서 인출하여 40년 후(2020년) 처분을 개시할 수 있도록 목표를 정하였다.

신청보다 앞서 결정되었고 이것이 핀란드 부지선정의 특징이다.

구체적으로는 「원자력법」의 입법조치로서 원자력시설의 도입계획 여부를 정부가 판단하는 단계를 도입하여 이것을 핀란드 고유의 정책결정수단인 원칙결정으로 추진하기로 하였다. 이 단계는 「원칙결정절차」라 한다.

「원자력법」에는 원칙결정 시 정부가 무엇을 판단하는가에 대하여 그 절차와 양식이 규정되어 있다. 이 절차는 사업자가 사업계획내용에 대한 판단을 정부에 신청하는 형태를 취하며, 그 사업계획이 핀란드의 「사회 전체의 이익에 합치한다.」는 것을 정부가 판단한다.

정부가 판단을 내리기 전 원자력시설 입지예정지의 지방자치단체가 입지수용에 호의적인지 여부를 확인하여야 한다. 또한 규제기관인 STUK이 사업내용에 대하여 안전 측면에서 문제가 없다는 견해를 확인할 필요도 있다.

「원자력법」에는 정부의 원칙결정 문서를 유효화하기 위해 국회의 승인이 필요하다는 조항도 포함되어 있다. 다만 정부 또는 국회의 판단에 영향을 미칠 수 있는 과다비용을 지출하는 사전활동(대규모의 지하굴착 등)은 금지되어 있다.[12)]

(3) 환경영향평가(EIA) 절차

핀란드에서는 1994년 「환경영향평가절차법」이 제정되었다. 동법은 환경에 중대한 영향을 미칠 가능성이 있는 사업에 대하여 시민을 포함한 이해관계자가 정보를 사전에 입수하여 계획수립 및 의사결정에 참가할 기회를 보장하기 위하여 제정되었다.

최종처분장을 포함한 원자력시설의 경우에는 「원자력법」에 의한 원칙결정절차의 신청에 앞서 환경영향평가(EIA)[13)]를 실시하여 그 평가서를 신청서에 첨부해야 한다. 사업자가 EIA 계획서를 감독관청(원자력시설의 경우는 고용경제부)에 제출하며, 감독관청이 대상지역 주민을 포함한 관계자의 의견을 구한다.

이와 같이 수렴된 의견을 바탕으로 감독관청은 필요한 경우 계획서의 변경을 지시한다. EIA는 좁은 의미에서의 자연환경에 대한 영향뿐만 아니라 경관, 사회

---

12) 日本經濟産業省, 諸外國における高レベル放射性廢棄物の處分について, 2017.2, 46면; 한국원자력환경공단, 국외 고준위방사성폐기물 처분현황, 2016.12, 27면.

13) 환경영향평가(EIA)는 ⅰ) EIA 계획서 작성단계와, ⅱ) EIA를 실시하여 보고서로 정리하는 단계로 구성된다.

생활에 대한 영향, 경제적인 영향을 포함한 종합적 평가를 하는 것이다.

사업자가 작성하는 EIA 보고서는 「원자력법」에 의하여 정부가 원칙결정을 할 때의 판단자료 중 하나이다. 이 때문에 고용경제부는 「원자력법」의 규정에 근거하여 해당지역 지방자치단체에서 공개집회(공청회)를 개최함과 동시에 공고를 통한 의견 모집에서 수렴된 의견에 따라 실시된 EIA 적절성에 대한 판단을 의견서에 종합하여 이를 반영한다.

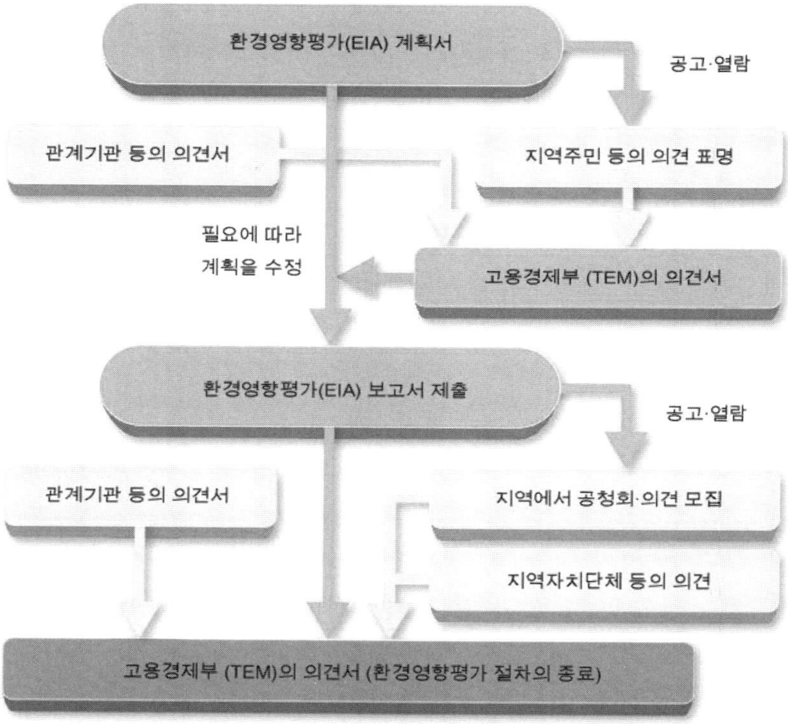

그림 99. 핀란드의 환경영향 평가절차의 개요[14)]

14) 日本經濟産業省, 諸外國における高レベル放射性廢棄物の處分について, 2017.2, 46면.

(4) 처분지 선정 경위

부지조사(부지확정조사와 개략 부지특성조사)는 당초 올킬루오토 원전을 소유하는 TVO사가 실시하였다. 1994년 「원자력법」 개정에 의한 사용후핵연료의 수출입 금지 이후에는 원자력발전사업자 2개사가 설립한 포시바사가 부지조사를 계승하였다.

1983년부터의 부지 확정조사에서는 대규모의 균열대(비투수층)를 피하고, 안정된 기반암 블록을 선정하기 위하여 최초로 항공사진 및 지형도 등에 의한 문헌조사가 이루어져 핀란드 전체 국토에서 100㎢~200㎢의 크기로 이루어진 327개소의 목표지역이 선정되었다.

다음에 기반암의 크기 및 지형 등의 지질학적 요인, 인구밀도, 사용후핵연료 운반 등의 환경적 요인 등에 관한 문헌조사를 통해 목표지역의 범위가 압축되어 5㎢~10㎢의 크기로 이루어진 102개소의 조사지역이 선정되었다.

한편 TVO사는 조사에 호의적인 지방자치단체로부터 동의를 얻는 등의 절차를 거쳐 최종적으로 5개소의 지표에서 시추 등에 의한 개략 부지특성조사를 진행하였다. 그 후 보다 적합한 장소로 판단된 4개소에서 포시바사는 상세 부지특성조사를 진행하였다.[15)]

포시바사는 1993년 3월 4개소의 후보지점에 대해 사용후핵연료를 처분할 경우 장기안전성에 관한 보고서인 「헤스트홀멘, 키베티, 올킬루오토, 로무바라의 사용후핵연료처분의 안전평가」(TILA-99)를 작성하였다.[16)] 그 결과 포시바사는 '유라요키'시의 올킬루오토를 선정하여 「원자력법」에 규정된 원칙결정절차에 따른 신청을 1999년 5월 신청하였다.

STUK는 신청서와 TILA-99 등의 관련문서를 평가하고 2000년 1월 12일 긍정적 의견서를 정부에 제출하였다. 그 의견서를 검토한 후 유라요키시는 2000년 1월 24일 시의회에서 투표를 행하였으며(찬성 20/반대 7), 최종처분장의 수용의사를 표명하기로 결정하였다.

---

15) 여기의 4개소에서는 최종처분장의 지상시설과 지하시설을 건설·운영할 경우의 환경영향평가도 실시되었다.

16) 日本經濟産業省, 諸外國における高レベル放射性廢棄物の處分について, 2017.2, 47면; 한국원자력환경공단, 국외 고준위방사성폐기물 처분현황, 2016.12, 28면.

이와 같은 유라요키시의 결정에 따라 핀란드 정부는 2000년 12월 원칙결정을 실시하고, 그 결정내용은 핀란드 국회에서 2001년 5월 압도적으로 승인되었으며(찬성 159/반대 3), 이에 따라 유라요키시의 올킬루오토는 최종처분장으로 결정되었다.[17)]

「원칙결정절차」라는 원자력시설 도입계획의 승인제도에 의하면 국회에서 정부의 원칙결정이 승인되기 전까지 대규모 지하굴착은 금지되어 있다. 올킬루오토에서는 2004년 6월부터 지하특성조사시설(ONKALO)의 건설이 시작되었다.

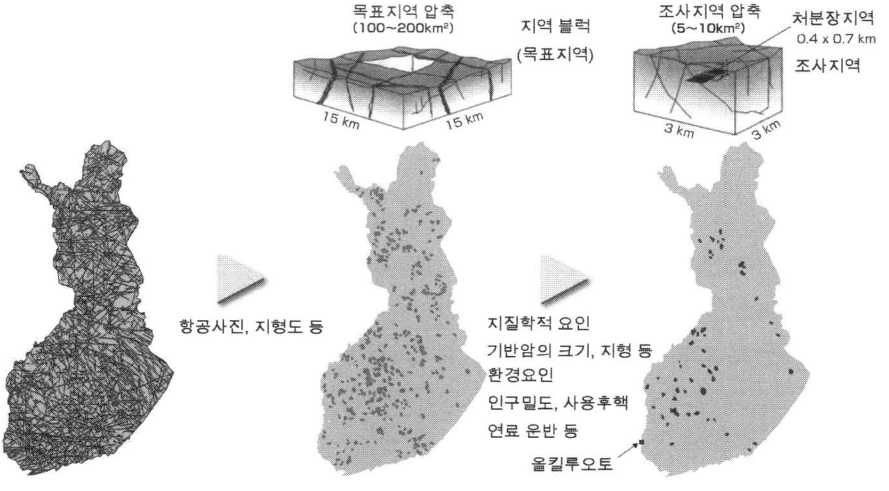

그림 100. 핀란드의 부지확정조사(1983년~1985년)에 있어서 조사지역 선정 및 압축[18)]

2. 지역진흥대책

(1) 사회·경제적 영향평가

포시바사는 최종처분지 결정의 판단자료로서 1999년 작성된 환경영향평가(EIA) 보고서에서 4개의 후보지 지방자치단체 각각에 대한 처분장의 입지가 사회·경제면에 미치는 영향평가를 아래(표 35. 참조)와 같이 추진하였다.

17) 핀란드는 세계에서 최초로 고준위방사성폐기물 처분장을 결정한 나라가 되었다.

18) 日本經濟産業省, 諸外國における高レベル放射性廢棄物の處分について, 2017.2, 47면; 한국원자력환경공단, 국외 고준위방사성폐기물 처분현황, 2016.12, 28면.

이 중 지역사회의 영향에 대한 평가결과의 특징은 어떤 지방자치단체에서도 농업, 관광업, 부동산의 가치가 하락하지 않았다는 것이다. 오히려 어떤 지방자치단체에서는 고용창출, 인구증가 등 경제효과가 발생되었다.

지역구조에 대한 영향평가 항목	생활상황·전반적 행복에의 영향평가항목
* 사업활동(고용 포함) * 농업 * 관광업 * 인구규모와 구조 * 기타 지역구조 및 사회기반 * 부동산가치 * 지방자치단체에 대한 경제효과	* 처분장에 대한 주민의 사고 * 사회과학적 고찰

표 35. 핀란드의 처분장 입지에 의한 사회·경제면에의 영향에 대한 평가항목[19)]

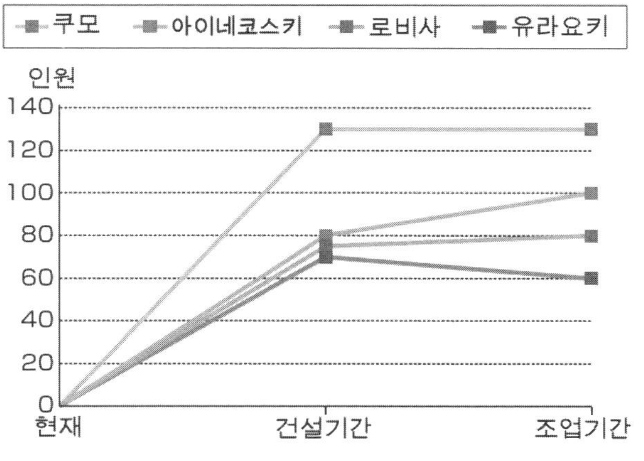

그림 101. 핀란드의 처분장 입지에 의한 고용 증가[20)]

19) 日本經濟産業省, 諸外國における高レベル放射性廢棄物の處分について, 2017.2, 48면.
20) 日本經濟産業省, 위의 보고서, 48면.

(2) 제도적 재정면의 우대조치

핀란드에서 처분장 등 원자력시설의 입지와 관련된 지방자치단체에 대해 제도적으로 경제적 편익제공이 이루어진 것은 세제에 대한 고정자산세의 우대조치뿐이다. 해당지역 지방자치단체는 통상적 자산세율을 0.5%에서 1.0% 사이에서 임의적으로 조정할 수 있지만, EIA 보고서가 작성된 1999년 당시의 세제에서는 원전 및 방사성폐기물 관리시설에 대해서는 지방자치단체가 설정할 수 있는 고정자산세율의 상한이 2.2%로 인상되었다.

이로 인해 해당지역 지방자치단체에서는 처분장의 입지·건설에 따른 고정자산세의 수입증가를 예상할 수 있었다. 고정자산세율의 상한은 세제 관련 법령의 개정에 따라 인상되었고, 2010년 이후에는 2.85%로 되어 있다.

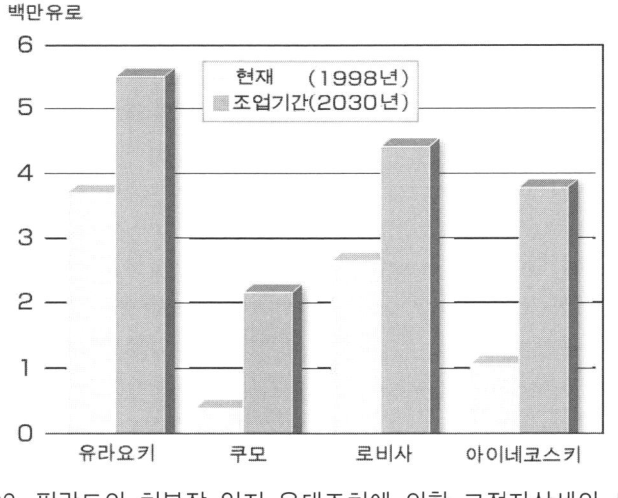

그림 102. 핀란드의 처분장 입지 우대조치에 의한 고정자산세의 세수증가[21]

(3) 지역과 협력에 의한 조치

처분장 입지와 관련하여 1999년 포시바사와 해당지역 유라요키시와의 사이에 협력협정이 체결되었다. 이 협정은 포시바사 및 유라요키시의 대표에 의한 소수의 워킹그룹 논의에서 시작되어 양자 간 협력가능성을 타진할 목적으로 체결되었다.

21) 日本經濟産業省, 諸外國における高レベル放射性廢棄物の處分について, 2017.2, 48면.

포시바사는 동년 올킬루오토의 처분장 건설을 위한 원칙결정 신청을 하면서 이와 같은 원칙결정 신청이 국회에서 승인될 것을 협력협정의 발효조건으로 하였다. 동 협력협정에 따라 포시바사는 유라요키시에 새로운 고령자용 주거시설을 건설하는 자금을 대여하고 있다.

한편 유라요키시는 노후화대책에 고심하고 있던 고령자용 주거시설을 포시바사에게 대여하였고, 포시바사는 그 시설을 개축하여 사무소로 이용하고 있다. 포시바사는 그 설립 시부터 처분장 건설지가 결정되는 시점에 이곳으로 이전할 방침이었다.

Ⅲ. 프랑스

1. 처분장의 선정방법 및 경위

(1) 처분장 부지선정 상황과 계획

2006년 제정된 「방사성폐기물 등 관리계획법」에는 심층처분장의 설치허가 신청을 2015년까지 할 수 있도록 연구 등을 진행할 것이 규정되어 있다. 또한 지하연구소에 의해 연구대상이 된 심층처분장 설치에 대해서만 신청할 수 있도록 규정하였다.

ANDRA의 처분장 설치허가 신청 전에 공개토론회를 개최하여야 한다. 공개토론회는 「공개토론국가위원회」(CNDP)가 주최하기 때문에 ANDRA는 그 개최를 심층처분의 실시주체로서 지원할 필요가 있다.

또한 설치허가 신청 시에는 국가평가위원회(CNE)에 의한 평가보고서, ASN의 의견서 작성과 함께 지역주민의 의견을 반영하도록 되어 있다. 공개토론회의 보고서, CNE와 ASN에 의해 제출된 각 보고서가 첨부된 신청서는 의회의 과학기술선택평가위원회(OPECST)에 제출된다.

OPECST는 신청서에 대한 평가결과를 의회에 보고한다. 다음으로 정부는 처분장의 가역성 조건을 정하는 법안을 의회에 제출한다. 법안이 성립된 후에 처분장의 설치 허가는 대중의견 청취 등을 거친 후 허가령(decree)에 의해 발급된다.

(2) 지하연구소를 포함한 부지선정 상황

1987년 ANDRA는 고준위방사성폐기물 및 장수명 중준위방사성폐기물 심층처분장의 부지선정을 목적으로 암염, 점토, 혈암(shale), 화강암이라는 4개의 지질매체가 있는 부지에서 조사를 시작하였으나, 지역에서 반대운동이 일어나 1996년 2월 정부는 일시적으로 현지조사를 중지하였다.

이러한 사태를 타개하기 위해 정부는 의회 OPECST의 위원이었던 바타유 의원에게 반대운동의 발생원인에 대한 포괄적 조사를 의뢰하였다. 바타유 의원은 1990년 12월 조사결과를 정리하여 OPECST 보고서로 의회에 제출하였다. 정부는 이 보고서를 토대로 「방사성폐기물관리연구법」의 법안을 작성하고 동법은 1991년 12월 30일 발효되었다.

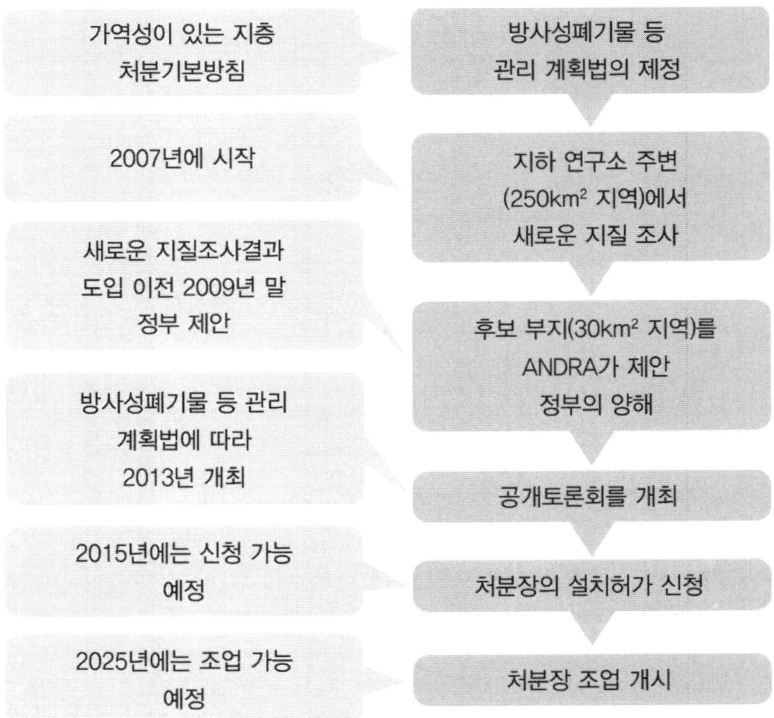

그림 103. 프랑스의 방사성폐기물의 관리에 관한 사업의 흐름[22)]

---

22) 日本經濟産業省, 諸外國における高レベル放射性廢棄物の處分について, 2017.2, 73면.

정부는 「방사성폐기물관리연구법」의 방침에 따라 지하연구소의 설치에 관한 부지선정을 위하여 ANDRA가 예비조사로서 특정 지역에서의 지질조사를 실시함에 앞서 지질학적으로 적합한 일정 수의 부지에 대하여 정치적·사회적 합의를 얻기로 하고 그 조정관으로 바타유 의원을 임명하였다.

바타유 의원이 인솔하는 조정단은 지하연구소의 수용에 관심을 표명한 28건의 신청에 대해 각 신청지점에 관한 지질·광산연구소(BRGM)에 의한 지질학적 특성평가 등을 바탕으로 신청지역이 속하는 10개 행정구역을 선정하였다.

그 중 8개 지역 지방자치단체와의 협의를 통해 1992년 4개 구역의 부지가 예비지질조사 대상으로 압축되었다. ANDRA는 1994년부터 2년에 걸쳐 예비지질평가작업을 실시하였고, 그 결과 뷰어, 가르, 비엔 3곳을 선정하였다.

정부는 1996년 6월 3개 부지 각각에 대해 지하연구소의 건설 및 운영허가신청서를 제출하도록 하였다. 그 후 ANDRA가 실시한 3곳의 부지에 관한 허가신청에 대하여 1998년 12월 정부는 부처 간 결정으로 다른 두 종류의 지질매체에 대한 조사를 2곳의 지하연구소에서 실시할 필요성이 있다고 보고, 점토층에 관한 지하연구소 부지로서 뷰어를 선정함과 동시에 화강암에 관한 지하연구소 부지를 새로 찾을 것을 지시하였다.

1999년 8월 3일 뷰어에 지하연구소의 건설 및 운영을 허가하는 법령과 화강암의 지하연구소에 대해 신규부지를 선정하기 위해 새로운 조정관을 선정하여 조정활동의 개시를 승인하는 법령이 제정되었다. 화강암 부지의 선정에 대하여 ANDRA가 미리 순서를 정한 15곳의 부지에 대하여 조정단은 지역과의 대화를 시도했지만 전국적인 반대에 따라 2000년 5월 지역주민과의 대화를 중단하였다.

(3) 2006년 이후 부지선정 진척상황

2006년의 「방사성폐기물 등 관리계획법」에 규정된 일정에 따라 ANDRA는 계속 뷰어 지하연구소 주변에 약 250㎢ 구역을 대상으로 부지선정을 위한 조사를 진행하였다. 그 결과 제1차 안으로 동 구역에서 4곳의 후보부지를 선정하여 지역관계자들과 협의하여 정부에 대한 제안준비를 진행하였다.

2009년 말 ANDRA는 정부에 후보부지로서 심층처분장 지하시설이 들어설 약 30㎢ 구역(ZIRA)과 지상시설을 배치할 가능성이 있는 구역을 특정하여 제안하였으며, 그 제안은 2010년 3월 정부의 승인을 받아 조사·검토가 계속되었다.

2. 지역진흥대책

(1) 공익사업공동체(GIP)의 설치와 GIP에 대한 조성금

「방사성폐기물 등 관리계획법」에 의해 지하연구소 또는 심층처분장이 설치되는 구역을 보유한 시에 GIP를 설치하게 되었다. GIP에는 국가, 지하연구소 또는 심층처분장 설치허가보유자, 시설 주변구역에 있는 도, 시 등(지역권) 지방자치단체 등이 가입할 수 있다. GIP에는 세 가지의 역할이 있다.[23] 이들의 역할을 완수하기 위한 재원은 원자력기본시설(INB)에 부과되는 연대세 및 기술보급세에 의한 세수입의 일부로 충당된다.

1991년의 「방사성폐기물관리연구법」에 따라 설립된 뷰어 지하연구소가 있는 뫼즈 시와 오트마른 시에 2000년 설치된 GIP에는 2006년까지 각각 연간 약 915만 유로(약 114억원)가 지급되었다.[24] GIP로의 조성금은 아래와 같이 지역진흥에 도움이 되었다.[25]

i) 경제개발과 고용증대(기업의 설립계획, 근대화, 발전 등의 지원, 기업환경의 개선에 기여, 고용증가를 위한 지원)

ii) 지방자치단체 간에 계획된 지역개발, 필요지역에 대한 지원(교외의 개발, 주거 환경정비, 공공부문 및 서비스의 인구에 따른 재편성, 신규통신기술의 도입 등)

iii) 지역 기반시설 정비 지원(도로 등의 정비)

iv) 관광개발과 지역 이미지 향상에 대한 지원(관광객을 위한 기반시설의 정비, 지역의 평판 및 이미지 개선을 위한 활동 지원)

2006년의 「방사성폐기물 등 관리계획법」에 의한 새로운 GIP에서는 해당 지방

---

23) 「공익사업공동체」(GIP)의 역할은 다음과 같다.
i) 지하연구소 또는 심층처분장의 설치 및 운영 촉진
ii) 지하연구소 또는 심층처분장 주변구역 등에 대한 국토정비 및 경제개발사업의 지방자치단체 내에서의 추진
iii) 지하연구소 내에서 연구되고 있는 여러 분야 및 새로운 에너지 기술분야 등에 대한 인재양성 사업 및 과학적·기술적 측면의 개발, 활용 및 보급사업의 추진

24) 그 내역은 ANDRA에서 약 686만 유로(약 85.5억원), 프랑스전력주식회사(EDF)로부터 약 152만 유로(약 19억원), 기타 약 76만 유로(약 9.5억원)였다.

25) 日本經濟産業省, 諸外國における高レベル放射性廢棄物の處分について, 2017.2, 76면; 한국원자력환경공단, 국외 고준위방사성폐기물 처분현황, 2016.12, 46면.

자치단체는 향후 처분장이 될 가능성이 있는 뷰어 지하연구소 주변의 250㎢의 구역을 포함한 300개 이상의 마을로 확대되었다. 2007년 이후 예산규모는 연간 2,000만 유로(약 250억원)/GIP로 확대, 2010년부터는 3,000만 유로(373억원)/GIP로 확대되었다.

(2) 폐기물 발생자에 의한 지역에서의 경제적 지원에 관한 대응

법률에 따라 설치된 GIP와는 별도로 뷰어 지하연구소를 보유한 지역에 대하여 폐기물 발생자인 EDF, AREVA사 및 CEA는 처분장 프로젝트와는 별도로 2015년까지 1,000명 규모로 지역의 고용을 창출한다는 목표로 그에 상응하는 사업을 지역과 함께 검토하면서 사업을 추진하고 있다.

구체적으로는 해당 지역을 프랑스 에너지 전략의 거점으로 하는 아래(표 36. 참조)와 같은 사업이 2005년부터 전개되고 있다.

처분사업	사업주체	사업개요
에너지절약을 위한 사업실시	EDF	에너지 절약을 위한 설비이전 등에 관한 융자 지원, 설비공사에 대한 지원 기업으로의 발주 등
바이오매스 에너지의 안전공급에 관한 사업	CEA	차세대 바이오매스(biomass) 연료 생산 설비시설
	EDF	목재 가스화에 의한 코제네레이션(열병합발전소)의 파일럿 플랜트
	AREVA사	바이오 디젤 생산 시설, 바이오매스에 의한 열병합발전소
	3자 공동	바이오매스 이용을 위한 삼림개발 등 연구의 실시
지역산업 활성화에 관한 사업	3자 공동	지역산업인 철공·야금(冶金) 산업을 중심으로 한 전문능력 공장(연수)의 설치, 지역으로부터의 제품 구입(발주 등)
지역개발지원사업의 창출 및 중소기업 지원	EDF	EDF의 고문서 보관시설의 설치, 예비물자 창고 설치(설치가능성 조사 실시).
	AREVA사	AREVA사의 고문서 보관시설의 설치
	3자 공동	기업 융자(저리융자, 금리 보조)

표 36. 프랑스의 폐기물 발생자에 의한 지역지원사업[26)]

26) 日本經濟産業省, 諸外國における高レベル放射性廢棄物の處分について, 2017.2, 77면; 한국원자력환경공단, 국외 고준위방사성폐기물 처분현황, 2016.12, 47면.

Ⅳ. 독 일

1. 2013년 「부지선정법」에 의한 새로운 부지선정절차

(1) 부지선정절차의 진행방법

독일에서는 2013년 7월 제정된 「부지선정법」에 따라 고준위방사성폐기물 처분장의 부지선정 절차가 진행되었다. 처분의 시행주체인 연방방사선방호청(BfS)이 절차를 이행하고, 2014년 설치된 「연방방사성폐기물처분청」(BfE)이 절차의 전체를 관리·감독한다.

「부지선정법」에 의한 부지선정에는 BfS가 BfE에 제안한 복수 후보지역에서 지상탐사, 지하탐사, 최종부지를 비교하여 단계적으로 압축해 간다. 「지상탐사 대상부지의 선정」, 「지하탐사 대상부지의 선정」, 「최종부지의 결정」이라는 각 단계의 중요한 결정도 연방의회가 연방법을 제정하여 확정한다. 현재 일정으로는 2031년까지 최종부지를 결정할 예정이다.

각 단계의 큰 흐름으로서 우선 시행주체인 BfS가 BfE에 제안서를 제출하고, 이를 BfE가 대중참여절차를 거친 후 정부에 제안서를 제출한다. 정부는 그 제안을 법률안으로 연방의회에 상정하고 연방의회는 이를 심의·의결하면 결정사항이 연방법으로 확정된다(표 38. 참조).

(2) 고준위방사성폐기물 처분위원회

「부지선정법」에는 「고준위 방사성폐기물처분위원회」를 설치하고 2015년까지 심층처분을 대체하는 처분방법의 가능성에 대한 검토를 하거나 안전요건 및 부지선정에 관한 각종 기준, 회수가능성 등의 문제를 검토하여 제안하도록 되어 있다.

이 제안에 대해서는 연방의회가 법률을 제정하여 확정하도록 되어 있다. 2014년 5월 고준위방사성폐기물 처분위원회가 정식으로 발족되어 논의가 개시되었다. 고준위 방사성폐기물처분위원회의 구성은 다음(표 38. 참조)과 같다.[27)]

---

27) 고준위방사성폐기물 처분위원회의 주요 역할은 다음과 같다.
 i) 심층처분에 대신하는 처분개념의 검토를 할 것인지 여부에 대한 제안
 ii) 처분의 안전요건, 부지의 제외기준·최저요건, 각 모암 고유의 제외기준 및 선정기준, 예비안전성평가의 실시방법 등을 제안
 iii) 회수가능성, 가역성 등의 문제를 포함한 결점 시정을 위한 기준 제안
 iv) 부지선정절차에 관한 조직과 절차, 대체할 수 있는 검토요건의 제안

위원회	선정기준, 각종 요건, 절차의 검토 및 제안
의 회	선정기준, 요건 등을 연방법에 의해 확정

~2015년

BfS	복수의 후보지역, 지상탐사후보 부지를 BfE에 제안
BfE	대중참여절차를 실시하고 BfS의 제안을 검토. 후보지역과 지상탐사후보 부지안을 BMUB에 제안
정부	지상탐사후보부지 및 부적합지역(선정에서 제외되는 지역)안을 의회로 송부
의회	지상탐사후보부지, 부적합지역을 연방법에 의해 확정

BfS	부지별 지상탐사계획, 평가기준을 BfE에 제안
BfE	대중참여절차의 실시, 지상탐사계획, 평가기준을 관보에 공시
BfS	지상탐사실시, 예비안전성평가의 실시, 조사대상 암종과 지하탐사후보부지, 부지별 탐사계획안을 BfE에 제안
BfE	대중참여절차의 실시, BfS제안 및 지금까지의 절차를 검토. 지하탐사대상부지를 BMUB에 제안
정부	지하탐사후보 부지안을 의회에 송부
의회	지하탐사후보부지 및 부적합부지를 연방법에 의해 확정

~2023년

BfS	부지별 지하탐사계획, 평가기준을 BfE에 제안
BfE	대중참여절차를 실시, 지하탐사계획, 평가기준을 관보에 공시.
BfS	지하탐사를 실시하고 운영단계, 폐쇄단계를 대상으로 한 예비안전성 평가보고서 및 환경영향평가보고서 작성
BfE	각 부지의 환경영향평가 실시 후, 최종부지를 비교하고 처분장 부지를 제안, 대중참여절차 실시 후, 부지를 BMU에 제안
정부	BMUB가 지금까지의 절차를 검토. 정부가 처분장 부지를 법안 형태로 의회에 송부
의회	HLW 처분장 부지를 연방법의 형태로 확정

~2031년

위원회 : 고준위방사성폐기물 처분위원회
의회 : 연방의회, 연방참의원
BfS : 연방방사선방호청
BfE : 연방방사성폐기물처분청
정부 : 연방정부

표 37. 독일의 부지선정절차의 흐름[28)]

---

v) 대중참가 및 대중을 위한 정보 제공, 투명성 확보를 위한 요건의 제안

28) 日本經濟産業省, 諸外國における高レベル放射性廢棄物の處分について, 2017.2, 97면; 한국원자력환경공단, 국외 고준위방사성폐기물 처분현황, 2016.12, 63면.

위원장: 1명	과학자: 8명
연방의회의원: 8명	주 정부 대표: 8명
환경단체대표: 2명	종교단체대표: 2명
경제계 대표: 2명	노동조합대표: 2명

표 38. 독일의 고준위방사성폐기물 위원회의 구성[29)]

2. 현재까지의 경위

(1) 새로운 부지선정절차 수립 이전

1970년대의 구 서독에서는 후행핵연료주기에 관계되는 모든 시설을 한 곳으로 집중시키는 후행핵연료주기센터에 관한 논의가 있었다. 방사성폐기물을 처분하려면 독일 북부의 암염돔이 가장 적합하다고 생각하고 있었으므로, 연방정부와 암염돔이 많이 분포된 니더작센주가 중심이 되어 후행핵연료주기센터의 부지선정을 추진했다.

니더작센주는 1976년에 선정작업을 개시하여 140개의 암염돔을 4단계로 압축한 결과, 1977년 2월 연방정부에 대하여 후행핵연료주기센터를 구 동독과의 국경 근처인 고어레벤에 유치할 것을 제안하였다.

이에 따라 연방 정부는 연방물리기술연구소(PTB)를 시행주체로 하여 1977년 7월 PTB가 고어레벤에서 처분장 건설의 계획확정절차(인·허가 절차)를 개시하였다. 후행핵연료주기센터 구상에 대한 반대 움직임이 있었다.[30)]

PTB는 지표조사를 통해 1983년 「고어레벤 부지조사의 총괄 중간보고서」를 작성하고 고어레벤이 처분장의 건설지로 적합하다고 평가하였다. 1986년에는 니더작센주의 허가를 받아 지하탐사갱도의 건설을 위한 조사가 개시되었다.

29) 日本經濟産業省, 諸外國における高レベル放射性廢棄物の處分について, 2017.2, 98면; 한국원자력환경공단, 국외 고준위방사성폐기물 처분현황, 2016.12, 64면.

30) 최종적으로는 1979년 9월 연방과 모든 주의 총리가 합동으로 결의를 하여 고어레벤에 대해 조사한 후 처분장으로서 적합하다는 평가가 나오면 이곳에 처분장을 건설하기로 결정하였다.

(2) 부지선정방법의 재검토

1998년 총선에 의한 정권 교체로 독일의 원자력정책은 대폭 재검토되었다. 원전의 단계적 폐지를 주장한 연립정권에 의해 고어레벤 프로젝트에도 의문이 제기되어 2000년 10월부터 10년에 걸쳐 신규로 추진할 지하탐사활동이 동결되었다. 이러한 와중에 부지선정절차의 재평가를 위한 결론을 내리지 못하였다.

그러나 고어레벤에서의 탐사활동은 2010년 11월 재개되었다. 2011년 3월 일본 동경전력 후쿠시마 제1원전사고 후인 동년 6월 연방정부는 장래 에너지정책의 중점 항목 중에서 고어레벤에서의 탐사활동과 병행하여 대체처분 옵션을 선정하기 위한 절차를 검토하기로 하였다.

연방정부와 주는 2011년 11월 고어레벤의 대체처분부지를 선정하는 절차에 관한 법안을 상정하기로 합의하였다. 연방과 주의 협의에 따라 법안이 상정되었고 법안은 2013년 4월 내각을 통과한 후 7월에 의회를 통과하여 「발열성 방사성폐기물의 최종처분장의 부지선정에 관한 법률」(부지선정법)이 제정되었다.

고어레벤에서 재개된 탐사활동은 부지선정 재검토에 따라 2012년 11월 일시정지되었다. 「부지선정법」에서는 향후 진행되는 절차에서 고어레벤이 다시 검토대상이 될 가능성을 배제하지 않고 있다.[31)]

3. 지역진흥대책

(1) 고어레벤에 대한 보조금 지급

독일에서는 방사성폐기물처분장 건설 등에 관해 제도화된 지역진흥대책은 없다. 그러나 고어레벤 프로젝트에서는 관련 지방자치단체의 지역진흥을 위하여 연방과 주 사이에 두 차례에 걸쳐 행정협정이 체결되어 고어레벤 및 주변 지방자치단체와 그들 지방자치단체가 소재하는 「뤼쇼우-단넨베르그」의 재정부담을 지원하기 위하여 보조금이 지급되었다.

첫째 협정은 1979년 2월 체결되었으며 1979년부터 10년간 합계 3.2억 마르크(1979년 당시 원화로 약 890억원)의 보조금이 연방정부에서 주 정부로 지급되었다.

---

31) 日本經濟産業省, 諸外國における高レベル放射性廢棄物の處分について, 2017.2, 99면; 한국원자력환경공단, 국외 고준위방사성폐기물 처분현황, 2016.12, 65면.

그리고 둘째 협정은 1990년 3월 체결되었으며 1990년부터 6년간 총액 9천만 마르크(1990년 당시 원화로 약 426억원)가 지급되었다.[32)]

이들 보조금은 법령에 의한 것은 아니므로 주를 통하여 지급받은 지역 및 지방자치단체는 사용용도에 대한 보고의무가 없다. 지급된 보조금에 대해서는 방재 관련 지급 이외에 관광 진흥을 위한 특별 프로그램이나 명소·고적을 위한 특별 프로그램에 대한 지원, 도로, 공회당이나 보호센터 등의 공동시설 건설 등이 주요 용도로 보고되고 있다.

(2) 콘라드 처분장에 대한 지역진흥계획

제도화된 것은 아니지만 새로운 계획에 의한 처분장 지역 지방자치단체에 대한 지역진흥대책이 실시된 사례도 있다. 이미 부지가 결정되고 처분장시설 준비가 진행되고 있는 비발열성 방사성폐기물(중·저준위 방사성폐기물에 해당)을 위한 콘라드 처분장 입지지역에서는 지역진흥을 목적으로 한 재단(콘라드 처분장 재단)이 2011년 12월 설립되었다.

폐기물 발생자인 전기사업자와 연방은 동 재단을 통하여 처분장을 폐쇄하기까지 복지, 환경, 약자지원, 스포츠 진흥 및 휴양 등을 위한 입지지역 진흥사업에 총액 약 1억 유로(1,250억원)의 자금을 제공하기로 하였다. 이 자금에 대해서는 전기사업자가 4분의 3을, 연방정부가 4분의 1을 분담하도록 되어 있다.

32) 한편 둘째 협정에 의한 보조금 지급은 처분장 계획에 반대하는 주가 수용을 거부했으므로 처음 2년간 보조금 지급이 중단되었다.

V. 스위스

1. 처분장 선정절차 및 경위

(1) 처분장 선정절차의 진행방법(프로젝트 확정절차)

스위스 연방평의회는 「원자력법시행령」(2005년 2월 시행)에서 「방사성폐기물 처분에 관한 구속력이 있는 목표 및 기준을 "특별계획"[33] 으로 정한다.」라고 규정하였다. 특별계획은 「방침처분」과 「실시부분」으로 구성된다.

특별계획 「심층처분장」의 방침처분에서는 부지선정절차와 목표일정 이외에 절차에 관한 연방정부, 주, 지방자치단체, 인접국가 및 시행주체의 역할에 대해서도 사전에 결정한다.

나머지 실시부분은 방침처분에서 규정된 절차의 실시성과를 반영하여 완성된다. 완성된 특별계획 전체는 선정된 부지에서 심층처분 프로젝트의 인·허가 절차의 최초단계인 「개요승인」을 신청할 수 있는 조건의 하나가 된다.

「개요승인」[34]은 「원자력법」에 의한 원자력시설의 도입 시 최초의 허가신청 절차이자 스위스 특유의 제도이다. 심층처분장의 개요승인에서는 입지장소 또는 프로젝트의 기본사항 등을 정한다.

연방평의회가 개요승인을 발급하지 않으면 시행주체는 건설허가 신청을 할 수 없다. 연방평의회가 발급하는 개요승인이 유효하려면 연방의회의 승인이 필요하다. 또한 의회의 승인으로부터 100일 이내에 5만명의 서명이 있으면 국민투표에 부칠 수 있고 이것을 「임의의 국민투표」라 한다. 이 경우 가결에는 투표자 과반수의 찬성이 필요하다.[35]

---

33) 「특별계획」이라 함은 지역과 환경에 중대한 영향을 미치는 프로젝트, 예를 들면, 에너지 인프라 또는 교통망 등을 확정하는 절차로서 「도시계획법」에 규정되어 있는 절차이다.

34) 개요승인은 「원자력법」에 의해 원자력시설의 도입프로젝트에서 행해지는 최초의 인·허가 절차이다. 1959년 제정된 「구 원자력법」에서는 건설허가 및 운영허가 2단계 절차가 규정되어 있었지만 개요승인은 그 선행절차로서 1978년의 「연방의회의 원자력법에 관한 연방결의」에 도입되었다.
2005년 시행된 「원자력법」에서 개요승인절차가 정식으로 도입되었다. 「구 원자력법」에서는 원자력시설에 관하여 허가발급권한이 주에도 일부 부여되어 있었지만, 「새 원자력법」에서는 연방법에 일원화되었다. 다만, 연방평의회가 원자력시설에 관한 허가를 할 때에는 프로젝트가 심각하게 제한되지 않는 범위 내에서 관계되는 주의 우려를 고려하도록 규정되었다.

(2) 특별계획의 공간개념

특별계획에서는 처분장에 관한 공간개념이 아래(그림 104. 참조) 같이 나타나 있다. 특별계획 제1단계에서 선정되는 「지질학적 후보지역」은 지질학상의 요건을 갖추고 그 지역 지하에 처분장을 건설할 수 있는 폭 넓은 후보지역이다.

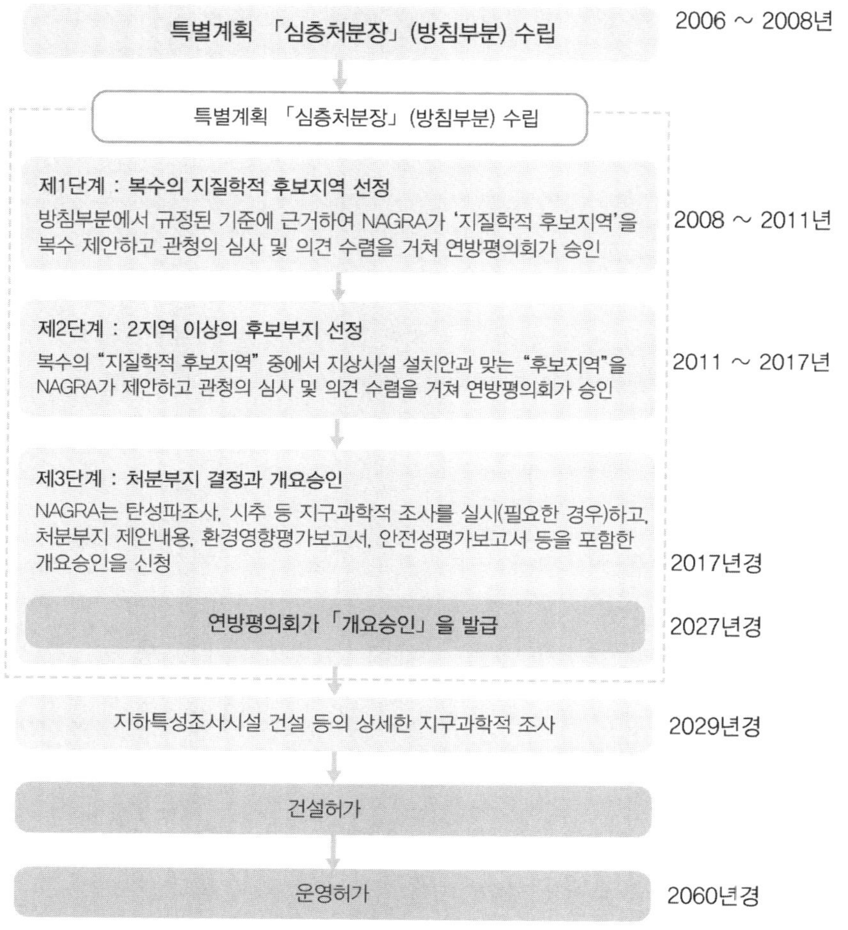

그림 104. 스위스의 심층처분장 부지선정과 인·허가 절차의 흐름[36)]

35) 日本經濟産業省, 諸外國における高レベル放射性廢棄物の處分について, 2017.2, 119면; 한국원자력환경공단, 국외 고준위방사성폐기물 처분현황, 2016.12, 81면.

36) 日本經濟産業省, 위의 보고서, 119면; 한국원자력환경공단, 위의 보고서, 81면.

지질학적 후보지역인 「계획범위」는 지상시설이 건설될 가능성이 있는 지역이다. 「부지지역」은 지질학적 후보지역에 소재하는 지방자치단체, 계획범위의 환경 내부에 전체 또는 일부가 포함되는 지방자치단체 및 기타 관계된 지방자치단체로 구성된다. 이들 지방자치단체의 대표나 주민은 「지역의회」에 참여한다.

(3) 특별계획 「심층처분장」계획의 수립

심층처분장에 관한 특별계획은 「원자력법시행령」에 따라 연방정부가 수립한다. 방침부분의 계획수립작업은 2006년 3월부터 연방에너지청(BFE)을 중심으로 진행되고 주 및 지방자치단체와 함께 독일과 오스트리아 등의 인접국가로부터 의견을 청취하였다. 특별계획 「심층처분장」은 작업개시부터 약 2년 후인 2008년 4월에 수립되었다.

특별계획 「심층처분장」의 계획수립에는 부지선정에 관한 연방정부, 주, 지방자치단체, 인접국가 및 시행주체의 역할도 규정되어 있다. 주요 조직의 역할은 아래(표 39. 참조)와 같다.

연방기관	연방에너지청(BFE)	특별계획 및 개요승인절차 담당관청
	연방국토계획청(ARE)	지역개발계획 측면에서 사업검증, BFE 지원
	연방원자력안전검사국(ENSI)	특별계획에 의한 부지 안전성 평가기준 수립 및 안전규제
	원자력안전위원회(KNS)	안전성 문제에 관한 자문기관으로서 ENSI의 평가에 대한 견해 표명
	심층처분장 전문가그룹(EGT)	지구과학적 문제에서 ENSI에 조언
시행주체	방사성폐기물 관리 공동조합(NAGRA)	특별계획의 기준에 따라 지질학적 후보지역, 부지를 제안, 개요승인의 신청서를 제출
	주	사업단계별 성과보고서에 대한 견해를 표명
주·지방자치단체	지역참가 절차에 참가하는 지방자치단체의 소재주	연방정부에 협력하여 부지선정 절차에 있어서 연방 정부를 지원, 주위 토지 이용계획과의 조정을 실시 및 지방자치단체와 협력
	지역참가 프로세스에 참가하는 지방자치단체	지역참가의 조직화·실현 시에 BFE와 협력, 지역이익을 대표

※ 지역참가절차에 참가하는 것은 지질학적 후보지역 및 계획범위에 일부 포함되는 지방자치단체 및 이에 인접하여 관광 등으로 특별관계를 가지는 지방자치단체

표 39. 스위스의 부지선정에 대한 각 조직의 역할[37)]

부지선정은 아래와 같이 규정되어 있다.

i) 안전성을 최우선으로 하며, 인간과 환경의 지속적 보호대책을 확보해야 한다. 이를 위해서는 방사능 독성이 붕괴에 의하여 충분히 소멸될 때까지 방사성물질의 밀봉대책을 확보하여야 한다.

ii) 안전성 확보 다음으로 지역개발, 생태계, 경제 및 사회적 측면을 검토한다.

(4) 부지선정 제1단계의 진척(2008년~2011년)

특별계획에 의한 부지선정의 제1단계는 2008년 10월 NAGRA가 처분장의 지질학적 후보지역을 제안하면서 시작되었다. 특별계획에서는 아래(표 40. 참조)와 같이 안전성과 기술적 실현가능성에 관한 부지평가기준이 규정되었다.[38)]

기준 그룹	기준항목
1. 모암 내지 유효하게 격리된 영역의 특성	1.1 부지 규모 1.2 수력학적 방벽(barrier) 기능 1.3 지구화학적 조건 1.4 방출 경로
2. 장기안전성	2.1 부지, 암반 특성의 안전성 2.2 침식 2.3 처분장에 의한 영향 2.4 지하자원의 이용에 의한 영향
3. 지질학적 지식의 신뢰성	3.1 암반 특성의 평가가능성 3.2 공간적인 조건의 조사가능성 3.3 장기적 변화의 예측가능성
4. 건설상의 적합특성	4.1 암반역학적 특성과 조건 4.2 지하갱도의 굴착과 배수

표 40. 스위스의 특별계획이 규정하는 제1단계에서의 안전성과 기술적 실현가능성에 대한 부지평가기준[39)]

37) 日本經濟産業省, 諸外國における高レベル放射性廢棄物の處分について, 2017.2, 120면; 한국원자력환경공단, 국외 고준위방사성폐기물 처분현황, 2016.12, 82면.

38) NAGRA는 이 기준에 따라 전국에서 범위를 압축하였고 고준위방사성폐기물 심층처분장의 지질학적 후보지역 3곳을 제안하였다.

39) 日本經濟産業省, 위의 보고서, 121면; 한국원자력환경공단, 위의 보고서, 82면.

제1단계에서는 아래(그림 105. 참조)와 같이 NAGRA의 제안에 대한 규제기관의 심사 및 연방에너지청(BFE)이 작성한 성과보고서와 팩트 시트(fact sheet, 사실을 도표화한 데이터)의 초안에 대한 의견수렴 등이 있었으며 이를 근거로 성과보고서와 팩트 시트가 개정되었다.[40)]

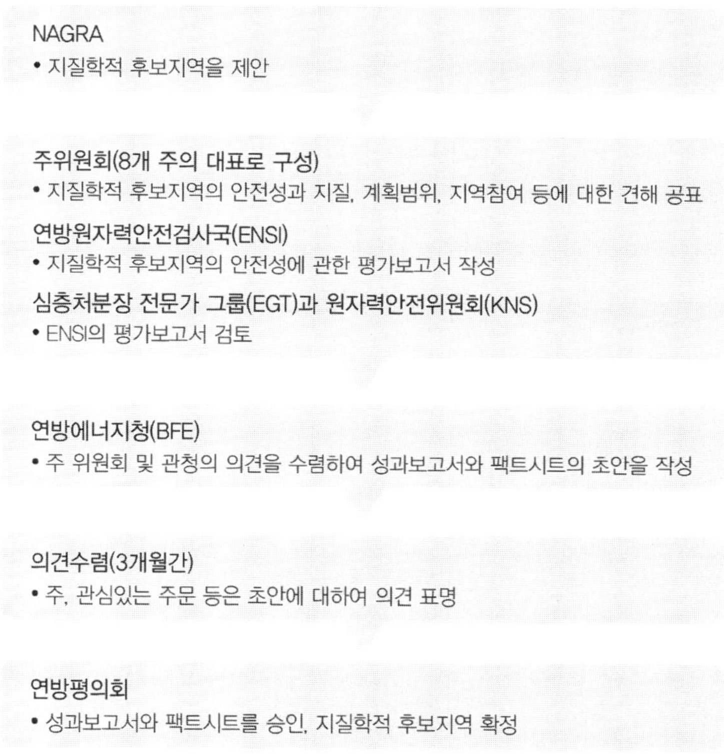

그림 105. 제1단계의 개요[41)]

---

40) NAGRA가 실시한 부지범위의 압축단계는 다음과 같다.
  i) 폐기물을 고준위방사성폐기물 처분장과 중·저준위방사성폐기물용 처분장으로 구분한다.
  ii) 방벽 개념과 안전성 개념을 확정하고 기준에 관한 정량적 및 정성적 요건과 기준을 정한다.
  iii) 지질학적, 구조지질학적 광역권에 관한 평가를 실시한다.
  iv) 모암 및 격리기능을 가진 암반지역의 평가를 실시한다.
  v) 암반형상의 평가 및 지질학적 후보지를 제안한다.

41) 日本經濟産業省, 諸外國における高レベル放射性廢棄物の處分について, 2017.2, 121면; 한국원자력환경공단, 국외 고준위방사성폐기물 처분현황, 2016.12, 83면.

2011년 11월 연방평의회는 NAGRA가 제안한 3개 장소의 지질학적 후보지역을 승인함으로써 제1단계가 종료되고, 아래(표 41. 참조)와 같이 지질학적 후보지역이 확정되었다. 고준위방사성폐기물의 심층처분장의 지질학적 후보지역 3개 장소는 모두 지하 400~900m 범위에 심층처분장의 모암이 되는 유백점토층(Opalinus Clay)이 충분한 두께로 존재하고 있다고 평가되었다.

지역사회의 설치지역명, 관계 주 (관계 지방자치단체의 수)		심층처분장의 지질학적 후보지역 면적 (※1)
쥐라동부	아르가우 주 ≪고≫35/≪중저》 : 44(※2)	약 27㎢ ≪고≫/약 61㎢ ≪중저≫
쥬토오스	아르가우 주(28), 조로토울 주(19)	약 65㎢ ≪중저≫
북 부 레게렌	아르가우 주(13), 샤프하우젠 주(2), 취리히 주(26)	약 64㎢ ≪고≫/약 66㎢ ≪중저≫
쥬토란덴	샤프하우젠 주(13), 토울가우 주(1), 취리히 주 (8)	약 24㎢ ≪중저≫
베레베르그	니도발덴 준주(3), 오브발덴 준주(1)	약 16㎢ ≪중저≫
취리히 북동부	샤프하우젠 주(6), 토울가우 주 (3), 취리히 주(19)	약 50㎢ ≪고≫/약 49㎢ ≪중저≫

(※1) 고준위방사성폐기물용(《고》)와 중·저준위방사성폐기물용(《중저》) 심층처분장의 설치가 검토되고 있는 지역에서는 지질학적 후보지역의 면적을 차례로 기재. 폐기물의 종류에 따라 후보가 되는 암종, 심도범위가 다르기 때문에 고준위폐기물용 지질학적 후보지역이 반드시 중·저준위 폐기물용 지역의 일부는 아니다.
(※2) 쥐라 동부는 입지주가 알가우주 하나뿐이다. 지역회의는 중·저준위방사성폐기물용과 고준위방사성폐기물용으로 나누는 것이 아니라 대상에 따라 참가하는 지방자치단체가 달라진다.

표 41. 방사성폐기물의 지질학적 후보지역과 면적[42)]

한편 중·저준위방사성폐기물의 심층처분장은 지질학적 후보지역으로 6개 장소가 선정되었고, 그 중 3개 장소는 고준위방사성폐기물에 대하여 선정된 지질학적 후보 지역 3개 장소와 중복된다.

제1단계에서는 지질학적 후보지역의 확정작업과 병행하여, 제2단계에서의 "후보부지" 선정작업에 필요한 검토가 이루어졌다. 주요성과로서 BFE는 다음과 같

42) 日本經濟産業省, 諸外國における高レベル放射性廢棄物の處分について, 2017.2, 122면.

은 사항을 언급하고 있다.

i) 심층처분장에 의한 환경적, 경제적, 사회적 영향 조사를 위해 제2단계에서 평가하는 「지역개발 측면의 평가기법」의 개발

ii) 처분장의 지상시설이 건설될 가능성이 있는 「계획범위」의 확정

iii) 지질학적 후보지역의 안전성에 관한 안전규제당국의 심사

iv) 제2단계 이후 실시되는 지역참가절차에 참가하는 지방자치단체의 확정

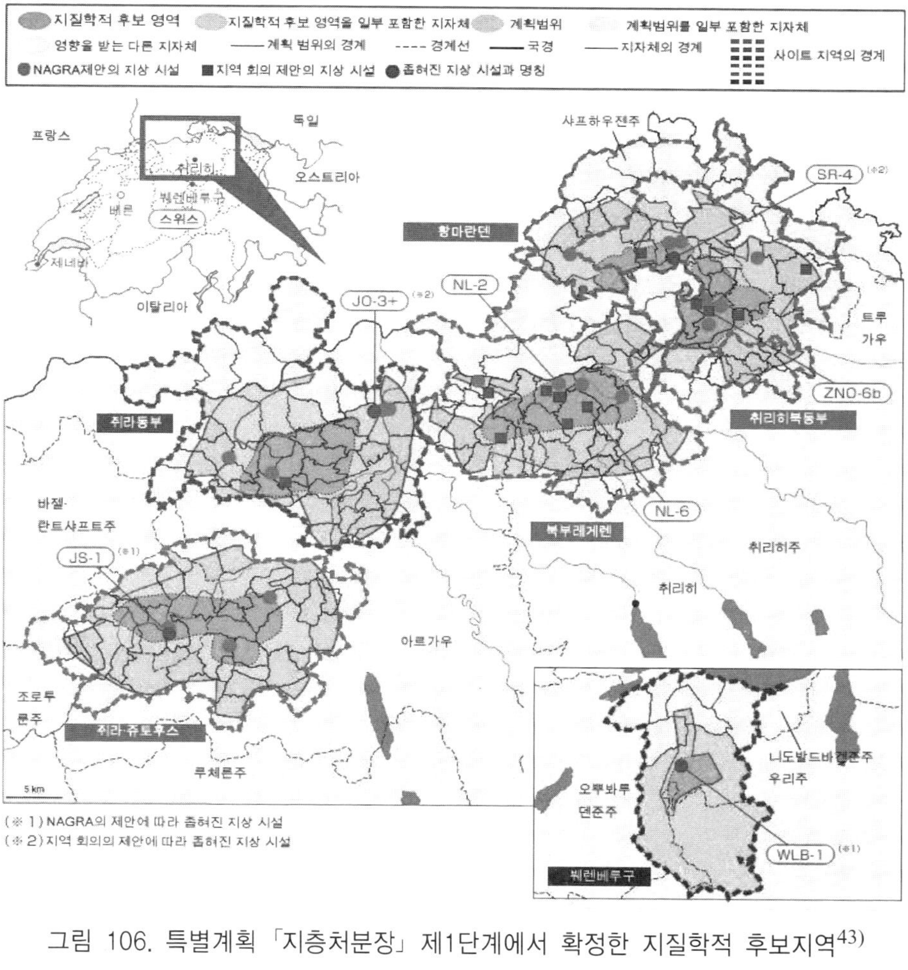

그림 106. 특별계획 「지층처분장」 제1단계에서 확정한 지질학적 후보지역[43)]

43) 日本經濟産業省, 諸外國における高レベル放射性廢棄物の處分について, 2017.2, 122면.

(5) 부지선정의 제2단계 진척상황과 작업예정(2011 ~ 2017년)

2011년 12월 부지선정절차의 제2단계가 개시되었다. 2012년 1월 NAGRA와 연방에너지청(BFE)은 「계획범위」에 포함되는 20곳의 지상시설구역 안을 공표하였다. 설치구역은 안정성 및 기술면에서의 현실성, 토지이용에 관한 적합성 및 환경과의 적합성, 지역과의 조화를 고려하여 제안되었다.

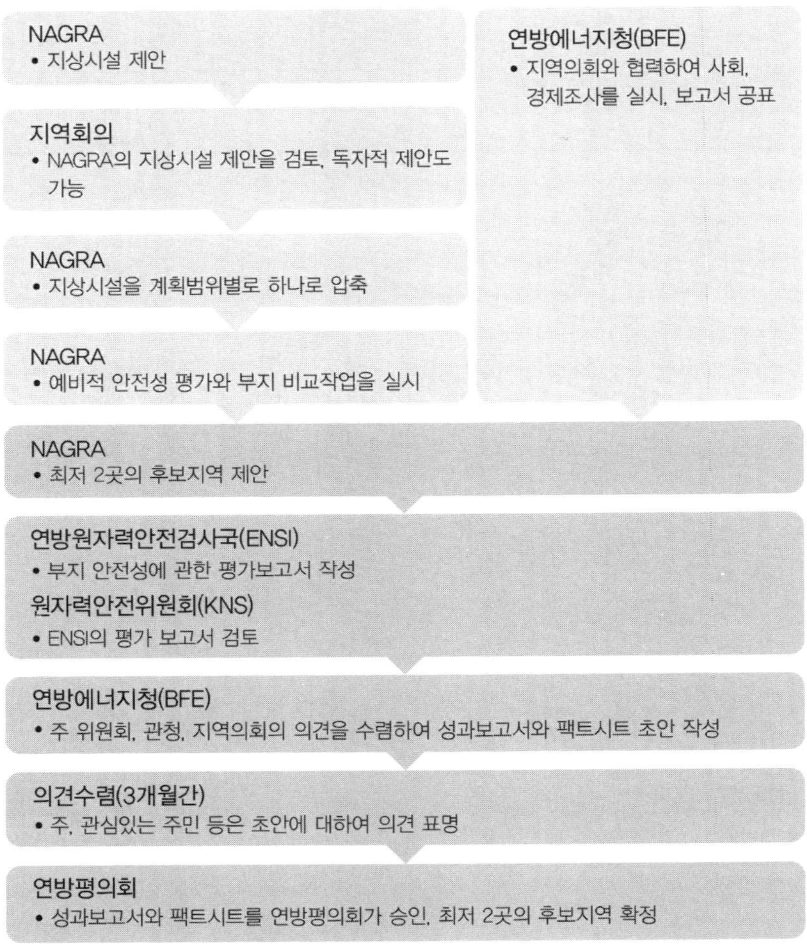

그림 107. 제2단계의 개요[44]

44) 日本經濟産業省, 諸外國における高レベル放射性廢棄物の處分について, 2017.2, 123면; 한국원자력환경공단, 국외 고준위방사성폐기물 처분현황, 2016.12, 83면.

BFE의 주도로 설치되어 지방자치단체의 대표와 주민이 참여하는 「지역회의」는 지상시설의 시설구역에 대해 독자적인 제안을 하였다. NAGRA는 이들 제안에 의해 14개 장소를 추가로 검토하여 2013년 가을부터 2014년 5월 말까지 6개 장소의 계획 범위에 대해 총 34개 장소의 지상시설 설치구역안 중 7개 장소를 제안하였다.

BFE는 2012년 6월 심층처분장이 입지하는 지역에 미치는 경제적 영향에 관한 최초의 중간보고서를 공표하였다. 동 보고서는 6개 장소의 지질학적 후보지역을 포함한 형태로 설정된 「부지지역」을 대상으로 다음과 같은 사항을 분석하였다.[45)]

i) 해당지역의 경제

ii) 고용

iii) 관광업

iv) 농업

v) 세수

vi) 교부금

모든 부지지역에서 경제적 측면에서는 어느 쪽이든 별다른 영향이 없다고 평가하였다다. NAGRA는 6개 장소의 계획범위에 대해 7개 장소의 지상시설 설치구역을 제시한 후 BFE가 환경영향과 사회환경에 관한 조사를 실시하였고, 2014년 11월 사회, 경제, 환경영향에 관한 최종보고서를 공표하였다.

최종보고서에서 BFE는 각각의 지상시설의 설치구역안을 상호 비교할 수 있는 형태로 평가결과를 정리하고 있다. 환경영향 및 사회환경에 대해서는 차이가 큰 평가항목이 있다고 결론짓고 있다.

2014년에는 NAGRA가 예비안전평가와 부지의 비교작업[46)]을 실시하였다. NAGRA는 과학적, 기술적 기준에 따라 범위를 압축하여 2015년 1월 말 「취리히 동북부」 및 「쥐라 동부」의 두 곳을 제안하였다.

NAGRA는 어느 쪽에 대해서도 불투수성의 암반이 적절한 심도에 있고 빙하 등에 의한 침식의 영향을 받지 않는 장기적으로 안정되게 존재하고 있기 때문에

45) 日本經濟産業省, 諸外國における高レベル放射性廢棄物の處分について, 2017.2, 123면; 한국원자력환경공단, 국외 고준위방사성폐기물 처분현황, 2016.12, 84면.

46) 특별계획에 의하면 예비안전평가에서 시행하는 것은 다음과 같다.

i) 폐기물의 격리에 대한 각 방벽의 성능과 거동에 관한 정보의 제시

ii) 제1단계에서 선정된 각 지질학적 후보지역에 대한 선량평가값이 방호기준인 0.1mSv/년 이하임을 입증

방사성폐기물을 안전하게 격리할 수 있다고 평가하였다.

(6) 부지선정 3단계 예정작업과 프로젝트 확정절차(2017년에서부터)

제3단계에서는 아래(그림 108. 참조)와 같이 NAGRA가 개요승인신청서를 BFE에 제출하여 고준위방사성폐기물용 처분장과 중·저준위방사성폐기물용 처분장 부지를 제안하였다. 중·저준위방사성폐기물용 처분장이 고준위방사성폐기물용 처분장과 동일 부지로 제안될 가능성도 있다. 「개요승인」이 의회의 승인을 얻으면 지하특성 조사시설의 건설 등의 상세한 지구과학적 조사가 실시되며, 그 후에는 건설허가 및 운영허가 절차가 진행된다.

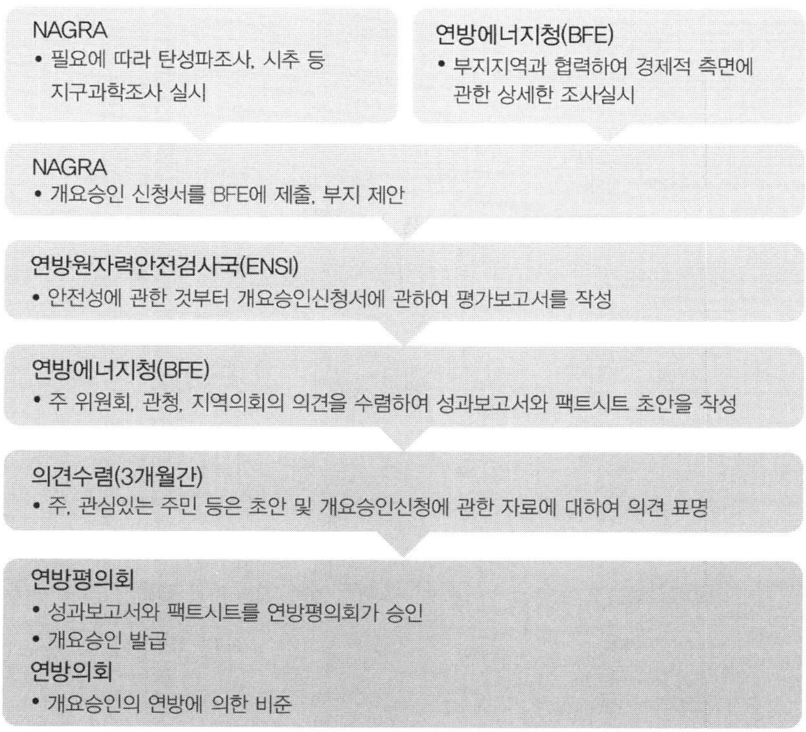

그림 108. 제3단계의 개요[47]

47) 日本經濟産業省, 諸外國における高レベル放射性廢棄物の處分について, 2017.2, 124면; 한국원자력환경공단, 국외 고준위방사성폐기물 처분현황, 2016.12, 84면.

(7) 환경영향평가

환경영향평가는 특별계획 및 환경영향 평가에 관한 명령에 의해 예비조사, 제1단계, 제2단계 순서로 진행된다. 우선 NAGRA는 부지선정 제2단계에서 환경영향의 예비조사를 실시하고 환경영향평가의 제1단계 설명서를 작성한다.

부지선정 제3단계에서는 개요승인을 신청할 때 NAGRA가 환경영향평가보고서의 제1단계를 제출하고 제2단계의 설명서를 작성한다. 건설허가를 신청할 때에는 환경영향평가보고서의 제2단계를 제출한다.

2. 지역진흥대책

스위스는 현재 지역진흥을 목적으로 하는 입법계획이 없다. 심층처분장 프로젝트에 관한 특별계획의 확정절차에 있어서 부지확정 후의 교부금 지급을 명문화하고 있을 뿐이다.

특별계획에 의하면 교부금에 대한 법적 근거는 정해져 있지 않지만, 제3단계에서 개요승인이 발급된 후 교부금에 관한 검토가 이루어져 폐기물 발생자가 이를 지급하도록 규정되어 있다. 교부금 배분과 용도에 대해서는 지질학적 후보지역 및 계획 범위에 포함되는 지방자치단체 등이 검토하고 주 등에 제안하도록 되어 있다.

Ⅵ. 영 국

1. 부지선정절차의 개선을 위한 검토상황

(1) 부지선정절차의 재검토

2013년 1월 캄브리아주 서부의 한 지방자치단체는 부지선정절차의 중단을 결정하였다. 이에 따라 영국정부는 2013년 5월 현행 부지선정절차를 재검토하기 위해 「근거에 따른 정보제공 조회」(Call for Evidence. 이하 「정보제공조회」라 한다.)[48]를 시행하였다.

정보제공 조회는 지금까지의 부지선정절차에 관한 경험으로부터 교훈을 얻기 위해 특히 부지선정절차에 참여한 자, 관심을 가지고 관찰한 자들로부터 의견을 수집할 것을 목표로 하고 있다. 영국정부는 부지선정절차에 대한 개선점, 지방자치단체의 자발적 참가를 촉구하기 위한 수단과 방법에 대해 아래와 같은 질문을 준비하였다.

i) 백서에 의한 부지선정절차의 어떤 측면을 어떻게 개선할 수 있는가?

ii) 부지선정절차에 지방자치단체의 적극적 참여에 대한 유인은 무엇인가?

iii) 부지선정절차에 참여할 때 어떤 정보가 지방자치단체에 도움이 되는가?

정보제공 조회는 약 1개월 동안 진행되었으며, 그 결과 개인으로부터 9건, 캄브리아주, 캄브리아주 알러데일(Allerdale)시 및 코프랜드(Copeland)시 등의 지방자치단체 및 기업 등으로부터 86건의 회신을 받았다.

이와 같은 회신에 따라 영국정부는 2013년 9월 협의문서인 「심층처분시설을 위한 부지선정절차의 검토」 보고서를 공표하였다. 이 문서는 공개협의(약 3개월)를 위한 목적으로 준비된 것이고 심층처분정책에 관한 배경정보, 2008년 백서에 의한 부지선정절차의 변경 및 개선안을 설명하고 이들의 제안에 관한 구체적 질문을 제시하는 형태로 대중으로부터 의견을 구하였다.

이 협의문서 가운데 영국정부는 해당지역의 자발성 및 파트너십에 의한 방식은 현행대로 유지하면서, 지방자치단체가 충분한 준비를 하기 전에 어떤 형태의 약

48) 영국 등에서는 정부의 검토절차 가운데 근거를 요구하는(Call for Evidence) 제도가 있으며, 유용한 정보를 넓게 수집할 수 있다. 이 제도를 통해 수집된 정보에 의해 보다 양질의 건전한 정책을 입안할 수 있다.

속을 강요당하는 상황이 되지 않도록 배려한다는 견해를 제시하였다.[49)]

(2) 새로운 부지선정절차의 개시

영국정부는 공개협의에서 얻은 의견 등을 참고하여 2014년 7월 고준위방사성폐기물 등의 심층처분시설의 설치를 위한 새로운 부지 선정 등을 담은 「심층처분-고준위방사성폐기물 등의 장기관리를 위한 종합계획」을 공표하였다(그림 109. 참조).

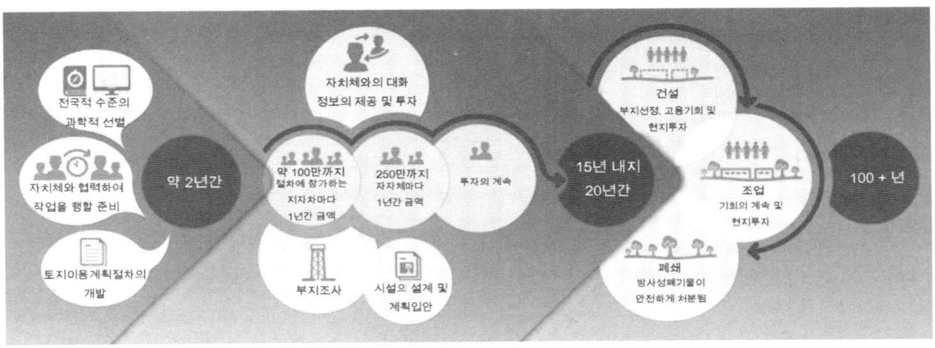

※ 영국의 잉글랜드와 북아일랜드에서는 2014년 7월의 백서에 따라 부지선정절차가 진행되었다. 다만 웨일즈는 2014년 7월의 백서작성에 관여하였지만 2008년 백서에 제시된 부지선정절차에 참여하고 있다.

그림 109. 2014년 7월 「심층처분-고준위방사성폐기물 등의 장기관리를 위한 종합계획에 제시된 신 부지선정절차의 개요」[50)]

2014년 7월의 백서에서 영국정부가 공시한 새로운 부지선정절차에서는 부지선정에 관한 활동기간을 크게 두 가지로 나누고 있다.

㈎ 제1기(초기 활동)

2014년~2016년의 2년 간은 영국정부 및 시행주체의 「초기활동」으로서 이 기간에는 지방자치단체에 대한 지질, 사회·경제적 영향, 지방자치단체를 위한 투자 등의 심층처분시설에 관련된 정보제공을 하였다.[51)] 초기 활동 기간에는 아래 3 가지

---

49) 공개협의에서는 개인 및 지방자치단체, 관계기관 등으로부터 719건의 의견을 접수하였다.

50) 日本經濟産業省, 諸外國における高レベル放射性廢棄物の處分について, 2017.2, 143면.

51) 지방자치단체가 ⅰ) 심층처분에 관한 기술적 사항, ⅱ) 시행주체와 지방자치단체와의 협력사항을 양측에서 명확하고도 근거에 따른 정보를 얻는다면 보다 안심하고 부지선정절차에 참가

의 작업이 실시되었다.

i) 영국 전역(스코틀랜드 제외)을 대상으로 한 지질학적 선별(screening) 실시

ii) 「2008년 계획법」의 개정

iii) 지방자치단체와의 협동 프로세스의 수립

또한 영국 전역을 대상으로 한 지질학적 심사는 앞으로 지방자치단체가 심층처분시설의 설치에 대해 검토할 때 필요한 지질정보에 쉽게 접근할 수 있도록 하기 위해 실시되는 것이다. 따라서 이러한 심사결과는 심층처분시설의 설치에 「적격」 또는 「부적격」인 지역의 판정이나 범위의 압축에 이용되는 것은 아니다.

㈏ 제2기

2016년 이후의 15~20년 동안은 관심을 표명한 지방자치단체와 시행주체는 초기 활동에서의 성과에 의해 시행주체와 지방자치단체 사이에서 지질조사 실시 등에 관한 정식 협의에 들어가기로 되어 있다.[52)]

해당지역에 대한 경제적 인센티브로서 부지선정절차에 참가하는 지방자치단체에는 경제적 지원으로서 연간 100만 파운드까지, 굴착조사 등이 실시되는 지방자치단체에는 연간 250만 파운드까지 투자를 하게 된다.

(3) 2014년 백서 이후의 활동상황

2014년 백서에 의한 부지선정절차에 따라 영국정부와 시행주체는 「초기활동」으로서 지질학적 조사에 대한 영국시민의 인지도를 높이기 위해 기술 이벤트를 통해 지질학적 조사의 실시요령서의 수립을 위해 아래와 같이 의견을 수집하고 있다.[53)]

i) 지질학적 스크리닝 실시 : 시행주체는 2015년 9월 지질학적 스크리닝 지침안을 공표하고 공개협의를 실시하였다. 이 지침안에는 영국정부의 요청에 따라 영국지질학회가 설치한 독립평가패널(IRP)에 의한 지질학적 스크리닝의 평가를 실시하기 위한 평가결과가 반영되어 있다.

할 수 있기 때문이다.

52) 부지선정절차에서의 철회에 대해서는 지방자치단체가 심층처분시설의 설치에 대한 주민의 지지여부를 조사·확인하기까지는 언제라도 철회할 수 있도록 하고 있다.

53) 한국원자력환경공단, 국외 고준위방사성폐기물 처분현황, 2016.12, 100면.

ii) 「2018년 계획법」의 개정 : 2015년 3월 심층처분시설(GDF)의 조건 등을 규정한 「2015년 사회기반계획(방사성폐기물 심층처분시설)령」이 발효되었다. 이와 같은 법령에 의하여 잉글랜드에서의 GDF 개발 프로젝트는 국가차원에서 중요한 인프라 정비에 관한 절차 등을 규정한 「2018년 계획법」에 의한 규제가 적용되었다.

iii) 지방자치단체와의 협업절차 : 영국정부는 「지방자치단체의 의사표시를 위한 작업그룹(CRWG)을 설치하고 지방자치단체와의 협업절차 수립을 위한 검토를 추진하였다.

2. 지금까지의 부지선정절차와 경위

(1) 처분장 부지선정절차

영국정부는 2008년 6월에 백서 「방사성폐기물의 안전관리-심층처분을 위한 종합계획」을 공표하고 심층처분장 부지선정의 진행방식이나 초기선별기준(제2단계에서 사용)을 수립하여 부지선정절차를 개시하였다.

영국의 부지선정절차는 해당지역의 “주체적 참가”와 “지역과의 파트너십”을 중시한 공모방식이다. 부지선정사업은 영국정부가 직접 실시하며 에너지·기후변동부(DECC)가 담당한다. 부지선정절차는 아래와 같이 6단계로 진행되지만 크게 전반(제 1단계~제3단계)과 후반(제4단계~6단계)으로 나뉘어져 있다.[54)]

i) 제1단계~제3단계 : 초기 3단계는 지방자치단체와 정부가 논의하는 기간이다. 이 때문에 지방자치단체가 부지선정절차에 참가를 확약하지 않고 단순히 관심을 표명하는 것만으로 충분하다는 점이다. 지방자치단체의 관심표명 이후 명확히 부적격인 장소를 선별하기 위한 조사는 처분시행주체가 아니라 영국지질조사소(BGS)가 실시한다. 지방자치단체는 BGS로부터 정보를 얻은 후 절차에의 참가를 검토하여 참가의사를 정식으로 결정할 수 있다.

ii) 제4단계~제6단계 : 후반 단계에서는 시행주체인 NDA가 조사를 실시한다. 선정절차의 개시시점에는 각 단계에서 실시할 조사내용이 상세하게 규정되어 있지 않다. 적어도 제4단계 전까지는 지역입지조합이 설립되어 입지지

---

54) 日本經濟産業省, 諸外國における高レベル放射性廢棄物の處分について, 2017.2, 144면; 한국원자력환경공단, 국외 고준위방사성폐기물 처분현황, 2016.12, 100면

역의 의견을 반영할 수 있는 형태로 선정작업이 진행된다.

이와 같은 부지선정절차에서는 지하에서의 조사 및 건설이 시작되기 전까지(제5단계의 종료까지)는 지방자치단체가 부지선정절차로부터 철회권을 행사할 수 있도록 정부가 보증하고 있는 것이 특징이다. 정부는 각 단계의 종료기한을 명확하게 정하고 있지는 않다.

반대로 이들 단계는 관심표명을 한 지방자치단체가 추적·조사하는 단계를 나타낸 형태로 되어 있고 부지 선정을 진행하는 측의 단계는 아니라는 점도 특징이다.

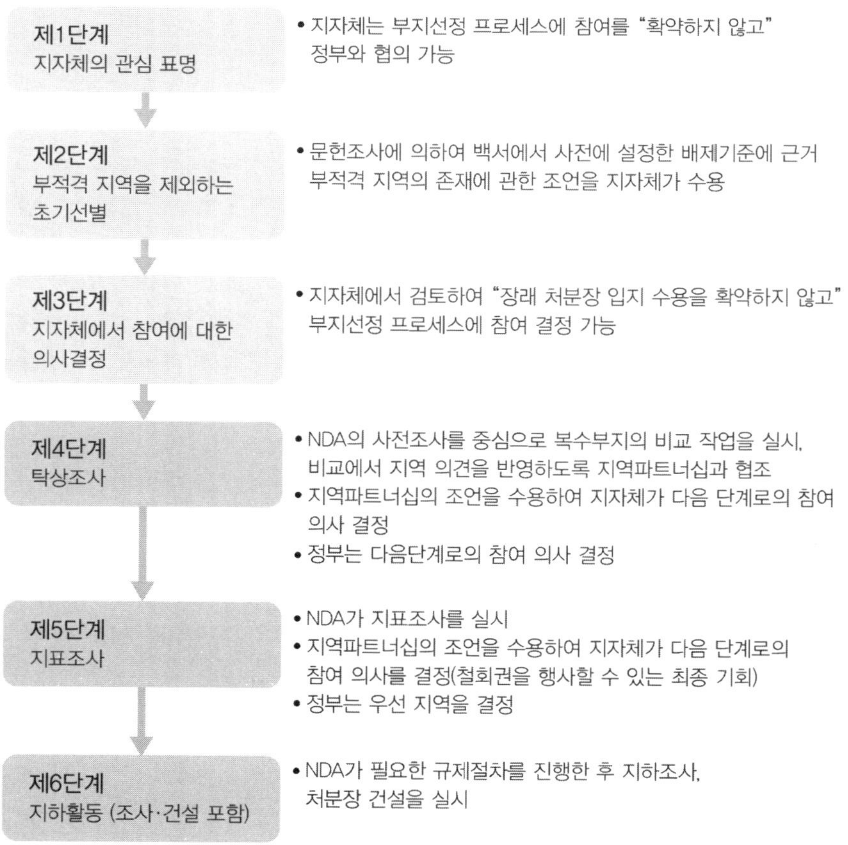

그림 110. 영국의 부지선정절차[55)]

---

55) 日本經濟産業省, 諸外國における高レベル放射性廢棄物の處分について, 2017.2, 144면; 한국원자력환경공단, 국외 고준위방사성폐기물 처분현황, 2016.12, 101면.

(2) 제1단계 : 지방자치단체에서의 관심표명 상황

영국정부는 2008년 6월 정부백서를 공표함과 동시에 부지선정의 제1단계로서 정부와의 협의개시를 희망하면서, 장래처분장이 입지할 가능성이 있는 지방자치단체 모집을 시작하였다.

이에 따라 2008년 7월 드리그(Drigg) 저준위방사성폐기물처분장이나 셀라필드 재처리시설(THORP) 등 다수의 원자력시설이 입지하고 있는 캄브리아주의 코프랜드시가 심층처분장 선정에 관한 정부와의 협의에 관심을 표명하였다.[56)]

(3) 제2단계조사 : 캄브리아주 서부

캄브리아주 서부의 지방자치단체에 대해 2010년 6월부터 부지선정절차의 제2단계인 초기조사가 영국지질조사소(BGS)에 의해 행해졌다. 조사결과는 동년 10월 공표되었다.

초기조사는 심층처분장 지하시설의 처분장소를 특정하는 것이 아니라 일정한 제외기준(백서에서 사전에 공표된 기준)에 의해 명확히 부적격인 지역을 사전에 밝히고 다음 단계에서 불필요한 작업을 회피하기 위한 것이다.

BGS는 조사대상을 알라데일시와 코프랜드시 전역 및 그 앞바다 5km까지로 하고 기존의 문헌정보에 의해 심도 200~1,000m 범위의 지하조건과 제외기준을 비교하여 제외구역을 설정하였다. 제외된 구역은 다음(그림 111. 참조)과 같다.

(4) 참가결정에 관한 지방자치단체의 판단

캄브리아주 서부의 경우에는 부지선정절차의 제3단계에서 제4단계로 진행할지 여부를 검토하였다. 3개 지방자치단체(1개주, 2개시)는 부지선정절차에의 참가 여부를 판단할 때의 자문기관으로 2009년 「서 캄브리아 방사성폐기물 안전관리조합(파트너십)」(West Cumbria Managing Radioactive Waste Safety Partnership)[57)]을 발족시켰다.

---

56) 2006년 12월에는 캄브리아주, 2009년 2월에는 같은 주의 알리데일시가 관심을 표명하였다.

57) 「서 캄브리아 방사성폐기물 안전관리 조합(파트너십)」은 팸플릿 배포 및 워크숍 개최를 통해 지역 주민의 처분프로젝트에 관한 지식, 이해력의 강화를 도모하였다. 약 3년간에 걸쳐 세대조사, 일반대중 또는 이해관계자로부터 의견을 구하기 위해 대중협의를 하여 그들의 의견을 반영한 최종보고서를 채택하였다.

이 조직은 지역주민의 참여를 통해 관련 프로그램을 진행하고 3개의 지방자치단체에 대한 자신의 의견 및 권고, 조언을 정리한 최종보고서를 2012년 8월 채택하였다. 3개의 지방자치단체는 이 최종보고서 등을 참고하여 제4단계로 진행할지 여부를 결정하기 위해 2013년 1월 30일 캄브리아주 의회, 코프랜드시의회, 알리데일 시의회에서 각각 투표를 시행하였다.[58)]

제4단계로 진행하려면 2개시 및 1개주의 합의가 필요하다는 각서를 체결하고 있었으므로 이들 지방자치단체는 부지선정절차를 철회하게 되었다. 캄브리아 주 의회가 부지선정절차의 제4단계로 진행을 반대한 이유는 캄브리아주 서부의 지질학적 적합성에 대한 우려 및 부지선정절차에 대한 철회권이 법률에 담보되어 있지 않다는 것을 들었다.

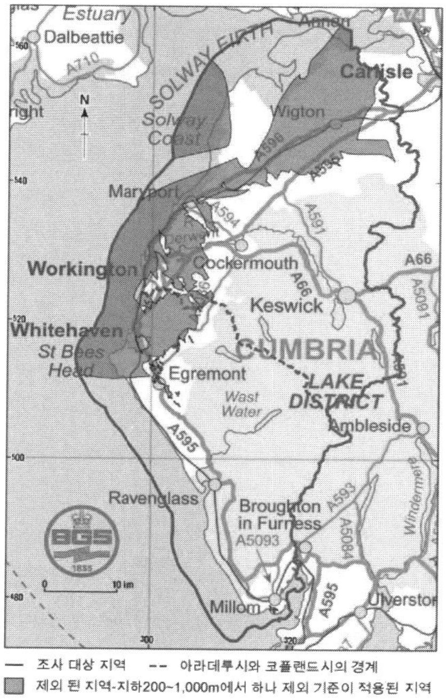

그림 111. 초기조사에서 제외된 지역[59)]

58) 투표결과는 코프랜드 시의회가 찬성 다수(찬성6, 반대1)로 제4단계를 진행하기로 결의하고, 알리데일 시의회도 찬성 다수(찬성 5, 반대2)였으나, 캄브리아주 의회는 반대 다수(찬성3, 반대7)로 부결되었다.

59) 日本經濟産業省, 諸外國における高レベル放射性廢棄物の處分について, 2017.2, 145면.

이와 같은 3개 지방자치단체의 부지선정절차로부터의 철회에 대응하여 부지선정을 관할하는 에너지·기후변동부 장관은 다음과 같은 성명을 발표하였다.[60)]

i) 제4단계로의 진행에 대해 캄브리아 주의회는 반대, 코프랜드 시의회와 알리데일 시의회는 찬성 결의를 하였다. 1개주 및 2개시와의 사전 약속에 따라 찬성의견이 일치하지 않았으므로 캄브리아주 서부에서의 부지선정절차는 종료되었다.

ii) 영국정부는 심층처분시설의 부지선정을 위한 최선의 방법은 지역주민의 자주성과 파트너십에 의한 대응에 따라 접근한다는 견해를 유지하기로 한다.

제외기준으로서 적용항목	이유/ 설명 및 코멘트
천연자원	
석 탄	자원이 100m 이상의 깊이에 있는 경우에 한하여 심부로의 침입 리스크가 있다.
석유 및 가스	심부로의 침입 리스크가 있다.
세일 오일	심부로의 침입 리스크가 있다.
금속광석(일부 광석)	심부, 즉 100m 이상에서 채광되는 경우에 한하여 침입 리스크가 있다.
폐기물 처분/가스의 저장	심도 100m 이상에서 실시할 의견이 표명되고 있다. 또는 이미 승인되어 있는 경우만 해당된다.
지 하 수	
대 수 층	심층처분시설의 모암 전체 또는 일부가 대수층 내에 있는 경우에(제외기준으로서) 적용된다.
잔부투수성지층	심층처분시설의 모암의 전체 또는 일부가 장래 합리적으로 개발될 수 있는 투수성 지층인 경우에(제외기준으로서) 적용된다.
특정 복잡한 수문지질학적 환경	심부 카르스트(karst) 지형(석회암 지형) 및 이미 알고 있는 온천의 원암

표 42. 제2단계에서 실시하는 초기 조사의 기준[61)]

60) 日本經濟産業省, 諸外國における高レベル放射性廢棄物の處分について, 2017.2, 146면; 한국원자력환경공단, 국외 고준위방사성폐기물 처분현황, 2016.12, 101면.

61) 日本經濟産業省, 위의 보고서, 146면.

iii) 심층처분시설의 건설을 수용한 지방자치단체에 사회적·경제적 지원을 위해 영국정부는 수억 파운드 규모에 상당하는 이익의 패키지를 입지 지방자치단체에 제공할 것을 확약한다.
iv) 부지선정절차에 지방자치단체가 관심표명을 하도록 계속 설득하면서 새로운 추진정책을 착수함과 동시에 캄브리아州 서부의 경험을 검토한다.
v) 2008년의 영국의 정부백서가 규정하고 있는 목표를 영국정부는 지속적으로 추진한다. 심층처분시설의 부지선정에 관해 큰 우려는 하지 않고 있다.
vi) 캄브리아주 서부의 경험은 부지선정절차의 개선책을 검토하기 위한 좋은 기회이고 앞으로 필요하다면 기존 입장을 변경하기 위해 재협의를 실시한다.

3. 지역진흥대책

영국정부는 2014년 7월의 백서인 「심층처분 고준위방사성폐기물 등의 장기관리를 위한 종합계획」에서 심층처분시설의 건설 및 운영은 수십억 파운드에 상당하는 프로젝트임을 밝히고 있다.

프로젝트의 수행기간 중에는 다수의 고용을 창출하여 입지하는 지방자치단체에 광범위한 사회·경제적 활동에 공헌하도록 하고 있다. 부수적인 효과로서 산업면에서의 이익, 사회기반을 위한 투자, 현지교육이나 학술자원에 대한 이익, 현지 서비스업에 대한 이익 및 수송 인프라의 강화도 기대되고 있다.[62)]

그리고 심층처분시설의 입지에 적격일 가능성이 있는 부지에 대해서는 부지평가를 위해 지하로의 침입을 수반하는 굴착조사단계까지 진행된 지방자치단체에 대해서는 연간 최대 250만 파운드까지 증액하기로 하고 있다.

---

62) 한편 영국정부는 심층처분시설의 부지선정절차에 적극적으로 관여하는 지방자치단체를 지원하기 위해 부지선정절차의 초기단계에도 지방자치단체에 대한 투자를 행할 수 있도록 하고 있다. 부지선정절차의 초기단계에서는 해당 지방자치단체 1곳 당 최대 연간 100만 파운드를 지원한다.

Ⅶ. 캐나다

1. 처분장의 선정절차 및 경위

(1) 심층처분의 진행방법

핵연료폐기물의 장기관리 방식으로서 「적응성 있는 단계적 관리방침」(APM)의 채택이 결정된 후 NWMO는 심층처분장 부지선정절차에 관한 구체적 검토를 시작하여 2009년 5월 부지선정계획안을 공표하였다.

부지선정계획안에 대해서 NWMO는 의견수렴과 동시에 부지선정계획안을 평가·논의하기 위한 일반대중과의 공청회 등을 실시하였다.

NWMO는 이러한 활동과정에서 수집한 의견을 포함, 계획안의 최종화를 진행하여 2010년 5월 9개단계로 구성되는 부지선정절차를 포함한 부지선정계획의 최종판 「연계하여 추진 : 캐나다 사용후핵연료의 심층처분장 선정절차」를 공표함과 동시에 선정절차의 제1단계를 시작하였다.

2008년 8월	NWMO가 심층처분장 부지선정절차에 관한 협의문 공표
2008년 9월~12월	NWMO가 부지선정절차에 관한 의견수렴 실시
2009년 5월	NWMO가 부지선정계획안을 공표하고 의견수렴 및 협의 개시
2010년 5월	NWMO가 부지선정계획의 최종판을 공표하고 모두 9단계인 부지선정절차의 1단계 개시
2012년 9월	NWMO가 부지선정절차를 위한 참가 관심표명의 접수 일시중단

표 43. 부지선정절차 수립과 진척 경위[63)]

(2) 처분부지 선정 시 실시주체의 행동원칙

NWMO는 부지선정절차를 구성할 때에 다음과 같은 사항을 배려하였다.

i) 캐나다 국민이 중시하는 평가 및 목표에 따를 것

ii) 고액, 투명, 공정 및 포괄적일 것

iii) 과학, 전문성 및 논리적 최고의 기준에 적합할 것

63) 日本經濟産業省, 諸外國における高レベル放射性廢棄物の處分について, 2017.2, 168면.

NWMO는 부지선정과정에서 학습하여 이를 후속단계에 반영시킬 방침이다. 목표에서 일탈하지 않도록 NWMO는 부지선정 진행 시 지켜야 할 행동원칙을 아래와 같이 정하였다.[64]

i) 안전성을 중시
ii) 규제요건을 충족시키거나 또는 이를 상회
iii) 지역 지방자치단체의 이해 및 의사의 존중
iv) 원자력입지 주에 초점
v) 철회의 권리
vi) 부지선정을 주도하는 것은 관심을 가진 지방자치단체
vii) 원주민의 권리, 협정, 토지소유권
viii) 결정사항의 공유
ix) 포괄 지향
x) 지원능력의 구축
xi) 절차에 대한 정보제공
xii) 지방자치단체의 복지
xiii) 연방과 주정부의 관여가 계속되도록 배려

이 원칙(iv) 항목)과 같이 NWMO는 부지선정절차를 「원자력입지주」-온타리오, 퀘벡, 뉴브린스윅, 서스캐치원(Saskatchewan) 등 4개주에 초점을 맞출 방침이다. 이 원칙은 NWMO가 2002년부터 3년간 수행한 핵연료폐기물의 장기관리방식에 관한 연구과정에서 캐나다 국민과의 대화를 통해 수립한 것이다. 공정성은 핵연료주기와 직접 관계를 가진 주에 초점을 맞춤으로써 가장 적절하게 달성된다는 것이다.

(3) 9단계 부지선정절차

NWMO에 의한 부지선정절차는 아래(표 44. 참조)와 같이 9개의 단계로 구성되어 있다. 이와 같은 부지선정절차는 절차에 관한 정보를 요구하는 지방자치단체 및 지역을 공모하여 심층처분 프로젝트에 대해 관심표명을 한 지역 중에서 처분장 후보지를 선정해 나가는 것이다.

---

64) 日本經濟産業省, 諸外國における高レベル放射性廢棄物の處分について, 2017.2, 168면; 한국원자력환경공단, 국외 고준위방사성폐기물 처분현황, 2016.12, 115면.

준 비 단 계	캐나다정부 및 주정부, 국가와 주의 원주민자치조직, 규제기관 등과 협력한 후 NWMO가 부지선정계획을 최종적으로 공표
제1단계	NWMO는 부지선정절차를 시작하고 처분사업 및 부지선정계획에 대한 정보제공, 질의응답 등에 의해 프로젝트와 부지선정절차에 대한 국민의식을 고양
	의식계몽활동은 부지선정절차의 모든 기간에 걸쳐 계속
제2단계	상세하게 알고자 하는 지방자치단체에 대해 잠재적 적합성의 예비평가를 실시
	지방자치단체로부터의 요구가 있으면 NWMO가 초기심사준비에 의해 지방자치단체의 잠재적 적합성을 평가(1~2개월).
제3단계	관심을 표명한 지방자치단체에 대해 잠재적 적합성의 예비평가를 실시
	NWMO는 지방자치단체와 협력하여 지방자치단체 내의 부지가 처분사업의 상세요건을 만족시킬 가능성이 있는지에 대하여 실현가능성 조사를 실시(1~2년)※
제4단계	관심이 있는 지방자치단체에 대해 영향을 받을 가능성이 있는 주변 지방자치단체를 참가시킴과 동시에 상세한 부지 평가를 완료
	NWMO는 지역조사 및 수년에 걸친 부지평가에 대한 관심을 정식으로 표명한 지방자치단체 중에서 복수의 부지를 선정. NWMO는 부지조사를 지원하는 전문기술센터를 개발. 관심이 있는 지방자치단체와 함께 영향을 받을 가능성이 있는 주변지방자치단체, 원주민의 정부 또는 주정부의 참가를 얻어 광역을 대상으로 환경영향평가를 실시(약5년)
제5단계	적합성이 있는 부지의 존재가 확인된 지방자치단체(복수)가 처분장을 수용할 의사가 있는지를 결정하고 프로젝트의 추진조건을 제시
제6단계	적합한 부지가 있는 지방자치단체(1곳)와 NWMO가 처분장 수용에 정식 합의.
제7단계	규제당국은 정식의 공적 절차를 통하여 처분사업의 안정성을 심사하고, 모든 요건이 충족되는 경우 사업의 진행을 승인
	환경평가, 부지준비, 건설 및 운영에 관한 인·허가 절차를 통하여 규제기관에 의한 재검토 실시(사용후핵연료의 운반에 관한 규제기관의 승인도 필요)
제8단계	지하실증시설의 건설 및 운영
	NWMO는 부지특성을 승인하기 위한 지하실증시설의 활동을 지원하는 전문기술센터를 개발
제9단계	심층처분장의 건설, 운전

※ 실제의 부지선정절차에 있어서 제3단계는 전기와 후기(제1단계 및 제2단계)로 나누어진다. 탁상조사를 하는 전기(1~2년)와 현지조사를 하는 후기(3~4년) 동안에 지방자치단체의 범위를 압축하여 나간다.

표 44. 9단계로 구성되는 부지선정절차[65)]

65) 日本經濟産業省, 諸外國における高レベル放射性廢棄物の處分について, 2017.2, 169면; 한국원자력환경공단, 국외 고준위방사성폐기물 처분현황, 2016.12, 116면.

NWMO는 부지선정 시 검토사항으로서 안전성을 확보하기 위한 기준 이외에 사회, 경제, 문화 등 안전성 이외의 요소를 평가하기 위한 기준도 제시하고 있다.[66)]

(4) NWMO에 의한 부지선정절차의 진척 동향

심층처분장의 부지선정절차는 2010년 5월부터 시작되었다. 캐나다의 부지선정 절차단계는 지방자치단체가 거치는 단계를 나타내는 형태이고, 절차에 참가하고 있는 지방자치단체에 의해 현재의 단계가 달라진다.[67)]

지방자치단체가 NWMO에 대해 「지식을 탐구하는 관심표명」을 행함으로써 제2단계가 시작된다. 2012년 9월 말까지 22개의 지방자치단체가 관심표명을 하고 NWMO는 관심표명을 한 지방자치단체의 조사 및 대응에 주력하기 위해 부지선정계획에 대한 관심표명의 접수를 일시 중단하였다.

제2단계에서는 관심표명을 한 지방자치단체 전역을 대상으로 NWMO는 기존의 정보에 의한 초기심사를 실시한다. 제2단계에서 실시하는 초기 스크리닝의 5개 적합성 기준[68)]에 의하면 관심 표명을 한 22개 지방자치단체 중 1개 지방자치단체에서는 심층처분장의 모암으로서 잠재적으로 적합한 지층을 가질 가능성이 낮아 부지선정절차에서 제외되었다. 초기 심사를 통과한 21개 지방자치단체는 2014년 말까지 모두 제3단계로 진행하는 것을 목표로 한다.

---

66) 후자의 요소는 NWMO가 프로젝트에 관여하는 지방자치단체의 장기적 복지 또는 생활의 질 향상을 목표로 한다는 것을 반영한 것이다.

67) 캐나다의 지방자치제도는 연방이 아니라 주의 관할사항이며 주에 의해 달라지며, 상급 지방자치단체와 하급 지방자치단체의 2층제, 주 아래 기초 지방자치단체가 있는 1층제가 혼재하고 있다. 2층제의 경우 상급 지방자치단체는 「지역」이나 「군」이라 하며 하급 지방자치단체와는 권한이나 역할이 다르다. 하급 지방자치단체는 주로 인구에 의해 명칭(City, Town, Village, Township 등)이 달라진다.

68) 제2단계에서 실시하는 초기심사의 적합성 기준은 다음과 같다.
- ⅰ) 부지에는 지상 및 지하시설을 수용할 수 있는 크기의 토지가 있어야 한다.
- ⅱ) 이용 가능한 토지는 보호구역, 유산지역, 주립공원, 국립공원의 외부이어야 한다.
- ⅲ) 이용 가능한 부지는 미래세대에 의한 분쟁발생 가능성이 없도록 식용, 농업 및 공업용도로 사용되는 지하수원이 처분장의 심도에 포함되어서는 안 된다.
- ⅳ) 이용 가능한 토지는 처분장 부지에 미래세대에 의한 분쟁발생 가능성이 없도록 경제적으로 이용할 수 있는 천연자원이 있어서는 안 된다.
- ⅴ) 이용 가능한 토지는 안전성의 요인을 고려하여 부지의 안전성을 방해하는 지질이나 수문지질학적 특성을 가진 구역 안에 있어서는 안 된다.

제3단계에서는 사용후핵연료의 처분프로젝트의 수용과 관련된 지방자치단체의 잠재적 적합성의 예비평가가 실시된다. 주요 검토사항은 인간과 환경에 대한 안전성과 보안, 지역의 복지, 지역이 절차에 잔류할 가능성 및 주변지역의 복지이다.[69]

부지선정절차의 제3단계 조사 시 NWMO는 당초 계획을 수정하여 전기와 후기(제1단계, 제2단계)로 나누었다. 탁상조사를 하는 전기(1~2년)와 현지조사를 하는 후기(3년~4년) 사이에 중간평가를 하여 후기를 실시하는 지방자치단체의 범위를 압축한다.

NWMO는 지방자치단체의 요청에 의해 3단계의 제1차 조사과정에서 심층처분장의 입지가능성이 낮음을 시사하는 정보를 얻은 경우에는 그 내용을 신속히 해당 지방자치단체에 통지하고 있다. 부지선정절차에서 철회를 결정한 지방자치단체도 하나 있다.

(5) 부지선정에 관한 법제도

캐나다의 방사성폐기물처분장의 부지선정은 「방사성폐기물법」에 의해 검토·결정된 사용후핵연료 관리의 장기적 관리방식의 일환으로서 실시되고 있다. 특히 부지선정방법이나 절차를 규정한 법령은 존재하지 않고 있다. 그러나 「연방환경평가 절차의 확립을 위한 법률」(1962년 6월 23일 제정)에 의해 방사성폐기물처분장을 포함한 원자력시설의 건설 시에는 환경영향평가(EIA)가 실시되어야 한다.

---

69) 日本經濟産業省, 諸外國における高レベル放射性廢棄物の處分について, 2017.2, 170면; 한국원자력환경공단, 국외 고준위방사성폐기물 처분현황, 2016.12, 116면.

2. 지역진흥대책

심층처분장 프로젝트의 관련시설이나 인프라가 건설·운영되면 해당지역에 몇십 년간 커다란 경제적 이익이 발생할 것으로 예상된다. 기술이전 및 습득기회 등을 수용한 지역 및 주에 대규모의 고용과 소득이 발생될 것이다.[70)]

이에 따라 NWMO는 「지방자치단체의 복지」를 중시한다. 심층처분장을 수용한 지방자치단체는 이익을 얻을 권리를 확인하고 지방자치단체 또는 지역의 장기적 복지와 삶의 질을 높이기 위한 프로젝트를 실시한다고 확약하고 있다.

NWMO의 부지선정절차에서는 제4단계에서 기술적 안전성과 지역사회의 복지 측면에 관한 평가를 목적으로 「전문기술센터」를 설치할 계획이다. 이 센터의 방침은 해당지역과의 파트너십을 통하여 프로젝트를 구체화하는 것이다.

지방자치단체의 복지를 촉진하는 계획은 부지선정절차의 제6단계에서 해당지역 지방자치단체와 교환하는 협정서에 포함되어 있다. 왜냐하면 현재 캐나다에서는 심층처분장의 입지에 관련하여 해당지역의 지역진흥을 목적으로 하는 법률이 없기 때문이다.[71)]

---

70) 심층처분장 프로젝트는 사회적·경제적 환경을 크게 변화시킬 가능성이 있기 때문에 지역사회의 장기적 건전성과 지속가능성을 확실히 하기 위해 신중하게 대처할 필요가 있다.

71) 日本經濟産業省, 諸外國における高レベル放射性廢棄物の處分について, 2017.2, 171면; 한국원자력환경공단, 국외 고준위방사성폐기물 처분현황, 2016.12, 117면.

Ⅷ. 미 국

1. 처분장의 선정절차 및 경위(유카산 계획)

1957년 전미과학아카데미(NAS)로부터 심층처분이 타당하다는 검토결과가 나왔고 1980년 공표된 「상업활동에서 발생된 방사성폐기물 관리에 관한 최종환경영향평가서」(FEIS)와 이에 따라 개최된 공청회를 거쳐 에너지부(DOE)는 고준위방사성폐기물처분의 기본방침을 결정하였다.

「1982년 방사성폐기물정책법」에 의한 시행주체로서 DOE 산하에 민간방사성폐기물관리국(OCRWM)이 설치되어 미국의 고준위방사성폐기물 처분정책의 기본계획이 결정되었다.

DOE는 1983년 9개 장소에 후보 부지를 선정하였고,[72] 다음 해인 1984년 이들 후보부지에 대한 「환경평가안」(DEA)에 관한 공청회가 개최되었다. 1986년 DOE는 부지조사의 시행에 적합한 부지로서 5개 장소[73]를 지정하고, 이 가운데 3개 장소[74]를 에너지부 장관이 대통령에게 추천하여 대통령의 승인을 얻었다.

그러나 1987년에는 「방사성폐기물정책수정법」이 제정되고 부지특성조사를 실시할 처분후보지로서 유카산만이 지정되었다. 그 후 일정이 지연되어 예산도 삭감되는 가운데 DOE는 프로그램의 재평가를 하여 유카산이 부지로서 실현가능하다는 것을 나타내는 「실현가능성 평가(VA)보고서」를 1998년 공표하였다.

그 다음해인 1999년 유카산 처분장 개발의 「환경영향평가서 안」(DEIS)이 공표되었고 이를 위한 공청회도 개최되었다. 2001년 부지추천에 필요한 정보를 포함한 「유카산 과학·공학보고서」와 「예비부지적합성 평가보고서」가 공표되었다. DOE는 퍼블릭코멘트 기간 중에 부지주변지역을 중심으로 약 20개소에서 부지추천에 관한 공청회를 개최하였다.[75]

---

72) 유타주 라벤더 캐년(canon), 유타주 데이비스 캐년, 미시시피주 사이플레스 클리크돔, 미시시피주 데이비스 캐년, 미시시피주 사이프러스 클크리크돔, 네바다주 유카산, 미시시피주 리치튼돔, 텍사스주 디프스미스, 텍사스주 스위셔, 루이지니아주 바체리돔, 워싱턴주 핸포드.

73) 데이비스 캐년, 유카산, 리치튼돔, 디프스미스, 핸포드.

74) 유카산, 디프스미스, 핸포드.

75) 한편 부지추천을 위한 DOE의 규칙 「부지추천 일반지침 및 유카산 부지적합성지침」(10.C.F.R. Part 960) 은 2001년 11월 수립되었다.

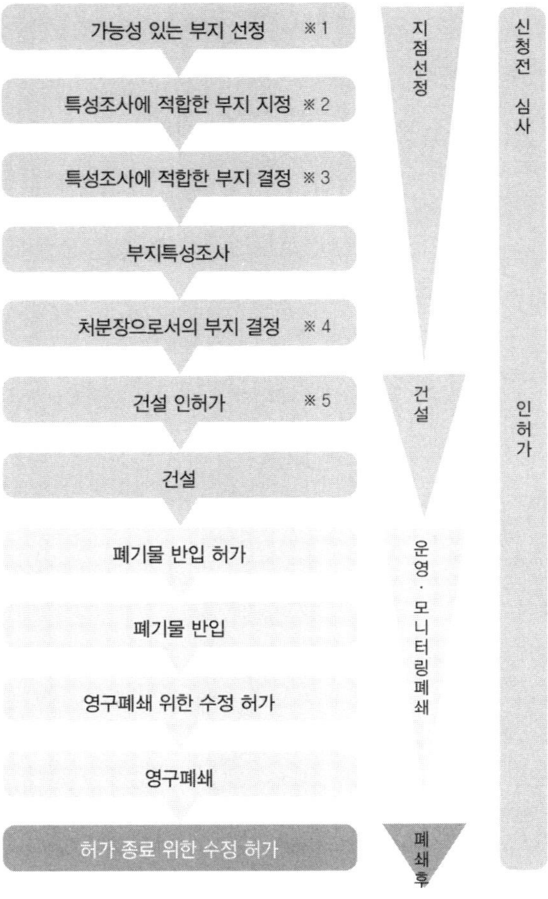

※1 예비적인 보-링, 물리조사의 실시 부지 : 1983년에 아홉개 지점을 선정

※2 1986년에 다섯개 지점을 선정

※3 1986년에 에너지부 장관이 세 지점을 대통령에게 추천하고 결정. 1987년 「방사성폐기물정책수정법」에 의해 대상은 유카산만으로 한다.

※4 2002년 2월 15일에 대통령은 에너지부 장관의 추천을 받아 유카산을 연방 의회에 추천. 네바다 주지사의 승인불가 통지에 대해 연방의회가 입지승인결의를 가결하고 부지선정절차는 종료

※5 2008년 6월 3일 DOE는 NRC에 인·허가 신청서를 제출. 2008년 9월 8일 NRC는 인·허가 신청서를 정식으로 수리

※6 2010년 3월 DOE는 인·허가 신청을 취하하고 NRC가 이를 검토

그림 112. 미국의 처분장 사업의 흐름[76)]

76) 日本經濟産業省, 諸外國における高レベル放射性廢棄物の處分について, 2017.2, 194면; 한국원자력환경공단, 국외 고준위방사성폐기물 처분현황, 2016.12, 135면.

최종적인 부지 추천·결정은 위(그림 112. 참조)와 같은 흐름으로 진행되며, 대통령에의 추천에 대한 네바다주의 승인불가통지가 있었지만, 입지승인결의안이 연방 의회에서 가결되어 대통령 서명을 얻어 법률이 성립됨으로써 유카산 부지의 법적 결정절차는 종료되었다.

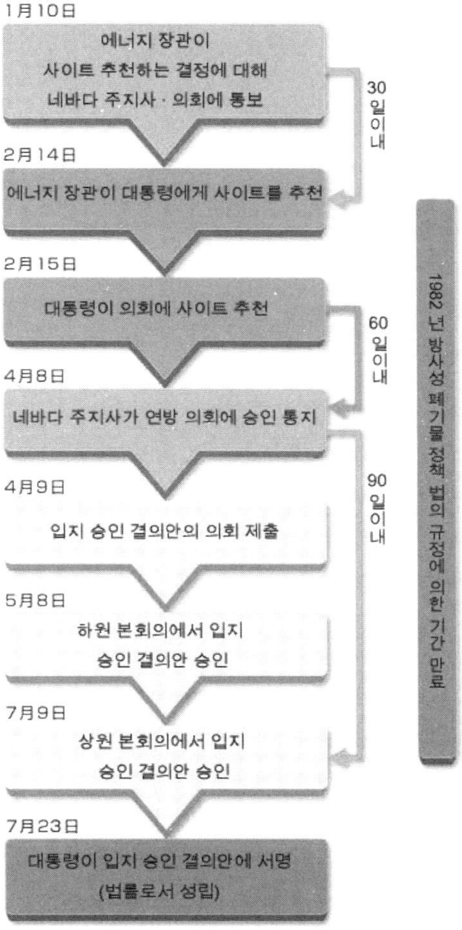

그림 113. 부지추천에서 결정까지의 동향(2002년)[77]

77) 日本經濟産業省, 諸外國における高レベル放射性廢棄物の處分について, 2017.2, 195면.

에너지부 장관의 네바다 주지사에 대한 부지추천결정의 통지로 시작되는 이러한 일련의 절차는 모두 「1982년 방사성폐기물정책법」에 규정되어 있다. 또한 네바다주 등에서는 이 유카산의 부지지정이 헌법 위반이라는 등의 소송을 제기하였지만 연방항소법원은 2004년 7월 이를 기각하였다.

다만 DOE가 최초 2004년 말까지 시행하려 했던 NRC에 대한 인·허가 신청서 제출일정은 인·허가 관련서류의 등록이 지연되어 2004년 7월 연방항소법원에 의한 환경 방사선방호기준의 일부무효판결, 예산제약 등의 요인으로 지연되었다.[78]

그 후 신청서의 제출은 예정대로 진행되었고 예산삭감의 영향에 의한 지연으로 처분장의 운영개시를 2020년 3월로 하는 일정이 2009년 1월 발표되었다. 또한 2004년 4월 고시된 철도부설 등의 환경영향평가 이외에 처분장시설의 설계변경 등에 따른 보충적 환경영향평가가 실시되었고, 2008년 6월 「최종보충환경영향평가서」가 공표되었다.

또한 유카산 계획에 대한 네바다주의 반대는 뿌리가 깊어 정치권에도 영향을 미쳐 미국의 유카산계획 중단방침으로 이어졌지만, 유카산이 입지하는 네바다주 나이카운티는 유카산계획을 지지하여 소생의 낌새를 보이고 있다.

2. 처분장 선정절차(블루리본위원회의 권고를 수용한 처분계획)

(1) 블루리본위원회가 최종보고서에서 권고한 처분장 선정 추진방안

블루리본위원회가 2012년 1월 26일에 공표한 최종보고서에는 미국 및 해외의 수십년에 걸친 방사성폐기물시설의 입지를 고찰하여, 방사성폐기물 관리·처분시설의 입지 및 개발을 위한 새로운 접근을 할 필요가 있다는 결론을 내리고 있다.

향후 방사성폐기물 관리·처분시설의 입지절차는 아래와 같은 조건을 충족시킬 경우에 성공가능성이 가장 높다는 견해를 보이고 있다.[79]

ⅰ) 동의에 근거하고 있다 : 영향을 받는 지방자치단체가 시설의 입지결정을 수용할지 여부에 대하여 결정할 기회를 얻어 주도권을 유지할 수 있다.

---

78) 2005년 10월 DOE는 운반·저장·처분(TAD) 캐니스터를 채택하여 처분장의 지상시설을 간소화하는 설계변경방침을 결정하고, 2006년 7월 NRC에 신청서 제출, 2008년 6월 처분장 운영개시를 2017년에 한다는 일정을 고시하였다.

79) 日本經濟産業省, 諸外國における高レベル放射性廢棄物の處分について, 2017.2, 196면; 한국원자력환경공단, 국외 고준위방사성폐기물 처분현황, 2016.12, 136면.

ii) 투명성이 있다 : 모든 이해관계자가 중요한 결정을 이해하고 그 절차에 관여하는 기회를 얻을 수 있다.

iii) 단계적이다 : 중요결정이 사전에 확정되는 것이 아니라 그 과정에서 재고되어 필요에 따라 수정된다.

iv) 적응성이 있다 : 절차 자체에 유연성이 있고 새로운 정보 또는 새로운 기술적·사회적·정치적 발전에 대응하는 결정을 도출한다.

v) 기준 및 과학에 의한다 : 모든 시설이 안전 및 환경보호에 관한 엄격하고도 객관적이며 일관성을 가지고 적용되는 기준을 만족시킨다는 확신을 일반대중이 가진다.

vi) 시행주체와 수용하는 주 및 지방자치단체 등과의 사이에 파트너십 계약 또는 법적으로 강제력이 있는 협정에 의해 규율된다.

(2) 에너지부(DOE) 및 연방의회의 검토

블루리본위원회가 최종 보고서에서 권고한 동의에 따른 입지절차는 DOE 및 연방의회의 검토에서도 그 방침이 연계되어 있다.

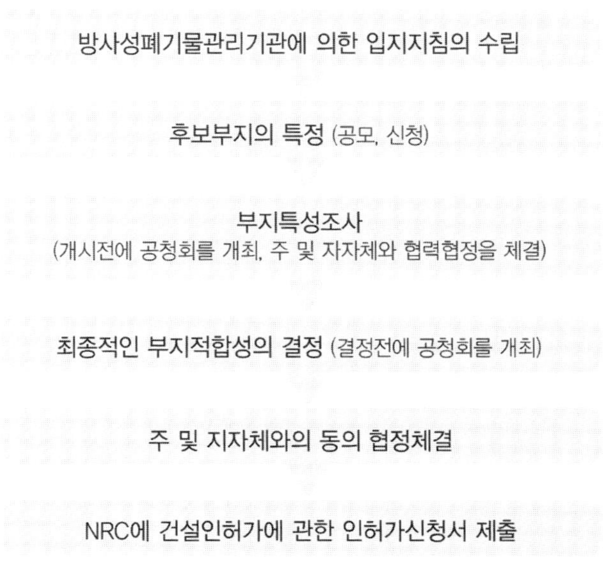

그림 114. 2013년 「방사성폐기물관리법」 개정안에 대한 부지선정의 흐름[80)]

연방 상원에 상정된 「2013년 방사성폐기물관리법」의 개정법안[81]에는 위(그림 114. 참조)와 같은 흐름의 부지선정의 추진방안이 규정되어 있다.

3. 지역진흥대책

(1) 제도적 지원

「1982년 방사성폐기물정책법」에서는 입지지역에 대한 직접적 재정지원으로서 동법 제116조(c) 및 제170조에 의한 2개 제도가 신설되었다.

㈎ 주 등의 참가를 유지하는 재정지원(제116조(c))

「1982년 방사성폐기물정책법」 제116조(c)에 의한 특별재정조치에는 보조금 교부와 과세상당액(PETT)[82]의 보전이라는 2종류가 있다.

이러한 재정조치액은 매년 예산에 반영되며 방사성폐기물기금이 재원으로 된다. 또한 보조금은 해당지역인 네바다주와 관계되는 10개군에 아래와 같은 독자적 평가 및 활동을 실시할 수 있도록 교부된다.[83]

i) 처분장에 의한 경제적·사회적 영향, 대중의 건강·안전·환경에 대한 영향평가
ii) 부지특성조사활동의 감시 및 평가
iii) 해당지역 주민을 위한 정보제공 활동
iv) DOE에 대한 정보요구, 견해 및 제안의 표명 등

---

80) 日本經濟産業省, 諸外國における高レベル放射性廢棄物の處分について, 2017.2, 196면; 한국원자력환경공단, 국외 고준위방사성폐기물 처분현황, 2016.12, 137면.

81) 개정법안에서는 복수 부지후보에서 선정을 하는 경우, 예를 들면 중간저장시설과 처분장 등 복수시설의 입지를 희망하는 부지가 우선시된다.

82) 「과세상당액」이라 함은 처분장 개발활동은 연방정부가 진행하기 때문에 주의 과세대상은 되지 않는다는 점에서, 임의로 과세가 인정되는 경우로 가정한 세수상당액을 방사성폐기물기금(NWF)으로부터 주에 보전하는 제도이다.

83) 日本經濟産業省, 위의 보고서, 197면; 한국원자력환경공단, 위의 보고서, 137면.

(나) 처분장의 수용에 대한 급부(제170조)

유카산 부지에 대한 처분장 입지를 네바다주가 수용할 경우 주 및 지방자치단체 등은 그 보상으로 사용목적에 제한이 없는 특별자금을 받을 수 있다. 이와 같은 자금급부는 DOE와 주가 계약을 맺음으로써 결정되지만, 그 교섭에서는 관계된 지방자치단체 등과도 협의를 하게 되어 금액의 3분의 1 이상은 주로부터 지방자치단체 등에 분배하도록 결정되어 있다.

한편 이러한 계약을 체결한 후 주는 대통령이 연방의회에 대해 부지추천을 할 때에 반대할 수 없다. 「1982년 방사성폐기물정책법」에 규정된 급부금액은 아래와 같으며 계약 체결 후 처분장이 폐쇄될 때까지 매년 그리고 처분장이 운영을 개시할 때에는 일시금이 지급된다.

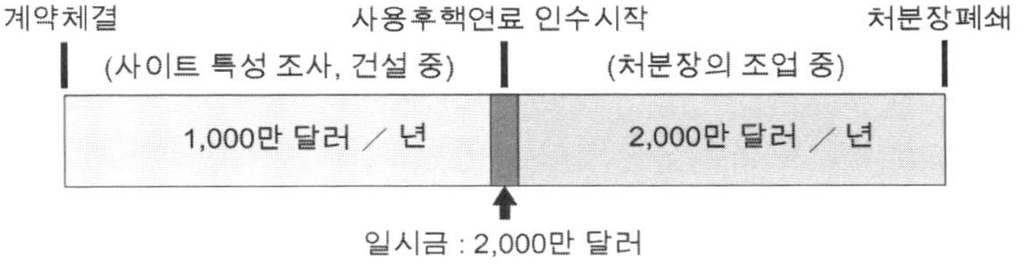

그림 115. 「1982년 방사성폐기물관리법」에 규정된 네바다주로의 급부액[84)]

이들 급부는 방사성폐기물기금(NWF)에서 지급된다. 이외에 「1982년 방사성폐기물정책법」에서는 연방정부의 연구프로젝트의 시설입지에 대하여 처분장 입지주의 제안이 있는 경우에는 특별한 고려를 하도록 규정되어 있다.

(2) 블루리본위원회의 권고

블루리본위원회의 최종보고서에 명시된 권고에는 동의에 의한 처분지 선정의 추진방법이 필요하며, 국가적 문제의 해결을 지원하는 주 및 지방자치단체 등에는 편익이 제공될 필요가 있다고 한다.[85)]

---

84) 日本經濟産業省, 諸外國における高レベル放射性廢棄物の處分について, 2017.2, 197면.

85) 구체적으로 지급금액은 현재 네바다 주의 금액을 대폭 상회하는 수준이 필요하며, 시행주체가 주 및 지방자치단체와 결정을 할 수 있도록 하고, 다른 연방프로젝트의 입지가 우선 행해지도록 법률을 개정함으로써 영향을 받는 주민 등은 실비보상을 받도록 권고되고 있다.

블루리본위원회의 권고를 수용하여 검토하고 있는 연방상원의 법안에서는 실시 주체, 입지주 및 지방자치단체 등의 사이에서 체결되는 협력협정 또는 입지동의 협정 중에서 금전보상, 인센티브 또는 경제개발의 원조에 대하여 결정하여야 한다고 규정되어 있다.

제 8 장 우리나라의 사용후핵연료 관리

Ⅰ. 서 론

우리나라의 원전운영은 지난 40년간 양적·질적으로 발전되어 왔으며 국가 산업·경제에 지대한 공헌을 하였다. 세상만사에는 무엇이든 좋은 점만 있다거나 나쁜 점만 있는 것은 없다.

원전이 전력을 공급하여 우리의 일상생활에 많은 편익을 주는 것이 밝은 빛이라면, 원전의 운영과정에서 발생되는 방사성폐기물은 어두운 그림자라 할 수 있다.

원전이 개발되는 초기단계에서는 원전의 밝은 측면이 세상의 주목을 받았지만, 미국의 TMI 사고 및 구 소련의 체르노빌 사고를 경험하면서 인류사회는 원자력의 거대한 잠재적 위험을 알게 되면서 원전에 대한 거부감이 지구적 차원으로 확대되었다.

그 여파가 우리사회에 미친 대표적 사례는 바로 중·저준위방사성폐기물처분장 부지의 선정을 둘러싼 사회적 갈등이었다. 이 문제는 20년의 우여곡절을 거치면서 마침내 경주에 처분장이 마련됨으로써 종지부를 찍었다.

그러나 우리사회가 해결해야 할 또 하나의 중요한 국가적 과제가 바로 고준위방사성폐기물(사용후핵연료)의 처리를 위한 부지선정의 문제이다. 원자력발전에 따라 발생하는 고준위방사성폐기물 관리문제는 국민의 안전과 미래 세대에 대한 부담을 완화하기 위해 해결해야 할 국가적 현안임에도 불구하고 지난 30년 이상 동안 해결하지 못하고 있다. 이 문제는 이미 2015년 「사용후핵연료 공론화위원회」가 권고형태로 관리방안을 제시한 바 있으나, 아직도 이 권고안이 사회적 합의를 이루지 못한 상태이며, 조만간 다시 공론화의 논의가 필요할 것으로 보인다.

사용후핵연료의 문제를 접근함에 있어 사회적 공론화를 잘 수행한 나라들이 있다. 이들 나라들은 기술적 적합성과 함께 사회적으로 수용할 수 있는 대안을 바탕으로 사회적 공감대를 이끌어냄으로써 사용후핵연료 관리정책을 결정하였다는 공통점이 있다. 이러한 외국의 성공적 사례가 우리나라에 시사하는 점은 폭넓은 의견수렴 절차를 거쳐 민주적 정당성을 확보해야 하며, 투명한 절차 및 공론화를 통해 도출된 대안이 실질적 정책대안으로 이어져야 할 것이다. 아울러 고준위 방사성폐기물 관리시설을 건설하기 위한 부지선정 절차와 부지선정기구 등 법제도의 정비도 시급히 요구되고 있다.

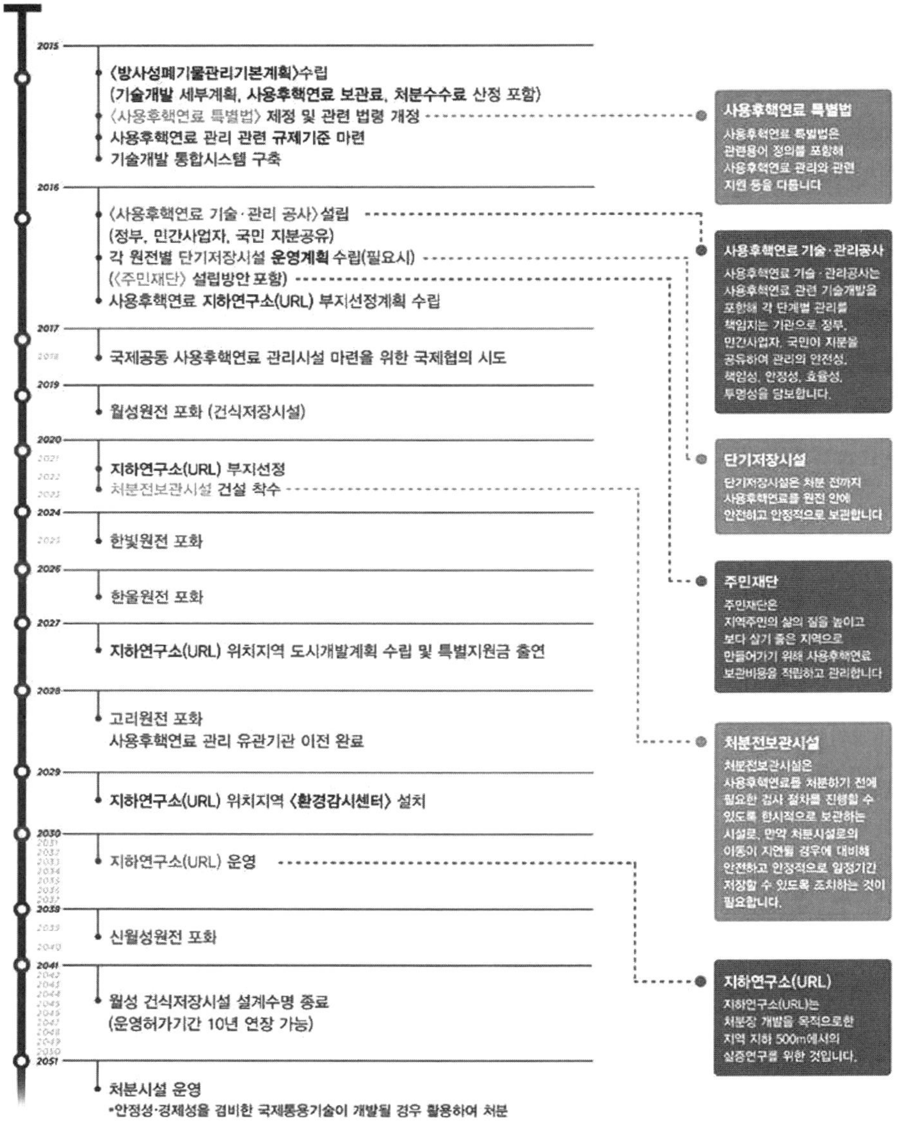

그림 116. 사용후핵연료 관리정책 수립 및 실행지도[1)]

1) 사용후핵연료공론화위원회, 사용후핵연료 관리에 대한 권고(안), 2015.6.11, 16면.

Ⅱ. 우리나라의 중·저준위방사성폐기물처분장 부지선정의 추진과 입법[2)]

1. 부지선정 추진과정

(1) 제1차 추진(울진·영덕·영일 : 1986년~1989년)

1978년 고리원전 1호기의 가동과 함께 방사성폐기물의 안전관리 문제가 대두되면서 정부는 1983년 방사성폐기물 관리사업 대책위원회를 설립하고 1984년 방사성폐기물 관리대책을 의결하였다.

1987년 한국에너지연구소(현 한국원자력연구원)는 부지환경 현황조사를 통해 경북 울진, 영덕, 영일 등 3개 지역을 후보부지로 선정하였으나, 3개 지역에서 부지조사를 실시하던 중 1989년 임시국회를 통해 방사성폐기물 처분장 건설계획이 일반에 알려지면서 지역에서 반대운동이 격렬하게 일어나 조사사업이 무산되었다.

(2) 제2차 추진(안면도 : 1990년~1991년)

1990년 9월, 고준위방사성폐기물 중간저장시설의 개념을 원자력 제2연구소로 변경하여 충남 태안군 안면도에 원자력 제2연구소를 설치하는 서해연구단지 개발계획을 원자력위원회에서 의결하였으나, 안면도 주민들의 극심한 반대운동이 전개되면서 1991년 6월 원자력위원회에서 이 계획은 공식적으로 철회되었다.

(3) 제3차 추진(부지공모를 통한 후보부지 도출 : 1991년~1993년)

정부는 서울대학교에 부지후보지 선정을 위한 용역을 의뢰하는 동시에 과학기술처와 한국원자력연구소가 전국을 대상으로 부지공모를 시행하였고, 자율신청을 한 44개 지역 중 7개 후보부지 지역을 최종 도출하였다.

그러나 이들 후보부지 중 안면도가 포함되어 있다는 사실이 알려지면서 안면도에서 또 다시 반대운동이 벌어졌고, 다른 후보부지였던 경북 영일군 청하면에서

---

2) 이 부분은 2016년 12월 국회 산업통상자원위원회 김병선 수석전문위원이 정부가 제출한 「고준위방사성폐기물 관리시설 부지선정절차 및 유치지역지원에 관한 법률안(의안번호 3236)」 및 신창현 의원이 대표 발의한 「고준위방사성폐기물 중간저장시설 부지선정에 관한 법률안(의안번호 3465)」의 검토보고서 11면~16면의 내용이다.

도 극심한 반대운동이 벌어지면서 결국 1993년 3월 정부는 계획을 철회하였다.

(4) 제4차 추진(방촉법 시행 : 1993년~1994년)

1994년 1월, 정부는 부지확보 사전 주민협의 절차 및 시설지역에 대한 지원 등의 내용을 담은 「방사성폐기물관리사업의 촉진 및 시설주변지역의 지원에 관한 법률(약칭 : 방촉법)」을 제정하였다.

한편 경남 양산군 장안읍의 일부 인사들은 "장안읍발전추진위원회"를 결성하여 유치운동을 실시하였고, 경북 울진군 기성면은 지역주민 57%의 유치찬성 서명을 받아 과학기술처에 방사성폐기물관리시설 유치신청서를 제출하였다.

이에 따라 정부는 이 두 지역에 유치하는 방안을 추진하였지만, 유치에 반대하는 지역 주민들의 강력한 반발에 부딪혀 정부는 공식적으로 계획을 철회하였다.

(5) 제5차 추진(굴업도 : 1994년~1995년)

1994년 11월, 정부는 국무총리를 위원장으로 하는 「방사성폐기물 관리사업 추진위원회」와 실무기구인 「방사성폐기물 관리사업기획단」을 신설하고, 10개 후보지역을 대상으로 심의한 끝에 서해지역 옹진군 덕적면 굴업도를 최종 대상지역으로 선정하였다.

그러나 굴업도를 방사성폐기물 관리시설지구로 지정·고시하고 한국원자력연구소가 부지특성조사를 진행하던 중 굴업도 인근 해저에 활성단층이 존재함이 확인됨에 따라 결국 1995년 12월에 굴업도에 대한 방사성폐기물 관리시설지구 지정이 해제되었다.

(6) 제6차 추진(자율유치 공모방식 도입 : 1997년~2001년)

1997년부터 사업주체가 한국원자력연구소에서 한국전력공사(이하 "한전"이라 한다)로 이관되었고, 정부와 한전은 2000년 6월부터 1년간 방사성폐기물관리시설 부지유치 공모를 실시하였다. 그 결과 영광, 강진, 진도, 고창, 보령, 완도, 울진 등 7개 지역이 유치청원을 하였지만, 이후 완도는 청원을 자진 철회하였고 나머지 지역들은 지방의회 및 지방자치단체장이 주민청원을 기각하면서 결국 자율유치는 이루어지지 않았다.

⑺ 제7차 추진(사업자 주도방식 전환 : 2001년~2003년)

2001년 한전이 6개 발전회사 및 전력거래소로 분리되면서 ㈜한국수력·원자력(이하 "한수원"이라 하다)이 방사성폐기물 관리사업을 승계하였다. 한수원은 전문기관의 용역을 거쳐 경북 울진, 경북 영덕, 전남 영광, 전북 고창 등 4개 지역을 최종 후보부지로 선정하였지만, 지역 주민들의 강한 반발로 계획을 철회하였다.

⑻ 제8차 추진(전북 부안군 단독 신청 : 2003년)

2003년 6월, 정부는 기존 4개 후보지역 이외의 지역이라도 부지조사를 완료하여 부지 적합성을 확인하고 2003년 7월 15일까지 유치신청을 할 경우 다른 4개 후보부지와 동일한 우선권을 인정하기로 했다.

그리고 전북 부안군 위도주민 10명이 주민 80% 이상의 서명을 받아 부안군의회에 유치를 청원했지만, 부안군의회는 이를 부결시켰다. 그럼에도 불구하고 부안군수와 부안군의회 의장은 부안군 위도면 치도리 일대에 방사성폐기물 관리시설을 유치하겠다는 유치신청서를 제출하였고, 「방사성폐기물 관리시설 부지선정위원회」는 7월 24일 부안군 위도를 최종후보지로 선정·발표하였다.

그러나 군의회의 부결에도 불구하고 군수의 단독 유치신청으로 방사성폐기물 관리시설 건설사업이 추진되자 대대적인 반대활동이 전개되었고, 「부안지역 현안 해결을 위한 공동협의회」가 발족되었지만 몇 차례 회의에서 이견을 좁히지 못한 채 협상이 사실상 중단되었다.

⑼ 제9차 추진(주민투표제 도입: 2004년)

2003년 12월, 정부는 부안군뿐만 아니라 다른 자치단체도 주민투표를 통해 관리시설 유치신청을 할 수 있도록 하는 보완방침을 발표하였고, 유치 공고 후 주민유치청원(5.31), 주민의견 수렴 및 예비신청(9.15), 주민투표 및 본신청(11.30), 심사 및 후보부지 선정(12.31)의 절차도 제시하였다. 이에 따라 울진·고창 등 7개 시, 10개 군 지역에서 유치청원을 신청했지만, 지방자치단체장들이 지역 내 갈등을 우려하여 모두 예비신청을 포기하면서 결국 무산되었다.

부안의 경우, 이미 지방자치단체장이 유치신청을 한 것으로 인정하고, 주민투표를 거쳐 유치의사가 가결되면 본 신청이 완료되는 것으로 간주하기로 하였으나, 「부안반대대책위원회」에서 2004년 위도를 제외한 36개 투표소에서 실시한 주민투표 결과 투표자 91.9%(투표율: 72.01%)가 유치를 반대하였다.

정부는 반대대책위가 일방적으로 실시한 주민투표는 인정할 수 없다는 입장을 밝혔지만, 그 후 부안에서 공식적인 주민투표는 실시되지 못하였다.

⑽ 중·저준위방사성폐기물 처분시설 건설(2004년~2015년)

2004년 12월, 원자력위원회는 중·저준위방사성폐기물 처분시설과 고준위방사성폐기물 처분시설을 분리하여 추진하기로 결정하였다. 당시 원자력발전소 안에 저장 중인 중·저준위방사성폐기물은 2008년 말부터 포화가 예상되어 처분시설 건설이 시급하였고 중·저준위방사성폐기물 처분장은 이미 여러 나라에서 수십년간 운영되고 있어 안전성이 어느 정도 입증되어 있었다.

반면, 고준위방사성폐기물은 상대적으로 포화시점에 여유가 있고 세계적으로 처분장을 운영하는 사례가 많지 않아 충분한 논의를 거쳐 추진할 필요가 있다는 점을 고려했기 때문이었다. 2005년 3월, 주민투표를 유치지역 선정의 필수절차로 규정하고 유치지역에 대한 각종 지원책을 담은 「중·저준위방사성폐기물 처분시설 유치지역 지원에 관한 특별법」이 제정되었다.

이에 따라 부지선정위원회가 구성되었고, 2005년 8월 경주, 군산, 영덕, 포항 등 4개 지방자치단체가 지방의회의 동의를 얻어 유치를 신청하였으며, 이 4개 지역에 대한 부지적합성조사를 수행한 결과 4개 지역 모두 부지안전성에 제척사유가 없는 것으로 확인되었다.

그리고 2005년 11월 4개 지역에서 실시된 주민투표 결과, 경주시가 89.5%의 가장 높은 찬성률로 최종 후보부지로 선정되었다. 그리고 2008년부터 공사를 시작하여 2014년 6월에 공사를 마무리하였으며, 같은 해 12월 사용승인을 받아 2015년부터 운영이 개시되었다. 이와 같이 중·저준위방사성폐기물 처분시설의 부지선정은 각종 우여곡절 끝에 실로 20여년의 세월이 소요되었다.

원전센터, 20년 더 잃을텐가?

우리나라에서 방사성폐기물의 처리·처분을 위한 원전센터의 부지선정문제가 거론된 지 20년 가까운 세월이 흘렀다.

이제는 우리 사회가 부지선정문제에 매듭을 짓고 원자력의 평화적 이용사에 새로운 이정표를 세울 법도 한데 이 문제를 둘러싼 사회적 합의는 여전히 예측하기 어려운 상황이라 그 모양세가 마치 망망대해를 표류하는 난파선을 바라보는 느낌이 든다.

지난 9월 15일로 마감된 지방자치단체의 원전센터 예비신청 결과 어느 지자체도 원전센터의 유치신청의사가 없음이 드러났다. 한편 이러한 예비신청절차의 마감 10여일 전 청와대 및 당·정관계자들이 참석한 비공개회의가 개최되었다.

여기에서 청와대와 「열린 우리당」은 우선 사회적 합의 없이 예비신청절차가 진행될 경우 더 큰 후유증이 예상되기 때문에 기존의 일정을 전면 중단하고 공론화를 위한 사회적 합의기구에서 논의하자는 중재안을 제시하였다.

당시 원전센터에 대한 중재안으로 「열린 우리당」이 제시한 안을 44개 단체로 구성된 "반핵국민행동"이 수용하였다. 그 후 반핵·환경단체들은 이러한 예비신청의 무산을 당연한 결과로 간주하고 부안지역에의 원전센터 유치계획을 백지화할 것을 정부에 요구하였고, 나아가 원전센터 부지선정문제의 공론화를 통하여 정부의 원자력정책에 대한 재검토를 촉구하였다.

지난 한 해, 부안의 원전센터를 비롯하여 경부고속철, NEIS 교육정보시스템, 북한산 순환도로 등 모든 국책사업의 결정은 지연되고 실천은 미뤄졌다. 지금 우리 눈앞에 세계는 요동치고, 동북아는 격변하고 있는데 우리는 원전센터 하나의 문제를 놓고 20년의 세월을 잃고 있다.

이러한 속도의 비경제로는 우리가 일본을 따라잡는다는 것은 헛된 망상에 불과하며, 원스톱 체제로 속도의 경제를 구가하며 우리를 압박하기 시작한 13억 인구의 중국을 쳐다볼 엄두조차 내기 힘들다.

우리가 원전센터를 둘러싸고 흘려보낸 지난 허송세월을 "뼈아픈 20년", "상실의 20년", "혼란의 20년"이라 한탄하며 더욱 다급해질 수밖에 없는 것도 꼭 원자력 자체만의 문제가 아니라 바로 이러한 이유 때문이다.

정부는 그동안 중·저준위방사성폐기물의 영구처분을 위한 원전센터에 사용후핵연료의 중간저장시설도 함께 건설하려했던 것이 원전센터에 대한 주민수용성을 어렵게 만든 주요 원인의 하나로 판단하여 사용후핵연료의 중간저장시설의 건설은 공론화 과정을 거쳐 별도로 추진하는 방안에 대한 의견을 수렴중인 것 같다.

프랑스, 영국은 물론 핵알레르기가 유독 강한 이웃나라 일본의 경우를 보더라도 외국의 원전수거물사업은 중·저준위의 경우 위험성이 거의 없어 사회적 공론화과정 없이 추진된 점을 고려할 때 우리의 공론화과정은 다소 특이한 일면이 있다.

한편 사용후핵연료와 중·저준위저장시설을 동일부지에 건설하는 것이 비록 기술적으로 문제가 없더라도 현재로서는 국민여론을 반영하는 것이 중요한 것인 만큼 경제성 여부를 떠나 정부는 향후 투명한 공론화과정을 거쳐 분리건설에 대한 국민의 이해를 얻도록 노력해야 할 것이다.
원전센터의 문제는 우리사회의 총체적 성격과 역량을 가늠하는 일종의 리트머스 시험지이다. 주민의 수용성이라는 용액에 담겨진 리트머스 시험지가 음성반응이 나올 경우, 우리는 결국 "잃어버린 20년"에 이어 "잃어버릴 20년"이라는 또 하나 상실의 벽돌을 쌓을지도 모른다.
이제 우리의 시민의식도 세상의 변화에 걸맞도록 성장되어야 하다. "자리하는 곳마다 주인의 자세로 살피고 행동하다"는 수처작주(隨處作主)의 마음가짐으로 우리 모두 주인으로 돌아가 살펴야 할 시급한 과제의 하나는 "지역이기주의"와 "카더라"라는 군중심리에 휩쓸려 20년을 떠돈 원전센터의 문제이다.
작지만 부강한 나라를 향한 우리의 꿈은 중대한 갈림길에 놓여 있다. 지금은 결단하고 행동할 때며 우리는 잃어버린 20년을 되찾아야 하다.

표 45. 조선일보 기고기사[3)]

2. 「중·저준위방사성폐기물 처분시설 유치지역 지원에 관한 특별법」의 제정

(1) 법률의 제정

이 법률은 2005년 3월 31일 법률 제7444호로 제정되었고, 이제까지 11차례 개정되었다. 최근의 개정은 2017년 7월 26일 법률 제14839호[4)]로 개정되었다.

(2) 제정사유

이 법은 원자력발전 또는 질병의 진단·치료 등 원자력의 이용과정에서 발생하는 중·저준위방사성폐기물을 안전하고 효율적으로 처리하기 위한 시설의 건설이 시급하나, 중·저준위방사성폐기물 처리시설을 유치하는 지역에 대한 제도적인 지원체계가 미흡한 실정이므로 특별법을 제정하여 중·저준위방사성폐기물 처분시설을 설치하는 지역을 관할하는 시·군 또는 자치구에 대한 지원체계를 마련하고 지원내용을 규정함으로써 중·저준위방사성폐기물 처분시설의 원활한 건설 및 운영을 도모하고 유치지역의 발전과 주민의 생활향상에 기여하려는 것이었다.

3) 이 기사는 필자(함철훈)가 가톨릭대학교 법학부에 재직 중이었던 2004년 12월 21일 기고한 내용이다.
4) 최근 개정 법률은 부록 3(425면~430면)을 참조할 것.

(3) 주요내용

이 법 제정 당시의 주요내용은 다음과 같다.[5)]

(가) 유치지역 지원체계 구축(법 제3조 내지 제5조)

i) 중·저준위방사성폐기물 처분시설을 유치하는 지역을 효과적으로 지원하기 위한 정부차원의 추진체계가 미흡한 문제점이 있어 국무총리를 위원장으로, 관계중앙행정기관의 장 및 지방자치단체의 장 등을 위원으로 하는 유치지역지원위원회를 설치하여 유치지역지원에 관한 사항을 심의하도록 하고, 유치지역지원계획의 수립과 유치지역지원시행계획을 통하여 이를 시행하도록 하는 것이다.

ii) 유치지역지원위원회의 설치 등을 통하여 중·저준위방사성폐기물 처분시설의 유치지역에 대한 정부의 지원체계가 마련됨으로써 중·저준위방사성폐기물 처분시설의 설치 및 운영이 원활하게 이루어질 것으로 기대된다.

(나) 유치지역의 선정절차(법 제7조)

i) 중·저준위방사성폐기물 처분시설의 유치지역 선정과 관련하여 지역주민의 의견수렴 절차 등을 명시하여 선정절차의 민주성과 투명성을 제고하려는 것이다.

ii) 산업자원부장관은 주민투표를 거쳐 유치지역을 선정하되, 유치지역 선정계획, 부지조사 결과, 선정과정 등을 공개적이고 투명하게 진행하고, 유치지역의 선정과 관련하여 해당지역 주민을 대상으로 한 설명회 또는 토론회를 실시하도록 한다.

(다) 유치지역지원사업특별회계의 설치(법 제9조)

i) 중·저준위방사성폐기물 처분시설의 유치지역에 대한 지원사업을 효과적으로 수행하기 위하여 중·저준위방사성폐기물 처분시설을 유치하는 지방자치단체가 직접 지원사업을 수행할 수 있도록 하는 제도가 필요하다.

ii) 중·저준위방사성폐기물 처분시설을 유치하는 지방자치단체에 원자력발전

---

5) 이 부분은 법제처 국가법령정보센터의 연혁법령의 제정 및 개정이유를 참고한 것이다.

사업자가 부담하는 지원금 등을 재원으로 하는 유치지역지원사업특별회계를 설치하여 당해 지방자치단체로 하여금 중·저준위방사성폐기물 처분시설의 유치지역에 대한 지원사업을 수행하도록 한다.

iii) 유치지역지원사업특별회계가 설치됨에 따라 중·저준위방사성폐기물 처분시설의 유치지역에 대한 지원금 등이 지역사정에 맞게 사용되고 지역주민에게 실질적인 혜택이 갈 수 있을 것으로 기대된다.

㈑ 유치지역 개발 촉진을 위한 특례(법 제11조 내지 제14조)

유치지역의 개발을 촉진하고, 중·저준위방사성폐기물 처분시설의 유치지역 및 지역주민이 유치지역 내에서 시행되는 지원사업의 효과를 최대한 향유할 수 있도록 하기 위하여 중·저준위방사성폐기물 처분시설의 유치지역에 대하여 국·공유재산의 대부, 국고보조금의 보조율, 공사 입찰자격 및 지역주민의 우선고용 등에 대한 특례를 규정한다.

Ⅲ. 사용후핵연료 공론화위원회의 정책 권고

1. 공론화위원회의 개요

(1) 설치의 법적 근거

공론화위원회는 산업통상자원부 장관이 사용후핵연료 관리 기본계획을 수립하는 과정에서 「방사성폐기물관리법」[6] 제6조의2[7]에 따라 설치한 민간자문기구이다.

6) 이 법률의 전체 내용은 이 책 부록 1(411면~419면)을 참고할 것.

7) 제6조의2(공론화 등) ① 산업통상자원부장관은 기본계획 수립과정에서 사용후핵연료 관리 등 사회적 갈등이 예상되는 사항에 대하여 이해관계인·일반시민 또는 전문가 등으로부터 광범위한 의견수렴 절차(이하 이 조에서 "공론화"라 하다)를 거칠 수 있다.
② 산업통상자원부장관은 공론화를 위하여 한시적으로 운영되는 공론화위원회(이하 이 조에서 "위원회"라 하다)를 설치할 수 있다. 이 경우 위원회의 기능 및 활동기한은 산업통상자원부장관이 정하다.
③ 위원회는 위원장 1명을 포함한 15명 이내의 위원으로 구성하다.
④ 위원회의 위원은 사용후핵연료 관리 및 사회소통에 관한 학식과 경험이 있는 사람 중에서 산업통상자원부장관이 위촉하고, 위원장은 위원 중에서 호선하다.

(2) 설치목적

공론화위원회는 정부로부터 독립적인 위치에서 사용후핵연료 관리에 대한 일반 시민, 이해관계인 또는 전문가 등으로부터 광범위한 의견을 수렴하는 공론화를 주관하고 공론화 결과를 정부에 권고하는 것이다.

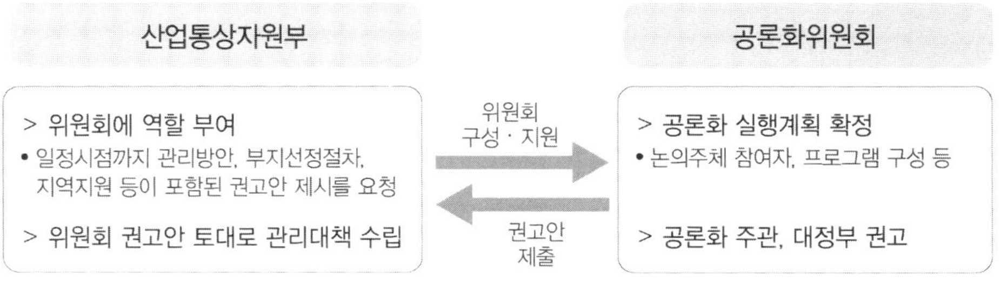

그림 117. 정부와 공론화위원회의 역할 분담[8)]

(3) 위원회의 구성 및 주요기능

위원회는 위원장 1명을 포함하여 인문·사회과학계, 기술공학계, 원전지역, 시민환경단체 등 분야별로 전문성 및 대표성 있는 인물 12명으로 균형 있게 구성되며 주요기능은 다음과 같다.

i) 공론화 기본원칙 및 주요의제 설정

ii) 공론화 실행계획 수립

iii) 이해관계자 및 전문가들의 의견수렴을 위한 프로그램 운영

iv) 공론화 관련 대국민 정보 제공 및 홍보

v) 대정부 권고보고서 작성 및 제출

---

⑤ 위원회는 활동기한이 종료되는 경우 의결을 거쳐 산업통상자원부장관 및 「원자력 진흥법」 제3조의 원자력진흥위원회에 권고안을 제출할 수 있다. 이 경우 산업통상자원부장관 및 원자력위원회는 권고안을 최대한 존중하여야 하다.

⑥ 산업통상자원부장관은 위원회 활동에 필요한 행정적·재정적 지원을 할 수 있다.

⑦ 그 밖에 위원회의 운영 등에 관하여 필요한 사항은 위원회의 의결로 정하다.

8) 앞의 주 2)를 참조할 것.

2. 공론화위원회의 정책 권고사항

사용후핵연료 공론화위원회는 국가의 현실을 직시하고 검증된 기술로 사용후핵연료의 위험으로부터 국민을 안전하게 보호할 수 있는 구체적인 관리방안과 지속가능한 정책이 절실하게 필요하다고 판단했다. 그 과정에서 신뢰할 수 있는 국제통용기술이 완성될 경우 국민의 공감을 토대로 활용하는 것이 바람직하다.

공론화위원회는 원전 지역의 자율성을 강화하여 안전과 동시에 형평성의 가치를 실현하고 사용후핵연료 관리정책의 준비부터 실행 후 지속가능성까지 담보하는데 기반이 될 것으로 판단하여 다음과 같은 사항을 권고하였다.

(1) 국민의 안전

사용후핵연료 관리정책의 최우선 원칙은 국민의 안전이다. 사용후핵연료는 국가의 책임 하에 안전하고 효과적으로 관리되어야 하다. 선택한 관리기술이 관련 전문가들로부터 입증된 것이어야 하며, 기술적용의 결과가 미래세대에게 과도한 부담을 주지 않아야 한다. 사용후핵연료 관리정책의 최우선 원칙이 국민의 안전이라는 것은 누구나 공감할 수 있고, 실천해야 하는 과제임이 틀림없다.

방사성폐기물을 안전하고 효율적으로 관리하는 데에 필요한 사항을 규정함으로써 방사성폐기물로 인한 위해를 방지하고 공공의 안전과 환경보전에 이바지하기 위해 「방사성폐기물관리법」이 제정되었다. 동법 제4조 제1호에서 국가는 미래세대에 부담을 주지 아니하는 방법으로 방사성폐기물 관리가 안전하고 효율적으로 이루어지도록 필요한 조치를 마련해야 한다고 규정하고 있다.

사용후핵연료 공론화위원회에서 2015년 3월 29일 국민을 대상[9]으로 한 공론조사 결과에 따르면, '사용후핵연료 관리정책의 최우선 원칙은 국민의 안전이다'라는 것에 대해 국민의 96%가 동의하였다. 2015년 1월 1일부터 15일까지 실시한 대국민설문조사에서도 국민의 81.5%가 안전성을 사용후핵연료 관리방안 마련을 위해 검토해야 하는 중요한 기준이라는 데에 동의하였다.

---

9) 원전소재지역 특별위원회는 사용후핵연료 종합관리방안의 조속한 수립을 경주지역을 포함한 원전 소재지역의 종합의견 중 하나로 위원회에 제출하였다. 원전소재지역 특별위원회는 2014년 12월부터 6개월간 지역별로 사용후핵연료 관리방안에 대한 의견을 수렴하고 2015년 6월 5일 사용후핵연료 공론화위원회에 관련 보고서를 제출하였다.

따라서 사용후핵연료 관리정책의 최우선 원칙이 국민의 안전이라는 것에 대해서는 충분한 공감을 넘어 당위성이 부여되었다는 것이 확인되었다. 사용후핵연료는 관리에만 최소한 수천 년 내지 수만 년의 기간이 필요하다.

미국, 프랑스, 핀란드, 스웨덴, 독일, 일본 등 원전을 운영하고 있는 모든 국가에서 사용후핵연료의 관리책임은 국가에 있다. 국가가 사용후핵연료의 관리책임을 부담하는 것은 당연하다. 국가는 이를 위해 「방사성폐기물관리법」 제6조에 의한 「방사성폐기물 관리기본계획」을 조속히 수립하여야 한다.

사용후핵연료 관리는 현 시점에서 검증된 기술[10)]을 중심으로 단계별로 이루어져야 한다. 기술은 본질적으로 불확실성을 갖고 있다. "검증된 기술"이라 함은 해당 분야 전문가들이 완결성을 인정한 것으로 정의할 수 있다.

사용후핵연료의 중·장기 관리에는 기술개발의 가능성을 충분히 고려함이 필요하지만 기술의 적용이나 기술개발에 있어서 사용후핵연료의 발생에 전혀 관여하지 않은 미래세대에게 과도한 부담을 주어서는 안 된다.[11)]

(2) 안정적 저장시설 마련

현재 우리나라에는 고리, 영광, 울진, 월성 지역에서 24기의 원전이 운영되고 있다. 월성의 중수로 4기(월성 1, 2, 3, 4호기)를 제외한 20기(고리 2, 3, 4호기, 신고리 1, 2, 3호기, 한빛 1, 2, 3, 4, 5, 6호기, 한울 1, 2, 3, 4, 5, 6호기, 신월성 1, 2호기)는 경수로이며, 신고리 4호기는 가동을 앞두고 있다.

2014년 말 현재 경수로에서 전력을 생산하고 나온 사용후핵연료는 6,397톤(15,449다발)이다. 각 원전 별로 보면, 고리 2,153톤(5,329다발), 한빛 2,258톤(5,413다발), 한울 1,959톤(4,653다발), 신월성 27톤(64다발)이다.

중수로의 경우 2014년 말 현재, 월성 원전에 7,414톤(391,872다발)의 사용후핵연료가 보관되어 있다. 한편, 제2차 에너지기본계획[12)]을 근거로 2015년부터

---

10) 원전소재지역 특별위원회에서 위원회에 제출한 지역의견 수렴 보고서(2015. 6. 5.)에 따르면, 기장지역에서는 정부가 기술적으로 가장 안전한 사용후핵연료 관리방안을 우선 제시할 것을 요청하고 있다.

11) 공론화위원회에서 실시한 공론조사(2015년 3월 28일~29일) 결과에 따르면, 88.4%가 사용후핵연료 관리정책이 미래세대에게 과도한 부담을 주지 않아야 한다는 데 동의한 것으로 나타났다.

12) 원전소재지역특별위원회에서 공론화위원회에 제출한 지역의견 수렴보고서(2015. 6. 5)에 따르면, 기장지역에서는 정부가 기술적으로 가장 안전한 사용후핵연료 관리방안을 우선 제시할

2035년까지의 사용후핵연료 발생량을 예상하면, 경수로에서 11,774톤(28,190다발), 중수로에서 5,244톤(277,440다발)이다. 이는 원전 24기를 기준으로 계속운전(설계수명 이후 연장운전) 없이 운전할 경우를 고려한 내용이다.[13)]

본부		현저장량 (2014년 말)		누적발생량 (2014년 말까지)		2015~2035년 (예상발생량)	
		다 발	톤	다 발	톤	다 발	톤
고리	1호기	288	100	1,194	429	207	77
	2호기	688	265	1,293	503	430	169
	3호기	1,922	797	1,326	569	559	236
	4호기	1,875	776	1,327	573	604	255
	신고리 1	357	134	129	54	1,044	436
	신고리 2	192	78	60	25	1,044	436
	신고리 3	–	–	–	–	1,450	606
	신고리 4	–	–	–	–	1,381	577
	신고리 5	–	–	–	–	1,035	433
	신고리 6	–	–	–	–	966	404
	신고리 7	–	–	–	–	897	375
	신고리 8	–	–	–	–	828	346
	소 계	5,322	2,150	5,329	2,153	10,445	4,350
한빛	1호기	1,518	645	1,290	549	604	255
	2호기	1,011	435	1,239	530	648	273
	3호기	862	352	862	352	1,121	469
	4호기	877	358	877	358	1,171	489
	5호기	574	235	574	235	1,044	436
	6호기	571	234	571	234	1,044	436
	소 계	5,413	2,259	5,413	2,258	5,632	2,358
한울	1호기	866	380	1,130	491	693	292
	2호기	886	387	1,151	498	738	311
	3호기	998	410	770	314	1,044	436

것을 요청하고 있다.

13) 사용후핵연료 공론화위원회의 최종권고, 2015.6.29, 25면.

	4호기	933	384	633	259	1,044	436
	5호기	515	211	515	211	1,044	436
	6호기	454	186	454	186	1,044	436
	신한울 1	-	-	-	-	1,312	548
	신한울 2	-	-	-	-	1,243	520
	신한울 3	-	-	-	-	966	404
	신한울 4	-	-	-	-	897	375
	소 계	4,652	1,958	4,653	1,959	10,025	4,194
월성	신월성 1	64	27	64	27	1,044	436
	신월성 2	-	-	-	-	1,044	436
	소 계	64	27	64	27	2,088	872
경수로 합계		15,451	6,394	15,459	6,397	28,190	11,774
월성	1호기	25,668	484	136,128	2,574	47,760	903
	2호기	32,352	611	88,692	1,680	69,360	1,311
	3호기	37,840	715	86,440	1,635	74,760	1,413
	4호기	36,812	696	80,612	1,525	85,560	1,617
	건 식	259,200	4,908	N/A	N/A	N/A	N/A
중수로 합계		391,872	7,414	391,872	7,414	277,440	5,244

※ 가정 : 34기 기준으로 설계수명만 고려. 계속운전 없음(다만, 고리 1, 월성 1은 10년 연장)

표 46. 각 원전별 사용후핵연료 발생량 및 예상발생량저장[14)]

2015년 6월 현재 경수로에서 발생된 사용후핵연료는 각 원자력발전소 안에 있는 임시저장시설(수조)에 보관 중이다. 임시저장시설의 용량을 고려할 때, 고리원전은 2016년, 한빛은 2019년, 한울은 2021년, (신)월성은 2022년부터 포화될 것으로 예상되었다.

그러나 같은 부지 안에서 여유 있는 임시저장시설로 옮겨 보관하는 호기 간 이동이나 조밀저장대의 내부설치를 통해 고리는 2028년, 한빛은 2024년, 한울은 2026년, 신월성은 2038년까지 포화예상시점을 미뤄둔 상태이다. 가동 예정인 신고리 3, 4호기(울주)는 이르면 2036년 포화될 것으로 보인다.[15)]

14) 사용후핵연료 공론화위원회의 최종권고, 2015.6.29, 27면.

15) 중수로의 경우는 경수로와 조금 다른 상황이다. 중수로는 경수로에 비해 1기당 한 해에 발생하는 사용후핵연료의 톤수는 세 배가 넘으며 다발수로 보면 70배 수준이다. 발전소 격납건물

월성 원전의 경우 6년 이상 임시저장수조에서 열을 식힌 사용후핵연료를 원전 안에 설치된 건식저장시설에 옮겨 저장하고 있다. 월성 원전 내 설치된 건식저장시설은 두 종류이다.

원통형 사일로의 경우는 1990년 4월 60기, 1997년 8월 80기, 2002년 8월 60기, 2006년 6월 100기가 설치되었으며 2010년 4월 이미 포화된 상태이다. 일반 건물처럼 생긴 맥스터는 모듈형으로 2010년 2월 설치되었는데, 2019년이면 포화에 이를 것으로 예상된다.

콘크리트로 만들어진 사일로와 맥스터의 설계수명은 50년이며, 인허가 갱신범위 평가, 열화분석, 연료의 회수가능성 등을 검토해 안전성 분석결과를 만족할 경우 운영허가기간의 연장은 가능한 것으로 알려졌다.[16)]

본 부		저장용량	현 저장량	예상포화년도	
				조밀저장대 설치 전	조밀저장대 설치 후
고리	고리 1호기	441	288	2016	2028
	고리 2호기	799	688		
	고리 3호기	2,103	1,922		
	고리 4호기	2,105	1,875		
	신고리 1호기	523	357		
	신고리 2호기	523	192		
	소 계	6,494	5,322	저장용량의 82.0% 저장 중	
한빛	한빛 1호기	2,105	1,518	2019	2024
	한빛 2호기	2,100	1,011		
	한빛 3호기	1,125	862		
	한빛 4호기	1,125	877		
	한빛 5호기	1,281	574		
	한빛 6호기	1,281	571		
	소 계	9,017	5,413	저장용량의 60.0% 저장 중	
한울	한울 1호기	957	866	2021	2026
	한울 2호기	905	886		

안에 있는 임시저장수조의 보관용량을 넘어선지 20여년이 지났다.

16) 사용후핵연료 공론화위원회의 최종권고, 2015.6.29, 27면~28면 참조.

	한울 3호기	1,321	998		
	한울 4호기	1,321	933		
	한울 5호기	1,281	515		
	한울 6호기	1,281	454		
	소 계	7,066	4,652	저장용량의 65.8% 저장 중	
월성	신월성 1호기	523	64		
	신월성 2호기	523	-		
	소 계	1,046	64	저장용량의 6.1% 저장 중	
경수로 합계		**23,623**	**15,541**	**전체 저장용량의 65.4% 저장 중**	
본 부		저장용량	현저장량	예상포화년도	
월성	월성 1호기	42,408	25,668	2019	2019
	월성 1호기	42,408	32,352		
	월성 1호기	42,408	37,840		
	월성 1호기	42,408	36,812		
	건식저장시설	330,000	259,200		
중수로 합계		**499,634**	**391,872**	**전체 저장용량의 78.4% 저장 중**	

※ 저장용량은 비상노심분 제외한 것임.
※ 고리본부의 신고리 1, 2호기는 조밀저장대 추가설치와 신고리 3, 4호기 준공을 고려한 예상치임.
※ 한빛본부는 한빛 2호기의 경우 조밀저장대의 교체 설치는 2015년 말 완료 예정임.
※ 한울본부는 신한울 1, 2호기 준공을 고려한 예상치임.
※ 월성본부는 신월성 1, 2호기 조밀저장대 추가설치를 고려한 예상치임.
※ 중수로의 경우 습식 조밀저장대의 설치는 없으며, 관계시설로서의 건식저장시설을 설치한 상태임.

표 47. 각 원전별 사용후핵연료 저장과 조밀저장대 설치 현황

사용후핵연료를 부지 내에서 운반한다는 것은 경수로 원전에서 호기 간에 옮기는 과정과 중수로 원전에서 격납건물 안의 임시저장수조로부터 격납건물 바깥의 건식저장시설로 옮기는 것을 말하다. 사업자는 호기 간 이동하기 전에 「원자력안전법」 및 관련 법령[17]에 따라 운반신고와 검사신청서를 제출한다.

---

17) 「원자력안전법」 제71조, 시행령 제108조, 시행규칙 제103조(운반신고), 원자력안전법 제75조, 시행령 제111조, 시행규칙 제106조(포장·운반검사), 「원자력시설등의 방호 및 방사능방재대책법」 제12조(검사), 시행령 제18조(검사) 및 시행규칙 제7조(최초검사의 신청), 「원자력안전위원회 고시」 제2013-27호(방사성물질등의 포장 및 운반에 관한 규정), 「원자력안전위

다만, 일정기간 동일한 운반행위가 반복되는 운반신고 사안에 대해서는 규정에 따라 최초 현장검사를 실시한 후 서면검사로 수행할 수 있다. 사업자가 관련 절차에 따라 운반용기에 사용후핵연료를 넣고 헬륨누설시험, 방사선량률 측정, 관련자 교육 및 운반용기 반출 등을 마치면 운반 관련 기술기준에 만족하는지 검사[18]한 후 운반한다.

중수로의 경우는 임시저장수조에서 바스켓에 사용후핵연료 60다발을 넣고 차폐작업장에서 바스켓 내부를 건조한 후 용접한다. 건조 후 용접을 마친 바스켓 2개를 운반용기(HI-STAR 63) 안에 넣고 뚜껑을 닫고, 밀봉상태를 확인한 후 건식저장시설에 배치하는 것으로 절차는 마무리된다. 건식상태로 운반되는 중수로의 경우 1회 운반하는데 하루가 소요되며 1년에 90회 정도 반복된다.

사용후핵연료의 부지 내 이동의 횟수 제한을 명시한 관련법 및 규정과 국제규정[19]은 없으나 미국 원자력규제위원회의 규제지침[20]에서 연료피복재(fuel cladding)의 건전성을 고려하여 운반·저장횟수(thermal cycle 횟수)를 10회 이내로 제한하는 것이 좋다고 명시하고 있다. 운반·저장 횟수가 누적되면 연료의 건전성에 영향을 미친다는 관련 문헌들도 있다.

월성 4호기 임시저장수조에서 사용후핵연료를 바스켓에 넣는 중 연료봉 2개가 연료다발[21]에서 떨어지는 상황이 2015년 5월 발생하였다. 2009년 3월에는 월성 1호기의 사용후핵연료를 임시저장수조로 옮기던 중 운반설비의 고장으로 연료봉이 핵연료방출실[22] 바닥에 떨어져 작업자가 들어가 수거한 후 임시저장수조로 옮기기도 하였다.

공론화위원회는 운반과정에서 불가피하게 수반되는 사용후핵연료의 온도변화와 40cm 간격에서 24cm 간격으로 좁혀 임시저장수조에서 보관하는 과정에서 사용

원회 고시」 제2013-34호(방사성물질 운반용기의 제작 및 사용검사에 관한 규정)

18) 주요 검사항목은 방사선량률, 표면오염도, 방사선비상대응장비, 차량비상장비, 표시 및 표지, 관계자교육, 운반책임자의 적합성 등

19) IAEA Safety Standard Series No.SSR-6(방사성물질 안전운반규정), US 10 CFR Part 71(방사성물질 운반 및 운반용기), IMO IMDG Code(국제해상위험물 운송규칙), IAEA/IMO INF Code(조사핵연료 해상운반규칙)

20) USNRC ISG(Interim Staff Guidance)-11 "Cladding Consideration for the Transportation and Storage of Spent Fuel"

21) 연료다발은 37개의 연료봉으로 구성되어 있으며, 바스켓은 연료다발 60개를 넣을 수 있다.

22) 격납건물 안에 있는 공간으로 원자로에서 꺼낸 핵연료를 임시저장수조로 옮기는 지역을 말한다.

후핵연료의 건전성과 안전성에 어떤 변화가 있는지 확인하기 위해 원자력안전위원회에 검증을 요청하였다.[23)]

원자력안전위원회는 사용후핵연료 임시저장수조의 안전성과 사용후핵연료의 건전성 확인을 위해 「원자력안전법」에 따라 원전 내 사용후핵연료저장조의 냉각기능 유지 등 안전성, 사용후핵연료의 상태 등 건전성 유지 여부 등에 대해 정기검사 때마다 검사하고 있음을 밝혀왔다.[24)]

또한 사용후핵연료의 호기 간 이동이나 조밀저장대 설치를 하고자 하는 경우 원자력안전법령에 따라 철저한 심사 및 검사를 거쳐 허가하고 있다고 설명했다. 사용후핵연료의 호기 간 이동에 대한 지난 3년 간의 운반검사 결과 규정에 따른 기술기준을 만족하였으며 규정을 위반한 사례는 없었던 것으로 알려졌다.[25)]

(3) 지하연구소의 부지 선정 및 실증연구

정부는 2051년까지 처분시설을 건설·운영하여야 한다. 이를 위해 처분시설 부지 또는 부지조건과 유사한 지역에 지하연구소(URL : Underground Research Laboratory)의 부지를 2020년까지 선정하고, 건설과정에 착수하여 2030년부터는 실증연구를 시작하는 것이 바람직하다.

「원자력안전법 시행령」 제2조 제9호에 따르면 "영구처분"이라 함은 방사성폐기물을 회수할 의도 없이 인간의 생활권으로부터 영구히 격리하는 것을 말한다. 세계적으로 큰 틀에서 구분하는 사용후핵연료 관리의 경로는 두 가지이다. 하나는 직접처분 방식으로 사용후핵연료를 추가적으로 사용하지 않고 폐기하는 것이다. 이는 원전에서 발생한 사용후핵연료를 자연으로 돌려보내는 것을 목적으로 하며 이를 위해서는 처분시설이 필요하다.[26)]

---

23) 사용후핵연료 공론화위원회가 원자력안전위원회에 「사용후핵연료 저장시설 및 사용후핵연료 건전성 검증 요청공문」(2014. 12. 15)과 「사용후핵연료 저장시설 안전성 및 건선성 검증 관련 추가 답변 요청공문」(2015. 1. 12) 시행

24) 원자력안전위원회가 사용후핵연료 공론화위원회에 「사용후핵연료 저장시설 및 사용후핵연료 건전성 관련공문」(2015. 1. 5), 「사용후핵연료 저장시설 안전성 및 사용후핵연료 건전성 검증관련 자료 제출공문」(2015. 1. 30) 시행

25) 원전소재지역 특별위원회가 위원회에 제출한 보고서에 따르면, 기장지역과 울주지역에서 호기 간 이송 및 조밀랙에 대한 안전성에 대해 우려하고 있는 것으로 나타났다. 울진지역에서도 사용후핵연료의 안전성과 정보공개에 대한 요청이 있는 것으로 알려졌다(2015. 6. 5).

26) 캔 소렌슨(미국 샌디아국립연구소, 차세대핵연료주기기술분야 책임자) 인터뷰, "영구하고 안

또 하나는 사용후핵연료에서 에너지를 갖고 있는 성분들을 추출해 재사용하는 방식이다. 이를 위해서는 재처리와 전용시설이 필요하다. 재처리 과정을 거치면 장수명 폐기물의 양은 감소될 수 있으나 그 과정에서 불가피하게 고준위방사성폐기물[27)]이 배출되기 때문에 처분시설은 역시 필요하다. 또한 연구용 원자로에서 배출되는 연료나 원전해체[28)] 과정에서 발생하는 고준위방사성폐기물도 있으므로 처분시설은 없어서는 안 될 시설이다.

스웨덴과 핀란드는 40년간 중간저장 기간을 거친 후 심지층 처분하기로 결정하였다. 독일의 경우는 2011년에 단계적으로 원전을 폐쇄하기로 결정하였다. 프랑스는 사용후핵연료를 재처리하여 MOX 연료로 만들어 경수로에서 재활용하고 있으며, 재처리 후 나온 최종 부산물을 포함한 고준위방사성폐기물을 처분하기 위한 심지층 영구처분시설을 준비하고 있다.[29)]

미국은 현재까지 나온 사용후핵연료를 중앙집중화된 중간저장 단계를 거쳐 추가적인 처리 없이 처분하기로 결정하였다. 그러나 첨단연료주기와 원자로에 대한 연구를 지속하면서 향후 사용후핵연료 관리의 대안으로서 재처리도 배제하지는 않는 것으로 알려졌다.[30)]

월성 원전의 중수로에서 나온 사용후핵연료는 경제성 측면과 관련 기술[31)]을 고려할 때 재활용 가능성이 매우 낮다. 중수로의 사용후핵연료는 핵비확산 측면

전한 사용후핵연료의 처분은 가능하다."〈중앙일보 2014. 4. 22. 유지혜 기자〉

27) 원자력안전법 시행령 제2조 제1항에 따르면 "고준위방사성폐기물"이란 방사성폐기물 중 그 방사능 농도 및 열발생률이 원자력안전위원회가 정하는 값(방사능농도 기준값은 반감기 20년 이상의 알파선을 방출하는 핵종으로 4,000Bq/g이고, 열발생률 기준값은 2,000W/m 위험자) 이상인 방사성폐기물을 말한다.

28) 원자력안전법 제2조 제24호에 따르면, "해체"란 동법 제20조 제1항에 따라 허가를 받은 자, 제30조의2 제1항에 따라 허가를 받은 자, 제35조 제1항 및 제2항에 따라 허가 또는 지정을 받은 자가 이 법에 따라 허가 또는 지정을 받은 시설의 운영을 영구적으로 정지한 후, 해당 시설과 부지를 철거하거나 방사성오염을 제거함으로써 이 법의 적용대상에서 배제하기 위한 모든 활동을 말한다.

29) EASAC(European Academies Science Advisory Council), "Management of spent nuclear fuel and its waste", 2014.

30) DOE(U.S. Department of Energy),"Strategy for the Management and Disposal of Used Nuclear Fuel and High-Level Radioactive Waste, 2013.

31) 현재 대한민국에서 재활용 기술로서 개발 중인 파이로 프로세싱은 경수로 사용후핵연료를 대상으로 한 것으로 개발이 완료된다 하더라도 중수로의 사용후핵연료 재활용에는 큰 영향을 줄 수 없다.

에서도 제약이 따를 수 있다. 중수로 사용후핵연료를 보관하고 있는 저장시설 중 설계수명이 2041년에 종료되는 것이 있다.[32)]

운영허가 기간을 절차에 따라 10년 연장하더라도 2051년이면 보관 중인 사용후핵연료를 처분시설로 옮겨야 하는 상황이며, 경수로에서 나온 사용후핵연료는 중수로에 비해 열과 독성이 강한 특성을 갖고 있으므로 처분방식의 차별화가 필요하다.

그러나 두 경우 모두 심지층 처분을 기본으로 하고 있으므로 중수로 사용후핵연료의 처분시점을 고려하여 동일 부지에서 관리하는 것이 효과적이다. 따라서 2051년 전까지 처분시설을 건설하고 2051년부터는 운영에 들어가는 것이 바람직하다.

2051년부터 처분시설을 운영하기 위해서 반드시 거쳐야 할 단계 중 하나는 지하연구소(URL)[33)]에서의 처분과 관련한 실증연구[34)]이다. 지하연구소(URL)에서는 처분개념 개발, 처분시스템 최적화, 부지선정 및 부지특성조사, 시설설계, 건설, 폐기물 반입 및 처분장 운영, 폐쇄에 이르는 전 과정이 이루어질 수 있다.

지하연구소(URL)는 실제 처분장과 유사한 조건에서 사용후핵연료를 여러 가지 방벽으로 안전하게 처분할 수 있는 지에 대해 장기간에 걸쳐 입증하고, 실제 처분장을 건설하는데 필요한 인허가 데이터를 축적하기 위해 반드시 필요하다.

해외사례[35)]를 고려할 때 처분시설을 마련하기 전에 처분시설은 운영될 부지 혹은 동일한 조건을 갖춘 부지에 지하연구소(URL)[36)]를 건설하고 처분과 관련한 실증연구를 하는 것은 반드시 필요하다. 대한민국은 2006년 말부터 지하연구터널(KURT : KAERI Underground Research Tunnel)을 운영하면서 처분기술의 안

---

32) 한국수력원자력(주)이 1990년 9월 원자력안전기술원에 제출한 안전성분석보고서(Safety Analysis Report)에 의하면, 캐니스터의 설계수명이 50년을 충족하고 있는 것으로 확인되었다.

33) 지하연구소(URL)는 지하암반의 폐기물 격리·지연 특성, 공학적 폐기물 격납성능, 다중방벽 처분시스템의 예비안전성 평가, 처분장 건설 및 운영기술 등에 대해 과학에 기반하여 종합적으로 실증하는 시설이다.

34) 핀란드 POSIVA 자문위원 유하니 비라는 “우리는 이미 30년 전부터 사용후핵연료를 포함한 방사성폐기물 연구사업을 추진해 왔다. 특히 온칼로 처분연구시설에서는 지질조사와 부지 적합성을 검증하고 실제 조건에서 실증시험을 거쳐 영구처분 안전성을 확보했다.”라고 하였다.

35) 사용후핵연료 공론화위원회의 최종권고, 2015.6.29, 33면~39면 참조.

36) Site-specific URL은 처분장 개발을 목적으로 한 지역에 위치한 지하연구소(URL)이다. 처분장으로 사용하지 않을 지역에 건설하는 지하연구소(URL)는 Generic URL이라 한다.

전성능에 대한 실험적 검증연구에 착수했다.[37)]

지하연구터널(KURT)은 2012년 8월 국제원자력기구(IAEA) URF(Underground Research Facilities)[38)] 네트워크의 파트너시설로 승인되고, 해외 기관들과의 협력연구도 진행 중이지만 실제 처분시설 운영을 위해서는 처분장 유사환경인 심도 500m 내외의 독자적 지하연구소 구축이 필요하다. 우리나라 지질조건과 규제기준을 반영한 고유 다중방벽 처분시스템을 개발하고 그 안전성과 성능을 실증할 수 있는 지하연구소가 절실하게 요구된다.

처분시설을 운영하기 최소 15년 이전까지 공학적 방벽의 개념과 성능, 처분요소기술에 대한 실증을 마무리하고 건설 인허가 준비를 시작해야 한다. 또한 이러한 실증시설을 국민들이 체험하고 이성적, 감성적으로 받아들일 수 있는 시간을 감안한다면 2030년부터는 지하연구소(URL)를 운영하는 것이 바람직하다.

이를 위해서는 2020년까지 지하연구소(URL) 부지를 선정하고 인·허가를 포함한 건설과정에 착수하는 것이 필요하다. 물론 이 전에 부지선정과 관련한 규제기준을 마련해야 하는 것은 주지의 사실이다. 이에 대한 구체적인 실행계획은 별도의 절차를 거쳐 수립하는 것이 바람직하다.

(4) 환경감시센터(가칭)의 설치

사용후핵연료 처분시설과 지하연구소(URL)가 들어서는 지역에 주민이 참여하는 「환경감시센터(가칭)」를 설치하여야 한다. 삶의 질을 높이고 안정적 경제기반을 구축하기 위해 지역에 비용을 지불하는 것이 바람직하다.[39)]

---

37) 하지만 지하 450m 이상의 실제 처분 깊이와 동일한 해외 지하연구소(URL)와 달리 지하연구터널(KURT)은 지하 120m(초기 90m에서 확장)에 불과하며, 사용후핵연료가 아닌 파이로 프로세싱 이후 나오는 폐기물 처분에 초점을 둔 연구인 것으로 알려졌다.

38) IAEA URF Network는 회원국 간 고준위폐기물 처분정책과 기술 정보를 공유하고, 안전하고 지속가능한 심지층 처분기술을 개발하기 위해 2001년 발족되었다. 지하처분연구시설(URF)을 운영 중인 11개국을 포함해 전 세계 34개 회원국이 참여하고 있고, 오스트리아 IAEA 본부와 회원국에서 번갈아 연차회의를 개최하고 있다.

39) 그 이유는 첫째, 사용후핵연료 연구 및 관리기관을 포함한 유관기관을 지역에 두고 일자리 창출과 지역경제 활성화에 이바지할 수 있으며, 둘째, 사용후핵연료 처분수수료를 지자체에 납부하여 지방재정 자립도를 높이고, 셋째, 자연을 최대한 보존하고 여건을 고려한 도시개발계획을 수립할 수 있기 때문이다. 다만, 초기비용은 특별지원금으로 부담하는 것이 바람직하다.

기술적·공학적 안전은 기본이다. 이와는 다른 차원에서 지역주민이 위험을 감시할 수 있도록 하는 것은 안전신뢰 측면에서 매우 중요하다. 따라서 사용후핵연료 처분시설이 위치한 지역에 지역주민과 전문가들이 직접 참여하는 환경감시센터(가칭)를 설립해 운영하는 것이 바람직하다.

대한민국은 중·저준위방사성폐기물 처분시설 부지를 선정하면서 이 시설을 유치한 지역에 대한 지원체계를 마련하여 유치지역의 발전 및 주민의 생활 향상에 이바지하기 위해 「중·저준위방사성폐기물 처분시설의 유치지역지원에 관한 특별법」을 제정하였다. 동법과 「발전소 주변지역 지원에 관한 법률」에 근거하여 특별지원금 3천억원과 중·저준위방사성폐기물 반입수수료, 한국수력원자력(주) 본사 이전 등을 통해 유치지역을 지원하였다.

다양한 사례를 통해 세금 등의 형태로 해당 지자체에 납부하는 방식이 지역의 경제개발과 지역주민의 지원 체감에 기대만큼 긍정적이지 않다는 것을 확인하였다. 보다 현실적으로 지역의 경제활동에 긍정적인 영향을 미치고, 지역주민의 삶의 질을 높일 수 있는 지원방식이 필요하다.[40)]

지역경제에 가장 큰 영향을 미치는 것은 안정적인 일자리 창출이라고 할 수 있다. 또한 적정 수준의 인구유입은 지역경제의 활성화를 이끌 수 있다. 뿐만 아니라 외부에서 들어온 사람들이 지역문화에 적응하고 지역주민과 시간과 공간을 공유할 수 있도록 하는 것이 중요하다. 주어진 여건과 공감대를 바탕으로 할 때, 처분시설과 지하연구소(URL)가 위치하는 지역에 세 가지 형태로 비용을 지불하는 것이 바람직하다.

첫째, 사용후핵연료 관리기관과 연구기관을 포함한 유관기간을 해당지역에 유치함으로써 일자리를 창출하고 지자체의 세수를 확보하는 것이 필요하다. 이러한 지원방식을 통해 지역주민의 삶의 질을 현실적으로 높이고, 지역경제를 활성화할 수 있을 것으로 보인다.

둘째, 사용후핵연료를 처분하는 양에 따라 처분비용을 납부하는 것이다. 중·저준위방사성폐기물처분에 대해서는 이미 「중·저준위방사성폐기물 처분시설의 유

40) 원전소재지역 특별위원회 보고서에 따르면, 울주지역에서는 지원금의 형태가 아닌 실제 지역발전에 도움이 되고 위험성에 대비할 수 있는 지원방법이 필요하다는 의견을 제시했으며, 울진지역에서도 체감할 수 있는 합리적 보상안을 요구했다. 경주지역에서도 지원제도의 개선을 요청했다(2015. 6. 5).

치지역 지원에 관한 특별법 시행령」 제31조에 근거하여 실행 중인 방식이다. 이러한 방식을 사용후핵연료에 적용하여 처분되는 사용후핵연료 양에 대해 처분수수료를 책정하고, 이를 해당 지자체에 납부하여 지역주민의 삶의 질 향상과 경제 활성화에 사용할 수 있도록 제도화하는 것이 반드시 필요하다.

셋째, 지역이 갖고 있는 천혜의 자연을 최대한 보존하면서 주어진 문화적·사회적 여건을 고려하여 해당 지역의 특성을 극대화할 수 있는 도시개발 계획을 수립하고 창의적인 도시로 개발하는 것이 중요하다. 계획 수립 과정에서 지자체와 긴밀하게 협의하여 최선의 방안을 찾아야 할 것이다. 이 계획은 처분시설이 운영되기 전에 수립하고, 계획 실행 초기에 들어가는 매몰비용은 정부가 특별지원금으로 부담하는 것이 바람직하다.

외국의 경우 유치지역에 대한 지원 사례는 매우 다양하게 이루어지고 있다.[41] 중요한 것은 처분시설과 지하연구소(URL)가 위치하는 지역에 적절한 형태의 비용을 지불해야 한다는 것이다. 어떤 형태의 비용을 어떻게 지불할 것인가의 문제는 여건과 문화에 따라 다를 수 있다.

(5) 선정된 지하연구소(URL) 부지에 처분 전 보관시설의 건설

우리나라는 늦어도 2051년부터 처분을 시작해야 하며, 현재 임시저장 중인 사용후핵연료를 저장용량이 초과되거나 운영허가 기간이 끝나기 전에 안정적인 저장시설로 옮겨야 한다.[42]

원전소재지역 특별위원회 보고서에 따르면, 경주지역은 월성원전에 건식저장된 사용후핵연료를 2016년까지 반출해야 하며 그렇지 못할 경우 정부가 이유를 밝히고 로드맵을 제시해야 한다고 요청했다. 울진지역도 사용후핵연료 임시저장의 장기화는 부당하며 이에 대한 정부의 입장 표명이 필요하다는 의견을 제시했다.

새로운 저장시설을 어떠한 방식으로 어디에 둘 것인가의 문제는 기술적 차원의 심도 있는 연구가 해결의 출발점이기 때문에 원자력전문가들의 중심인 원자력학회에 의견을 요청[43]하여 주요현안에 대한 의견서(2014. 10)를 받았다.[44]

---

41) 사용후핵연료 공론화위원회의 최종권고, 2015.6.29, 46면~54면 참조.

42) 따라서 고리의 경우 2029년부터 22년 동안, 한빛의 경우 2025년부터 26년 동안, 월성의 경우 2020년부터 31년 동안, 울진의 경우 2027년부터 24년 동안 처분 이전까지 보관할 수 있는 안정적인 저장시설이 필요하다.

43) 위원회는 원자력학회에 '사용후핵연료 공론화 주요 현안에 대한 의견 요청'을 2014년 5월 13

한편, 용량 포화에 대처하기 위해 발전소 내에 중간저장시설을 설치하는 것은 현 법과 제도 안에서는 불가능하다는 의견이 제시되었다. 하지만 이는 기술적인 문제가 아니라 법적인 측면에서 사용후핵연료를 누가 관리하는가의 문제였다.[45)]

현재 31개국에서 438기의 원전을 운영하고 있다. 이 중 원자로 격납건물 안에 위치한 임시저장수조를 제외하고 사용후핵연료 저장시설을 갖고 있는 나라는 26개국이며, 대한민국을 포함해 파키스탄, 브라질, 멕시코, 네델란드 등 5개국은 저장시설을 갖고 있지 못하다.

사용후핵연료를 어떻게 어디에 저장할 것인가의 문제를 논의하기 위해서는 지질, 재료, 원자력, 경제사회, 법 등 관련 분야의 전문적인 검토가 필요하다고 판단했기 때문에 공론화위원회는 전문가 검토그룹을 구성하고 이에 대해 심층적이고 통합적인 검토를 실시하였다.

새로운 저장시설을 원전 안에 설치할 경우 기존 시설의 일부로 인정되어 별도의 부지요건이 고려될 필요없이 원전부지의 확장 개념이 적용될 수 있는데 비해, 별도의 독립부지에 건설할 경우에는 관련규정[46)]에 따라 인문사회 및 경제적 조건, 자연환경조건, 운반조건, 토지이용의 부지조건 등을 고려한 부지 적합성 등의 평가가 선행되어야 한다.

일 공식적으로 하였다. 이는 사용후핵연료와 관련하여 원자력전문가들의 전문적 식견을 토대로 한 기술적 검토가 사용후핵연료 관리와 그 논의의 전제인 “기술적, 공학적 전문성”을 확인할 수 있는 출발점이라고 판단한데 근거한다.

44) 원자력학회는 “사용후핵연료는 저장방식과 과정, 임시저장과 중간저장”에 상관없이 연료건전성을 유지하는 한 장기보관이 가능하다”고 제시하였다. 여기서 “장기”의 기간이 구체적으로 몇 년을 의미하는지 설명되지 않았다. 의견서에 따르면 현재 원전 안에 있는 임시저장수조는 물리적 공간 확장을 할 수 없는 것으로 확인되었으나 건식저장시설의 확장은 가능한 것으로 제시되었다.

45) 원자력안전법 시행령 제2조 제10호에 따르면, 사용후핵연료 중간저장이란 원자로의 연료로 사용된 핵연료물질이나 그 밖의 방법으로 핵분열시킨 핵연료물질을 발생자로부터 인수하여 처리 또는 영구처분하기 전까지 일정기간 안전하게 저장하는 것을 말하기 때문이다.

46) 현행법에 근거하여 볼 때, 이 시설은 사용후핵연료 중간저장시설과 가장 유사하다고 할 수 있다. 따라서 원자력안전위원회고시 제2014-52호 사용후핵연료 중간저장시설의 위치에 관한 기술기준, 원자력안전위원회고시 제2014-58호, 사용후핵연료 중간저장시설부지특성보고서 작성지침, 원자력안전위원회고시 제2014-59호, 사용후핵연료 인도규정 등이 적용되어야 할 것으로 보인다.

물론, 기존의 원전부지 내에 저장시설을 추가 설치할 경우 기존의 원전부지가 확장되는 개념이므로 평가 결과에 따라 제한구역경계(Exclusion Area Boundary : EAB)[47]가 변경될 수 있다. 따라서 추가로 부지 확보가 필요할 수도 있다.

또한 기존의 원전부지 내에 제한된 여유공간을 고려해야 하기 때문에 단단한 매질의 암반 기초를 확보할 수 없을 경우에는 지진에 의한 지반-구조물 상호작용(Soil-Structure Interaction : SSI)에 따른 부지 영향평가가 심도 있게 수행되는 것이 바람직하다.

원전 부지 밖에 부지가 확보되고 새로운 저장시설이 마련되어도 현재의 운반, 저장 기술의 확보 및 적용가능성 문제를 짚어 보아야 한다. 원전 내에서 이루어지고 있는 운반은 육상운반의 체계 및 인허가 확보 등으로 기술적 완성과 경험을 갖고 있으나, 새로운 저장시설이 원전 밖에 설치될 경우는 해상운반이 필요하므로 해상운반 관련 기술과 체계를 확보해야 한다.

중요한 것은 현재의 사용후핵연료를 그대로 둘 수 없다는 사실이다. 또한 국민의 안전 최우선 원칙에 따라 운반을 최소화하는 것이 바람직하다. 우리의 지질환경과 사회적 여건을 감안할 때 국토 곳곳에 사용후핵연료 관리시설을 둘 수는 없는 것이 현실이다. 따라서 처분시설이 운영되기 전이라도 2020년에 선정한 지하연구소(URL) 부지에 처분 전 보관시설을 건설하여 사용후핵연료를 옮겨 보관하는 것이 필요하다.[48]

---

47) 원자력안전법 제2조 제7호에 의하면 제한구역이란 방사선관리구역 및 보전구역의 주변구역으로서 그 구역 경계에서의 피폭방사선량이 위원회가 정하는 값을 초과할 우려가 있는 장소를 말한다. 즉 외부의 방사선량률, 공기중 방사성물질의 농도 또는 방사성물질에 의하여 오염된 물질의 표면 오염도가 일정한 값을 초과할 우려가 있는 곳을 의미한다. 제한구역의 설정 방법은 (1) 대상사고 선정, (2) 방사선원항 분석, (3) 방사성물질 방출유형 결정, (4) 부지기상자료 분석 및 대기확산인자 계산, (5) 피폭선량 계산의 단계로 설정한다.

48) 원전소재지역 특별위원회 보고서에서는 지역의 종합의견으로 원전소재지역을 제외한 적합한 지역에 영구처분장과 중간저장부지를 확보할 것을 제시했다. 기장지역에서는 어떠한 형태의 사용후핵연료 시설도 기장군 내에 설치하는 것을 반대한다고 했으며, 경주지역도 경주시가 사용후핵연료 중간저장시설이나 영구처분장의 대상지역이 아니라는 것을 명시했다. 울진지역에서는 울진군에서는 사용후핵연료 관리방안 논의가 불가하다는 의견을 제시했고, 울주지역에서는 중간저장시설을 발전소 내와 주변지역에 건설하는 것을 반대하며, 기장지역의 사용후핵연료가 울주군으로 이동하는 것에 대해서도 반대하는 것으로 나타났다(2015. 6. 5).

(6) 사용후핵연료 보관비용의 지불

만약 사용후핵연료를 처분 전 보관 또는 처분하기 전까지 원전 안에 단기저장 시설을 설치하고 보관하기 위해서는 해당 지역에 사용후핵연료 보관비용을 지불해야 한다.

영국의 교통부는 고속도로계획의 공식적인 비용편익분석(Cost-Benefit Analysis)에 포함되는 환경영향의 범위를 확장하기 위해 조건부가치측정법(Contingent Valuation Method : CVM)[49)]과 컨조인트분석법(Conjoint Analysis Method : CAM)[50)]을 정식기법으로 채택하였다.

또한 미국의 NOAA(National Oceanic and Atmospheric Administration)에서도 컨조인트분석법(CAM)을 공공의 지불의사금액(Willingness To Pay : WTP)을 측정하고 자연자원 피해를 평가하는데 유용한 기법으로 채택한 바 있다. 우리의 경우도 이러한 방법을 활용하여 보다 합리적인 비용을 산출하는 것이 필요할 것으로 보인다.

전문가검토그룹에서 제출한 사용후핵연료 관리방안에 관한 이슈 및 검토의견서에서도 사용후핵연료 추가 저장시설의 건설에 대한 사용후핵연료세 도입에 대해 필요성이 제기된 바 있다.

하지만 현재 발전소주변지역 지원에 관한 법률에 따른 지역지원[51)]과, 지방세법 개정을 통해 도입된 지역자원시설세 납부, 사업자가 자체예산을 편성하여 실시하고 있는 사업자지원사업 등과의 문제를 조정할 필요가 있다는 것이 제안되었다. 특히 지역자원시설세와의 이중과세 등의 문제가 지적되었다.

사용후핵연료 보관비용은 외부효과의 내부화에 대한 시각 차이에 근거한 것으로 여건과 실효성을 감안할 때 부담금 형태의 부과가 조세보다 적절할 것으로 보인다. 중요한 것은 세금이냐 부담금이냐의 문제가 아니라 사용후핵연료 보관에

---

49) 조건부가치측정법(CVM)은 사람들이 비시장재에 부여하고 있는 가치를 직접적으로 이끌어내는 방법이다. 특별히 고안된 설문지는 비시장재의 변화에 대한 가상적인 상황을 설정하고 여러 조건들을 달아 사람들을 가상적인 상황에 결합시키는데 이런 조건 하에서 응답자들은 비시장재의 가상적인 변화에 대해서 어느 정도 지불의사(WTP)가 있는지를 답변하는 것이다.

50) 컨조인트분석법(CAM)은 응답자들에게 가상적 상황을 제시하고 예산제약 하에서 자신의 효용을 극대화할 수 있는 선택을 통해 재화의 다양한 속성들에 대한 가치를 측정하는 방법론이다.

51) 전기사업법 제48조에 따르면, 전력산업의 지속적인 발전과 전력산업의 기반조성에 필요한 재원을 확보하기 위해 전력산업기반기금을 조성해야 한다. 전력산업기반기금은 전기요금의 3.7%를 부과하여 조성하며, 이를 재원으로 기금지원사업이 시행되고 있다.

대한 추가 지불을 수용할 수 있다는 인식의 공유라 하겠다. 사용후핵연료 보관비용은 매년 보관량에 따라 지불하되, 처분시설 혹은 원전 밖의 특정 시설로 이전하기 전까지 지속하는 것을 원칙으로 한다.

그 용도와 목적을 명확히 하는 것도 중요하다. 사용후핵연료 보관비용은 지역주민의 삶의 질을 높임으로써 보다 살기 좋은 지역으로 만들어가는 데 온전히 사용될 수 있도록 제도적 장치를 마련하는 것이 필요하다.[52)]

이를 위해 "주민재단(가칭)"을 지역에 설립하여 투명하고 효과적으로 비용을 적립하고 관리하는 것이 바람직하다. 초기 재단설립에 필요한 비용과 최소한의 운영기금은 「사용후핵연료 관리부담금」[53)]에서 지불하는 것을 원칙으로 한다.

(7) 기술개발 통합시스템 개발

사용후핵연료의 저장, 운반, 처분 및 독성과 부피를 줄이기 위한 기술개발의 우선순위를 정하고, 단계별 세부계획을 수립하여 실행해야 한다. 이를 위해서는 규제기준을 제시하는 것이 무엇보다 시급하다. 또한 다양한 전문가들이 사회적 책무를 갖고 기술개발을 주도할 수 있도록 제도적 장치를 마련하여 통합적 시스템을 운영해야 한다.

대한민국에서 원자력 관련 연구개발이 시작된 이래 2014년 말 연구개발에 투입된 총 비용은 4조 5,060억 200만원이다. 이 중 8,760억 2,600만원은 산업통상자원부에서, 3조 6,299억 7,600만원은 미래창조과학부에서 예산을 집행하였다.

산업통상자원부에서 집행한 예산의 재원은 전력산업기반기금과 방사성폐기물관리기금이다. 미래창조과학부에서 집행한 예산은 일반회계와 원자력연구개발기

---

52) 원전소재지역 특별위원회 보고서에 따르면, 울주지역에서는 원전지원금이 원칙에 맞게 사용될 수 있도록 기준을 명확히 하고, 투명하고 목적에 부합하도록 사용해야 한다는 의견을 제시했다. 울진지역에서도 주민들이 체감할 수 있는 합리적 보상안과 주민 간 갈등을 최소화하는 지원책 마련이 절실하다는 것을 명시했다. 경주지역에서도 목적에 부합하는 지원제도로 개선할 것을 요청했으며, 울주지역에서도 명확한 기준에 근거한 투명한 지원금 사용의 필요성을 지적한 것으로 나타났다(2015. 6. 5).

53) 방사성폐기물 관리법 제15조(사용후핵연료관리부담금) ① 산업통상자원부장관은 방사성폐기물 관리사업 중 사용후핵연료의 관리에 관한 사업을 원활하게 수행하기 위하여 원자력발전사업자에게 사용후핵연료의 종류·발생량, 단위발생량당 소요비용 등 대통령령으로 정하는 기준에 따라 산정된 사용후핵연료관리부담금을 부과·징수한다. 이 법에 근거하여 현재 사용후핵연료 관리부담금은 경수로는 319,814천원/다발, 중수로는 13,202천원/다발이다.

금[54]을 재원으로 한다. 전력산업기반기금[55]은 전기사업법 제48조와 제49조에 근거하여 원자력 관련 연구개발에 집행되며, 방사성폐기물관리기금[56]은 「방사성폐기물관리법」 제28조, 제29조, 제30조에 근거하여 집행되고 있다.

원자력연구개발기금은 원자력진흥법 제17조, 제18조, 제19조에 의해 집행되고 있다. 현재까지 집행된 원자력 관련 연구개발 예산 중 사용후핵연료 관련 연구개발에 투자된 예산은 3,770억 6,100만원으로 전체 투입 예산의 8.4%에 해당한다. 전체 집행예산 중 66.5%인 2,508억 9,500만원이 사용후핵연료의 재활용 기술개발에 투자된 것으로 알려졌다.

운반관련 기술개발에 대한 투자는 224억 2,500만원으로 6.0%, 저장관련 기술개발에 143억 9,700만원으로 3.8%, 처분 관련기술개발에 투자된 비용은 893억 4,400만원으로 23.7%에 불과하다. 이중 재활용 분야의 연구개발은 미래창조과학부에서, 사용후핵연료의 운반, 저장, 처분 분야는 산업통상자원부가 예산을 집행하고 있는 것으로 확인되었다.[57]

현재 대한민국은 기술적, 정치 외교적 여건을 고려할 때 사용후핵연료 관리 방안으로서 재처리를 선택하는 것은 불가능하다. 2011년부터 한미 핵연료주기 공동연구를 통해 파이로 프로세싱이라는 사용후핵연료의 재활용 기술을 개발하고 있다.

이 기술은 일반적인 재처리기술보다 핵비확산성이 상대적으로 높은 것으로 인정되지만, 국제적으로 핵비확산성을 인정받기에는 아직 갖추어야 할 요건이 더 있는 것으로 알려졌다.[58]

---

54) 원자력진흥법에 의해 규정된 원자력연구개발기금은 2015년 5월 29일 국회를 통과한 개정안에 따라 "원자력기금"으로 명칭이 변경되었다. 기금 내 계정은 안전규제계정과 연구개발계정으로 분리되었다.

55) 전기사업법 시행령 제34조에 따르면, 기금은 안전관리를 위한 사업, 전기의 보편적 공급을 위한 사업, 전력산업기반조성사업 및 전력산업기반조성사업에 대한 기획·관리 및 평가, 전력산업 분야 전문인력의 양성 및 관리, 전력산업 분야의 시험·평가 및 검사시설의 구축, 전력산업의 해외진출 지원사업, 전력산업 분야 개발기술의 사업화 지원사업 등에 사용될 수 있다.

56) 방사성폐기물관리법 제30조에 따르면, 기금은 방사성폐기물 관리사업, 기금의 조성과 그 관리·운용에 필요한 경비, 그 밖에 방사성폐기물 관리를 위하여 대통령령으로 정하는 사업에 필요한 지원 등에 사용될 수 있다. 기금의 재원 중 용도를 명시하여 조성되는 금액은 별도의 계정으로 구분하여 회계 처리해야 하며, 다만 특정 계정의 재원이 일시적으로 부족한 경우에는 대통령령으로 정하는 바에 따라 다른 계정의 여유 재원을 전입해 사용할 수 있다.

57) 사용후핵연료 공론화위원회의 최종권고, 2015.6.29, 58면~63면 참조할 것.

58) 프랭크 히펠(프린스턴 대 명예교수) 박사는 사용후핵연료 공론화위원회 주최 해외전문가 포럼(2014. 7. 3)에서 "6개의 미국 국립연구소 연구결과에서 파이로 프로세싱이 기존 습식 재처

2015년 4월 가 서명된 한미원자력협력협정[59]에 근거할 때, 장기동의를 통해 우리나라의 허용된 시설에서 사용후핵연료 조사 후 시험과 전해환원 등이 가능해졌다. 이는 연구활동에 국한되는 것으로, 실질적으로 사용후핵연료를 재활용하거나 방사성 독성이나 부피를 줄이는데 까지는 상당시간이 소요될 것으로 보인다.

또한 독성과 부피를 감소시킴으로써 처분시설의 면적을 줄일 수 있다는 것에 대한 여러 가지 시각이 있다는 사실도 간과해서는 안 될 것으로 보인다.[60] 재처리를 할 경우 가장 독성이 강한 플루토늄이 연료로 재활용되므로 새로운 연료로 만들고 난 최종 부산물인 고준위방사성폐기물의 독성이 줄어든다. 최종 부산물은 유리화를 통해 부피를 줄일 수 있다.[61]

하지만 남아 있는 고준위방사성폐기물의 경우 발열량은 사용후핵연료와 비교할 때 크게 줄어들지 않는 것으로 알려졌다. 처분 과정에서 면적은 발열량과 밀접한 관계가 있기 때문에 재처리를 하고 나면 처분의 대상인 고준위방사성폐기물의 부피 자체는 줄지만 실제 필요한 면적은 크게 달라지지 않는다는 지적[62]도 있다.

다시 말하면 연구활동이 가능해졌다고 해도 현 시점에서 우리에게 주어진 사용후핵연료의 현안을 풀어가는 데 이 기술이 직접적으로 영향을 미치기는 어려울 것으로 판단된다. 실제로 재활용 기술의 방점을 고준위방사성폐기물의 부피와 독

리에 비해 핵확산 저항성이 약간만 진전되었으며, 파이로 프로세싱과 고속로를 통한 핵종변환은 큰 효과가 없는 것으로 보고되었다"고 설명했다.

59) 박노벽 전 원자력협력대사는 제90차 과실연 오픈포럼 기조강연(2015. 5. 14)에서 '현존·미래 시설내 조사 후 시험, 현존 시설 내 전해환원 등 연구활동 허용(장기동의), 미래에 우리가 추진할 가능성이 있는 파이로 활동에 대해서는, 한미 핵연료주기 공동연구(2011 - 2020) 결과를 바탕으로 한미 양국 간 고위급위원회 협의를 통해 합의하여 추진해 나갈 수 있는 메카니즘을 마련, 해외(영국, 프랑스 등) 위탁재처리 허용, 사용후핵연료의 저장수송 · 처분 분야에서 한미간 기술협력 확대·강화를 위한 토대 마련' 등을 주요 성과로 제시하였다.

60) Management of spent nuclear fuel its waste, EASAC policy report no. 23(2014. 7)에서는 개방형 주기(직접처분)와 비교할 때 폐쇄형 주기(재처리)는 '처분 공간 감소에 큰 효과가 없을 것으로 예상된다. 재활용된 사용후핵연료 역시 처분해야 하기 때문이다. 플루토늄과 우라늄을 완전히 재활용할 경우 고준위방사성폐기물 처분을 위해 필요한 처분장 크기가 40% 감소한다.'고 설명하고 있다.

61) 프랑스 AREVA 해외수주 담당, 카롤린 주르댕은 "재처리를 통해 사용후핵연료의 부피와 독성을 줄일 수 있어 결과적으로 최종처분하는 폐기물의 양도 줄일 수 있다고 믿는다."라고 대한민국 산업부 출입기자단을 대상으로 발표했다(2014. 8. 27). 〈서울신문 2014. 9. 4. 유영규 기자〉

62) 프랭크 히펠(프린스턴 대 명예교수) 박사 인터뷰 "재처리가 방사성폐기물 관리 차원에서는 큰 도움이 안 된다."〈문화일보 2014. 7. 4. 노기섭 기자〉

성 줄이기 혹은 사용후핵연료의 재활용 둘 중 어디에 두든 아니면 이 두 가지 목표를 모두 지향하든 국민으로부터 지지를 받아야 가능한 일이다.

실험실 차원에서만 이루어지는 것이 아니라 대한민국의 어느 지역인가 부지를 선정하고 그곳에 실증시설을 짓고 과정을 거친 후 운영해야 하기 때문이다. 이는 위험을 줄이기 위해 새로운 위험을 감수해야 한다는 것[63]을 의미하기 때문에 전문가들뿐만 아니라 국민들의 이해와 동의가 필요하다.

2051년부터 처분시설을 운영하기 위해서는 처분기술은 물론 운반과 저장기술도 세계수준으로 올려놓아야 한다.[64] 장기적으로 볼 때 시설물의 노화문제도 다루어야 한다. 기술개발 우선순위를 정하고 이에 따라 단계별로 기술개발 세부계획을 만들어야 한다. 또한 기술개발 우선순위에 적합하도록 예산을 배정해야 한다.

가장 먼저 해야 할 것은 사용후핵연료 관리 단계별 규제기준을 마련하는 것이다. 규제기준 없이 기술개발을 할 경우 결과물이 가치를 상실할 가능성을 배제할 수 없다. 따라서 기술개발 이전에 선행되어야 할 것이 원자력안전위원회의 규제기준 개발이라는 것이 강조된다.

국가 차원에서 기술개발에 대한 투자와 우선순위에 따른 투자 규모는 정부의 실천 의지와 책임의 무게를 보여주는 의미 있는 지표이다. 지금까지 원자력전문가들이 전유한 관련 기술개발의 공간에 재료공학, 지질학, 토목공학, 지반공학 등의 공학전문가뿐만 아니라 경제학, 사회학, 도시개발, 커뮤니케이션 등을 포함한 사회과학전문가의 적극적인 참여가 절실하다.

이러한 전문분야의 융합은 원자력 기술을 지원하기 위한 주변부 기술이 아니라 사용후핵연료 문제를 풀 수 있는 핵심기술이다. 각 분야의 전문가들이 사회적 책무를 갖고 기술개발을 주도할 수 있도록 제도적 장치를 견고하게 마련하고 통합적 시스템을 운영해야 한다.

---

63) 재활용 혹은 재처리를 위해서는 핵연료 피복관을 열어야 하는데 그 결과로 처리가 불가능한 폐기물의 일부가 액체 형태로 대기나 환경에 방출될 가능성이 있다.

64) 제2차 사용후핵연료 공론화 토론회(2014년 8월 12일)에서 신태명 교수(교통대)는 사용후핵연료의 장기건전성 및 장기저장 후 취급 및 이송 안전성 연구 등 전문적 연구와 선결해야 할 과제들이 적지 않다는 의견을 제시하였다.

(8) 사용후핵연료 기술관리공사(가칭)의 설립

사용후핵연료 관리의 안전성과 더불어 책임성, 안정성, 효율성, 투명성을 담보하기 위해 정부, 민간사업자, 국민이 공사의 지분을 공유하고, 사용후핵연료 관련 기술개발과 단계별 관리를 책임지는 「사용후핵연료 기술관리공사(가칭)」를 설립하는 것이 바람직하다.

「방사성폐기물관리법」 제5조에서 규정한 방사성폐기물 관리사업자의 책무는 원자력의 안전규제와 관련된 기관과 협력하여 방사성폐기물을 안전하고 효율적으로 관리하는 데 있다.[65)]

현행법에 따르면, 사용후핵연료의 관리주체는 방사성폐기물 관리사업자 즉 「원자력환경공단」이 될 수 있다. 「원자력환경공단」은 방사성폐기물 관리를 효율적으로 수행하기 위하여 설립된 법인으로 산업통상자원부 장관의 승인을 받아 업무수행을 위한 사업소 또는 연구기관을 둘 수 있다.[66)]

2009년 1월 설립된 원자력환경공단(당시 방사성폐기물관리공단, 2013년 7월 기관명칭 변경)은 경주 중·저준위방사성폐기물 처분시설 건설을 완료하고 본격적으로 중·저준위방사성폐기물 관리사업을 수행하고 있다.

앞으로 각 원전 안에 비관계시설로서의 단기저장시설이 설치될 경우 관리주체를 누가 할 것인가의 문제는 안전성과 책임성, 지속성 차원에서 면밀한 검토가 요구된다. 그러나 중요한 것은 기술개발을 포함한 사용후핵연료 관리사업의 전체를 총괄할 전담기관이 필요하다는 사실이다.

세계적으로 사용후핵연료의 관리조직은 ① 원전사업자와 분리된 별도의 공공사업자가 관리를 책임지는 전담 공기업, ② 특정 부처가 사용후핵연료에 관한 국가정책 및 관리기술 투자를 담당하는 전담 정부기관, ③ 원전사업자가 사용후핵연료 관리를 전담할 민간사업자(컨소시엄 포함)를 선정하여 위탁하는 원전사업자의 민간위탁, ④ 원전사업자가 사용후핵연료에 관한 일체의 사업계획 및 관리를 전담하는 원전사업자 조직 내 전담조직 등 네 가지 형태가 존재하는 것으로

---

65) 여기서 말하는 방사성폐기물 관리사업이란 방사성폐기물 관리법 제9조에서 규정한 방사성폐기물의 운반·저장·처리 및 처분, 방사성폐기물 관리시설의 부지선정, 건설, 운영 및 폐쇄 후 관리, 방사성폐기물 관리를 위한 자료의 수집·조사·분석 및 관리, 방사성폐기물 관리에 관한 홍보, 사업을 위하여 필요한 연구개발, 인력 양성, 국제협력 등 대통령령으로 정하는 부대사업 등을 말한다.

66) 「방사성폐기물관리법」 제18조 참조.

알려졌다.[67)]

국내외 여건을 고려할 때 사용후핵연료를 국가 책임 하에 안전하고 안정적으로 관리하기 위해서는 사용후핵연료 기술·관리공사(가칭)를 설립하는 것이 합리적이다. 특히 정부, 민간사업자, 국민이 관리공사의 지분을 공유하게 함으로써 사용후핵연료 관리의 안전성과 더불어 책임성, 안정성, 효율성, 투명성을 담보하는 것이 바람직하다.

전담 공사를 설립할 경우 지역사회의 일자리 창출을 포함해 다각도에서의 지역사회에 대한 기여가 가능하다. 새로운 주체가 사용후핵연료 관리사업을 추진할 경우 전문성과 도덕성을 바탕으로 사회적 신뢰를 높이는데 기여할 수 있다. 하지만 정부가 공공기관 기능 조정을 통해 유사·중복 업무를 해소한다는 계획을 추진하고 있는 시점에서 새로운 공사를 설립한다는 것이 부담이 될 수 있다.

(9) 「사용후핵연료 특별법(가칭)」의 조속한 제정

국민을 보호하고 국민이 공감할 수 있는 사용후핵연료 관리방안의 마련을 위한 공론화위원회의 권고사항을 온전하게 실행하기 위해서는 관련법의 변경과 사용후핵연료 관리의 투명성, 안정성, 지속가능성을 담보할 수 있는 「사용후핵연료 특별법(가칭)」의 제정이 필요하다. 법령의 정비는 사용후핵연료 관리에 대한 국민의 이해와 정책에 대한 국민의 신뢰에 큰 영향을 미칠 수 있다.

사용후핵연료 관련 용어의 정의를 명확히 해야 한다.[68)] 우선, 방사성폐기물, 저준위방사성폐기물, 중준위방사성폐기물, 중저준위방사성폐기물, 고준위방사성폐기물, 사용후핵연료에 대한 개념을 방사선량, 발열량, 피폭선량 등과 같은 과학기술적 기준에 의해 정비할 필요가 있다.

사용후핵연료의 저장과 관련한 용어도 명확한 기준에 의해 상식적인 차원에서 이해할 수 있도록 정의하는 것이 바람직하다. 현재 사용 중인 저장관련 용어에는 임시저장, 저장, 중간저장, 건식저장, 습식저장, 단기저장, 장기저장, 계속저장 등이 있다.[69)]

---

67) 각국의 사용후핵연료 관리조직에 관하여 자세한 사항은 "사용후핵연료 공론화위원회의 최종", 권고, 2015.6.29, 64면~68면을 참조할 것.

68) 사용후핵연료 공론화 국회토론회(2014. 8. 5)에서 이상기 소장(경주 경실련 원자력정책연구소)은 관련용어에 대한 공식적 정의가 필요하다고 발표하였다.

69) 이 중 중간저장(원자력안전법 시행령 제2조 제10호, 사용후핵연료 중간저장이란 원자로의 연

관리주체를 기준으로 저장의 형태나 목적, 기간이 제시되지 않아 모호한 부분이 있다. 원자로에서 나온 사용후핵연료를 저장하는 것은 차폐를 기본으로 두 가지 목적이 있다. 냉각과 보관이다. 임시저장은 보관보다는 냉각에, 단기저장시설은 냉각보다는 보관에 무게의 중심이 있다.

원전 부지 안에 설치하게 될 단기저장시설의 목적, 기간, 규제기준 등에 대한 명확한 규정이 필요하다. 처분전보관시설에 대한 규정도 필요하다. 사용후핵연료의 처리, 재처리, 재활용도 혼용되고 있다.

사용후핵연료 처분과 관련하여 처분, 영구처분, 최종처분 등의 용어가 유사한 의미로 사용되고 있다. 원자력안전법 시행령 제2조 제9호에 따르면, "영구처분"이란 방사성폐기물을 회수할 의도 없이 인간의 생활권으로부터 영구히 격리하는 것을 말한다.[70)]

중요한 것은 회수할 의도를 갖지 않고 처분하는 것이며, 예상을 넘어서는 지질환경의 변화가 발생하거나 획기적인 기술개발로 보다 안전한 처분이 담보될 경우 더 안전한 처분을 할 수 있는 기한을 제도적으로 두는 것이라 할 수 있다. 따라서 처분과 관련한 용어에 대해서도 진지한 검토가 필요할 것으로 보인다.

관계시설과 관련시설도 논란이 되고 있다. 「원자력안전법」 제2조 제1호에서 「관계시설」이란 원자로의 안전에 관계되는 시설로서 대통령령으로 정하는 것을 말한다고 규정하고 있다.[71)]

「중·저준위방사성폐기물 처분시설의 유치지역지원에 관한 특별법」 제18조(사용후핵연료 관련 시설의 건설 제한)에서는 사용후핵연료의 관련시설은 유치지역에 건설해선 안 된다고 명시되어 있지만, 사용후핵연료의 관련시설이 무엇인지에 대해서는 명확하지 않기 때문에[72)] 관련법규에 대한 정비가 필요하다.

료로 사용된 핵연료물질이나 그 밖의 방법으로 핵분열시킨 핵연료물질을 발생자로부터 인수하여 처리 또는 영구처분하기 전까지 일정기간 안전하게 저장하는 것을 말한다.)만이 법적으로 규정되어 있다.

70) 프랑스에서는 법적으로 100년간 회수가능성을 요구하고 있다. 그러나 회수가능성을 높인다는 이유로 처분시설의 안전과 보안이 희생되어서는 안 된다는 원칙을 분명히 하고 있다.

71) 「원자력안전법 시행령」 제9조에 따르면 관계시설은 원자로냉각계통시설, 계측제어계통시설, 핵연료물질의 취급시설 및 저장시설, 원자력발전소 안에 위치한 방사성폐기물의 처리시설·배출시설 및 저장시설, 방사선관리시설, 원자로격납시설, 원자로안전계통 시설, 그 밖에 원자로의 안전에 관계되는 시설로서 원자력안전위원회가 정하는 것을 포함하고 있다.

72) 원전소재지역 특별위원회 보고서에 따르면, 경주지역에서 중·저준위 방사성폐기물 처분시설

「원자력안전법」 제35조 제4항에 따르면, 사용후핵연료의 처리·처분에 관하여 필요한 사항은 과학기술정통부 장관과 산업통상자원부 장관이 위원회 및 관계 부처의 장과 협의하여 원자력진흥법 제3조[73]에 따른 원자력진흥위원회의 심의·의결을 거쳐 결정해야 한다.

사용후핵연료의 관리문제가 원자력진흥위원회의 심의, 의결 사안인지에 대해서는 의견이 분분하다. 이는 누가 최종 결정을 하느냐의 문제와 함께 사용후핵연료를 어떠한 시각에서 바라보느냐의 차원에서 신중하게 접근해야 할 것으로 판단된다.

따라서 공론화위원회에서 권고한 사용후핵연료 관리와 관련된 사항과 지역지원에 관한 부분, 기술개발과 관리주체 등에 대해 원칙을 갖고 일목요연하게 포괄하고 있는 「사용후핵연료특별법(가칭)」이 제정되어야 할 것으로 판단된다.[74] 이 법을 토대로 사용후핵연료 관리정책의 일관성과 신뢰성을 확보하고 정치적 독립성을 유지하는 것은 매우 중요하다.[75]

⑽ 범정부 차원의 의사결정 기구의 구성 및 운영

사용후핵연료 관리정책을 곧바로 수립하고 실행하기 위해 범정부 차원의 의사결정 기구인 「사용후핵연료정책 기획회의(가칭)」와 실무추진단인 「사용후핵연료정책기획단(가칭)」을 정부조직 내에 구성하여 운영하도록 한다.

사회적으로 강력한 인화성을 갖고 있는 사용후핵연료 문제를 해결하기 위해선 정책의 지속성이 매우 중요하다. 우리나라는 지난 31년 간 방사성폐기물 관리정책과 관련하여 결정과 사업시행의 단계까지 도달했던 경험이 두 번 있다.

그 중 하나는 2005년 11월 확정된 중·저준위방사성폐기물 처분시설의 부지 선정과 건설, 운영까지 이루어진 경험이다. 그 과정에서 겪어야 했던 부정적 경험이 없는 것은 아니지만 소기의 성과를 이룬 사례라고 할 수 있다.

또 하나는 1995년 굴업도 사례이다. 굴업도는 결과적으로는 활성단층이 발견

의 유치지역지원에 관한 특별법 제18조의 관련시설에 대한 법령정비를 요청하였다(2015. 6. 6).

73) 원자력진흥법 제3조(원자력진흥위원회) 원자력이용에 관한 중요 사항을 심의·의결하기 위하여 국무총리 소속으로 원자력진흥위원회(이하 "위원회"라 한다)를 둔다.

74) 제2차 사용후핵연료 공론화 토론회(2014년 8월 12일)에서 김해창 교수(부산대)는 유치지역지원 방안, 특별법 제정 등에 관해 제시할 수 있어야 한다는 의견을 피력하였다.

75) 이 부분에 관하여 자세한 사항은 "사용후핵연료 공론화위원회의 최종권고, 2015.6.29, 68면~74면"을 참조할 것.

되어 실패했으나 국제원자력기구(IAEA)의 긍정적 평가를 바탕으로 방사성폐기물 관리시설지구로 지정·고시되었고, 특별지원금을 출연하여 지역주민 대표로 구성된 「덕적발전복지재단」이 발족되었다는 점에서 그 결실을 인정할 수 있다.

두 사례의 공통점은 우선 국무총리를 위원장으로 하는 범정부 차원의 위원회를 구성하고 실제 운영했다는 점이다. 뿐만 아니라 관련 부처의 담당책임자를 중심으로 실무 추진단을 꾸리고 정보교류는 물론 구체적인 실행을 위해 빈번하고 긴밀한 협의와 협력이 이루어졌던 것으로 알려졌다.

사용후핵연료의 관리와 관련해서는 그 복잡성과 얽힘이 이해관계자 사이는 물론 정부 부처 간에도 존재한다. 사용후핵연료의 관리문제는 산업통상자원부는 물론 원자력안전위원회, 미래창조과학부, 행정자치부, 기획재정부, 국토교통부, 해양수산부, 환경부, 국민안전처 등 각 부처의 역할을 필요로 한다.

사용후핵연료 관리정책은 산업통상자원부가 주관부처이지만 정책의 특성상 범정부 차원의 긴밀한 협의와 협조는 물론 입체적 논의를 바탕으로 한 통합적 결정과 추진이 필요하다. 따라서 업무를 조정하고 효율적으로 의사를 결정할 수 있는 범정부 차원의 「사용후핵연료정책 기획회의」가 반드시 필요하다.

사안의 복잡성과 회의의 실효성을 감안하여 국무총리가 회의를 주재하고 각 부처의 장관과 관련 수석이 참여하는 것이 바람직할 것으로 보인다. 정부는 사용후핵연료관리 정책을 곧바로 수립해야 하다. 또한 정책의 탄력성과 지속성을 동시에 유지해야 한다. 이를 위해 각 부처의 담당책임자를 중심으로 실무추진단을 구성하고 수시 협의할 수 있는 체계를 갖추어야 한다.

전문성과 효율성 측면에서 민·관합동 체제를 고려할 수 있다. 따라서 국무조정실 산하의「사용후핵연료 정책기획단」을 구성하는 것이 바람직하다. 특히, 기획단 내에 지역과 상호 소통[76]할 수 있는 '지역소통과'를 두는 것이 중요하다.

사용후핵연료의 관리정책은 장기간에 걸쳐 일관성을 갖고 추진해야 하므로 그 성과 역시 단기간에 가시화되기 어렵다. 따라서 독립성과 지속가능성을 토대로 적기에 사용후핵연료 관리정책을 수립하고 실행할 수 있도록 효과적 조직체계를 갖추는 것이 반드시 필요하다.

---

76) 원전 소재지역 특별위원회 보고서에 따르면, 지역 종합의견으로 정부, 주민 간 신뢰회복방안의 강구와 미래세대를 위한 지속적인 공론화를 제시했다. 경주지역, 울진지역, 울주지역에서도 정부 신뢰 및 소통과 관련한 의견을 제시했다.

Ⅳ. 사용후핵연료 관련 법제 정비

1. 법제 정비의 필요성

사용후핵연료 공론화위원회의 권고사항 가운데 (9)항[77]은 「사용후핵연료 특별법(가칭)」의 시급한 제정과 함께 현행 관련 법령상의 문제점들도 다수 지적하고 있다.

현행 사용후핵연료 관련 법령과 관련하여 현안이 되고 있는 문제점은 대체로 다음과 같은 점이 지적된다.[78]

첫째, 현행 원자력 관련법령은 여러 차례에 걸쳐 제·개정되면서 용어의 정의 및 세부내용의 명확성 측면에서 문제점이 발생하고 있다. 예를 들면, 「원자력안전법시행령」에서는 사용후핵연료의 인수를 기준으로 중간저장을 정의하고 있으나, 「사용후핵연료 인도규정(고시)」에서는 저장장소를 기준으로 정의하고 있다. 또한 사용후핵연료의 관련 용어 및 조문의 개념이 모호하다.

둘째, 「원자력안전법」은 원자력 관련시설의 안전규제를 하고 있는 법률임에도 불구하고, 사용후핵연료 중간저장시설의 명확한 인·허가 요건이 부재한 실정이다.

셋째, 사용후핵연료 중간저장시설 및 사회적 공론화와 관련된 입법체계 및 운영상의 법적 한계가 노출되어 법적인 개선이 필요하다.

넷째, 사용후핵연료 중간저장시설 유치지역에 대하여 주민에게 지원할 수 있는 법률적 근거가 없는 실정이다.

이와 같이 사용후핵연료의 관리를 둘러싼 여러 가지 문제를 해소하기 위해서는 사용후핵연료와 관련한 현행 법령의 한계점을 면밀히 검토하여 법적·제도적 개선사항을 도출하고, 이를 최적화할 필요가 있다.

왜냐하면 사용후핵연료 관련 원자력 관련 법령의 제도적 개선방안을 마련함으로써 사용후핵연료 관리에 대한 국민의 불신을 해소하고 신뢰성 및 투명성을 확보하고 나아가 정부정책의 효율적 집행 및 운영이 가능하기 때문이다.

77) 이 책 365면~367면을 참조할 것.

78) 한국법제연구원, 사용후핵연료 관련 법령 정비방안, 2012.10.26, 13면~14면 참조.

2. 관련 법제의 문제점

(1) 「방사성폐기물관리법」의 문제점

㈎ 공론화위원회에 관한 규정

공론화위원회의 설치에 대한 법적 근거로서는 「방사성폐기물관리법」 제6조의2 제2항에 따라 위원회의 설치, 지원 등에 관하여 필요한 사항을 정하고 있고, 그 구체적 운영에 대해서는 「사용후핵연료 공론화위원회의 설치 및 지원에 관한 고시」에서 규정하고 있다.

① 「방사성폐기물관리법」의 공론화위원회의 조직 운영 등

첫째, 공론화위원회의 설치 주체는 산업통상자원부장관이며, 공론화위원회는 공론화를 위하여 한시적으로 운영된다(제6조의2 제2항 단서).

둘째, 위원의 자격요건은 사용후핵연료 관리 및 사회소통에 관한 학식과 경험이 있는 사람 중에서 산업통상자원부 장관이 위촉하며, 위원장은 위원 중에서 호선을 통해 선출한다(제6조의2 제4항).

셋째, 위원회는 활동기한이 종료되는 경우 의결을 거쳐 산업통상자원부장관 및 「원자력진흥법」 제3조의 원자력진흥위원회에 권고안을 제출할 수 있다. 이 경우 산업통상자원부장관 및 원자력위원회는 권고안을 최대한 존중하여야 한다(제6조의2 제5항).

넷째, 그 밖에 위원회의 운영 등에 필요한 사항은 위원회의 자율에 따라, 즉 사회적 환경 등을 반영할 수 있도록 위원회에서 의결을 통해 결정할 수 있는 여지를 두고 있다(제6조의2 제5항). 산업통상자원부장관은 위원회 활동에 필요한 행정적·재정적 지원을 할 수 있다(제6조의2 제6항).

② 산업통상자원부 장관 고시에 의한 구체적 운영

산업통상자원부 장관 고시에서 규정되어 있는 공론화위원회 관련 내용은 다음과 같다.

첫째, 공론화위원회의 설치와 관련하여 위원회는 공론화를 객관적이고 중립적으로 추진하기 위하여 정부로부터 독립적 설치를 명시하고 있다(제3조).

둘째, 산업통상자원부 장관은 다음과 같은 인사를 위촉한다(제4조 제2항 제1호~제

5호).

i) 원자력, 에너지 등 자연과학 분야의 학식과 경험이 있는 사람
ii) 인문·사회과학 분야의 학식과 경험이 있는 사람
iii) 공공갈등의 관리에 관한 학식과 경험이 있는 사람
iv) 에너지 분야와 관련된 민간단체(「비영리민간단체지원법」 제2조에 따른 비영리민간단체를 말한다)를 대표하는 사람
v) 원전 소재 지역을 대표하는 사람

㈏ 법적 문제점

① 공론화위원회 지위 격상 및 독립성 확보의 문제

「방사성폐기물관리법」에서는 공론화위원회를 "설치할 수 있다"(제6조의2 제2항 본문)라고 하였는데 이와 관련하여 구체적으로 당해 위원회를 어디에 둘 것인가를 명확히 명시하고 있지 않다.

즉 공론화위원회 설치와 관련하여 위원회의 독립적 지위 확보에 중점을 둘 것인가 또는 위원회를 담당 행정기관의 산하에 설치하여 독립적으로 운영할 수 있도록 법률적 방안을 마련할 것인가 등에 대해 방향을 정할 필요가 있다.[79)]

② 공론화위원회의 위원자격요건과 관련된 문제

「방사성폐기물관리법」 제6조의2 제4항은 공론화위원회의 위원구성과 관련된 문제로서 위원의 자격요건에 관하여 동법에서는 "사용후핵연료 관리 및 사회소통에 관한 학식과 경험이 풍부한 사람"으로 규정하고 있다. 이를 구체화하기 위해 고시에서는 학식과 경험이 있는 사람을 명시적으로 규정하고 있다. 여기서의 문제는 자격요건이 추상적으로 규정되어 있다는 것이다.

동법에서 정하고 있는 사회소통에 관한 학식과 경험이 풍부한 사람의 기준, 즉 어느 정도의 경험을 축적하여야 풍부하다고 인정할 수 있을 것인가 및 경험이 있다하더라도 그 범위를 어디까지 포함할 것인가에 관한 기준이 명확하지 않으며 구체적인 자격기준이 모호하다는 점이 있다.[80)]

---

79) 한국법제연구원, 사용후핵연료 관련 법령 정비방안, 2012.10.26, 20면 참조.
80) 한국법제연구원, 위의 보고서, 21면 참조.

③ 공론화위원회의 지원방안 문제

공론화위원회 운영 지원방안과 관련하여 법률 제6조의2 제6항에서는 "산업통상자원부장관은 위원회 활동에 필요한 행정적·재정적 지원을 할 수 있다"고 규정하고 있는데, 위원회 활동에 대한 지원을 현행 제도보다 구체적으로 명시함으로써 공론화위원회의 역할 수행의 효율성과 전문성을 제고할 필요가 있다.

왜냐하면, 공론화위원회는 공론화를 실질적으로 진행함에 있어 원자력공학·사회과학적 측면을 균형 있게 논의할 수 있는 장을 마련하여 국민적 이해를 넓히고 공감대를 형성할 수 있어야 한다.

또한 중립적이고 객관적인 정보를 일반 국민에게 제공함으로써 사회적 갈등을 예방할 수 있으며 이에 기반을 둔 사용후핵연료 관리에 관한 최선의 정책 수립과 이행의 실효성을 담보할 수 있기 때문이다.

따라서 사용후핵연료 관련 공론화위원회가 효율적으로 운영될 수 있게 하기 위하여 공론화위원회의 지원조직 및 주체를 명확하게 명시하고 다양한 기술적·과학적 지원을 위한 제도적 장치를 마련하여야 할 것이다.[81)]

㈐ 부지선정 관련 문제

「방사성폐기물관리법」의 입법취지는 방사성폐기물을 안전하고 효율적으로 관리하는 데에 필요한 사항을 규정함으로써 방사성폐기물로 인한 위해를 방지하고 공공의 안전과 환경보전에 이바지하는데 있다(제1조).

따라서 국가는 방사성폐기물 관리가 안전하게 이루어 질 수 있도록 필요한 조치를 하여야 하며(제4조 제1항), 이를 이행하기 위해 행정주체는 방사성폐기물 관리기본계획을 수립하여야 한다(제6조 제1항).

이 기본계획의 수립 또는 변경 시에는 방사성폐기물의 관리에 있어 주요한 방사성폐기물 관리시설의 부지선정 등 시설계획에 관한 사항을 포함하도록 의무화하고 있다(제6조 제3항, 시행령 제2조 2호).

방사성폐기물 관리시설의 부지선정, 건설, 운영 등과 관련해서는 당해 시설의 유치예정지역 또는 유치지역의 주민과 안전성을 둘러싸고 갈등을 초래할 수 있는 여지가 있다. 방사성폐기물 관리시설의 부지선정이 정책적으로나 갈등예방의 관

81) 한국법제연구원, 사용후핵연료 관련 법령 정비방안, 2012.10.26, 21면 참조.

점에서 중요함에도 불구하고, 부지선정에 관한 법률적 절차 및 이를 추진하기 위한 구체적·실질적인 운영방법 등은 동법에서 규정되어 있지 않다.

방사성폐기물 관리시설의 건설·운영과 관련한 부지선정이 객관성·안전성을 담보하여 추진될 수 있도록 하기 위해서는 법률에 근거하여 민주적 방식에 따라 협의와 합의를 도출할 수 있는 절차와 운영기구의 설치가 필요하다.[82)]

㈑ 기타 문제점

① 사용후핵연료 개념의 불명확성

사용후핵연료의 용어와 관련하여 현행 「방사성폐기물관리법」과 「원자력안전법」상에서 사용후핵연료 개념의 불명확성 문제가 있다.

「방사성폐기물관리법」에서 "사용후핵연료"에 관한 용어는 처리(제2조 제4호), 공론화(제6조의2), 부담금 부과·징수(제15조) 규정 및 동법 시행령의 관리 부담금의 산정기준(제8조), 부담금의 납부시기(제9조), 기금계정의 설치 및 구분(제17조)에서 사용되고 있다.

구 분	관련조항	내 용
방사성폐기물 관리법	제2조 제4호	"처리"란 방사성폐기물의 저장·처분·재활용 등을 위하여 방사성폐기물을 물리적·화학적 방법으로 다루는 것을 말한다. 다만, 「원자력안전법」 제2조 제14호의 **사용후핵연료**처리는 제외한다.
	제6조의2 제1항	산업통상자원부장관은 기본계획 수립과정에서 **사용후핵연료** 관리 등 사회적 갈등이 예상되는 사항에 대하여 이해관계인·일반시민 또는 전문가 등으로부터 광범위한 의견수렴 절차(이하 이 조에서 "공론화"라 한다)를 거칠 수 있다
	제6조의2 제4항	위원회의 위원은 **사용후핵연료** 관리 및 사회소통에 관한 학식과 경험이 있는 사람 중에서 산업통상자원부장관이 위촉하고, 위원장은 위원 중에서 호선한다.
	제15조 제1항	산업통상자원부장관은 방사성폐기물 관리사업 중 **사용**

82) 한국법제연구원, 사용후핵연료 관련 법령 정비방안, 2012.10.26, 22면 참조.

		후핵연료의 관리에 관한 사업을 원활하게 수행하기 위하여 원자력발전사업자에게 **사용후핵연료**의 종류·발생량, 단위발생량당 소요비용 등 대통령령으로 정하는 기준에 따라 산정된 **사용후핵연료**관리부담금(이하 "부담금"이라 한다)을 부과·징수한다.
	제15조 제5항	원자력발전사업자는 분기별 **사용후핵연료**의 종류와 발생량을 기재한 자료를 매 분기가 끝난 후 15일 이내에 산업통상자원부장관에게 제출하여야 한다.
방사성폐기물 관리법시행령	제8조 제1항	법 제15조 제1항에 따른 **사용후핵연료**관리부담금(이하 "부담금"이라 한다)의 산정기준은 별표 2와 같다.
	제9조 제2항	산업통상자원부장관은 부담금을 부과·징수할 때에는 해당 분기에 발생한 **사용후핵연료**에 대한 부담금을 낼 것을 그 분기가 끝난 날부터 25일 이내에 「전기사업법」 제12조 제1항 제3호에 따른 원자력발전사업자(이하 "원자력발전사업자"라 한다)에게 고지하여야 한다.
	제17조 제2항 제2호	**사용후핵연료** 관리계정 : 사용후핵연료의 관리에 관한 사업

표 48. 방사성폐기물관리법에 있어서 사용후핵연료의 용례[83)]

이와 같이 "사용후핵연료"에 관한 용어가 법률과 시행령에서 주요한 법률적 의미를 가지고 사용되고 있음에도 불구하고 사용후핵연료의 개념이 구체적으로 무엇을 의미하는 것인지 현행 법령의 규정상으로는 파악하기가 어렵다.

다만, 「방사성폐기물관리법」 제2조 제1호(방사성폐기물)에 관한 정의 및 원자력안전법 제2조 제18호의 규정을 분석하면 "사용후핵연료"는 '방사성물질 또는 그에 따라 오염된 물질로서 폐기의 대상'이 되는 다양한 물질 중 그 일부로서 다양한 방사성폐기물 중 하나의 폐기물이라는 것이다. 따라서 법률에서의 사용후핵연료에 관하여는 방사성폐기물의 범위를 예시하는 데 그치고 있을 뿐이다.

그렇다면 사용후핵연료의 개념을 어떻게 정의할 수 있을 것인가 라는 문제가 있다. 이에 관해서는 「원자력안전법 시행령」 제2조 제10호(사용후핵연료 중간저장)의 규정에서 유추할 수 있을 것이다.[84)]

---

83) 한국법제연구원, 사용후핵연료 관련 법령 정비방안, 2012.10.26, 23면~24면 참조.
84) 한국법제연구원, 위의 보고서, 24면~25면 참조.

구 분	관련조항	규 정 내 용
원자력안전법 시행령	제2조 제10호	“사용후핵연료 중간저장”이란 원자로의 연료로 사용된 핵연료물질이나 그 밖의 방법으로 핵분열시킨 핵연료물질을 발생자로부터 인수하여 처리 또는 영구처분하기 전까지 일정기간 안전하게 저장하는 것을 말한다.

표 49. 원자력안전법시행령 관련 규정

이에 따르면 “사용후핵연료”란 원자로의 연료로 사용된 핵연료물질이나 그 밖의 방법으로 핵분열 시킨 핵연료물질을 말한다고 정의할 수 있다.

법률에서 사용되는 용어의 개념을 명확하게 하는 이유는 해당 법률에서 사용하는 중요한 용어 또는 특수한 용어에 대하여 법률 자체에서 그 의미를 명확하게 함으로써 법률의 해석상 의문점을 없애기 위하여 사용한다.

즉 해석상의 논란을 예방하고 집행과정에서 발생할 수 있는 분쟁을 방지하기 위한 것이다. 또한 자주 사용되는 어려운 용어를 미리 한 곳에서 설명함으로써 복잡한 조문내용을 간결하게 표현할 수 있는 기능을 한다.

따라서 대부분의 법령에서 실체규정에 들어가기 전에 용어에 대한 개념의 구체화는 중요한 용어에 대하여 그 법령에서 사용하고자 하는 의미가 무엇인가를 확실히 해 두는 것도 이러한 이유이다.

그럼에도 불구하고 위에서도 살펴 본 바와 같이 사용후핵연료의 개념에 대해서는 법률에서 그 의미를 구체화하지 않고, 시행령에서 사용되고 있는 다른 용어의 개념에서 당해 개념을 유추하여 적용하여야 그 의미를 파악할 수 있도록 되어 있어 법리적 문제뿐만 아니라 법률체계 정합성의 원칙[85]에 부합하지 않는 문제가 있다.

85) 체계정합성의 원칙은 동일 규범 내에서 또는 상이한 규범 간에 그 규범의 구조나 내용 또는 규범의 근거가 되는 원칙 면에서 상호 배치되거나 모순되어서는 안 된다는 하나의 헌법적 요청이다. 즉, 이는 규범 상호간의 구조와 내용 등이 모순됨이 없이 체계와 균형을 유지하도록 입법자를 기속하는 헌법적 원리라고 볼 수 있다. 이처럼 규범 상호간의 체계정당성을 요구하는 이유는 입법자의 자의를 금지하여 규범의 명확성, 예측가능성 및 규범에 대한 신뢰와 법적 안정성을 확보하기 위한 것이고 이는 국가공권력에 대한 통제와 이를 통한 국민의 자유와 권리의 보장을 이념으로 하는 법치주의 원리로부터 도출되는 것이라고 할 수 있다.

② 사용후핵연료 중간저장 개념의 문제

사용후핵연료 중간저장시설 개념과 관련하여 「원자력안전법 시행령」 제2조 제10호 및 「사용후핵연료 인도규정」 제3조 제1호에는 "사용후핵연료 중간저장"이란 원자로의 연료로 사용된 핵연료물질이나 그 밖의 방법으로 핵분열시킨 핵연료물질을 발생자로부터 인수하여 처리 또는 영구처분하기 전까지 일정 기간 안전하게 저장하는 것을 말한다고 규정하고 있다. 이 규정의 내용을 분석하면 2가지 의미를 내포하고 있음을 파악할 수 있다.

첫째, 사용후핵연료 중간저장에는 원자로의 연료로 사용되거나 또는 그 밖의 방법으로 핵분열 시킨 핵연료물질을 처리하여 저장하는 것을 의미하는 경우이다.

둘째, 원자로의 연료로 사용되거나 또는 그 밖의 방법으로 핵분열 시킨 핵연료물질을 영구처분하기 전까지 일정기간 저장하는 경우이다. 여기서 문제가 되는 사항은 전자인 경우, 즉 처리하여 저장하는 것을 사용후핵연료 중간저장으로 보고 있다는 것이다.

이 사항이 문제가 되는 이유는 처리에 관하여 규정하고 있는 「방사성폐기물관리법」 제2조 제4호 및 「원자력안전법」 제2조 14호의 규정에 저촉된다는 것이다. 왜냐하면 현행의 규정에 따르면 방사성폐기물의 저장 등을 위하여 물리적·화학적 방법으로 다루는 것을 '처리'로 보고 있으며, 여기에는 사용후핵연료 처리를 제외하고 있기 때문이다.

구 분	관련조항	규 정 내 용
방사성폐기물 관리법	제2조 제4호	"처리"란 방사성폐기물의 저장·처분·재활용 등을 위하여 방사성폐기물을 물리적·화학적 방법으로 다루는 것을 말한다. 다만, 「원자력안전법」 제2조 제14호의 사용후핵연료처리는 제외한다.
원자력안전법	제2조 제14호	"사용후핵연료처리"란 원자로의 연료로서 사용된 핵연료물질 또는 그 밖의 방법으로 원자핵분열을 시킨 핵연료물질을 연구 또는 시험을 목적으로 취급하거나, 물리적·화학적 방법으로 처리하여 핵연료물질과 그 밖의 물질로 분리하는 것을 말한다.

표 50. 「방사성폐기물관리법」 및 「원자력안전법」상 처리 개념

위에서 지적한 바와 같이 사용후핵연료 중간저장 개념에는 원자로의 연료로서 사용된 핵연료물질 또는 그 밖의 방법으로 원자핵분열 시킨 핵연료물질을 물리적·화학적 방법으로 핵연료물질과 그 밖의 물질로 분리하여 저장하는 것을 말한다고 해석될 수 있다.

환언하면 사용후핵연료 중간저장의 개념에는 과학적 방법을 통하여 핵연료물질과 그 밖의 다른 물질로 분리하여 저장하는 것을 의미할 수 있다. 이것은 「방사성폐기물관리법」 제2조 제4호의 입법취지가 방사성폐기물의 저장 등을 위해서 처리는 할 수 있으나, 사용후핵연료에 대해서는 처리하지 아니하고 저장을 하겠다는 정책추진주체의 의지와 상반되는 결과로 작용할 수 있음을 나타낸다.

또한 사용후핵연료 중간저장에 대한 개념을 정립하고 있는 규정과 사용후핵연료처리 개념을 정립하고 있는 규정과의 충돌 가능성을 내포하고 있다고 하겠다. 이와 같은 해석상의 문제 및 규정 상호 간의 충돌을 해소하기 위해서는 사용후핵연료 중간저장의 개념에 대해 재정립이 필요하다. 사용후핵연료 중간저장 개념을 다음과 같은 맥락에서 재정립할 수 있다.

첫째, 현행 사용후핵연료 중간저장 개념 중 상술한 바와 같은 문제 사항을 규정에서 삭제하여 사용후핵연료를 처리하지 않겠다는 입법취지에 부합하도록 정비하는 것이 필요하다.

둘째, 현행 사용후핵연료 중간저장 개념에서 명시하고 있는 바와 같이 사용후핵연료를 영구처분하기 전까지 일정기간 저장하는 사항을 활용하는 것이다.

이상의 사용후핵연료 중간저장 개념과 관련한 조건 하에 개념을 재정립하면 "원자로의 연료로 사용된 핵연료물질이나 그 밖의 물리적·화학적 방법으로 핵분열 시킨 핵연료물질을 발생자로부터 인수하여 영구처분하기 전까지 일정 기간 안전하게 저장하는 것"을 말한다고 하겠다.[86)]

③ 사용후핵연료 관리시설의 범위 문제

현행 법령에 있어 사용후핵연료 관리시설에 관해서는 명백한 규정이 없다. 이러한 문제는 「방사성폐기물관리법」의 현행 규정을 분석하면 면밀히 나타나고 있다.

「방사성폐기물관리법」 제2조 제1호 및 「원자력안전법」 제2조 제18호의 규정에 따르면 사용후핵연료는 방사성폐기물로서 이를 안전하고 효율적으로 관리하기 위

86) 한국법제연구원, 사용후핵연료 관련 법령 정비방안, 2012.10.26, 26면~28면 참조.

해서 「방사성폐기물관리법」에서 정하는 바에 따라 관리되어야 한다.

여기서의 문제는 사용후핵연료의 관리를 위한 범위를 어디까지 상정할 것인가에 있다. 따라서 이와 관련하여 먼저 관리와 관련한 사항을 「방사성폐기물관리법」상의 내용에 따르면 다음과 같이 정리할 수 있다.

「방사성폐기물관리법」 제2조 제2호에서는 방사성폐기물관리를 '방사성폐기물 발생자로부터 처분이 제한된 방사성폐기물을 인수하여 운반·저장·처리 및 처분하는 것과 이를 위한 모든 활동'으로 보고 있다.[87)]

이와 관련하여 사용후핵연료 관리시설의 범위를 어디까지 상정할 것인가를 정할 필요가 있다. 왜냐하면, 현행 「방사성폐기물관리법」의 규정에 따르면 사용후핵연료 관리시설은 방사성폐기물 관리시설의 범주에 포함되기 때문이다.

문제는 「방사성폐기물관리법」에서는 방사성폐기물 관리시설에 대한 법률적 개념만 정의하고 있을 뿐, 구체적으로 그 시설의 범위에 관해서는 하위법령에도 아무런 규정이 없다. 따라서 사용후핵연료 관리의 의미를 방사성폐기물관리에 근거하여 파악할 수 있다고 하여도, 관리시설에 대해서는 그 개념, 즉 방사성폐기물 관리시설과 유사하게 「사용후핵연료 관리를 위한 시설과 그 부대시설」로 이해할 수밖에 없고, 구체적으로 어느 범위까지를 포괄하는지는 법규정상 불명확하다.[88)]

④ 사용후핵연료 및 중간저장시설의 법리

미국 법령은 "사용후핵연료(Spent Nuclear Fuel)"의 개념을 "원자로에서 방사선에 조사된 후에, 원자로에서 추출된 연료로 재처리에 의하여 분리되지 않은 구성요소를 말한다"라고 정의하고 있다.

다른 나라와 비교하여 보면, 사용후핵연료 독립저장시설에 대해서도 규정하고 있는 점이 특징적이다. 그에 따르면 사용후핵연료 독립저장시설(Independent Spent Fuel Storage Installation ; ISFSI)은 사용후핵연료의 저준위방사성폐기물(GTCC)과 관련된 원자로 및 기타 사용후핵연료와 저준위방사성폐기물(GTCC) 저장과 관련된 방사능 물질의 임시저장을 위해 설계되고 건설된 저장시설을 의미한다.

---

87) 여기서 사용후핵연료 관리에 관한 사항을 유추하면 현행 법규상 사용후핵연료처리는 제외하고 있으므로, 사용후핵연료 관리는 '사용후핵연료를 발생자로부터 인수하여 운반·저장 및 처분(법규상의 처분은 인간의 생활권으로부터 영구히 격리시키는 것, 즉 영구처분)과 이를 위한 모든 활동'으로 이해할 수 있다.

88) 한국법제연구원, 사용후핵연료 관련 법령 정비방안, 2012.10.26, 28면~29면 참조.

영국 법령은 “사용후핵연료(Spent Fuel)” 개념을 원자로에서 방사선이 조사된 후 원자로로부터 영구적으로 분리된 핵연료로 규정하고 있다. 사용후핵연료는 재처리로 사용할 수 있는 연료로 간주되거나 또는 더 이상 사용할 수 없는 영구처분의 대상이 되고 방사성폐기물로 간주된다고 한다. 또한 사용후핵연료 중간저장시설이란 최종처리단계 이전의 방사성폐기물을 저장하는 곳(재사용 이전의 핵물질을 저장하는 곳)이라고 정하고 있다.

캐나다 법령상 사용후핵연료 개념은 Nuclear Fuel Waste Act(2002)에 제시되어 있다. 구체적 개념은 방사성폐기물과 관련하여 규정되어 있는데, 그에 의하면 “핵연료폐기물(Nuclear Fuel Waste)”이란 상업용 또는 연구용 핵분열 원자로(Nuclear fission reactor)로부터 분리되고 원자로에서 방사선에 조사된 연료를 말한다.[89)]

그리고 핵연료폐기물 관리에서의 ‘관리’란 저장 또는 처분을 위한 취급, 처리, 조정 또는 수송을 포함하는 저장 또는 처분에 의한 핵연료폐기물과 관련한 장기적인 관리를 의미한다.

프랑스 법령은 사용후핵연료(spent fuel)를 원자로 노심에서 방사성물질을 제거하고 분리되었을 때를 말한다고 규정하고 있다. 방사성원료 또는 방사성폐기물의 임시보관시설은 나중에 영구처분을 위하여 지표면과 지하시설에 이들 물질을 임시(temporarily)로 보관하는 시설을 말한다.

방사성폐기물의 중간저장 또는 처분시설은 ‘L542-1에서 언급된 이익에 따라 중장기적으로 이들 물질을 보관하기 위한 특수한 시설에 보관하는 것을 말한다’라고 정하고 있다.

일본에서 “사용후핵연료” 개념은 “핵원료물질, 핵연료물질 및 원자로에 관한 법률(원자로등규제법)”에서 규정하고 있는데, 사용후핵연료는 원자로에서 연료로 사용한 핵연료 물질 및 기타 핵연료분열을 통해 발생된 핵연료물질을 말한다.

“사용후핵연료 중간저장”시설은 「핵원료 물질, 핵연료 물질 및 원자로에 관한 법률」에서 “원자력발전소 부지 외에서 사용후핵연료를 저장”하는 시설로 정하고 있으며, 즉 사용후연료가 재처리되기 전까지의 일시적으로 발전소 부지 외에서 저장·관리하는 시설을 말한다.

---

89) 한국법제연구원, 사용후핵연료 관련 법령 정비방안, 2012.10.26, 105면~106면 참조.

중간저장시설의 방식은 금속케이스 방식이며, 저장기간은 50년이다. 특히 일본의 "특정방사성폐기물의 최종처분에 관한 법률"에 언급된 최종처분시설 관련 개념 규정을 살펴보면, 최종처분시설은 특정방사성폐기물을 최종처분하기 위한 시설로서, 특정방사성폐기물의 운송설비 및 매설용 도로를 포함한 모든 시설을 말한다.

스웨덴의 Nuclear Activities Act(SFS 1984:3)는 사용후핵연료에 대해 개별적으로 구체적인 정의를 내리고 있지는 않다. 다만, 동법 Section 2의 정의에 의하면 사용후핵연료에 대한 개념을 해석할 수 있다.

사용후핵연료(Spent Nuclear Fuel)는 핵반응로에 노출된 연료로서 방사능과 열을 방출하는 다양한 방사능물질 또는 방사능 핵종으로 구성된 물질로서 고준위폐기물(HLW)이다. 스웨덴 법령에 의하면 사용후핵연료는 저장소에 저장되기 전까지는 핵물질로 간주되고, 저장소에 저장된 후에야 방사성폐기물로 간주된다.[90)]

한편, 스웨덴의 사용후핵연료의 저장 및 처분시설은 Nuclear Activities Act (SFS 1984:3)가 정의하는 핵시설에 해당한다. 동법률에서 '중간저장시설' 또는 '임시저장시설' 또는 '영구처분시설'에 대해 별도의 개념 정의를 하고 있지는 않다. 다만 핵시설에 대한 정의에서 언급된 저장 및 처분시설로 (ⅰ) 핵물질의 영구적인 저장을 위한 시설, (ⅱ) 핵물질의 기타 축적의 저장을 위한 시설과 같은 개념을 사용하고 있다.

스페인의 사용후핵연료(Spent Fuel) 개념은 원자로의 노심에서 방사성 조사되어 영구적으로 분리된 핵연료를 말하고, 스페인에서 사용후연료는 재처리한 유용한 자원으로 간주되거나 더 이상의 사용을 위해 저장하지 않고 처리될 수 있는데, 후자와 같은 경우 방사성폐기물로 취급된다고 규정한다.

스페인의 사용후핵연료 관리시설(management facility for spent nuclear fuel)은 사용후핵연료의 관리가 주목적인 모든 시설을 의미하며, 임시저장(temporary storage)은 방사성폐기물 또는 사용후핵연료의 회수를 목적으로 시설에 저장하는 것을 말한다.

따라서 우리나라의 경우에도 "사용후핵연료" 개념에 대한 명확한 개념 정립이 필요하다고 판단된다. 외국의 경우 스웨덴을 제외한 미국, 영국, 캐나다, 프랑스, 일본, 스페인처럼 사용후핵연료(Spent Nuclear Fuel=spent fuel)를 "원자로에서

---

90) 한국법제연구원, 사용후핵연료 관련 법령 정비방안, 2012.10.26, 107면 참조.

방사선을 조사한 후에, 원자로에서 추출되어 연료로 사용한 핵연료 물질을 말한다"라고 개념 정의를 할 수 있을 것이다.

또한 사용후핵연료 중간저장시설은 미국의 사용후핵연료 독립저장시설, 영국의 중간저장시설, 캐나다의 핵연료폐기물의 관리, 프랑스의 방사성원료 또는 방사성폐기물의 임시보관시설, 일본의 사용후핵연료 중간저장시설, 스웨덴의 사용후핵연료의 저장 및 처분시설, 스페인의 사용후핵연료 관리시설로 사용후핵연료를 회수를 목적으로 하는 시설이라는 점에서 임시저장(temporary storage)시설이라는 개념을 사용하고 있음을 알 수 있다.

국 명	사용후핵연료	중간저장시설 등
미 국	사용후핵연료는 원자로에서 방사선을 조사한 후에, 원자로에서 추출된 연료로 재처리에 의하여 분리되지 않은 구성요소를 말한다	사용후핵연료 독립저장시설(ISFSI)은 사용후핵연료의 저준위방사성(GTCC)폐기물과 관련된 원자로 그리고 그 외 사용후핵연료와 저준위방사성(GTCC)폐기물 저장과 관련된 방사성물질의 임시저장을 위해 설계되고 건설된 저장시설을 말한다.
영 국	"사용후핵연료"는 원자로에서 방사선에 조사되고, 원자로로부터 영구적으로 분리된 핵연료를 말한다.	사용후핵연료 중간저장시설이란 최종처리단계 이전의 방사성폐기물을 저장하는 곳(재사용 이전의 핵물질을 저장하는 곳)이라고 한다.
캐나다	"핵연료폐기물"이란 상업용 또는 연구용 핵분열 원자로로부터 분리되고 원자로에서 방사선에 조사된 연료들을 말한다.	핵연료폐기물의 관리와 관련해서, 관리란 저장 또는 처분을 위한 취급, 처리, 조정 또는 수송을 포함하는 저장 또는 처분에 의한 핵연료폐기물과 관련한 장기적인 관리를 의미한다.
프랑스	사용후핵연료는 원자로 노심에서 방사성물질을 제거하고 분리되었을 때를 말한다.	방사성원료 또는 방사성폐기물의 임시보관시설은 나중에 영구처분을 위하여 지표면과 지하시설에 이들 물질을 임시로 보관하는 것을 말한다. 방사성폐기물의 중간저장 또는 처분시설은 L542-1에서 언급된 이익에 따라 중장기적으로 이들 물질을 보관하기 위한 특수한 시설에 보관하는 것을 말한다
일 본	사용후핵연료는 원자로에서 연료로 사용한 핵연료 물질 및 기타 핵연료분열을 통해 발생된 핵연료물질을 말한다.	"사용후핵연료 중간저장시설"은 「핵원료 물질, 핵연료 물질 및 원자로에 관한 법률」에 "원자력발전소 부지 외에서 사용후핵연료를 저장"하는 시설로 정하고 있으며, 즉 사용후연료가 재처리되기 전까지 일시적으로 발전소 부지 외에서 저장·관리하는 시설을 말한다

스웨덴	스웨덴의 Nuclear Activities Act (SFS 1984:3)는 사용후핵연료에 대해 개별적으로 구체적인 정의를 내리고 있지는 않다. 다만, 동법 Section 2의 정의에 의하면 사용후핵연료에 대한 개념을 해석할 수 있다. 즉 사용후핵연료는 핵반응로에 노출된 핵반응로 연료이다.	스웨덴의 사용후핵연료의 저장 및 처분시설은 Nuclear Activities Act (SFS 1984:3)가 정의하는 핵시설에 해당한다. 동법률에서 '중간저장시설' 또는 '임시저장시설' 또는 '영구처분시설'에 대해 별도의 개념 정의를 하고 있지는 않다. 다만 핵시설에 대한 정의에서 언급된 저장 및 처분시설로 (ⅰ) 핵물질의 영구적인 저장을 위한 시설, (ⅱ) 핵물질의 기타 축적의 저장을 위한 시설과 같은 개념을 사용하고 있다.
스페인	스페인의 사용후핵연료란 원자로의 노심에서 방사성 조사되어 영구적으로 분리된 핵연료를 말하고, 스페인에서 사용후연료는 재처리한 유용한 자원으로 간주되거나 더 이상의 사용을 위해 저장하지 않고 처리될 수 있다.	스페인의 사용후핵연료 관리시설(management facility for spent nuclear fuel)은 사용후핵연료의 관리가 주목적인 모든 시설을 의미하며, 임시저장(temporary storage)이란 방사성폐기물 또는 사용후핵연료의 회수를 목적으로 시설에 저장하는 것을 말한다.

표 51. 외국의 사용후핵연료 개념 및 중간저장시설(임시저장시설, 독립저장시설)[91)]

(2) 「원자력안전법」상의 문제점

(가) 폐기 및 운반 관련규정

「원자력안전법」 제6장(제63조~제77조)에서는 방사성폐기물의 폐기 및 운반에 관하여 일반적 사항을 정하고 있으며, 세부적인 절차 및 기준 등에 관하여는 동법시행령(제96조~제114조)에서 규정하고 있다. 이 규정의 한계는 방사성폐기물의 폐기 및 운반에 관하여 일반적이고 포괄적 사항만 규정하고 있어 다음과 같은 문제가 있다.

첫째, 사용후핵연료의 성질을 반영하지 못한 시설의 설치 및 운영을 초래할 수 있다. 현행 「방사성폐기물관리법」 및 「원자력안전법」에 따르면 사용후핵연료는 방사성폐기물의 한 종류로서, 방사성폐기물 관리의 대상이 되며 그 시설은 방사성폐기물 관리시설로 적용을 받는다(방사성폐기물관리법 제9조~제17조).

한편 사용후핵연료의 저장 및 운반에 관해서는 「원자력안전법 및 동법시행령」의 폐기 및 운반에 관한 규정도 적용을 받는다. 여기서 사용후핵연료의 저장 및 운반에 관하여 두 개의 법률 가운데 어느 법률의 적용을 받게 되는 것인가라는

91) 한국법제연구원, 사용후핵연료 관련 법령 정비방안, 2012.10.26, 108면~110면 참조.

법률상의 논란이 있을 수 있다.

이에 대해서는 원자력안전법령이 원자력의 안전관리에 관한 전반적인 사항을 규정하고 있는 반면, 방사성폐기물관리법령은 방사성폐기물에 한정하여 안전하고 효율적으로 관리하는 데 목적을 두고 있다.

이러한 관계에서 사용후핵연료의 저장 및 운반에 관해서는 협의로서 방사성폐기물의 관리라는 측면에서 방사성폐기물관리법령의 적용을 받으나, 광의로서 원자력안전법령의 적용을 받는다고 하겠다.

따라서 사용후핵연료의 저장 및 운반에 관해서는 원자력안전법령에서 이에 대한 구체적이고 세부적인 사항이 명시되어 있어야 한다. 그러나 현행 원자력안전법령상 폐기 및 운반에 관한 규정은 그러하지 않다.

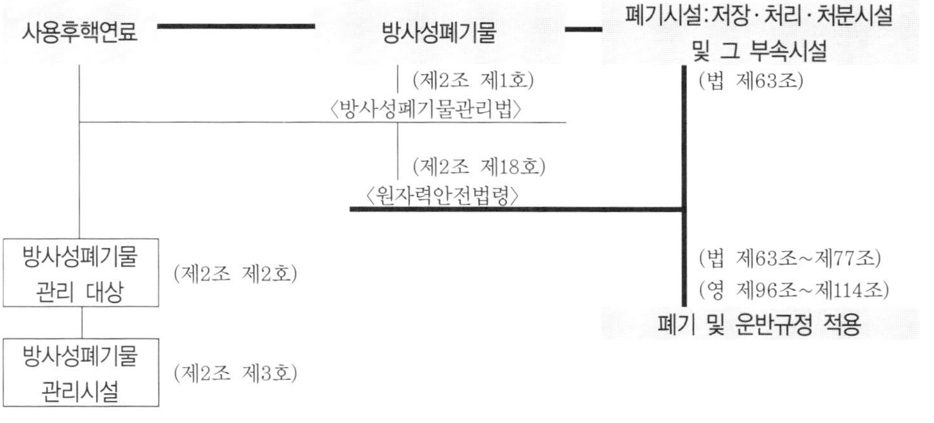

그림 118. 「방사성폐기물관리법」 및 「원자력안전법」상 방사성폐기물관련 규정[92)]

즉 현행 원자력안전법령의 폐기 및 운반에 관한 규정은 다양한 방사성폐기물의 성질, 특히 사용후핵연료의 성질을 반영한 시설 설치 및 운영에 한계를 초래할 수 있다. 왜냐하면, 방사성폐기물은 그 자체가 가지고 있는 성질에 따라 시설 설치에 반영되어야 할 부지특성, 환경영향평가 등 각종 조사내용이 상이할 수 있으며, 이에 따라서 방사성폐기물의 시설도 다소 차별화된 설치물이 건설되어야 할 것이다.

92) 한국법제연구원, 사용후핵연료 관련 법령 정비방안, 2012.10.26, 33면.

그리고 국제적 동향에 적응하면서도 대국민적으로는 안전성을 확보할 수 있는 시설의 설치 및 운영이 필수적이다. 그럼에도 불구하고 현행 「원자력안전법」 및 「원자력안전법 시행령」에서 규정하고 있는 내용은 다양한 방사성폐기물, 특히 현재 주요사안으로 대두되고 있는 사용후핵연료의 중간저장[93]에 대하여 그 성질 및 특색을 고려하지 않고 일괄적으로 시설의 설치 및 운영에 적용되는 내용으로 되어 있기 때문이다.[94]

이러한 한계를 극복하는 입법적 방법으로서는 현행 「원자력안전법령」상의 방사성폐기물의 폐기 및 운반에 관한 규정에서 방사성폐기물의 저장, 처리 및 처분시설 또는 그 밖의 시설의 설치와 운영에 공통적으로 적용되는 규정을 명시하고, 각각의 방사성폐기물, 사용후핵연료의 성질을 반영한 저장시설의 설치 및 운영이 될 수 있도록 사항별로 구분하여 규정을 마련할 필요가 있다.

둘째, 방사성폐기물 저장시설의 해체에 관한 사항이 정해져 있지 않다. 「방사성폐기물관리법」 제9조에서는 방사성폐기물관리를 위한 사업의 일환으로서 방사성폐기물의 운반·저장·처리 및 처분(제1호)과 방사성폐기물관리시설의 건설·폐쇄 후 관리에 관한 사항을 사업의 범위에 포함하고 있다(제2호).

이 규정에서 방사성폐기물의 저장, 특히 사용후핵연료의 저장을 위한 시설의 건설 및 폐쇄 후 사용후핵연료를 어떻게 관리할 것인가에 대하여 방사성폐기물관리사업자에게 그 업무를 수행하도록 하고 있다. 한편, 전술한 바와 같이 「원자력안전법」에서는 방사성폐기물의 저장·처리·처분 시설 및 그 부속시설("폐기시설 등")의 건설에 관한 내용을 정하고 있다.

여기서 주요한 사항은 전자, 즉 「방사성폐기물관리법」에서는 방사성폐기물관리시설, 사용후핵연료 관리시설 및 부대시설의 폐쇄 후 관리에 관한 사항에 대해서만 명시하고 있을 뿐 그 전단계인 시설의 폐쇄에 따른 시설물의 해체에 관해서는 명시하고 있지 않다는 것이다. 물론 이 문제는 「원자력안전법」도 동일하다.

따라서 법률의 규정체계상 "건설-운영-폐쇄-해체-관리"에 관한 사항을 정할 필요가 있다. 물론 이러한 절차적 규정은 법률의 체계정립에 있어 필요한 부분임

93) "사용후핵연료 중간저장개념"과 관련하여 「원자력안전법」 제2조 제10호에서는 '원자로의 연료로 사용된 핵연료물질이나 그 밖의 방법으로 핵분열시킨 핵연료물질을 발생자로부터 인수하여 처리 또는 영구 처분하기 전까지 일정기간 안전하게 저장하는 것'을 말한다고 하고 있다.

94) 한국법제연구원, 사용후핵연료 관련 법령 정비방안, 2012.10.26, 33면~34면 참조.

과 동시에, 방사성폐기물, 사용후핵연료의 안정적이고 효율적인 저장시설 설치 및 운영과 관련된 안전규제 측면에서 주요한 사항이라 하겠다.[95)]

(나) 저장용기 설계인증제도의 공백문제

현행 「원자력안전법」에는 사용후핵연료 저장용기의 설계승인 등에 관한 규정이 없다. 다만, 법 제76조 및 시행령 제112조에서는 운반용기에 대한 설계승인이 명시되어 있으며, 행정규칙으로서 「방사선 안전관리 등의 기술기준에 관한 규칙」 제5장 방사성물질 등의 포장 및 운반의 안전관리에서 운반용기의 종류(제86조), 표시(제99조), 표지(제100조)에 관한 사항을 정하고 있다.

또한 「방사성물질 등의 포장 및 운반에 관한 규정」에서 운반용기 기술기준(제22조~제36조)에 관한 규정을 두고 있다. 이와 같은 규정에서 사용후핵연료를 포함한 방사성물질의 운반을 위해서는 용기의 기술기준 및 표시방법까지 세부적이고 구체적으로 정하고 있다는 것을 파악할 수 있다.

그러나 이러한 운반용기에 관한 규정과는 별도로 주요한 사항 중 하나로서 사용후핵연료를 저장하기 위한 용기에 관한 규정을 마련할 필요가 있다. 왜냐하면 운반용기는 A라는 지점에서 B라는 지점까지 이동하는데 있어 안전하게 운반할 수 있는 기준과 기술만 충족하면 되지만, 저장용기, 특히 사용후핵연료 저장용기는 사용후핵연료 자체가 가지고 있는 성질을 반영하여 30년에서 50년간의 저장을 필요로 한다. 따라서 저장용기는 운반용기보다 외부요인 및 자연적 요인에 반응하지 않고 장시간 안정적으로 저장이 가능한 용기의 설계 및 기준 등을 필요로 한다.[96)]

(다) 폐기시설 등의 폐쇄 및 해체 공백문제

현행 「원자력안전법」에서는 폐기시설 등의 건설·운영에 관하여 구체적인 사항, 예를 들면 허가절차(제63조), 허가기준(제64조) 및 허가취소요건(제66조)을 정하고 있는데, 이와 관련하여 문제점은 폐기시설 등의 건설 및 운영만을 상정하고 있다는 것이다.

---

95) 한국법제연구원, 사용후핵연료 관련 법령 정비방안, 2012.10.26, 34면~35면 참조.
96) 한국법제연구원, 위의 보고서, 39면~40면 참조.

따라서 폐기시설 등 건설·운영자가 당해 시설을 설치·운영, 방사성폐기물의 저장·처리·처분하고자 하는 때에는 폐기시설 등의 공사 및 성능에 관하여 사용전 검사(시행령 제101조), 정기검사(시행령 제103조), 처분검사(시행령 제104조)를 받도록 하고 있다고 하겠다.

한편 폐기시설 등이 해체되는 경우로서는 폐기시설 등 건설·운영자가 법령에서 정하고 있는 사항을 위반하여 허가가 취소된 경우 또는 사업이 폐지된 경우 방사성물질 등 또는 방사선발생장치로부터 지역 주민 또는 주변 환경을 보호하기 위하여 오염된 시설의 해체 등을 위원회가 할 수 있도록 하고 있다(법 제95조 제2항).

여기서 파악할 수 있는 사항은 법령에서 정하고 있는 사항을 위반하지 아니한 경우에는 당해 폐기시설 등은 해체되지 않고 정기검사를 통해 시설의 운영이 가능하다는 것이다. 또한 당해 폐기시설 등의 사업폐지의 경우에도 폐기시설 등 건설·운영자가 방사선장해방어조치를 인체·물체 및 자연환경에 영향이 미치지 않도록 시행하였다면 그 폐기시설 등은 폐쇄되거나 또는 해체되지 않는다는 것이다.

이것은 폐기시설 등이 영구시설로서 자리매김할 수 있다는 의미로 해석될 여지가 있다. 그렇다면 폐기시설 등의 범주에 사용후핵연료 중간저장시설 및 그 부대시설도 포함되어 있으므로 이 시설의 건설·운영은 영구저장시설로서 사용될 수 있다는 것을 간접적으로 나타내는 것이 된다.

이러한 논란의 여지를 사전에 예방하여 법적 안정성을 확보하기 위해서는 폐기시설 등의 폐쇄 및 해체, 특히 사용후핵연료 중간저장시설에 관한 규정을 마련할 필요가 있다. 예를 들어 폐기시설 등의 패쇄 및 해체에 관해서는 당해 시설 건설·운영자가 일정기간(50년~80년) 이후에 자주적으로 폐쇄·해체할 수 있도록 하고, 이것을 시행하기 위한 절차적 사항을 법령에 마련하는 것이 정책추진의 담보성 확보 차원에서 바람직하다고 여겨진다.

그리고 법령에 사용후핵연료 중간저장시설이 영구저장시설로서의 기능을 하지 않고 폐쇄 및 해체하는 것을 명시함으로써 해당 시설을 유치하는 지역주민에게 정책추진의 신뢰성을 보장받을 수 있을 것이다.[97)]

97) 한국법제연구원, 사용후핵연료 관련 법령 정비방안, 2012.10.26, 38면~39면 참조.

V. 고준위방사성폐기물에 대한 관리 법안

1. 개 요

사용후핵연료 공론화위원회는 정부가 지금까지 축적한 지질 및 기술정보를 총동원하여 사용후핵연료 관리정책을 수립하고, 실행하는데 총력을 기울여야 하며, 무엇보다 국회도 힘을 모아 국민의 안전을 지키는데 최선을 다해야 할 것을 권고하였다.

이에 따라 「고준위방사성폐기물 관리시설 부지선정절차 및 유치지역지원에 관한 법률(정부안)」[98]과 「고준위방사성폐기물 중간저장시설 부지선정에 관한 법률안(신창현 의원 대표발의 법안)」[99]이 발의되었고, 이하에서는 2개의 법안을 중심으로 주요한 내용을 소개한다.[100]

2. 제안이유 및 주요내용

(1) 정부 발의 법안[101]

㈎ 제안이유

원자력발전 등 원자력의 이용과정에서 발생하는 고준위 방사성폐기물의 관리는 국민의 안전을 보장하기 위하여 시급히 해결하여야 할 국가적 과제이나 고준위방사성폐기물 관리시설을 건설하기 위한 부지선정절차와 부지선정기구 등 법제도적인 기반이 미흡하다.

따라서 투명하고 공정한 부지선정 절차에 따라 고준위방사성폐기물 관리시설의 부지를 선정하기 위하여 산업통상자원부에 부지선정에 관한 사항을 심의하는 부지선정위원회를 설치·운영하고, 부지적합성 기본조사 및 심층조사를 거쳐 관리

---

98) 이 법안은 2016. 11. 2. 의안번호 3236호로 정부가 발의하였다.

99) 이 법안은 2016. 11. 10. 의안번호 3465호로 신창현 의원이 대표발의 하였다. 발의에 참여한 의원은 16인이다.

100) 여기의 주요내용은 2016. 12. 산업통상자원위원회 김병선 수석전문위원의 검토보고서를 요약한 것이다.

101) 정부가 제출한 법안의 전체 조문은 이 책 「부록 4(431면~438면)」를 참조할 것.

시설 예정 부지를 선정하도록 한다.

또한 관리시설이 설치될 지역의 지원에 관한 사항을 심의하기 위하여 관리시설 유치지역지원위원회를 설치하고, 이 법에 따라 관리시설이 설치되기 전까지는 원자력발전소 안에 추가로 설치하는 사용후핵연료 건식저장시설에 대한 지역지원방안을 마련하도록 하려는 것이다.

(나) 주요내용

① 관리시설 부지선정위원회(안 제4조 및 제5조)

i) 고준위방사성폐기물 관리시설 부지를 공정한 절차에 의하여 선정하기 위하여 부지적합성 조사계획, 부지적합성 기본조사·심층조사, 관리시설 예정부지 선정 등 관리시설의 부지선정에 관한 사항을 심의하기 위하여 산업통상자원부에 20명 이내의 위원으로 구성된 관리시설 부지선정위원회를 설치한다.

ii) 관리시설 부지선정위원회의 위원은 고준위방사성폐기물 관리에 관한 학식과 경험이 풍부한 사람으로서 학계·언론계·법조계·시민단체 등의 사람 및 원자력발전소가 있는 지역을 관할하는 광역자치단체의 장이 추천하는 사람 중에서 산업통상자원부장관이 위촉하는 사람으로 구성한다.

② 부지적합성 조사 절차(안 제10조 내지 제12조)

i) 산업통상자원부장관은 부지선정위원회의 심의를 거쳐 부지적합성 조사의 개요, 절차, 방법, 평가기준, 지역주민의 의견수렴 방법 등의 내용을 포함하는 부지적합성 조사계획을 수립하도록 한다.

ii) 특별자치시장·특별자치도지사·시장·군수 또는 자치구의 구청장은 해당 지역주민의 의견을 확인한 뒤 산업통상자원부장관에게 기본조사를 신청할 수 있으며, 산업통상자원부장관은 해당 지역에 대하여 부지적합성 기본조사를 하도록 한다.

iii) 부지선정위원회는 기본조사 결과를 평가하여 심층조사 후보부지를 도출하고, 산업통상자원부장관은 해당 후보부지에 대하여 심층조사를 하도록 한다.

③ 관리시설 유치지역지원위원회(안 제15조 및 제16조)

i) 관리시설이 설치될 지역 또는 설치된 지역의 지원 기준 및 지원계획 등에 관한 사항을 심의하기 위하여 20명 이내의 위원으로 구성된 관리시설 유치지역지원위원회를 국무총리 소속으로 설치한다.

ii) 관리시설 유치지역지원위원회의 위원장은 국무총리가 되고, 위원은 기획재정부, 미래창조과학부, 행정자치부, 산업통상자원부 등 중앙행정기관의 장 및 유치지역을 관할하는 지방자치단체의 장 등으로 구성한다.

④ 관리시설 유치지역에 대한 지원(안 제19조)

산업통상자원부장관은 유치지역지원위원회의 심의를 거쳐 유치지역에 대한 지원의 원칙과 기준 및 지원계획을 수립하고 이를 신문·방송·인터넷 등의 방법으로 널리 알리도록 하되, 유치지역에 대한 지원의 원칙과 기준 및 지원계획을 수립할 때에는 관계 중앙행정기관의 장 또는 관계 기관의 장의 의견을 듣도록 한다.

⑤ 원자력발전소 내 사용후핵연료 저장시설의 건설(안 제21조)

산업통상자원부장관은 이 법에 따라 관리시설이 설치되기 전에 「원자력안전법」에 따른 발전용원자로운영자가 운영허가받은 사항의 변경허가를 받아 원자력발전소 안에 사용후핵연료 저장시설을 건설하려는 경우에는 그 발전용원자로운영자와 협의하여 해당 저장시설의 시설계획과 해당 시설을 건설하려는 지역에 대한 지원 방안을 마련하도록 한다.

(2) 신창현 의원 발의법안[102)]

(가) 제안이유

원자력발전에 따라 발생하는 고준위방사성폐기물 관리문제는 국민의 안전과 미래 세대에 대한 부담을 완화하기 위해 해결해야 할 국가적 현안임에도 불구하고 지난 30년 이상 동안 해결하지 못한 상태이다.

최근 정부에서는 고준위방사성폐기물을 저장 또는 처분하기 위한 관리시설의 부지선정 절차와 관리시설의 건설·운영 등을 규정하는 「고준위방사성폐기물 관리시설 부지선정절차 및 유치지역지원에 관한 법률」 제정안을 제출하였다.

---

102) 신창현 의원이 발의한 법안의 전체 조문은 이 책 「부록 5(437면~442면)」를 참조할 것.

그러나 정부안에 따라 고준위방사성폐기물의 중간저장시설과 처분시설을 동일 한 지역에 한꺼번에 설치할 경우 해당 지역주민의 부담이 가중되고 사회적 갈등을 유발할 우려가 있으므로 부지 선정에 관해서는 충분한 사회적 공론화가 필요하다.

이에 고준위방사성폐기물 중간저장시설 부지 선정에 관한 절차부터 정부안과 달리 새로 규정하고자 하며, 부지 확정 시에 「주민투표법」에 따른 주민투표 등 민주적 절차를 거치도록 함으로써 주민수용성을 높이는 방향으로 제정하고자 한다.

(나) 주요내용

① 고준위방사성폐기물 중간저장시설의 부지 조사와 선정에 필요한 사항을 심의·의결하기 위하여 국무총리 소속으로 부지선정위원회를 설치·운영한다(안 제4조내지 제10조).

② 산업통상자원부장관은 중간저장시설의 부지적합성 조사계획 및 유치지역지원 기본계획을 수립하고, 계획의 수립 시 부지선정위원회의 심의·의결을 거치도록 한다(안 제11조 및 제12조).

③ 부지선정위원회는 「중·저준위 방사성폐기물 처분시설의 유치지역지원에 관한 특별법」 제3조 제1항에 따른 유치지역을 제외하고 부지적합성 기본조사 후보부지를 도출하며, 산업통상자원부장관은 후보부지 관할 시·군·구를 대상으로 공모를 통해 기본조사 대상부지를 선정하고, 공모에 응모하려는 시장·군수·구청장은 지방의회의 동의를 얻도록 한다(안 제13조).

④ 산업통상자원부장관은 관리사업자로 하여금 기본조사 대상부지에 대하여 부지적합성 기본조사를 실시하게 한다(안 제14조).

⑤ 부지선정위원회는 기본조사 결과를 평가하여 부지적합성 심층조사 대상부지를 선정하고, 산업통상자원부장관은 관리사업자로 하여금 심층조사 대상부지에 대하여 심층조사를 실시하게 한다(안 제15조).

⑥ 부지선정위원회는 심층조사 결과를 토대로 중간저장시설 예정부지를 선정하며, 산업통상자원부장관은 선정된 예정부지를 관할하는 시·군·구를 대상으로 「주민투표법」 제8조에 따른 주민투표를 거친 후 부지선정위원회의 심의·의결을 거쳐 중간저장시설 예정 부지를 확정한다(안 제16조).

⑦ 중간저장시설 유치지역의 지원에 관한 종합계획 및 시행계획을 수립·시행

하고, 유치지역 지원에 관한 사항을 심의·의결하기 위하여 국무총리 소속으로 중간저장시설 유치지역지원위원회를 설치·운영한다(안 제17조 내지 제19조).

3. 검토내용

원자력발전소에서 원자로의 연료로 사용된 뒤 배출되는 방사성폐기물은 준위에 따라 아래와 같이 저준위/중준위/고준위 방사성폐기물로 분류된다.

구 분	중·저준위방사성폐기물	고준위방사성폐기물
방사능	* 알파선 방출 핵종 농도가 4,000Bq/g 미만 이거나	* 알파선 방출 핵종 농도가 4,000Bq/g 이상이고
열발생량	* 2 kW/m^3 미만	* 2 kW/m^3 이상
발생원	* 원자력발전소 * 방사성동위원소 이용 산업체, 연구소 및 병원 등	* 원자력발전소, 연구용원자로 * 사용후핵연료 재처리시설
처분방식	* 천층 또는 동굴처분	* 자연 및 인공방역을 활용한 **심층처분**
종 류	* 작업복, 장갑, 폐필터 등	* **사용후핵연료**, 사용후핵연료 처리후 폐기물 등

표 52. 방사성폐기물의 분류

이러한 방사성폐기물은 장기간 고열과 방사능을 배출하기 때문에 특별한 관리가 필요한데, 중·저준위방사성폐기물을 처분하는 처분장은 2015년에 경주에 건설하였지만 고준위방사성폐기물의 경우 별다른 처분시설 없이 각 원전 안의 저장시설에 보관하고 있다. 2개 법률의 제정안은 이러한 고준위방사성폐기물을 처분 또는 저장하기 위한 관리시설 또는 중간저장시설을 건설할 부지를 선정하는 절차를 규정하고 있다.

현재 고준위방사성폐기물을 보관하고 있는 각 원자력발전소 안의 저장시설이 발전소별로 2019년부터 2038년 사이에 포화될 예정이기 때문에, 이미 여러 차례

주민들의 반발로 무산된 전례가 있는 고준위방사성폐기물 관리시설의 건설을 더 이상 미루기는 어렵다는 점에서 두 제정안의 취지는 타당하다고 할 수 있다.

(단위: 다발, 2016.6월 말 기준)

구분(호기수)		저장용량	현재저장량	비율(%)	포화연도
중수로	월성(4)	499,632	417,780	83.6	2019년
경수로	고리(6)	7,994	5,677	71.0	2024년*
	한빛(6)	9,017	5,831	64.7	2024년
	한울(6)	7,066	5,058	71.6	2037년
	신월성(2)	1,046	129	12.3	2038년
	소계	25,123	16,695	66.5	
합계(24)		524,755	434,475		

* 고리1호기 영구정지('17.6월), 부지내 이송 등에 따라 포화년도 변동 가능

표 53. 원전별 사용후핵연료 저장현황

또한 현행 「방사성폐기물관리법」 제9조에서 방사성폐기물 관리사업의 한 종류로 "방사성폐기물 관리시설의 부지선정, 건설, 운영 및 폐쇄 후 관리"를 규정하고 있기는 하지만, 이미 여러 번 주민들의 반발로 방사성폐기물처분장의 부지선정에 실패한 과거의 사례를 고려할 때 전문적인 실행기구의 설치·주민의견 수렴절차·유치지역 지원방안 등 부지선정 절차를 명확하게 규정한 별도 법률의 제정이 필요하다는 점, 미국·독일·일본 등 많은 다른 국가들도 고준위 방사성폐기물 처분을 위한 특별법을 제정하였다는 점 등을 고려하면 제정안들처럼 별도의 법률의 형태로 고준위방사성폐기물 관리와 관련된 사항을 규정할 필요성 역시 인정된다.

다만, 영구처분시설 건설에 약 33년 정도의 시간이 소요될 것으로 예상되어 전술한 바와 같이 각 원전 안의 저장시설은 발전소별로 2019년부터 2038년 사이에 포화될 예정이기 때문에 영구처분시설의 건설이 완료될 때까지 고준위방사성폐기물을 저장할 중간저장시설의 건설이 필요한데, 정부안은 부지를 선정한 뒤 그 부지에 중간저장시설과 영구처분시설을 모두 건설하는 내용을 규정하고 있는 반면, 신창현의원안은 영구처분시설에 대한 내용은 배제한 채 일단 중간저장시설

의 부지를 선정하는 절차에 대한 내용만을 규정하고 있다.

신창현의원안에 따라 중간저장시설만을 건설할 경우, 영구처분시설 부지를 선정하는 과정에 비해 지역주민의 수용성을 보다 용이하게 취득할 수 있다는 장점이 있으나, 지역주민들의 갈등을 유발할 수 있는 부지선정절차를 최소한 두 차례 이상 진행해야 하고, 중간저장시설과 영구처분시설이 별도의 부지에 건설되어 고준위 방사성폐기물의 이동거리가 늘어나고 그에 따른 위험성 역시 증가한다는 점 등을 종합적으로 고려할 필요가 있다.

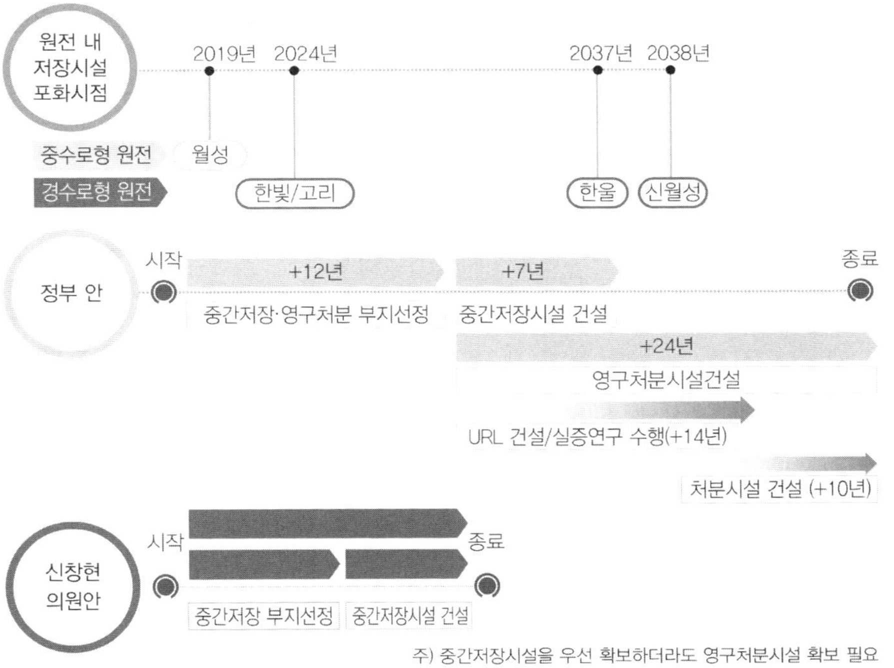

그림 119. 중간저장시설에 대한 정부안과 신창현의원안

4. 제정안의 시행에 따른 소요 예산 추계

신창현의원안에 따라 중간저장시설을 건설하고 기본적인 운영을 실시하는 데에는 약 21조원이 소요될 것으로 예상되며, 정부안에 따라 영구처분시설 건설까지 완료하고 기본적인 운영을 실시하는 데까지 소요되는 비용은 약 53조원에 달할 것으로 예상된다(정부 추계).

이 비용은 「방사성폐기물관리법」 제15조[103)]에 따라 방사성폐기물 발생자인 한수원으로부터 징수하는 부담금으로 조성된 방사성폐기물관리기금에서 부담할 예정이다(「방사성폐기물관리법 시행령」 제8조[104)]에 따라 2년마다 부담금 산정기준을 결정, 2015년 말 기준으로 방사성폐기물관리기금 사용후핵연료 계정에 3조 8,918억원 적립 중이다).

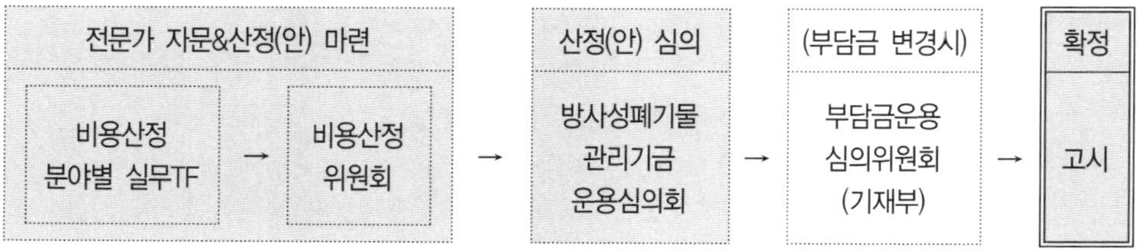

그림 120. 고준위방사성폐기물 관리비용 산정절차

---

103) 제15조(사용후핵연료관리부담금) ① 산업통상자원부장관은 방사성폐기물 관리사업 중 사용후핵연료의 관리에 관한 사업을 원활하게 수행하기 위하여 원자력발전사업자에게 사용후핵연료의 종류·발생량, 단위발생량당 소요비용 등 대통령령으로 정하는 기준에 따라 산정된 사용후핵연료관리부담금을 부과·징수한다.

104) 제8조(사용후핵연료관리부담금의 산정기준 등) ② 부담금의 산정기준에 대한 검토 및 변경에 관하여는 제5조 제3항 및 제4항을 준용한다. 이 경우 "관리비용"은 "부담금"으로, "방사성폐기물 발생자"는 "원자력발전사업자"로 본다.
제5조(방사성폐기물 관리비용의 산정기준 등) ③ 산업통상자원부장관은 제1항에 따른 관리비 용의 산정기준(산정기준에 사용된 변수의 값을 포함한다)을 2년마다 검토하여야 한다.

(단위: 억원)

구 분		내용	비용 경수로	비용 중수로	비고
중간저장	건설비	부지선정 및 건설비용	1,120	674	• 총 부지면적(322,631m2) • 부지단가(39,175원/m2)
		설계 및 인허가	632	632	
		운반기반 구축	6,650	6,968	
		증설비용	188	32	• 경수로 9단계 증설 • 중수로 4단계 증설
	운영비	저장용기	111,244	1,168	• 경수로 용기단가 및 수량 : 28억원/3,973개 • 중수로 모듈단가 및 수량 : 약 43억원/27개
		시설 운영비	18,330	8,266	
		해체비용	11,419	361	• 시설건설비의 20%, 용기비용의 10%
	운반비	운반비용	3,134	3,640	
	기타	연구개발비	1,600	400	
		예비비 확보비용	30,656	4,832	• 연구개발비 제외한 각 항목별 20%
	합 계		184,973	26,973	
처분	부지조사	지질조사	10,668	2,167	
	부지평가	처분안전성 평가	5,334	1,083	
	연구개발	처분용기 및 URL	6,443	2,170	
	처분설비	부지확보	4,123	418	• 총 부지면적(8,065,600m2) • 부지단가(39,175원/m2)
		지상시설 건설	2,697	273	
		지하처분시설 건설	17,443	1,801	• 처분동굴 증설비 포함
		연료 운반	523	539	
	운영비	처분용기 포장	121,808	21,665	• 경수로 용기단가 및 수량 : 4..65억원/20,858개 • 중수로 용기단가 및 수량 :4.65억원/2,115개

<table>
<tr><td rowspan="5"></td><td rowspan="2"></td><td></td><td>처분</td><td>15,180</td><td>7,694</td><td></td></tr>
<tr><td colspan="2">처분동굴 밀폐</td><td>2,273</td><td>231</td><td>• 처분 후 뒤채움 비용 등 포함</td></tr>
<tr><td>처분시설 폐쇄</td><td colspan="2">처분시설 폐쇄 및 후속처리</td><td>161</td><td>16</td><td></td></tr>
<tr><td colspan="3">예비비 확보비용</td><td>80,044</td><td>16,110</td><td>• 부지조사, 부지평가, 연구개발 및 부지확보비 제외한 비용의 50%</td></tr>
<tr><td colspan="3">합 계</td><td>266,697</td><td>54,167</td><td></td></tr>
<tr><td colspan="4">총 사업비</td><td>451,670</td><td>81,140</td><td>총계: 532,810</td></tr>
</table>

자료: 산업통상자원부

표 54. 고준위방사성폐기물 처분장 건설사업 예산 산출내역

5. 조문별 검토

(1) 시설의 정의(정부안 및 신창현의원안 제2조)

정부안은 일단 부지를 선정한 후에 그 부지에 중간저장시설과 지하연구시설, 그리고 영구처분시설의 건설을 동시에 진행하는 것을 내용으로 하고 있는 반면에, 신창현의원안은 영구처분시설에 대한 규정은 없이 단지 중간저장시설을 건설할 부지 선정절차만을 규정하고 있다.

<table>
<tr><th colspan="3">정부안</th><th colspan="2">신창현의원안</th></tr>
<tr><td rowspan="3">관리시설</td><td>중간저장시설</td><td>관리사업자가 인수한 고준위방사성폐기물을 처분하기 전까지 일정기간 저장하는 시설</td><td rowspan="3">중간저장시설</td><td rowspan="3">관리사업자가 인수한 고준위방사성폐기물을 처분하기 전까지 안전하게 저장하기 위한 시설</td></tr>
<tr><td>처분시설</td><td>고준위방사성폐기물을 인간의 생활권으로부터 영원히 격리시키는 시설</td></tr>
<tr><td>지하연구시설</td><td>처분시설 부지 내 지하 환경에서 부지의 지질학적 특성 등 처분시설의 안전성과 관련된 요소의 성능을 연구·실증하는 시설</td></tr>
</table>

표 55. 시설의 정의에 관한 정부안과 신창현의원안

또한, 「방사성폐기물 관리법」 제2조 제2호는 방사성폐기물의 “관리”의 개념에 운반·저장·처분 및 처리까지 포함하고 있는 반면에, 정부안 제2조 제2호는 “고준위 방사성폐기물 관리”의 개념에 운반·저장·처분만을 포함시켰을 뿐 처리를 제외하고 있다.

단순히 방사성폐기물을 인간의 생활권으로부터 격리시키는 것을 뜻하는 “처분”과 달리 “처리”는 방사성폐기물의 저장·처분·재활용 등을 위하여 방사성폐기물을 물리적·화학적 방법으로 다루는 것을 말하는데, 고준위방사성폐기물을 처리하는 기술은 현재 과학기술정통부와 원자력연구원에서 파이로 프로세싱(Pyroprocessing) 연구를 진행하고 있을 뿐 아직 상용화된 기술이 아니기 때문에 정부안에서는 고준위방사성폐기물을 재활용하는 시설은 건설대상에서 제외시키고 처분시설만을 규정하였다.

그리고 지하연구시설(URL)은 실제 처분조건과 유사 또는 동일한 지하 환경에서 처분시스템 성능이 안전하게 구현되는지 실증되는 시험시설을 의미한다. 고준위방사성폐기물을 관리하는 대부분의 나라들에서는 처분장과 유사한 조건에서 고준위방사성폐기물을 안전하게 처분할 수 있는지를 장기간에 걸쳐 입증하고 실제 처분장을 건설하는 데 필요한 인·허가 데이터를 축적하기 위해 URL을 건설하였고, 이러한 이유로 사용후핵연료 공론화위원회 역시 최종권고안에서 URL을 건설할 것을 권고하였다.

이러한 지하연구시설은 다시 기술개발을 통해 부지선정을 위한 인·허가 핵심자료를 생산하기 위한 연구용 URL과 부지선정 후 허가된 기술들을 검증·수정·보완하기 위한 인·허가용 URL로 나누어지는데, 정부안은 제14조 제1항에서 관리시설 예정부지가 선정되기 전에 처분시설의 지하 환경과 유사한 연구용 URL을 설치하도록 규정하고 있고, 동조 제3항에서 관리시설 예정부지가 선정된 후 처분시설을 설계·건설하기 전에 인·허가용 URL을 설치하도록 규정하고 있다.

구 분	연구용 URL	인·허가용 URL
목 적	* 처분시스템, 부지조사·평가 방법 등에 대한 기술개발 * 부지선정 활용자료 생산	* 처분시설 건설·운영 인허가 자료 생산 * 처분 안전성 실증
위 치	* 처분시설과 유사한 환경	* 처분시설과 동일한 환경
고준위방폐물 사용 여부	×	○
관리시설 여부	×	○

표 56. 연구용 URL과 인·허가용 URL

(2) 부지선정위원회의 구성·운영 등(정부안 제4조~제13조, 신창현의원안 제4조~제16조)

(가) 부지선정위원회의 구성

정부안은 산업통상자원부에 부지선정위원회를 두고, 산업부 장관이 위원을 위촉하며 위원장은 위원들 중에 호선하도록 규정하고 있는 반면, 신창현의원안은 국무총리 소속으로 부지선정위원회를 두고 국무총리가 위원장을 맡으며 위원들 역시 국무총리가 위촉하도록 하여 부지선정위원회의 구성 및 운영을 주로 산업통상자원부가 아닌 국무총리가 관할하도록 규정하고 있다.

부지를 선정하고 관리시설을 건설하는 절차가 행정자치부·환경부 등 다른 여러 부처의 소관 업무와 관련성이 있어 다른 부처와 조율을 거쳐야 할 일들이 많을 것으로 예상된다는 점에서 신창현의원안처럼 국무총리 소속으로 부지선정위원회를 두는 방안도 고려할 필요가 있을 것으로 보인다.

	정부안	신창현의원안
소속	산업통상자원부	국무총리
위원 요건	1. 고준위방사성폐기물 관리에 관한 학식·경험이 풍부한 사람 2. 원전지역 소재 광역지자체장이 추천하는 사람	1. 중간저장시설 부지선정에 관한 학식과 시민단체 등의 경험이 풍부한 사람 2. 기재부장관 등 6개 부처 장관 및 대통령령으로 정하는 중앙행정기관의 장
위원 위촉권자	산업통상자원부 장관	국무총리
위원장	위원 중 호선	국무총리
위원 수	위원장 포함 20명 이내	위원장 포함 50명∼100명
개의요건	재적위원 3분의 1 이상의 소집 요구 위원장의 소집요구 산업통상자원부 장관의 소집 요구	1.재적위원 3분의 1 이상의 소집 요구 2. 위원장의 소집요구
해촉사유	규정 없음	심신장애, 품위손상, 비위 등

표 57. 부지선정위원회의 구성 및 운영에 관한 정부안과 신창현의원안

다만, 이에 대하여 산업부와 국무총리실은 부지선정위원회의 주된 기능이 부지선정이므로 전문성이 있는 산업부 소속으로 설치하고, 다른 부처와의 업무협의가 필요한 경우 국무조정실장이 주재하는 회의를 통해 조율하는 것이 보다 바람직하다는 입장을 취하고 있다.

그리고 정부안은 부지선정위원회의 위원 숫자를 20명 이내로 규정하고 있는 반면, 신창현의원안은 50명 이상 100명 이하로 규정하고 있는데, 이는 입법정책적으로 결정할 사항인 것으로 보인다.

산업통상자원부는 위원 수가 너무 많을 경우 심도 있는 논의와 검토가 어렵고, 제정안에서 전문적 검토를 위한 전문위원회를 두도록 규정하고 있기 때문에 부지선정위원회의 위원수가 많을 필요는 없다는 입장이다.[105)]

또한, 신창현의원안은 제5조 제3항에서 당연직 위원 중 하나로 산업통상자원부

---

105) 현재 우리나라에 존재하는 대통령 소속 위원회 17개의 평균 위원 숫자는 약 26명(최대 83명), 국무총리 소속 위원회 65개의 평균 위원 숫자는 약 20명 정도이며(최대 70명), 독일의 고준위방사성폐기물 처분위원회의 경우 위원장, 연방의회 대표 8명, 주정부 대표 8명, 사회과학단체 대표 16명 등 총 33명으로 구성되어 있다.

장관을 규정하면서 동조 제5항에서는 산업통상자원부 장관이 간사를 맡도록 규정하고 있는데, 동일인이 부지선정위원회의 회의 진행을 보조하는 간사직과 심의·의결을 하는 위원직을 겸임하는 것은 적절하지 않은 것으로 보이므로 신창현의원안에 따라 위원회를 구성할 경우 산업통상자원부 장관은 당연직 위원에서 제외하는 것이 타당할 것으로 보인다.

(나) 부지선정위원회의 심의대상 및 심의효력

정부안은 부지선정위원회의 심의 대상으로 부지선정을 위한 부지적합성 기본조사/심층조사 외에도 지하연구시설 설치계획을 규정하고 있는 반면에, 중간저장시설만을 건설하는 신창현의원안은 그 대신 유치지역지원 기본계획 수립·변경을 부지선정위원회의 심의·의결사항으로 규정하고 있다.

	정부안	신창현의원안
심의 대상	부지적합성 조사계획 수립·변경 부지적합성 기본조사 부지적합성 심층조사 관리시설 예정부지 선정 **지하연구시설(URL) 설치계획** 기타 부지선정 관련 사항	부지적합성 조사계획 수립·변경 부지적합성 기본조사 부지적합성 심층조사 중간저장시설 예정부지 선정 **유치지역지원 기본계획 수립·변경** 기타 위원장이 부의하는 사항
성격	심의기구, 산업통상자원부 장관은 위원회의 심의 결과를 최대한 존중	심의·의결기구

표 58. 심의대상 및 심의효력에 관한 정부안과 신창현의원안

하지만, 두 제정안 모두 유치지역의 지원에 관한 각종 사항을 심의하기 위한 유치지역지원위원회 설치를 규정하고 있다는 점에서 별도로 부지선정위원회에서 유치지역지원 기본계획 수립·변경사항까지 심의·의결할 필요성은 크지 않을 것으로 보인다.

또한 정부안은 부지선정위원회의 설치 목적을 "심의"로 규정하고 있고, 제4조 제2항에서 "산업통상자원부장관은 부지선정위원회의 심의 결과를 최대한 존중하여야 한다."고 규정하고 있어 부지선정위원회의 심의 결과에 구속력을 부여하지 않고 있다. 반면, 신창현의원안은 부지선정위원회의 설치 목적을 "심의·의결"로

규정하고 각종 사항들에 대하여 “부지선정위원회의 심의·의결을 거쳐야 한다.”고 규정하고 있지만, 부지선정위원회의 결정의 구속력 여부에 대한 명확한 규정은 없다.

산업부는 “심의”의 개념에 의결은 당연히 포함되는 것이며, 부지선정위원회의 성격이 자문기구이기 때문에 “산업통상자원부장관은 부지선정위원회의 심의 결과를 최대한 존중하여야 한다.”는 조항을 통해 가능한 한 산업통상자원부 장관이 부지선정위원회의 심의 결과에 구속되도록 하려는 것이라고 설명하고 있다.

하지만, 신창현의원안의 경우 부지선정위원회의 성격이 단순히 자문기구에 그치는 것인지 여부는 명확하지 않고, 각종 전문가 그룹·원전 소재 지역 등을 대표하는 위원들이 심의하여 결정한 사항들을 산업통상자원부 장관이 임의로 변경할 경우 이 법을 제정하고 부지선정위원회를 운영하는 취지에 반할 수 있다는 점에서, 부지선정위원회의 성격과 그 심의·의결 결과의 구속력 여부에 대하여 보다 명확하게 규정할 필요가 있을 것으로 보인다.

(다) 부지선정위원회의 심의 내용 공개(정부안 제9조, 신창현의원안 제10조)

두 제정안 모두 부지선정위원회의 심의 내용을 국민에게 공개하도록 규정하고 있다. 다만, 정부안은 공개와 관련된 세부사항을 대통령령으로 규정하도록 하여 공개의 범위·방법 등을 제한할 수 있는 여지를 둔 반면, 신창현의원안은 일정한 경우를 제외하고는 회의록을 의무적으로 공개하도록 법률에 직접 규정하고 있다.

부지 예정 지역 주민들의 수용성을 높이기 위해서는 절차를 공정하고 투명하게 진행하는 것이 필수 요건이라는 점에서, 가능한 한 부지선정절차와 관련된 많은 내용들을 국민들에게 공개할 필요가 있다.

다만 회의록이 모두 공개될 경우 위원들이 지역주민들의 반발을 의식하여 소신껏 자신의 의견을 개진하지 못하고 원활한 회의 진행이 이루어지지 못할 가능성도 있으므로, 이러한 점들을 종합적으로 검토하여 심의내용 공개의 범위를 결정해야 할 것으로 보인다.

	정부안	신창현의원안
정보공개	대통령령으로 정하는 바에 따라 심의내용을 국민에게 공개	심의·의결사항이 포함된 회의록을 의무적으로 작성하고 공개. 단, 부지선정의 공정성을 해칠 우려가 있는 등의 사유가 있을 경우 의결로 비공개 가능

표 59. 정보공개에 관한 정부안과 신창현의원안

㈑ 부지선정절차(정부안 제10조~제14조, 신창현의원안 제11조~제16조)

① 기본적 부지선정절차

두 제정안에서 규정하고 있는 부지선정절차의 기본적인 틀은 유사하다.

i) 산업통상자원부 장관이 부지선정위원회의 심의를 거쳐 부지적합성 조사계획을 수립하고,

ii) 기초적인 조사를 통해 부적합지를 배제하고 후보지를 선정한 뒤 후보지 중 해당 지자체장이 신청하는 지역들을 대상으로 부지적합성 기본조사를 실시하며,

iii) 기본조사 결과를 평가하여 평가가 우수한 지역을 대상으로 부지적합성 심층조사를 실시한 후 그 결과를 토대로 부지를 확정한다.

그리고 두 제정안 모두 "사용후핵연료의 관련 시설은 유치지역에 건설하여서는 아니 된다."고 규정하고 있는 「중·저준위방사성폐기물 처분시설의 유치지역지원에 관한 특별법」제18조[106)]에 따라 중·저준위방사성폐기물 처분장이 소재하고 있는 경주를 기초조사 단계부터 후보지역에서 제외하고 있다.

또한, 정부가 발표한 「고준위방사성폐기물 관리기본계획」에서는 부지적합성 기본조사 및 주민의사 확인기간 8년, 부지적합성 심층조사기간 4년 등 부지선정기간을 총 12년으로 계획하고 있다.

이것은 사용후핵연료 공론화위원회가 2020년까지 부지선정을 완료할 것을 권고한 것에 비하면 주민의견 수렴절차를 강화하기 위해 그 기간을 두 배 이상 늘린 것인데, 문제의 시급성에 비해 너무 기간을 길게 책정했다는 의견과 부지 선정에만 20~30년이 걸린 스웨덴·핀란드에 비교하면 너무 짧다는 의견이 대립하

106) 제18조(사용후핵연료 관련 시설의 건설 제한) 「원자력안전법」 제2조 제5호에 따른 사용후핵연료의 관련 시설은 유치지역에 건설하여서는 아니 된다.

고 있다. 하지만 제정안들은 부지선정절차를 규정하고 있을 뿐, 그에 소요되는 기간을 명시하고 있지는 않다.

정부안	1. 부지적합성 조사계획 수립(산업통상자원부 장관 수립, 부지선정위원회 심의) 2. 부지적합성 기본조사(부적합 지역들을 제외한 후보지역 중 지자체장이 주민의견 확인을 거쳐 신청한 지역에 한정, 경주는 후보지역에서 제외) 3. 부지적합성 심층조사(기본조사 결과 평가 후) 4. 연구용 지하연구시설(URL) 설치 5. 관리시설 예정부지 선정(심층조사 결과 평가 후) 6. 인·허가용 지하연구시설(URL) 설치(관리시설 예정부지)
신창현 의원안	1. 부지적합성 조사계획 수립(산업통상자원부 장관 수립, 부지선정위원회 심의·의결) 2. 유치지역지원 기본계획 수립(산업통상자원부 장관 수립, 부지선정위원회 심의·의결) 3. 부지적합성 기본조사(후보지역 중 지자체장이 지방의회의 동의를 얻어 응모한 지역에 한정, 경주는 후보지역에서 제외) 4. 부지적합성 심층조사(기본조사 결과 평가 후) 5. 해당지역 주민투표를 거쳐 중간저장시설 예정부지 확정

표 60. 부지선정절차에 관한 정부안과 신창현의원안

② 주민의견수렴절차의 한정 여부

두 제정안의 차이점은 두 가지가 있다.

첫째, 지자체장이 부지적합성 기본조사를 신청할 때 정부안은 부지적합성 조사계획에서 정하는 방법에 따라 지역주민의 의견을 수렴하도록 규정하고 있는 반면, 신창현의원안은 해당 지방의회의 동의를 받도록 규정하고 있다.

둘째, 정부안은 부지적합성 심층조사 후 부지를 최종 확정하기 전에 별다른 주민의견 수렴절차를 규정하고 있지 않은 반면, 신창현의원안은 부지적합성 심층조사 후 중간저장시설 부지를 최종 확정하기 전에 「주민투표법」 제8조[107]에 따른

107) 제8조(국가정책에 관한 주민투표) ① 중앙행정기관의 장은 지방자치단체의 폐치(廢置)·분합(分合) 또는 구역변경, 주요시설의 설치 등 국가정책의 수립에 관하여 주민의 의견을 듣기 위하여 필요하다고 인정하는 때에는 주민투표의 실시구역을 정하여 관계 지방자치단체의 장에게 주민투표의 실시를 요구할 수 있다. 이 경우 중앙행정기관의 장은 미리 행정자치부장관과 협의하여야 한다.

주민투표를 거치도록 규정하고 있다.

결국 신창현의원안은 지역주민들의 의견수렴절차 방식을 지방의회의 동의와 주민투표로 한정하고, 지자체장이 유치를 신청하기 전에 지방의회의 동의를 받도록 하며 심층조사가 끝나면 최종 부지가 확정되기 전에 주민투표를 거치도록 하여 2중으로 지역 주민들의 의견을 수렴하도록 규정하고 있다.

이에 대하여 산업부는 주민투표 방식을 배제하지는 않으나, 법에서 주민의견수렴방식을 한정하기보다는 부지선정위원회에서 주민투표를 포함한 다양한 주민의사 확인 방식을 종합적으로 검토할 수 있도록 재량을 부여하는 것이 보다 적절하다는 입장이다.

그러나 지역주민들의 의견을 가장 명확하게 확인할 수 있는 방법이 주민투표이고, 이러한 관점에서 「중·저준위방사성폐기물 처분시설의 유치지역지원에 관한 특별법」 역시 유치지역을 선정할 때 필수적으로 주민투표를 거치도록 규정했다는 점[108]에서, 고준위방사성폐기물 관리시설 또는 중간저장시설 부지선정 절차 중 일부로 주민투표를 법률에서 규정하고 그 밖에 다른 주민의사 수렴방식은 부지선정위원회에서 검토하도록 하는 것이 적절할 것으로 보인다.

③ 유치를 신청하는 지자체가 없을 경우의 대안

두 제정안은 모두 후보지역 중 관할 지자체장이 신청한 지역에 한하여 부지적합성 기본조사를 하도록 규정하고 있지만, 부지적합성 기본조사를 신청하는 지자체가 없을 경우에 대한 규정은 두고 있지 않다.

정부안의 경우 입법예고를 할 때에는 "부지적합성 기본조사를 신청하는 지역이 없을 경우 산업통상자원부 장관이 후보지역의 일부 또는 전부를 기본조사 대상지역으로 선정할 수 있다."는 조항이 있었으나, 이후 법제처 심의과정에서 이 조항이 삭제되었다.

산업통상자원부는 시간을 두고 재공모하는 방안, 해외 관리시설을 추진하는 방

---

② 지방자치단체의 장은 제1항의 규정에 의하여 주민투표의 실시를 요구받은 때에는 지체없이 이를 공표하여야 하며, 공표일부터 30일 이내에 그 지방의회의 의견을 들어야 한다.

③ 제2항의 규정에 의하여 지방의회의 의견을 들은 지방자치단체의 장은 그 결과를 관계 중앙행정기관의 장에게 통지하여야 한다.

108) 제7조(유치지역의 선정 등) ① 산업통상자원부장관은 「주민투표법」 제8조에 따른 주민투표를 거쳐 유치지역을 선정하여야 한다.

안 등을 유연성 있게 검토할 것이며 굳이 법률에 신청지역이 없을 경우에 대한 규정을 둘 필요는 없고, 관련 규정을 전혀 두지 않더라도 현실적으로 산업통상자원부 장관이 직권으로 기본조사 대상지역을 선정할 가능성이 거의 없다는 입장이다.

그러나 이미 2000년 6차 추진과정이나 2004년 9차 추진 과정에서 있었던 공모에서도 신청지역이 없었다는 점을 감안하면, 신청지역이 없을 경우에 대한 아무런 규정을 두지 않기보다는 재공모 등의 절차를 법률로 규정하는 방안을 검토할 필요가 있다.

④ 유치지역지원위원회 설치(정부안 제15조~제19조, 신창현의원안 제17조~제19조)

유치지역지원위원회에 대하여는 두 제정안이 거의 동일하게 규정하고 있으며, 두 가지 차이점만 있다.

	정부안	신창현의원안
소속	국무총리	좌동
심의 대상	유치지역 지원계획	유치지역지원 종합계획
구성	위원장(국무총리) 포함 20인 이내	좌동
위원 자격	1. 기재부장관 등 4개 부처 장관 및 대통령령으로 정하는 중앙행정기관의 장 2. 유치지역 관할 지자체장 3. 관리사업자 대표 4. 고준위방사성폐기물 관리에 관한 학식과 경험이 풍부한 사람	기재부장관 등 6개 부처 장관 및 대통령령으로 정하는 중앙행정기관의 장 2. 유치지역 관할 시·도지사 및 해당 지방의회 의원 2명 3. 유치지역 관할 지자체장 및 해당 지방의회 의원 2명 4. 유치지역 지역구 국회의원 5. 관리사업자 대표 6. 고준위방사성폐기물 관리에 관한 학식과 경험이 풍부한 사람
임기	2년	좌동

표 61. 유치지역위지원원회 설치에 관한 정부안과 신창현의원안

첫째, 정부안은 산업통상자원부 장관이 유치지역 지원계획을 수립하여 유치지역지원위원회의 심의를 받도록 규정하고 있는 반면, 신창현의원안은 산업통상자

원부 장관이 유치지역지원 종합계획을 수립하는 것 외에도 관계 중앙행정기관의 장이 이 종합계획을 시행하기 위한 유치지역지원 시행계획을 매년 수립하여 유치지역지원위원회의 심의·의결을 거치도록 규정하고 있다.

그러나 신창현의원안 제19조 제3항은 대통령령으로 정하는 중앙행정기관의 장을 유치지역위원회의 당연직 위원으로 규정하고 있는데, 본인이 수립한 시행계획을 본인이 심의·의결하는 형태가 되는 것은 적절하지 않은 것으로 보인다.

둘째, 신창현의원안은 정부안에서 규정한 위원들 외에 유치지역 관할 지방의회 의원들과 지역구 국회의원들을 추가로 유치지역지원위원회의 당연직 위원으로 규정하고 있는 바 이는 입법정책적으로 판단할 사항으로 보인다(정부안 제20조 참조).

정부안 제20조는 필요한 경우 고준위방사성폐기물을 국외에 설치된 관리시설에 저장·처분하거나 관리시설을 국외에 설치·운영할 수 있도록 규정하고 있다. 이는 기초적 조사를 통해 선정된 후보지역 중 처분시설의 유치를 신청하는 지자체가 전혀 없는 등의 사유로 국내에서 적절한 부지를 선정하지 못할 경우를 대비한 조항으로 보인다.

현재 다른 나라의 방사성폐기물을 저장·관리하는 외국의 사례는 없다. 다만, 南호주 주정부에서 현재 고준위방사성폐기물 국제공동 저장·처분시설을 설치하기 위해 관련법 개정 등 준비작업을 진행하고 있다는 것이 산업통상자원부의 설명이다.

이미 지역주민들의 반발 등 여러 가지 이유로 9차례 이상 부지선정이 무산되었다는 점을 고려할 때, 실제 가능성은 많지 않더라도 제정안처럼 외국의 관리시설을 활용할 수 있는 가능성을 열어둘 필요가 있을 것으로 보인다.

⑤ 원전 내 임시저장시설 증설 및 주변지역 지원(정부안 제21조)

정부안 제21조 제1항은 관리시설 설치 전 원전 부지 내에 고준위방사성폐기물 저장시설을 건설할 경우 한수원과 협의하여 그 시설계획에 관한 사항을 방사성폐기물 관리기본계획에 포함하도록 하여 원전 부지 내에 저장시설을 추가로 건설할 수 있도록 하는 동시에 동조 제2항에서는 저장시설 소재지를 관할하는 지역에 대한 지원방안을 마련하도록 규정하고 있다.

그리고 2016년 5월에 수립한 「고준위방사성폐기물 관리기본계획」에서 원전 외부에 고준위방사성폐기물 관리시설이 건설될 때까지 불가피하게 원전 안의 건식

저장시설을 확충하겠다는 내용을 발표하였다.

정부안이 예정대로 국회에서 의결된다 하더라도 부지선정에 12년이 소요되고 중간저장시설은 2035년쯤부터 운영할 수 있을 것으로 예상되기 때문에, 그 전에 원자력발전소 안의 저장시설 포화가 예상되는 월성 원전(2019년 말 포화 예정)과 한빛·고리 원전(2024년 말 포화 예정)의 경우 원전 부지 내의 저장시설을 확충할 수밖에 없을 것으로 보이며, 향후 진행상황에 따라 한울 원전(2037년 포화 예정)이나 신월성 원전(2038년 포화 예정)의 경우에도 확충의 대상이 될 수 있을 것으로 보인다.

중수로형 원전(월성)의 경우 이미 2016년 4월에 한수원이 건식저장시설 관련 운영변경허가를 원자력안전위원회에 신청하여 현재 원자력안전기술원이 인·허가 심사 중에 있으며, 운영변경허가에 1년 6개월, 기자재 설계·제작·건설에 2년 6개월 등 총 4년이 소요될 것으로 예상된다.

그리고 경수로형 원전(고리·한빛)의 경우 부지조사(6개월), 설계(1년 6개월), 인·허가(2년), 건설(4년) 등 약 8년이 소요될 예정이며, 현재 한수원이 고리·한빛 원전 내 부지에 대한 타당성 조사를 예정하고 있다.

전술한 바와 같이 중간저장시설의 건설이 완료될 때까지 원전 내 저장시설의 추가 건설은 불가피한 것으로 보인다. 다만, 제정안 제21조 제2항은 원전 소재지역에 대한 지원방안을 마련하면서 한수원과의 협의 외에는 다른 절차를 두고 있지 않은데, 위원회 심의절차까지는 거치지 않더라도 지자체장과의 협의 등을 통해 지원방안과 관련하여 지역 주민들의 의견을 수렴할 필요가 있다.

부록 1

방사성폐기물 관리법 (약칭: 방사성폐기물법)

제1장 총칙

제1조(목적) 이 법은 방사성폐기물을 안전하고 효율적으로 관리하는 데에 필요한 사항을 규정함으로써 방사성폐기물로 인한 위해(危害)를 방지하고 공공의 안전과 환경보전에 이바지함을 목적으로 한다.

제2조(정의) 이 법에서 사용하는 용어의 뜻은 다음과 같다.

1. "방사성폐기물"이란 「원자력안전법」 제2조 제18호에 따른 방사성폐기물을 말한다.
2. "방사성폐기물 관리"란 방사성폐기물을 발생시키는 자(이하 "방사성폐기물발생자"로 한다)로부터 「원자력안전법」 제70조 제2항에 따라 처분이 제한된 방사성폐기물을 인수하여 운반·저장·처리 및 처분하는 것과 이를 위한 모든 활동을 말한다.
3. "방사성폐기물 관리시설"이란 방사성폐기물 관리를 위한 시설과 그 부대시설을 말한다.
4. "처리"란 방사성폐기물의 저장·처분·재활용 등을 위하여 방사성폐기물을 물리적·화학적 방법으로 다루는 것을 말한다. 다만, 「원자력안전법」 제2조 제14호의 사용후핵연료처리는 제외한다.
5. "처분"이란 방사성폐기물을 인간의 생활권으로부터 영구히 격리시키는 것을 말한다.

제3조(다른 법률과의 관계) 방사성폐기물 관리에 관하여 다른 법률에 특별한 규정이 있는 경우 외에는 이 법으로 정하는 바에 따른다.

제4조(국가 및 지방자치단체의 책무) ① 국가는 미래세대에 부담을 주지 아니하는 방법으로 방사성폐기물 관리가 안전하고 효율적으로 이루어지도록 필요한 조치를 마련하여야 한다.

② 국가는 방사성폐기물정책의 수립·시행에 있어 국민의 참여를 우선적으로 증진하고 방사성폐기물 관리에 관한 중요 사항을 국민에게 공개하여야 한다.

③ 지방자치단체는 방사성폐기물 관리시설의 부지선정, 건설 및 운영 등 방사성폐기물 관리와 관련된 업무가 원활히 추진될 수 있도록 노력하여야 한다.

④ 국가와 지방자치단체는 방사성폐기물 관리사업을 원활하고 효율적으로 추진하

기 위하여 상호 협력하여야 한다.

제5조(방사성폐기물 관리사업자 및 발생자 등의 책무) ① 제9조에 따른 방사성폐기물 관리사업을 하는 자(이하 "방사성폐기물 관리사업자"라 한다)는 원자력의 안전규제와 관련된 기관과 협력하여 방사성폐기물을 안전하고 효율적으로 관리하여야 한다.

② 방사성폐기물 발생자는 방사성폐기물의 발생을 최소화하고, 방사성폐기물을 안전하게 관리하여야 하며, 방사성폐기물 관리와 관련된 업무에 협력하여야 한다.

③ 「전기사업법」 제12조 제1항 제3호에 따른 원자력발전사업자(이하 "원자력발전사업자"라 한다)는 방사성폐기물 관리시설의 부지를 선정함에 있어서 방사성폐기물 관리사업자에게 인적·기술적 지원과 협력을 하여야 한다.

제2장 방사성폐기물 관리 기본계획의 수립 등

제6조(방사성폐기물 관리 기본계획) ① 산업통상자원부장관은 방사성폐기물을 안전하고 효율적으로 관리하기 위하여 30년을 계획기간으로 하는 방사성폐기물 관리에 관한 기본계획(이하 "기본계획"이라 한다)을 5년마다 수립하여야 한다.

② 산업통상자원부장관은 기본계획을 수립할 때에 「원자력 진흥법」 제3조에 따른 원자력진흥위원회의 심의·의결을 거쳐야 한다. 기본계획의 내용 중 대통령령으로 정하는 중요 사항을 변경하려는 경우에도 또한 같다.

③ 기본계획에는 다음 각 호의 사항이 포함되어야 한다.

1. 방사성폐기물 관리의 기본정책에 관한 사항
2. 방사성폐기물의 발생 현황과 전망에 관한 사항
3. 방사성폐기물 관리시설의 부지선정 등 시설계획에 관한 사항
4. 방사성폐기물 관리시설에 대한 투자계획에 관한 사항
5. 기타 방사성폐기물 관리를 위하여 필요한 사항으로서 산업통상자원부령으로 정하는 사항

④ 산업통상자원부장관은 기본계획을 수립하는 경우 이를 지체 없이 국회 소관 상임위원회에 제출하여야 한다.

제6조의2(공론화 등) ① 산업통상자원부장관은 기본계획 수립과정에서 사용후핵연료 관리 등 사회적 갈등이 예상되는 사항에 대하여 이해관계인·일반시민 또는 전문가 등으로부터 광범위한 의견수렴 절차(이하 이 조에서 "공론화"라 한다)를 거칠 수 있다.

② 산업통상자원부장관은 공론화를 위하여 한시적으로 운영되는 공론화위원회(이하 이 조에서 "위원회"라 한다)를 설치할 수 있다. 이 경우 위원회의 기능 및 활동

기한은 산업통상자원부장관이 정한다.
③ 위원회는 위원장 1명을 포함한 15명 이내의 위원으로 구성한다.
④ 위원회의 위원은 사용후핵연료 관리 및 사회소통에 관한 학식과 경험이 있는 사람 중에서 산업통상자원부장관이 위촉하고, 위원장은 위원 중에서 호선한다.
⑤ 위원회는 활동기한이 종료되는 경우 의결을 거쳐 산업통상자원부장관 및 「원자력 진흥법」 제3조의 원자력진흥위원회에 권고안을 제출할 수 있다. 이 경우 산업통상자원부장관 및 원자력위원회는 권고안을 최대한 존중하여야 한다.
⑥ 산업통상자원부장관은 위원회 활동에 필요한 행정적·재정적 지원을 할 수 있다.
⑦ 기타 위원회의 운영 등에 관하여 필요한 사항은 위원회의 의결로 정한다.

제7조(방사성폐기물 관리 시행계획) ① 방사성폐기물 관리사업자는 기본계획에 따라 매년 방사성폐기물 관리에 관한 시행계획(이하 "시행계획"이라 한다)을 수립하고 시행하여야 한다.
② 시행계획을 수립할 때에는 산업통상자원부장관의 승인을 받아야 한다. 승인받은 사항을 변경하려는 경우에도 승인을 받아야 하되, 산업통상자원부령으로 정하는 경미한 사항을 변경하려는 경우에는 산업통상자원부장관에게 신고하여야 한다.
③ 제2항에 따른 승인 및 신고의 절차 등에 관하여 필요한 사항은 산업통상자원부령으로 정한다.

제8조(방사성폐기물의 조사 등) ① 산업통상자원부장관은 기본계획을 수립하기 위하여 필요하면 방사성폐기물의 발생 및 관리 현황 등에 대한 조사(이하 "실태조사"라 한다)를 할 수 있다.
② 산업통상자원부장관은 제1항에 따른 조사를 위하여 관계 기관의 장, 방사성폐기물 발생자, 방사성폐기물 관리사업자에게 필요한 자료를 제출하도록 요청할 수 있다. 이 경우 요청을 받은 자는 특별한 사유가 없으면 요청에 따라야 한다.
③ 실태조사의 시기와 방법 등에 관하여 필요한 사항은 산업통상자원부령으로 정한다.

제3장 방사성폐기물의 관리

제9조(방사성폐기물 관리사업) 방사성폐기물 관리를 위한 사업(이하 "방사성폐기물 관리사업"이라 한다)의 범위는 다음 각 호와 같다.
1. 방사성폐기물의 운반·저장·처리 및 처분
2. 방사성폐기물 관리시설의 부지선정, 건설, 운영 및 폐쇄 후 관리
3. 방사성폐기물 관리를 위한 자료의 수집·조사·분석 및 관리

4. 방사성폐기물 관리에 관한 홍보
5. 제1호부터 제4호까지의 사업을 위하여 필요한 연구개발, 인력 양성, 국제협력 등 대통령령으로 정하는 부대사업

제10조(방사성폐기물 관리사업자) 방사성폐기물 관리사업자는 제18조 제1항에 따른 한국원자력환경공단으로 한다.

제11조(방사성폐기물 관리시설의 운영기준) ① 방사성폐기물 관리사업자는 방사성폐기물을 안전하고 효율적으로 관리하기 위하여 방사성폐기물 관리시설의 운영에 관한 기준(이하 "운영기준"이라 한다)을 정하여야 한다.

② 방사성폐기물 관리사업자는 운영기준을 제정·변경 또는 폐지하려는 경우에는 산업통상자원부장관의 승인을 받아야 한다. 다만, 산업통상자원부령으로 정하는 경미한 사항을 변경하려는 경우에는 산업통상자원부장관에게 신고하여야 한다.

③ 운영기준에는 다음 각 호의 사항이 포함되어야 한다.

1. 방사성폐기물 관리시설에서의 방사성폐기물 관리의 절차와 방법에 관한 사항
2. 방사성폐기물 관리시설의 점검·유지 및 보수에 관한 사항

제12조(정보의 공개) 방사성폐기물 관리사업자는 방사성폐기물 관리시설에의 방사성폐기물 반입 현황 및 전망과 그 관리에 관한 정보를 산업통상자원부령으로 정하는 바에 따라 국민에게 알려야 한다.

제13조(방사성폐기물의 인도) ① 방사성폐기물 발생자는 「원자력안전법」 제70조 제2항에 따라 처분이 제한된 종류 및 수량의 방사성폐기물이 발생하였을 때에는 방사성폐기물 관리사업자에게 인도(引渡)하여 방사성폐기물 관리를 하도록 하여야 한다.

② 제1항에 따른 인도의 절차와 방법 등에 관하여 필요한 사항은 대통령령으로 정한다.

제14조(방사성폐기물의 관리비용) ① 방사성폐기물 발생자는 방사성폐기물의 종류 및 발생량 등 대통령령으로 정하는 기준에 따라 산정된 방사성폐기물 관리에 드는 비용(이하 "관리비용"이라 한다)을 부담하여야 한다. 다만, 원자력발전사업자는 관리비용 중 제15조 제1항에 따라 부담금으로 부과 받은 비용에 상당하는 금액은 부담하지 아니한다.

② 방사성폐기물 발생자는 제13조 제1항에 따라 방사성폐기물을 방사성폐기물 관리사업자에게 인도할 때에는 해당 관리비용을 방사성폐기물 관리사업자에게 납부하여야 한다.

③ 방사성폐기물 관리사업자는 제2항에 따라 받은 관리비용을 제28조에 따른 방사성폐기물관리기금(이하 "기금"이라 한다)에 납입하여야 한다.

④ 원자력발전사업자 외의 방사성폐기물 발생자로서 대통령령으로 정하는 자는 대통령령으로 정하는 바에 따라 방사성폐기물을 인도할 때에 납부하여야 할 관리비용을 매년 적립하여야 한다.
⑤ 관리비용의 납입절차와 납입방법 등에 관하여 필요한 사항은 대통령령으로 정한다.

第15조(사용후핵연료관리부담금) ① 산업통상자원부장관은 방사성폐기물 관리사업 중 사용후핵연료의 관리에 관한 사업을 원활하게 수행하기 위하여 원자력발전사업자에게 사용후핵연료의 종류·발생량, 단위발생량당 소요비용 등 대통령령으로 정하는 기준에 따라 산정된 사용후핵연료관리부담금(이하 "부담금"이라 한다)을 부과·징수한다.
② 산업통상자원부장관은 원자력발전사업자가 납부기한까지 부담금을 납부하지 아니하면 그 납부기한의 다음 날부터 납부일의 전날까지의 기간에 대하여 100분의 5를 초과하지 아니하는 범위에서 대통령령으로 정하는 가산금을 징수한다.
③ 산업통상자원부장관은 원자력발전사업자가 납부기한까지 부담금을 납부하지 아니하면 기간을 정하여 독촉을 하고, 그 지정된 기간에 부담금 및 제2항에 따른 가산금을 납부하지 아니하면 국세 체납처분의 예에 따라 징수할 수 있다.
④ 제1항부터 제3항까지의 규정에 따라 징수한 부담금 및 가산금은 기금에 귀속된다.
⑤ 원자력발전사업자는 분기별 사용후핵연료의 종류와 발생량을 기재한 자료를 매분기가 끝난 후 15일 이내에 산업통상자원부장관에게 제출하여야 한다.
⑥ 부담금의 납부방법과 납부시기 등에 관하여 필요한 사항은 대통령령으로 정한다.

第16조(관리비용 또는 부담금의 선납) ① 기금에서 방사성폐기물 관리시설을 건설하는 데에 드는 비용을 충당하기 어려운 경우에는 제14조 및 제15조에도 불구하고 원자력발전사업자에게 관리비용 또는 부담금을 미리 납부하게 할 수 있다.
② 제1항에 따라 미리 납부하는 관리비용 또는 부담금의 최고 한도액, 초과 납부된 관리비용 또는 부담금의 정산 등에 관하여 필요한 사항은 대통령령으로 정한다.

第17조(원자력발전소 해체비용의 적립 등) ① 원자력발전사업자는 대통령령으로 정하는 바에 따라 해당 원자력발전소를 해체하는 데에 쓰일 충당금을 매년 별도로 적립하고 회계처리하여야 한다.
② 원자력발전사업자는 제1항에 따른 충당금의 조달계획을 매년 작성하여 산업통상자원부장관에게 제출하여야 한다.

제4장 한국원자력환경공단

제18조(한국원자력환경공단의 설립) ① 방사성폐기물 관리를 효율적으로 수행하기 위하여 한국원자력환경공단(이하 "공단"이라 한다)을 설립한다.

② 공단은 법인으로 한다.

③ 공단은 그 주된 사무소의 주소지에서 설립등기를 함으로써 성립한다.

④ 공단은 산업통상자원부장관의 승인을 받아 업무 수행을 위한 사업소 또는 연구기관을 둘 수 있다.

제19조(임원) ① 공단의 임원은 이사장 1명과 부이사장 1명을 포함한 9명 이내의 이사와 감사 1명으로 한다.

② 이사는 상임 및 비상임으로 구분하고, 비상임이사에는 대통령령으로 정하는 당연직 이사를 둘 수 있다.

제20조(사업) 공단은 다음 각 호의 사업을 수행한다.

1. 방사성폐기물 관리사업
2. 이 법 또는 다른 법령에 따라 정부로부터 위탁받은 사업
3. 기타 공단의 설립목적을 달성하기 위하여 필요한 사업으로서 공단의 정관으로 정하는 사업
4. 제1호부터 제3호까지의 사업에 딸린 사업

제21조(자금의 조달) 공단의 운영 및 사업에 드는 자금의 조달은 다음 각 호에 따른다.

1. 기금에서의 지급금
2. 제22조에 따른 차입금
3. 정부나 정부 외의 자의 출연금 또는 보조금
4. 기타 산업통상자원부령으로 정하는 수입

제22조(자금의 차입) 공단은 제20조에 따른 사업을 위하여 필요하면 이사회의 심의·의결을 거쳐 자금을 차입할 수 있다.

제23조(국유재산의 무상 대부) 국가는 공단의 사업을 위하여 필요하면 「국유재산법」에도 불구하고 국유재산을 무상으로 대부하게 할 수 있다.

제24조(예산 등) ① 공단의 이사장은 사업연도마다 예산안을 편성하여 이사회의 의결을 거친 후 산업통상자원부장관의 승인을 받아야 한다.

② 제1항에 따라 이사회의 의결을 거친 예산안에 대하여 승인을 받으려면 회계연도가 시작되기 20일 전까지 산업통상자원부장관에게 그 예산안을 제출하여야 한다.

③ 공단은 매 회계연도의 결산 결과 이익금이 생겼을 때에는 이월손실금의 보전(補塡)에 충당하고, 나머지 금액의 처분에 관하여는 이사회의 심의·의결에 따른다.

제25조(업무의 위탁) ① 공단은 대통령령으로 정하는 방사성폐기물 관리사업의 일부를 다음 각 호의 어느 하나에 해당하는 자에게 위탁할 수 있다.

1. 「원자력안전법」 제54조에 따른 업무대행자
2. 방사성폐기물 관리업무와 관련된 기술능력·인력 및 재무능력 등 산업통상자원부령으로 정하는 기준에 맞는 자

② 공단이 제1항에 따라 방사성폐기물 관리사업의 일부를 위탁하고자 하는 경우에는 대통령령이 정하는 바에 따라 산업통상자원부장관의 승인을 받아야 한다. 다만, 위탁받을 자가 제1항 제1호에 해당하는 자인 경우에는 「원자력안전법」 제54조에 따라 대행하는 업무에 관하여는 산업통상자원부장관의 승인을 받은 것으로 본다.

③ 제1항 및 제2항에 따라 방사성폐기물 관리사업을 위탁받은 자에 관하여는 제8조 제2항, 제12조 및 제34조부터 제36조까지의 규정을 준용한다.

제26조(「민법」의 준용) 공단에 관하여 이 법에 규정된 것 외에는 「민법」 중 재단법인에 관한 규정을 준용한다.

제27조(업무의 지도·감독) 산업통상자원부장관은 공단의 업무를 지도·감독하고, 필요하다고 인정하면 공단에 대하여 그 사업에 관한 지시 또는 명령을 할 수 있다.

제5장 방사성폐기물관리기금

제28조(방사성폐기물관리기금의 설치) 방사성폐기물 관리에 필요한 재원을 확보하기 위하여 방사성폐기물관리기금을 설치한다.

제29조(기금의 조성) 기금은 다음 각 호의 재원으로 조성한다.

1. 제14조 제3항에 따른 방사성폐기물 관리사업자의 납입금
2. 제15조에 따른 부담금 및 가산금
3. 정부 외의 자의 출연금 및 기부금
4. 기금의 운용으로부터 생기는 수익금
5. 기타 대통령령으로 정하는 수입금

제30조(기금의 용도 등) ① 기금은 다음 각 호의 어느 하나에 해당하는 용도에 사용한다.

1. 방사성폐기물 관리사업
2. 기금의 조성과 그 관리·운용에 필요한 경비

3. 기타 방사성폐기물 관리를 위하여 대통령령으로 정하는 사업에 필요한 지원

② 기금의 재원 중 용도를 명시하여 조성되는 금액은 별도의 계정으로 구분하여 회계 처리하여야 한다. 다만, 특정 계정의 재원이 일시적으로 부족한 경우에는 대통령령으로 정하는 바에 따라 다른 계정의 여유 재원을 전입(轉入)하여 사용할 수 있다.

③ 산업통상자원부장관은 기금을 사용하는 자가 해당 기금의 지출 목적 외에 사용한 경우에는 지출된 기금의 전부를 환수할 수 있다.

④ 제3항에 따른 기금의 환수에 대하여는 국세 체납처분의 예에 따른다.

제31조(기금의 관리·운용) ① 기금은 산업통상자원부장관이 관리·운용한다.

② 기금의 관리·운용에 관하여 필요한 사항은 대통령령으로 정한다.

제32조(기금의 회계기관) 산업통상자원부장관은 기금의 수입과 지출에 관한 사무를 행하도록 하기 위하여 소속 공무원 중에서 기금수입징수관·기금재무관·기금지출관 및 기금출납공무원을 임명한다.

제33조(기금의 이익 및 결손의 처리) ① 기금의 결산상 이익금이 생긴 때에는 이를 전액 적립하여야 한다.

② 기금의 결산상 손실금이 생긴 때에는 제1항에 따른 적립금으로 보전한다.

제6장 보칙

제34조(보고와 검사 등) ① 산업통상자원부장관은 방사성폐기물을 안전하고 효율적으로 관리하기 위하여 필요하다고 인정하면 산업통상자원부령으로 정하는 바에 따라 방사성폐기물 발생자와 방사성폐기물 관리사업자(이하 "방사성폐기물 발생자등"이라 한다)에게 보고를 하게 하거나 자료를 제출하게 할 수 있으며, 관계 공무원에게 사무소나 사업장 등에 출입하여 관계 서류나 시설·장비 등을 검사하게 할 수 있다.

② 제1항에 따른 검사를 하는 경우에는 검사를 하기 7일 전까지 검사 일시, 검사 이유 및 검사 내용 등을 포함한 검사 계획을 검사 대상자에게 알려야 한다. 다만, 긴급하거나 증거인멸 등으로 검사의 목적을 달성할 수 없다고 인정하는 경우에는 그러하지 아니하다.

③ 제1항에 따라 출입·검사를 하는 공무원은 그 권한을 표시하는 증표를 지니고 이를 관계인에게 내보여야 한다.

제35조(방사성폐기물 발생자등에 대한 조치명령) ① 산업통상자원부장관은 방사성폐기물 발생자등이 이 법으로 정한 의무를 이행하지 아니하여 방사성폐기물 관리에 현

저한 지장을 줄 우려가 있다고 인정되면 적당한 기간을 정하여 대통령령으로 정하는 바에 따라 시정을 명하거나 필요한 조치를 명할 수 있다.

② 산업통상자원부장관은 제1항에 따른 명령을 하려면 미리 방사성폐기물 발생자등에게 그 이유를 알려 의견 및 증거를 제출할 기회를 주어야 한다. 다만, 방사성폐기물을 안전하게 관리하기 위하여 긴급한 경우에는 사후에 의견 및 증거를 제출할 기회를 주어야 한다.

제36조(대집행) 산업통상자원부장관은 제35조에 따른 명령을 받은 방사성폐기물 발생자등이 그 명령을 이행하지 아니하는 경우에는 「행정대집행법」으로 정하는 바에 따라 대집행(代執行)을 할 수 있다.

제37조(권한의 위탁) 산업통상자원부장관은 이 법에 따른 권한의 일부를 대통령령으로 정하는 바에 따라 공단이나 대통령령으로 정하는 기관 또는 단체에 위탁할 수 있다.

제38조(벌칙 적용 시의 공무원 의제) 공단의 임직원과 제37조에 따라 산업통상자원부장관이 위탁한 업무에 종사하는 기관·단체의 임직원은 「형법」 제129조부터 제132조까지의 규정에 따른 벌칙을 적용할 때에는 공무원으로 본다.

제39조(벌칙) ① 방사성폐기물 관리시설을 파괴하거나 부당하게 조작하여 사람의 생명 또는 신체를 해하거나 공공의 안전을 해치는 자는 1년 이상 10년 이하의 징역에 처한다.

② 방사성폐기물 관리시설을 파괴하거나 부당하게 조작하여 사람을 사망하게 한 자는 사형, 무기 또는 7년 이상의 징역에 처한다.

③ 제1항 및 제2항의 미수범은 처벌한다.

④ 제1항 및 제2항의 죄를 범할 목적으로 예비·음모 또는 선동한 자는 1년 이상의 유기징역에 처한다.

제40조(벌칙) ① 방사성폐기물 관리시설을 손괴·절취하거나 방사성폐기물 관리시설의 기능에 장애를 발생하게 하여 방사성폐기물 관리를 방해한 자는 10년 이하의 징역 또는 1억원 이하의 벌금에 처한다.

② 다음 각 호의 어느 하나에 해당하는 자는 5년 이하의 징역 또는 5천만원 이하의 벌금에 처한다.

1. 정당한 사유 없이 방사성폐기물 관리시설을 조작하여 방사성폐기물 관리를 방해한 자
2. 방사성폐기물 관리사업에 종사하는 자로서 정당한 사유 없이 방사성폐기물 관리시설의 유지 또는 운영을 하지 아니함으로써 방사성폐기물 관리에 장애를 발

생하게 한 자

③ 제1항 및 제2항 제1호의 미수범은 처벌한다.

제41조(벌칙) 방사성폐기물 관리사업자나 제25조에 따라 방사성폐기물 관리사업의 일부를 위탁받아 수행하는 자가 아닌 자가 방사성폐기물 관리사업을 영위한 경우에는 3년 이하의 징역 또는 3천만원 이하의 벌금에 처하거나 이를 병과(倂科)할 수 있다.

제42조(벌칙) 제7조 제2항 전단을 위반하여 승인을 받지 아니하고 시행계획을 시행한 자는 2년 이하의 징역 또는 2천만원 이하의 벌금에 처하거나 이를 병과할 수 있다.

제43조(벌칙) 제7조 제2항 후단을 위반하여 변경승인을 받지 아니하고 시행계획을 시행한 자는 300만원 이하의 벌금에 처한다.

제44조(양벌규정) ① 법인의 대표자, 대리인, 사용인, 그 밖의 종업원이 그 법인의 업무에 관하여 제40조부터 제43조까지의 위반행위를 하면 그 행위자를 벌할 뿐만 아니라 그 법인에도 해당 조문의 벌금형을 과(科)한다. 다만, 법인이 그 위반행위를 방지하기 위하여 그 업무에 관하여 상당한 주의와 감독을 게을리 하지 아니한 때에는 그러하지 아니한다.

② 개인의 대리인, 사용인, 그 밖의 종업원이 그 개인의 업무에 관하여 제40조부터 제43조까지의 위반행위를 하면 그 행위자를 벌할 뿐만 아니라 그 개인에게도 해당 조문의 벌금형을 과한다. 다만, 개인이 그 위반행위를 방지하기 위하여 그 업무에 관하여 상당한 주의와 감독을 게을리 하지 아니한 때에는 그러하지 아니한다.

제45조(과태료) ① 다음 각 호의 어느 하나에 해당하는 자에게는 200만원 이하의 과태료를 부과한다.

1. 제7조 제2항 후단을 위반하여 변경신고를 하지 아니한 자
2. 제15조 제5항을 위반하여 정당한 사유 없이 자료를 제출하지 아니하거나 거짓으로 제출한 자
3. 제34조 제1항에 따른 보고나 자료 제출을 하지 아니하거나 거짓으로 보고 또는 자료제출을 한 자
4. 제34조 제1항에 따른 출입·검사를 거부·방해 또는 기피한 자
5. 제35조 제1항에 따른 명령을 이행하지 아니한 자

② 제1항에 따른 과태료는 대통령령으로 정하는 바에 따라 산업통상자원부장관이 부과·징수한다.

부록 2 사용후핵연료 공론화위원회의 설치 및 지원에 관한 고시(제 2013-163호)

「방사성폐기물관리법」제6조의2에 따라 사용후핵연료 관리방안에 관한 공론화를 객관적이고, 중립적으로 추진하기 위해 공론화위원회를 설치하고, 지원함에 있어 필요한 구체적 사항을 규정하고자 「사용후핵연료 공론화위원회의 설치 및 지원에 관한 고시」를 다음과 같이 제정·고시한다.

2013. 11. 18.
산업통상자원부장관

제1조(목적) 이 고시는 「방사성폐기물관리법」(이하 '법'이라 한다) 제6조의2에 따른 공론화위원회의 설치, 지원 등에 관하여 필요한 사항을 정함을 목적으로 한다.

제2조(정의) 이 지침에서 사용되는 용어의 뜻은 다음과 같다.

1. "공론화"란 법 제6조의2 제1항에 따른 '공론화'를 말한다.
2. "공론화 실행계획"이란 공론화의 실행을 위한 구체적인 계획으로서 공론화의 목적, 기본원칙, 논의주제, 논의방법, 공론화 일정 등을 포함한다.
3. "공단"이란 법 제18조에 따른 '한국원자력환경공단'을 말한다.
4. "사용후핵연료 공론화위원회"란 사용후핵연료의 관리방안에 관한 공론화를 추진하기 위해 법 제6조의2에 따라 설치한 공론화위원회(이하 '위원회'라 한다)를 말한다.

제3조(위원회의 기능) ① 위원회는 정부로부터 독립적인 위치에서 객관적이고 중립적으로 사용후핵연료의 관리방안에 관한 공론화를 추진한다.

② 위원회는 다음 각 호의 업무를 수행한다.

1. 공론화의 주관
2. 공론화 실행계획의 수립
3. 회의 안건 및 관련 자료의 작성
4. 공론화 관련 대국민 정보의 제공 및 홍보
5. 법 제6조의2 제5항에 따른 권고안의 작성 및 제출

6. 그 밖에 공론화와 관련하여 필요하다고 판단하여 위원회가 의결한 사항

③ 위원회는 법 제6조의2 제5항에 따라 활동기한이 종료되는 경우 권고안을 산업통상자원부장관과 「원자력진흥법」 제3조의 원자력진흥위원회에 제출한다. 다만, 활동기간 중이라도 공론화 과정에서 필요하다고 인정되는 경우에는 위원회 의결을 거쳐 논의 주제별 또는 단계별로 권고안을 제출할 수 있다.

④ 위원회는 의견수렴을 위해 필요하다고 인정되는 경우에는 위원회 산하에 분과위원회를 설치할 수 있다. 이 경우 분과위원회의 구성, 운영 등에 관하여는 제5항의 운영세칙에 따른다.

⑤ 위원회는 법 제6조의2 제7항에 따라 위원회의 운영 등에 관하여 필요한 사항을 운영세칙으로 정한다.

제4조(위원회의 구성) ① 위원회는 위원장 1명을 포함한 15명 이내의 위원으로 구성한다.

② 위원회의 위원은 법 제6조의2 제4항에 따라 다음 각 호의 사람 중에서 산업통상자원부장관이 위촉한다.

1. 원자력, 에너지 등 자연과학 분야의 학식과 경험이 있는 사람
2. 인문·사회과학 분야의 학식과 경험이 있는 사람
3. 공공갈등의 관리에 관한 학식과 경험이 있는 사람
4. 에너지 분야와 관련된 민간단체(「비영리민간단체 지원법」 제2조에 따른 비영리민간단체를 말한다)를 대표하는 사람
5. 원자력발전소 소재 지역을 대표하는 사람

③ 산업통상자원부장관은 제2항 제5호에 해당하는 위원을 제5조 제1항에 따른 원자력발전소 소재지역 특별위원회의 위원 중에서 위촉할 수 있다.

④ 위원회의 위원장은 위원회의 위원 중에서 호선한다.

⑤ 위원회는 제3조 제4호의 업무를 수행하기 위하여 1명의 대변인을 둘 수 있다. 이 경우 대변인은 위원장이 위원들의 의견을 수렴하여 위원 중에서 지명한다.

⑥ 산업통상자원부장관은 사임 등의 사유로 위원장이 위원회의 의결을 거쳐 위원의 해촉을 요청하는 경우 해당 위원을 해촉할 수 있다.

제5조(원전소재지역 특별위원회) ① 산업통상자원부장관은 위원회가 공론화와 관련하여 원자력발전소 소재지역의 의견을 효과적으로 수렴할 수 있도록 하기 위하여 원전소재지역 특별위원회(이하 '특별위원회'라 한다)를 설치할 수 있다.

② 특별위원회는 원전소재지역 지방자치단체의 추천을 받아 10명 이내의 위원으로 구성한다.

③ 특별위원회의 위원장은 특별위원회의 위원 중에서 호선한다.

④ 특별위원회는 공론화와 관련하여 원자력발전소 소재지역의 의견 수렴을 위해 위원회가 회부하는 안건에 대해 검토하여 그 의견을 위원회에 제출할 수 있다.

⑤ 특별위원회에서 의결한 사항에 대해서는 위원회에 제출할 수 있고, 특별위원회의 위원장이 위원회에 출석하여 설명할 수 있다.

⑥ 산업통상자원부장관은 사임 등의 사유로 특별위원회의 위원장이 특별위원회의 의결을 거쳐 특별위원회 위원의 해촉을 요청하는 경우 해당 위원을 해촉할 수 있다.

⑦ 그 밖에 특별위원회의 운영을 위하여 필요한 사항은 특별위원회 운영세칙으로 정한다.

제6조(사용후핵연료 범부처협의체) ① 정부는 공론화와 관련하여 범부처적으로 필요한 논의를 위해 국무조정실, 산업통상자원부, 과학기술정보통신부 등 관계부처 소속 공무원이 참여하는 범부처협의체(이하 '협의체'라 한다)를 구성할 수 있다.

② 협의체의 장은 국무조정실 소속 정무직 공무원이 되고, 그 외 위원은 관계부처 고위 공무원이 되며, 간사는 산업통상자원부 원전산업정책관으로 한다.

③ 협의체는 위원회가 정부의견 청취를 위해 회부하는 안건에 대하여 논의한다.

④ 위원장과 협의체의 장은 필요한 경우 협의를 통해 공론화위원회와 협의체 간 연석회의를 개최할 수 있다.

제7조(위원의 수당 등) ① 법 제6조의2 제6항에 따라 위원회의 위원과 위원회의 요청으로 회의에 출석하는 사람 등에 대하여는 예산의 범위 안에서 수당과 여비를 지급할 수 있다. 다만, 공무원인 사람이 그 소관업무와 직접적으로 관련되어 회의에 출석하는 경우에는 그러하지 아니하다.

② 제1항에 따른 수당 및 여비의 지급 기준은 제9조 제5항의 공론화지원단 운영규정으로 정한다.

③ 분과위원회와 특별위원회에 대한 지원은 제1항을 준용한다. 다만, 분과위원회와 특별위원회의 장에 대하여는 위원회의 위원에 해당하는 규정을 적용한다.

제8조(위원회의 활동기한) 법 제6조의2 제2항에 따른 위원회의 활동기한은 제10조에 따른 2014년 12월 31일까지의 범위 내에서 위원회가 의결을 거쳐 활동을 종료하는 날까지로 한다. 다만, 위원회가 2014년 12월 31일을 초과하여 활동하려는 경우에는 위원회의 의결을 거쳐 위원장이 산업통상자원부장관과 미리 협의하여야 한다.

제9조(공론화지원단) ① 산업통상자원부장관은 법 제6조의2 제6항에 따른 행정적·재정적 지원을 위해 공단 내에 임시기구(이하 '공론화지원단'이라 한다)를 둘 수 있다.

② 공단 이사장은 공론화지원단에 공단 소속 직원을 배치할 수 있다.

③ 산업통상자원부장관은 산업통상자원부 소속 공무원을 공론화지원단에 파견할

수 있고, 원자력발전소 소재지역 지방자치단체의 장과 원자력 분야 유관기관의 장에게 공론화지원단의 구성을 위하여 필요한 인력의 파견을 요청할 수 있다.

④ 공론화지원단은 위원회에 대한 지원을 위하여 관련 규정 및 예산의 범위 내에서 다음 각 호의 업무를 수행한다.

1. 공론화위원회가 요청하는 자료 및 정보의 제공
2. 공론화 실행을 위하여 필요한 재정적·행정적 지원
3. 그 밖에 공론화를 위하여 위원회가 요청하는 사항에 대한 지원

⑤ 그 외 공론화지원단의 구성 및 운영을 위하여 필요한 사항은 공단 이사장이 공론화지원단 운영규정으로 정한다.

⑥ 공단 이사장이 제5항에 따른 공론화지원단 운영규정을 제정하거나 변경하려는 경우에는 산업통상자원부장관의 승인을 받아야 한다.

제10조(재검토기한) 이 고시는 「훈령·예규 등의 발령 및 관리에 관한 규정」(대통령훈령 제248호)에 따라 이 고시를 발령한 후의 법령이나 현실 여건의 변화 등을 검토하여 이 고시의 폐지, 개정 등의 조치를 하여야 하는 기한은 2014년 12월 31까지로 한다.

부록 3 중·저준위방사성폐기물 처분시설의 유치지역지원에 관한 특별법 (약칭: 방폐물유치지역법)

제1장 총칙

제1조(목적) 이 법은 중·저준위(中·底準位)방사성폐기물 처분시설을 유치한 지역에 대한 지원체계를 마련하여 유치지역의 발전 및 주민의 생활 향상에 이바지함을 목적으로 한다.

제2조(정의) 이 법에서 사용하는 용어의 뜻은 다음과 같다.

1. "중·저준위방사성폐기물"이란 「원자력안전법」 제2조 제18호에 따른 방사성폐기물 중 방사능 농도 및 열 발생률을 고려하여 대통령령으로 정하는 방사성폐기물을 말한다.
2. "중·저준위방사성폐기물 처분시설"이란 중·저준위방사성폐기물(이하 "방사성폐기물"이라 한다)을 영구적으로 처분하기 위한 시설 및 관련 부대시설(이하 "처분시설"이라 한다)을 말한다.
3. "설치지역"이란 처분시설이 설치될 지역으로서 「전원개발촉진법」 제11조에 따라 산업통상자원부장관이 전원개발사업 예정구역으로 지정·고시한 지역이나 처분시설이 설치되어 있는 지역을 말한다.

제2장 유치지역지원위원회 등

제3조(유치지역지원위원회의 설치) ① 설치지역을 관할하는 특별자치도·시·군 또는 자치구(이하 "관할지방자치단체"라 한다)의 지역(이하 "유치지역"이라 한다)에 대한 지원에 관한 중요 사항을 심의하기 위하여 국무총리 소속으로 유치지역지원위원회(이하 "위원회"라 한다)를 둔다.

② 위원회는 위원장 1명을 포함한 20명 이내의 위원으로 구성하며, 위원은 당연직위원과 위촉위원으로 구성한다.

③ 위원장은 국무총리로 하고, 당연직위원은 다음 각 호의 사람으로 하며, 위촉위원은 원자력 관련 지원사업에 관하여 학식과 경험이 풍부한 사람 중에서 국무총리가 위촉하는 사람으로 한다.

1. 기획재정부장관, 과학기술정보통신부장관, 행정안전부장관, 산업통상자원부장관, 기타 대통령령으로 정하는 중앙행정기관의 장
2. 유치지역을 관할하는 특별시장·광역시장·도지사 또는 특별자치도지사
3. 유치지역을 관할하는 특별자치도지사·시장·군수 또는 구청장(자치구의 구청장을 말하되, 이하 "시장·군수 또는 구청장"이라 한다)
4. 「방사성폐기물 관리법」 제10조에 따른 방사성폐기물 관리사업자(이하 "관리사업자"라 한다)의 대표

④ 위촉위원의 임기는 2년으로 하고, 연임할 수 있다. 다만, 위원의 사임(辭任) 등으로 인하여 새로 위촉된 위원의 임기는 전임위원의 남은 임기로 한다.

⑤ 위원회에 간사 1명을 두며, 간사는 산업통상자원부장관이 된다.

⑥ 위원회를 효율적으로 운영하기 위하여 위원회에 실무위원회를 둔다.

⑦ 위원회 및 실무위원회의 구성·운영 등에 필요한 사항은 대통령령으로 정한다.

제4조(위원회의 기능) 위원회는 다음 각 호의 사항을 심의한다.

1. 제5조에 따른 유치지역지원계획에 관한 사항
2. 제6조에 따른 유치지역지원 시행계획에 관한 사항
3. 제10조에 따른 관리사업자의 지원사업에 관한 사항
4. 제11조에 따른 국유재산·공유재산의 대부 등에 관한 사항
5. 기타 이 법에 따른 유치지역의 지원에 관하여 위원회의 위원장이 회의에 부치는 사항

제5조(유치지역지원계획의 수립) ① 산업통상자원부장관은 유치지역에 대한 지원을 효율적이고 체계적으로 수행하기 위하여 유치지역에 대한 지원계획(이하 "지원계획"이라 한다)을 수립하여야 한다. 이 경우 산업통상자원부장관은 해당 지원계획과 관련된 관계 중앙행정기관의 장, 유치지역을 관할하는 시장·군수 또는 구청장과 미리 협의하여야 한다.

② 지원계획은 위원회의 심의를 거쳐 확정한다.

③ 지원계획의 수립절차·요건 및 내용에 관하여 필요한 사항은 대통령령으로 정한다.

제6조(유치지역지원 시행계획의 수립) ① 관계 중앙행정기관의 장은 지원계획을 시행하기 위하여 소관별로 유치지역지원 시행계획(이하 "시행계획"이라 한다)을 수립·시행하여야 한다.

② 관계 중앙행정기관의 장은 전년도 시행계획의 추진실적과 다음 연도의 시행계획을 위원회에 제출하여야 한다.

③ 시행계획의 수립절차·요건 및 내용에 관하여 필요한 사항은 대통령령으로 정한다.

제3장 유치지역에 대한 지원

제7조(유치지역의 선정 등) ① 산업통상자원부장관은 「주민투표법」 제8조에 따른 주민투표를 거쳐 유치지역을 선정하여야 한다.

② 산업통상자원부장관은 유치지역의 선정계획, 부지조사 결과, 선정과정 등을 공개적이고 투명하게 진행하여야 한다.

③ 산업통상자원부장관은 유치지역의 선정과 관련하여 해당 지역 주민을 대상으로 설명회 또는 토론회를 실시하여야 한다.

제8조(유치지역 특별지원금의 지원) ① 산업통상자원부장관은 「전기사업법」 제12조 제1항 제3호에 따른 원자력발전사업자로 하여금 유치지역을 위한 특별지원금(이하 "지원금"이라 한다)을 관할지방자치단체에 지원하게 할 수 있다. 다만, 대통령령으로 정하는 바에 따라 설치지역으로부터 5킬로미터 이내에 위치하는 곳으로서 다른 시·군·자치구의 읍·면·동에 대하여도 지원금을 지원하게 할 수 있다.

② 지원금의 규모는 「발전소주변지역 지원에 관한 법률」 제13조 제2항에 따른 원자력발전소 주변지역에 대한 지원 규모 등을 고려하여 대통령령으로 정한다.

③ 제1항에 따른 지원금의 지원 시기 등 세부사항은 산업통상자원부령으로 정한다. 이 경우 산업통상자원부장관은 관할지방자치단체와 협의하여야 한다.

제9조(유치지역지원사업 특별회계의 설치 및 운용) ① 유치지역에 대한 지원사업에 드는 사업비를 확보하고 이를 합리적으로 운용하기 위하여 관할지방자치단체에 유치지역지원사업 특별회계(이하 "특별회계"라 한다)를 설치한다.

② 특별회계는 유치지역을 관할하는 시장·군수 또는 구청장이 관리·운용한다.

③ 특별회계의 세입은 다음 각 호와 같다.

1. 지원금
2. 제15조 제2항에 따라 관할지방자치단체에 귀속되는 수수료
3. 기타 특별회계 관리·운용 등에 따른 수입금

④ 특별회계의 세출은 다음 각 호와 같다.

1. 지역개발, 관광진흥, 문화시설 확충 및 농수산물 판로지원 등의 사업에 필요한 비용
2. 지역주민의 소득 증대, 생활 안정, 생활환경 개선 및 복리 증진 등을 위한 사업에 필요한 비용
3. 기타 유치지역의 발전과 주민의 생활 향상을 위하여 대통령령으로 정하는 사업에 필요한 비용

⑤ 특별회계의 관리·운용 및 결산 등에 필요한 사항은 관할지방자치단체의 조례로

정한다.

제10조(관리사업자의 지원사업) 관리사업자는 제15조 제2항에 따라 관리사업자에게 귀속되는 수수료의 일부를 재원(財源)으로 하여 대통령령으로 정하는 바에 따라 유치지역에 대하여 다음 각 호의 사업을 시행할 수 있다.

1. 전기요금 보조사업, 홍보사업, 육영사업(育英事業) 또는 환경·안전관리사업
2. 농수산물 관련 지원사업 및 관광진흥사업
3. 기타 위원회가 유치지역의 발전을 위하여 지원이 필요하다고 인정한 사업

제4장 유치지역 개발에 대한 특례

제11조(국유재산·공유재산의 대부 등) ① 국가나 지방자치단체는 유치지역 개발에 필요하다고 인정되는 경우에는 「국유재산법」 또는 「공유재산 및 물품 관리법」에도 불구하고 위원회의 심의를 거쳐 국유재산·공유재산을 무상 또는 할인하여 대부하거나 사용허가를 할 수 있고, 수의계약으로 매각할 수 있다.

② 국유재산·공유재산을 대부받거나 사용허가를 받은 자는 국유재산·공유재산에 건물이나 그 밖의 시설물을 설치할 수 있다.

③ 대부·사용허가 및 매각 등에 관한 구체적인 사항은 대통령령으로 정한다.

제12조(유치지역에 대한 국고보조금의 보조율) 국가는 유치지역의 개발을 위한 지원사업으로서 대통령령으로 정하는 사업에 대하여 「보조금 관리에 관한 법률」 제10조에 따른 차등보조율에도 불구하고 대통령령으로 정하는 보조율에 따라 국고보조금을 인상하여 지원할 수 있다.

제13조(계약방법의 특례) 유치지역을 관할하는 시장·군수 또는 구청장은 유치지역의 발전을 위하여 지원되는 국고보조금 또는 지방교부세를 재원으로 하는 사업 중에서 공사금액이 50억원 미만인 경우에 대하여는 「지방자치단체를 당사자로 하는 계약에 관한 법률」에도 불구하고 그 공사의 입찰 참가자격을 유치지역에 주된 영업소가 있는 자와 공동으로 입찰에 참가하는 자로 제한할 수 있다.

제14조(지역주민의 우선 고용 및 참여) 처분시설의 설치, 운영 및 지원을 위하여 시행하는 사업에 유치지역의 주민을 우선하여 고용하거나 참여하게 할 수 있다.

제5장 보칙

제15조(수수료의 징수 및 배분) ① 관리사업자는 방사성폐기물을 처분시설에 반입하는 자에게 「방사성폐기물 관리법」 제13조 제1항에 따라 인도받은 폐기물 양에 연

동하여 대통령령으로 정하는 바에 따른 수수료를 징수할 수 있다.
② 제1항에 따라 징수된 수수료 중 대통령령으로 정하는 비율에 해당하는 금액은 관할지방자치단체에 귀속되고, 이를 제외한 나머지 금액은 관리사업자에게 귀속된다.
③ 제2항에 따른 귀속 절차 등에 관하여 필요한 사항은 대통령령으로 정한다.

제16조(보고 및 조사) ① 산업통상자원부장관은 지원계획의 수립 등을 위하여 필요한 경우에는 산업통상자원부령으로 정하는 바에 따라 유치지역을 관할하는 시장·군수 또는 구청장에 대하여는 지원금 및 제15조에 따른 수수료의 사용 명세(明細)를 보고하게 하거나 자료의 제출을 명할 수 있고, 관리사업자에 대하여는 제10조에 따른 지원사업에 관한 업무 및 제15조에 따른 수수료의 사용 명세를 보고하게 하거나 자료의 제출을 명할 수 있다.
② 제1항에 따른 보고 및 자료의 내용을 검토한 결과 확인 조사가 필요한 경우에는 소속 공무원으로 하여금 이를 조사하게 할 수 있다.
③ 제2항에 따른 조사를 하는 경우에는 미리 조사의 일시, 사유 및 내용 등을 관할지방자치단체 또는 관리사업자에게 통지하여야 하고, 조사를 하는 공무원은 그 권한을 표시하는 증표를 지니고 이를 관계인에게 보여 주어야 한다.

제17조(원자력발전사업자의 본사 이전) ①「전기사업법」 제12조 제1항 제3호에 따른 원자력발전사업자는 유치지역이 정하여진 후 1년 이내에 토지 매수 및 본사 이전 등에 관한 계획을 확정하고, 처분시설에 대한 전원개발사업 실시계획의 승인 시점부터 3년 이내에 유치지역으로의 이전을 완료하여야 한다.
② 제1항에 따른 토지 매수에 관하여는「공익사업을 위한 토지 등의 취득 및 보상에 관한 법률」의 관련 규정을 준용할 수 있다.

제18조(사용후핵연료 관련 시설의 건설 제한)「원자력안전법」 제2조 제5호에 따른 사용후핵연료의 관련 시설은 유치지역에 건설하여서는 아니 된다.

제19조(벌칙 적용 시의 공무원 의제) 제10조에 따라 같은 조 각 호의 사업을 시행하는 관리사업자의 임직원은「형법」 제129조부터 제132조까지의 규정을 적용할 때에는 공무원으로 본다.

제6장 벌칙

제20조(과태료) ① 다음 각 호의 어느 하나에 해당하는 관리사업자에게는 1천만원 이하의 과태료를 부과한다.
1. 제16조 제1항에 따른 보고를 하지 아니하거나 거짓으로 보고를 한 경우

2. 제16조 제1항에 따른 자료를 제출하지 아니하거나 거짓으로 자료를 제출한 경우
3. 제16조 제2항에 따른 소속 공무원의 조사에 응하지 아니하거나 이를 거부·방해 또는 기피한 경우

② 제1항에 따른 과태료는 대통령령으로 정하는 바에 따라 산업통상자원부장관이 부과·징수한다.

부록 4 고준위방사성폐기물 관리시설 부지선정절차 및 유치지역지원에 관한 법률 (정부안)

제1장 총칙

제1조(목적) 이 법은 고준위(高準位)방사성폐기물 관리시설의 부지선정 절차 및 유치지역 지원에 관한 사항을 규정함으로써 투명한 절차와 유치지역에 대한 적절한 지원을 통하여 고준위방사성폐기물 관리시설에 적합한 부지를 선정하여 국민의 안전에 이바지하는 것을 목적으로 한다.

제2조(정의) 이 법에서 사용하는 용어의 뜻은 다음과 같다.

1. "고준위방사성폐기물"이란 「원자력안전법」 제2조 제18호에 따른 방사성폐기물 중 방사능 농도 및 열 발생률을 고려하여 대통령령으로 정하는 방사성폐기물을 말한다.
2. "고준위방사성폐기물 관리"란 고준위방사성폐기물을 발생시키는 자(이하 "고준위방사성폐기물 발생자"라 한다)로부터 고준위방사성폐기물을 인수하여 운반·저장·처분하는 것과 이를 위한 모든 활동을 말한다.
3. "저장"이란 고준위방사성폐기물 발생자로부터 고준위방사성폐기물을 인수·운반하여 처분하기 전까지 일정기간 보관하는 것을 말한다.
4. "처분"이란 고준위방사성폐기물을 인간의 생활권으로부터 영구히 격리시키는 것을 말한다.
5. "관리사업자"란 「방사성폐기물 관리법」 제9조에 따른 방사성폐기물 관리사업자로서 고준위방사성폐기물 관리를 위한 사업을 하는 자 중 대통령령으로 정하는 자를 말한다.
6. "관리시설"이란 고준위방사성폐기물을 저장하거나 처분하는 시설로서 다음 각 목의 시설과 그 부대시설을 말한다.

가. 중간저장시설: 관리사업자가 고준위방사성폐기물 발생자로부터 인수·운반한 고준위방사성폐기물을 저장하는 시설

나. 처분시설: 관리사업자가 고준위방사성폐기물 발생자로부터 인수·운반하였거나 중간저장시설에서 운반한 고준위방사성폐기물을 처분하는 시설

다. 처분시설 부지 내 지하연구시설: 처분시설이 설치될 부지 내의 지하 환경에서

그 부지의 지질학적 특성 등 처분시설의 안전성과 관련된 요소의 성능을 연구·실증하는 시설

7. “유치지역”이란 다음 각 목의 어느 하나에 해당하는 지역을 관할하는 특별자치시·특별자치도·시·군 또는 자치구의 지역을 말한다.

가. 관리시설이 설치될 지역으로서 「전원개발촉진법」 제11조에 따라 산업통상자원부장관이 전원개발사업 예정구역으로 지정·고시한 지역

나. 관리시설이 설치되어 있는 지역

제3조(다른 법률과의 관계) 고준위방사성폐기물 관리시설의 부지선정 절차 및 유치지역 지원에 관하여는 다른 법률에 우선하여 이 법을 적용한다.

제2장 관리시설 부지선정위원회

제4조(부지선정위원회의 설치) ① 관리시설의 부지선정에 필요한 다음 각 호의 사항을 심의하기 위하여 산업통상자원부에 관리시설 부지선정위원회(이하 “부지선정위원회”라 한다)를 둔다.

1. 제10조 제1항에 따른 부지적합성 조사계획
2. 제11조에 따른 부지적합성 기본조사
3. 제12조에 따른 부지적합성 심층조사
4. 제13조 제1항에 따른 관리시설 예정부지 선정
5. 제14조 제1항 또는 제3항에 따른 지하연구시설의 설치계획
6. 제1호부터 제5호까지의 사항과 관련된 정보의 공개
7. 그 밖에 관리시설의 부지선정에 관한 사항으로서 부지선정위원회의 위원장 또는 산업통상자원부장관이 회의에 부치는 사항

② 산업통상자원부장관은 제1항에 따라 심의한 결과를 최대한 존중하여야 한다.

③ 부지선정위원회의 존속기간은 제13조 제2항에 따라 관리시설 예정부지가 전원개발사업 예정구역으로 지정·고시될 때까지로 한다. 다만, 산업통상자원부장관은 부지선정위원회의 위원장이 부지선정위원회의 의결로 존속기간 연장을 요청하는 경우 부지선정위원회의 존속기간을 연장할 수 있다.

제5조(부지선정위원회의 구성·운영) ① 부지선정위원회는 위원장 1명을 포함하여 20명 이내의 위원으로 구성하되, 성별을 고려하여야 한다.

② 부지선정위원회의 위원(이하 “위원”이라 한다)은 다음 각 호의 사람이 된다.

1. 고준위방사성폐기물 관리에 관한 학식과 경험이 풍부한 사람으로서 학계·언론계·법조계·시민단체 등의 사람 중에서 산업통상자원부장관이 위촉하는 사람

2. 원자력발전소가 있는 지역을 관할하는 광역자치단체의 장이 추천하는 사람 중에서 산업통상자원부장관이 위촉하는 사람

③ 부지선정위원회의 위원장(이하 "위원장"이라 한다)은 제2항에 따른 위원 중에서 호선(互選)한다.

④ 위원의 임기는 3년으로 한다.

⑤ 부지선정위원회는 제4조 제1항 각 호의 심의 사항을 연구·검토하기 위하여 분야별 전문위원회를 둘 수 있다.

⑥ 제1항부터 제5항까지에서 규정한 사항 외에 부지선정위원회 또는 분야별 전문위원회의 구성·운영에 필요한 사항은 대통령령으로 정한다.

제6조(부지선정위원회의 회의) ① 위원장은 회의를 소집하고, 그 의장이 된다.

② 부지선정위원회의 회의는 다음 각 호의 경우에 위원장이 소집한다.

1. 재적위원 3분의 1 이상이 소집을 요구하는 경우
2. 위원장이 필요하다고 인정하는 경우
3. 산업통상자원부장관이 소집을 요구하는 경우

③ 부지선정위원회의 회의는 재적위원 과반수의 출석으로 개의(開議)하고, 출석위원 과반수의 찬성으로 의결한다.

제7조(사무기구의 설치 등) ① 부지선정위원회의 업무를 지원하고 국민과의 소통을 원활하게 하기 위하여 부지선정위원회에 사무기구를 둘 수 있다.

② 제1항에 따른 사무기구의 구성 및 운영에 필요한 사항은 대통령령으로 정한다.

제8조(관계기관 등과의 협조) ① 산업통상자원부장관은 제4조 제1항 각 호의 사항을 심의하기 위하여 부지선정위원회가 요청하는 경우 관계 행정기관의 장 또는 관계 기관의 장에게 다음 각 호의 사항을 요청할 수 있다.

1. 관계 공무원 또는 임직원의 부지선정위원회 참석 또는 의견진술
2. 관리시설의 부지선정에 필요한 자료 또는 의견 제출
3. 관리시설의 부지선정에 관한 조사·연구 또는 검토 결과 제출

② 제1항에 따른 요청을 받은 관계 행정기관의 장 또는 관계 기관의 장은 특별한 사유가 없으면 요청에 따라야 한다.

제9조(정보의 공개) 부지선정위원회는 제4조 제1항 각 호의 사항에 관한 정보를 대통령령으로 정하는 바에 따라 국민에게 공개하여야 한다.

제3장 관리시설의 부지선정 절차

제10조(부지적합성 조사계획 수립) ① 산업통상자원부장관은 관리시설의 부지에 대한 적합성 조사를 공정하고 효율적으로 추진하기 위하여 부지적합성 조사계획을 수립하여야 한다.

② 산업통상자원부장관은 제1항에 따른 부지적합성 조사계획을 수립할 때에 부지선정위원회의 심의를 거쳐야 한다. 부지적합성 조사계획의 내용 중 대통령령으로 정하는 중요사항을 변경할 때에도 또한 같다.

③ 부지적합성 조사계획에는 다음 각 호의 사항이 포함되어야 한다.

1. 조사의 목적·일정 등 조사 개요
2. 조사의 절차
3. 조사 방법
4. 부지적합성 평가기준
5. 지역주민의 의견 수렴 방법
6. 조사 과정의 정보 공개
7. 그 밖에 부지적합성 조사를 위하여 산업통상자원부장관이 필요하다고 인정하는 사항

제11조(부지적합성 기본조사) ① 부지선정위원회는 전 국토를 대상으로 활동성 단층 등 지질적 특성과 인구밀집도 등을 조사한 뒤 부적합한 지역을 배제하여 부지적합성 기본조사(이하 "기본조사"라 한다)를 위한 후보지역을 정하여야 한다. 다만, 「중·저준위방사성폐기물 처분시설의 유치지역지원에 관한 특별법」 제3조 제1항에 따른 유치지역은 기본조사를 위한 후보지역에서 제외한다.

② 산업통상자원부장관은 제1항에 따라 정한 후보지역 중 관할 특별자치시장·특별자치도지사·시장·군수·구청장(구청장은 자치구의 구청장을 말하며, 이하 "시장·군수·구청장"이라 한다)이 신청한 지역에 대하여 기본조사를 하여야 한다.

③ 제2항에 따라 기본조사를 신청하려는 시장·군수·구청장은 제10조 제3항 제5호의 의견 수렴 방법에 따라 미리 해당 지역주민의 의견을 확인하여야 한다.

④ 제3항에 따라 시장·군수·구청장이 해당 지역주민의 의견을 확인할 때에는 대통령령으로 정하는 바에 따라 객관적인 정보를 제공하여야 한다. 이 경우 산업통상자원부장관은 정보제공에 드는 경비를 지원할 수 있다.

⑤ 제2항에 따른 기본조사의 신청 방법·절차 등에 관하여 필요한 사항은 대통령령으로 정한다.

제12조(부지적합성 심층조사) ① 부지선정위원회는 제11조 제2항에 따라 한 기본조사

결과를 평가하여 부지적합성 심층조사(이하 "심층조사"라 한다)를 위한 후보 부지를 정하여야 한다.

② 산업통상자원부장관은 제1항에 따라 정한 후보부지에 대하여 심층조사를 하여야 한다.

제13조(관리시설 예정부지 선정) ① 부지선정위원회는 제12조 제2항에 따라 실시한 심층조사 결과를 평가하여 관리시설 예정부지를 선정하고, 그 선정결과를 산업통상자원부장관에게 제출하여야 한다.

② 산업통상자원부장관은 제1항에 따라 선정된 관리시설 예정부지를 「전원개발촉진법」 제11조에 따라 같은 조 제3항에 따른 전원개발사업추진위원회의 심의를 거쳐 전원개발사업 예정구역으로 지정·고시하여야 한다. 이 경우 산업통상자원부장관은 관리시설 예정부지로 선정된 지역을 관할하는 시장·군수·구청장에게 그 사실을 통보하고 「원자력 진흥법」 제3조에 따른 원자력진흥위원회 및 국회 소관 상임위원회에 보고하여야 한다.

제14조(지하연구시설의 설치 등) ① 산업통상자원부장관은 제13조에 따라 관리시설 예정부지가 선정되기 전에 처분시설의 지하 환경과 유사한 지하연구시설을 설치하여 부지선정에 필요한 자료 조사, 처분시스템의 성능 연구 및 관련 기술 개발 등 처분시설의 설치 및 운영에 필요한 연구를 수행하여야 한다.

② 제1항에 따른 지하연구시설의 부지 확보 및 운영 등에 필요한 사항은 대통령령으로 정한다.

③ 산업통상자원부장관은 제13조에 따라 관리시설 예정부지가 선정되면 처분시설을 설계·건설하기 전에 처분시설 부지 내 지하연구시설을 설치하여 처분시설의 안정성과 관련된 요소의 성능을 연구·실증하여야 한다.

제4장 관리시설 유치지역의 지원

제15조(유치지역지원위원회의 설치) 유치지역 지원에 관한 다음 각 호의 사항을 심의하기 위하여 국무총리 소속으로 관리시설 유치지역지원위원회(이하 "유치지역지원위원회"라 한다)를 둔다.

1. 제19조 제1항에 따른 유치지역에 대한 지원의 원칙과 기준
2. 제19조 제2항에 따른 유치지역에 대한 지원계획
3. 그 밖에 유치지역에 대한 지원을 위하여 유치지역지원위원회의 위원장이 회의에 부치는 사항

제16조(유치지역지원위원회의 구성 등) ① 유치지역지원위원회는 위원장 1명을 포함하여 20명 이내의 위원으로 구성하되, 성별을 고려하여 구성한다.

② 유치지역지원위원회의 위원장은 국무총리가 된다.

③ 유치지역지원위원회의 위원(이하 이 조에서 "위원"이라 한다)은 다음 각 호의 사람이 된다. 다만, 제2호의 위원은 제13조 제2항에 따라 관리시설 예정부지가 전원개발사업 예정구역으로 지정·고시된 이후만 해당한다.

1. 기획재정부장관, 과학기술정보통신부장관, 행정자치부장관, 산업통상자원부장관 및 그 밖에 대통령령으로 정하는 중앙행정기관의 장
2. 유치지역을 관할하는 광역자치단체 또는 기초자치단체의 장
3. 관리사업자의 대표
4. 고준위방사성폐기물 관리에 관한 학식과 경험이 풍부한 사람으로서 학계·언론계·법조계·시민단체 등의 사람 중에서 국무총리가 위촉하는 사람

④ 제3항 제4호에 따른 위원의 임기는 2년으로 한다.

⑤ 유치지역지원위원회를 효율적으로 운영하기 위하여 유치지역지원위원회에 실무위원회를 둔다.

⑥ 유치지역지원위원회 및 실무위원회의 구성·운영 등에 필요한 사항은 대통령령으로 정한다.

제17조(유치지역지원위원회의 회의) ① 유치지역지원위원회의 위원장은 위원회의 회의를 소집하고, 그 의장이 된다.

② 유치지역지원위원회의 회의는 재적위원 과반수의 출석으로 개의하고, 출석위원 과반수의 찬성으로 의결한다.

제18조(간사) ① 유치지역지원위원회의 사무를 처리하기 위하여 유치지역지원위원회에 간사 1명을 둔다.

② 간사는 산업통상자원부장관이 된다.

제19조(유치지역에 대한 지원계획 등) ① 산업통상자원부장관은 유치지역의 발전 및 지역주민의 삶의 질 향상을 위하여 적절한 지원이 이루어질 수 있도록 유치지역에 대한 지원의 원칙과 기준을 정하여야 한다.

② 산업통상자원부장관은 제1항에 따른 유치지역에 대한 지원의 원칙과 기준에 따라 유치지역에 대한 지원계획을 수립하여야 한다.

③ 산업통상자원부장관은 제1항 및 제2항에 따른 유치지역에 대한 지원의 원칙과 기준 및 지원계획을 관계 중앙행정기관의 장 또는 관계 기관의 장의 의견을 듣고 유치지역지원위원회의 심의를 거쳐 확정하여야 한다.

④ 산업통상자원부장관은 제3항에 따라 확정된 유치지역에 대한 지원의 원칙과 기준 및 지원계획을 신문·방송·인터넷 등의 방법으로 널리 알려야 한다.

제5장 보칙

제20조(고준위방사성폐기물의 국외 관리를 위한 국제협력) ① 산업통상자원부장관은 필요한 경우 국내에서 발생한 고준위방사성폐기물을 국외에 설치된 관리시설에 저장·처분하거나 관리시설을 국외에 설치·운영하기 위하여 해당 국가 또는 기관과 협력할 수 있다. 이 경우 산업통상자원부장관은 외교부장관 등 관계 중앙행정기관의 장과 미리 협의하여야 한다.

② 제1항에서 규정한 사항 외에 고준위방사성폐기물의 국외 저장 또는 처분에 필요한 사항은 대통령령으로 정한다.

제21조(원자력발전소 내 사용후핵연료 저장시설의 건설) ① 산업통상자원부장관은 관리시설이 설치되기 전에 「원자력안전법」 제22조 제1항에 따른 발전용원자로운영자(이하 "발전용원자로운영자"라 한다)가 원자력발전소 부지 내에 사용후핵연료 저장시설(같은 법 제20조 제1항 후단에 따른 변경허가를 받아 건설하는 것만 해당한다. 이하 이 조에서 같다)을 건설하려는 경우 그 발전용원자로운영자와 협의하여 그 저장시설의 시설계획에 관한 사항을 「방사성폐기물 관리법」 제6조에 따른 방사성폐기물 관리 기본계획에 포함하여야 한다.

② 산업통상자원부장관은 제1항에 따른 사용후핵연료 저장시설을 건설하려는 발전용원자로운영자와 협의하여 그 저장시설의 소재지를 관할하는 특별자치시·특별자치도·시·군 또는 자치구의 지역에 대한 지원 방안을 마련하여야 한다.

제22조(업무의 위탁) 산업통상자원부장관은 대통령령으로 정하는 바에 따라 다음 각 호의 업무를 관리사업자에게 위탁할 수 있다.

1. 제11조 제2항에 따른 기본조사
2. 제12조 제2항에 따른 심층조사

제23조(벌칙 적용에서의 공무원 의제) 다음 각 호에 해당하는 사람으로서 공무원이 아닌 사람은 「형법」 제127조 및 제129조부터 제132조까지의 규정을 적용할 때에는 공무원으로 본다.

1. 제22조에 따라 산업통상자원부장관이 위탁한 업무에 종사하는 관리사업자의 임직원
2. 부지선정위원회의 위원 및 사무기구의 직원
3. 유치지역지원위원회의 위원

부 칙

제1조(시행일) 이 법은 공포 후 3개월이 경과한 날부터 시행한다.

제2조(원자력발전소 내 저장시설 건설지역 지원에 관한 적용례) 제21조 제2항은 이 법 시행 전에 「원자력안전법」 제20조 제1항 후단에 따른 변경허가를 받아 건설된 사용후핵연료 저장시설에 대해서도 적용한다.

부록 5 고준위방사성폐기물 중간저장시설 부지선정에 관한 법률안 (신창현 의원 대표발의 법안)

제1장 총칙

제1조(목적) 이 법은 고준위방사성폐기물의 중간저장시설 부지선정을 위해 필요한 절차에 관한 사항을 규정함으로써 고준위방사성폐기물의 안전한 관리와 절차의 투명성을 제고하여 국민의 안전 확보에 이바지함을 목적으로 한다.

제2조(정의) 이 법에서 사용하는 용어의 뜻은 다음과 같다.

1. "고준위방사성폐기물"이란 「원자력안전법」 제2조 제18호에 따른 방사성폐기물 중 방사능 농도 및 열발생률을 고려하여 대통령령으로 정하는 방사성폐기물을 말한다.
2. "고준위방사성폐기물 관리사업자(이하 "관리사업자"라 한다)"란 「방사성폐기물 관리법」 제9조에 따른 방사성폐기물 관리사업을 하는 자 중 고준위방사성폐기물을 인수하여 운반·저장 등 관리사업을 수행하는 자를 말한다.
3. "저장"이란 고준위방사성폐기물을 처분(고준위방사성폐기물을 인간의 생활권으로부터 영구히 격리시키는 것을 말한다. 이하 같다)하기 전까지 중간단계로서 일정기간 안전하게 보관하는 것을 말한다.
4. "고준위방사성폐기물 중간저장시설(이하 "중간저장시설"이라 한다)"이란 고준위방사성폐기물을 저장하기 위한 시설로서 관리사업자가 고준위방사성폐기물을 인수하여 처분하기 전까지 안전하게 저장하기 위한 시설을 말한다.
5. "유치지역"이란 제16조 제1항에 따라 확정된 중간저장시설 예정부지를 관할하는 특별자치도·시·특별자치시·군 또는 자치구(이하 "시·군·구"라 한다)의 지역으로서 중간저장시설이 설치될 예정이거나 설치되어 있는 지역을 말한다.

제3조(다른 법률과의 관계) 이 법은 중간저장시설의 부지선정 절차에 관하여는 다른 법률에 우선하여 적용한다.

제2장 고준위방사성폐기물 중간저장시설 부지선정위원회

제4조(부지선정위원회의 설치) ① 중간저장시설의 부지조사와 선정에 필요한 다음 각

호의 사항을 심의·의결하기 위하여 국무총리 소속으로 고준위방사성폐기물 중간저장시설 부지선정위원회(이하 "부지선정위원회"라 한다)를 둔다.

1. 제11조에 따른 부지적합성 조사계획의 수립·변경에 관한 사항
2. 제12조에 따른 유치지역지원 기본계획의 수립·변경에 관한 사항
3. 제13조 및 제14조에 따른 부지적합성 기본조사 대상부지의 선정 및 기본조사의 실시에 관한 사항
4. 제15조에 따른 부지적합성 심층조사 대상부지의 선정 및 심층조사의 실시에 관한 사항
5. 제16조에 따른 중간저장시설 예정부지의 확정에 관한 사항
6. 그 밖에 부지선정위원회의 위원장이 부의하는 사항

② 부지선정위원회는 제16조 제1항과 제2항에 따라 중간저장시설 예정부지가 확정될 때까지 존속한다. 다만, 위원장이 필요하다고 인정하는 경우 부지선정위원회의 의결로 연장할 수 있다.

제5조(부지선정위원회의 구성·운영) ① 부지선정위원회는 위원장 1명을 포함하여 50명 이상 100명 이내의 위원으로 구성한다.

② 위원장은 국무총리로 하고, 위원은 당연직위원과 위촉위원으로 구성한다.

③ 당연직위원은 기획재정부장관, 미래창조과학부장관, 행정자치부장관, 산업통상자원부장관, 환경부장관, 국민안전처장관 및 그 밖에 대통령령으로 정하는 중앙행정기관의 장으로 한다.

④ 위촉위원은 원자력학·지질학·방재학·환경학·경제학·사회학·행정학·정치학·법학 등 중간저장시설 부지선정에 관한 학식과 시민단체 등의 경험이 풍부한 사람 중에서 위원장이 위촉하는 사람으로 한다.

⑤ 부지선정위원회에 간사 1명을 두며, 간사는 산업통상자원부장관이 된다.

⑥ 부지선정위원회는 제4조 제1항 각 호의 심의·의결 사항에 대한 조사·연구를 위하여 전문적인 검토가 필요한 경우에는 분야별 전문위원회를 둘 수 있다.

⑦ 부지선정위원회 및 분야별 전문위원회의 구성·운영에 필요한 사항은 대통령령으로 정한다.

제6조(위원의 해촉) 위원장은 제5조 제4항에 따라 위촉한 위원이 다음 각 호의 어느 하나에 해당하는 경우에는 해당 위원을 해촉(解囑)할 수 있다.

1. 심신장애로 인하여 직무를 수행할 수 없게 된 경우
2. 직무와 관련된 비위사실이 있는 경우
3. 직무태만, 품위손상이나 그 밖의 사유로 인하여 위원으로 적합하지 아니하다고 인정되는 경우

4. 위원 스스로 직무를 수행하는 것이 곤란하다고 의사를 밝히는 경우

제7조(부지선정위원회의 회의) ① 부지선정위원회의 회의는 재적위원 3분의 1 이상이 개최를 요구할 때 또는 위원장이 필요하다고 인정할 때 개최한다.

② 부지선정위원회의 회의는 재적위원 과반수의 출석으로 개의(開議)하고, 출석위원 과반수의 찬성으로 의결한다.

제8조(사무기구의 설치) ① 부지선정위원회의 업무를 지원하고 대국민 소통을 하기 위하여 사무기구를 둔다.

② 제1항에 따른 사무기구의 구성·운영에 필요한 사항은 대통령령으로 정한다.

제9조(관계기관 등과의 협조) ① 부지선정위원회는 제4조 제1항 각 호의 심의·의결을 위하여 관계 행정기관의 장 또는 관계 기관의 장에게 다음 각 호의 사항을 요청할 수 있다.

1. 관계 공무원 또는 관계 임직원의 설명 또는 의견진술
2. 관계 행정기관 또는 관계 기관의 자료 또는 의견 제출
3. 관계 기관의 조사·연구결과 제출
4. 부지선정위원회 부의 안건에 대한 검토의견 제출

② 제1항 각 호에 따른 요청을 받은 관계 행정기관의 장 또는 관계 기관의 장은 특별한 사유가 없으면 그 요청에 따라야 한다.

제10조(회의록의 작성 및 공개) ① 부지선정위원회는 제4조 제1항 각 호의 심의·의결사항이 포함된 회의록을 작성하여야 한다.

② 제1항에 따른 회의록은 대통령령으로 정하는 바에 따라 국민에게 공개하여야 한다. 다만, 공개될 경우 부지 선정의 공정성을 해칠 우려가 있다고 인정되는 등 대통령령으로 정하는 경우에는 부지선정위원회의 의결로 공개하지 아니할 수 있다.

제3장 부지적합성 조사 및 예정부지의 확정

제11조(부지적합성 조사계획 수립) ① 산업통상자원부장관은 중간저장시설의 부지에 대한 적합성 조사를 공정하고 효율적으로 추진하기 위하여 부지적합성 조사계획(이하 "부지 조사계획"이라 한다)을 수립하여야 한다.

② 산업통상자원부장관은 부지 조사계획을 수립·변경할 때에는 부지선정위원회의 심의·의결을 거쳐야 한다. 다만, 대통령령으로 정하는 경미한 사항을 변경할 때에는 그러하지 아니하다.

③ 부지 조사계획에는 다음 각 호의 사항이 포함되어야 한다.

1. 부지적합성 조사의 목적·일정 등 조사 개요에 관한 사항
2. 부지적합성 조사절차·조사방법 및 평가기준에 관한 사항
3. 부지적합성 조사 후보부지 및 대상부지 관할 시·군·구 주민의 의견수렴에 관한 사항
4. 부지적합성 조사 과정의 정보 공개에 관한 사항
5. 그 밖에 부지적합성 조사를 위하여 산업통상자원부장관이 필요하다고 인정하는 사항

제12조(유치지역지원 기본계획의 수립) ① 산업통상자원부장관은 유치지역에 대한 지원의 원칙과 기본방향을 내용으로 하는 유치지역지원 기본계획(이하 "지원 기본계획"이라 한다)을 수립하여야 한다.

② 산업통상자원부장관은 지원 기본계획을 수립·변경할 때에는 부지선정위원회의 심의·의결을 거쳐야 한다. 다만, 대통령령으로 정하는 경미한 사항을 변경할 때에는 그러하지 아니하다.

제13조(부지적합성 기본조사 대상부지의 선정 등) ① 부지선정위원회는 문헌조사, 지질조사 등 과학적인 조사와 원자력안전 등 관련 법령에 따른 기준 등을 고려하여 부지적합성 기본조사(이하 "기본조사"라 한다)의 대상이 되는 후보부지를 도출하여야 한다. 다만, 「중·저준위방사성폐기물 처분시설의 유치지역지원에 관한 특별법」 제3조 제1항에 따른 유치지역은 기본조사를 위한 후보부지에서 제외한다.

② 산업통상자원부장관은 제1항에 따라 도출된 기본조사 후보부지를 관할하는 시·군·구를 대상으로 공모를 통하여 기본조사 대상부지를 선정하여야 한다. 이 경우 부지선정위원회의 심의·의결을 거쳐야 한다.

③ 제2항에 따라 기본조사 공모에 응모하고자 하는 특별자치도지사·시장·특별자치시장·군수 또는 구청장(자치구의 구청장을 말하며, 이하 "시장·군수·구청장"이라 한다)은 해당 지방의회의 동의를 얻어야 한다.

④ 제2항 및 제3항에 따른 기본조사의 공모 및 응모 방법에 관하여 필요한 사항은 대통령령으로 정한다.

⑤ 산업통상자원부장관은 제2항에 따라 기본조사 대상부지를 선정하기 위하여 공모할 때에는 기본조사 후보부지를 관할하는 시·군·구를 대상으로 지원 기본계획에 관한 설명회를 실시할 수 있다.

⑥ 산업통상자원부장관은 제3항에 따른 기본조사 공모와 관련하여 시장·군수·구청장이 주민을 대상으로 시행하는 정보공개 및 의견수렴 등에 소요되는 경비를 지원할 수 있다.

제14조(부지적합성 기본조사의 실시) 산업통상자원부장관은 관리사업자로 하여금 제13조 제2항에 따라 선정된 부지를 대상으로 기본조사를 실시하도록 하여야 한다.

제15조(부지적합성 심층조사) ① 부지선정위원회는 제14조에 따른 기본조사 결과를 평가하여 부지적합성 심층조사(이하 "심층조사"라 한다)를 위한 대상부지를 선정하여야 한다.

② 산업통상자원부장관은 관리사업자로 하여금 제1항에 따라 선정된 부지를 대상으로 심층조사를 실시하도록 하여야 한다.

③ 제2항에 따른 심층조사 실시에 관하여 필요한 사항은 대통령령으로 정한다.

제16조(예정부지의 확정) ① 부지선정위원회는 제15조 제2항에 따라 실시한 심층조사 결과를 토대로 중간저장시설 예정부지를 선정하여야 한다.

② 산업통상자원부장관은 제1항에 따라 선정된 중간저장시설 예정부지를 관할하는 시·군·구를 대상으로 「주민투표법」 제8조에 따른 주민투표를 거친 후 부지선정위원회의 심의·의결을 거쳐 중간저장시설 예정부지를 확정하여야 한다.

③ 산업통상자원부장관은 제2항에 따라 중간저장시설 예정부지가 확정된 사실을 해당 예정부지를 관할하는 시장·군수·구청장에게 통보하여야 한다.

④ 시장·군수·구청장은 제2항에 따라 주민투표를 실시할 때에는 주민을 대상으로 대통령령으로 정하는 바에 따라 객관적인 정보를 제공하여야 한다. 이 경우 산업통상자원부장관은 정보 제공에 소요되는 비용을 지원할 수 있다.

⑤ 산업통상자원부장관은 제2항에 따라 주민투표를 실시하기 전에 선정된 중간저장시설 예정부지를 관할하는 시·군·구를 대상으로 지원 기본계획에 관한 설명회를 실시할 수 있다.

제4장 유치지역 지원

제17조(유치지역지원 종합계획의 수립) ① 산업통상자원부장관은 지원 기본계획을 기초로 하여 유치지역지원 종합계획(이하 "지원 종합계획"이라 한다)을 수립하여야 한다.

② 지원 종합계획은 제19조에 따른 유치지역지원위원회의 심의·의결을 거쳐 확정한다.

③ 지원 종합계획의 수립절차 및 요건에 관하여 필요한 사항은 대통령령으로 정한다.

제18조(유치지역지원 시행계획의 수립 등) ① 관계 중앙행정기관의 장은 지원 종합계획을 시행하기 위하여 소관별로 유치지역지원 시행계획(이하 "지원 시행계획"이라

한다)을 매년 수립·시행하여야 한다.

② 관계 중앙행정기관의 장은 전년도 지원 시행계획의 추진실적과 다음 연도의 지원 시행계획을 제19조에 따른 유치지역지원위원회에 제출하여야 한다.

③ 시행계획의 수립절차 및 요건에 관하여 필요한 사항은 대통령령으로 정한다.

제19조(유치지역지원위원회의 설치) ① 유치지역의 지원에 관한 다음 각 호의 사항을 심의·의결하기 위하여 국무총리 소속으로 고준위방사성폐기물 중간저장시설 유치지역지원위원회(이하"지원위원회"라 한다)를 둔다.

1. 지원 종합계획의 수립에 관한 사항
2. 지원 시행계획의 수립·시행에 관한 사항
3. 그 밖에 위원장이 부의하는 사항

② 지원위원회는 위원장 1명을 포함한 20명 이내의 위원으로 구성하며, 위원은 당연직위원과 위촉위원으로 구성한다.

③ 위원장은 국무총리로 하고, 당연직위원은 다음 각 호의 사람으로 하며, 위촉위원은 원자력학, 경제학, 사회학, 행정학, 정치학, 법학 등 중간저장시설 부지선정에 관한 학식과 시민단체 등의 경험이 풍부한 사람 중에서 국무총리가 위촉하는 사람으로 한다.

1. 기획재정부장관, 미래창조과학부장관, 문화체육관광부장관, 행정자치부장관, 산업통상자원부장관, 국토교통부장관, 그 밖에 대통령령으로 정하는 중앙행정기관의 장
2. 유치지역을 관할하는 시·도지사 및 해당 지방의회가 추천하는 2명 이내의 지방의회의원
3. 유치지역을 관할하는 시장·군수·구청장 및 해당 지방의회가 추천하는 2명 이내의 지방의회의원
4. 유치지역 지역구국회의원
5. 관리사업자의 대표

④ 위촉위원의 임기는 2년으로 하고, 연임할 수 있다.

⑤ 지원위원회에 간사 1명을 두며, 간사는 산업통상자원부장관이 된다.

⑥ 지원위원회를 효율적으로 운영하기 위하여 지원위원회에 실무위원회를 둔다.

⑦ 지원위원회 및 실무위원회의 구성·운영에 필요한 사항은 대통령령으로 정한다.

부 칙

이 법은 공포 후 3개월이 경과한 날부터 시행한다.

제1장 목적·정의 및 적용범위

제1조(목적)

가. 국내조치, 적절한 경우에는 안전과 관련된 기술협력을 포함한 국제협력의 제고를 통하여, 사용후핵연료 및 방사성폐기물 관리에서 전 세계적으로 높은 수준의 안전을 달성·유지할 것

나. 현재와 미래에 걸쳐 전리방사선의 유해한 영향으로부터 개인·사회 및 환경을 보호하기 위하여 사용후핵연료 및 방사성폐기물 관리의 모든 단계에서 잠재적 위험에 대한 효과적 방호수단의 존재를 보장하고, 미래 세대의 요구 및 열망을 충족하기 위한 능력을 침해하지 아니하면서 현재 세대의 요구 및 열망의 충족을 보장할 것

다. 방사선 영향을 수반하는 사고를 예방하고, 사용후핵연료 또는 방사성폐기물 관리의 모든 단계에서 발생하는 사고의 영향을 완화할 것

제2조(정의)

가. "폐쇄"라 함은 사용후핵연료 또는 방사성폐기물을 처분설비에 정치한 후 어느 시점에서 모든 운영을 완료하는 것을 말하되, 그 설비의 장기적 안전에 요구되는 최종 공학적 행위 또는 그 밖의 작업을 포함한다.

나. "해체"라 함은 처분설비를 제외한 원자력설비를 규제관리로부터 해제하는 모든 조치를 말하되, 정화 및 철거 과정을 포함한다.

다. "배출"이라 함은 규제받고 있는 원자력설비에서 정상적인 운영 중에 발생하는 액체 또는 기체 상태의 방사성물질을, 규제기관에서 허용한 범위 안에서 계획적이고 통제된 상태로 환경으로 내보내는 합법적 행위를 말한다.

라. "처분"이라 함은 사용후핵연료 또는 방사성폐기물을 회수할 의사없이 적절한 설비에 정치하는 것을 말한다.

마. "면허"라 함은 사용후핵연료 또는 방사성폐기물 관리와 관련된 어떤 행위를 수행할 수 있도록 규제기관이 부여한 권한·허가·인증을 말한다.

바. "원자력설비"라 함은 방사성물질이 안전에 대한 고려가 요구되는 규모로 생산·

처리·사용·취급·저장·처분되는 민간설비, 관련 부지, 건물 및 설비를 말한다.

사. "운영수명기간"이라 함은 사용후핵연료 또는 방사성폐기물 관리설비가 의도된 목적대로 사용되는 기간을 말하되, 처분설비의 경우에는 사용후핵연료 또는 방사성폐기물이 동 설비에 처음 정치되어 폐쇄될 때까지의 기간을 말한다.

아. "방사성폐기물"이라 함은 체약당사자 또는 체약당사자가 그 결정을 인정하는 자연인이나 법인에 의하여 더 이상 사용이 예견되지 아니하고, 체약당사자의 입법 및 규제 체제하의 규제기관에 의하여 방사성폐기물로서 규제되는 기체·액체 또는 고체 상태의 방사성물질을 말한다.

자. "방사성폐기물 관리"라 함은 해체행위를 포함하여 방사성폐기물의 취급·전처리·처리·조절·저장·처분과 관련되는 모든 행위를 말하되, 지역을 벗어나는 운반행위를 제외하나 배출은 이에 포함될 수 있다.

차. "방사성폐기물 관리설비"라 함은 주된 목적이 방사성폐기물 관리인 모든 설비·시설을 말하되, 체약당사자에 의하여 방사성폐기물 관리설비로 지정되는 경우에는 해체과정에 있는 원자력설비를 포함한다.

카. "규제기관"이라 함은 체약당사자로부터 사용후핵연료 또는 방사성폐기물 관리의 안전에 대한 모든 측면을 규제하는 법적 권한(허가의 부여를 포함한다)을 부여받은 모든 기관을 말한다.

타. "재처리"라 함은 미래의 사용을 위하여 사용후핵연료에서 방사성동위원소의 추출을 목적으로 하는 공정·조작을 말한다.

파. "밀봉선원"이라 함은 캡슐에 영구적으로 밀봉되어 있거나 고체 형태로 밀착되어 있는 방사성물질을 말하되, 원자로 연료를 제외한다.

하. "사용후핵연료"라 함은 원자로 노심에서 방사되고 영구적으로 인출되는 핵연료를 말한다.

거. "사용후핵연료 관리"라 함은 사용후핵연료의 취급·저장과 관련되는 모든 활동을 말하되, 지역을 벗어나는 운반행위를 제외하나 배출은 이에 포함될 수 있다.

너. "사용후핵연료 관리설비"라 함은 주된 목적이 사용후핵연료 관리인 설비·시설을 말한다.

더. "목적지국"이라 함은 그 나라로 국경간 이동이 계획되거나 이루어지는 국가를 말한다.

러. "원산지국"이라 함은 그 나라로부터 국경간 이동이 시작될 계획이 있거나 시작되는 국가를 말한다.

머. "경유국"이라 함은 원산지국이나 목적지국이 아닌 국가로서 그 영역을 통과하여 국경간 이동이 계획되거나 이루어지는 국가를 말한다.

버. "저장"이라 함은 회수할 의도로 격납 기능이 구비된 설비에 사용후핵연료 또는 방사성폐기물을 보관하는 것을 말한다.

서. "국경간 이동"이라 함은 원산지국에서 목적지국으로 사용후핵연료 또는 방사성폐기물을 운송하는 것을 말한다.

제3조(적용범위)

가. 이 협약은 민간원자로의 운영에서 사용후핵연료가 발생하는 경우 그 사용후핵연료 관리의 안전에 적용된다. 재처리 활동의 일부로서 재처리설비에 보관되어 있는 사용후핵연료는 체약당사자가 재처리를 사용후핵연료 관리의 일부라고 선언하지 아니하는 한 이 협약의 적용범위에서 제외된다.

나. 이 협약은 민간의 운용과정에서 방사성폐기물이 발생하는 경우 그 방사성폐기물 관리의 안전에 적용된다. 그러나 방사성 폐기물이 폐기된 밀봉선원의 성분이 아니거나 이 협약의 목적상 체약당사자에 의하여 방사성폐기물로 선언되지 아니하는 한, 단순히 자연발생적인 방사성물질만을 함유하고 핵연료주기에서 발생하지 아니한 방사성폐기물에는 이 협약이 적용되지 아니한다.

다. 이 협약은 그 목적상 체약당사자에 의하여 사용후핵연료 또는 방사성폐기물로 선언되지 아니하는 한 군사·방위 계획상의 사용후핵연료 및 방사성폐기물 관리의 안전에 적용되지 아니한다. 그러나 사용후핵연료 및 방사성폐기물이 전적으로 민수용 계획으로 영구히 이전·관리되는 경우에는 군사·방위 계획상 발생한 사용후핵연료 및 방사성폐기물의 관리 안전에 대하여는 이 협약이 적용된다.

라. 이 협약은 제4조·제7조·제11조·제14조·제24조 및 제26조에서 규정된 배출에 대하여 적용된다.

제2장 사용후핵연료 관리에 대한 안전

제4조(일반적 안전요건) 각 체약당사자는 사용후핵연료 관리의 모든 단계에서 개인·사회 및 환경이 방사선 위험으로부터 충분히 보호되도록 적절한 조치를 행한다. 이 경우 각 체약당사자는 다음을 위하여 적절한 조치를 행한다.

가. 핵임계 및 사용후핵연료 관리중에 발생하는 잔열의 제거가 적절히 이루어지도록 보장할 것

나. 사용후핵연료 관리와 관련된 방사성폐기물의 발생이 채택된 핵연료주기 정책의 유형에 부합되게 실행가능한 최소한도로 유지되도록 보장할 것

다. 사용후핵연료 관리에서 서로 다른 단계간의 상호 의존성을 고려할 것

라. 국제적으로 인증된 기준·표준을 적절하게 고려한 자국의 법령체제 안에서, 규제기관에 의하여 승인된 적합한 보호수단을 국가차원에서 적용함으로써 개인·사회 및 환경을 효과적으로 보호할 것
마. 사용후핵연료 관리와 관련될 수 있는 생물학적·화학적 및 그 밖의 위험을 고려할 것
바. 미래 세대에 대하여 부과되는 합리적으로 예측가능한 영향이 현재 세대에 허용되는 것 이상으로 부과되는 행위를 피하도록 노력할 것
사. 미래 세대에 대한 부당한 부담의 부과를 피하도록 도모할 것

제5조(기존 설비) 각 체약당사자는 이 협약이 그들에게 발효되는 시점에 존재하는 모든 사용후핵연료 관리설비의 안전성을 검토하고, 필요한 경우에는 그러한 설비의 안전을 향상시키기 위하여 합리적으로 실행가능한 모든 개선이 이루어지는 것을 보장하기 위하여 적절한 조치를 행한다.

제6조(제안된 설비의 부지선정)

1. 각 체약당사자는 제안된 사용후핵연료 관리설비에 대한 절차의 수립·시행을 보장하기 위하여 다음의 적절한 조치를 행한다.
가. 그러한 설비의 운영수명기간 동안 그 설비의 안전에 영향을 미칠 수 있는 모든 부지관련 요소를 평가할 것
나. 그러한 설비의 개인·사회 및 환경에 대하여 발생할 수 있는 안전영향을 평가할 것
다. 그러한 설비의 안전에 관한 정보를 일반대중이 이용가능하도록 할 것
라. 그러한 설비의 인근에 위치한 체약당사자가 그 설비에 의하여 영향을 받을 수 있는 때에는 동 체약당사자와 협의하고, 그 체약당사자가 요구할 때에는 동 체약당사자의 영역안에 대하여 그 설비가 미칠 수 있는 안전영향을 평가할 수 있도록 설비와 관련된 일반적 자료를 제공할 것
2. 이 경우 각 체약당사자는 제4조의 일반적 안전요건의 규정에 따라 부지를 선정함으로써 그러한 설비가 다른 체약당사자에 대하여 허용될 수 없는 영향을 주지 아니하도록 보장하기 위한 적절한 조치를 행한다.

제7조(설비의 설계 및 건설) 각 체약당사자는 다음을 보장하기 위하여 적절한 조치를 행한다.

가. 사용후핵연료 관리설비의 설계·건설시 배출 또는 통제되지 아니한 유출로 인한 방사선영향을 포함하여, 개인·사회 및 환경에 대한 가능한 방사선영향을 제한하기 위한 적합한 대책이 마련되도록 할 것

나. 설계단계에서 사용후핵연료 관리설비의 해체에 대한 개념계획과 필요한 경우에는 기술적 규정이 고려되도록 할 것
다. 사용후핵연료 관리설비의 설계·건설에 포함되는 기술이 경험·시험 또는 분석에 의하여 뒷받침되도록 할 것

제8조(설비에 대한 안전평가) 각 체약당사자는 다음을 보장하기 위하여 적절한 조치를 행한다.
가. 사용후핵연료 관리설비의 건설 이전에, 동 설비의 운영수명기간 동안 발생하는 위험에 대하여 체계적 안전평가 및 환경평가가 적절히 수행되도록 할 것
나. 사용후핵연료 관리설비의 운영 이전에, 가목에 규정된 평가를 보완할 필요가 있는 경우에는, 그 안전평가 및 환경평가에 대한 최신의 상세한 개정본이 마련되도록 할 것

제9조(설비의 운영) 각 체약당사자는 다음을 보장하기 위하여 적절한 조치를 행한다.
가. 사용후핵연료 관리설비에 대한 운영허가는 제8조에 규정된 적절한 평가에 근거하고, 건설된 설비가 설계 및 안전 요건에 부합함을 입증하는 시운전 계획의 완료를 조건으로 할 것
나. 시험·운영경험 및 제8조에 규정된 평가로부터 도출되는 운영제한 및 조건에 관한 사항들이 정의되고, 필요한 경우에는 개정되도록 할 것
다. 사용후핵연료 관리설비의 운영·유지·감시·검사 및 시험은 확립된 절차에 따라 수행되도록 할 것
라. 사용후핵연료 관리설비의 운영수명기간 동안 모든 안전관련 분야에서 공학적·기술적 지원이 가능하도록 할 것
마. 안전에 중요한 사고는 허가소지자에 의하여 규제기관에 시의적절하게 보고되도록 할 것
바. 관련 운영경험을 수집·해석하는 계획을 마련하고, 적절한 경우에는 그 결과가 반영되도록 할 것
사. 사용후핵연료 관리설비의 해체계획을 마련하고, 필요한 경우에는 동 설비의 운영수명기간 동안 획득된 정보를 이용하여 이를 보완하며, 규제기관에 의하여 검토되도록 할 것

제10조(사용후핵연료의 처분) 체약당사자가 자국의 법령 및 규제 체제에 따라 처분을 위한 사용후핵연료를 지정한 때에는, 그 사용후핵연료의 처분은 방사성폐기물의 처분에 관한 제3장의 의무조항에 부합하여야 한다.

제3장 방사성폐기물 관리에 대한 안전

제11조(일반적 안전요건) 각 체약당사자는 방사성폐기물 관리의 모든 단계에서 개인·사회 및 환경이 방사선 및 그 밖의 위험으로부터 충분히 보호되도록 적절한 조치를 행한다. 이 경우 각 체약당사자는 다음을 위하여 적절한 조치를 행한다.

가. 핵임계 및 방사성폐기물 관리 중에 발생하는 잔열의 제거가 적절히 이루어지도록 보장할 것

나. 방사성폐기물의 발생이 실행가능한 최소한도로 유지되도록 보장할 것

다. 방사성폐기물 관리에서 서로 다른 단계간의 상호 의존성을 고려할 것

라. 국제적으로 인증된 기준·표준을 적절하게 고려한 자국의 법령체제 안에서, 규제기관에 의하여 승인된 적절한 보호수단을 국가차원에서 적용함으로써 개인·사회 및 환경을 효과적으로 보호할 것

마. 방사성폐기물 관리와 관련될 수 있는 생물학적·화학적 및 그 밖의 위험을 고려할 것

바. 미래 세대에 대하여 부과되는 합리적으로 예측가능한 영향이 현재 세대에 대하여 허용되는 것 이상으로 부과되는 행위를 피하도록 노력할 것

사. 미래 세대에 대한 부당한 부담의 부과를 피하도록 도모할 것

제12조(기존 설비 및 과거관행) 각 체약당사자는 다음을 위하여 적절한 방식에 의하여 적절한 조치를 행한다.

가. 이 협약이 각 체약당사자에게 발효되는 시점에 존재하는 모든 방사성폐기물 관리설비의 안전성을 검토하고, 필요한 경우에는 그러한 설비의 안전성을 향상시키기 위하여 합리적으로 실행가능한 모든 개선이 이루어지도록 보장할 것

나. 선량감소에 의한 손해감소가 개입에 따른 사회적 비용을 포함한 비용 및 손해를 정당화하기에 충분하여야 함에 유념하면서, 어떠한 개입이 방사선방호에 필요한지를 결정하기 위하여 과거 관행의 결과를 검토할 것

제13조(제안된 설비의 부지 선정)

1. 각 체약당사자는 제안된 방사성폐기물 관리설비에 대한 절차의 수립·이행을 보장하기 위하여 다음의 적절한 조치를 행한다.

가. 그러한 설비의 폐쇄 이후의 안전과 그 운영수명기간 동안의 안전에 영향을 미칠 수 있는 모든 부지관련 요소를 평가할 것

나. 처분설비의 폐쇄 이후의 부지조건의 가능한 변화를 고려하여, 동 설비의 개인·사회 및 환경에 대하여 발생할 수 있는 안전영향을 평가할 것

다. 그러한 설비의 안전에 관한 정보를 일반대중이 이용 가능하도록 할 것

라. 그러한 설비의 인근에 위치한 체약당사자가 그 설비에 의하여 영향을 받을 수 있는 때에는 동 체약당사자와 협의하고, 그 체약당사자가 요구할 때에는 동 체약당사자의 영역안에 대하여 그 설비가 미칠 수 있는 안전영향을 평가할 수 있도록 설비와 관련된 일반적 자료를 제공할 것

2. 이 경우 각 체약당사자는 제11조의 일반적 안전요건의 규정에 따라 부지를 선정함으로써 그러한 설비가 다른 체약당사자에 대하여 허용할 수 없는 영향을 주지 아니하도록 보장하기 위한 적절한 조치를 행한다.

제14조(설비의 설계 및 건설) 각 체약당사자는 다음을 보장하기 위하여 적절한 조치를 행한다.

가. 방사성폐기물 관리설비의 설계·건설시 배출 또는 통제되지 아니한 유출로 인한 방사선영향을 포함하여, 개인·사회 및 환경에 대한 가능한 방사선 영향을 제한하기 위한 적합한 대책이 마련되도록 할 것

나. 설계단계에서 처분설비 외의 방사성폐기물 관리설비의 해체에 대한 개념계획과 필요한 경우에는 기술적 규정이 고려되도록 할 것

다. 설계단계에서 처분설비의 폐쇄에 대한 기술적 규정이 마련되도록 할 것

라. 방사성폐기물 관리설비의 설계·건설에 포함되는 기술이 경험·시험 또는 분석에 의하여 뒷받침되도록 할 것

제15조(설비에 대한 안전평가) 각 체약당사자는 다음을 보장하기 위하여 적절한 조치를 행한다.

가. 방사성폐기물 관리설비의 건설 이전에, 동 설비의 운영수명기간 동안 발생하는 위험에 대하여 체계적 안전평가 및 환경평가가 적절히 수행되도록 할 것

나. 처분설비의 건설 이전에, 폐쇄 이후의 기간에 대한 체계적 안전평가 및 환경평가를 수행하고, 그 결과는 규제기관이 설정한 기준에 따라 평가되도록 할 것

다. 방사성폐기물 관리설비의 운영 이전에, 가목에 규정된 평가를 보완할 필요가 있는 경우에는, 그 안전평가 및 환경평가에 대한 최신의 상세한 개정본이 마련되도록 할 것

제16조(설비의 운영) 각 체약당사자는 다음을 보장하기 위하여 적절한 조치를 행한다.

가. 방사성폐기물 관리설비에 대한 운영허가는 제15조에 규정된 적절한 평가에 근거하고, 건설된 설비가 설계 및 안전 요건에 부합함을 입증하는 시운전 계획의 완료를 조건으로 할 것

나. 시험·운영경험 및 제15조에 규정된 평가로부터 도출되는 운영제한 및 조건에 관한 사항들이 정의되고, 필요한 경우에는 개정되도록 할 것

다. 방사성폐기물 관리설비의 운영·유지·감시·검사 및 시험은 확립된 절차에 따

라 수행되도록 하고, 처분설비의 경우 이렇게 획득된 결과들은 사용된 가정의 타당성을 입증·검토하고 폐쇄 이후의 기간에 대하여 제15조에 규정된 평가를 보완하는데 사용되도록 할 것

라. 방사성폐기물 관리설비의 운영수명기간 동안 모든 안전관련 분야에서 공학적·기술적 지원이 가능하도록 할 것

마. 방사성폐기물의 특성을 파악하고 이를 분류하기 위한 절차가 적용되도록 할 것

바. 안전에 중요한 사고는 허가소지자에 의하여 규제기관에 시의적절하게 보고되도록 할 것

사. 관련 운영경험을 분석·해석하는 계획을 마련하고, 적절한 경우에는 그 결과가 반영되도록 할 것

아. 처분설비를 제외한 방사성폐기물 관리설비의 해체계획을 마련하고, 필요한 경우에는 동 설비의 운영수명기간 동안 획득된 정보를 이용하여 이를 보완하며, 규제기관에 의하여 검토되도록 할 것

자. 처분설비의 폐쇄계획을 수립하고, 필요한 경우에는 동 설비의 운영수명기간 동안 획득된 정보를 이용하여 이를 보완하고, 규제기관에 의하여 검토되도록 할 것

제17조(폐쇄 이후의 제도상 조치) 각 체약당사자는 처분설비의 폐쇄 이후에 다음을 보장하기 위하여 적절한 조치를 행한다.

가. 규제기관이 요구하는 처분설비의 위치·설계 및 재고량에 대한 기록이 보존되도록 할 것

나. 필요한 경우에는, 감시 또는 접근제한과 같은 능동적 또는 수동적인 제도상의 통제가 이행되도록 할 것

다. 능동적인 제도상 통제가 이행되는 어느 기간이든, 계획되지 아니한 방사성물질의 환경으로의 유출이 검출되는 때에는, 필요에 따라 개입조치를 이행할 것

제4장 일반적 안전조항

제18조(이행 조치) 각 체약당사자는 이 협약에 따른 의무를 이행하기 위하여 국내법의 체제 안에서 입법적·규제적·행정적 조치와 그 밖의 필요한 조치를 행한다.

제19조(법령 및 규제 체제)

1. 각 체약당사자는 사용후핵연료 및 방사성폐기물 관리의 안전을 규율하기 위하여 법령 및 규제 체제를 수립·유지한다.
2. 법령 및 규제 체제는 다음 사항을 규정한다.

가. 방사선안전을 위하여 적용가능한 국가적 안전요건 및 규제의 설정
나. 사용후핵연료 및 방사성폐기물 관리행위에 대한 허가체계
다. 사용후핵연료 또는 방사성폐기물 관리설비의 무허가운영의 금지체계
라. 적절한 제도상의 통제, 규제검사, 문서화 및 보고의 체계
마. 적용가능한 규제 및 허가조건의 시행
바. 사용후핵연료 및 방사성폐기물 관리의 여러 단계에 관련되는 기관간의 명확한 책임소재의 구분

3. 체약당사자는 방사성물질을 방사성폐기물로서 규제할지의 여부를 검토함에 있어서 이 협약의 목적을 충분히 고려한다.

제20조(규제기관)

1. 각 체약당사자는, 제19조에 규정된 법령 및 규제 체제의 이행을 위임받고 부여받은 책임을 수행하기 위하여 적절한 권한·권능·재원 및 인적자원이 제공되는 규제기관을 설립·지정한다.
2. 각 체약당사자는, 법령 및 규제 체제에 따라 사용후핵연료 또는 방사성폐기물 관리와 규제 모두에 관련되는 조직이 있는 경우에는, 다른 기능으로부터 규제 기능의 효과적 독립성을 보장하기 위한 적절한 조치를 행한다.

제21조(허가소지자의 책임)

1. 각 체약당사자는 사용후핵연료 또는 방사성폐기물 관리의 안전에 대한 기본적 책임이 관련 허가소지자에게 있음을 보장하며, 그러한 각 허가소지자가 그 책임을 이행하도록 보장하기 위하여 적절한 조치를 행한다.
2. 그러한 허가소지자나 그 밖의 책임있는 당사자가 없는 경우, 그 책임은 사용후핵연료 또는 방사성폐기물에 대한 관할권을 가진 체약당사자에게 있다.

제22조(인적 및 재정적 자원) 각 체약당사자는 다음을 보장하기 위하여 적절한 조치를 행한다.

가. 사용후핵연료 및 방사성폐기물 관리설비의 운영수명기간 동안 자격을 갖춘 요원이 안전관련 활동을 위하여 요구되는 바에 따라 이용될 수 있도록 할 것
나. 운영수명기간 동안 사용후핵연료 및 방사성폐기물 관리설비와 그 해체설비의 안전성을 유지하기 위하여 충분한 재원이 이용될 수 있도록 할 것
다. 처분설비의 폐쇄 이후 필요하다고 판단되는 기간 동안 적절한 제도상의 통제·감시 장치가 지속되는 것을 가능하게 하기 위한 재정 관련 규정이 마련되도록 할 것

제23조(품질 보증) 각 체약당사자는 사용후핵연료 및 방사성폐기물 관리안전에 관한

적절한 품질보증계획이 수립·실행되는 것을 보장하기 위하여 필요한 조치를 행한다.

제24조(운영 중 방사선 방호)

1. 각 체약당사자는 사용후핵연료 또는 방사성폐기물 관리설비의 운영수명 기간 동안 다음을 보장하기 위하여 적절한 조치를 행한다.

가. 설비로 인하여 발생하는 종사자 및 일반대중에 대한 방사선 피폭은 경제적·사회적 요소를 고려하여 합리적으로 성취될 수 있는 한 낮게 유지되도록 할 것

나. 정상적 상황에서는 어떤 개인도, 국제적으로 승인된 방사선 방호기준을 적절히 고려하여 국내적으로 규정된 선량한도를 초과하는 방사선량에 피폭되지 아니하도록 할 것

다. 방사성물질이 계획·통제되지 아니하고 환경으로 유출되는 것을 방지하기 위한 조치가 수행되도록 할 것

2. 각 체약당사자는 다음을 위하여 배출이 제한되도록 보장하기 위한 적절한 조치를 행한다.

가. 방사선피폭은 경제적·사회적 요소를 고려하여 합리적으로 성취될 수 있는 한 낮게 유지되도록 할 것

나. 정상적 상황에서는 어떤 개인도, 국제적으로 승인된 방사선 방호기준을 적절히 고려하여 국내적으로 규정된 선량한도를 초과하는 방사선량에 피폭되지 아니하도록 할 것

3. 각 체약당사자는 규제되는 원자력설비의 운영수명기간 동안 방사성물질이 계획·통제되지 아니하고 환경으로 유출되는 사고가 발생하는 경우에는, 그 유출을 통제하고 그 효과를 완화하기 위한 적절한 시정조치의 이행을 보장하기 위하여 적절한 조치를 행한다.

제25조(비상 대비)

1. 각 체약당사자는 사용후핵연료 또는 방사성폐기물 관리설비의 운영 이전이나 그 운영기간 동안 부지 안의 지역, 필요한 경우에는 부지 밖의 지역에 대하여 적절한 비상계획이 수립되도록 보장하며, 그러한 비상계획은 적절한 빈도로 점검된다.

2. 각 체약당사자는 자국 영역의 인근에 위치한 사용후핵연료 또는 방사성폐기물 관리설비에서의 방사선 비상사태에 영향받을 가능성이 있는 범위 안에서, 자국 영역에 대한 비상계획을 준비·시험하기 위하여 적절한 조치를 행한다.

제26조(해체) 각 체약당사자는 원자력설비 해체의 안전을 보장하기 위하여 적절한 조치를 행하며, 그러한 조치는 다음을 보장한다.

가. 자격을 갖춘 요원과 충분한 재원이 이용될 수 있도록 할 것
나. 운영중의 방사선방호, 배출 및 계획·통제되지 아니한 유출에 관하여는 제24조 규정이 적용되도록 할 것
다. 비상대비에 관하여는 제25조의 규정이 적용되도록 할 것
라. 해체에 관한 중요한 정보의 기록이 보존되도록 할 것

제5장 그 밖의 규정

제27조(국경간 이동)

1. 국경간 이동에 관련된 각 체약당사자는 그러한 이동이 이 협약 및 구속력 있는 관련 국제협약의 규정에 부합되는 방식으로 수행되는 것을 보장하기 위하여 다음과 같이 적절한 조치를 행한다.

가. 원산지국인 체약당사자는, 국경간 이동이 목적지국의 사전통보 및 동의가 있는 경우에만 승인되고 이루어지는 것을 보장하기 위하여 적절한 조치를 행한다.
나. 경유국을 통과하는 국경간 이동은 이용되는 특정 운송방식과 관련되는 국제적 의무에 따른다.
다. 목적지국인 체약당사자는, 이 협약에 부합되는 방식으로 사용후핵연료 또는 방사성폐기물을 관리하기 위하여 필요한 규제조직과 행정적·기술적 능력을 가지고 있는 경우에 한하여 국경간 이동에 동의한다.
라. 원산지국인 체약당사자는, 목적지국의 동의와 함께, 국경간 이동 이전에 다목의 요건이 충족될 수 있음을 확신하는 경우에 한하여 국경간 이동을 승인한다.
마. 원산지국인 체약당사자는, 국경간 이동이 이 조에 따라 완결되지 아니하거나 완결될 수 없는 경우에는, 별도의 안전장치가 마련되지 아니하는 한, 원산지국 영역으로의 재반입을 허용하기 위하여 적절한 조치를 행한다.

2. 체약당사자는 저장이나 처분을 위하여 남위 60°이남의 목적지로 사용후핵연료 또는 방사성폐기물이 수송되는 것을 승인하지 아니한다.
3. 이 협약의 어떤 규정도 다음 사항을 침해하거나 영향을 미치지 아니한다.

가. 국제법에서 규정된 바에 따른 모든 국가의 선박 및 항공기에 의한 해양·하천 및 항공운항에 대한 권리 및 자유의 행사
나. 처리를 목적으로 방사성폐기물을 수입한 체약당사자가 그 처리 이후에 방사성폐기물 및 그 밖의 생성물질을 원산지국으로 반환하거나 그 반환을 규정할 권리
다. 재처리를 위하여 사용후핵연료를 수출하는 체약당사자의 권리
라. 재처리를 목적으로 사용후핵연료를 수입한 체약당사자가 재처리과정에서 발생

되는 방사성폐기물 및 그 밖의 생성물질을 원산지국으로 반환하거나 그 반환을 규정할 권리

제28조(폐기된 밀봉선원)

1. 각 체약당사자는 자국법의 체계 안에서 폐기된 밀봉선원의 소유·재가공 또는 처분이 안전한 방식으로 이루어지는 것을 보장하기 위하여 적절한 조치를 행한다.
2. 체약당사자는 자국법의 체계 안에서 폐기된 밀봉선원에 대한 인수 및 소유의 자격을 갖춘 생산업자에 대하여 그 반환이 허용되는 경우에는, 폐기된 밀봉선원의 자국 영역으로의 재반입을 허용한다.

제6장 체약당사자 회의

제29조(준비회의)

1. 체약당사자 준비회의는 이 협약의 발효일부터 6월 이내에 개최된다.
2. 이 회의에서 체약당사자는 다음과 같은 사항을 행한다.

가. 제30조에 규정된 제1차 검토회의의 일자를 확정한다. 이 검토회의는 협약의 발효일부터 30월 이내에 가능한 한 빨리 개최된다.

나. 의사규칙 및 재정규칙을 총의로 마련하고 채택한다.

다. 의사규칙에 따라 특히 다음 사항을 정한다.

(1) 제32조에 따라 제출될 국가보고서의 양식 및 구성에 관한 지침

(2) 동 보고서의 제출일자

(3) 동 보고서의 검토절차

3. 이 협약을 비준·수락·승인·가입·확인한 국가나 지역통합기구 또는 다른 성격의 지역기구는 이 협약이 그들에게 아직 발효되지 아니한 경우에도, 이 협약의 당사자처럼 준비회의에 참가할 수 있다.

제30조(검토회의)

1. 체약당사자는 제32조에 따라 제출된 보고서를 검토하기 위하여 회의를 개최한다.
2. 각 검토회의에서 체약당사자는 다음과 같은 사항을 행한다.

가. 다음의 회의일자를 확정하되, 회의간의 간격은 3년을 초과하지 아니하도록 한다.

나. 제29조 제2항에 따라 정한 합의사항들을 검토할 수 있으며, 의사규칙에 달리 규정되어 있지 아니하는 한 총의로 이를 개정할 수 있다. 또한, 체약당사자는 의사규칙과 재무규칙에 대하여도 이를 총의로 개정할 수 있다.

3. 각 검토회의에서 체약당사자는, 다른 체약당사자가 제출한 보고서를 논의하고

그 보고서의 명확성을 추구할 합리적 기회를 가진다.

제31조(특별회의) 체약당사자의 특별회의는 다음의 경우에 개최된다.

가. 회의에 출석하여 투표한 체약당사자의 과반수로 합의된 경우

나. 어느 체약당사자의 서면요청이 있는 때에는, 당해 요청이 체약당사자들에게 통보되고, 그 요청이 체약당사자의 과반수에 의하여 지지되었다는 통지가 제37조에 규정된 사무국에 접수된 날부터 6월 이내

제32조(보고)

1. 제30조의 규정에 따라, 각 체약당사자는 체약당사자 검토회의마다 국가보고서를 제출한다. 이 보고서는 이 협약의 의무를 이행하기 위하여 행하여진 조치를 포함한다. 또한, 각 체약당사자별 보고서는 다음을 포함한다.

가. 사용후핵연료 관리정책

나. 사용후핵연료 관리관행

다. 방사성폐기물 관리정책

라. 방사성폐기물 관리관행

마. 방사성폐기물을 정의하고 분류하는데 사용되는 기준

2. 또한, 이 보고서는 다음을 포함한다.

가. 이 협약의 적용을 받는 사용후핵연료 관리설비의 목록, 위치, 주된 목적 및 그 본질적 특성

나. 이 협약의 적용을 받는 저장중이거나 처분된 사용후핵연료의 재고목록. 이 재고목록은 물질에 대한 설명과 가능한 경우에는 질량 및 총 방사능에 관한 정보를 포함한다.

다. 이 협약의 적용을 받는 방사성폐기물 관리설비의 목록, 위치, 주된 목적 및 그 본질적 특성

라. 이 협약의 적용을 받는 다음 방사성폐기물의 재고목록

(1) 방사성폐기물 관리 및 핵연료주기 설비에 저장중인 것

(2) 처분된 것

(3) 과거관행에 의하여 발생된 것. 이 재고목록은 물질에 대한 설명, 부피 또는 질량, 방사능활동 및 특정 핵종 등의 이용가능한 그 밖의 적절한 정보를 포함한다.

마. 해체가 진행중인 원자력설비의 목록 및 그 설비의 해체활동 상황

제33조(참가)

1. 각 체약당사자는 체약당사자 회의에 참가하며, 동 회의에서 1인의 대표에 의하여, 필요한 경우에는 교체대표·전문가 및 고문에 의하여 대표된다.

2. 체약당사자는 총의에 의하여 이 협약에 의하여 규율되는 사안과 관련하여 권한 있는 정부간 기구를 회의 또는 그 회의의 특정 분과회의에 참관자로 참석하도록 초청할 수 있다. 참관자는 사전에 제36조의 규정을 서면으로 수락할 것이 요구된다.

제34조(요약 보고서) 체약당사자는 체약당사자 회의기간 동안 토론된 문제와 도출된 결론을 설명하는 문서를 총의로 채택하고, 일반대중이 이를 이용가능하도록 한다.

제35조(언어)

1. 체약당사자 회의의 언어는 의사규칙에 달리 규정되지 아니하는 한 아랍어·중국어·영어·불어·러시아어 및 스페인어로 한다.
2. 제32조에 따라 제출되는 보고서는 이를 제출하는 체약당사자의 언어나 의사규칙에서 합의되는 단일의 지정언어로 작성된다. 보고서가 지정된 언어 외의 다른 언어로 작성되어 제출되는 경우에는, 그 체약당사자가 이를 지정언어로 번역한다.
3. 제2항의 규정에 불구하고, 사무국은 보상이 이루어지는 경우에는 다른 회의언어로 제출된 보고서를 지정언어로 번역하는 작업을 담당한다.

제36조(비밀)

1. 이 협약의 규정은 자국법에 따른 정보유출의 방지를 위한 체약당사자의 권리·의무에 아무런 영향을 미치지 아니한다. 이 조의 목적상, "정보"는 특히 국가안보나 핵물질의 물리적 방호에 관련된 정보, 지적재산권이나 산업·상업적 비밀에 의하여 보호되는 정보 및 인적 정보를 포함한다.
2. 이 협약과 관련하여, 어느 체약당사자가 제1항의 규정에 의하여 보호받는 것으로 확인된 정보를 제공하는 경우, 이러한 정보는 제공된 목적을 위하여만 사용되어야 하며, 그 비밀은 존중되어야 한다.
3. 제3조 제3항에 의하여 이 협약의 범위에 속하는 사용후핵연료 및 방사성폐기물에 대한 정보에 관하여는, 이 협약의 규정이 다음 사항을 결정하는 관련 체약당사자의 배타적 재량에 영향을 미치지 아니한다.

가. 그러한 정보를 비밀로 분류하거나 유출방지를 위하여 달리 통제하여야 할지의 여부

나. 이 협약과 관련하여 가목에 규정된 정보를 제공할 지의 여부

다. 이 협약과 관련하여 제공되는 정보에 대하여 어떤 비밀조건을 부가할 지의 여부

4. 제30조에 따라 개최되는 각 검토회의에서 국가보고서를 검토하는 동안의 논의 내용은 이를 비밀로 유지한다.

제37조(사무국)

1. 국제원자력기구(이하 "기구"라 한다)는 체약당사자 회의를 위한 사무국을 설치한다.
2. 사무국은 다음 기능을 수행한다.

가. 제29조 내지 제31조에 규정된 체약당사자 회의를 소집·준비 및 지원할 것

나. 이 협약의 규정에 따라 접수되거나 마련되는 정보를 체약당사자들에게 전달할 것. 기구가 가목 및 나목의 기능을 수행하는데 있어 발생하는 비용은 동 기구의 정규예산의 일부에 의하여 부담된다.

3. 체약당사자는 총의에 의하여 체약당사자 회의를 위한 그 밖의 지원업무를 제공하여 줄 것을 기구에 요청할 수 있다. 기구는 그러한 지원업무가 자신의 사업계획 및 정규예산의 범위 안에서 수행될 수 있는 경우에는, 지원업무를 제공할 수 있다. 이러한 지원업무의 제공이 불가능할 때에는, 기구는 자발적 재원이 다른 출처로부터 제공되는 경우에 이러한 지원업무를 제공할 수 있다.

제7장 최종 조항 및 그 밖의 규정

제38조(분쟁 해결) 이 협약의 해석이나 적용에 관하여 둘 또는 그 이상의 체약당사자 간에 분쟁이 있는 경우에는, 당사자는 그러한 분쟁을 해결하기 위하여 체약당사자 회의의 체계 안에서 협의한다. 그 협의에 의하여 분쟁이 해결되지 아니한 경우에는, 기구에서 유효한 규칙·관행을 포함하여 국제법이 규정하는 중개·조정 및 중재기구에게 그 분쟁을 의뢰할 수 있다.

제39조(서명·비준·수락·승인·가입)

1. 이 협약은 1997년 9월 29일부터 협약이 발효될 때까지 비엔나에 소재하는 기구의 본부에서 서명을 위하여 모든 국가에 개방된다.
2. 이 협약은 서명국의 비준·수락 또는 승인을 받아야 한다.
3. 이 협약은 발효 이후에 모든 국가에 대하여 그 가입이 개방된다.
4.

가. 이 협약은 지역통합기구 또는 그 밖의 성격을 가진 지역기구의 확인을 받아야 하는 서명 또는 가입을 위하여 개방된다. 다만, 동 지역기구들은 주권국가로 구성되고 이 협약의 범위 안의 사안에 대하여 국제협정의 교섭·체결 및 적용과 관련하여 권한을 가지고 있어야 한다.

나. 그러한 지역기구는 그 권한의 범위 안의 사안에 대하여 자신을 대표하여 이

협약이 당사자에게 부여하는 권리를 행사하고 그 책임을 수행한다.

다. 그러한 지역기구가 이 협약의 당사자가 되는 경우에는, 동 기구는 어느 국가가 그 회원국인지, 이 협약의 어느 조항이 동 지역기구에 대하여 적용되는지, 그리고 그러한 조항이 적용되는 분야에서의 기구의 권한범위를 명시하는 선언을 제43조에 규정된 수탁자에게 통지한다.

라. 그러한 지역기구는 그 회원국의 투표권에 추가되는 투표권을 보유하지 아니한다.

5. 비준서·수락서·승인서·가입서 또는 확인서는 수탁자에게 기탁된다.

제40조(발효)

1. 이 협약은 운영 중인 원자력발전소를 보유한 15개국의 문서를 포함하여 25번째의 비준서·수락서 또는 승인서가 수탁자에게 기탁된 날부터 90일째 되는 날에 발효한다.
2. 제1항에 규정된 조건을 충족시키기 위하여 요구되는 마지막 문서가 기탁된 이후에 이 협약을 비준·수락·승인·가입 또는 확인하는 국가나 지역통합기구 또는 그 밖의 성격의 지역기구에 대하여, 이 협약은 그러한 국가 또는 지역기구가 적절한 문서를 기탁한 날부터 90일째 되는 날에 발효한다.

제41조(협약의 개정)

1. 모든 체약당사자는 이 협약의 개정을 제안할 수 있다. 제안된 개정안은 검토회의 또는 특별회의에서 검토된다.
2. 제안된 개정안의 내용과 그 개정사유는 수탁자에게 제공되며, 수탁자는 그 제안을 검토하기 위한 회의가 개최되기 늦어도 90일 이전에 동 개정안을 체약당사자에게 전달한다. 수탁자는 이러한 제안에 대하여 접수된 모든 평가를 체약당사자에게 배포한다.
3. 체약당사자는 제안된 개정안을 검토한 후 총의에 의하여 개정안을 채택할 것인지 여부, 이러한 총의가 없는 경우 외교회의에 제출할 것인지의 여부를 결정한다. 제안된 개정안을 외교회의에 제출하기 위한 결정은, 적어도 체약당사자의 2분의 1이 투표에 참석하는 것을 조건으로 하여 회의에 출석하여 투표하는 당사자의 3분의 2의 다수결을 필요로 한다.
4. 이 협약의 개정안을 검토하고 채택하기 위한 외교회의는 수탁자에 의하여 소집되며 제3항에 따라 적절한 결정이 이루어진 후 1년 이내에 개최된다. 외교회의는 개정안이 총의에 의하여 채택되도록 모든 노력을 다한다. 이러한 채택이 곤란한 경우 개정안은 전체 체약당사자 3분의 2의 다수결로 채택된다.
5. 제3항 및 제4항에 따라 채택된 이 협약의 개정안은 체약당사자에 의하여 비준·수락·승인 또는 확인을 받아야 하며, 수탁자에 의하여 적어도 체약당사자 3분

의 2의 관련 문서를 접수하는 날부터 90일째 되는 날에 동 체약당사자에 대하여 발효한다. 그 이후에 동 개정안을 비준·수락·승인 또는 확인하는 당사자에 대하여 동 개정안은, 그 당사자가 관련 문서를 기탁한 날부터 90일째 되는 날에 발효한다.

제42조(탈퇴)

1. 모든 체약당사자는 수탁자에게 서면통지함으로써 이 협약을 탈퇴할 수 있다.
2. 탈퇴는 수탁자가 그 통지서를 접수한 날부터 1년째 되는 날 또는 통지서에 그보다 더 늦은 날이 명시되어 있는 경우에는 동 일자에 발효한다.

제43조(수탁자)

1. 기구의 사무총장은 이 협약의 수탁자가 된다.
2. 수탁자는 다음 사항을 체약당사자에게 통보한다.

가. 제39조에 따른 이 협약에 대한 서명사실과 비준서·수락서·승인서·가입서 또는 확인서의 기탁사실

나. 제40조에 따른 협약의 발효일자

다. 제42조에 따라 이루어지는 이 협약에 대한 탈퇴통지 사실 및 그 일자

라. 제41조에 따라 체약당사자가 제안한 이 협약의 개정안, 관련 외교회의나 체약당사자 회의에서 채택된 개정안, 그리고 위의 개정안의 발효일자

제44조(정 본) 아랍어·중국어·영어·불어·러시아어 및 스페인어본이 동등하게 정본인 이 협약의 원본은 수탁자에게 기탁되고, 수탁자는 그 인증등본을 체약당사자에게 송부한다. 이상의 증거로 정당하게 권한을 위임받은 아래 서명자가 이 협약에 서명하였다. 비엔나에서 1997년 9월 5일 작성되었다.

부록 7 방사성폐기물 관리정책에 대한 주요 권고내용 (Strategy for the Management & Disposal of Used Nuclear Fuel & High-Level Radioactive Waste)

* 이 부록은 2012년 8월 개최된 「사용후핵연료 정책포럼」에서 미국의 블루리본위원회의 보고서를 번역·발간한 것이다.

난국에 봉착한 미국의 방사성폐기물 관리프로그램

오바마 행정부가 네바다주(Nevada) 유카산(Yucca Mountain)의 고준위방사성폐기물 처분시설 건설 계획을 중단하기로 한 결정은 지난 수십 년간 골머리를 앓게 하고 최근에는 거의 완전히 무산된 관련 정책의 방향을 알려준다.

미국의 전체 고준위방사성폐기물 관리프로그램과 유카산 고준위방사성폐기물 처분시설의 운명을 한데 결부시켜 놓았던 1987년 방사성폐기물정책법(Nuclear Waste Policy Act; NWPA) 개정안에서 제시된 접근방식은 국가 차원에서 가장 유해한 방사성물질을 관리하기 위한 시의 적절한 해결방안을 도출해 내지는 못했다.

미국 정부는 계속적으로 동일한 접근방식에 의존함으로써 더 많은 논란과 소송 및 장기간의 사업 지체를 불러오는데 지금까지 거의 25년이라는 긴 세월을 보냈다.

미국 원자력 미래를 위한 블루리본위원회(Blue Ribbon Commission on America's Nuclear Future)(이하 위원회)는 후행핵연료주기(back end of the nuclear fuel cycle)를 관리하기 위한 새로운 전략에 대한 권고사항을 결정하였다.

위원회는 비록 관점은 다르지만 공통된 위기의식 하에서 과제에 접근하였다. 간단히 말해, 국가적으로 방사성폐기물 문제에 잘 대처하지 못한 정책 실패의 대가로 이미 손해가 드러났다.

문제가 오래 지속될수록 미래에 잠재적으로 중요한 에너지 공급대안을 유지하기 위한 전망, 주정부-연방정부간 관계, 연방정부의 역량에 대한 국민의 신뢰, 원자력 기술 및 정책적 전문지식의 공급원뿐 아니라, 원자력안전(nuclear safety), 핵비확산(nuclear non-proliferation) 및 핵안보(nuclear security)와 같은 글로벌 이슈의 지도자로서의 미국의 입지에 악영향을 미치는 등 더 많은 손해와 대가를 치르게 될 것이다.

또한 계속적인 교착상태도 집행부 및 입법부가 연방정부의 방사성폐기물 관리책임을 이행하는 데에 실패한 결과로 인해 공공요금 납부자(utility ratepayer), 장기 보관이 필요한 방사성폐기물 저장시설을 원치 않게 유치하게 된 지역사회, 현재 10억 달러에 육박하는 증가일로의 부채 폭탄에 직면하고 있는 미국의 납세자(taxpayer)가 큰 대가를 치르고 있다.

새로운 전략이 절실하게 필요한 이유는 이와 같은 손해 및 대가를 파악하고 대처하기 위한 것뿐 아니라, 현 세대가 유해 방사성폐기물을 영구적으로 안전하게 관리하기 위한 해결방안을 마련하려는 총체적인 노력을 통해 이 같은 유해 방사성폐기물의 발생에 전혀 관여하지 않은 미래 세대에게 부담을 전가하지 않아야 한다는 기본적인 도덕적 의무를 가지고 있기 때문이기도 하다.

이와 동시에, 미래 세대가 신생 기술의 개발 및 자신의 최선의 이익을 바탕으로 원자력에너지를 저탄소 에너지 자원으로 사용할 것인지 핵연료주기를 어떻게 관리할 것인지 직접 선택할 수 있도록 잠재적인 대안도 배제하지 않아야 한다.

위원회의 결정이 내려지고 거의 1년이 지나고, 보고서 초안이 작성되기 전 5개월도 채 안 된 시점에서 예기치 않게 발생한 사건으로 인해 본 과제에 대한 긴박감이 더해지면서 방사성폐기물 이슈가 전에 없이 세인의 관심을 끌게 되었다.

일본 북동부 해안에서 발생한 대규모 지진과 그 뒤를 이은 파괴적인 쓰나미가 후쿠시마 제1원자력발전소(Fukushima Daiichi Nuclear Power Station)에서 체르노빌(Chernobyl) 이래 최악의 원전사고를 유발하면서 연속적인 문제를 촉발하였다.

이후 몇 주에 걸친 집중적인 언론보도를 통해 많은 미국인들이 미국 전역에도 70군데 이상의 원전부지 내에 수천 수만 톤의 사용후핵연료(spent fuel)가 존재한다는 사실과 현재로서는 사용후핵연료를 원래 생성된 현장에 그대로 보관해 두는 것 이외에는 달리 처리할 수 있는 역량이 준비되어 있지 않다는 사실을 새롭게 인지하게 되었다.[1)]

이 보고서에서 권고하는 정책은 다음의 8개의 핵심 요소를 포함하고 있다:

i) 향후 방사성폐기물 관리시설의 부지선정에 있어서 동의에 기반한 새로운 접근 방식
ii) 방사성폐기물 관리프로그램의 실행을 독립적으로 전담하고 권한과 그에 따른 자원이 부여된 새로운 조직
iii) 방사성폐기물 관리를 목적으로 원자력 공공요금 납부자가 제공하는 기금의 이용
iv) 심지층 처분시설(geologic disposal facilities)을 한 곳 이상 개발하기 위한 신속한 노력
v) 중앙집중식 저장시설(consolidated storage facilities)을 한 곳 이상 개발하기

1) 사용후핵연료(spent fuel)는 최근 기 사용연료(used fuel)로 불리기도 한다. 실제로 용어상의 차이는 물질을 폐기물로 보느냐 아니면 자원으로 보느냐에 관한 심오한 정책문제를 반영하고 있다. 이 보고서에서는 「사용후핵연료」라는 용어를 사용하지만 당해 정책논의를 해결하기에는 아직 시기상조라고 생각된다.

위한 신속한 노력[2)]

vi) 중앙집중식 저장 및 처분시설을 사용할 수 있게 되는 경우에 대규모 사용후핵연료 및 고준위방사성폐기물을 최종적으로 이와 같은 시설로 운반할 수 있도록 대비하기 위한 신속한 노력

vii) 원자력에너지 기술에 대한 미국의 지속적 혁신과 인력 개발에 대한 지원

viii) 원자력 안전, 핵비확산 및 핵안보 문제의 해결을 위한 국제적 공조에 있어서의 미국의 주도적인 역할

이러한 전략요소는 수 년에 걸쳐 미국 방사성폐기물 프로그램을 준수한 사람들에게는 새로운 것이 아니다. 모든 전략요소가 진정으로 통합된 국가방사성폐기물관리시스템을 확립하고 임무를 수행하기 위한 제도적 리더십과 수단을 창출하는 한편, 미국이 변화하는 원자력 안전, 핵비확산 및 핵안보 문제에 대한 국제적인 공조와 기술개발에 앞장설 수 있도록 하는 데에 필요하다.

각 전략요소를 보다 상세하게 논의하기에 앞서 위원회가 제시한 전략 전반에 걸친 몇 가지 일반적인 요점에 주목할 필요가 있다.

첫 번째는 비용 문제이다. 그렇지 않아도 연방정부의 재정적자와 에너지 가격의 상승에 대한 우려가 극심한 이 시점에 특히, 방사성폐기물 관리를 위한 새로운 접근방식의 추진 및 새로운 조직의 발족과 관련된 위원회의 권고사항이 재무부, 납세자 및 공공요금 납부자의 재정적 부담을 가중시킬 수 있다는 우려에 우리는 민감하지 않을 수 없었다.

방사성폐기물 관리프로그램을 성공적으로 실행하기 위해서는 분명 비용이 소요된다. 그러나 근본적으로 결함이 있는 프로그램의 실행을 시도하는 경우에는 전술한 이유로 인해 더 많은 비용이 소요된다.

실제로, 미국의 공공요금 납부자는 원자력발전 전력 kWh 당 요금을 통해 이미 방사성폐기물 처분과 관련한 비용을 지불하고 있지만 실상, 당해 프로그램은 아직도 가동되지 않고 있다.

또한, 납세자도 연방정부의 계약상 폐기물 인수책임 이행의 실패에 따른 공공요금을 보상하기 위해 납세자 지원 평가기금(Judgment Fund)에서 손해배상의 형태로 지불하고 있다.

전반적으로, 위원회의 방사성폐기물 관리 권고사항은 이미 이와 같은 목적을 위해

---

2) 이 보고서에서 사용되는 「처분(disposal)」이라는 용어는 영구적 처분을 의미하는 것으로 보고, 「저장(storage)」은 처분 또는 기타 방식으로 처리되기 전 중간단계의 저장을 의미하는 것으로 보면 된다.

지정된 수입원(특히, 방사성폐기물관리기금(Nuclear Waste Fund) 및 요금)을 사용하여 실행될 수 있을 것으로 확신한다. 특히, 원자력기술 프로그램 및 국제정책에 관한 위원회의 기타 권고사항은 대체로 관련기관의 프로그램 계획과 일치한다.

다른 중요한 요점은 시기선택(timing) 및 실행과 관련되어 있다. 위원회의 권고사항은 상호 연관되어 있고, 특히, 제압된 전략요소의 대부분이 「방사성폐기물정책법」 및 기타 관련법을 개정하기 위한 입법조치를 필요로 하기 때문에 전체 권고사항을 완전하게 실행하려면 상당한 시간이 소요된다.

하지만, 몇몇 가능한 분야의 경우 입법조치에 앞서 방사성폐기물 관리프로그램을 다시 정상궤도에 올려놓기 위한 즉각적인 조치가 요구된다. 본 보고서의 마지막 장에서는 다수의 구체적인 추후 조치들에 대해 살펴본다.

이와 더불어, 본 보고서에 제시된 텍스트 박스 내용은 새로운 방사성폐기물 처분 및 중앙집중식 저장시설 부지선정과 관련한 구체적인 과업의 수행에 착수하기 위한 여러 가지 방법을 열거한 것이다.

위원회의 권고사항을 완전하게 실행하려면 방사성폐기물정책법(NWPA) 또는 기타 관련법의 변경이 요구된다.

새로운 시설부지 선정과정의 수립 - 현재 1987년에 개정된 방사성폐기물정책법은 네바다주 유카산에 위치한 단일 저장소의 평가 및 면허와 관련된 사항만 제공한다. 본 법률은 미래에 조밀저장 및 처분시설부지의 평가·선정·면허에 적용할 새로운 동의 기반의 과정을 인가할 수 있도록 개정되어야 한다. 이 과정은 본 법률의 방사성폐기물 교섭관(Nuclear Waste Negotiator)과 관련하여 지금은 만료된 조항을 통해 수립된 절차와 유사하지만 아래에서 설명하는 바와 같은 새로운 조직적 리더십에 따른다.

중앙집중식 저장시설의 인가 - 방사성폐기물정책법은 정부가 제한된 용량의 중간저장시설 한 곳을 건설할 수 있도록 허용하지만 방사성폐기물 저장시설의 건설이 인가된 후라는 단서조항이 붙어있다. 그러나 저장시설 운영개시 일정과 관계없이 한 곳 이상의 중앙집중식 저장시설이 건설될 수 있어야 한다. 본 법률은 필요한 경우 적절한 용량의 다수 저장시설에 대한 부지선정, 면허 및 건설에 적용할 수 있는 동의 기반의 과정을 허용하고 방사성폐기물 요금지불이 명확히 이러한 목적에 사용될 수 있도록 수정되어야 한다.

운반 과정에서 영향을 받는 관할 지역에 대한 지원 확대 - 「방사성폐기물정책법」은 사용후핵연료를 저장 또는 처분시설까지 운반하는 경로 상에 위치한 지역을 관할하는 주정부 및 인디언 자치정부에 소속된 공공안전담당 공무원을 교육시키기 위한 기금과 기술적 지원을 제공한다. 본 법률은 공공정보 프로그램, 운반사고에 대비한 장비취득 지원, 기타 방사성폐기물 관련 운반안전 프로그램을 위한 광범위한 지원을 포함한 대량의 초우라늄(transuranic) 폐기물을 WIPP(Waste Isolation Pilot Plant)로 성공적으로 운반할 수 있도록 지원하는 WIPP 토지회수법(Land Withdrawal Act)에 따라 방사성폐기물 관리조직이 에너지부(DOE)에 보다 광범위한 권한을 부여할 수 있도록 개정되어야 한다.

새로운 방사성폐기물 관리조직의 수립 - 현재, 사용후핵연료 및 고준위방사성폐기물을 관리하기 위한 국가 프로그램의 실행은 에너지부가 책임지고 있다.(1) 이와 같은 책임은 당해 프로그램의 단독적인 수행에 집중하는 새로운 독립적인 정부 인가법인의 책임 하에 두고(2) 적절한 감독기구를 설립하기 위한 입법이 필요하다.

전용기금사용의 보장 - 현행 연방정부 예산규칙 및 법률에 따르면 방사성폐기물 프로그램이 상업적 비용을 분담하기 위해서 원자력 공공사업자 및 공공요금 납부자로부터 징수한 요금을 사용할 수 있는 권한이 확실하게 보장되어 있지 않다. 위원회는 행정부가 의회의 관련위원회 및 의회예산국(Congressional Budget Office)과 협력하여 즉각적으로 실행해야 하는 일부 개선방안을 권고하였다. 장기적인 해결방안은 연간지출 과정과는 별도로 재정 및 관리에 대한 엄격한 독립적인 감독이 적용되는 방사성폐기물기금 및 요금을 사용할 수 있는 권한을 제공하기 위한 입법이 요구된다.

안전하고 확실한 방사성폐기물 관리를 지원하기 위한 국제적 개입 촉진 - 의회는 사용후핵연료 저장 및 처분지역이 위치한 비핵 국가에 기술적 지원을 제공하기 위해 현재는 만료된 방사성폐기물정책법 조항과 마찬가지로, 다른 국가가 방사성폐기물을 안전하고 확실하게 핵비확산적인 방식으로 관리할 수 있도록 지원하기 위한 목적의 몇몇 조치를 실행하기 위한 정책방향 및 새로운 입법을 제공할 필요가 있다.

마지막으로, 위원회의 결정에서 다루어지지 않은 문제는 다음과 같다.

i) 위원회는 유카산 처분장의 적합성이나 유카산의 면허신청 취소신청에 관한 의견을 제공하지 않았으며, 대신 유카산의 상황변화와 관계없이 실행되어야 하는 미래의 저장 및 처분시설의 확보와 운영에 관한 타당한 전략의 개발에 중점을 두었다.

ii) 방사성폐기물 관리시스템 요소에 따른 구체적인 부지제안

iii) 미래의 국가적 또는 전 세계적 에너지 공급믹스(energy supply mix)에 있어서 원자력의 적절한 역할에 관한 평가 제공

상기한 문제는 향후 몇 년 동안 정책입안자 및 국민의 관심을 끌게 될 중요한 문제이지만, 이미 존재하고 있고 원자로가 운영되는 한 계속적으로 축적될 수밖에 없는 고준위방사성폐기물 및 사용후핵연료를 관리하기 위한 전략에 요구되는 시급한 변화 또는 개선에 달리 영향을 줄 수 있는 문제는 아니다. 위원회의 임무와 이어지는 구체적인 권고사항들은 이와 같은 시급한 변화 또는 개선의 필요성에 중점을 둔다.

1. 부지선정을 위한 새로운 동의 기반의 접근방식

방사성폐기물 저장 또는 처분시설을 위한 부지선정은 미국의 방사성폐기물 관리 프로그램 중에서 가장 다루기 힘든 문제이다. 물론, 어떤 시설이건 부지선정에 있어

서 첫 번째 요구조건은 국민의 보건·안전 및 환경을 적절히 보호할 수 있는 능력을 입증하는 데에 초점을 맞춘다.

이와 같은 한계기준을 넘어, 시설을 유치한 주정부, 인디언 자치정부, 지방정부 및 지역사회를 포함하여 영향을 받는 모든 정부단위가 당해 시설의 유치를 기꺼이 지원하거나 최소한 받아들이는 부지를 물색하는 것은 특히 어려운 일이다.

연방정부의 방사성폐기물 관리프로그램에 대한 신뢰가 실추되면서 이 문제는 더욱 어렵게 되었다. 또한, 정부단위가 하나 둘 반대할 때마다 성공 가능성은 크게 줄어든다.

문제의 핵심은 연방정부, 주정부, 인디언 자치정부 및 지방정부의 권한 행사의 딜레마에서 유래한 것으로, 이는 방사성폐기물 문제에 대해서만 그런 것이 아니며 해결을 위한 단순한 공식이 존재하지 않는다.

미국을 위한 여러 국가의 경험에서 유추해 볼 때, 주정부 또는 지역사회의 반대에 맞서 효율성과는 거리가 먼 연방정부 차원의 강제적인 하향식 해결방안을 시도하는 경우에는 시간과 비용이 보다 많이 소요될 뿐 아니라 궁극적인 성공 가능성도 낮아진다. 이와 대조적으로, 위원회가 권고하는 것은 명백히 적응 가능한 단계별 동의 기반 접근방식이다.

초우라늄 방사성폐기물 처분시설을 위한 부지선정으로 가장 많은 주목을 받은 뉴멕시코(New Mexico)의 WIPP(Waste Isolation Pilot Plant) 및 최근 핀란드, 프랑스, 스페인, 스웨덴에서 볼 수 있었던 긍정적인 결과를 포함한 미국 내외의 성공적인 부지선정 과정에 대한 검토를 바탕으로 위원회는 이러한 형식의 접근방식이 논란이 많은 시설의 설치를 마무리하는 데 필요한 국민의 신뢰 및 신용을 유지하고 유연성도 제공할 수 있을 것으로 본다.

실질적인 면에 있어서는, 지역사회로 하여금 자발적으로 새로운 방사성폐기물 관리시설의 유치를 고려하도록 장려하는 한편, 방사성폐기물 관리조직이 부지선정 요건을 충족시킬 수 있을 것으로 예상되는 지역사회와 접촉할 수 있도록 허용하는 것을 의미한다. 방사성폐기물 관리시설을 위한 부지선정과정은 유연하고 실질적인 인센티브 프로그램을 포함해야 한다.

먼저, 미환경보호국(Environmental Protection Agency) 및 원자력규제위원회(Nuclear Regulatory Commission)는 부지선정과정 초기에 일반적인 처분기준 및 이를 지원하는 규제요건을 개발해야 한다. 일반적인 관련규제는 부지별 기준보다 국민의 신뢰를 얻을 수 있는 가능성이 다 많다. 이와 더불어, 일반적인 기준은 다수의 부지에 대한 효율적인 검토 및 평가를 지원한다.

설립된 새로운 방사성폐기물 관리조직은 아래와 같은 업무를 수행한다:

i) **기본적인 초기 부지선정 기준 수립** - 기준은 분명히 부적합하거나 부적절한 부지의

조사에 시간을 허비하지 않도록 수립되어야 한다.

ii) **잠재적으로 적합한 부지를 보유하고 있는 지역사회가 자발적으로 이익을 표명할 수 있도록 장려** - 해당 지역사회가 과정에 개입하면 실행조직은 문제에 대한 동의를 강요하지 않으면서 유연하게 대처하는 한편, 향후에 찾아오게 될 좋은 기회를 시의 적절하게 이용할 수 있도록 완벽하게 대비해야 한다.

또한, 위원회가 권고하는 접근방식은 성공적인 부지선정 결정을 실행조직과 잠재적으로 영향을 받는 주정부, 인디언 자치정부, 지방정부 및 기타 실체 간의 복잡하고 장기적인 협상의 결과로 인식하였다.

이러한 협상의 바람직한 결과는 시설을 유치한 주정부, 인디언 자치정부 및 지역사회와 당해 조직이 협력관계를 유지하기 위한 제휴협약 또는 법적으로 시행 가능한 기타 형태의 합의를 체결하여 양 당사자의 책임수행을 보장하는 것이다. 영향을 받는 모든 차원의 정부단위는 중요한 결정에 있어서 최소한의 의미 있는 자문역할을 수행할 수 있어야 한다.

이와 더불어, 시설을 유치한 주정부 및 인디언 자치정부는 연방차원 이하에 대한 감독의 영향을 받는 지역사회 및 시민의 신뢰를 얻고 이익을 보호하는 데에 유익한 방식으로 효과적으로 행사될 수 있는 경우에 규정, 허가 및 운영 측면에 대한 직접적인 권한을 유지하거나 적절히 권한을 위임 받아야 한다.

이와 동시에, 시설을 유치하는 주정부, 인디언 자치정부 및 지방정부는 연방정부와 생산적으로 협력하여 국익의 향상을 도모하기 위한 책임을 진다.

이러한 상황에서는, 사전에 세부적으로 규정된 과정들이 제대로 작동할 가능성이 낮다. 이때 필요한 것은 투명성, 유연성, 기민한 대응성과 협의 및 협력에 중점을 두는 것이다. 실제로, 이러한 특성은 부지선정뿐 아니라 프로그램을 실행하는 모든 측면에 적용되어야 한다.

위원회에 제시된 수많은 의견을 통해 부각된 또 다른 문제는 '동의(consent)'를 어떻게 정의할 것인지에 대한 문제이다. 위원회는 이 문제는 궁극적으로 유치예정 관할지역의 판단에 따라 적합한 시기 및 수단을 사용하여 답을 제공해야 하는 문제라는 견해를 취하고 있다.

위원회는 동의를 판단하는 좋은 기준은 시설을 유치하는 주정부, 인디언 자치정부 및 지역사회를 포함한 영향을 받는 정부단위가 시설 운영자와 법적 구속력이 있는 합의를 체결하고자 하는 자발적 의지에 달려있다고 생각한다. 단, 주정부, 인디언 자치정부 및 지역사회가 이러한 합의를 통해 시민의 이익을 보호할 수 있다는 확신을 가질 수 있어야 한다.

모든 부지선정 과정이 시간을 필요로 하지만 적응 가능한 단계별 접근방식은 특히, 더 많은 시간이 소요되고 끝을 알 수 없는 것처럼 보일 수 있다. 이런 점이 결과가 언제 나올지 기대하고 있고 당연히 이를 알고자 하는 이해관계자 및 국민을 혼란스럽게 만든다.

위원회도 보다 큰 확실성과 신속한 해결방안을 선호하기 때문에 이와 같은 혼란스러움을 공감한다. 그러나 경험상 지름길은 따로 없으며 과정을 간소화하기 위한 시도는 대부분 지연만을 초래했다는 결론을 내릴 수 있다. 그렇긴 해도, 과정만을 고집함으로써 실제 진척이 없어서는 안 된다고 생각한다.

또한, 보다 상세하고 구체적인 일련의 주요 관리점을 위원회의 최종보고서에 포함시켜 줄 것을 요청한 수많은 의견에도 공감을 표한다. 분명히 적응 가능한 동의 기반과정의 권고와 기한 또는 진행 요구조건의 사전설정 사이에는 대립구도가 내재되어 있다.

하지만 융통성 없이 기한을 확정하지 않으면서 프로그램 개발 및 실행의 주요 단계별로 합리적인 수행목표 및 주요 관리점을 설정함으로써 의회가 방사성폐기물 관리조직으로 하여금 책임을 지도록 하고 이해관계자 및 일반대중이 프로그램의 진행에 대한 신뢰를 가질 수 있도록 하는 것이 중요하다는 점에 동의한다.

다른 국가에서도 이와 같은 접근방식을 택하여 몇몇 사례에서 과정의 각 완료단계별 구체적인 날짜를 정하는 대신에 목표 기간을 정해둔 바 있다. 예를 들면, 실행조직은 부지식별 및 특성화(site identification and characterization)를 완수하고 지질학적 저장소를 위한 면허과정을 수행하는 데에 15~20년의 기간을 고려할 수 있다. 중앙집중식 저장시설의 부지선정 및 개발을 위한 개념상의 기간은 대략 이보다 짧은 5~10년 정도로 추정된다.

2. 방사성폐기물 관리프로그램을 실행하기 위한 새로운 조직

에너지부(DOE) 및 선행기관들은 50년 이상 미국의 방사성폐기물 정책을 실행하기 위한 일차적인 책임을 져 왔다. 그 동안, 에너지부는 WIPP 경험 및 최근 몇몇 에너지부 현장에서 방사성폐기물 정화작업수행의 개선을 통해 주목할 만한 성과를 달성해 왔다.

그러나 에너지부(DOE) 및 연방정부의 모든 기록을 살펴보면, 미국의 방사성폐기물 관리프로그램에 대한 신뢰 또는 신용을 광범위하게 고취시키지 못했다는 것을 알 수 있다.

이를 포함한 여러 가지 이유로, 위원회는 방사성폐기물 관리프로그램을 다시 정상궤도에 올려놓는 데에 필수적인 안정성, 목표 및 신뢰성을 제공할 수 있는 단일 목적의 새로운 조직이 필요하다는 결론을 내렸다.

의회의 인가를 받은 연방법인이 최상의 모델을 제시할 수 있지만 새로운 조직의 형태가 어떻든 임무를 효과적으로 수행할 수 있는 특성, 독립성 및 자원을 보유하고 있어야 한다고 생각된다.

새로운 조직의 주요 과업은 사용후핵연료 및 고준위방사성폐기물을 안전하게 중앙 집중식으로 저장하고 최종적으로 처분하기 위한 시설의 부지선정, 면허, 건설 및 운영을 합리적인 비용 및 타당한 기간 내에 수행하는 것이다.

이와 더불어, 새로운 조직은 방사성폐기물 및 사용후핵연료를 저장 및 처분시설로 안전하게 운반하기 위한 계획을 수립하고, 예를 들면, 건식저장용기(dry cask)에 저장 시와 그 후 수송 중 사용후핵연료의 장기적인 성능검사와 같이 방사성폐기물 관리임무와 직접적으로 연관된 응용연구, 개발 및 시연(RD & D) 활동을 수행하는 책임을 진다.

새로운 조직이 성공하려면 상당한 실행권한과 기금사용에 대한 확실한 보장과 함께 의회 및 적절한 정부기관에 의해 수행되는 엄격한 재정적, 기술적 및 규제적 감독이 병행되어야 한다.

위원회는 조직이 대통령의 지명과 상원의 승인을 얻어서 다양한 전문성과 견해를 제시할 수 있도록 선정된 이사회의 감독을 받도록 권고한다. 방사성폐기물 관리프로그램에 대해서는 독립적인 과학적 및 기술적 감독이 필수적이며 방사성폐기물 요금 지불을 통해 조달된 기금이 지속적으로 제공되어야 한다.

또한, 독립적인 관할규제기관의 존재도 필수적이다. 위원회는 미환경보호국(EPA)의 기준수립과 원자력규제위원회(NRC)의 방사성폐기물 관리시설 면허 및 규제와 관련한 기존의 역할은 그대로 유지하지만 두 기관 간의 지속적인 협력 및 협조를 보장하기 위한 조치를 취하도록 권고한다.

위원회는 검토 후반부에 에너지부(DOE) 군사용 핵폐기물(defense waste)을 유치한 몇몇 주정부로부터 주정부가 있는 일반 방사성폐기물(civilian waste)을 관리하는 새로운 조직을 수립하기 위한 제안에는 동의하지만 군사용 핵폐기물의 처분은 그대로 에너지부(DOE)가 책임지도록 하는 경우에 더욱 효과적으로 방사성폐기물 관련 의무를 이행할 수 있을 것이라 생각한다.

방위 및 일반 방사성폐기물을 혼합한 미국의 현행정책을 그대로 유지해야 한다는 것을 강력히 주장하는 의견도 있다. 위원회는 에너지부(DOE)의 폐기물 정화 합의준수에 영향을 줄 수 있는 조치의 결과를 종합적으로 평가할 수 있는 입장이 못 될 뿐 아니라 행정부 및 의회가 결정을 내리는 데에 있어서 고려해야 하는 여러 요인을 철저하게 평가하는데 필요한 시간 또는 자원도 보유하고 있지 않다.

따라서 위원회는 행정부가 군사용 핵폐기물과 기타 에너지부(DOE) 자체 방사성폐기물의 처분에 대한 책임을 에너지부에 남겨 두는 경우와 새로운 방사성폐기물 관리조직으로 이관하는 경우에 대한 각각의 결과를 비교하는 검토에 즉각적으로 착수할 것을 촉구한다.

그렇다고, 위원회의 다른 권고 사항들을 방사성폐기물 혼합 문제가 해결될 때까지 기다릴 필요는 없다. 위원회의 권고사항을 실행하기 위한 의회와 행정부의 노력은 가능한 한 신속하게 진행되어야 한다.

3. 원래 목적을 위한 방사성폐기물 처분 공공요금의 사용

1982년 「방사성폐기물정책법」은 상업용 사용후핵연료를 처분하기 위한 전체 비용이 납세자 또는 연방정부의 예산에 영향을 주지 않고 공공사업자(공공요금 납부자)에 의해 지불될 수 있도록 보장하기 위한 '오염자 부담(polluter pays)' 자금조달수단을 마련하였다.

원자력 공공요금은 1998년 1월 31일 상업용 사용후핵연료를 수용하기로 한 연방정부의 계약에 따른 대가로서 지불되는 원자력발전 전력 kWh 당 요금으로 산정된다. 요금 수입은 일반 방사성폐기물 처분비용을 부담하고 다른 어떤 지출항목보다 우선적으로 방사성폐기물 프로그램에 사용될 수 있도록 보장하기 위한 단일 목적으로 설립된 정부의 방사성폐기물기금으로 사용된다. 이와 대조적으로, 군사용 핵폐기물 처분비용은 재무부가 책정한 예산을 통해 납세자에 의해 지불된다.

하지만, 기금은 의도했던 대로 사용되지 못하고 있다. 일련의 집행부 및 의회조치에 의해 연간 약 7억5천만 달러의 요금 수입이 조성되고 있고 방사성폐기물 프로그램이 효과적으로 사용할 수 없는 기금의 미지출 잔액은 2백7십억 달러에 이른다.

기금이 예산제약 및 불확실성을 피하기 위한 목적으로 설립되었음에도 불구하고, 방사성폐기물 프로그램은 매년 연방정부의 기금예산을 확보하기 위해 동일한 문제를 안고 경쟁하지 않으면 안 되었다. 프로그램이 성공하기 위해서는 이와 같은 문제가 해결되어야 한다.

단기적으로는, 행정부가 에너지부(DOE)와 원자력 공공사업자 간의 표준계약을 개정하여 공공사업자가 연간요금 중 매년 방사성폐기물 관리에 책정된 일부만을 지불하고 나머지는 필요한 경우에 사용하기 위해 적격한 제3자 기관이 보유하고 있는 신탁계정에서 부담하도록 해야 한다.

동시에 예산관리국(Office of Management and Budget)은 의회 예산위원회 및 의회 예산국과 협력하여 연간 요금징수액의 예산처리절차를 변경하여 방사성폐기물 프로그램을 위한 지출을 직접 상쇄할 수 있도록 해야 한다.

위원회가 권고하는 주요한 차후 조치들의 실행을 가능하게 하기 위해서는 이와 같은 조치가 시급히 시행되어야 한다. 따라서 위원회는 행정부가 이 같은 변경조치를 가급적 회계연도 2013년 내에 즉각적으로 실행할 것을 촉구한다.

장기적으로는, 기금 내 미지출잔액을 새로운 방사성폐기물 관리조직에 이관하여 의회의 감독 하에 연간지출과 별도로 현재 테네시강 유역개발공사(Tennessee Valley Authority) 및 보네빌 전력청(Bonneville Power Administration)에 부여된 예산권한과 유사한 일반 방사성폐기물 의무를 수행할 수 있도록 하기 위한 입법이 요구된다.

이러한 조치는 방사성폐기물 요금징수액이 더 이상 연방예산 적자에 불리하게 작용하지 않는다는 것을 의미하며, 결과는 연간예산 산출에 대한 약간의 부정적인 영향에 그치고 있다는 것을 알 수 있다. 여기에서 요점은 연방정부가 이러한 기금을 사용후핵연료를 관리하는 데에 사용할 수 있도록 계약 상 구속되어 있다는 것이다.

언젠가는 법안이 발효될 것이지만 그 동안에는, 연방정부가 방사성폐기물 관리의무를 지속적으로 이행하지 못함으로 인해서 평가기금(Judgment Fund)을 통해 보상증가에 따라 손해에 대한 책임을 여전히 납세자가 지는 상황에서 기금문제를 바로잡지 못할 경우, 연방예산에 도움이 되지 못한다. 이 같은 부채는 이미 수십억 달러에 이르고 있어 매년 지연될 때마다 연간 수억 달러씩 더 늘어날 수 있다.

4. 새로운 심지층 처분시설을 개발하기 위한 신속한 노력

심지층 처분능력은 종합적인 방사성폐기물 관리시스템의 필수적인 요소이다. 그 이유는 단순한데, 환경으로부터의 장기적인 격리만이 방위 및 상업용 재처리 방사성폐기물 및 현재 정부의 관리 하에 있는 여러 형태의 사용후핵연료를 포함한 재사용 가능성이 낮은 방사성폐기물의 관리를 책임지는 유일한 방법이기 때문이다.

문제를 검토한 각 전문가 패널 및 방사성폐기물 관리프로그램을 추진하는 개별 국가에서 도달한 동일한 결론은 방사성폐기물은 처분되어야 하며, 이를 위해 선호되는 과학적인 접근방식은 심지층 처분이라는 것이다.

일부 논평가는 연료공급을 확대하기 위한 수단은 물론이고, 방사성폐기물 처분 문제에 대한 대응으로서 사용후핵연료의 재활용을 즉각적으로 채택할 것을 촉구하였다. 위원회의 관점은 다른 연료주기 및 기술대안의 장점 및 상업적 실행가능성에 관해 존재하는 광범위한 불확실성을 감안할 때, 미국이 정책상 핵연료주기를 '폐쇄(closing)'하는 것은 시기상조라는 것이다.

잠재적인 대안연료주기에 대한 추후평가는 연료주기의 전체요소(폐기물 운반, 저장 및 처분 포함) 간의 관련성과 보다 광범위한 안전, 보안 및 핵비확산 문제에 대해 설명해야 한다. 더욱이, 사용후핵연료의 재처리 또는 재활용 대안은 영구적 처분방안이 요구되는 폐기물 배출경로(waste stream)가 생성된다. 폐쇄연료주기가 채택되는 경우일지라도, 최소한 일부 상업용 사용후핵연료 재고를 안전하게 관리하는 데에는 영구적 처분이 필요할 것으로 보인다.

> 방사성폐기물 관리의 최종단계로 의도된 처분(disposal)은 장기적으로 자연환경 및 인공적인 장벽과 같은 소극적인 활동에만 의존하고, 최종적으로 정치(emplacement)한 후에는 폐기물에 대한 접근을 허용하지 않으며, 지속적으로 관리·유지할 필요가 없는 격리(isolation)를 의미한다.
>
> 방사성폐기물 관리의 중간단계로 의도된 저장(storage)은 격리를 보장하기 위한 적극적인 관리·유지와 함께 정치한 후 폐기물을 관리하기 위한 접근을 허용하는 격리 방식이다. 저장기간이 만료된 폐기물은 처분된다.
>
> 본 보고서에서 사용되는 '처분(disposal)'이라는 용어는 영구적인 처분을 의미하는 것으로 보고 '저장(storage)'은 처분 또는 기타 방식으로 처리하기 전 중간단계의 저장을 의미하는 것으로 보아야 한다.

에너지부(DOE)가 제출한 면허신청이 관련 요구조건을 충족시키는 경우에 한하여 네바다주의 유카산에 미국 최초의 사용후핵연료 및 고준위방사성폐기물 저장소의 설립이 현행법에 따라 승인되었다.

블루리본위원회(Blue Ribbon Commission)는 부지선정위원회로 결정되지 않았기 때문에 사용후핵연료 및 고준위방사성폐기물의 저장 또는 처분시설 예정부지로서 유카산이나 기타 지역을 평가하거나 면허신청을 철회하도록 행정부에 요청할 수 있는 입장은 못 된다.

위원회는 유카산의 상황에 관계없이 미국 내 사용후핵연료 재고가 제 2저장소가 가동될 때까지 원래 처분장에 법적으로 정치할 수 있는 용량을 조만간 초과하게 될 것이라는 사실을 알려줄 뿐이다.

따라서 미국은 유카산 사업이 정상적으로 진행된다 하더라도 현행법에 의거하여 새로운 처분장을 확보해야 할 필요가 있다. 위원회는 유카산의 운명과 관계없이 여기에서 설명하는 접근방식이 지속적인 진행을 보장하기 위한 최선의 전략을 제공할 수 있을 것으로 본다.

5. 중앙집중식 저장시설을 한 곳 이상 개발하기 위한 신속한 노력

안전하고 확실한 저장은 통합적이고 유연한 국가방사성폐기물 관리시스템의 또 다른 중요 요소이다. 다행히도 경험에 비춰볼 때 저장은 폐기물이 발생한 바로 그 지역에 저장하건 다른 지역에 저장하건 관계없이 안전하고 효율적인 비용으로 실행될 수 있다. 실제로 저장기간이 길면 많은 이점을 제공한다. 이는 추후 대안조치의 결정을 보류하는 동안 사용후핵연료를 냉각시킬 수 있기 때문이다.

중앙집중식 저장능력이 개발되면 연방정부가 영구저장소의 운영일정과 별도로 사용후핵연료를 원자로 부지 내에서 안전하고 확실한 집중시설로 순차적으로 운반할 수 있게 된다. 중앙집중식 저장에 유리한 가장 강력한 논거는 폐쇄된 발전소 현장의 '표착(stranded)'사용후핵연료이다.

가장 먼저 표착 사용후핵연료를 중앙집중식 시설로 수송하여 당해 부지가 완전하게 해체된 후 다른 유익한 용도로 사용될 수 있도록 한다. 오늘날의 표착연료 문제 이외에도, 중앙집중식 저장시설을 사용할 수 있게 되면 추후 다수의 발전소가 폐쇄될 때 공공요금 납부자 및 납세자가 상당한 비용을 절감할 수 있다.

사용후핵연료를 원자로 부지 내에서 신속하게 운반해야 하는 경우에 예비저장(back-up storage) 시설을 제공할 수 있으며, 현재 상업용 및 에너지부(DOE) 현장에서 사용되는 저장시스템의 성능이 시간이 지남에 따라 어떻게 변할 지에 대해 보다 잘 이해하기 위해 진행중인 연구개발에 대해 우수한 플랫폼을 제공하는 등, 방사성폐기물 관리시스템에 유용한 유연성을 제공하게 된다.

방사성폐기물 관리시스템에 상당한 가치를 부여해 주는 중앙집중식 저장시설의 경우, 「방사성폐기물정책법」에 따라 개발된 저장시설이 저장소보다 훨씬 이전에 운영되는 것을 방치하고 있는 엄격한 현행 법적제한이 철폐되어야 한다. 이와 동시에 중앙집중식 저장시설을 개발하기 위한 노력이 처분능력의 개발을 추진하기 위한 노력을 방해해서는 안 된다.

중앙집중식 저장시설이 사실상 처분장이 될 수 있다는 주정부 및 지역사회의 우려를 불식시키려면 중앙집중식 저장시설 건설 프로그램이 주요 이해관계자 및 국민의 견지에서 볼 때도 효과적이고 집중적이며 인식 가능한 진전을 보이는 유사한 처분 프로그램과 함께 병행 추진되어야 한다. 두 영역이 동시에 진행되면서 더 이상의 지연 없이 추진되어야 한다.

중앙집중식 저장시설이 시기적절하게 개발된다 해도, 연방 방사성폐기물 관리프로그램에 의해 승인되기 전까지는 수십 년간 대량의 사용후핵연료가 원자로 부지 내에 남아 있게 된다. 현행 원자로 부지 내 저장관행 및 안전보장조치는 후쿠시마 원전사고를 통해 얻은 경험에 비추어 면밀히 조사되었다.

이와 더불어 위원회는 미국과학학회(National Academy of Sciences; NAS)가 후쿠시마 원전사고를 통해 얻은 경험과 미국 내 사용후핵연료 및 고준위방사성폐기물의 안전하고 확실한 현행 저장계획에 관한 초기 미국과학학회(NAS) 연구에서 도달한 결론과의 관련성에 대한 철저한 평가를 수행할 것으로 권고하였다.

이 노력은 원자력규제위원회(NRC)와 다른 조직에 의해 이미 진행되고 있는 조사 연구를 보완하게 된다. 또한, 보다 광범위하게, 사용후핵연료 및 저장 시스템의 열화 현상, 사보타주 및 테러에 대한 취약성, 대형 저장용기 검사 등과 같은 영역에서 엄격한 공공 및 민간 연구 및 규제감독 노력을 지속하는 데에도 중요하다.

원자력규제위원회(NRC)는 이러한 과정의 일환으로 저장부지에 대한 보안 수준을 강화하기 위해서 제안된 '강화방어설비를 갖춘(hardened)'부지 내 저장시설(onsite storage)과 같은 대안의 장단점을 조사한다.

6. 중앙집중식 저장 및 처분시설로의 사용후핵연료와 고준위방사성폐기물의 최종적인 대규모 운반에 대한 조기 대비

사용후핵연료 및 기타 핵물질의 수송에 적용되는 현행 기준 및 규제시스템은 잘 작용하는 것으로 나타났고 이와 같은 유형의 물질과 연관된 과거 안전수송과 관련된 이력도 대단히 훌륭하다. 하지만, 현행 운반 관련규제는 연료공급관행의 변화에 부응할 수 있도록 갱신이 필요하다.

더욱이 훨씬 더 많은 운반물량을 수용하기 위해 관련 물류체계가 확대되기 때문에, 과거의 실적이 훌륭하다 해서 미래의 운반 운영이 오늘날의 기록과 일치할 것이라는 보장은 없다.

미국 내외의 경험과 위원회의 광범위한 의견에 따르면 많은 사람들이 핵물질 수송에 관한 두려움을 가지고 있는 것으로 나타났다. 이처럼 운반에 대한 수요가 증가할수록 국민의 새로운 우려가 제기될 것으로 보인다.

고정시설의 부지선정과 마찬가지로, 관련된 운반의 필요성에 대한 계획은 역사적으로 격렬한 관심을 불러 일으켰다. 일반적으로 운반체계의 운영도 훨씬 많은 지역사회에 영향을 미칠 수 있다.

위원회는 주정부, 인디언 자치정부 및 지역사회의 공무원이 보다 광범위하게 수송계획에 개입되고 이 분야에서 역할과 의무를 이행하는 데에 필요한 자원을 제공해야 한다.

따라서 에너지부(DOE)는 (1) 「방사성폐기물정책법」 제180(c)조에 의거하여 지방정부 및 인디언 자치정부를 교육시키는데 필요한 기술지원 및 기금을 제공하기 위한 절차 및 규제를 최종적으로 승인하고 (2) 시설 부지선정 절차의 진행상황과 별도로 당해 기금을 제공해야 한다.

사용후핵연료의 최종목적지가 어디가 될 것인지 확실히 알기 전에 기술지원 프로그램에 대한 기금을 전적으로 제공한다는 것은 시기상조이지만, 사용후핵연료를 폐쇄된 원자로 부지에서 수송하기 위한 계획에 어느 정도 조기 투자를 함으로써 실질적인 이익을 얻을 수는 있다.

관련된 이해관계자의 우려를 불식시키는 것과 동시에 적절한 운반능력을 계획·제공하는 것은 시간도 많이 소요될 뿐 아니라 유통 및 기술적인 문제도 존재한다. 운반이 전체 저장 및 처분시스템과 결정적으로 관련되어 있다는 것을 감안할 때, 실제로 새로운 시설로 당해 물질을 운반하기 전에 운반문제를 잘 평가하고 해결하기 위한 충분한 리드타임(lead time)을 갖는 것이 반드시 필요하다.

주정부는 수년간 에너지부(DOE)의 협력과 흔히 주정부의 지역별 그룹과의 합의를 통해 방사선관련 보건, 법률집행 및 비상대응인원이 개입하는 방식으로 운·반송 문제를 계획하고 있다. WIPP 프로그램 및 기타 주요 폐기물 운반대책에서 본 바와 같이, 관련 계획, 교육 및 실행에는 수많은 당사자가 개입되고 시간도 많이 소요된다.

이와 더불어, 설계·제조 후 가동에 들어가기 전에 검사를 거쳐야 하는 특수 장비가 필요할 수 있다. 역사적으로, 일부 프로그램에서는 운반계획이 사전에 세심히 계획된 것이 아니라 나중에서야 덧붙여진 경우도 있다. 이 같은 프로그램은 성공을 기대할 수 없다.

7. 원자력기술의 발전 및 인력개발 지원

원자력에너지 기술의 발전은 광범위한 에너지 정책목표를 통해 다수의 이점을 제공할 수 있다. 미국을 위시한 전 세계가 현 세대에 직면하고 있는 환경 및 에너지 안보문제를 고려해 볼 때, 위원회는 이러한 이점이 진보된 원자로 및 연료주기 기술의 R&D에 대한 공공 및 민간부문의 지속적인 지원의 정당성을 입증해 주는 것으로 본다.

단기적으로는 기존의 경수로를 포함한 사용후핵연료 및 고준위방사성폐기물 저장, 운반 및 처분시스템의 안전 및 성능을 향상시킬 수 있는 기회가 존재한다. 장기적으로는 현행 기술 및 시스템 전체에 걸쳐 잠재적으로 큰 장점을 제공하는 획기적인(game-changing) 혁신을 이루어 낼 수 있는 가능성도 존재한다.

위원회는 DOE가 연방정부 통합에너지계획(Quadrennial Energy Review) 절차를 이용하여 원자력관련 연구개발 로드맵의 개선을 촉구하고 있지만, 현행 에너지부(DOE) 연구개발 프로그램의 일반적인 추진방향도 적절할 것으로 본다.

위원회는 미래 원자력 R&D를 위한 에너지부(DOE)의 기금지원에 관한 권고사항은 제시하지 않고 있다. 연방정부가 향후 직면하게 될 상당한 자금 압박을 고려해 볼 때, 예산결정은 에너지 RD&D의 우선순위 및 기금지원에 관해 보다 포괄적으로 광범위하게 논의된 후에 이루어져야 한다.

위원회가 보다 큰 노력을 촉구한 분야는 진보된 원자력시스템의 규제체제를 개발하는 것과 관련하여 현재 원자력규제위원회(NRC)가 진행하고 있는 과업과 관련되어 있다.

이 체제는 새로운 시스템이 성공적으로 승인을 받도록 해줄 신뢰성을 향상시켜 새로운 시스템의 설계 및 상업적 투자에 대한 장벽을 낮추도록 유도할 수 있다. 특히, 위원회는 적절한 연방자금이 원자력규제위원회(NRC)에 제공되어 이 분야에 대한 강력한 추진을 지원하도록 권고한다.

또한, 위원회는 현행 폐기물 분류 시스템에 대한 원자력규제위원회(NRC)가 진행중인 검토를 포함한 진보된 원자력시스템을 위한 규제를 개발하는 원자력규제위원회의 위험도기준, 성능기반의 접근방식을 지원한다. 기존 시스템의 변화는 결국 법률의 개정이 요구될 수 있다.

추가적인 투자가 필요한 또 다른 분야로 핵관련 인력의 개발을 들 수 있다. 특히, 위원회는 실행가능한 미국 내 원자력산업은 물론이고 효과적인 방사성폐기물 관리프로그램에 필요한 숙련된 인력을 개발하기 위한 진보된 과학, 기술, 엔지니어링 및 수학 교육을 위해 연방정부, 노사공동 및 대학까지 확대된 지원을 권고한다. 이와 동시에, 에너지부(DOE) 및 원자력에너지 산업계는 중요 기반구조 및 전문지식을 포함한 높은 수준의 기존 역량 및 자산을 유지하기 위한 노력을 기울여야 한다.

마지막으로, 안전 및 보건기관의 관할권한을 명백히 구분·조정해야 한다. 관련 기반 전체의 정보 및 지식을 적극적으로 수용 및 요청하는 공동조정과정을 통해 원자력 관련 인력을 보호하는 책임을 담당하는 안전 및 보관기관이 새로운 처분장과 독립된 별도의 안전기준을 개발해야 한다.

원자력산업에서 안전 및 보건을 균일한 수준으로 지원하기 위한 노력이 연방정부, 산업계 및 노사공동체에 의해 수행되어야 한다. 원자력 건설산업의 안전 및 보건관행은 원자력산업의 다른 분야의 활동에 모범이 되어야 한다.

8. 원자력 안전, 핵비확산 및 핵안보 문제의 해결을 위한 국제적 공조에 있어서의 미국의 주도적인 역할

보다 많은 국가가 원자력에너지를 추진하거나 원자력프로그램의 확대를 고려함에 따라 안전, 핵비확산 및 안보·대테러 문제에 대한 미국의 주도적인 역할이 시급하게 필요하게 되었다.

특히, 이제 막 상업용 원자력 개발에 착수한 국가는 비교적 소규모의 프로그램을 추진하고 있고 국가 차원에서 보다 확립된 프로그램에 사용 가능한 규제 및 감독 자원이 부족할 수 있다.

불균형한 안전, 물리적 방호 및 확산 위험이 발생하지 않도록 보장하기 위해서는 국제적인 지원이 요구될 수 있다. 많은 경우에 이 같은 위험의 완화는 기술적인 개입보다는 다국간 협력 및 협조를 촉진하는 동시에 국제기관 및 안전보장기구를 강화할 수 있는 능력에 따라 결정된다. 미국의 관점에서 볼 때, 이 외에도 아래와 같은 두 가지 사항이 특히 중요하다.

첫째, 국제 원자력 기술 및 정책 분야에는 수많은 실행 참여자가 있기 때문에 미국은 참여 및 솔선수범을 통해 점점 더 적극적으로 주도해야 한다. 둘째, 미국은 자체 프로그램이 혼란스러운 상태에 있는 한, 후행핵연료주기와 관련된 문제를 효과적으로 주도할 수 없다. 즉, 미국이 국제적 이슈의 해결을 지원하기 위해서는 효과적인 미국의 국내정책이 우선적으로 요구된다.

후쿠시마 원전사고는 전 세계적으로 원자력 안전문제에 새로운 관심을 집중시켰다. 전 세계적으로 새로운 60여 개 원자로의 건설이 진행되고 있고 현재 원전이 없는 60여 개 국가가 원전의 건설에 관심을 표명하였다.

이 국가들은 시설을 안전하게 운영하고 사용후핵연료를 안전하게 저장 및 처분하기 위한 계획을 수립해야 한다. 미국은 원자력 기술을 추진하는 모든 국가에서 원자력에너지의 안전한 사용과 방사성폐기물의 안전한 관리를 보장하기 위해서 규제기관, 공급업체, 운영자 및 기술지원조직은 물론, 국제원자력기구(IAEA)와 같은 조직을 총망라하는 국제적으로 통합된 안전계획이 개시될 수 있도록 지원해야 한다.

핵무기 확산은 원자력 시대 초기부터 미국의 원자력정책에 중요한 문제가 되고 있다. 이 문제는 우라늄 농축 착수, 재처리 및 재사용 핵연료 제조기술이 고려되는 경우에 특히 중요하다.

원자력 관련 경험이 비교적 적은 국가가 원자력에너지 시스템을 취득하는 경우에 미국은 IAEA, 원자력 국가, 민간산업 및 기타 국제사회와 협력하여 모든 사용후핵연료가 효과적으로 투명하게 관리되고 세계 어느 곳에서든 부적절한 안전 및 안보상태로 인해 미아가 되지 않도록 보장해야 한다.

장기적으로, 미국은 핵확산 위험을 감소시키는 동시에 보다 많은 국가가 원자력의 이점을 신뢰하며 사용할 수 있도록 하기 위한 방식으로서 종합적인 IAEA 안전보장조치에 따른 다국적 핵연료주기시설의 사용을 지원해야 한다.

최근에 창설된 IAEA 세계핵연료은행(Global Nuclear Fuel Bank)에 대한 미국의 후원은 우라늄 농축에 참여하는 일부 국가에 대한 인센티브를 감소시키는 동시에 참여의 근거를 규명하기 위한 중요한 단계가 되고 있다.

하지만, 더 많은 지원이 필요하다. 미국정부는 미국의 적극적인 참여와 함께 IAEA가 한 곳 이상의 다국적 사용후핵연료 저장 또는 처분시설의 설립을 고려하기 위한 새로운 계획을 주도하도록 제안해야 한다.

이와 더불어, 미국은 특히, 비교적 소규모의 국가 프로그램을 추진하고 있는 일부 국가가 각 영토 내에서 비용이 많이 소요되고 정책적으로 어려운 사용후핵연료 처분 단계를 피하고 이와 연관된 안전 및 보안위험을 감소시킬 수 있도록 하기 위한 방식으로 사용후핵연료의 반출·제거(take-away) 제도의 혁신을 이루도록 지원해야 한다.

해외의 연구용 원자로에서 고농축 우라늄을 반입하여 미국 내에 저장하는 기존의 프로그램은 비록 제한적이기는 하지만 이 같은 제도의 국가안보상 가치를 잘 설명해주고 있다. 외국의 상업용 원자로에서 제한된 양의 사용후핵연료를 반입할 수 있는 능력도 국가안보의 관점에서 볼 때 마찬가지로 유용할 수 있다.

미국은 자체적인 조밀저장 및 처분능력의 개발을 추진하는 동시에 IAEA 및 기존·신생 핵보유국과 협력하여 미국을 포함한 1개국 이상의 국가가 외국의 사용후핵연료를 반입하여 최종적으로 처리할 수 있는 조건을 확립해야 한다.

테러를 목적으로 한 의도적인 절도 또는 사보타주에 대한 핵물질 또는 시설의 취약성은 9.11 사태 이후에 큰 관심을 불러일으킨 비교적 새롭게 대두된 우려 사항이다. 미국은 구소련 국가 및 기타 국가와 협력하여 넌-루가 협력적 위협감축프로그램(Nunn-Lugar Cooperative Threat Reduction Program) 및 세계핵테러방지구상(Global Initiative to combat Nuclear Terrorism)과 같은 계획을 통해 핵테러 위협을 방지·탐지하고 이에 대응하고 있다.

미국 내에서 전개되는 테러위협 및 보안위험을 NRC, 국토안보부(Department of Homeland Security) 및 기타 책임기관이 면밀히 감시하여 위협에 대응하기 위해 필요한 추가적인 보안조치의 확인 및 즉각적인 실행을 보장해야 한다.

원자력규제위원회(NRC)와 원자력산업계는 최근 후쿠시마 원전사태에 자극을 받아 폭발 또는 화재와 같은 대형사건이나 갑작스러운 정전 또는 냉각과 같은 대재앙적인 시스템 장애에 대처하기 위한 완화전략(mitigative strategy)의 타당성을 재조사하였다.

전술한 바와 같이, 위원회는 의회가 미국과학학회(NAS)로 하여금 사용후핵연료의 저장과 관련하여 후쿠시마 사태로부터 얻은 경험을 평가하도록 결의할 것을 권고한다.

9. 연계협력

미국 방사성폐기물 프로그램의 지금까지의 역사를 되돌아보면 이행되지 못한 약속들과 충족되지 못한 책임들이 대부분이다. 그럼에도 불구하고 위원회는 이 같은 역사를 반전시킬 수 있는 신뢰 가능한 근거를 발견하였다. 사용후핵연료 및 고준위 방사성폐기물 저장소를 개발하기 위한 지난 수 십년 간의 노력이 실패함으로써 좌절감과 함께 연방정부에 대한 신뢰가 크게 실추되었다.

하지만 해결해야 할 기술과 사회문제가 무엇인지 명백히 이해할 수 있는 중요한 통찰력을 얻게 되었고 비록 한 건에 불과하지만 뉴멕시코의 WIPP 시설과 같은 중대한 성공 스토리도 있었다. 더욱이 다수에 의해 전체 기록이 검토되었지만 유사한 결론에 도달하였다.

방사성폐기물의 문제는 해결방안의 개요에 대해서 광범위한 합의가 이루어져 있다는 점에서 다른 문제들과 다르다고 할 수 있다. 간단히 말해서 당면 과제와 그 과제 수행의 당위, 그리고 그 수행 방법까지 알고 있는 상황이다. 미국 내외의 경험을 통해 방사성폐기물의 심지층 저장소에 적합한 부지가 확인·개발될 수 있는 것으로 밝혀졌다.

필요한 지식 및 경험도 확보되어 있고 필요한 기금도 지속적으로 조달되고 있다. 오히려 문제의 핵심은 항상 논란이 많은 시설을 설치하기 위한 부지를 선정하고, 모든 이해관계자, 특히 시설을 유치하는 주정부, 인디언 자치정부 및 지역사회가 그들 개별 이익이 국가 전체의 이익에 묻혀 단순히 희생되거나 무시되지 않고 적절히 보호되고 그들의 복지까지 증진될 것이라는 결론을 내릴 수 있는 방식으로 방사성폐기물 관리 프로그램을 수행하는 방법을 찾는 것이다.

이 문제는 결코 간단하지 않다. 사실상, 이와 같은 문제를 해결하지 못하고 있는 국가가 상당히 많다. 반면에 부지선정에 있어서 투명성, 책임 및 의미 있는 논의에 역점을 두는 유연한 접근방식을 통해 상당한 진전을 보이고 있는 국가도 있다.

WIPP는 10여 년 이상 성공적으로 운영되고 있다. 최근 미국에서는 현 시점에서는 사용후핵연료를 원래 발생한 현장에 계속 남겨두는 것 이외에 달리 처리할 수 있는 실질적인 방법이 거의 없다는 것을 알게 해 주는 사건이 목격되었다.

이러한 배경을 놓고 볼 때, 현 상황은 그 어느 때보다 더 분명하게 상황의 진전을 가져올 수 있을 것으로 보인다. 하지만, 현재 위원회가 행정부 및 의회에게 더 이상의 지체 없이 수행을 촉구하고 있는 것은 일단 시작해 봐야 어떤 결과를 가져오게 될지 알 수 있기 때문이다.

사항색인

[국문색인]

ㄱ

가압경수형 원자로(VVER) ······163
가역성 있는 심층처분 ······169, 171, 172
가역성 있는 지층처분 ······56
감시형 장기지층처분 ······68, 69, 70
개요승인 ······299
고속증식로 ······43
고준위방사성폐기물 ······9
고준위방사성폐기물의 처분 등에 관한 표준계약 ·95
고준위방사성폐기물정책법(NWP법) ······83
고준위방사성폐기물처분위원회 ······180
공론화위원회 ······342
공익사업공동체(GIP) ······292
과학기술선택평가위원회(OPECST) ······57
광산법 ······124
구조렌즈 ······157
국가공공토론위원회 ······42
국가방사성폐기물관리기금(VYR)에 관한 명령 ·111
국가보상 ······118
국제원자력기구 ······2
규제면제량 ······1
그림젤 시험부지연구소 ······189
극저준위방사성폐기물 ······9

ㄴ

노동안전위생법 ······140
농축 및 격납 ······10

ㄷ

도시전원 계획법 ······139
독립기술평가그룹(ITRG) ······198
독립저장시설 ······19, 378
독일최종처분장건설운영회사 ······62
동굴처분 ······9
드립 쉴드 ······202

ㅁ

몬테리 암반연구소 ······189
무과실책임 ······118
무효(override)조항 ······86
민간방사성폐기물관리국(OCRWM) ······210
민사책임에 관한 비엔나조약 ······112

ㅂ

바르니에법 ······43
발열성 방사성폐기물의 최종처분에 관한 안전요건 124
발전소 주변지역 지원에 관한 법률 ······355
방사선·환경협회(GSF) ······182
방사선원자력안전센터(STUK) ······107
방사성폐기물 관리공동조합(NAGRA) ······130
방사성폐기물 관리연구법 ······56, 57
방사성폐기물 등 관리계획법 56, 117, 171, 289
방사성폐기물 처분 시의 안전성에 관한 명령 111
방사성폐기물관리기관(ANDRA) ······54, 57, 112
방사성폐기물관리기구 ······23, 142
방사성폐기물관리법 ··342, 364, 370, 377, 392
방사성폐기물관리연구법 ······117, 292
방사성폐기물관리위원회 ······20, 73
방사성폐기물관리자문위원회 ······34
방사성폐기물관리전담기구 ······47
방사성폐기물기금 ······231, 331
방사성폐기물법 ······20, 23, 142
방사성폐기물의 반입문제에 관한 최종해석 ···95
방사성폐기물의 장기안전성 평가 ······143
방사성폐기물정책법 ······17, 32, 81
방사성폐기물평의회 ······101
방사성폐물관리위원회(CoRWM) ······134
배상책임한도액 ······118
벤토나이트 ······196
보건안전집행부(HSE) ······136

부동의통지 ·····86
부지선정법 ·····123, 178, 255, 297
부지조사 ·····275
불가쟁력 ·····63
붕괴열 ·····5
브뤼셀 원자력선조약 ·····127
브뤼셀보충조약 ·····105, 112
블루리본위원회 ·····18, 206, 329
비순환 핵연료주기 ·····2
비용편익분석 ·····359

ㅅ

사용후핵연료 공론화위원회 ·····333
사용후핵연료 기술관리공사(가칭) ·····364
사용후핵연료 특별법(가칭) ·····365, 369
사용후핵연료의 재처리 ·····3
사전배려증명제도 ·····61
상세특성조사 ·····275
선행핵연료주기 ·····3
세이프티 케이스 ·····130
손해배상조치 ·····118
수소고용도 ·····6
수소화물재배열 ·····8
수송저장 겸용 캐스크(cask) ·····58
순환 핵연료주기 ·····2
습식취급시설 ·····202
시정통고(Enforcement Notice) ·····135
실현가능성 평가(VA)보고서 ·····325
심지층처분 ·····8
심층처분 일반기준 ·····12
「스베코페니안」 조산운동 ·····168

ㅇ

악평손해 ·····249
암염돔 ·····175, 177
에너지 전략 2050 ·····65
에너지·기후변동부(DECC) ·····134
에스포 암반연구소 ·····161, 241
연구개발 실증프로그램 ·····233
연방경제에너지부(BMWi) ·····182
연방광산법 ·····179
연방교육연구부(BMBF) ·····182
연방물리기술연구소(PTB) ·····296
연방방사선방호청(BfS) ·····121
연방방사성폐기물처분청(BfE)설치법 ·····121
연방에너지청(BFE) ·····128, 187
연방원자력안전검사국(ENSI) ·····128
연방항소법원 ·····97
연방환경평가 절차의 확립을 위한 법률 ·····323
열화기구 ·····7
영구처분 ·····366
운반·저장·처분(TAD) 캐니스터 ·····201
울름(Ulm) 빙하기 ·····157
원위치(in-situ)시험 ·····199
원자력공사(AECL) ·····75
원자력규제국(ONR) ·····136
원자력규제위원회(NRC) ·····147, 204
원자력기본법 ·····23
원자력기본시설(INB) ·····117
원자력법(Atomgesetz) ·····124
원자력분야의 민사책임에 관한 법률 ·····119
원자력손해배상령 ·····105
원자력손해배상법 ·····105
원자력시설법 ·····139
원자력안전·정보개시법 ·····114, 116, 117
원자력안전관리법 ·····142
원자력안전법 ·····349, 367, 369, 385
원자력안전법 시행령 ·····351
원자력안전위원회(CNSC) ·····142
원자력안전청(ASN) ·····112, 114, 116
원자력안전협약 ·····25
원자력연구개발기금 ·····361
원자력폐기물기금 ·····215
원자력해체기구(NDA) ·····71, 136
원자력환경공단 ·····364
원자력환경정비촉진·자금관리센터 ·····45
원자력활동령 ·····103
원자력활동법 ·····101, 103, 279
원칙결정 ·····282

원칙결정절차 ··· 286
유리고화체 ··· 169
유백점토층 ··· 304
유카산(Yucca Mountain) ··· 200
의회과학기술선택위원회(OPECST) ··· 114
인공방벽 ··· 169
임의의 국민투표 ··· 299

ㅈ

자금확보령 ··· 104
자금확보법 ··· 104, 214, 280
장수명 중준위방사성폐기물 ··· 183
재고량보고서 ··· 54
저준위방사성폐기물 ··· 9
저준위방사성폐기물정책법 ··· 89
적응성 있는 단계적 관리 ··· 77, 79
적응성 있는 단계적 관리방침 ··· 319
전미과학아카데미(NAS) ··· 147
정보제공조회 ··· 310
정지통고(Suspension Notices) ··· 135
제한구역경계 ··· 358
조건부가치측정법 ··· 359
조사연구시설(ESF) ··· 211
종합입지조사 ··· 275
주체적 참가 ··· 313
지역과의 파트너십 ··· 313
지역정보팔로어업위원회(CLIS) ··· 117
지하연구소 ··· 353, 354
지하연구터널 ··· 354
직무집행영장 ··· 96
집중 중간저장 시설(CLAB) ··· 49, 66

ㅊ

책임집중 ··· 118
처분갱도 수평처분방식 ··· 176
처분공 수직방식 ··· 176
처분의 실현가능성 프로젝트 ··· 70
천연방벽 ··· 169
천층처분 ··· 8, 9
초음파탐상법 ··· 7
최종저장시설설치선불령 ··· 126
충당금 ··· 221
취소통고(Revocation Notices) ··· 135

ㅋ

캐니스터 ··· 154
캐니스터 수납·밀봉시설 ··· 202
컨조인트분석법 ··· 359
콘라드갱도 ··· 63
크리프 현상 ··· 177

ㅌ

타당성조사 ··· 275
특정방사성폐기물의 최종처분에 관한 법률 ··· 23

ㅍ

파리조약 ··· 105, 112, 127
파리조약 추가의정서 ··· 119
파이로 프로세싱 ··· 397
팩트 시트 ··· 303
페노스칸디아 순상지 ··· 157
폐기물 패키지 ··· 169
포시바(Posiva)사 ··· 107, 164
표층처분 ··· 9
풀뿌리 민주주의 관련 법, 제2002-276호 ··· 44
핀란드기술연구센터(VTT) ··· 166

ㅎ

한미원자력협력협정 ··· 362
핵연료주기 ··· 2
핵연료폐기물관리기관(NWMO) ··· 78
핵연료폐기물법 ··· 78, 198, 227
핵원료물질, 핵연료물질 및 원자로에 관한 법률 · 23
환경·식량·농촌·지역부(Defra) ··· 134
환경·운수·에너지·통신부(UVEK) ··· 128
환경감시센터(가칭) ··· 354
환경법 ··· 101
환경영향평가법 시행을 위한 일반행정규칙 · 126

환경영향평가절차법 ……283
환경적합성의 심사에 관한 법률 ……126
환경책임법 ……127
회피 가능한 지연 ……100
후행핵연료주기 ……3

[영문색인]

A

Abbott판결 ……92
AGR 연료체 ……190
ANDRA ……114, 173, 220, 249
AREVA사 ……220

C

CANDU 노형 ……195
CEA ……114, 220
CLAB ……47
CoRWM ……35

E

EDF ……220
EIA 절차에 관한 법률 ……111
EIA 절차에 관한 시행령 ……111
EKRA ……70

L

LKO 프로젝트 ……240

N

NAGRA ……185, 259, 307
NDA ……190
New York 판결 ……89
NWMO ……227, 319

P

Pacific Gas 판결 ……90
Pollux 캐스크 ……175
Price-Anderson법 ……152
PSE ……35

S

Safety Case ……165, 263
SKB ……47, 49, 102
SSM ……102, 103

T

TSPA ……271

저자 약력

■ 함철훈(咸哲勳)

【학력 및 경력】
- 서울대학교 법과대학 졸업
- 숭실대학교 대학원 법학석사
- 충남대학교 대학원 법학박사
- 한국원자력연구원 책임연구원
- 가톨릭대학교 법학부 교수
- 대구가톨릭대학교 법학부 객원교수
- 현) 한양대학교 공학대학원 특임교수
- 현) BEES(주) 감사 및 법률고문

【주요저서】
- 원자력법제론, 법영사, 2009
- 원자력손해배상법, 진원사, 2013
- 원자력안전법론(상)(공저), 진원사, 2016

■ 장윤석(張允碩)

【학력 및 경력】
- 성균관대학교 공과대학 졸업
- 성균관대학교 대학원 공학석사
- 성균관대학교 대학원 공학박사
- 한국전력기술(주) 전력기술개발연구소 책임연구원
- 독일 Stuttgart 대학 MPA 연구소 연구원
- 일본 Tokyo 대학 생산기술연구소 연구원
- 현) 경희대학교 원자력공학과 교수
- 현) 경희대학교 공과대학 교무부학장

【주요저서】
- 원전기기 건전성(공저), 한스하우스, 2013
- 사용후핵연료관리 개론(공저), 한스하우스, 2017
- 사용후핵연료 운반·저장 용기의 설계(공저), 한스하우스, 2018

사용후핵연료론 – 정책과 법제 –

초판 인쇄 2018년 4월 20일
초판 발행 2018년 4월 25일

저　　자 함철훈 · 장윤석
발 행 인 현근택
발 행 처 화산미디어
주　　소 경기도 고양시 덕양구 용현로 10, 507-102 (행신동, 무원마을)
신　　고 2009년 2월 16일/제395-2009-000012호
전　　화 031-973-6929
팩　　스 031-972-6930
블 로 그 blog.daum.net/kthyun1
홈페이지 www.hwasanm.com

정 가 48,000원
ISBN 979-11-5977-024-1 (93300)

잘못된 책은 언제나 바꾸어 드립니다.